塔中隆起海相碳酸盐岩特大型凝析气田地质理论与勘探技术

王招明　杨海军　王清华　韩剑发　敬　兵等　著

科学出版社
北　京

内 容 简 介

本书从塔中海相碳酸盐岩多成因多期次叠合复合岩溶储集体特征、主控因素与空间分布，多充注点多期次大面积复式混源成藏机理与油气分布规律，缝洞系统雕刻量化、烃类检测与综合评价井位井型优选技术，超埋深、高温高压、高 H_2S、复杂碳酸盐岩凝析气藏钻完井技术，超长水平井分段酸压储层改造技术等方面，系统地总结了塔中隆起奥陶系海相碳酸盐岩油气地质理论发展、关键技术创新及勘探开发成果。

本书是塔中海相碳酸盐岩勘探实践与找油哲学的智慧结晶，可供石油勘探开发相关专业学者、技术人员及高等院校师生参考。

图书在版编目(CIP)数据

塔中隆起海相碳酸盐岩特大型凝析气田地质理论与勘探技术 / 王招明等著. —北京：科学出版社，2012

ISBN 978-7-03-032074-2

Ⅰ. 塔… Ⅱ. ①王… Ⅲ. 塔里木盆地—凝析气田—油气勘探 Ⅳ. P618.130.8

中国版本图书馆 CIP 数据核字（2011）第 166686 号

责任编辑：韦 沁 朱海燕 李 静 / 责任校对：赵桂芬
责任印制：钱玉芬 / 封面设计：耕者设计工作室

科学出版社 出版
北京东黄城根北街16号
邮政编码：100717
http://www.sciencep.com

北京佳信达欣艺术印刷有限公司 印刷
科学出版社发行 各地新华书店经销

*

2012年5月第 一 版 开本：787×1092 1/16
2012年5月第一次印刷 印张：23 3/4
字数：535 000

定价：159.00 元

（如有印装质量问题，我社负责调换）

作者名单

王招明　杨海军　王清华　韩剑发　敬　兵
王振宇　于红枫　王廷栋　吉云刚　孙崇浩
胥志雄　刘永雷　张丽娟　张海祖　周锦明
彭建新　周　翼　张虎权　彭更新　刘会良
李新生　胡太平　董瑞霞　徐彦龙　刘　虎
朱绕云

序　　一

塔里木盆地塔中隆起是中国海相碳酸盐岩油气勘探的主战场之一，也是我国西部重要的油气接替区之一，更是塔里木油气勘探的重点领域之一。经过 20 多年勘探实践，塔中隆起油气勘探开发成果丰硕——20 世纪 90 年代初塔中隆起建成我国第一个大漠区石炭系东河砂岩中型油田；“十一五”期间勘探大打科技进攻仗，发现了我国第一个奥陶系礁滩复合体亿吨级油气田，探明了鹰山组层间岩溶 3 亿吨级凝析气田。这些成果的取得令人激动不已、备受鼓舞！

历经艰辛探索，矢志不渝，寻求战略突破

20 年前，石油会战伊始，塔中 1 井获高产油气流，大漠腹地油气勘探首战告捷，成为塔里木盆地勘探史上第五个里程碑，开启了塔克拉玛干腹地油气勘探新纪元。随后发现的塔中 4 油田是塔里木盆地沙漠腹地首次发现并探明的工业性高产油田，在中央隆起上突破了一个新的含油层系，奠定了塔中隆起油气持续勘探的基础。

随后，在经过 15 年碳酸盐岩艰辛探索而勘探屡屡受挫的过程中，不断突破世界级难题。2003 年，通过重新优化勘探技术与措施，优选塔中Ⅰ号坡折带的塔中 62 井进行钻探获高产油气，发现了我国奥陶系最大台缘礁滩型亿吨级油气田，突破了塔中碳酸盐岩不能高产稳产的难关；探明了我国第一个奥陶系礁滩复合体大型油气田，3 亿吨油气规模基本落实，基本建成了 10 亿 m^3 天然气、20 万吨凝析油产能。

2006 年，通过积极构想、纵深发展，探索下奥陶统多成因岩溶斜坡带，塔中 83 井鹰山组获高产油气流，发现了塔中北斜坡鹰山组层间岩溶大型油气田。之后积极创新、整体评价，探明了中古 8 井区千亿立方米、亿吨级大型凝析气田，特别是中古 43 井区当年发现、当年探明，更是塔里木油田千亿立方米大气田勘探第一例；夯实了塔中西部 400 万吨工程主建产区的资源基础；加速了塔中西部 400 万吨产能建设工程的启动。

迎接顶级挑战，坚持攻关，推动科技创新

塔中隆起海相碳酸盐岩勘探开发过程中所遇到的地质难题、开发和工程技术难题大多都是世界级的难题和挑战，也正是这些难题和挑战使得塔中经历了艰辛探索并屡屡受挫。但顽强的塔中人并没有气馁、没有裹足不前，而是立足沙漠腹地坚持攻关、不断创新，在储量、产量稳步上升的同时，针对海相油气地质理论与勘探开发的配套技术也有了长足进步：发展了海相碳酸盐岩特大型凝析气田地质建模与多充注点多期次泵注式大面积复式混源成藏理论体系；创建了大漠区超埋深碳酸盐岩缝洞系统雕刻量化、烃类检测与综合评价为核心的井位井型优选技术；形成了精细控压、分段酸压等钻完井配套技术；探索出了一套具有塔中特色的勘探优选高产井点、评价培植高产井组、开发建立高产井区、培植大型富油气区带的勘探开发思路。

创造历史佳绩，屡建新功，实现油气发展

塔中勘探开发一体化的思路和做法创造了塔中勘探开发史的一个又一个佳绩，钻井成功率、储量、产量都实现了跨越式的增长：2002 年至今，探井 94 口，钻井成功率 50%，开发井 27 口，钻井成功率 93%；近三年来探井 33 口，钻井成功率 64%，开发井 18 口，钻井成功率 100%；碳酸盐岩三级储量超过 5 亿吨，到 2010 年底控制加探明储量达到近 7 亿吨；2010 年，塔中西部油气当量 400 万吨工程全面启动，计划用 3 年时间建成天然气 35 亿 m^3，凝析油 120 万吨，油气当量 400 万吨的产能目标。

塔中隆起 20 多年的勘探实践是科技创新史，塔中油气勘探始终坚持“只有荒凉的沙漠，没有荒凉的人生”的信念，坚持科技创新、积极转变发展方式、大力推进一体化管理，油气勘探异军突起，成为我国海相碳酸盐岩油气勘探的典范！希望塔中人继续坚持科学发展，勇于超越自我、胜不骄败不馁、延续沙漠变绿洲的传奇，确保塔中油气产量增长与持续发展，实现油气勘探开发的跨越式发展。为边疆经济的发展，西气东输二线资源的落实和国家能源战略安全作贡献，为海相碳酸盐岩油气勘探理论技术的发展作努力。

《塔中隆起海相碳酸盐岩特大型凝析气田地质理论与勘探技术》一书是塔中隆起海相碳酸盐岩勘探开发实践的系统总结，科技创新突出、海相碳酸盐岩非常规油气藏认识超前、勘探开发技术新颖，是科技与实践的重要指南！

中国工程院院士 邱中建

2010 年 12 月 27 日于北京

序　　二

塔里木盆地是我国三个油气资源超百亿吨的含油气盆地之一，通过近半个世纪以来的艰辛探索，取得了许多令世人瞩目的勘探成果，塔中隆起奥陶系碳酸盐岩的勘探就是其中的亮点之一。塔中隆起位于塔里木盆地中央、塔克拉玛干沙漠腹地，地表条件艰苦，地质结构复杂，碳酸盐岩油气勘探面临诸多世界级挑战：一是多成因岩溶缝洞体地质模型建立难，影响有利储层预测评价；二是碳酸盐岩缝洞系统复杂雕刻量化评价难，影响高效井区培植；三是缝洞型油气藏流体分布及成藏规律掌控难，影响上产增储，这些难题是塔中经历 15 年的艰辛探索而屡屡受挫的关键问题，也正是由于中国海相深层碳酸盐岩油气成藏条件的特殊性和复杂性，严重制约了海相碳酸盐岩的油气勘探。针对上述技术难点，通过针对性的科研攻关、多学科的团结协作，重新认识与评价塔中的勘探潜力、重新优选主攻方向、重新优化勘探技术与措施，创新关键技术理论指导高效井位部署，遵循勘探优选高产井点、评价培植高产井组、开发建立高产井区、培植塔中大型富油气区带的总体思路，发现了塔中奥陶系碳酸盐岩礁滩复合体、层间岩溶 10 亿吨级大型油气田，发展了海相碳酸盐岩油气理论与勘探开发关键技术。

发展了多充注点多期次泵注式大面积复式混源成藏理论：剖析了塔中隆起特大型碳酸盐岩台地形成演化格局，明确了礁滩复合体、层间岩溶储集体及下古生界白云岩储集体三大油气富集领域；创建了海相碳酸盐岩多成因多期次岩溶叠合复合储集体地质模型；发展了多充注点多期次大面积复式混源成藏理论，有效地指导了塔中隆起奥陶系大型凝析气田的发现与开发。

创建了超深高压复杂碳酸盐岩勘探开发配套技术系列：创新了大漠三维地震采集处理技术、缝洞系统雕刻量化评价技术、烃类检测与综合评价技术、高效井位井型优选部署及缝洞体储量计算技术；创新了钻完井工艺配套技术，特别是超深超长水平井钻完井及分段酸压改造配套技术；推进了塔中隆起碳酸盐岩油气规模效益开发进程，2005 年塔中全面实施三维地震以来，塔中隆起奥陶系碳酸盐岩钻井成功率由 35%左右提高到 80%以上，水平井从无到有，突破了碳酸盐岩高产稳产难关，建成了东部 100 万吨油气当量产能，启动了西部 400 万吨油气当量产能工程。

发现了塔中北斜坡奥陶系海相碳酸盐岩特大凝析气田：理论和技术创新所取得的效益是巨大的，塔中隆起目前已探明中国第一个奥陶系礁滩复合体大型油气田，探明油气储量近 1.5 亿吨，3 亿吨油气规模基本落实，东部 100 万吨产能已建成投产；发现了塔中北斜坡鹰山组层间岩溶大型凝析气田，探明油气储量 3.5 亿吨，7 亿吨油气规模逐步明朗，西部 400 万吨工程已全面启动。

塔中隆起的勘探成果对海相碳酸盐岩油气勘探理论技术的发展起到巨大推动作用，为边疆经济的发展、西气东输二线资源的落实和国家能源战略安全作出了积极贡献。勘探成果分别荣获中国地质学会2007年、2009年度十大地质科技成果奖，奥陶系第一口千吨井——塔中82井被AAPG评为“2005年全球28项重大油气勘探新发现”。

《塔中隆起海相碳酸盐岩特大型凝析气田地质理论与勘探技术》一书全面概括了塔中隆起的油气勘探成果，高度提升了塔中隆起的油气勘探理论，系统总结了塔中隆起的油气勘探技术，是近几年塔中海相碳酸盐岩勘探开发一体化所取得丰硕成果的总结。

该书内容全面丰富、理论创新明显、关键技术先进，突出的特点就是地质与工程的紧密结合、理论与技术的紧密结合、研究和应用的紧密结合、勘探与开发的紧密结合，全面凝聚了多年奋战在塔中科研生产一线的科研单位及高等院校的辛勤劳动成果，相信该书的出版必将进一步提升塔中海相碳酸盐岩成藏地质理论与勘探开发核心技术，加速碳酸盐岩油气勘探开发步伐，确保塔中油气产量增长与持续发展目标实现。

中国科学院院士 贾承造

2011年2月28日于北京

前　言

塔中古隆起位于中国西部塔里木盆地中部，塔克拉玛干沙漠腹地。在大型古隆起形成演化过程中发育了大型碳酸盐岩台地建造，古隆起及其斜坡是大型油气富集区，礁滩复合体、层间岩溶储集体以及白云岩是油气勘探的重要领域。塔中古隆起海相碳酸盐岩二十多年的油气勘探历程，既是一部塔里木石油人勇敢迎接海相碳酸盐岩油气勘探所面临一系列世界级难题挑战、顽强拼搏战胜自然的实践史，更是一部科技创新史、油气发展史和找油哲学史。

本书重点剖析了近20年塔中隆起典型油气田勘探开发历程，全面总结了塔中海相碳酸盐岩特大型凝析气田油气地质理论与勘探开发的关键技术和创新成果。相关研究极大地推动了塔中储量高峰、产能建设与国家示范（2011ZX05049）三大工程，发现并探明了塔中礁滩型与层间岩溶型10亿吨级特大型凝析气田，对类似盆地油气勘探开发具有重要指导意义。具体研究内容如下：

（1）征战大漠，锁定塔中古隆起，钻探塔中一号巨型潜山背斜，开辟了塔中隆起油气勘探新纪元，坚定了塔中古隆起寻找特大型油气田的信心。

早期塔里木盆地油气勘探只是围绕盆地周边进行，1958年在天山山前发现依奇克里克油田，1977年发现在昆仑山前柯克亚凝析气田，受技术制约，石油人的脚步始终难以踏入沙漠腹地，大规模的油气勘探无法展开。

1983年5月，原中国石油部组织中美联合地震队挺进沙漠，历经两年艰辛，采集了19条全长5782.2km纵贯盆地南北的区域地震大剖面，明确了塔里木盆地“三隆四拗”的构造格局，并发现了塔中隆起。1986年，第一轮资源评价查明塔中一号潜山背斜闭合幅度2180m，面积8220km^2，油气资源达29.8亿吨，锁定为台盆区战略突破首选目标。

1989年5月5日，塔中1井开钻，同年10月18日对奥陶系白云岩段裸眼中测，22.33mm油嘴，日产凝析油356m^3、天然气55.7万m^3，大漠腹地油气勘探首战告捷，开辟了塔中隆起油气勘探的新纪元，成为塔里木勘探史上第五个里程碑（邱中建，1999），坚定了石油人在大漠腹地建立塔里木盆地油气勘探的第一个根据地的信念。

（2）重新思维，聚焦台缘，主攻塔中Ⅰ号坡折带，发现中国奥陶系最大礁滩型超亿吨级油气田，探明油气储量近1.5亿吨，百万吨级油气田建成投产。

然而，自塔中1井之后针对潜山高部位碳酸盐岩钻探的塔中3井、塔中5井等10余口井相继失利，潜山区高部位的勘探陷入停滞。1997年8月，油气勘探从“潜山高部位”向“斜坡区”转移，塔中Ⅰ号坡折带上钻探的塔中26井、塔中44井及塔中45井礁滩复合体均获高产油气，发现塔中Ⅰ号坡折带油气聚集带。但由于地震资料品质差，礁滩复合体刻画、油气藏精细描述、高产稳产井培植、油气潜力评估及目标优选面临诸多挑战，礁滩体勘探只是找到了几个出油气井点，没有储量，没有产量，更没有规模效益。

2002年重新采集三维地震，2003年初提出“塔中奥陶系坡折带”概念，通过对大沙漠超深层地震采集与处理、大沙漠区内幕礁滩型储层预测、超深层碳酸盐岩储层深度改造的技术攻关，重新认识了礁滩复合体，重新评估油气潜力，重新优选勘探技术与目标。塔中621井（塔中碳酸盐岩第一口高产稳产井，累计生产油气>10万吨）、塔中82井（塔中碳酸盐岩第一口千吨井，试油日产凝析油485吨，天然气72.7万m^3，被AAPG评为2005年“全球28项重大油气勘探新发现”）等一批井的成功钻探，加速了塔中Ⅰ号坡折带油气田的整体评价。

2005年、2006年、2007年、2008年先后连片探明塔中62井区、塔中82井区、塔中26井区以及塔中86井区，新增探明油气储量近1.5亿吨，发现了中国第一个奥陶系大型礁滩复合体凝析气田。目前东部试验区初步建成油气产能100万吨规模。

（3）科技创新，纵深拓展上产增储新领域，发现塔中北斜坡鹰山组层间岩溶特大型凝析气田，探明油气储量近2亿吨，400万吨产能工程全面启动。

发展了海相碳酸盐岩油气地质理论。发展了多成因、多期次岩溶叠合复合与多充注点、多期次油气成藏为核心的海相碳酸盐岩礁滩体特大型准层状凝析气田理论体系；创建了不整合风化壳与断层相关岩溶等多成因、多期次叠合复合层间岩溶地质模型；构建了多充注点、多输导层等为主体的三维输导格架；提出了大型断裂横向分割缝洞系统、层间岩溶纵向影响缝洞系统，缝洞系统控制油水系统的观点；揭示了油气水三维空间分布规律。

创建了高产井位井型优选核心技术。创建了缝洞系统雕刻量化、烃类检测与综合评价为核心的井位井型优选技术：创造了塔中地区碳酸盐岩缝洞钻遇率100%、烃类吻合率80%以上、碳酸盐岩钻井成功率90%等纪录；首次将缝洞量化成果应用于探明储量的计算，与容积法计算体积吻合较好，得到国家物质储备委员会的高度认可，并建议在以后的储量计算中应用。

创新了钻完井一体化配套工艺技术。针对塔中奥陶系特大型凝析气田高气油比、高H_2S与油气水复杂分布等特点以及高温高压、大位移水平井“窄压力窗口”易喷易漏非均质碳酸盐岩的钻完井难点，大力组织生产-科研一体化攻关，经过大量室内研究、现场反复试验并创了适合塔中凝析气田特征的新型井身结构、精细控压与水平井分段改造等技术体系，加速了塔中油气规模效益开发。

发现了海相碳酸盐岩大型凝析气田。2008年首次探明塔中83井区鹰山组超亿吨级凝析气田，天然气近350亿m^3，石油近850万吨；2009年整装探明中古8井区鹰山组超亿吨级凝析气田，天然气近1500亿m^3，石油近5000万吨；2010年当年发现、当年探明中古43井区超千亿立方米大型凝析气田，天然气近1200亿m^3，石油近6500万吨，油气当量3.45亿吨。

塔中奥陶系海相碳酸盐岩近年新增探明油气储量近5亿吨，为国内最大的碳酸盐岩凝析气田，并宏观控制塔中北斜坡7亿吨级油气规模，推动了塔中西部400万吨油气产能建设工程的全面启动，成为中国碳酸盐岩油气勘探史上最成功最优秀的科技发展战例。

塔中海相碳酸盐岩油气勘探实践表明：地质理论与关键技术创新是发现特大型凝析气

田的关键，勘探开发一体化管理体制创新是规模效益开发大油田的保障。塔中海相碳酸盐岩特大型凝析气田科技创新成果曾两次获中国地质学会十大找矿优秀成果奖，多次获省部级奖，多篇论文被SCI、EI收录。本书共分八章，由王招明总体设计、组织编写。第一章全面总结了塔中隆起特大型凝析气田的发现历程，由王招明、王清华、韩剑发、王振宇等编写；第二章详细介绍了塔中隆起构造演化、断裂发育特征、层序地层格架及沉积特征，由王招明、杨海军、敬兵、孙崇浩、李新生等编写；第三章介绍了塔中地区海相碳酸盐岩礁滩复合体、层间岩溶及白云岩等储集体发育特征、主控因素与地质建模，由韩剑发、于红枫、孙崇浩、王振宇、张丽娟等编写；第四章介绍了塔中奥陶系大面积复式成藏机理、准层状油气藏模式及与特大型富油气区油气分布规律，由王招明、韩剑发、张海祖、王廷栋、吉云刚等编写；第五章介绍了大沙漠区超深层高精度三维地震采集技术以及多种地震资料处理技术，由王清华、周翼、敬兵、彭更新、周锦明等编写；第六章介绍了碳酸盐岩缝洞体预测、缝洞系统量化评价与烃类预测技术，特别是高产稳产井位、井型优选设计技术，由王招明、杨海军、敬兵、刘永雷、张虎权、董瑞霞等编写；第七章总结了超深碳酸盐岩钻完井及高温储层缝洞型碳酸盐岩完井及储层改造工艺技术，由胥志雄、刘会良、彭建新、朱绕云等编写；第八章总结了塔中一体化勘探开发成果与油气勘探潜力，由王清华、杨海军、吉云刚、徐彦龙、刘虎编写。

承蒙中国工程院邱中建院士、中国科学院贾承造院士关心并为本书作序，让我们备受鼓舞。在组织科技攻关和本书的编写过程中，得到了塔里木油田公司总经理周新源教授等领导的亲切关怀与悉心指导；得到了西南石油大学陈景山等老专家，中国石油大学（北京）吕修祥教授、孙赞东教授，中石油勘探开发研究院实验中心主任张水昌教授、朱光有教授，塔里木分院邬光辉博士，东方地球物理公司刘运宏院长等的指导与帮助；得到了塔里木油田公司技术发展处肖又军处长、彭晓玉主任、张媛工程师的大力支持。科学出版社相关人员对书稿进行了详细的审查和修改，在此谨向他们表示衷心的感谢。也感谢在攻关中参与工作的其他同志们所付出的辛勤劳动。

限于作者水平，书中难免存在不妥之处，敬请读者多提宝贵意见！

作　者
2011年5月7日

目　　录

第一章　塔中隆起奥陶系特大型凝析气田的发现

塔中隆起位于塔里木盆地中央隆起中段，面积约2.2万km^2，为前石炭纪巨型古隆起（图1.1）。塔中地区的勘探工作始于1983年，1989年塔中（D）1井的钻探标志着塔中勘探的全面启动，目前二维测网密度已达1km×1km～2km×2km，三维地震逾5000km^2。塔中隆起碳酸盐岩勘探经历了一波三折的过程：1989年首战在D1井取得战略突破，随后中部断垒带高部位潜山区的评价相继失利；1996～1997年在塔中Ⅰ号断裂带奥陶系内幕灰岩取得突破，但其后的勘探再度受挫，跌落低谷；在不同领域、不同类型的碳酸盐岩探索相继失利的绝境下，2003年以来在新采集三维地震资料的基础上，不断突破碳酸盐岩勘探难关，重新认识与评价塔中的勘探潜力、重新优选主攻方向、重新优化勘探技术与措施，探明了中国第一个奥陶系礁滩复合体大型油气田，发现了塔中北斜坡鹰山组层间岩溶大型凝析气田（周新源等，2006，2009a）。

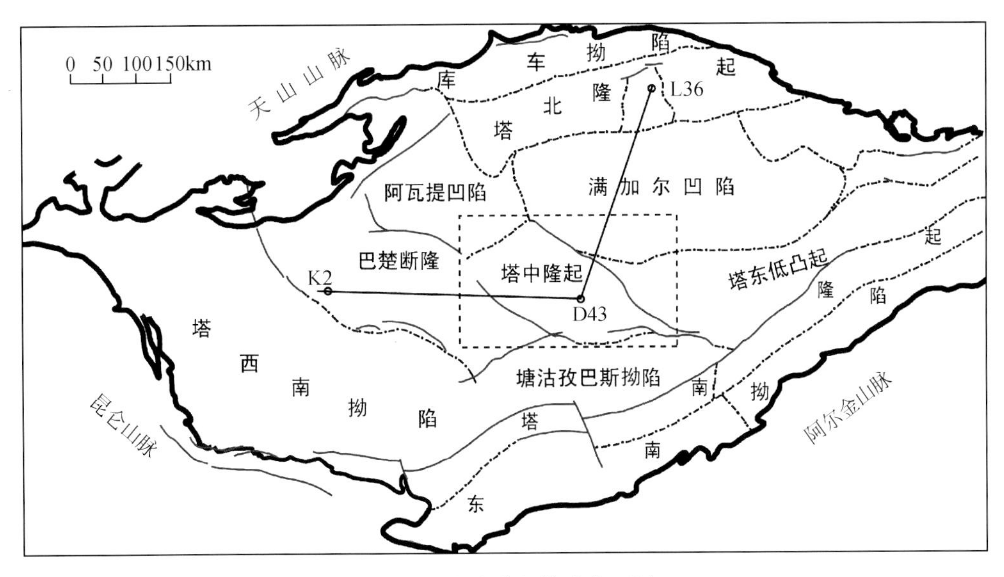

图1.1　塔中隆起构造位置图

第一节　盆地腹部沙漠覆盖区勘探的战略突破

一、征战大漠，锁定塔中Ⅰ号巨型背斜构造

塔里木盆地面积56万km^2，四周以天山、昆仑山、阿尔金山等高山为限，中部为塔

克拉玛干大沙漠，东西绵延1000km，南北宽400km，面积33万km^2，是我国最大的沙漠，也是世界第一大流动性沙漠。茫茫大漠气候恶劣，酷暑严冬、风大少雨，沙漠腹地亘古横荒、无人企及，号称“死亡之海”。

1983年5月，新疆石油管理局南疆指挥部组织由366台车辆和设备所组成的两个美国GSI公司地震队和一个中国地震队，揭开了石油人征战“死亡之海”的宏大序幕。沙漠地震队历尽千难万险，在两年内共完成19条纵贯盆地南北的区域地震大剖面，剖面全长5782.2km。根据这些区域地震和物探资料，明确了塔里木盆地“三隆四拗”的构造格局，发现“塔中古隆起”（图1.2）。通过进一步地震普查工作，发现了塔中Ⅰ号巨型潜山背斜，其在Tg5′构造图上，以−4500m等高线为闭合圈，闭合幅度2180m，闭合面积8220km^2，表现为一个巨型复式背斜带的特点（图1.3）。1986年第一轮资源评价，在41个圈闭中塔中Ⅰ号构造名列首位，资源量达29.8亿吨。探索“拗中隆”、钻探“潜山大背斜”、发现“大场面”的勘探思路开始形成，塔中Ⅰ号构造成为台盆区战略突破的首选目标。

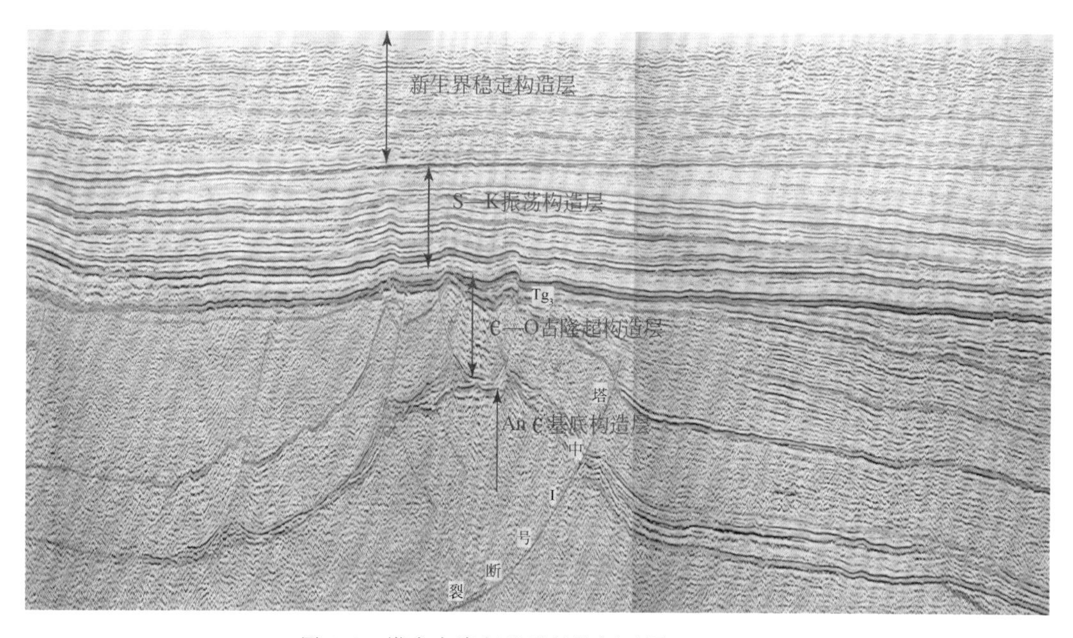

图1.2　塔中古隆起地质结构剖面图TLM-Z60

二、首战告捷，盆地腹部实现油气战略突破

1989年4月塔里木石油会战指挥部成立，在“建立两个根据地，打出两个拳头，开辟一个生产试验区”思想指导下，指挥部即刻决定上钻D1井。1989年5月5日，塔中1井开钻。9月23日，钻至石炭系底部井深3572m时，开始见气测显示；3586.5m进入下奥陶统风化壳白云岩，溶洞裂缝发育，连续取芯3次，共取出含油岩芯15.42m，原油外渗。10月18日对奥陶系3565.98～3649.77m井段裸眼中测，22.33mm油嘴日产凝析油356m^3、天然气55.7万m^3，从而发现了塔中1号潜山奥陶系高产凝析气藏。

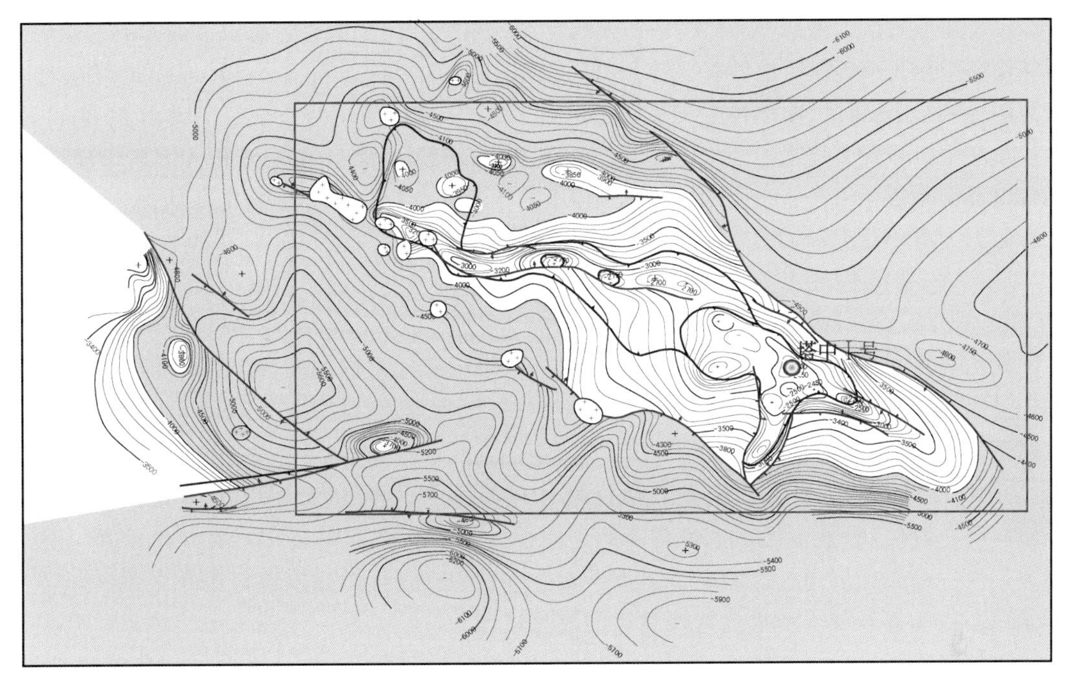

图 1.3　塔中Ⅰ号背斜 Tg5′反射层构造图（单位：m）

D1 井取得了沙漠腹地油气勘探的首次胜利，表明塔里木盆地不仅山前前陆区有油气，而且在台盆区内部也有油气富集，奠定了台盆区寻找大油气田的战略思想，“成为塔里木勘探史上第五个里程碑”（邱中建、龚再升，1999）。

第二节　塔中奥陶系碳酸盐岩勘探的艰难探索

一、潜山钻探失利，古隆起勘探举步维艰

为了扩大 D1 井奥陶系潜山勘探成果，随后在 D1 井东部与南部两个潜山高部位上钻的 D3 井、D5 井的油气显示与储层都远不及 D1 井，两口井相继失利，塔中的勘探前景变得扑朔迷离。由于塔中大背斜碳酸盐岩的非均质性与含油气的复杂性，不能用简单的潜山油藏模式来指导塔里木盆地的勘探，塔中开始了勘探方向和勘探层系的转移，碳酸盐岩的勘探进入艰辛的探索阶段。

根据 D1 井石炭系油气显示的线索研究，塔中勘探及时做出了向西转移、向石炭系砂岩转移的决策，1992 年 D4 井在石炭系东河砂岩段获含油岩芯 191.12m，4 月在3597～3607m 井段以 11.11mm 油嘴求产，日产油 285m^3、日产气 5.3 万 m^3，从而发现了沙漠腹地第一个工业性油田。D4 井的突破掀起了东河砂岩油气勘探的高潮，先后发现了 D10、D6、D16、D40 等 7 个油气田（藏），建立了 100 万吨的产能基地，为塔中油气勘探开发奠定了坚实的基础。

在“背斜控油、潜山控油”的勘探思想指导下，在以东河砂岩勘探为主攻目的层的同

时，没有放弃对潜山高部位局部构造的兼探。1992～1993年塔中垒带潜山区西部钻探碳酸盐岩相继落空后，随后断续上钻东部的D8井、D38井、D7井等也宣告失利。评价塔中1号白云岩潜山的D101井、D102井失利后，一直到1996年塔中中央断垒带钻遇潜山20余口井，除发现塔中1号凝析气藏外，均告失利。由于塔中碳酸盐岩潜山储层变化大、非均质性强，油气藏类型复杂、油气分布规律复杂，致使潜山区高部位的勘探陷入停滞。

二、转变勘探思路，发现塔中Ⅰ号坡折带

我们在主攻东河砂岩低幅度构造的同时，对塔中碳酸盐岩的勘探工作不断总结经验教训，及时跟踪研究新出现的勘探动向与苗头，从“潜山高部位”向“斜坡区”转移的勘探思路形成，展开了对塔中南、北斜坡区的探索。

1995年在塔中上奥陶统灰泥丘相发现优质生油岩，厚约80～150m，有机碳含量为0.5%～5.54%，目前正处于生油高峰期，广泛分布于塔中北斜坡。上奥陶统烃源岩的发现表明塔中的勘探要逼近烃源岩、逼近下古生界，以上古生界东河砂岩为主的勘探重点又开始向下古生界转移，形成逼近烃源岩的勘探思路。

随着塔中地区勘探与研究的深入，发现塔中与满加尔凹陷的边界为一大型的坡折带，虽然地震资料品质较差，构造形态难以准确刻画，但认识到塔中Ⅰ号坡折带是大型台缘断裂破碎带，延伸达300余公里，断距达2000m，可能是塔中重要的油源断裂，并伴有多种类型的圈闭发育，是有利的勘探区域。从而形成断裂控油、逼近断裂带的勘探思路。1996～1998年在逼近油源、逼近近源储盖组合、逼近断裂带的勘探思想指导下，开展了对塔中Ⅰ号坡折带奥陶系碳酸盐岩的探索。

1994年8月以石炭系背斜构造为主要钻探目的的D16井，在兼探目的层上奥陶统灰岩中完井测试获工业油流，通过对奥陶系构造解释和成藏条件的分析，1996～1997年以塔中Ⅰ号坡折带奥陶系碳酸盐岩为重点钻探区带，在发育局部构造的D24井、D26井、D44井、D45井4个圈闭上进行了探索，均取得了成功。

D45井位于塔中Ⅰ号坡折带西段，圈闭类型为背斜型，面积$58.9km^2$，幅度100m。该井在上奥陶统灰岩段共见5层38m油气显示，气测组分齐全，全烃（TG）最高达13.54%。其中取芯4筒获油斑、荧光级岩芯19.37m。6073～6105m见低温热液成因的萤石充填塔中Ⅰ号坡折带中的裂缝，又被溶蚀成孔洞。构造微裂缝，萤石网状解理缝发育。在6020～6150m井段完井酸化，9mm油嘴获日产油$300m^3$、气$111\ 548m^3$的高产工业油气流。

D44井位于塔中Ⅰ号坡折带中段，圈闭类型为断块型，面积$13.8km^2$，幅度95m。该井在上奥陶统灰岩段见8层147m油气显示，气测组分齐全，TG最高达23.89%。其中取芯5筒，获油斑及荧光级岩芯26.84m。储层类型为裂缝-溶（洞）孔型，4838～4910.5m裂缝，溶蚀孔洞发育，面缝率0.2%～0.3%，面洞率0.68%～2.27%。该井在4857～4888m井段，9mm油嘴获日产气$48\ 710m^3$、油$3.48m^3$。

D24井构造位置位于塔中Ⅰ号坡折带东段，圈闭类型为断背斜型，面积$11.5km^2$，幅度170m。该井在上奥陶统灰岩段4452～4483.48m取芯见荧光灰岩。岩芯出筒具油味。

气测显示活跃，组分齐全，TG 最高 76%。储层高角度裂缝发育，岩芯破碎严重，取芯收获率低，井眼定向垮塌。在 4461.1～4483.48m 井段中途测试，酸化，7.94mm 油嘴日产油 15.1m^3、气 28 892m^3、水 32.5m^3。

D26 井位于塔中Ⅰ号坡折带东段，圈闭类型为断背斜型，面积 13.7km^2，幅度 175m。在上奥陶统灰岩段灰岩 4274～4404m 中，荧光灰岩 84m，气测显示异常活跃，TG 最高达 74%，后效明显，泥浆性能变化显著，多次发生井涌。在 4300～4360m 井段完井酸化，5.56mm 油嘴日产油 39.6m^3、气 123 552m^3、水 15.6m^3。

塔中Ⅰ号坡折带西起 D45 井区，东至 D26 井区，东西长约 200km，油气显示及产层主要集中发育在良里塔格组良二段内，层位稳定、储层发育，东西油气层高差达 1800m（图 1.4）。D24 井、D45 井、D44 井、D26 井的成功钻探，证实塔中Ⅰ号坡折带是一个油气富集带，开辟了塔中碳酸盐岩内幕油气藏勘探的新战场。

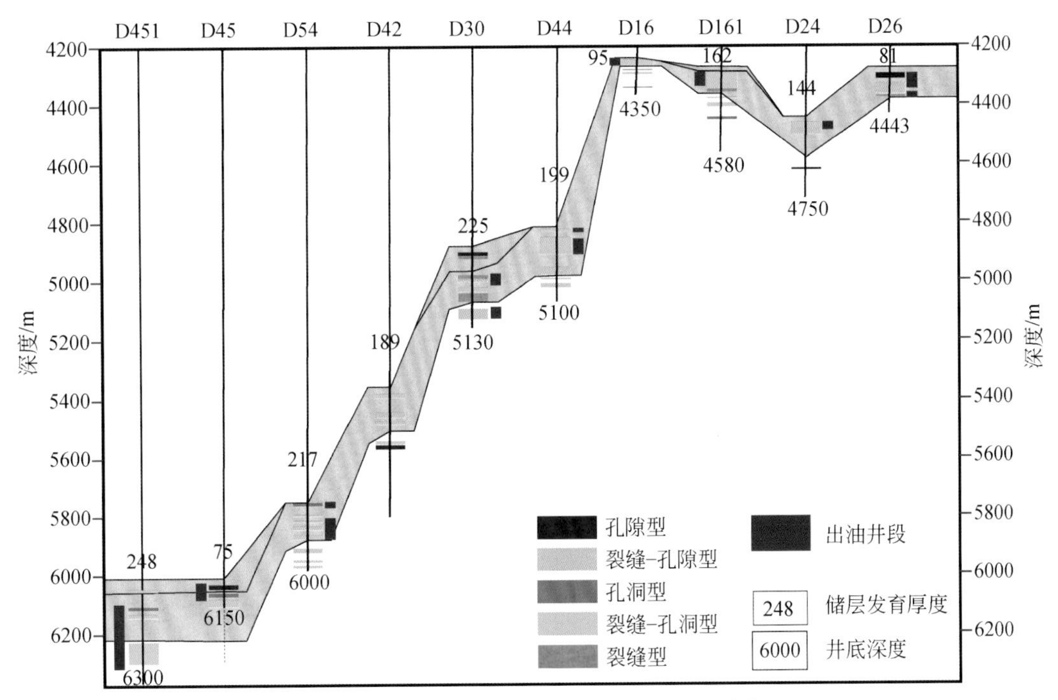

图 1.4　塔中Ⅰ号坡折带奥陶系储层类型及分布图

三、区域甩开评价，礁滩体勘探屡屡受挫

D44 井、D45 井获得突破后，沿塔中Ⅰ号坡折带接连部署 D49 井、D27 井等 4 口井，钻探不同区段、不同类型的构造圈闭，以期控制Ⅰ号坡折带整体油气规模，结果相继失利。评价 D45 井油藏时先后上钻两口井，仅 D451 井获得高产工业油气流，同时发现碳酸盐岩储层复杂、油气藏复杂。因此，1998 年之后塔中Ⅰ号坡折带的勘探也很快陷入停滞状态。

尽管认识到塔中Ⅰ号坡折带是有利的油气聚集带，但在“坡折带控油”、“构造勘探”的思路指导下，不同区段、不同类型的局部构造圈闭都已钻探完毕，却无新发现、也

“无”新圈闭可钻；同时，碳酸盐岩储层复杂、低孔低渗，酸化前测试一般不出油气或产量很低，酸化后油气产量和压力较高，初期产量高，但都不稳定、递减快，几天之后就低产或不出油，压力恢复有明显的衰竭反映；而且这些井酸前测试均不产水，酸化后求产出水，油水关系复杂；塔中碳酸盐岩埋深大，地震资料品质差，构造形态难以精细刻画，储层更是难以预测，评价也相继受挫。至此，人们对塔中Ⅰ号坡折带的巨大期望又化为乌有，再次饱尝D1井之后的苦涩。

1998～2002年，塔中勘探工作量锐减、勘探战线不断“退缩”。塔中再度转向探索与评价东河砂岩低幅度圈闭及地层圈闭，仅发现D40小油田和与D47火成岩相关的复杂油藏，塔中勘探之路越走越窄，“已”无圈闭可供钻探；同时对志留系展开了评价与探索，仅探明D11志留系303万吨的稠油藏；奥陶系在潜山、斜坡区也有兼顾，钻遇奥陶系的井仅有六口，分别探索潜山-斜坡区不同领域的碳酸盐岩，却一无所获。

十几年的“大场面”求索，塔中碳酸盐岩经历高部位—斜坡区、奥陶系—寒武系、灰岩—白云岩、构造圈闭—岩性圈闭的艰辛探索，仅发现了D1、D45等7个油气藏，控制加预测储量不足6000万吨油当量（1kgoe＝41868kJ/kg），没有一口井能稳产、没有一个油气藏能探明、没有一块能投入开发。当时看来塔中勘探已是“进退维谷”、甚至是到了“山穷水尽”的地步。

第三节　中国第一个奥陶系礁滩型凝析气田的发现

一、重新评价、坚定了礁滩复合体油气勘探信心

塔中断垒带除D1井获得突破外，其他潜山钻探都告失败；塔中Ⅰ号坡折带初战告捷，后续评价相继失利；探索内幕白云岩与盐下大背斜虽有发现，但无法展开。基于十几年勘探的不断受挫，不同领域、不同类型都已钻探，却只是发现个别的几个出油井点，未能形成储量，更没有产量。面对塔中碳酸盐岩勘探的艰难困境，塔里木油田公司及时开展了“三个重新”工作：即重新认识与评价塔中的勘探潜力、重新优选主攻方向、重新优化勘探技术与措施。通过重新评价塔中、重新认识塔中从而开展多方位研究工作，形成了四点重要认识。

（一）具有长期稳定发育的古隆起构造背景

塔中隆起早奥陶世末期为断块运动，晚奥陶世末期以褶皱运动为特点，形成了塔中寒武系—奥陶系巨型复式古隆起格局，志留纪末期为构造破坏期，石炭纪末期为构造调整期，其后进入平稳升降期，没有大规模构造活动。基底北东向隐伏断裂控制了盖层构造的发育演化，导致塔中古隆起具有东西分块的特征。塔中是长期发育的巨型古隆起，形成早、定型早，与油气运聚相结合形成了塔中多层含油气层叠置的格局。

（二）多期油气充注形成塔中普遍含油的格局

综合地球化学、油藏、构造演化史分析，认为塔中地区存在三套烃源岩，一是早已过

成熟的普遍分布的寒武系一下奥陶统烃源岩；二是塔中隆起上普遍分布的上奥陶统良里塔格组底部泥灰岩，这套烃源岩只在塔中隆起有分布，总有机碳含量（TOC）最大可达5.54%，厚度最大300m，且烃源岩有机质成熟度在0.81%～1.3%VRE，目前正处于生油高峰期；三是位于满西地区的中奥陶系统烃源岩，尽管目前不清楚其分布范围、厚度、丰度，但位于满加尔凹陷的D29井已钻揭这套烃源岩，而且根据对轮南大油田形成条件的分析，认为这套中等成熟度的烃源岩是轮南大油田形成的主力油源，应该对塔中隆起的油气成藏有贡献。结合塔中的成藏地质条件，研究表明塔中隆起具有三期成藏、两期调整特征。多套烃源岩多期油气的充注与调整，形成塔中丰富的资源基础，二次资评塔中资源量30亿吨，三次资评塔中资源量为14.2亿吨，具备形成大油气田的资源条件。由于油源的分布不同、油气充注的方向与方式不同、不同区块油气聚集条件的不同，塔中广大地区都有油气的充注、普遍含油。

（三）古生界碳酸盐岩生、储、盖配置良好

塔中古隆起形成早，而且发育稳定，长期位于油气运聚的指向区，有利于捕获多期油气的充注，控制了台盆区四分之一的资源量，具备了优越的油气运聚条件。塔中下古生界碳酸盐岩与上覆志留系—石炭系发育多套储盖组合，形成多种类型的油气圈闭。古生界多套储盖组合紧邻寒武系—奥陶系烃源岩，寒武系—奥陶系断裂发育，为油气的垂向运移提供了便利通道，碳酸盐岩缝洞系统的交错分布是油气差异聚集的主要输导格架，而奥陶系顶部不整合面是向志留系、石炭系油气运移的主要通道。古生界多套良好的储盖组合（图1.5）与油气的运聚形成良好配置，形成多目的层含油而差异富集的特点。

（四）后期稳定埋藏具备优越的油气保存条件

塔中古隆起在奥陶纪末基本定型，志留系与石炭系都是自西向东披覆其上，在石炭纪后基本没有断裂活动，只有多期的整体翘倾活动，形成稳定的埋藏，因此油气都分布在石炭系及其以下层系，没有进入二叠系与中生界。塔中古隆起油气藏尽管遭受加里东期的调整改造，但晚海西期、喜马拉雅期的油气成藏保存条件良好。塔中勘探潜力的重新评价表明塔中具备找到10亿吨级以上的资源基础，塔中不可能没有大油气田，坚定了在塔中寻找大油气田的信心。

二、深化认识、明确了塔中Ⅰ号坡折带勘探方向

三条线索锁定塔中Ⅰ号坡折带：一是1997～1998年的研究已发现塔中Ⅰ号坡折带是一个台缘相变带，位于奥陶系良里塔格组的良二段层位稳定、储层发育；二是D45井区油气藏分析表明油气不受局部构造控制，高差达1800m的整个带都发现油，可能整体含油；三是虽然试油见到水，但没有高产的水层、底水不活跃，可能形成准层状的大油气田。抓住蛛丝马迹进行大胆构想，塔中Ⅰ号坡折带被评价为碳酸盐岩勘探突破的最现实领域。

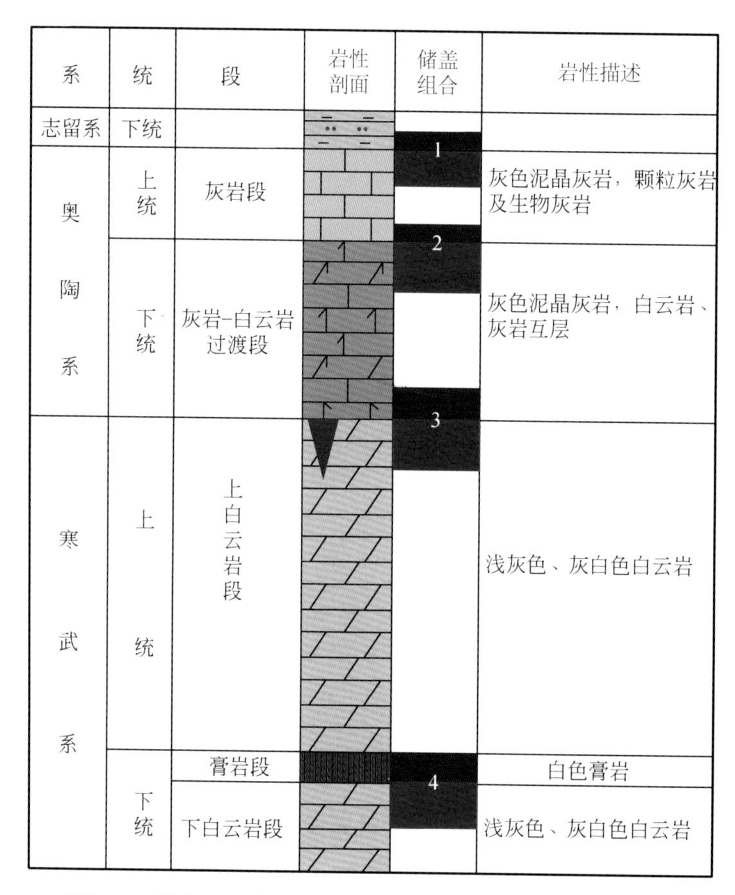

图 1.5　塔中地区寒武系—奥陶系碳酸盐岩储盖组合柱状图

（一）断裂带-坡折带认识的转变

随着三维地震资料品质的提高，塔中Ⅰ号坡折带的结构也表现得比较清楚，中西部奥陶系并没有被断穿，表现为北倾的高陡坡折带（图 1.6）。北部奥陶系碎屑岩超覆其上，没有大的断裂活动，表明塔中Ⅰ号坡折带不是加里东—早海西期长期发育的断裂带，奥陶纪后没有大的断裂活动，仅呈现整体翘倾运动。

地层研究表明在塔中隆起南北拗陷中的探井都钻遇连续的中、上奥陶统地层，而塔中隆起奥陶系碳酸盐岩间缺失中、上奥陶统大湾-牯牛潭-庙坡阶地层，表明塔中隆起在中奥陶世就已形成。

塔中地区广大范围内已钻揭上、下奥陶统不整合面，普遍发育层间岩溶形成的泥质充填缝洞，表明奥陶系内部普遍存在一期不整合。测井曲线也普遍出现高伽马、低阻异常，在井下下奥陶统顶部高伽马段出现明显的高钾、低铀、高钍特征，表现出明显的不整合岩溶特征。在地震资料品质较好的井区下奥陶统顶面可进行精细标定与追踪对比，表明下奥陶统不整合岩溶具有一定的反射层位、分布广泛。

塔中Ⅰ号坡折带直接控制了塔中地区中晚奥陶世沉积相带展布。寒武纪—早奥陶世塔

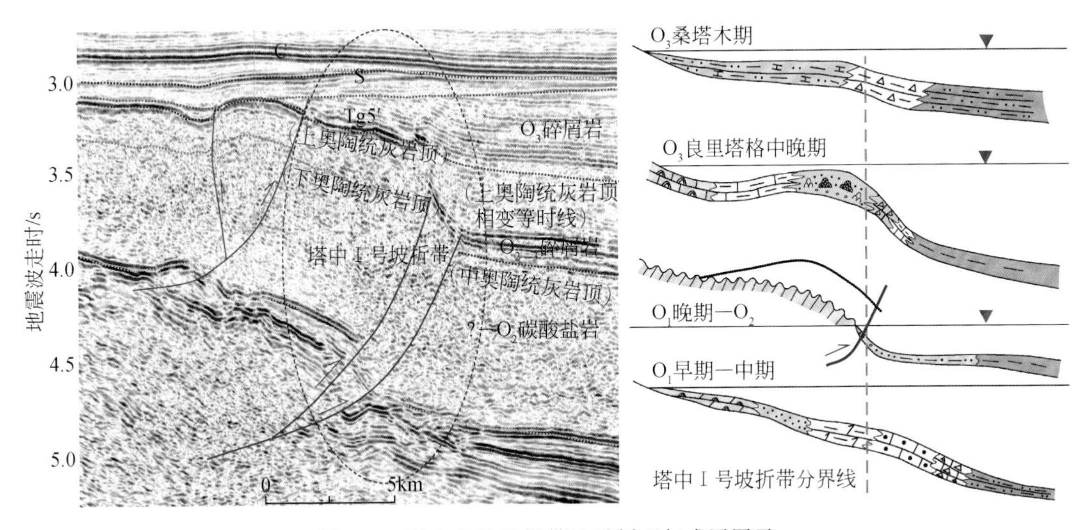

图 1.6 塔中Ⅰ号坡折带地震剖面与成因图示

中与满西地区同属碳酸盐岩台地相，满加尔东部为欠补偿盆地相，具有东西分带的离散板块特征。中-晚奥陶世盆地东部演变为活动大陆边缘，广泛分布火山碎屑岩，沿塔中Ⅰ号坡折带地层与沉积相带出现突变，形成高陡的台地边缘，高差近千米。这种构造与地理格局的巨变和区域大地构造体制的转换有关，期间存在一次大规模的构造事件，在塔中与大型的断裂构造活动相关。

地震、地质综合分析表明，塔中Ⅰ号坡折带是早奥陶世末至晚奥陶世早期形成的大型逆冲断裂带，在上奥陶统沉积前遭受长期侵蚀形成复杂的断裂坡折带，上奥陶统良里塔格组沉积时沿高陡断裂坡折带发育台地边缘礁滩复合体，形成碳酸盐岩沉积坡折带。

（二）局部构造控油-储层控油的认识

塔中地区晚奥陶世良里塔格组沉积时期发育镶边台地沉积体系（陈景山等，1999），沿塔中Ⅰ号坡折带形成台地边缘亚相，发育高能生物礁、滩、丘复合体微相。在塔中台内亚相发育有潮坪、台内滩、台内缓坡、台内洼地和灰泥丘等微相，在塔中Ⅰ号坡折带北部为碎屑岩的槽盆亚相。台缘礁滩复合体储层发育，统计资料表明：礁坪、礁核、粒屑礁基质孔隙度大，远高于台内洼地灰岩的孔隙度；渗透率更是高出数十倍，物性较好。由于礁滩体基质孔发育，有利于埋藏岩溶及表生岩溶形成优质溶蚀孔洞。D44、D24 等井的优质储层都是在高能礁滩体的基础上，经埋藏岩溶形成的（王招明等，2010）。

研究表明塔中Ⅰ号坡折带缺乏构造圈闭，但从西向东近 200km 的范围内都有油气发现，东西油气层高差达 2000m，油气分布不受局部构造圈闭控制，在斜坡低部位奥陶系灰岩储层发育的地区钻井同样获得高产工业油气流。塔中 45 号构造上奥陶统灰岩顶面构造图上圈闭幅度不超过 100m，而 D451 井钻进至 6228.14m 发生井漏，漏失达 1560m^3，节流循环时多次发生溢流，槽面见油花气泡，放喷点火焰高 5～10m，并见有大量轻质油返出，最多一次达 30.96m^3，表明灰岩储层缝洞极其发育，D451 井 6228m 井段（～5182m）

距纯灰岩顶 6086m 低了 142m，较 D45 井主要产层段底 6106m（～5058m）低 124m，D45 井区油气显然不受背斜圈闭控制。

储层是油气富集的主控因素。塔中Ⅰ号坡折带油气层主要分布在礁滩复合体发育的良二段，发育裂缝-孔洞型、裂缝-孔隙型、孔洞型、孔隙型、裂缝型等多种储层类型。由于礁滩复合体本身基质孔隙发育，后期埋藏岩溶作用强烈，形成大量的次生溶蚀孔洞，储层的优劣是油气富集的主控因素。

（三）构造勘探、局部勘探向储层勘探、整体勘探的思路转变

以往普遍认为塔中Ⅰ号坡折带是一个断裂带，形成断裂控油、局部构造勘探的思路，而在塔中Ⅰ号坡折带缺乏构造圈闭，因此勘探潜力有限、勘探目标不明。通过重新研究，认识到塔中Ⅰ号坡折带是一大型的坡折带，油气主要分布在良里塔格组良二段，层位稳定，厚度在 80～150m，可能形成储层控油、整体含油的“大场面”。逐步构建塔中坡折带控油、整体含油的大油气田模式，实现了断裂带控油-坡折带控油、局部构造含油-整体含油、构造勘探-储层勘探认识的转变，开始了对塔中Ⅰ号坡折带新一轮的探索。

三、探明了塔中Ⅰ号坡折带 3 亿吨级礁滩型凝析气田

（一）优选了井位、突破高产稳产难关

通过对 D16 井区新三维的地震资料精细解释，运用地震地层学和层序地层学的方法，利用多种地震属性、频谱分析、相干数据体研究等多种技术，发现并精细刻画了 D16 井区北部塔中Ⅰ号坡折带礁滩复合体的特征，在仅有 1.83km^2 的局部构造上钻探 D62 井，2003 年年底 D62 井获工业油气流，塔中储层勘探初见成效，塔中碳酸盐岩勘探又看到了曙光（图 1.7）。

2004 年初位于 D62 礁滩体东端高部位的 D70 井上钻，由于储层物性较差，仅获得低产工业油气流，在深化礁滩体具有形成高产、稳产的地质基础的认识下，决定侧钻 D70 井。通过加强本区的综合评价与储层预测，制定“地质-地震厘定有利相带，多方法储层预测优选有利井区，外找丘状结构、内有岩溶响应/杂乱反射，靠礁前、近断裂、打裂缝”的定井原则，同时上钻礁滩体响应明显的 D621 井、D622 井，结果都获得工业油气流，塔中坡折带礁滩体实现高产稳产，试采油气产量、油压比较稳定，证实了层状油藏模型的认识。

D62 井区奥陶系礁滩体勘探的成功，突破了塔中碳酸盐岩不能高产稳产的难关，使塔中奥陶系碳酸盐岩增储上产成为现实。

（二）大胆甩开、D82 井“千吨井”证实整体含油的大场面

尽管 D62 井区钻探成效显著，但仅局限在台缘外侧宽 0.5～1.5km 的很窄范围内，其勘探潜力有限。在西部地震剖面上没有明显的礁体响应，而在台缘内带钻探的 D30、D71 等井效果不理想，塔中Ⅰ号坡折带到底有多大潜力，专家半信半疑。同时潜山区的勘探也

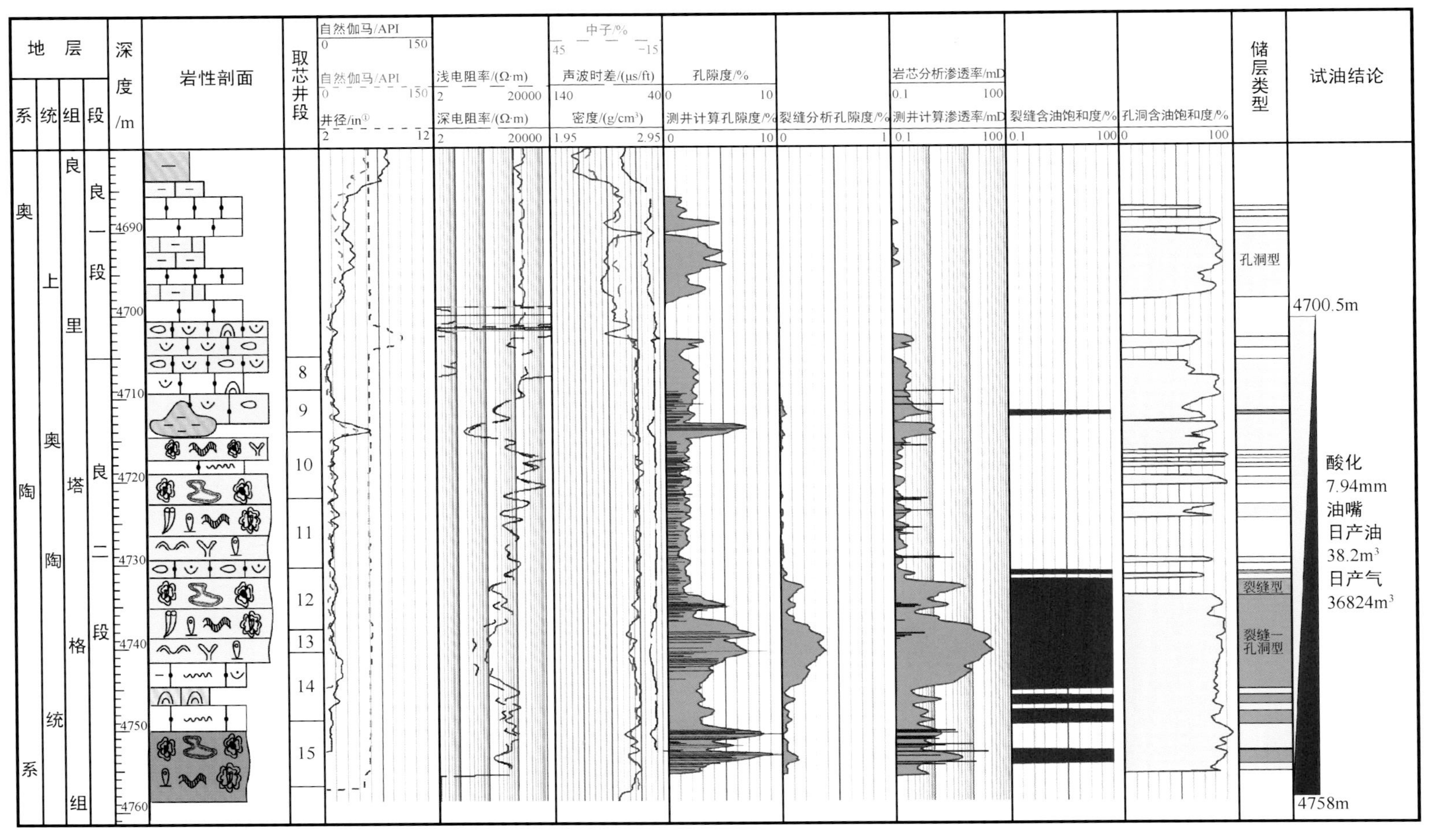

图1.7　D62井奥陶系综合柱状图

① 1in=2.54cm

取得重大突破，是主攻Ⅰ号坡折带还是潜山区，能否拿到规模储量，勘探也有阻力。通过加强实践后的再深化认识，一是明确了塔中Ⅰ号坡折带是增储上产的现实领域；二是明确提出塔中Ⅰ号坡折带整体含油、储层控油，存在大规模准层状油气田，油气规模达3.6亿吨。

在古地貌研究的基础上，通过沉积储层的精细刻画、老井复查，研究认为D62井区西部在奥陶系良里塔格组沉积时的古地貌是西高东低、西宽东窄，西部可能发育比较宽阔的礁滩相储层，向西勘探有利（图1.8）。

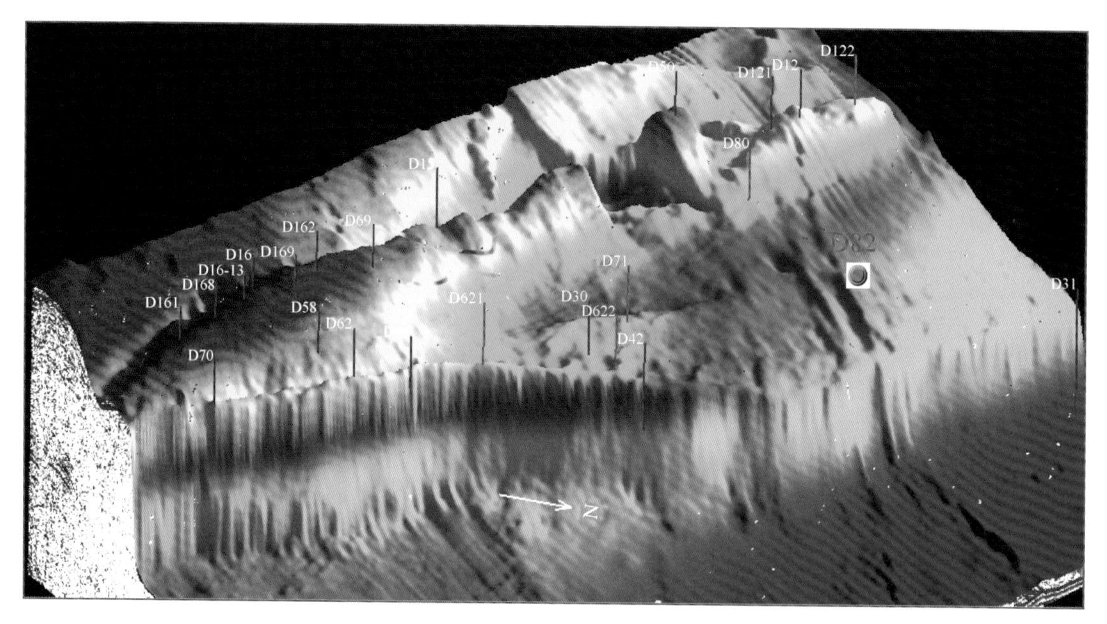

图1.8　D62-D82井区奥陶系灰岩顶面立体图

2005年初为探索西部低部位与台缘内侧奥陶系的含油性，在D62井以西30km处开钻了位于良里塔格组顶面构造以下800m、没有明显礁体响应的D82井，喜获高产工业油气流，12.7mm油嘴折日产油485m³，日产气727 106m³，成为塔里木盆地碳酸盐岩第一口千吨井，并被AAPG评为“2005年全球重大油气勘探新发现”28项之一。

D82井的成功是“意料之中，也在意想之外”，预计可能整体含油、可推动塔中坡折带的整体勘探，但没想到两套含油层段都获工业油气流、更没想到能拿到一口千吨井，因为多年的挫折让人们不敢“奢望”，每一口探井都是小心翼翼、谨防意外。D82井的钻探证实了塔中Ⅰ号坡折带整体含油、储层控油的认识，D82-D26井区奥陶系礁滩体储量规模逾亿吨，再次激起了塔中寻找“大场面”的热情，坚定了塔中能拿到大油气田的信心与决心。

（三）整体部署、择优评价，探明超亿吨级礁滩型凝析气田

2006年根据油田公司塔中阵地战“整体部署、加快做大”的战略部署，从油气发现、储量增长和认识提高出发，确立了塔中古隆起“横向扩大、纵深发展”的立体式勘探思

路，整体评价塔中Ⅰ号坡折带。

2006年初一批评价井相继失利，基于对礁滩体整体含油、储层控油的认识，通过重新认识与再评价D82井区、D26井区、D24井区礁滩体，D243、D828等替代井相继成功，D26井区评价进展顺利；礁滩复合体勘探向纵深发展，D72井奥陶系良里塔格组发现良三段油气新层系；处于最西部D86井及中部的M2井相继在良里塔格组获得高产工业油气流，油气勘探成果向塔中Ⅰ号坡折带中西部延伸，塔中Ⅰ号坡折带东西长约220km范围内整体含油气规模基本明朗，油气规模逐渐扩大。

到2007年年底，塔中东部礁滩型超亿吨级油气田日渐明朗。从2005年起三年连片探明塔中Ⅰ号坡折带东部的D62井区、D82井区、D26井区上奥陶统礁滩体凝析气藏。上奥陶统良里塔格组上部的良一段、良二段含油气面积近200km^2，累计探明天然气地质储量逾800亿m^2，凝析油地质储量超过4000万吨，油气当量超1亿吨。

随着塔中Ⅰ号坡折带上奥陶统向西部的评价不断取得进展，尤其是部署在坡折带最西端台地内侧的M16井及M162井相继获得高产工业油气流，实现了礁滩体勘探由台缘向台内的重大转移。2008年探明塔中Ⅰ号坡折带西部D86井、D45井区上奥陶统油气藏。含油气面积近85km^3，探明天然气地质储量近170亿m^3，原油地质储量近2100万吨。

截至2008年年底，塔中Ⅰ号气田上奥陶统礁滩体已累计探明石油地质储量6000多万吨，天然气地质储量近900亿m^3，油气当量近1.31亿吨（包括溶解气1.38亿吨）。目前三级储量近2亿吨，预计最终探明储量可达5亿吨。塔中经历20年艰辛探索，终于找到了大油气田，发现我国第一个奥陶纪礁滩型超亿吨级大油气田。

第四节　塔中鹰山组层间岩溶特大型凝析气田的发现

2004年塔中Ⅰ号坡折带上奥陶统良里塔格组取得重大突破后，科研工作者加速了对勘探评价步骤，上奥陶统亿吨级整装大油气田日益明朗。2006年根据塔里木油田公司塔中阵地战“加快做大”的战略部署，认为在探明评价上奥陶统礁滩复合体的同时，应积极探索下奥陶统鹰山组碳酸盐岩含油气性，下奥陶统勘探经历了由探索到突破的过程。

一、深化研究，重新厘定与评价鹰山组顶岩溶不整合

2006年根据油田公司塔中阵地战“加快做大”的战略部署，通过对D12、D69、D162等井钻遇下奥陶统老井复查，认为在探明评价上奥陶统的同时，应积极探索下奥陶统鹰山组碳酸盐岩含油性，加强对塔中奥陶系碳酸盐岩不整合面与勘探潜力的攻关研究，重新认识中加里东期岩溶。

塔中地区奥陶系实钻地层与构造分析表明，塔中隆起在早奥陶世末发生强烈的构造隆升，整体缺失上奥陶统下部吐木休克组及中奥陶统一间房组及鹰山组顶部地层，形成第一期广泛分布、全球可对比的区域性大型不整合，沉积间断约15Ma，具备形成大型岩溶储

集体的地质条件。钻井资料表明岩溶深度一般达 100～200m，岩溶作用强烈、发育时间长，具有明显纵向分带、横向连片展布特征，储层预测研究发现大型岩溶缝洞发育，与其上覆 200～400m 巨厚上奥陶统泥灰岩构成良好的储盖组合。

上、下奥陶统成藏对比研究表明，下奥陶统层间岩溶与上奥陶统礁滩体具有相同的油气来源与成藏期次、相似的碳酸盐岩岩性圈闭、相近的时空配置。但也有较多的不同之处，下奥陶统储层厚度与礁滩体相当，基质孔隙略低，但层间岩溶比礁滩体溶蚀作用发育；下奥陶统层间岩溶与加里东成藏期匹配良好，原生古油藏的保存条件优于礁滩体，同时由于油气主要来源为下部寒武系，断裂与下奥陶统顶不整合面等输导系统有利于后期油气充注，下奥陶统油气捕获能力比礁滩体强；下奥陶统层间岩溶勘探范围遍及塔中北斜坡，面积达 6000km^2，比礁滩体具有更广阔的勘探前景，是下一步寻找大油气田的有利方向。

二、立体勘探，塔中东部鹰山组油气勘探获重大发现

在积极甩开探索，准备接替新领域，探索鹰山组多成因岩溶斜坡带的指导思想下，2006 年针对上奥陶统深部和下奥陶统不整合面部署的 D83 井和风险探井 D84 井开钻；同时开钻的 D721 井也兼探下奥陶统鹰山组。

D83 井于 2006 年 3 月 27 日开钻，至 5598m 时进入下奥陶统鹰山组，8 月 29 日至 9 月 13 日对 5666.1～5684.7m 井段酸压中测，11mm 油嘴求产，日产油 10.6m^3，气 639 177m^3。中测过程中 H_2S 含量高达 32 700mg/m^3，决定提前完钻，完钻井深 5684.7m (图 1.9)。同年 10 月 18 日，D721 井对上奥陶统良里塔格组良五段和下奥陶统鹰山组 5355.5～5505m 井段进行测试，未经任何措施，即获高产工业油气流，油嘴 12mm，油压 39.16MPa，产油 126.48m^3/d，产气 720 352m^3/d。但构造位置高于 D83 井的 D84 的钻探结果不理想，测录井证实储层非常发育，测试以高产地层水为主。

继 D83 井、D721 井在下奥陶统鹰山组获得高产工业油气流后，2006 年 12 月至 2008 年 6 月，D83 井区先后部署了 D722 井、D723 井、D724 井和 D726 井四口评价井，D83-1 井一口开发井。截至 2008 年 12 月 15 日，D722 井、D726 井以及 D83-1 井均获得工业油气流。D723 井和 D724 井为低产油气流井。2008 年 D83 井区下奥陶统鹰山组首次上交探明储量，含油气面积 60 多 km^2，探明天然气地质储量近 350 亿 m^3，原油地质储量近 850 万吨。

D83 井区的突破打开了塔中下奥陶统勘探新局面，实现了塔中下奥陶统的勘探由潜山构造勘探向储层岩性勘探转变，由潜山高部位、斜坡高部位向斜坡低部位转变，勘探层系从上构造层向下构造层延伸、勘探方向从高部位转向低部位斜坡区。勘探实践与研究表明，塔中北斜坡下奥陶统不整合面相关岩溶储层发育，储层集中分布在不整合面以下 160m 左右地层厚度范围内，但流体分布复杂，整体以气为主，局部富油，部分为水，且不受构造高低控制。研究表明，多期油气充注与层间岩溶储层非均质性造成了油气赋存的差异性，塔中北部斜坡带流体性质变化大，油气相态复杂，这是由喜马拉雅期气侵与储层

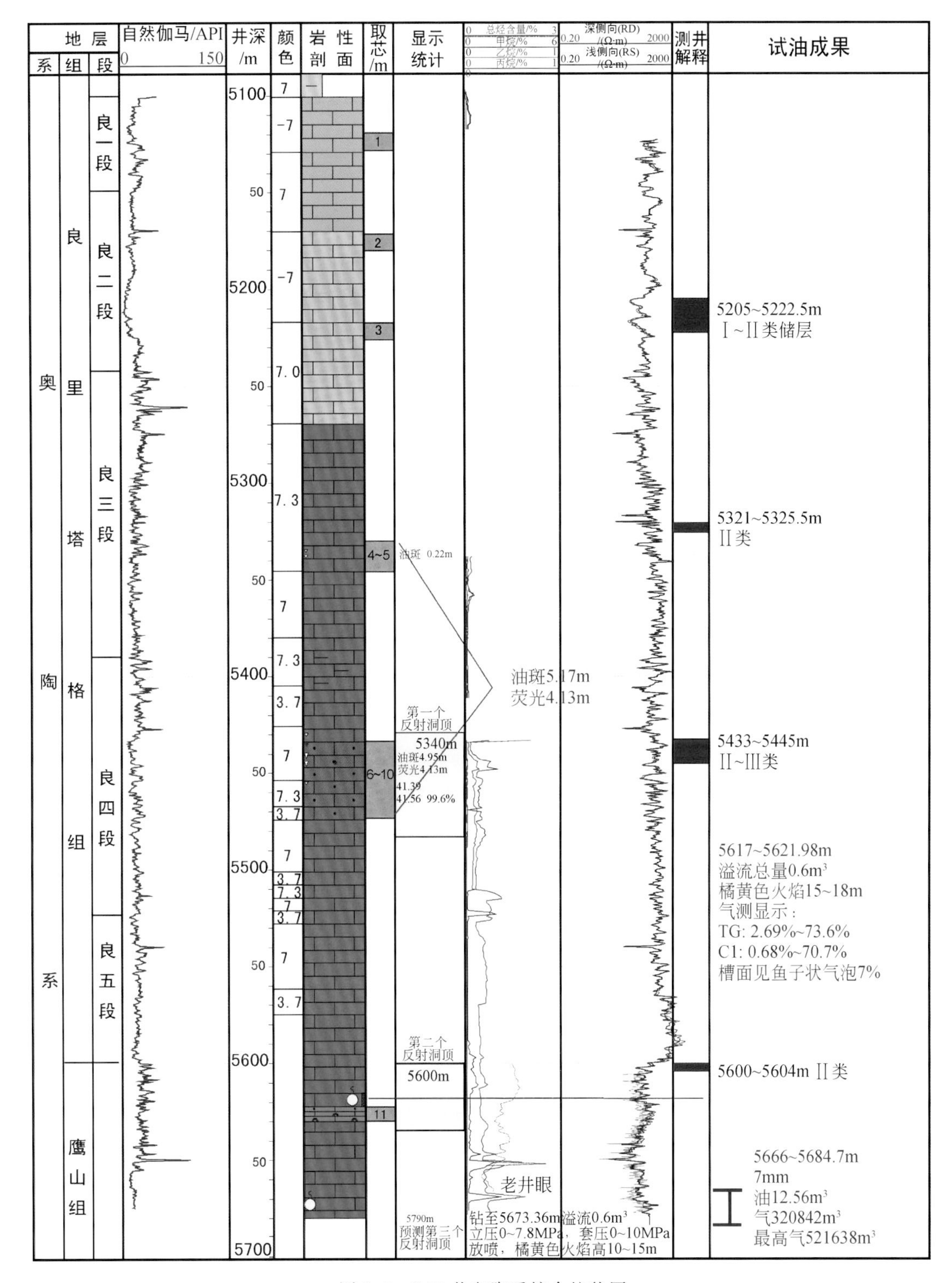

图 1.9 D83 井奥陶系综合柱状图

非均质性所致。本区在加里东期、海西晚期以油充注为主，喜马拉雅晚期为天然气充注，目前仍处在强烈气侵的调整中。在非均质性低孔低渗储层中，井间储层连通性较差，单个层间岩溶的缝洞体系可能形成相对独立储集单元，从而产生油气特征变化的差异，造成油、气、水分异不完全，在气侵强烈的层段形成凝析气藏，气侵程度弱的层段仍然保持微型油藏，以透镜状的形式分布于大型准层状凝析气藏中，另外，由于储层低孔低渗的特性，气侵过程中并没有将储层中地层水完全驱尽，局部层段可见封存水现象。

三、整体评价，大面积探明层间岩溶型特大凝析气田

随着科研、勘探评价力度的加大，塔中北斜坡下奥陶统鹰山组岩溶勘探持续突破。2007年，在D83井区获得突破的基础上，向岩溶斜坡西部甩开的M5井、M7井相继在下奥陶统层间岩溶储层获得了高产油气流，2008年向西部及靠近台内甩开的M8井、M21井也相继获得了高产油气流，证实了塔中北部下奥陶统岩溶斜坡带整体含油气的假设，展示了巨大的勘探潜力。

M8井钻进至下奥陶统鹰山组，多次发生钻具放空并伴随有井漏，累计放空4.3m，累计漏失泥浆3647.3m^3。这为塔中北斜坡下奥陶统鹰山组储层具有大型溶蚀洞穴存在提供了直接证据，坚定了该套储层主要为层间岩溶储层的认识。2009年面对M8井区仅两口油气井探明250多km^2的挑战，充分利用技术与理论创新成果，整体部署的6口探井、1口评价井均获高产油气流，整装探明了M8井区亿吨级凝析气田，提交探明储量天然气近1500亿m^3、石油近5000万吨、油气当量近2亿吨。

2010年，遵循“以M8井区为中心，集中力量，整体解剖、整体评价塔中北斜坡鹰山组，加速M8井区周缘规模探明，形成高效建产优势，实现规模效益开发”的总体部署思路，基于老井复查和油气藏地质研究认识，在D10号构造带果断部署M43井，并对D201井进行加深侧钻，发现了塔中10号鹰山组富油气区带。随后整体部署12口探（评价）井，整体解剖塔中10号鹰山组富油气区带，经过钻探构造带主体部位完钻的10口井均获高产油气流，探明了又一个千亿方凝析气田。

M43井区当年发现、当年探明，特别是实现了M8井区、M43井区的大面积连片探明，累计探明天然气2524.48亿m^3、石油1.3727亿吨、油气当量3.49亿吨、夯实了塔中西部400万吨工程主建产区的资源基础。塔中10号鹰山组富油气区带的快速发现与探明是油田全面落实总部指示的范例。证实了塔中北斜坡整体含油、局部富集油气成藏规律认识的正确性；体现了缝洞系统雕刻量化、烃类检测、井位优选及优快建产、储层改造等创新技术的实用性；彰显了一体化管理体制的优越性。

四、科技创新，明确了塔中奥陶系10亿吨级油气规模

随着2010年M43井区亿吨级凝析气田的发现，塔中北斜坡下奥陶统鹰山组已有45口井获得工业油气流，宏观展布在东西长200km、南北宽25km，有利勘探面积近

$2000km^2$ 的岩溶斜坡带上，岩溶斜坡呈现整体连片含油气态势。

目前塔中地区史无前例的高钻井成功率，充分说明了塔中地区创新的缝洞系统综合评价基础上的井位优选技术、缝洞系统定量化雕刻与评价、油气检测及储量评估等一系列井位优选配套技术是应用范围广、准确率高的先进技术。利用这些先进技术，针对塔中老三维区块和2009年新三维区块的油气资源规模进行评估，老三维区（岩溶下斜坡）面积 $4458km^2$，预测有利储层面积近 $2000km^2$，可探明油气资源量预计能达到5亿吨，目前探明油气资源量近2亿吨；运用类比法，计算出塔中二维区＋M21南新三维区（岩溶上斜坡）$2150km^2$ 矿权面积内有利储层面积 $900km^2$，可探明资源量油近1亿吨、天然气1600亿 m^3、油气当量2亿吨，是油气拓展的新领域；整个塔中地区下奥陶统鹰山组7亿吨可探明油气资源规模基本明确。

在塔中碳酸盐岩近30年的攻关过程中，形成了一套包括碳酸盐岩油气地质、储层预测与评价、高产稳产井布井、储层酸压改造等勘探开发配套技术，取得了很好的推广应用效果。

（一）发展了不整合岩溶油气地质理论

首次厘定了塔中隆起奥陶系鹰山组大型不整合面：根据构造沉积特征、古生物鉴定、微量元素分析成果，厘定出上、下奥陶统相似灰岩地层之间缺失中奥陶统吐木休克——一间房组，下奥陶统鹰山组暴露时间长达15Ma，是大型不整合岩溶储集体发育的关键。

创建了多成因多期次叠合复合岩溶储层地质模型：在鹰山组大型不整合背景下发生表生期岩溶；后期断裂活动中浅层淡水与深层热流体沿断裂破碎带运移，发生断层相关岩溶，形成不整合岩溶与断层相关岩溶空间叠合复合的岩溶缝洞系统。

发展了多充注点多期次大面积复式混源成藏理论：加里东中晚期、海西期断裂系统及其交汇处、不整合储集体等构成油气空间输导体系，是寒武系—奥陶系油气沿岩溶斜坡大面积聚集成藏的关键；创建了塔中北斜坡鹰山组缝洞型准层状大型凝析气藏模式。

（二）创新了缝洞系统量化评价与高产井部署关键技术

细化了缝洞系统勘探单元：提出了将缝洞系统作为圈闭进行精细刻画、并以缝洞系统为勘探开发单元，进行井位部署与开发技术政策制定的新理念。

缝洞系统的量化评价技术：通过高产油气井储层井-震响应标定、模拟正演建立缝洞体量化校正量版、波阻抗反演计算缝洞体体积，实现缝洞体定量雕刻以及缝洞系统自动化分类，形成多信息融合的缝洞量化雕刻评价技术，使缝洞钻遇率大幅提高至100％。

多种方法集成的烃类检测：利用叠后MDI、VVA、WVD和叠前AVO等技术开展鹰山组不整合储集体油气综合检测，集成多种方法实现了复杂储层流体检测，其中，MDI、WVD技术油气检测与实钻结果吻合率为100％。

高产油气流井位部署技术：形成了以缝洞系统量化综合评价与油气藏认识为核心的井位、井型优选技术（油气藏地质优越，与高稳产井相似，地震反射串珠强，属性预测有利区，缝洞单元体积大、部位高，烃类检测油气富）；形成了工程地质一体化超深缝洞体中靶、酸压等配套技术，探井＋评价井成功率近3年保持在85％以上。

参考文献

陈景山，王振宇，代宗仰等．1999．塔中地区中上奥陶统台地镶边体系分析．古地理学报，1（2）：8～17

贾承造，魏国齐，姚慧君等．1995．塔里木盆地构造演化与区域构造地质．北京：石油工业出版社．88～104

苗继军，贾承造，邹才能等．2007．塔中地区下奥陶统岩溶风化壳储层特征与勘探领域．天然气地球科学，18（4）：497～451

邱中建，龚再升．1999．中国油气勘探（第二卷）．北京：石油工业出版社

沈安江，王招明，杨海军等．2006．塔里木盆地塔中地区奥陶系碳酸盐岩储层成因类型、特征及油气勘探潜力．海相油气地质，11（4）：1～12

王招明，杨海军，王振宇等．2010．塔里木盆地塔中地区奥陶系礁滩体储层地质特征．北京：石油工业出版社

王招明，于红枫，吉云刚等．2011．塔中地区海相碳酸盐岩特大型油气田发现的关键技术．新疆石油地质，32（3）：218～223

王振宇，孙崇浩，杨海军等．2010．塔中Ⅰ号坡折带上奥陶统台缘礁滩复合体建造模式．地质学报，84（4）：546～552

邬光辉，李启明，张宝收等．2005．塔中Ⅰ号断裂坡折带构造特征及勘探领域．石油学报，26（1）：27～31

杨海军，韩剑发，孙崇浩等．2011a．塔中北斜坡奥陶系鹰山组岩溶型储层发育模式与油气勘探．石油学报，32（2）：199～205

杨海军，韩剑发，孙崇浩等．2011b．塔中Ⅰ号坡折带礁滩复合体大型油气田勘探理论与技术．新疆石油地质，32（3）：224～227

杨海军，邬光辉，韩剑发等．2007．塔里木盆地中央隆起带奥陶系碳酸盐岩台缘带油气富集特征．石油学报，28（4）：26～30

翟光明，王建君．1999．对塔中地区石油地质条件的认识．石油学报，20（4）：1～6

周新源，王招明，梁狄刚等．2009a．塔里木油气勘探20年．北京：石油工业出版社

周新源，王招明，杨海军等．2006．塔中奥陶系大型凝析气田的勘探和发现．海相油气地质，11（1）：45～51

周新源，杨海军，邬光辉等．2009b．塔中大油气田的勘探实践与勘探方向．新疆石油地质，30（2）：149～152

第二章　塔中隆起区域地质背景

塔中隆起位于塔里木盆地中部，西与巴楚隆起相接，东邻塔东隆起，南为塘古拗陷，北接北部拗陷（图 1.1）。塔中隆起是在寒武系—奥陶系巨型褶皱背斜基础上长期发育的继承性古隆起，形成于早奥陶世末，泥盆系沉积前基本定型，早海西期以后以构造迁移及改造为特征。该隆起纵向上可分为两大明显的构造层，即震旦系—泥盆系构成下构造层，构造总体面貌表现为巨型复式台背斜；石炭系—第四系组成上构造层，表现为巨型鼻状隆起（贾承造等，1995）。多期次构造运动及断裂活动造就了塔中隆起奥陶系南北分带、东西分块的构造格局，同时控制了地层的沉积与剥蚀，形成了塔中隆起大面积、多期次复式混源成藏的特征。

第一节　层序地层特征与沉积格局

一、奥陶系地层组构

通过多年来对井下与露头地层的对比与分析，逐步建立了塔中地区及其与国际奥陶系生物地层之间的对应关系（表 2.1），结合岩电对比关系，奥陶系在塔中与盆地其他地层小区都可以进行等时对比，明确了奥陶系碳酸盐岩的分布格局，为碳酸盐岩油气勘探提供了坚实的地层研究基础。塔中地区奥陶系从下至上可分为下奥陶统蓬莱坝组、中-下奥陶统鹰山组，中奥陶统一间房组，上奥陶统吐木休克组、良里塔格组、桑塔木组（贾承造等，2004），蓬莱坝组—鹰山组为台地相碳酸盐岩，上奥陶统良里塔格组为孤立台地碳酸盐岩，除西北部靠近斜坡带的 D88 井外，其余大部分地区缺失中奥陶统一间房组、上奥陶统吐木休克组以及上奥陶统顶部的铁热克阿瓦提组。

（一）下奥陶统蓬莱坝组

下奥陶统蓬莱坝组上部以灰色、褐灰色粉-细晶藻白云岩为主，局部见含燧石云岩及砂屑云岩；下部以灰、深灰色粉-细晶藻白云岩为主夹中晶云岩、砂屑云岩，表现为局限-开阔台地相碳酸盐岩沉积特点。DC1 井在该段顶部发现 *Teridontus* sp.、*Scolopodus* sp.、*S. bicostatus*、*S. nogamii*、*Semiacontiodus nogamii*、*Drepanodus* sp. 等牙形石，层位相当于新厂阶的顶部。最近对寒武系-奥陶系界线附近地层进行稳定同位素样品分析表明蓬莱坝组底部进入寒武系顶部（表 2.1）。

（二）中-下奥陶统鹰山组

区域对比表明中-下奥陶统鹰山组为一套局限-开阔台地相碳酸盐岩沉积，岩性为浅灰、

表2.1 塔里木盆地奥陶系生物地层划分及与国际国内标准对比

年代地层			生物地层				塔里木盆地岩石地层						
统	国际阶	中国阶	中国标准 笔石带	中国标准 牙形石带	塔里木盆地综合 笔石带	塔里木盆地综合 牙形石带	柯坪地层分区	塔克拉玛干地层分区 一间房-西克尔小区	塔克拉玛干地层分区 轮南小区	塔克拉玛干地层分区 英买力小区	塔克拉玛干地层分区 塔中-巴楚小区	满西南-塘古孜巴斯地层分区	却尔却克-塔东地层分区
上统	赫南特阶	钱塘江阶	Glyptograptus persculptus	Amorphognathus ordovicicus		Aphelognathus pyramidalis	铁热克阿瓦提组 / 未命名组(上部)	铁热克阿瓦提组	铁热克阿瓦提组			铁热克阿瓦提组	银屏山组
			Normalograptus bohemicus-N. extraodinarias										
	凯迪阶		Paraorthograptus pacificus: mirus / typicus / sinensis										
			Dicellograptus complexus										
			D. complanatus		D. complanatus				桑塔木组		桑塔木组	桑塔木组	
			Orthograptus quadrimucronatus	Yaoxianognathus yaoxianensis / Protopanderodus insculptus	O. quadrimucronatus	Y. yaoxianensis / Aphelognathus pollis				桑塔木组			元宝山组
			Diplacanthograptus spiniferus	Amorphograptus superbus-Hammorodus europaeus	D. spiniferus	Y. neimengguensis / Belodina confluens	印干组						
	桑比阶	艾家山阶	Dicranoraptus clingani		Corynoides americans	T. blandus-P. undatus	其浪组	良里塔格组	良里塔格组	良里塔格组	良里塔格组	满西南组	杂土坡组
			C. wilsoni-C. bicornis	Baltonoidus alobatus		B. compressa / B. alobatus	坎岭组						
			Nemagraptus gracilis	B. variabilis / Pygodus anserinus	N. gracilis	B. variabilis / P. anserinus		吐木休克组	吐木休克组	吐木休克组		吐木休克组	杂土坡组—却尔却克组
中统	达瑞威尔阶	达瑞威尔阶	Didymograptus murchisoni	Pygodus serra / Eoplacognathus suecicus	Glossograptus hinckisii / Pterograptus elegans	P. serra / E. suecicus	萨尔干组	一间房组	一间房组	一间房组		一间房组	
			Nicholsonograptus fasciculatus	E. pseudodanus / E. crassus	Pseudamplexograptus confertus	E. crassus							
			Acrograptus ellesae	Lenodus variabilis		L. variabilis	大湾沟组						
			Undulograptus austrodentatus	Microzarkodina parva	Undulograptus austrodentatus / Cardiograptus amptus	M. parva							
	大坪阶	大坪阶	Exigraptus clavus	Paroistodus originalis	Didymograptus abnormis	P. originalis	鹰山组	鹰山组	鹰山组	鹰山组	鹰山组	鹰山组	黑土凹组
			Isograptus caduceus	Baltoniodus navis		Aurilobodus leptosomatus-Loxodus dissectus							
			Azygograptus suecicus	B. triangularis		Serratognathoides chuxianensis-Scolopodus euspinus-Tangshanodus sp.							
下统	弗洛阶	道保湾阶	Didymograptus deflexus	Opeikodus evae		Paroistodus proteus-Serratognathus diversus							
			Pendeograptus fruticosus	Prioniodus elegans									
			Tetragraptus approximatus	Serratognathus	Tetragraptus abnorbis / T. quadribrachiatus								
	特马豆克阶	新厂阶	Clonograptus	Tripodus proteus-Paltodus deltifer	Clonograptus-Aderograptus	T. proteus-P. deltifer		蓬莱坝组	蓬莱坝组	蓬莱坝组	蓬莱坝组	蓬莱坝组	突尔沙克塔格群
			Ktaerograptus-Aderograptus										
			Psigraptus	Glyptoconus quadraplicatus		Glyptoconus floweri / G. quadraplicatus							
			Rhabdinopora f. angulica	Cordylodus angulatus		C. angulatus-Chosonodina herfurthi-Rossodus manitouensis	蓬莱坝组						
			Anisograptus matanensis										
			R. parabola	Iapetognathus jilinensis、Cordylodus lindstromi		Cordylodus lindstromi、Variabiloconus aff. bassleri							
			R. taojiangensis										
寒武系			Mictosoukia(三叶虫)	Cordylodus intermedius		Cordylodus intermedius、Teridontus nakamurai-T. huanghuachangensis-T. gracilis							

褐灰色粉-细晶灰岩、砂屑灰岩、云质灰岩与灰质云岩为主夹白云岩，白云岩含量从上至下逐渐增加。含燧石，云岩中藻含量较高，局部见叠层构造。该组电性自然伽马（GR）值较低，15～30API（1API＝39.37A/m），见牙形石 *Scolopodus unicostatus*、*S. tarimensis*、*S. bicostatus*、*S. rex*、*S. barbatus*、*Tripodus proteus*、*T. variabilis*、*Serratognathus diversus*、*Paroistotus numarcuatus*、*P.* aff. *proteus*、*Nasusgnathus dolonus*、*Teridontus gracilis*、*Rossodus manitouensis*、*Chosonodina fisheri*、*Cordylodus rotundatus* 等，由于地层缺失，塔中地层层位相当于下奥陶统鹰山组。

近期结合古生物地层研究，通过岩电划分与对比，将鹰山组细分为 4 段（图 2.1），即鹰一段、鹰二段、鹰三段和鹰四段，其中鹰一段、鹰二段主要发育颗粒灰岩，储层较发育；鹰三段、鹰四段以云质灰岩和灰质云岩为主，储层相对较不发育。塔中鹰山组由于抬升剥蚀，地层从北向南变老，逐渐缺失鹰一段、鹰二段。

（三）上奥陶统良里塔格组

上奥陶统良里塔格组为一套陡坡型镶边碳酸盐岩台地相沉积，最厚达 800m 左右，以泥晶灰岩、含泥灰岩、颗粒灰岩、礁灰岩和黏结岩发育为特征，生物种类多，数量大，发现 *Yaoxianognathus yaoxianensis*、*Pseudobelodina dispansa*、*Belodina confluens*、*Belodina compressa*、*Proheliolites* sp.、*Phylloporina* sp.、*Chasmatopora* sp.、*Pentagonopentalicus* sp. 等，时代为晚奥陶世。上奥陶统灰岩段以泥质含量高、生物种类多、缝合线发育、电阻率值低、颜色较深、无白云岩等特征与下奥陶统鹰山组区分。上奥陶统灰岩段与下伏下奥陶统云灰岩为角度不整合接触。

（四）上奥陶统桑塔木组

上奥陶统桑塔木组是一套陆架相碎屑岩沉积，地层厚 0～1500m。岩性以灰-深灰色泥岩、灰质泥岩为主夹薄层灰质粉-细砂岩及灰岩、泥灰岩，砂岩组分以火成岩岩屑为主。桑塔木组泥岩是塔中地区奥陶系碳酸盐岩的区域盖层，该套地层在电测曲线上表现为自然伽马（GR）曲线平直稳定，GR 值为 105～120API；电阻率曲线平直，幅差不大，易于和上覆志留系、下伏奥陶系灰岩区别。地层中发现几丁虫 *Conochitina usitata*、*C. minuesotensis*、*Belonechitina uter*、*Rhabdochitina turgida*、*Eisenachitina obsoleta*；牙形石 *Phragmodus undatus*、*Aphelognathus* sp.、*A. neixiangensis*、*Trucherognathus* sp.、*Drepanodus* sp. 等，层位属上奥陶统钱塘江阶的下部。

近期研究取得三点新进展。

(1) 结合最新的勘探成果，根据岩电特征自上而下又细分为 5 个岩性段，即良一段、良二段、良三段、良四段和良五段，这五段沉积旋回可以全区对比，目前发现的油气主要集中在良一段、良二段和良三段。

(2) 塔中Ⅰ号坡折带发现良里塔格组与桑塔木组之间存在局部的不整合，证据有三点：一是小层对比发现 D62 井区向东良里塔格组上部的灰岩段逐步剥蚀，东部缺失良一段；二是地震剖面解释发现在 D62-D26 井区台缘带部位，桑塔木组泥岩从南北两侧向良里

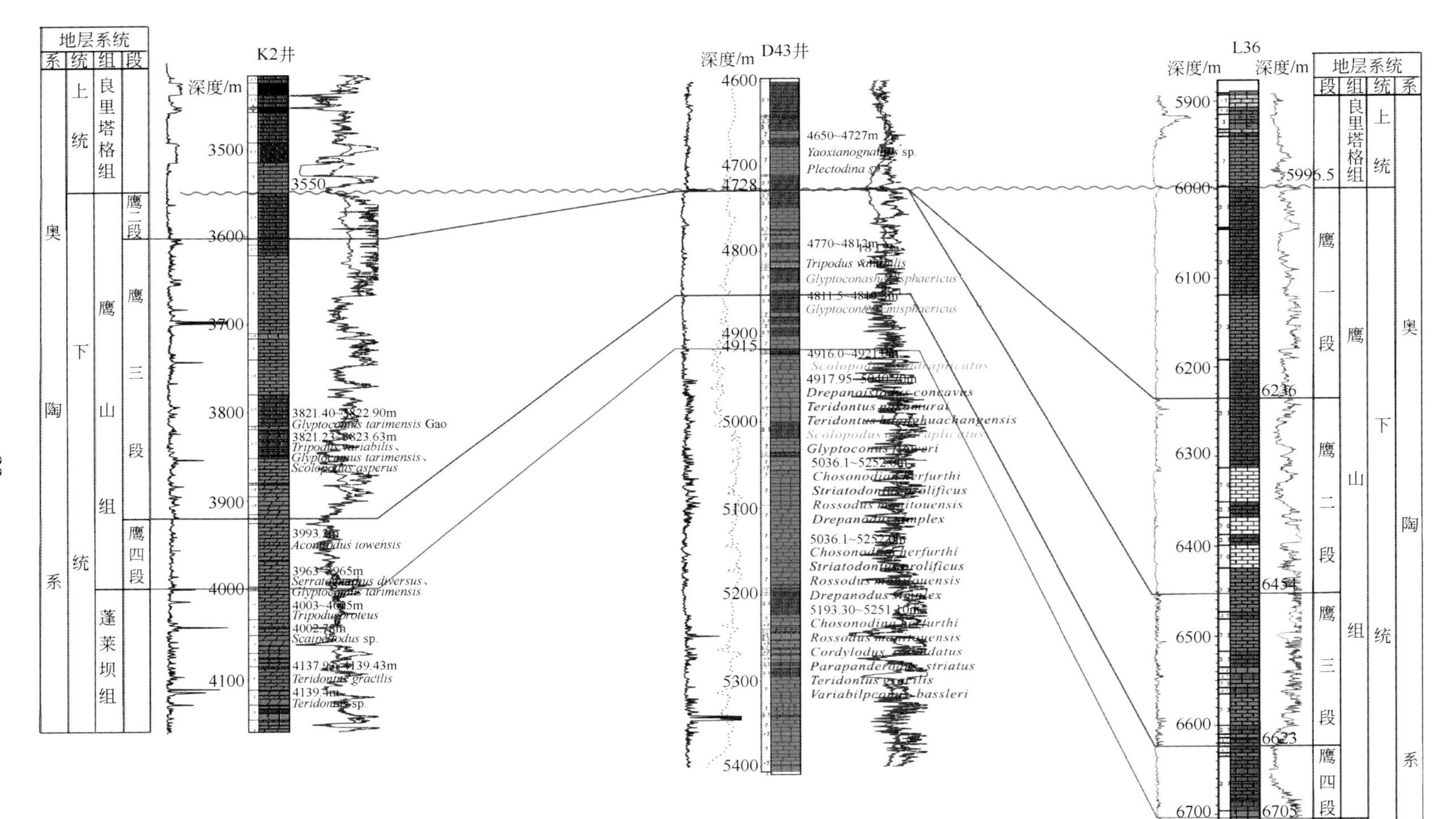

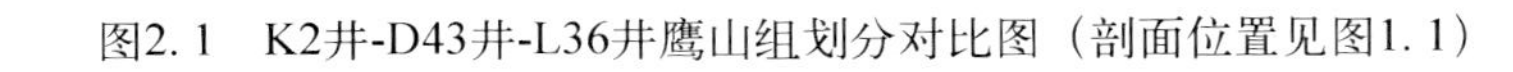
图2.1 K2井-D43井-L36井鹰山组划分对比图（剖面位置见图1.1）

塔格组礁滩体超覆沉积，地层具有不整合接触关系；三是在 D82-D26 井区台缘带范围内普遍发现有层间岩溶形成的缝洞，多为泥质充填。

(3) 与轮南地层小区相比，良里塔格组厚度大得多，一般有 *B. compressa* 带、*B. confluens* 带，有的井还发现 *Y. yaoxianensis*，良里塔格组顶部的时代为晚奥陶世艾家山期中到末期，良里塔格组与桑塔木组之间的界面要比轮南地层小区高一个化石带，比轮南地层小区层位更高，表明良里塔格组碳酸盐岩顶面不完全等时（表 2.1）。

二、奥陶系层序格架

（一）利用钍/钾值进行高频层序划分的测井分析处理方法与技术

受海平面升降变化作用，海相碳酸盐岩高频旋回变化是普遍现象，塔里木盆地寒武系—奥陶系海相碳酸盐岩在野外露头、井下岩芯都存在明显的高频旋回（吴兴宁、赵宗举，2005），碳酸盐岩高频层序地层研究对沉积与储层研究具有重要作用。海相碳酸盐岩高频层序研究方法很多，其中钍/钾值［ln(Th/K)］能显著地指示沉积环境和水体深浅的变化，在海相碳酸盐岩沉积区，高钍/钾值代表浅水或风化暴露，低钍/钾值代表低能深水环境。自然伽马能谱测井所得的 ln(Th/K) 能反映相对海水深浅变化，该高频旋回可能反映米兰科维奇天文周期控制形成的高频相对海平面变化的沉积响应，可以用来进行高频层序划分与对比。

由于钍/钾值变化范围较大，在数据处理时对其取自然对数，在不改变其变化趋势的前提下使显示更直观合理。为了便于观察大的曲线变化趋势，消除局部异常数值造成的毛刺现象，我们使用了钟形高斯函数对钍/钾曲线作低通滤波（雍世和、张超漠，1996）：

$$fs(x) = \sum f(x) \cdot g(x) \qquad (2.1)$$

$$g(x) = 2\pi - 0.5e - 0.5(x/s)2/s \qquad (2.2)$$

式中，$fs(x)$ 为光滑曲线；$f(x)$ 为原始曲线；$g(x)$ 为高斯函数；s 为滤波尺度（s 越大则曲线越光滑）。

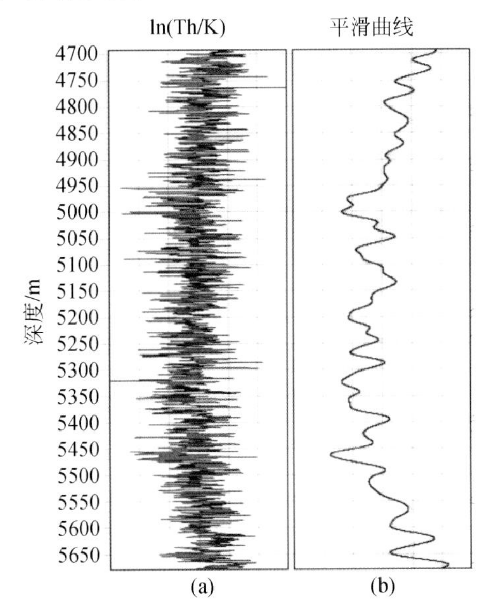

图 2.2 D43 井中-下奥陶统自然伽马能谱测井 Th/K 指标低通滤波处理结果

(a) 为 ln（Th/K）原始测井数据的自然对数曲线；(b) 为 ln(Th/K) 的低通滤波结果

塔中地区下奥陶统以 D43 井为例来说明（图 2.2、表 2.2）：下奥陶统下部 5500～5700m（未穿）为局限台地相，下奥陶统中下部 5500～5400m 为半局限台地相，下奥陶统中上部 5400～5100m 为潮下低能带夹同生断裂活动控相形成的局部上斜坡环境沉积相；中奥陶统 5100～4650m 为开阔台地滩相。总体上显示由浅变深再变浅的特征。从钍/钾值看，顶部平均为 3.31，中部平均 2.8，底部平均 3.48，曲线变化趋势与沉积演化吻合。

表 2.2 D43 井中-下奥陶统岩芯描述记录及沉积相分析

取芯筒次	取芯井段/m	岩芯描述记录	沉积相
16	4811.5～4820	浅灰-灰白色亮晶砂屑灰岩	开阔台地滩相
17	4915.37～4924.15	黄灰-浅灰色亮晶砂屑灰岩-粉屑灰岩夹泥晶灰岩及灰色泥晶白云岩	开阔台地-半局限台地滩相
18	5035.65～5040.71	黄灰色亮晶砂屑灰岩、泥晶灰岩与深灰色泥晶白云岩互层，以灰岩为主，泥晶白云岩中见生物扰动及虫孔	半局限-开阔台地相
19	5193～5201.22	黄灰-灰色泥质条纹条带泥晶灰岩夹少量风暴成因的泥晶生屑砂屑灰岩薄层（2～3cm 厚），见弱变形层理	潮下带
20	5240.05～5243.62	灰-深灰色泥质条带泥晶灰岩夹崩塌角砾及钙屑浊积岩，角砾成分为亮晶砂屑灰岩及泥晶白云岩，泥质条带泥晶灰岩中见角砾压弯构造及风暴扰动变形层理、重力滑动变形层理，钙屑浊积岩，厚约 2～3cm，为泥晶粉屑砂屑灰岩	潮下低能-上斜坡环境（断裂同生活动控制）
21	5243.62～5252		
22	5393～5400	黄灰-灰-深灰色含泥质条纹条带泥晶灰岩夹少量风暴成因泥晶砂砾屑灰岩薄层（3～5cm 厚），泥质条带泥晶灰岩中见弱变形层理，向上泥质含量增加及颜色变深	潮下低能带（向上变深层序）
23	5420.7～5429.15	浅灰-黄灰色亮晶砂砾屑灰岩、粉晶灰岩及灰色粉晶白云岩互层，以灰岩较多	半局限台地相
24	5546～5554.5	灰-深灰色细粉晶白云岩及中粗晶白云岩，推测原岩为砂屑灰岩	局限台地相
25	5694～5700	深灰色细粉晶白云岩，原岩可能为砂屑灰岩，局部可见砂砾屑结构	

（二）塔中地区奥陶系三级层序划分

综合分析沉积旋回、相对海平面变化及地震地层学特征，将奥陶系自下而上可以划分为 7 个三级层序（表 2.3、图 2.3）。将中-下奥陶统划分出两个层序及其相对应的两个浅→深→浅的三级相对海平面变化旋回，每个层序持续时间为 10～15Ma；上奥陶统可以初步划分为 3 个层序，每个层序持续时间为 6～8Ma。塔中隆起上仅发育层序Ⅰ、层序Ⅱ、层序Ⅳ和层序Ⅴ，缺失层序Ⅲ、层序Ⅵ。通过井震标定，除层序Ⅰ、层序Ⅱ之间的界面追踪较困难，塔中奥陶系三级层序可以进行全区对比（赵宗举等，2006）。

奥陶系层序Ⅱ代表鹰山组，顶面在台地上表现为角度不整合接触面，鹰山组遭受剥蚀，最大剥蚀厚度可达 800m，地震反射横向变化大，表现为局部强反射，界面上、下地震反射能量和反射结构差异明显，可连续可靠追踪；层序Ⅱ底面，为鹰山组与蓬莱坝组分界面，具有弱振幅、较连续的特征，地震反射特征稳定，横向变化小；层序Ⅲ顶面，仅见于斜坡和盆地相带，具有强振幅、强连续的地震反射特征，在台地上无沉积或遭受剥蚀；桑塔木组内部辅助层，强振幅、强连续反射，易于追踪，为层序Ⅴ内部等时界面。

表 2.3　塔中奥陶系层序地层划分

系	统	阶	年龄/Ma	组	三级层序
志留系	—	—	435	—	—
奥陶系	上统	钱塘江阶	445	桑塔木组	层序Ⅶ
		艾家山阶	460	良里塔格组	层序Ⅵ
				×××××××××× 吐木休克组	层序Ⅴ
	中统	达瑞威尔阶	464	××××× 一间房组	层序Ⅳ
		大坪阶	476	× 鹰山组上部	层序Ⅲ
	下统	道保湾阶	484	鹰山组下部	层序Ⅱ
		新厂阶	495	蓬莱坝组	层序Ⅰ
寒武系	上统	—	—	下丘里塔格组	—

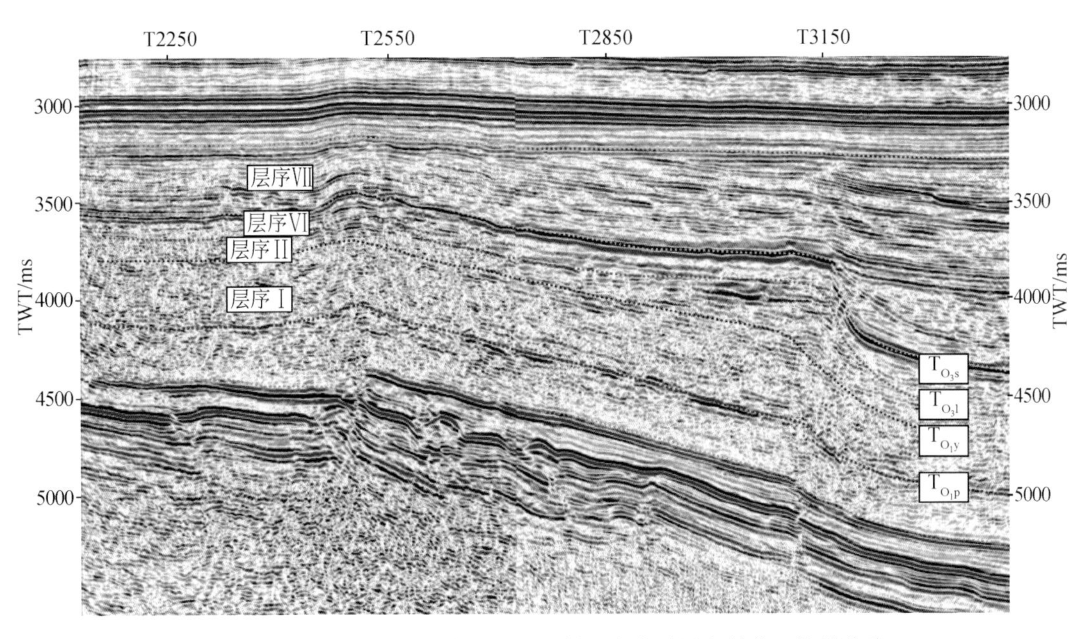

图 2.3　塔中Ⅰ号坡折带南北向地震剖面奥陶系层序划分（杭州分院）

三、奥陶系区域沉积演化格局

塔里木运动使塔里木陆核及其四周古陆核碰撞拼贴形成统一的古塔里木板块（贾承造等，1995），寒武纪至早奥陶世，塔里木板块南北成为被动大陆边缘，强烈的拉张作用使塔里木东北部发生裂陷，逐渐形成库鲁克塔格-满加尔拗拉槽。早奥陶世，塔里木盆地继承寒武纪东西向台-盆展布的沉积格局，在塔里木盆地东部以发育盆地相沉积为主，而其西部发育台地相沉积为主。塔中地区位于塔里木盆地西南部，主要发育清水碳酸盐岩台地相沉积。

早奥陶世蓬莱坝组沉积期，塔中地区处于稳定的局限-半局限台地相沉积环境，以台内滩相夹藻席及滩间海沉积为主，岩性为白云岩夹砂屑灰岩、藻纹层灰岩、藻黏结岩及泥晶灰岩，厚达 300～500m。

早-中奥陶世鹰山组沉积期，以塔中Ⅰ号坡折带为界，在塔中地区主要发育开阔海台内滩及滩间海亚相沉积。台内滩亚相沉积水深几米左右，能量中等，沉积物以浅灰-灰色颗粒灰岩为主，滩间海亚相沉积水深十几米左右，能量低-中等，沉积物主要为灰-深灰色泥晶灰岩及泥质泥晶灰岩。在塔中隆起东北部满加尔凹陷地区则依次发育斜坡相和盆地相沉积，水深几十米到几百米，水体能量低，沉积物主要为深灰-灰黑色泥质泥晶灰岩、泥灰岩及泥岩沉积。

中奥陶世一间房组沉积期，塔里木板块已经由被动大陆边缘转为活动大陆边缘，强烈挤压作用使塔中隆起区抬升暴露剥蚀，塔中-巴楚隆起、塔北隆起出现雏形，形成南北分带的构造格局。阿瓦提凹陷-满加尔地区沉没与东部盆地相成为一体，并分隔了塔北台地和塔中-巴楚台地。塔中整体隆升表现为缺失鹰山组顶部—上奥陶统吐木休克组沉积，上奥陶统良里塔格组灰岩地层与下奥陶统鹰山组灰云岩或灰岩地层不整合接触。在塔中隆起外围的北部拗陷和塘古拗陷中，中-下奥陶统呈整合接触，地层较全，岩性主要为深灰色泥岩、钙质泥岩、泥质条带灰岩、生屑泥晶灰岩及砂屑灰岩。在塔北南缘一间房组发育缓坡台地边缘相，岩性以灰色砂屑灰岩、砂屑生屑灰岩、鲕粒灰岩为主，常夹有生物点礁，沉积厚度一般为 40～60m。

晚奥陶世，受南部中昆仑岛弧、阿尔金岛弧的汇聚拼合，塔里木盆地内部隆拗格局形成，塔西台地分异收缩形成塔北、塔中-巴楚、塘南等孤立台地。台地内的地形分化更加强烈，塔北台地和塔中台地沉积速率差异较大，塔中-巴楚台地沉积厚度大，塔北台地沉积厚度相对较小。晚奥陶世良里塔格组沉积期，塔中地区形成镶边台地，发育了台地高能粒屑滩和骨架礁，台内发育台内缓坡和台内洼地；从台地边缘向外，则进入斜坡和槽盆相区。

晚奥陶世桑塔木期，由晚奥陶世良里塔格期碳酸盐台地转化为桑塔木期混积陆架。桑塔木组地层残留厚度变化在 0～1500m，岩性由灰-深灰色泥岩、钙质泥岩、泥质灰岩、泥晶灰岩与泥质粉砂岩、沉凝灰岩不等厚互层组成，表现为薄层、细粒的较深水沉积。塔中Ⅰ号断层东侧的斜坡、盆地深水相区，与该沉积时期相当的沉积物，为却尔却克组中上部的沉积。奥陶纪晚期塔中隆起遭受强烈的隆升剥蚀，中央主垒带附近桑塔木组剥蚀殆尽。

第二节　奥陶系碳酸盐岩不整合刻画

不整合面是碳酸盐岩储层发育的主要部位，不整合面的发育控制了塔中奥陶系鹰山组岩溶储层的分布；研究不整合的期次、分布及其古构造、古地貌特征对碳酸盐岩储层与油气具有重要意义。

一、海相碳酸盐岩不整合研究思路与方法

研究过程中，采用地震地层分析法、洞穴充填分析法、地球化学分析法和地质综合分

析法，开展塔中地区奥陶系碳酸盐岩不整合面的识别与追踪。

（一）地震地层分析法

地震地层分析法是不整合识别与追踪的最常用方法。应用地震地层学原理，在地震剖面上进行地震地层的标定，容易沿不整合面识别与追踪削截、超覆关系，通过区域追踪对比，识别出三期大型的区域不整合面（图 2.4），其中加里东中期不整合波及整个塔中地区，而早海西期的不整合集中在中央主垒带。

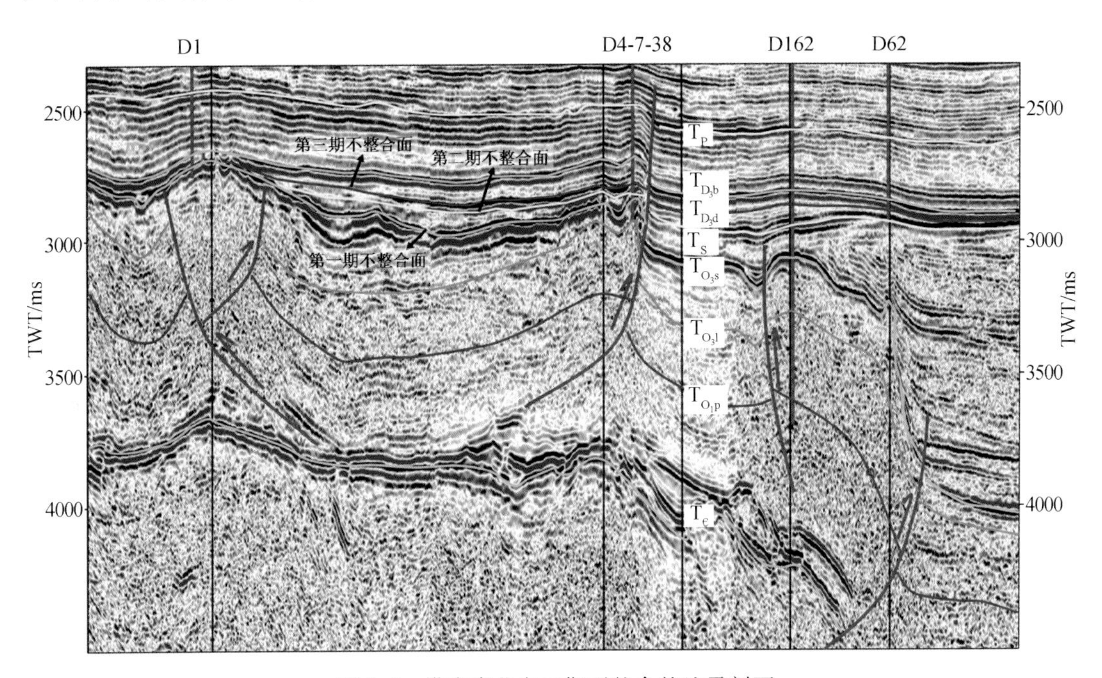

图 2.4 塔中南北向三期不整合的地震剖面

（二）洞穴充填分析法

塔中隆起洞穴充填物岩性包括碎屑堆积与化学堆积两种类型。碎屑充填物类型多样，包括各种粒级、各种成因类型、各种颜色的碎屑岩，如洞穴角砾岩、溶积砂砾岩、溶积砂泥岩等。化学充填物类型单一，主要为淀晶方解石。由于塔中隆起奥陶系三期古风化壳形成时，所处区域构造背景、陆源剥蚀区位置和基岩岩性以及上覆直接盖层的岩性迥异，因而当时洞穴或裂缝中的充填物岩石类型及其颜色也不同，据此可对风化壳及其中的溶洞进行定时断代。

中加里东期不整合面位于碳酸盐岩层系内部，在该期古风化壳形成时，即中奥陶世—晚奥陶世早期，尽管满东凹陷、塘古孜巴斯拗陷和古城鼻隆已逐渐演变为还原色的细碎屑岩沉积，但其地势却远低于塔中隆起。由此，中加里东期古风化壳缺少陆源碎屑充填，而仅为化学充填物，如纯净的方解石或溶洞角砾［图 2.5（a)］。

晚加里东期不整合面被下志留统柯坪塔格组上段灰绿、绿灰色砂泥岩所披覆。而且，在该期古潜山形成时，即晚奥陶世柯坪塔格组下段—早志留世柯坪塔格组中段沉积期，古气候湿润温暖，因而柯坪—塔北—满东的岩石颜色均为灰绿、绿灰色的还原色调。由此，造成晚加里东期古潜山中溶洞或当时裂缝的陆源碎屑充填物均为灰绿、绿灰色［图 2.5（b)］，而没有氧化色调的红色、紫红色碎屑物充填。

(a)

(b)

(c)

图 2.5　塔中奥陶系碳酸盐岩风化壳洞穴充填物特征

(a) DC1 井，中加里东期，4384.1～4391.9m，洞穴角砾岩角砾为 O_1y 泥粉晶灰岩；(b) D4-7-54 井，晚加里东期，小溶洞中充填的灰绿色溶积粉砂质泥岩；(c) D4-7-38 井，早海西期，3942.2m，溶洞中沉积的土黄色溶积泥质粉砂岩、粉砂质泥岩

早海西期不整合面被下石炭统东河砂岩或下泥岩段所披覆。其中，下泥岩段岩石的颜色突出地表现为灰绿、绿灰色与红色、紫红色间互。而且，在该期古潜山形成时，即整个泥盆纪，甚至中志留世依木干他乌组、早志留世塔塔埃尔塔格组沉积期，古气候演变为干燥炎热，且越来越干热，因而沉积物均以红色的氧化色调为特征。由此，造成早海西期古潜山中溶洞或当时裂缝的陆源碎屑充填物以灰绿、绿灰色与红色、紫红色为特征，甚至均为氧化色调的红色、紫红色碎屑物充填［图 2.5（c)］。

（三）地球化学分析法

应用常量、微量元素及其对氧化物、对元素比值，来判断沉积岩沉积时的古环境和古水介质条件，已成为沉积相研究的经典和常用方法之一。

本次研究选择对盐度最为敏感的 B 含量、B 当量（又称校正 B、符号 Bc）来作为定时断代的元素地球化学指标（表 2.4）。通过对溶洞或裂缝充填砂泥岩的 B 含量、B 当量的测定和分析，与志留系、泥盆系和石炭系沉积环境的背景值进行比对，确定其充填时期。

表 2.4　依据 B 含量、B 当量所确定的水体盐度指标

	水型	B 含量/ppm	B 当量（Bc）/ppm	
盐度指标	咸水	＞80	＞300	＞300～400
	半咸水	40～80	100～300	200～300
	淡水	＜40	＜100	＜200
资料来源	张宝民，1995			Walker and Price，1963

晚加里东暴露剥蚀期充填泥岩的 B 含量均＜40ppm[①]，指示大气淡水环境；其 B 当量为 114.51～287.79ppm，从而指示半咸水环境。在志留纪沉积初期充填于奥陶系风化壳残积角砾岩中的灰绿色泥岩，其 B 含量为 85.5ppm，刚刚达到咸水环境的指标；B 当量为 116.84ppm，指示半咸水环境。这些数据，类似于志留系沉积背景值。

早海西暴露剥蚀期充填的泥岩 B 当量为 21.95～201.52ppm，指示淡水-半咸水的古水介质环境。石炭纪沉积初期充填于风化壳残积角砾岩中的灰绿色泥岩，高角度缝中的紫红、灰绿色泥岩，其 B 含量为 105～211ppm，指示咸水环境；其 B 当量为 108.18～230.53ppm，从而指示半咸水的古水介质环境。这些数据，又类似于石炭系沉积背景值。

（四）地质综合分析法

通过对钻、录、测井和岩芯资料的综合分析，建立了塔中隆起碳酸盐岩古风化壳的识别标志。

岩芯地层古生物是鉴别地层缺失断代的主要方法，通过古生物地层分析，志留系、石炭系与奥陶系不整合的判识清楚，上奥陶统良里塔格组与中-下奥陶统鹰山组之间缺失约 11 个化石带：*S. chuxianensis*-*S. euspinus*-*Tangshanodus* sp. 带的一部分，*Aurilobodus leptosomatus*-*Loxodus dissectus* 带、*M. parva* 带、*L. varibilis* 带、*E. crassus* 带、*E. suecicus* 带、*P. serrus* 带、*P. anserinus* 带、*E. jianyeensis* 带、*B. alobatus* 带和 *B. compressa* 带的一部分，相当于缺失约 15Ma 的地层。

地质录井中的识别标志包括：①岩性突变，从碎屑岩直接进入碳酸盐岩；②泥浆漏失，岩屑砂样中出现常见自形、半自形亮晶方解石；③发生钻速明显加快、放空、蹩跳钻、井漏、井涌等现象。

岩芯上表现为：①出现岩溶角砾岩或洞穴充填物；②高角度溶蚀缝被红色、灰绿色泥质充填；③中小型溶蚀孔洞多被泥质充填或半充填，孔洞通常呈瓶颈状、葫芦状或串珠状。

在测井上出现突变，风化壳面上下在 GR、电阻率、声波时差及 Th/K 等曲线上表现为突变，风化壳顶面出现锯齿状自然伽马增高、密度降低、电阻率降低、井径扩大等（图 2.6）。

① $1ppm=1mg/kg=1mL/kL=1\times10^{-6}$。

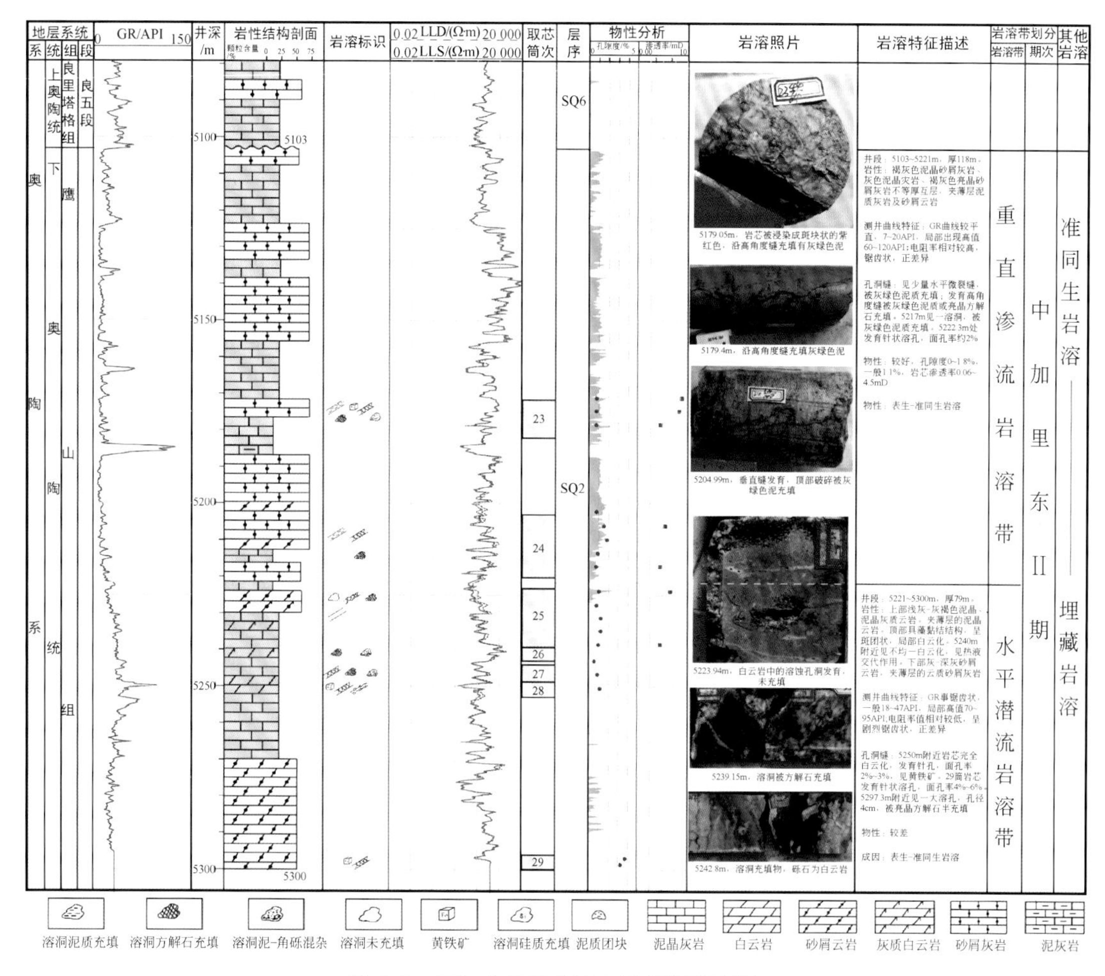

图 2.6　D12 井奥陶系鹰山组岩溶剖面图

二、塔中奥陶系海相碳酸盐岩不整合特征

塔中地区经历多期强烈的构造作用，其奥陶系碳酸盐岩经抬升而遭受了大面积、强烈的风化剥蚀作用，受大气淡水淋滤、地表径流和地下暗河的侵蚀溶蚀作用，形成风化壳岩溶储层。综合分析，塔中奥陶系碳酸盐岩主要发育早奥陶世末—晚奥陶世初的中加里东期、晚奥陶世末—志留纪初的晚加里东期，以及泥盆纪—石炭纪初的早海西期等三期不整合（表 2.5）。其中，下奥陶统鹰山组（O_1y）与上覆上奥陶统良里塔格组（O_3l）之间的不整合，位于碳酸盐岩层系内部为隐蔽不整合；晚加里东期、早海西期两期不整合位于碳酸盐岩顶面极易识别。

其中，中加里东期不整合分布范围最大，暴露时间最长，岩溶作用最为强烈，勘探潜力也最大，是目前塔中地区碳酸盐岩勘探开发的主力层系。晚加里东期和早海西期不整合风化剥蚀范围相对较小，主要分布在塔中主垒带及其南斜坡，多期岩溶作用叠加复杂，充填严重。

表 2.5　塔中隆起古生界中的三期不整合特征

<table>
<tr><th colspan="3">三期不整合</th><th rowspan="2">期间缺失的地层</th><th rowspan="2">缺失地层的时限</th></tr>
<tr><th>名称</th><th colspan="2">地层接触关系</th></tr>
<tr><td rowspan="2">早海西期</td><td colspan="2">石炭系（C）</td><td rowspan="2">泥盆系—志留系和上奥陶统桑塔木组（O_3s）；甚至泥盆系—志留系和整个上奥陶统（O_3）</td><td rowspan="2">仅按泥盆系计算就可达 38Ma</td></tr>
<tr><td>上奥陶统
良里塔格组（O_3l）</td><td>下奥陶统
鹰山组（O_1y）</td></tr>
<tr><td rowspan="2">晚加里东期</td><td colspan="2">柯坪塔格组上段（S_1k^3）</td><td rowspan="2">下志留统柯坪塔格组中段（S_1k^2）、上奥陶统柯坪塔格组下段（O_3k^1）和桑塔木组（O_3s）；甚至下志留统柯坪塔格组中段（S_1k^2）至整个上奥陶统（O_3）</td><td rowspan="2">约 10Ma 左右；若考虑 O_1y 上部的缺失，则达 18Ma</td></tr>
<tr><td>上奥陶统
良里塔格组（O_3l）</td><td>下奥陶统
鹰山组（O_1y）</td></tr>
<tr><td rowspan="2">中加里东期</td><td colspan="2">上奥陶统良里塔格组（O_3l）</td><td rowspan="2">上奥陶统底部的吐木休克组（O_3t）和中奥陶统一间房组（O_2y）</td><td rowspan="2">约 15Ma</td></tr>
<tr><td colspan="2">下奥陶统鹰山组（O_1y）</td></tr>
</table>

（一）中加里东期不整合

早奥陶世末—晚奥陶世初，受控于昆仑岛弧与塔里木板块的弧-陆碰撞作用，塔中乃至巴楚台地整体强烈隆升，下奥陶统上部地层裸露为灰云岩山地，遭受强烈剥蚀和风化、淋滤，从而形成中加里东期岩溶风化壳，中加里东期不整合在地震、地质剖面以及古生物资料上具有明显的响应特征。

地震剖面上，该不整合面对应于 T_{O_31} 反射界面，与代表中加里东期构造运动面相对应，波及范围广，对下伏地层产生大规模的削蚀，不整合面易于识别（图 2.4）。

通过古生物地层与区域进行对比，表明塔中大部分地区也出现生物断带，缺失了中奥陶统一间房组和上奥陶统底部的吐木休克组地层。

测井资料表明，不整合面上下测井曲线形状发生突变，如 D12、D162、D43 以及 M10 等井，不整合面上下在 GR、电阻率、声波时差及 Th/K 等曲线上表现为突变的响应特征，这种突变是由于沉积环境发生变化导致地层岩性发生变化或缺失部分地层所致。因为下奥陶统鹰山组总体为开阔台地相沉积，水体浅而平面变化不大，岩性为灰色、褐灰色灰岩，云质灰岩和灰质白云岩不等厚互层，富含硅质团块或条带，白云质含量自下而上逐渐减少；而上奥陶统为陡坡型镶边台地相沉积，岩性为灰色、褐灰色灰岩。

综合以上特征，可识别出中加里东期不整合岩溶风化壳的范围广布于塔中-巴楚-麦盖提斜坡地区，面积达 11 万 km^2，塔中古隆起整体抬升，形成第一期广泛分布的古风化壳岩溶（图 2.7），是目前塔中隆起碳酸盐岩勘探开发的重要领域。

（二）晚加里东期不整合面

晚加里东期岩溶风化壳主要分布在塔中主垒带、D16 井区和塔中南斜坡（图 2.8）。在剖面上，被早志留世柯坪塔格组上段所覆盖。不整合风化壳在测井上均表现为高伽马-低电阻特征，易于识别；在地震剖面上，由于它分布于碎屑岩与碳酸盐岩之间而具有明显的波阻抗差异，因而无论是二维还是三维地震剖面，均有明显响应而极易识别。

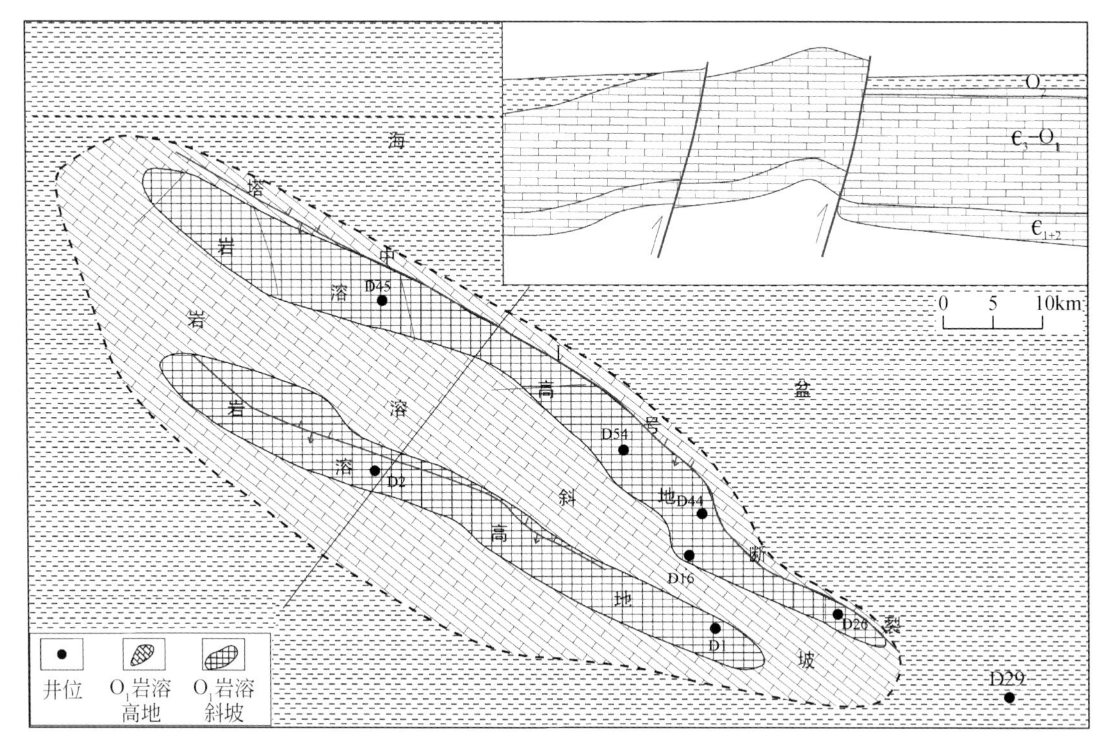

图 2.7　塔中地区中加里东期岩溶风化壳分布图

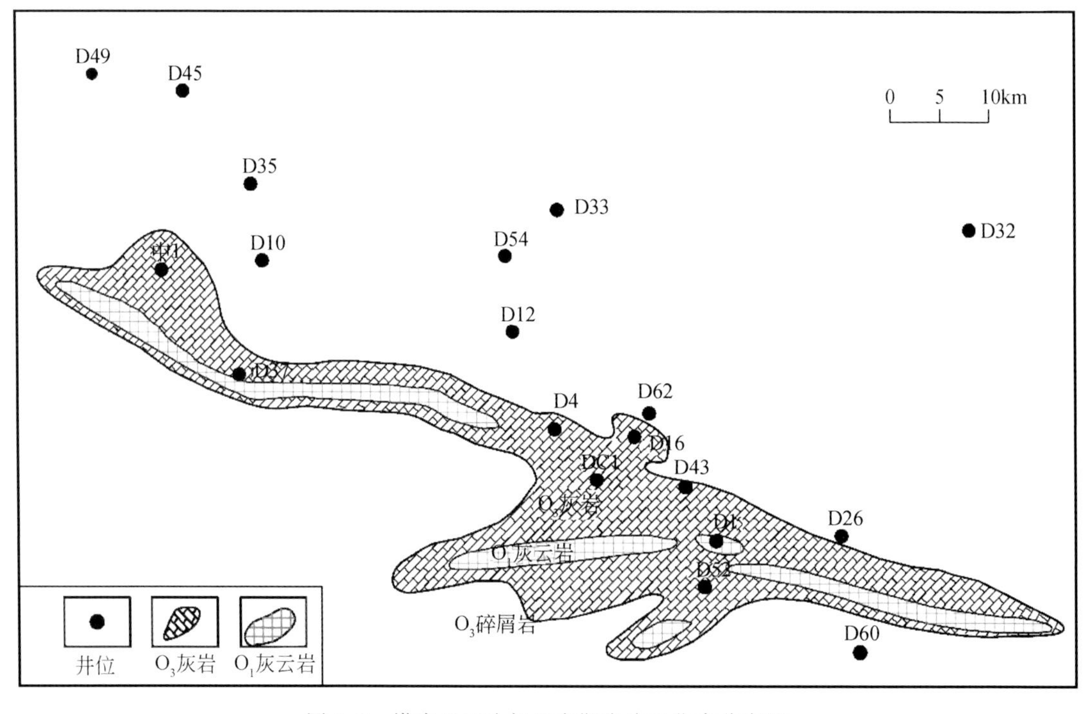

图 2.8　塔中地区晚加里东期岩溶风化壳分布图

基岩主要为上奥陶统良里塔格组，其次是再次遭受叠加溶蚀的下奥陶统鹰山组灰云岩分布区。特别是塔中中部凸起为中加里东—早海西期塔中隆起古地貌最高的部位，因而它在早海西期又再次遭受叠加溶蚀，从而导致前两期（中、晚加里东期）的古岩溶被破坏、剥蚀甚至荡然无存，而仅仅保存最新一期早海西期古岩溶的证据。

（三）早海西期不整合面

泥盆纪早中期，古昆仑洋闭合、南天山洋俯冲削减，遍及塔里木全盆地的早海西期构造运动发生。由于塔东南前陆冲断带的进一步向克拉通方向迁移，导致塔中-巴楚隆起进一步自南向北（现今方位）掀斜，塔北隆起进一步自北向南掀斜，塔北、塔中两大古隆起均同时发育碳酸盐岩潜山风化壳。

在塔中地区，受挤压冲断和自南向北的掀斜作用控制，一方面导致志留系顶部自北向南大规模削蚀且剥蚀幅度越来越大，上覆泥盆系柯孜尔塔格组红砂岩沉积仅残余在塔中隆起西北角；另一方面，致使塔中东部、南部地区大面积暴露而遭受剥蚀和风化淋滤，中央断垒带西部的潜山高部位也再次遭受风化淋滤，石炭系砂岩或其上泥岩披覆沉积在由上奥陶统良里塔格组灰岩或下奥陶统鹰山组灰云岩组成的古潜山之上，从而形成第三期岩溶风化壳（图 2.9）。在剖面上，该期不整合面被石炭系砂岩或泥岩所覆盖。其后，塔中地区以整体升降为主，没有大规模的构造活动和暴露、风化剥蚀。

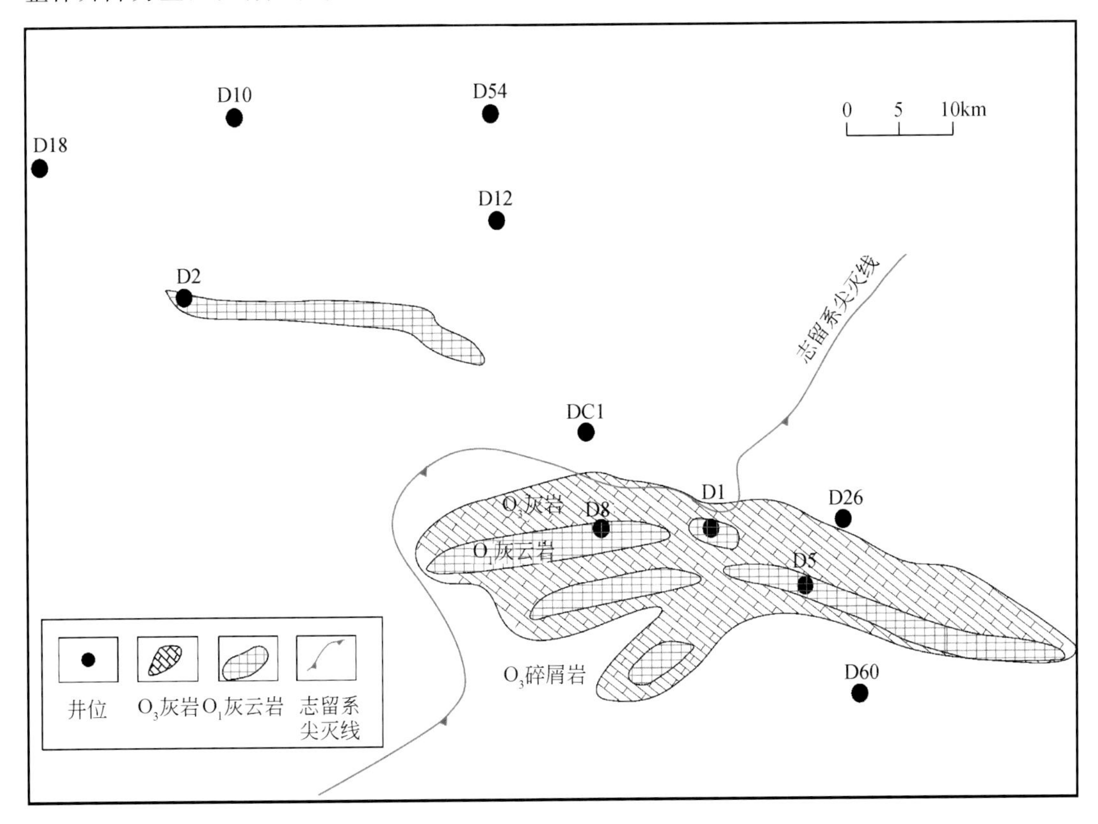

图 2.9　塔中石炭系沉积前古潜山分布图

早海西期岩溶风化壳分布除塔中主垒带的D2井一带，主要分布东部D8-D5井区，其面积约2000km²。

第三节 断裂体系与构造演化特征

塔中隆起历经多次构造运动的影响，形成了“帚状”分布的向东收敛、向西发散的逆冲断裂，同时发育北东向的走滑断裂，造成塔中隆起南北分带、东西分块的构造格局（图2.10）。

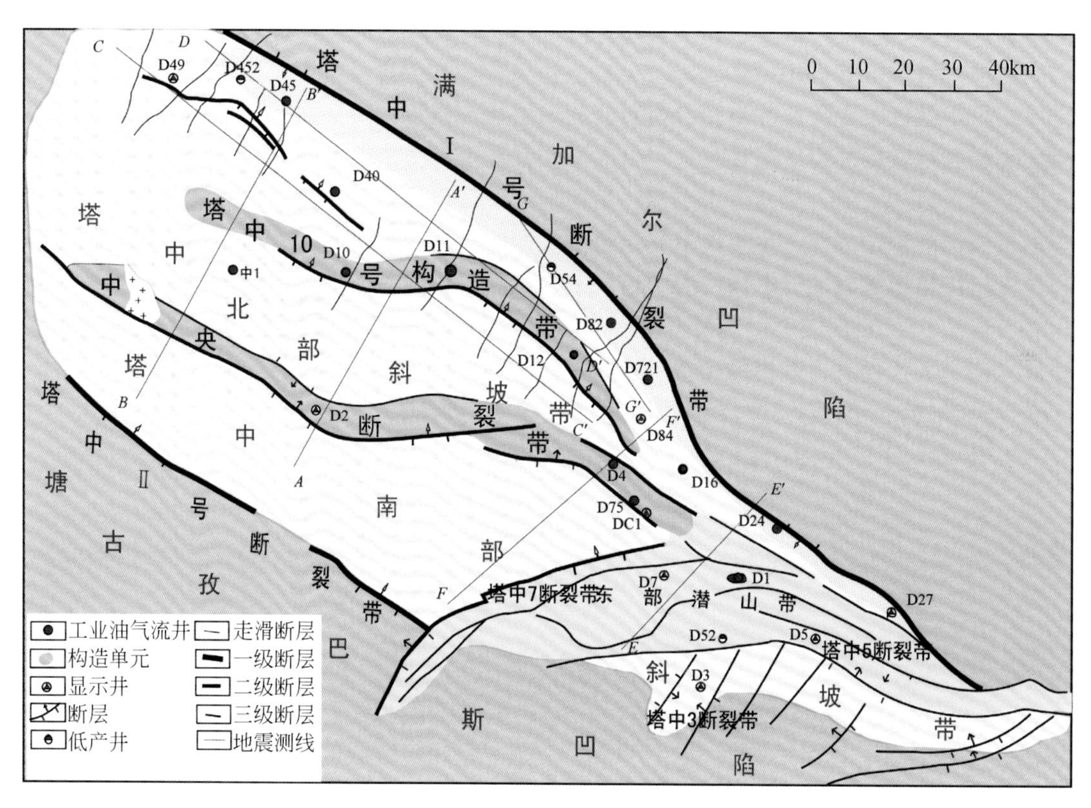

图2.10 塔中隆起构造单元图

一、塔中隆起断裂发育特征

（一）逆冲断裂

对塔中构造南北分带影响最大的是发育的7条断裂带，即塔中Ⅰ号断裂带、塔中Ⅱ号断裂带、中央断裂带、塔中10号构造带、塔中7断裂带、塔中5断裂带和塔中3断裂带（图2.10～图2.12）。这些断裂在纵向上多发育在下古生界发育，断裂多为基底卷入式的构造样式。

塔中Ⅰ号断裂带为发育在塔中古隆起的北缘与满加尔凹陷转折端上的逆冲断裂，是

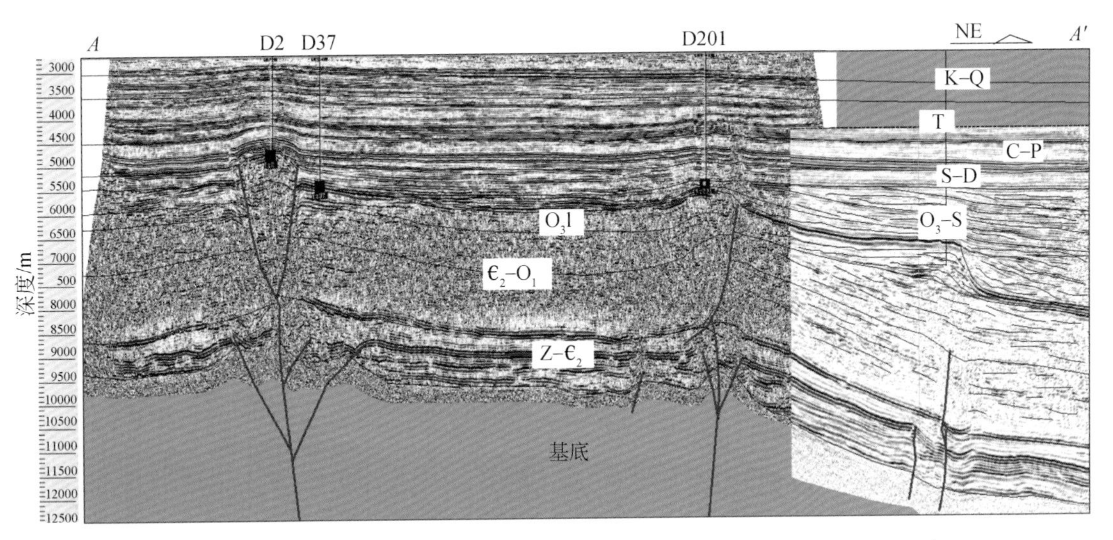

图 2.11　过塔中隆起西部地震剖面及其构造样式（位置见图 2.10 中的 *A*-*A*′）

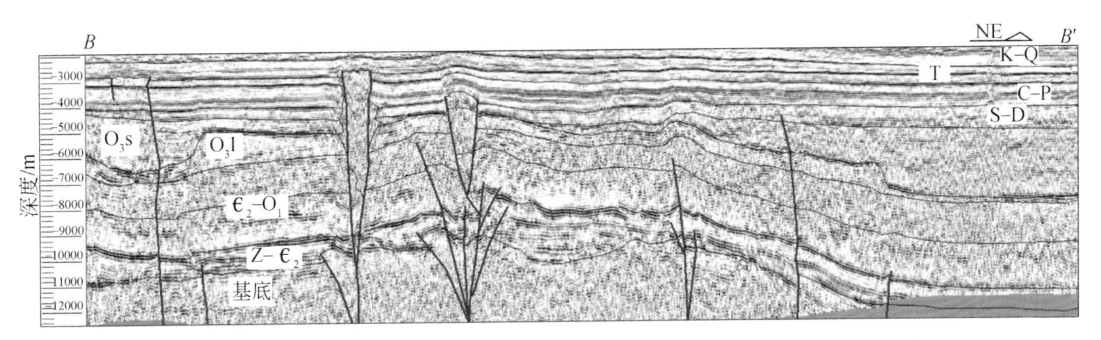

图 2.12　过塔中隆起西部地震剖面及其构造样式（位置见 2.10 中的 *B*-*B*′）

构成塔中隆起东部与北部坳陷的分界断裂，呈北西走向，断裂长 218km，最大落差 1500m。它的形成对塔中北坡南北两翼中上奥陶统沉积相带分布及地层的发育起一定的控制作用。寒武纪—早奥陶世形成，奥陶纪末基本定型（李明杰等，2006；张承泽等，2008；李本亮等，2009）。

塔中Ⅱ号断裂带位于塔中隆起与塘古凹陷之间，是发育在隆起向凹陷转折端的边界逆冲断裂，延伸长度 81km，呈北西西、北东走向。早奥陶世前形成，到奥陶纪末基本定型。

中央断裂带位于塔中隆起的轴脊部位，由背冲断裂和所夹持的断垒块构成，呈北西向展布，南缘断裂长 89km，北缘断裂长 52km，最大落差 900m。主要发育期为奥陶纪，到海西晚期再度活动。塔中中部凸起构造带的形成及演化与其南北缘断裂的发育有密切关系。

塔中 10 号构造带位于塔中隆起北斜坡的中部，呈北西走向，由塔中 10 号、塔中 12 号断裂及断层相关褶皱构成，全长约 50km，是一条具有逆冲断裂。加里东晚期运动使塔中 10 号断裂及相伴生的褶皱构造开始发育形成并基本定型，海西晚期活动程度较弱。

塔中 7 断裂带位于塔中中部凸起东南部的 D7 井区、D8 井区，呈北东向延伸的逆冲断裂。北缘断裂延伸长度为54km，南缘断裂延伸长度为60km。断裂在地震剖面上呈背冲断裂样式。奥陶纪为断裂主要发育期。

（二）走滑断裂

在新三维地震资料基础上，发现塔中北斜坡发育大量北东向走滑断裂。这些断裂主要分布在石炭系以下，由3个部分组成，即主干边界断裂、尾端羽列断裂和拉分地堑。

主干边界断裂：剖面上表现为高角度近似直立断面，直插入基底，上截至于石炭系底部地层，垂向断距不大，断层两侧地层产状有变化，正、逆断层均可发育，断裂较单一，延伸较远，剖面上呈“负花状构造”（图2.13）。

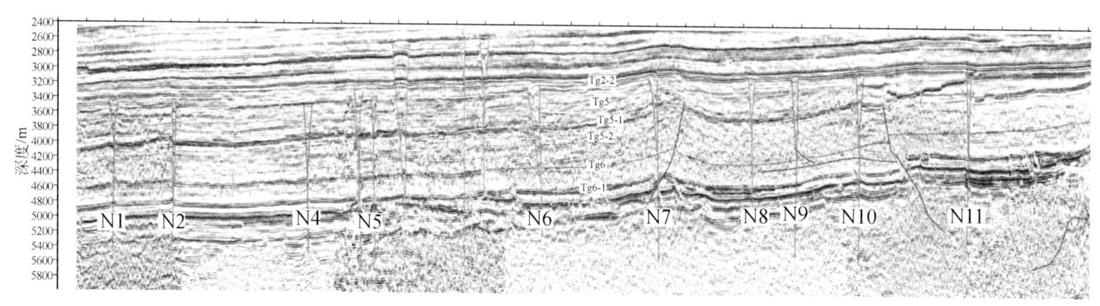

图2.13　塔中隆起地震剖面（位置见2.10中的C-C'）

尾端羽列断裂：在主干断层的尾端发育，主要位于主干断裂的北端，有一系列北北西向的羽列断裂组成，羽列断裂一般延伸距离较短，多表现为正断性质，在剖面上呈“负花状构造”样式（图2.14）。

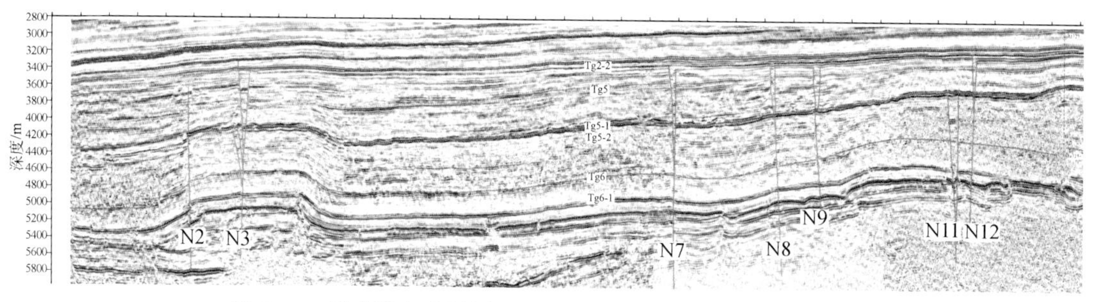

图2.14　塔中隆起地震剖面2730（位置见图2.10中的D-D'）

拉分地堑：断裂的重叠部位形成了拉分地堑，平面上呈菱形，菱形拉分地堑南北边界受多级断层控制，在D12井区、D13井区和D14井区分布（图2.11）。

（三）断裂平面分布特征

在下古生界构造图上，塔中隆起北西-南东走向的逆冲断裂、北东-南西走向的走滑断裂发育，造成塔中构造南北分带、东西分块。

逆冲断裂造成塔中隆起南北分带。塔中隆起挤压断裂主体呈北西向、北西西向、北东向、东西向4组方向发育。根据塔中地区奥陶系碳酸盐岩逆冲断裂带分布特征，从北向南可进一步划分为七大断裂带。

走滑断裂造成塔中构造东西分块。走滑断裂呈北东向、北北东向，主要分布在塔中中西部。在塔中隆起三维地震区内，从西向东发育15组大型的北东向展布的走滑断裂。以一定近等间距离呈带状出现，截切主体挤压断裂。一系列北东向走滑断裂的发育对塔中地质结构具有强烈的改造作用，造成塔中挤压构造的区段性与差异性（李传新等，2009）。

二、塔中隆起断裂发育期次及其成因

塔中地区发育多期、多类型断裂，与塔里木盆地区域构造背景应力环境密不可分。塔中隆起主要存在四期关键的断裂发育期，即加里东早期的张性正断层、加里东中晚期压扭断裂体系、加里东末期—早海西期左行走滑断裂及二叠纪岩浆刺穿断裂等4个发育期。

寒武纪—早奥陶世期间，塔里木盆地西南缘与北缘分别发育北昆仑裂谷盆地和南天山裂谷盆地，塔里木板块及其周缘处于拉伸的构造环境，特别是库鲁克塔-满加尔拗拉槽，可以看到比较清楚的张性正断层。塔中地区为克拉通内浅海碳酸盐岩台地，受区域伸展背景影响，在克拉通内具有微弱的拉张作用，仅在局部发育有小型的张性断裂。在三维区沿塔中Ⅰ号断裂带有断距较小的高角度正断层发育（图2.15），在东、西两侧断裂连续，中段不连续，成为后期断裂再活动的边界，并对台缘带的发育有控制作用。

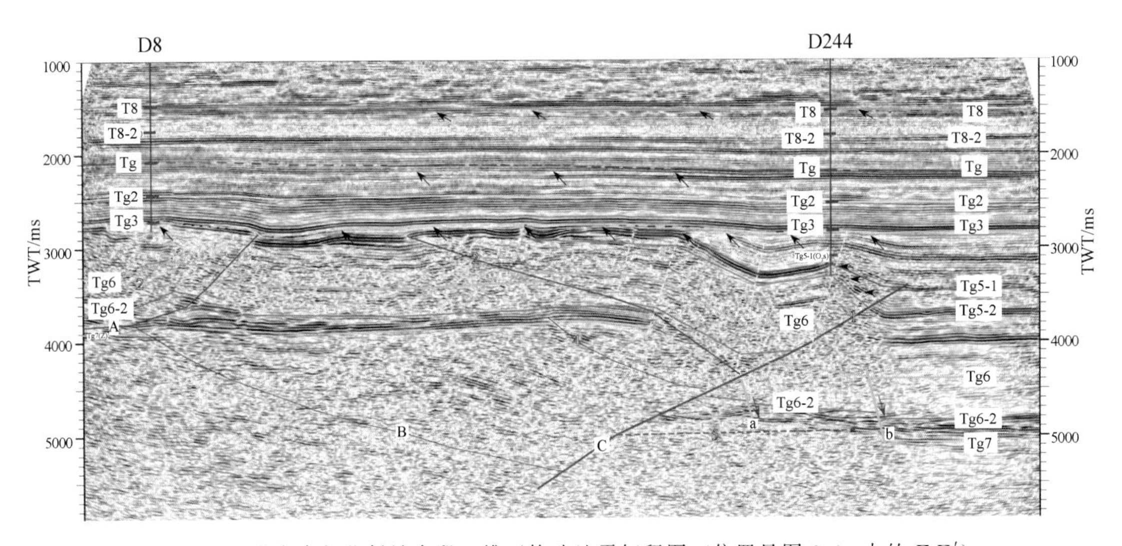

图2.15　塔中隆起北斜坡东段三维区构造地震解释图（位置见图2.10中的E-E'）

中奥陶世晚期—晚奥陶世早期，古昆仑洋发生强烈的俯冲削减，受南北向强烈挤压，塔中-塔西南古隆起形成。在南北向构造挤压作用下，受早期构造格局的影响，塔中Ⅰ号断裂带、塔中主垒带、塔中Ⅱ号断裂带等北西向逆冲断裂带形成，并控制了塔中北西向古隆起的构造格局，“一垒两面坡”的构造面貌一直保持至今（图2.16）。奥陶纪末期，塔中古隆起继承性发育，以褶皱抬升为主，中部抬升剥蚀强烈，断裂继承性发育，斜坡区塔中Ⅰ号断裂带中西部、塔中Ⅱ号断裂带基本停止活动。

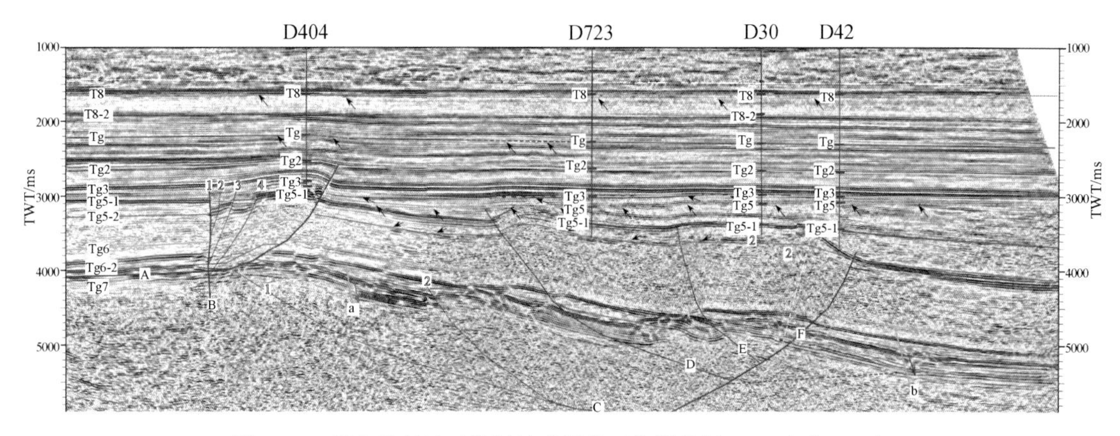

图 2.16　塔中北斜坡三维区地震测线（位置见图 2.10 中的 *F*-*F*′）

志留纪末—中泥盆世，塔里木克拉通的南、北两侧皆发生强烈的碰撞作用。南部塔里木板块南侧甜水海地体与昆仑地体发生碰撞、北羌塘地体北边的洋壳向北俯冲。塔里木地块南北两侧所发生的强烈碰撞作用进一步导致塔中隆起带抬升，并且斜向碰撞作用也使隆起带内压扭性构造进一步加强，使塔中地区处于左旋压扭应力场中。西南部阿尔金发生强烈的构造活动，在塘古拗陷与塔中东部形成大型的多排北东向冲断带。塔中北斜坡受北西向斜向挤压作用，由于基地存在北东向隐伏断裂，造成沿北东向隐伏断裂上的剪切变形，形成系列北东向的左旋走滑断裂带。这种剪切变形明显切割早期形成的北西向冲断层，冲断带被切割成小块体，依次左行滑动。走滑断裂向上断至志留系—泥盆系，也是断裂破碎带影响最大的层系，极少进入上覆地层，志留纪末—晚泥盆世是走滑断裂的主要发育期（图 2.17）。同时，在中央主垒带、塔中 5 断裂带等也有右旋扭压作用，断裂发生继承性斜向冲断。

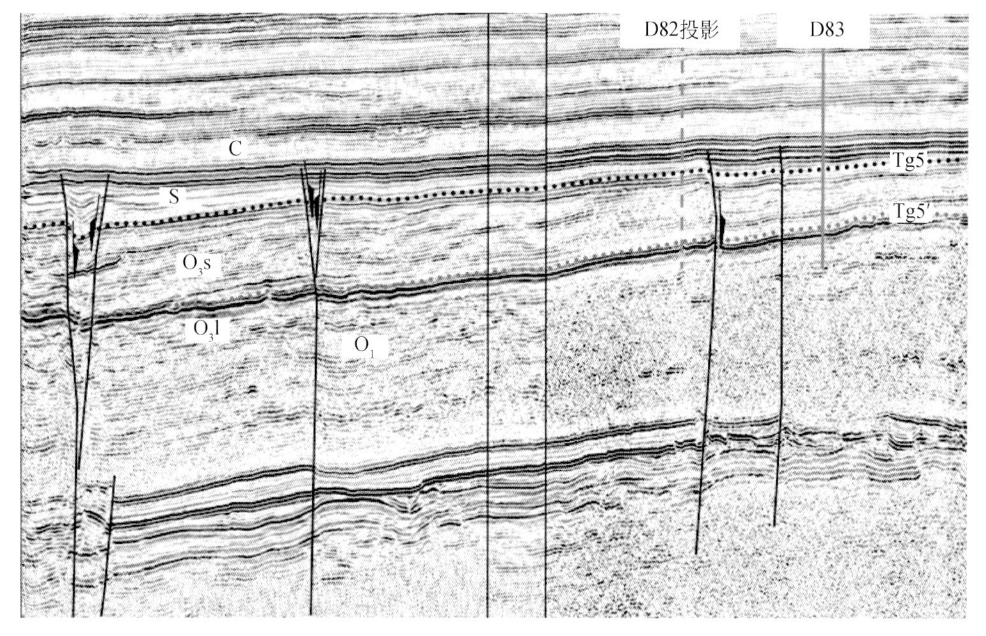

图 2.17　塔中北部斜坡区 D54-D83 井区东西向地震测线（位置见图 2.10 中的 *G*-*G*′）

晚海西期，随着塔里木南缘古特提斯洋俯冲和南天山弧后盆地的关闭，塔中地区构造应力场由挤压向拉张转化，塔中西部发生大规模的岩浆喷发和侵入。岩浆刺穿对早期断裂进行叠置和改造，岩浆侵入和底辟作用致使地层隆升，形成一系列逆断层性质的“正花状构造”，同时也存在一些垮塌的正断层性质的“负花状构造”。后期的构造运动以整体抬升和翘倾为主，且断裂不发育。

三、塔中隆起构造演化

塔中隆起经历多期的构造运动，是一个继承性发育的大型古生代古隆起，晚古生代至中新生代稳定沉降，未受断裂强烈切割的破坏（图 2.18、图 2.19）。

（一）早加里东期：克拉通内碳酸盐岩台地发育阶段

从震旦纪至早奥陶世早中期，古塔里木板块东北边缘为被动大陆边缘，陆缘拉张活动从东北向西南扩展，逐渐形成了库鲁克塔格-满加尔拗拉槽与塔西克拉通内台地，造成了东深西浅的沉积古地理格局，控制了寒武纪—早奥陶世沉积环境的分布和发展演化。塔中地区位于塔西克拉通内台地中东部，在该时期沉积地形平坦，发育一套浅海台地相碳酸盐岩沉积。该时期仅有局部小型正断裂发育，塔中是与塔北连为一体的大型稳定发育的台地。

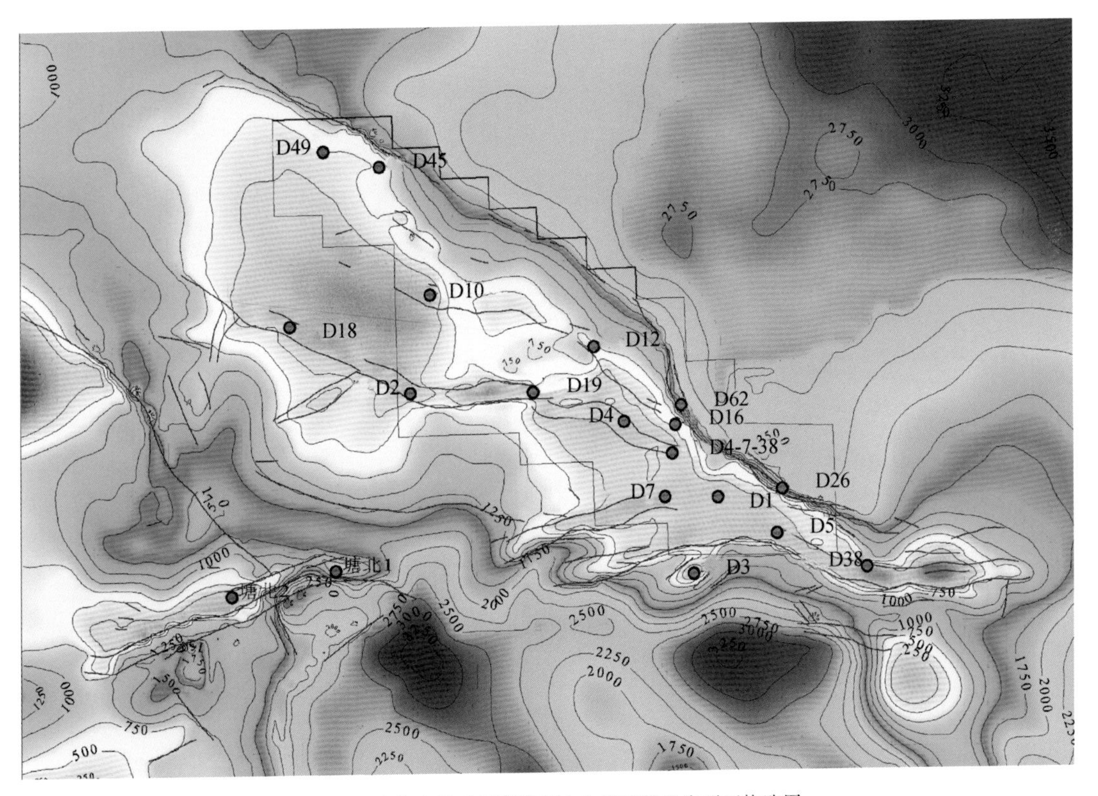

（a）塔中隆起志留系沉积前下古生界碳酸盐岩顶面构造图

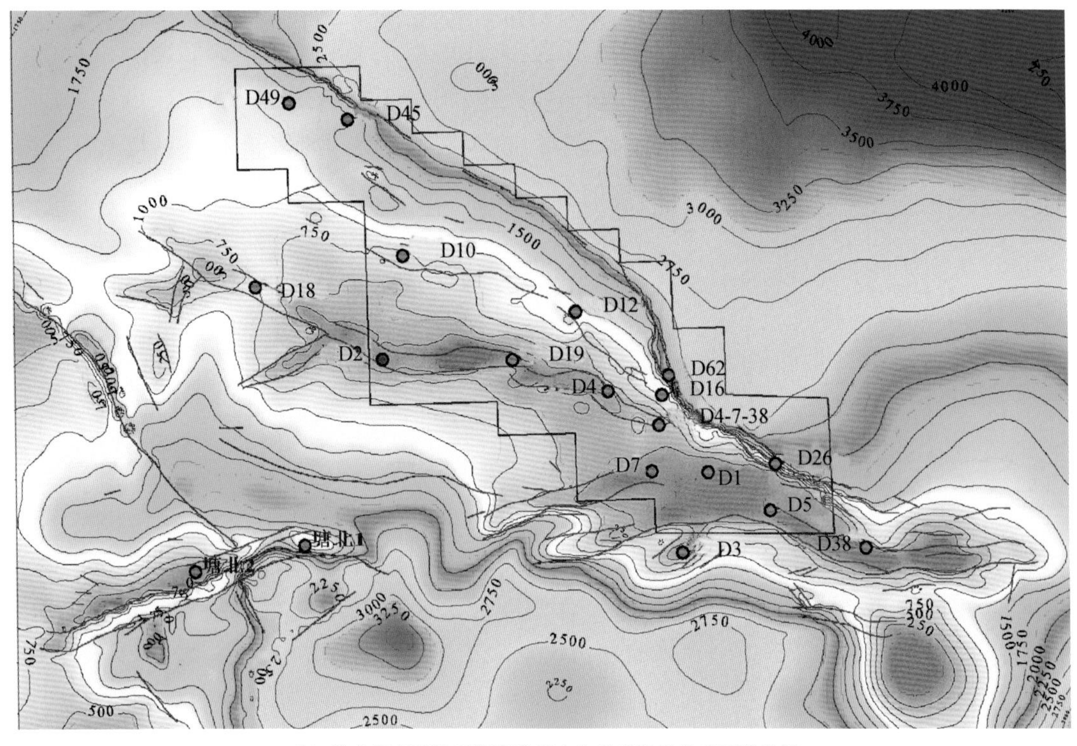

（b）塔中隆起石炭系沉积前下古生界碳酸盐岩顶面构造图

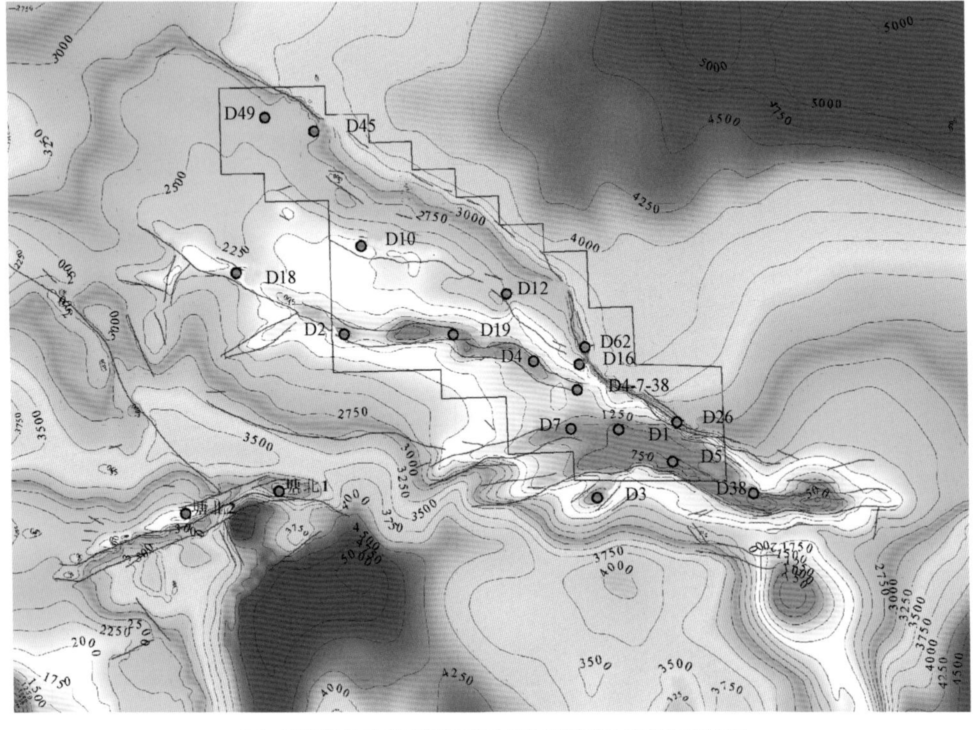

（c）塔中隆起三叠系沉积前下古生界碳酸盐岩顶面构造图

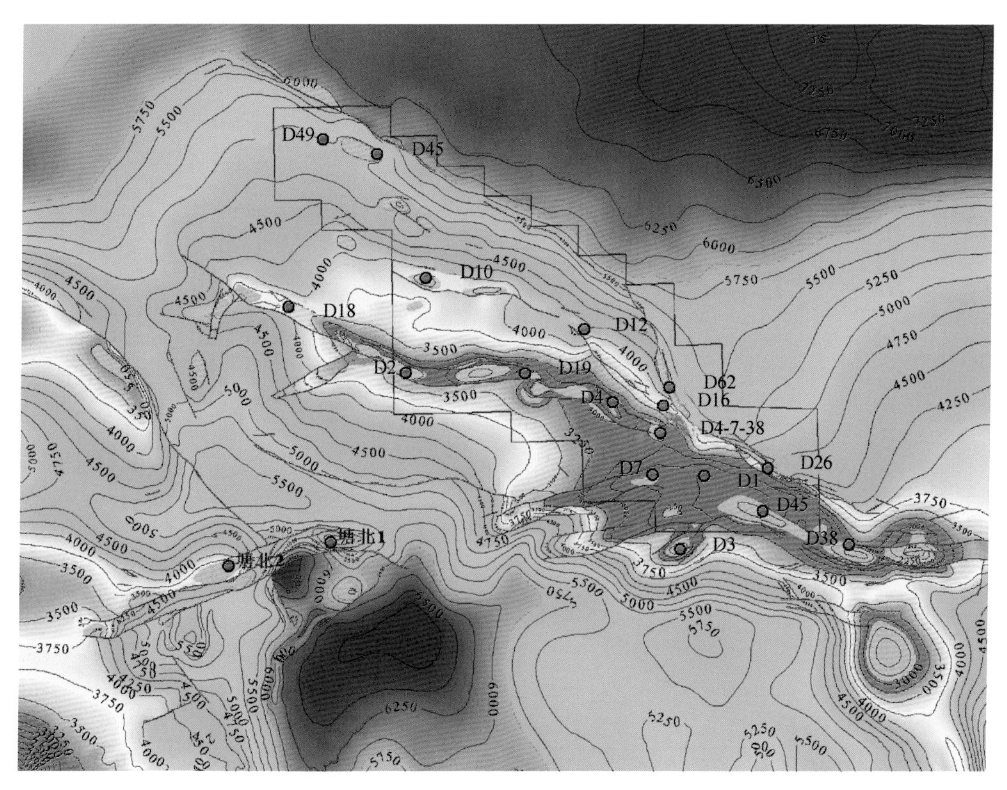

（d）塔中隆起古近系沉积前下古生界碳酸盐岩顶面构造图

图 2.18　塔中隆起各时期顶面构造图（单位：m）

（二）中晚加里东期：古隆起形成阶段

早奥陶世晚期，区域构造应力场开始由南北向的引张向南北向的挤压转化。D5 井至塔中Ⅰ号断层东段一带，塔中Ⅰ号同生断层带开始发育，它是由多阶断层组成的基底深断层，宽十余公里，走向近南北。在沉积特征上，表现为 D5 井、D38 井下奥统上部发育岩崩、滑塌-重力流沉积体系。该同生断层带东侧，早奥陶世早中期的开阔台地相-台地边缘相大面积沉陷，台地沉陷宽度范围约 120km。

早奥陶世晚期—晚奥陶世早期阶段，南缘造山带及盆内从拉张环境转为挤压环境，塔中地区发生整体隆升，北西向古隆起已具雏形，在隆起的高部位产生地层剥蚀缺失。隆起形态不对称，此时隆起西高东低。晚奥陶世末期，塔中地区受东南部强烈的冲断挤压，形成东高西低的构造格局，中、上奥陶统遭受不同程度的剥蚀直至剥蚀殆尽，志留系角度不整合于中、上奥陶统不同层位至下奥陶统之上，形成了一个规模最大的区域不整合面。受早期构造格局的影响，塔中主要受满加尔稳定块体的阻挡和早期断裂薄弱带的制约，这个时期形成的断层在塔中东段主要为北西向的冲断挤压。

在奥陶纪末的剥蚀夷平面上超覆沉积了一套志留系潮坪相砂泥岩地层。加里东晚期运动使志留系地层隆升并遭受剥蚀。该期塔中南北缘断层断距继续加大，同时在塔中中部地

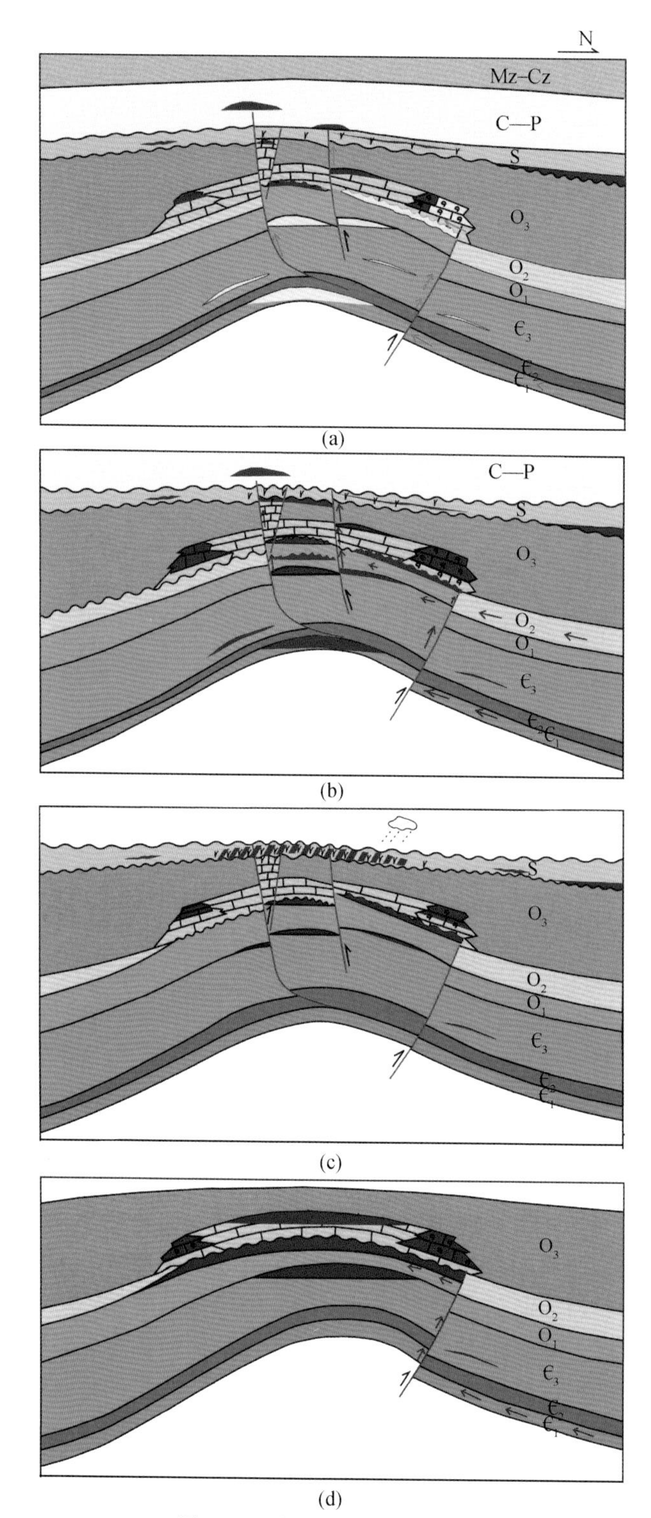

图 2.19　塔中隆起构造演化图

(a) 喜马拉雅期；(b) 晚海西期；(c) 石炭系沉积前；(d) 晚奥陶世桑塔木组泥岩沉积期

区发育多条次级反向逆断层，组成塔中地区次级背冲式垒块构造。经过奥陶纪末和志留纪末两次区域性挤压抬升，塔中古隆起形成。

（三）早海西期：古隆起调整改造阶段

泥盆纪末期的海西早期构造运动波及整个盆地，是塔里木盆地一次重要的构造变动（贾承造等，2004），它使塔中隆起进一步隆升并定型。海西早期，塔中地区遭受来自西南方向的强烈挤压作用，塔中东部地区发生强烈的抬升剥蚀，剥蚀厚度为300～1200m。泥盆系、志留系地层遭受强烈剥蚀，形成石炭系与下伏地层间的角度不整合接触。自西向东，石炭系地层呈超覆沉积，反映了石炭系沉积前的古地貌呈东高西低。

经过加里东晚期和海西早期的构造运动，塔中隆起和其上的左行雁列式背斜、逆断层带的构造格局基本形成。

（四）海西晚期—燕山期：古隆起整体升降阶段

石炭纪—白垩纪，塔中地区与周缘地区连为一体，成为稳定的克拉通内拗陷的一部分，仅存在微弱构造调整和局部活动。早二叠世晚期，塔中西部地区形成中基性火山岩喷发和岩浆侵入，造成石炭系向上拱曲及下二叠统在构造高部位的顶薄翼厚现象，形成披覆背斜和同沉积背斜。塔中东部地区在该时期构造较为稳定。印支-燕山期，塔中隆起主要表现为整体沉降和翘倾，对石隆起的形态影响不大。塔中奥陶系灰岩顶面构造图形态基本一致。

（五）喜马拉雅期：快速深埋阶段

新生代初始，塔里木盆地形成弱伸展的构造背景，广泛发育古近系沉积，塔里木盆地整体连为一体，在北部拗陷、塔北南部形成宽缓的中部隆起，塔中位于中部隆起的南部斜坡区，古近系厚度较薄，与现今的中央隆起形态一致，只是现今南北沉降剧烈，中央隆起轴部向南迁移至塔中—巴楚一线，塔中成为库车前陆盆地的前缘隆起。

新生代塔里木盆地克拉通区进入快速深埋期，塔中地区整体沉降，厚达2000m以上，寒武系—奥陶系古隆起碳酸盐岩顶面埋深多4000～6000m，发生南东向翘倾，缺乏断裂，局部低幅度构造发生微弱调整，形成重要的新构造运动成藏期。

第四节　奥陶系沉积相特征及沉积相带展布

一、沉积岩相的综合研究方法

（一）岩芯综合识别

岩芯是十分珍贵的地质资料，是地质研究最直接的手段。塔中地区奥陶系礁滩体发育，岩石类型多样，沉积、成岩构造丰富，加之古岩溶发育、储集空间类型多。为了全面、客观、形象地反映塔中地区奥陶系碳酸盐岩沉积储层特征，通过大量文献调研从重点井岩芯剖切、典型岩芯抛光、岩芯精细观察、薄片鉴定复查入手，形成了岩芯描述规范，完成了取芯井段 1∶20 或 1∶50 岩芯描述，建立了岩芯综合观察描述数据库；精细刻画了岩石学类型特征，建立了碳酸盐岩岩石分类命名方案和不同沉积微相的识别标志，为奥陶系沉积微相研究奠定了坚实的基础。

（二）成像测井识别

1. FMI/EMI 成像测井相的概念和定义依据

随着塔中地区碳酸盐岩勘探领域的拓展与钻井取芯难度的加大，常规的岩芯已经满足不了研究的需要。20 世纪 70 年代前后，地球物理测井技术的发展和进步，使得利用自然电位和自然伽马等测井资料来分析沉积环境和沉积相成为可能，提出了“测井相”的概念。所谓“测井相”，是指沉积相在测井曲线上的响应特征，主要依据常规测井曲线的形态、幅度及齿化程度等参数表示。2006 年在塔中地区创新性地提出了“FMI/EMI 成像测井相”的概念，将其定义为“地层在 FMI/EMI 成像测井图像上的响应特征”，并用图像的颜色（或灰度）和结构参数予以表征。

静态 FMI/EMI 图像的颜色或灰度，是原始微电阻率成像测井数据经静态归一化处理，并用若干个颜色或灰度等级显示的结果（一般为 64～256 个）。其中，不同的颜色或灰度等级代表不同的电阻率变化区间。因此，静态图像反映了地层电阻率的相对大小，间接地刻画了地层的岩性。FMI/EMI 图像一般用白色—黄色—棕色—黑色系表示，颜色由浅到深，代表地层的电阻率由高到低，即白色和黄色等浅色系表示高阻特征，而黑色和棕色等深色系表示低阻特征［图 2.20（a）］。

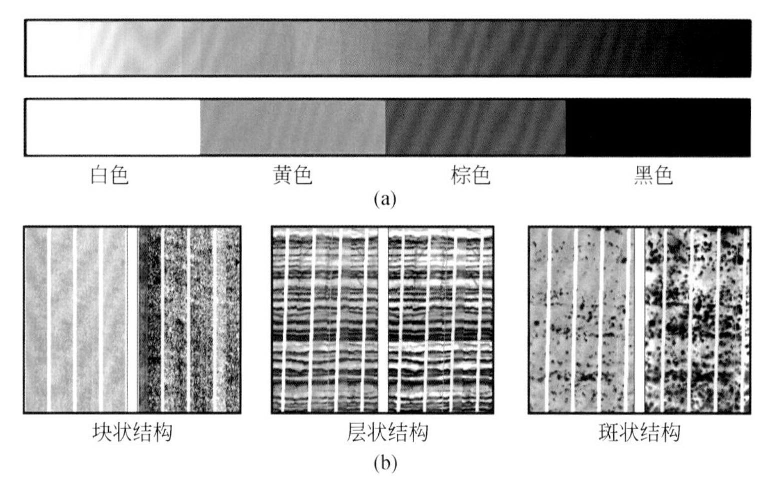

图 2.20　FMI/EMI 成像测井相的定义依据

（a）图像颜色；（b）图像结构

FMI/EMI 图像的结构参数指的是图像颜色的均匀程度和图像的纹理特征，通过点、线、面等图像要素的排列与组合特征体现出来。图像的结构反映了地层的岩性、结构和构造特征。根据结构特征的差异，可以将FMI/EMI图像划分为块状结构、层状结构和斑状结构等三大基本类型［图2.20（b）］。

块状结构（或称均质结构）指图像的颜色较均匀，内部缺乏纹理或其他结构特征。

层状结构的特点是，图像颜色不均匀，内部显示纹理和成层构造或颜色交替与递变特征，可以根据纹层的厚度、纹理面的形态及纹理的连续性等进一步细分：如按照纹层的形态及其组合关系划分为平行层状、交错层状和变形层状等结构类型；按照纹层厚度及其变化特征划分为厚层状（纹层厚度＞0.1m）、薄层状（＜0.1m）、递变层状（厚度向上或向下逐渐增大）和互层状（厚薄相间或颜色深浅间互）等结构类型。

斑状结构的特点是，图像颜色不均匀，呈斑块状。一般由深、浅两种颜色组成，呈孤立斑块状者表现为一种颜色，它们分散或“飘浮”在相对连续的颜色背景之中，后者反映岩石基质的电阻率。根据斑块和背景基质的颜色，可以将斑状结构进一步划分为亮斑和暗斑两个亚类。前者斑块颜色浅，主要为黄白色系，相应的岩石基质颜色偏深，反映斑块的电阻率比岩石基质的电阻率高；后者斑块颜色深，以黑棕色调为主，相应的岩石基质颜色偏浅，代表斑块的电阻率低于岩石基质的电阻率。

2. 碳酸盐岩FMI/EMI成像测井相分类原则和分类体系

根据定义依据，结合塔中地区奥陶系碳酸盐岩实际成像测井资料，提出了如表2.6所示的碳酸盐岩FMI/EMI成像测井相分类体系。该分类体系的制定，主要考虑了科学性与实用性两个基本原则。

（1）科学性。即每一种成像测井相应有严格的定义依据；每一种成像测井相在理解上无二义性，不存在重复定义现象；分类表应涵盖所有的成像测井相类型，不存在遗漏现象。此外，每一种成像测井相都应具有明确的地质意义。

（2）实用性。分类表应力求简单明了，在实际工作中具有可操作性，易于推广应用。

该分类体系首先按图像的结构特征将FMI/EMI成像测井相划分为块状、层状和斑状三大基本类型。然后，根据图像颜色和结构进一步细分，如层状相按结构特征进一步划分为平行层状相、交错层状相、递变层状相、变形层状相和互层状相等5个亚类；斑状相则按照斑块的颜色细分为亮斑相和暗斑相两个亚类，总共将碳酸盐岩FMI/EMI成像测井相划分为三大类15小类（表2.6）。

表2.6　碳酸盐岩FMI/EMI成像测井相分类体系

成像测井相类型		定义依据		地质解释
大类	小类	图像颜色		图像结构
块状相	低阻块状相（F11）	黑棕色系	块状	大型泥质充填溶洞；扩径段；厚层-块状礁丘相生物灰岩及滩相颗粒灰岩
	高阻块状相（F12）	黄白色系	块状	厚层-块状礁丘相生物灰岩和滩相颗粒灰岩

续表

成像测井相类型			定义依据		地质解释
大类		小类	图像颜色		图像结构
层状相	平行层状相	低阻平行厚层相（F21）	黑棕色系	内部纹层相互平行，且产状与地层顶底界面一致，单个纹层厚度＞10cm	发育平行层理或低角度交错层理的滩相沉积；发育水平层理的泥晶灰岩、泥质灰岩、泥灰岩及泥质或泥灰质洞穴充填沉积
		高阻平行厚层相（F22）	黄白色系		
		低阻平行薄层相（F23）	黑棕色系	内部纹层相互平行，且产状与地层顶底界面一致，单个纹层厚度＜10cm	
		高阻平行薄层相（F24）	黄白色系		
	交错层状相	低阻交错层状相（F31）	黑棕色系	纹层成组出现，组与组之间产状不一致	发育板状、槽状、楔状等交错层理的碳酸盐岩
		高阻交错层状相（F32）	黄白色系		
	递变层状相	正向递变层状相（F41）	向上颜色渐深	单层厚度向上减薄	向上水体加深、粒度变细、厚度变薄的准层序，或正向递变层理
		反向递变层状相（F42）	向上颜色渐浅	单层厚度向上增大	向上水体变浅、粒度变粗、厚度增大的准层序，或反向递变层理
层状相	变形层状相	低阻变形层状相（F51）	黑棕色系	纹层扭曲变形	台地边缘斜坡带滑塌沉积；泥质条带灰岩或“瘤状”灰岩；发育变形层理的大型洞穴充填沉积；强烈溶解作用改造形成的网状或蜂窝状碳酸盐岩；缝合线化的碳酸盐岩
		高阻变形层状相（F52）	黄白色系		
	互层状相（F61）		颜色深浅交互	纹层厚薄相间	发育水平层理的泥晶灰岩与泥质灰岩（或泥灰岩）的互层（滩间海）；丘滩边缘相与滩间海相交互沉积；潜流带顺层溶蚀层与未溶蚀层交互
斑状相	亮斑相（F71）		颜色不均匀，呈斑块状；斑块颜色较浅，背景基质颜色相对较深		泥质条带灰岩或瘤状灰岩；岩溶角砾岩；裂隙化假角砾岩；网状缝合线化灰岩；遭受强烈溶解作用改造的灰岩；发育方解石充填的中小型溶洞的灰岩；礁（丘）翼角砾岩
	暗斑相（F72）		颜色不均匀，呈斑块状；斑块颜色较深，背景基质颜色相对较浅		未充填-半充填的中小型溶洞发育带；砂泥质充填的中小型溶洞发育带

（三）地震相识别

1. 地震相划分依据及命名方法

依据地震反射在剖面和平面的组合特征，总结规律，将具有相同地震反射特点的平面区域或立体空间组合成不同的相带，这就是地震相划分的原则。地震相有3种基本类型，包括地震反射结构、地震反射构造和地震相外形单元。3个地震相标志均可从3个层次上来定性描述。

地震反射结构：地震反射在剖面上的表征称为地震反射结构，主要包括视振幅、视频率和连续性等3个地球物理学基本要素。振幅主要是描述地震反射平面特征的，它表现的是质点离开平衡位置的大小，反映相应地震界面反射系数的大小。对于相同的入射波而言，界面的反射系数越大则所产生的反射波振幅越强。反射系数的大小由界面上下岩层的波阻抗差所决定，波阻抗差越大则反射系数越大。波阻抗与岩性有着密切的关系，一般说来泥岩的波阻抗较低，砂岩的中等，而碳酸盐岩的较高。因此，视振幅的大小最终可归结为界面上、下岩性差别大小的综合体。实际描述时使用了高、中、低3种振幅尺度。连续性是描述地震反射剖面特征的，它是指剖面上同相轴的视振幅与视频率在横向上的延伸状况，反映界面上、下岩性差别或界面间距在横向上的稳定程度。实际描述时使用强、中、弱3种连续尺度。

地震反射构造：地震反射构造是指地震剖面中的同相轴在空间排列组合方式，是岩层叠加模式的直接体现，反映沉积作用的性质和沉积补偿状况等。地震反射构造讨论的是同相轴间的几何形态与相互关系，属于形态或几何地震学范畴。而地震反射结构则是讨论同相轴的物理属性，属于属性或物理地震学内容。常见的地震反射构造有8种类型，一般都具有明显的沉积相意义，包括：平行（亚平行）、波状、发散状、前积、丘状、下凹状、透镜状和眼球状。

地震相外形单元：地震相单元外形是指在三维空间上具有相同反射结构或反射构造的地震相单元的外部轮廓或形体特征。大多数地震相单元外形都是沉积体外形直接的、良好的反映，例如扇状外形是扇体的反映，丘状外形是礁体的反映等等，这些对沉积相解释都有重要意义。常见的地震相单元外形有8种类型，属于几何地震学的范畴，包括席状、披覆状、楔状、锥状、扇状、丘状外形、条带状外形和透镜状外形。不同的地震相标志在平面分布范围上以及所对应的沉积相单元级别上均有很大差别，因此在划分地震相时不应把它们等同看待。通常地震相划分按照地震相标志之间的层次关系采用三级划分的方法：首先根据地震相外形划分一级地震相单元，进而根据地震反射构造划分二级地震相单元，最后根据地震反射结构划分三级地震相单元。对所划分出的地震相单元根据“地震相单元外形＋地震反射构造＋地震反射结构（连续性和视振幅）”的顺序来命名。

2. 地震反射特征样板建立

利用钻井进行标定后，即可建立相应的地震层序，也可在地震格架剖面上对不同相地震响应特征进行解释，确定不同相带地震相特征，建立相应的划分标准，从而指导在平面上落实地震相展布特征，进行井震结合的地震相和沉积相转化。根据地震标定，塔中三维区空间上可划分为8个不同的地震相带，其反射特征如表2.7所示。

表2.7 塔中三维区奥陶系地震相带反射特征表

相带	符号	序列反射特征
礁滩复合体	JTT	丘状、弱-中强振幅
粒屑滩	LXT	席状-丘状外形、中-强振幅、中等连续
丘滩复合体	QTT	丘状（块状）、顶凸、中-强振幅（有迭复现象）
台内滩	TNT	丘状-透镜状、中-弱振幅、中-差连续
台内洼地	TNWD	平行-亚平行、中-强振幅、中-高连续
滩间海	TJH	平行-亚平行、强振幅、高连续
开阔台地	KKTD	席状-块状、中弱振幅、平行、连续
斜坡	XP	楔状外形、前积、中-强振幅、中等连续

二、碳酸盐岩岩石学类型特征

20世纪50年代以来，碳酸盐岩岩石学和沉积学研究领域具有重大历史意义的突破就是Folk（1962）的异化颗粒和异化石灰岩的观点和分类系统的创立，他系统地把碎屑岩的结构概念引进到碎屑成因的石灰岩中，提出了“异常化学颗粒”和“异常化学石灰岩”的观点及碳酸盐岩分类系统，打破了碳酸盐岩是单一成因的“化学岩”的传统观点。Folk的分类既反映了碳酸盐岩的多成因性，又突出了大部分碳酸盐岩二分性碎屑成因的特点。与Folk分类相对立的是Dunham（1962）的分类，他首先根据“颗粒”（相当于Folk的“异化颗粒”）和“泥”（是碳酸盐成分的泥，相当于Folk的“微晶方解石泥”）这两个端元组分，把石灰岩划分为“颗粒岩”、“泥质颗粒岩”、“颗粒质泥岩”、“泥岩”4个类型；同时还划分出“结晶碳酸盐岩”和“黏结岩”，这一分类简明扼要，在碳酸盐岩的沉积环境分析及岩相古地理研究中特别有用。Plumley（1962）等的分类并不对具体的岩石进行命名，而是按能量指数划分了代表5种水动力强度的岩石，用数字对岩石的成因问题进行定量的分析和解释。Leighton和Pendextor（1962）的碳酸盐岩分类根据粒屑（或颗粒，相当于福克的异化粒）类型及其与微晶（或称灰泥）的比值，即所谓粒基比进行分类，他们的分类具有明显的二元性。Wright（1992）在新的认识的基础上，提出了石灰岩的修订分类，他分析了影响石灰岩结构的主要因素——沉积（物理的）作用、生物作用和成岩作用，将石灰岩分为沉积的、生物的、成岩的三大基本类型。Riding（2000）对灰岩成因结构分类体系的进行了补充，将微生物碳酸盐岩分为叠层石、凝块石、树形石和均一石四大类型。国内碳酸盐岩研究中，大多是采用国外比较有影响的、应用较广泛的分类。也有不少学者和单位根据我国实际情况，在国外分类基础上修改、补充，提出一些自己的分类，如曾允孚和夏文杰（1986）的石灰岩结构成因分类和冯增昭（1993）的分类。

塔中地区奥陶系岩石类型丰富，成因复杂，岩石大类主要有灰岩类、白云岩类、过渡岩类等类型，各大类又可进一步划分为若干种岩石类型（王招明等，2008）。

（一）灰岩类

灰岩类在塔中地区奥陶系分布广泛，类型多样，主要分布于鹰山组、一间房组、吐木休克组、良里塔格组，主要类型有颗粒支撑灰岩、生物灰岩和灰泥支撑灰岩三大类，其主要特征简述如下。

1. 颗粒支撑灰岩

亮晶颗粒灰岩：颗粒含量大于50%，颗粒支撑，粒间亮晶方解石胶结为主，可有少量的灰泥填隙物。塔中地区奥陶系主要发育有亮晶砂屑灰岩、亮晶含砾砂屑灰岩、砾屑灰岩、亮晶鲕粒灰岩［图2.21（a）～（d）］。

泥晶颗粒灰岩：颗粒含量大量50%，颗粒支撑为主，粒间以灰泥填隙为主，可有少量的亮晶方解石胶结物。塔中地区奥陶系主要发育有泥晶砂屑灰岩、泥晶生屑灰岩等结构成因类型［图2.21（e）］。

颗粒灰岩在FMI成像测井相上主要表现为3种相，即块状相、斑状相和层状相。块状相成像测井相表现为厚层黄白色系［图2.22（a）］。斑状相成像测井相表现为颜色不均匀，静态图像上斑状为红色，背景颜色较深；动态图像上斑块状颜色较浅，呈亮斑状［图2.22（b）］。层状相成像测井相静态图像上基色为高亮黄白色，有少量暗斑出现；动态上表现芝麻状白色细小亮斑，有少量暗斑［图2.22（c）］。

2. 生物灰岩

生物灰岩系主要由生物及生物作用所形成的灰岩。岩石中的生物以原地生长的生物为主，多保持原地生长状态，其含量一般大于15%。根据生物类型、含量、特征及其作用、可将本区的生物灰岩分为格架岩、障积岩、黏结岩三大主要类型。

格架（骨架）岩：生物主要为原地生长的造礁生物，如珊瑚、层孔虫、海绵、藻类、苔藓虫、腹足类、腕足类等，其原地生长的造架生物含量大于30%，多呈块状、柱状、半球状、枝状或皮壳状生长，并形成骨架。根据岩石中的造架生物种类和含量，塔中Ⅰ号坡折带发育的生物骨架岩主要是珊瑚格架岩、层孔虫格架岩、半球状苔藓虫格架岩或由2～3种造架生物形成的复合格架岩等。格架孔及格架间常为生物碎屑、灰泥和栉壳状、粒状方解石充填，部分生物骨架孔中可充填有完整的介形虫。格架岩中的造礁生物外常具藻类的黏结和缠绕现象。格架岩多形成于中-高能的浅水环境中，是组成礁核微相的重要岩石类型［图2.21（f）～（g）］。

礁灰岩：在FMI成像测井相上表现为暗斑相［图2.22（e）］。在静态图中表现为暗斑状或厚层状，颜色以黄棕色为主。动态图中以黄白色为基色，许多暗斑、暗块和暗线不规则出现，暗斑一般较大，边缘不平滑，这与礁灰岩发育生物体腔孔有关。此暗斑相也是礁丘亚相的成像测井响应特征。

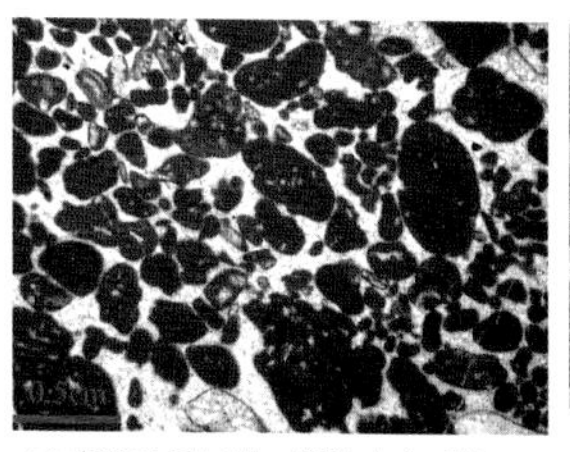

(a) 亮晶砂屑灰岩。颗粒大小不等，分选中等，椭圆状，主要由泥晶方解石组成，少量为生屑（棘屑、藻屑）。D822井，5743.8m，上奥陶统良里塔格组，单偏光

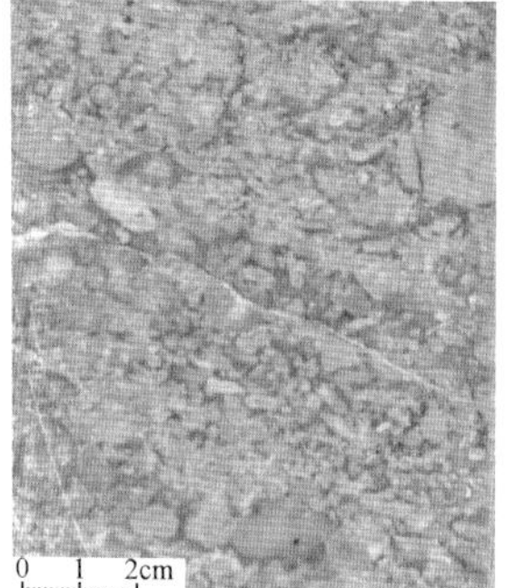

(b) 亮晶砾屑灰岩。颗粒大小不等，分选差，椭圆-不规则状，略具定向性。D24井，4689.1m，上奥陶统良里塔格组，岩芯

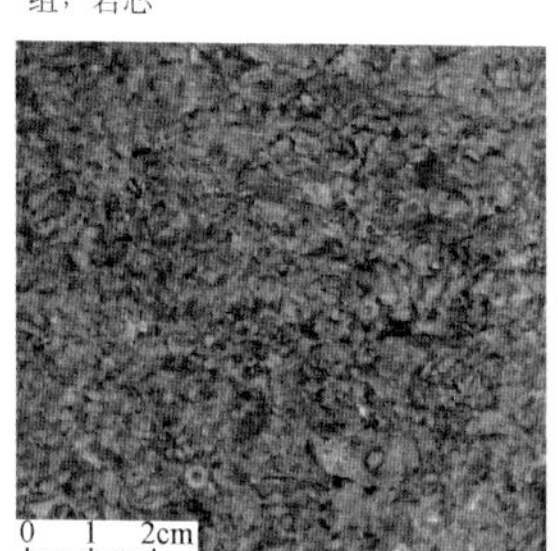

(c) 亮晶棘屑灰岩。D82井，5354.39m，上奥陶统良里塔格组，岩芯

(d) 亮晶鲕粒灰岩。自生石英零星分布。D822井，5731.24m，上奥陶统良里塔格组，岩芯

(e) 泥晶生屑灰岩。生屑主要为棘皮动物、藻类，粒间充填灰泥、生屑、粉屑。D82井，5357.2m，上奥陶统良里塔格组，单偏光

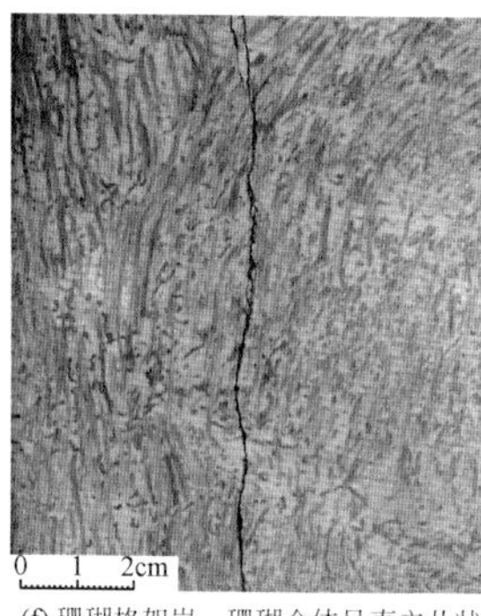

(f) 珊瑚格架岩。珊瑚个体呈直立丛状生长，格架之间为障积灰泥。D30井，5045.72m，上奥陶统良里塔格组，岩芯

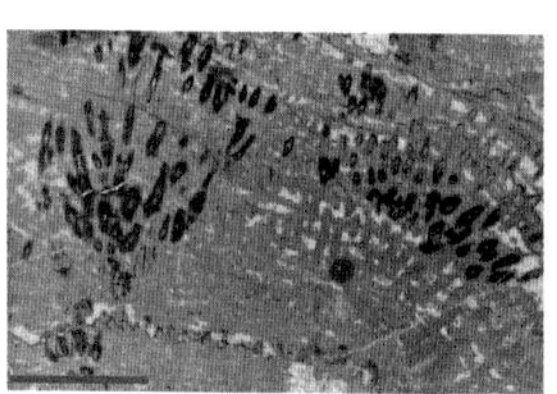

(g) 层孔虫格架岩。纹层由波状细层和放射状的支柱组成。D826井，5700.5m，上奥陶统良里塔格组，超大薄片

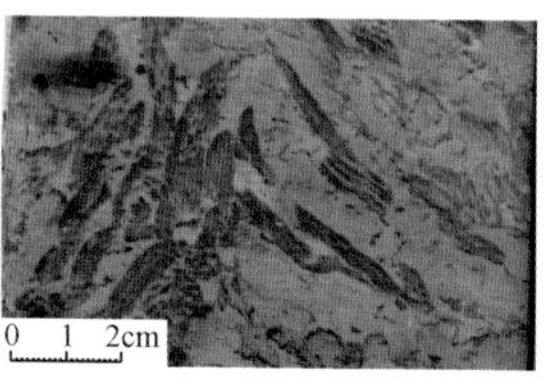

(h) 珊瑚障积岩。珊瑚为四分珊瑚，直立丛状生长，障积灰泥。D72井，5062.28m，上奥陶统良里塔格组，岩芯

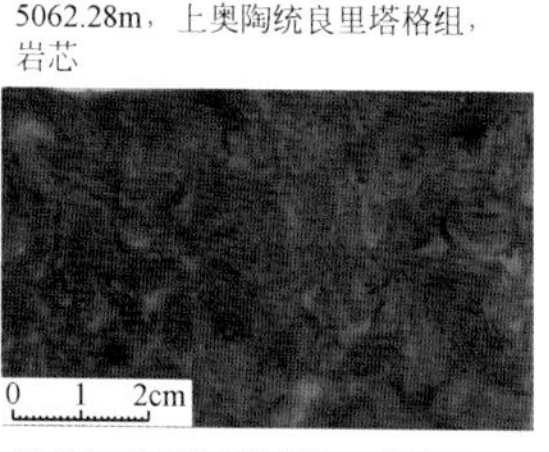

(i) 叠层石灰岩(黏结岩)。藻叠层呈纹层状和小型的指柱状，黏结灰泥和粉屑。M401井，2293.52m，上奥陶统良里塔格组，岩芯

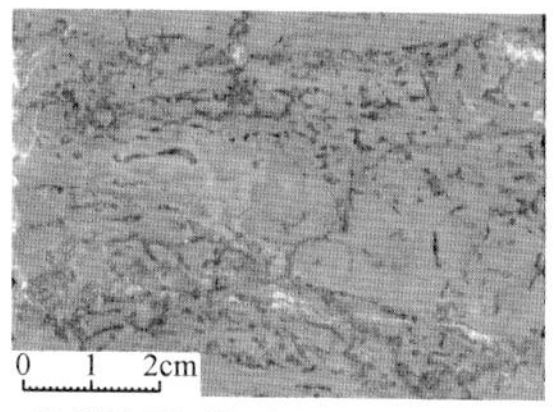

(j) 凝块石灰岩。灰泥呈圆滑、血凝块状，发育生物虫孔。D82井，5434.75m，上奥陶统良里塔格组，岩芯

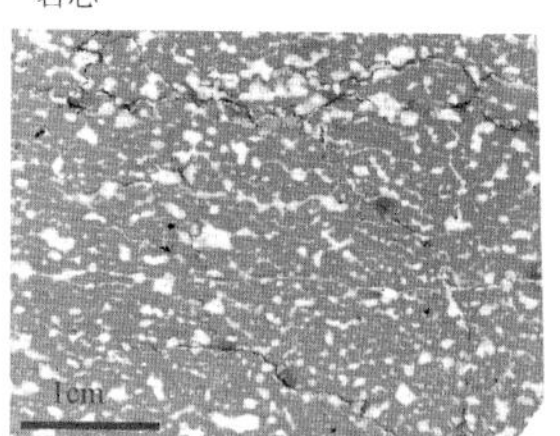

(k) 微生物泥晶灰岩。窗格孔洞结构发育，见有平底晶洞和不规则晶洞，多期方解石充填。D161井，4450.75m，上奥陶统良里塔格组，岩芯

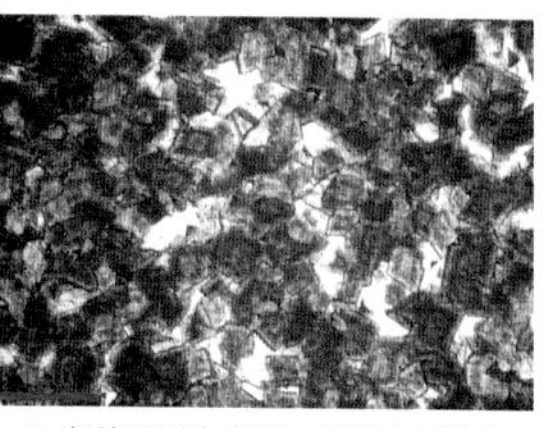

(l) 亮晶砂屑白云岩。砂屑由浑浊状细晶白云石组成，粒间为亮晶白云石胶结物。D162井，5978.98m，下奥陶统蓬莱坝组，单偏光

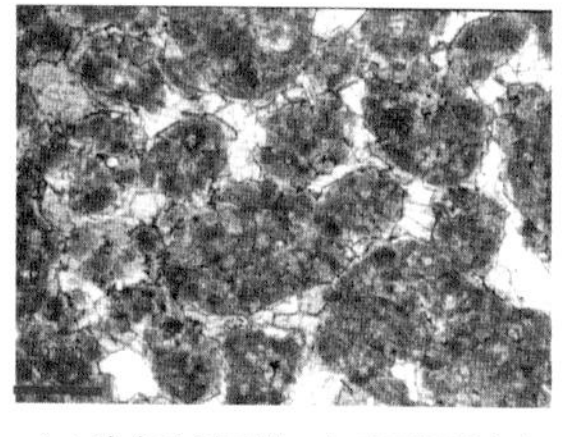

(m) 残余砂屑云岩。白云石具雾心亮边结构，自形-半自形，发育晶间孔和晶间溶孔。D12井，5227.3m，中-下奥陶统鹰山组，单偏光

(n) 中-粗晶云岩。白云石晶体主要为自形晶，次为半自形晶。D1井，6198.7m，下奥陶统蓬莱坝组，单偏光

图 2.21　塔中地区奥陶系碳酸盐岩岩石类型图版

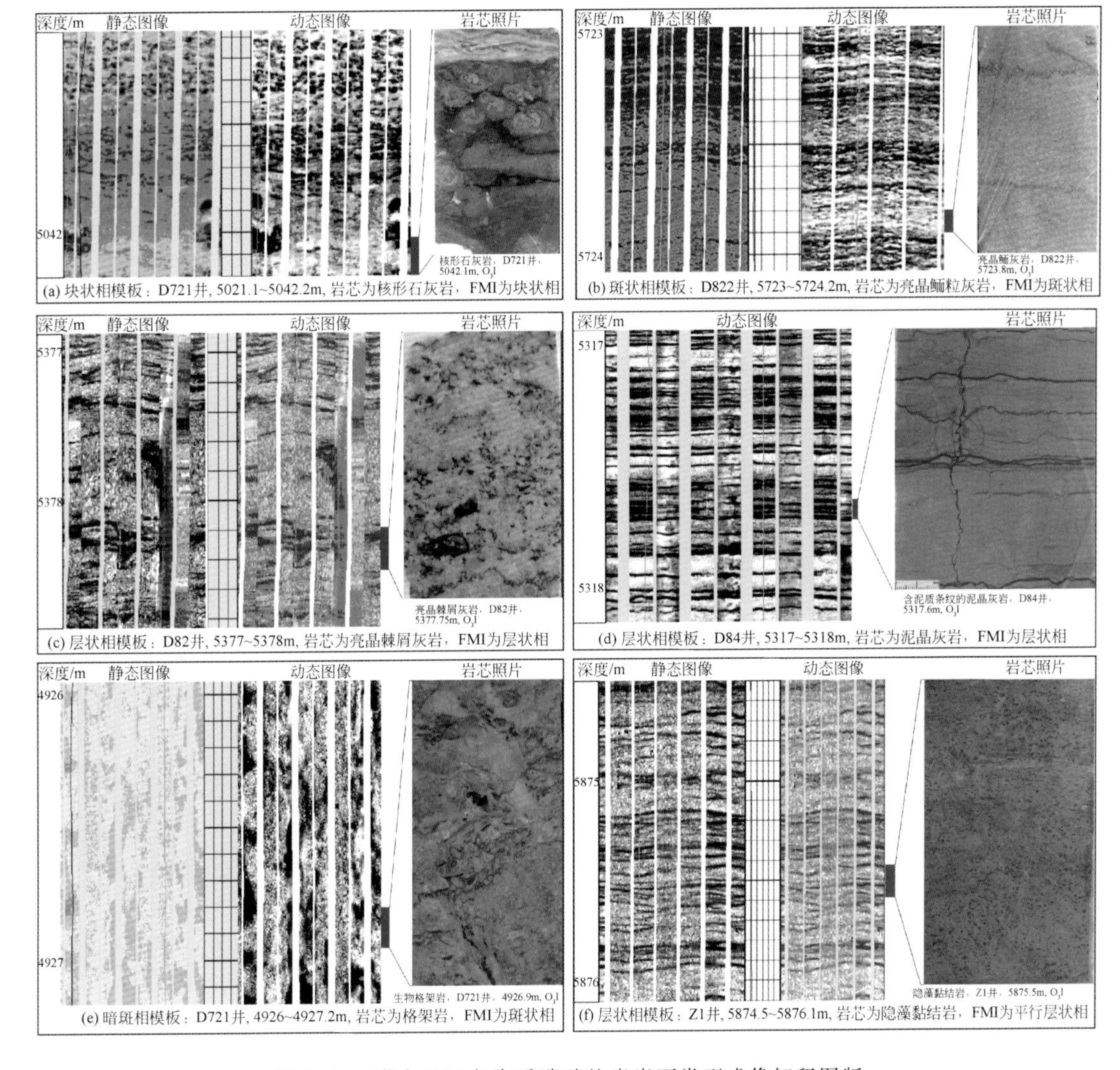

(a) 块状相模板：D721井, 5021.1~5042.2m, 岩芯为核形石灰岩，FMI为块状相

(b) 斑状相模板：D822井, 5723~5724.2m, 岩芯为亮晶鲕粒灰岩，FMI为斑状相

(c) 层状相模板：D82井, 5377~5378m, 岩芯为亮晶棘屑灰岩，FMI为层状相

(d) 层状相模板：D84井, 5317~5318m, 岩芯为泥晶灰岩，FMI为层状相

(e) 暗斑相模板：D721井, 4926~4927.2m, 岩芯为格架岩，FMI为斑状相

(f) 层状相模板：Z1井, 5874.5~5876.1m, 岩芯为隐藻黏结岩，FMI为平行层状相

图 2.22　塔中地区奥陶系碳酸盐岩岩石类型成像解释图版

障积岩：主要由原地生长的枝状、丛状等生物障积灰泥组成。障积生物含量一般在15%以上。塔中地区常见的起障积作用的生物有丛状的四射珊瑚、枝状的苔藓虫、托盘类、管孔藻、蠕虫藻、海绵等，但以珊瑚障积岩较为常见。可见保存较为完整的介形虫及少量的晶洞构造。障积岩一般形成于中-低能的弱动荡环境中，也常出现于礁丘的底部或礁翼等微相中［图 2.21（h）］。

黏结岩：主要由蓝细菌和钙化蓝细菌（球松藻、奥特藻、肾形藻、葛万藻）等其他起黏结作用的微生物黏结10%～25%生物屑、砂屑、粉屑、球粒和灰泥组成，并具明显的藻黏结结构。当岩石中原地的骨架生物含量增高，达30%以上时，则过渡为藻黏结生物骨架岩。藻黏结岩中的生物类型丰富，多形成于浅水环境中，是生物礁灰岩中的重要岩石类型之一。一般将黏结岩划分为叠层石（层纹石）灰岩、凝块石灰岩、微生物泥晶灰岩、含内碎屑的黏结岩、含生屑的黏结岩 5 种类型。塔中地区主要发育有凝块石灰岩、层纹石灰岩、微生物泥晶灰岩、含生屑的黏结岩 4 种类型，其中凝块石灰岩、微生物泥晶灰岩是组成丘核微相等其他微相的主要岩石类型之一。黏结岩在塔中Ⅰ号坡折带礁滩体中普遍存在[图 2.21 (i)～(k)]。

隐藻泥晶灰岩在 FMI 成像测井相上与泥晶灰岩表现同样平行层状相，较易识别，与之不同的是，隐藻泥晶灰岩在静态图中表现为高阻的平行薄层，薄层内部缺少结构，颜色以黄白色为主，各层颜色均一。动态图中薄层更加明显，图像被许多深色平行状线条切割，局部有些线条不连续 [图 2.22 (f)]。

3. 灰泥支撑灰岩

灰泥支撑灰岩类主要形成于礁（滩）间海或礁后低能带弱动荡的低能环境中，主要发育的岩性包括粒屑泥晶灰岩及泥晶灰岩类。

粒屑泥晶灰岩：主要发育的岩性种类有砂屑泥晶灰岩、生屑泥晶灰岩、粉屑泥晶灰岩、球粒泥晶灰岩四大类。颗粒含量 25%～50%，灰泥含量 75%～90%。

泥晶灰岩：颗粒含量小于 10%，灰泥含量大于 90%。可含少量的粉屑、球粒和生物屑。生物屑以介形虫、腕足类、微生物类和骨针为主。部分生物如介形虫、表附藻等保存完好。岩石中常含 1%～2%的石英粉砂，泥质含量一般为 6%～12%。泥质含量增高时，可过渡为含泥质泥晶灰岩、泥质灰岩。该岩类主要分布在带台缘礁滩体内侧礁后低能环境中。

泥晶灰岩类在 FMI 成像测井相上表现单一，为平行层状相，较易识别，动态图像上表现为层状亮斑与暗层的交替出现 [图 2.22 (d)]。

（二）灰岩与白云岩过渡岩类

这类岩石多由白云石化或去白云石化作用形成，白云石常呈斑块状或条带状局部集中，晶形以自形-半自形为主，环带状构造较发育。钙质部分往往由非颗粒灰岩组成，或者为颗粒泥粉晶灰岩构成，鸟眼构造、生物潜穴构造较发育。根据白云石、方解石相对含量分为含云灰岩（白云石含量小于 25%，方解石含量大于 50%）、云质灰岩（白云石含量大于 25%，方解石含量大于 50%）、钙质云岩（方解石含量大于 25%，白云石含量大于 50%）和含灰云岩（方解石含量小于 25%，白云石含量大于 50%）。发育在下奥陶统蓬莱坝组，鹰山组也有发育。

（三）白云岩类

白云岩类在塔中地区主要发育在下奥陶统下部。其晶体大小不一，自形程度有别，结构特征各异，它们的结构类型繁多，成因复杂。

1. 颗粒白云岩

颗粒白云岩一般指机械搬运、沉积的白云岩碎屑颗粒由自生白云石胶结而成的白云岩。它们的典型特征是粒屑结构发育良好，颗粒与粒间填隙物的界线分明，有时甚至可见粒间白云石胶结物呈世代生长。根据粒屑类型，可细分为角砾云岩、砾屑云岩、亮晶砂砾屑云岩及亮晶砂屑云岩等。角砾云岩和砾屑云岩见于塔中5井和塔中38井下奥陶统中，发育于台缘斜坡带，属于海底岩崩、滑塌以及碎屑流成因，其碎屑颗粒主要来源于台缘已固结的同时代的白云岩［图2.21（l）］。在少数情况下，它们可呈大溶洞充填物的形式产出。

2. 残余颗粒云岩

残余颗粒云岩是白云石在成岩环境下交代颗粒灰岩的结果，或者说是颗粒灰岩经过强烈-完全白云石化作用改造的产物。这类云岩由90%以上的交代成因的白云石组成，并且以具有大量的颗粒交代残余结构为特征，可含有小于10%的碳酸钙颗粒。偏光显微镜下残余颗粒云岩可见颗粒的轮廓、痕迹、阴影、幻影等负残余结构，而且白云石具有良好的晶粒结构［图2.21（m）］。

交代颗粒的的白云石一般比较浑浊，晶面呈云雾状，而交代粒间方解石胶结物的白云石则比较洁净明亮，有时可见颗粒完整的白云石晶体部分交代颗粒，部分交代方解石胶结物，说明二者是同时被交代的。

根据残余颗粒的类型，这类白云岩可分为残余砂屑云岩、残余砾屑云岩、残余砂砾屑云岩和残余鲕粒云岩等，其中残余砂屑云岩和残余砂砾屑云岩在塔中地区较为常见，残余鲕粒云岩相对少见。

3. 结晶白云岩

结晶白云岩是塔中地区分布最广泛和最主要的白云岩类型之一。它们完全由交代成因的及其重结晶形成的白云石晶体组成，并且原生组构已消失殆尽。这类白云岩的典型特征是显微镜下可见白云石晶粒结构发育良好，看不到任何原生组构的残余、轮廓、幻影等，白云石晶体多呈自形-半自形镶嵌状。按照晶粒的大小，结晶白云岩可分为微晶白云岩、粉晶白云岩、细晶白云岩、中-粗晶白云岩等。

微晶白云岩：这种白云岩的晶体十分细小，直径小于0.01mm，一般为泥晶级至微晶级。在扫描电镜下可见其晶体呈半自形到它形，部分镶嵌，晶间可含有少量黏土矿物，晶间微孔较发育。微晶云岩大多成层性较好，横向分布较稳定，水平层理发育，主要产于潮坪环境。

粉晶白云岩：它是指晶体大小为0.01～0.1mm的白云岩。以它形晶到半自形晶为主，多数晶体表面比较浑浊，少数较明亮。扫描电镜下可见晶间微孔，晶体部分镶嵌。粉晶白云岩是组成塔中地区下奥陶统白云岩的主要结构类型之一。

细晶白云岩：它是指晶体大小为0.1～0.25mm的白云岩。在显微镜下，这种白云岩晶体多呈半自形晶到它形晶，晶体间呈直线形至凹凸形接触，有的甚至具镶嵌结构，晶体表面可以是浑浊的，也可以是洁净明亮的，这可能与其成因的多样性有关。

中-粗晶白云岩：这类白云岩以晶体粗大为特征，大小为0.25～1.0mm。显微镜下晶体多数比较洁净明亮，少数呈浑浊状，半自形晶为主，有的呈它形晶，晶体间多为凹凸形-直线形接触。中-粗晶白云岩分布较广［图2.21（n）］。

三、沉积相类型及典型相标志

在区域沉积格局分析的基础上，通过对塔里木盆地周缘及澳大利亚大堡礁等大量现代沉积勘查，根据岩芯的岩石类型、沉积构造和生物组合及其纵向变化规律和横向展布的特点，结合薄片鉴定、地震、测井数据分析，可以将塔中地区奥陶系碳酸盐台地从滨岸向海可依次划分出局限台地、开阔台地、台地边缘、斜坡 4 个相，4 个相又进一步划分若干个亚相、微相类型（表 2.8）。

表 2.8　塔中地区奥陶系碳酸盐岩沉积相划分简表

<table>
<tr><th>相</th><th colspan="2">亚相</th><th>微相</th><th>主要岩石类型</th></tr>
<tr><td rowspan="5">局限台地</td><td colspan="2">台内滩</td><td>粒屑滩</td><td>（残余）颗粒云岩、细晶白云岩</td></tr>
<tr><td colspan="2" rowspan="3">潮坪</td><td>潮上带</td><td>褐-灰白色泥粉晶白云岩、(藻纹层）粉晶白云岩</td></tr>
<tr><td>潮间带</td><td>浅灰-灰色砂砾屑白云岩、竹叶状砾屑白云岩、藻纹层（叠层）白云岩、粉细晶白云岩</td></tr>
<tr><td>潮下带</td><td>灰-深灰色泥晶（质）灰岩、藻纹层灰岩、粉细晶白云岩</td></tr>
<tr><td colspan="2">潟湖</td><td>—</td><td>泥粉晶云岩</td></tr>
<tr><td rowspan="5">开阔台地</td><td colspan="2">台内滩</td><td>粒屑滩</td><td>浅灰、灰色泥-亮晶砂屑灰岩、生屑砂砾屑灰岩、鲕粒灰岩</td></tr>
<tr><td colspan="2">滩间海、台内洼地</td><td>—</td><td>灰-深灰色泥晶灰岩、含砂屑泥晶灰岩、含泥质灰岩等</td></tr>
<tr><td colspan="2">台内缓坡</td><td>—</td><td>灰-深灰色含泥质条带泥晶灰岩、含生屑泥晶灰岩</td></tr>
<tr><td colspan="2">台坪</td><td>灰泥坪、藻坪</td><td>浅灰、灰色泥晶灰岩、层纹石灰岩、含藻黏结泥晶灰岩</td></tr>
<tr><td colspan="2">台内礁丘</td><td>—</td><td>灰-深灰色格架岩，砂屑黏结岩</td></tr>
<tr><td rowspan="11">台地边缘</td><td rowspan="6">生物礁</td><td rowspan="3">礁丘</td><td>礁核</td><td>浅灰色厚层块状海绵、珊瑚、层孔虫、管孔藻、腕足类、腹足类骨架岩，常夹有代表沟道沉积的礁角砾岩和生物砂砾屑灰岩</td></tr>
<tr><td>礁坪-礁顶</td><td>灰-浅灰色薄-中层状藻黏结岩、含核形石的亮晶砂砾屑灰岩和亮晶藻砂砾屑灰岩，有时夹骨架岩</td></tr>
<tr><td>礁翼</td><td>灰色中厚层块状藻黏结礁砾屑灰岩、含藻灰结核的藻黏结砂屑灰岩</td></tr>
<tr><td rowspan="3">灰泥丘</td><td>丘核</td><td>中厚层块状隐藻泥晶灰岩、隐藻黏结岩、隐藻凝块石灰岩等</td></tr>
<tr><td>丘翼</td><td>中厚层具黏结结构的泥晶砂屑灰岩、球粒泥晶灰岩、含生屑的亮-泥晶砂屑粉屑灰岩</td></tr>
<tr><td>丘坪</td><td>灰色中厚层藻黏结岩、泥-亮晶含核形石的藻砂屑灰岩、核形石砂砾屑灰岩</td></tr>
<tr><td colspan="2" rowspan="4">粒屑滩</td><td>生屑滩</td><td>灰、浅灰色中厚层状亮-泥晶生屑灰岩</td></tr>
<tr><td>生屑砂砾屑滩</td><td>灰、浅灰色泥-亮晶生屑砂屑灰岩、生屑砂砾屑灰岩</td></tr>
<tr><td>砂屑滩</td><td>灰、浅灰色中厚层状泥-亮晶砂屑灰岩</td></tr>
<tr><td>鲕粒滩</td><td>浅灰色中薄层泥-亮晶鲕粒灰岩、含砂屑的鲕粒灰岩等</td></tr>
<tr><td colspan="2">滩（礁丘）间海</td><td>—</td><td>灰-深灰色泥晶灰岩、含生屑泥晶灰岩、泥质灰岩、含泥灰岩</td></tr>
<tr><td>斜坡</td><td colspan="2">上斜坡</td><td>静水沉积微相
重力流沉积微相</td><td>灰-深灰色泥晶灰岩、砾屑灰岩、崩塌角砾岩，角砾成分为泥晶灰岩、生屑泥晶灰岩</td></tr>
</table>

（一）局限台地相

局限台地地形平坦，水体循环不畅，能量较低，盐度不正常，生物种类单调、稀少。岩性以云岩、钙质云岩为主，主要有粉晶云岩、细晶云岩、泥晶云岩、藻纹层云岩、竹叶状砾屑云岩、砂屑云岩等。常见的沉积构造类型有生物扰动、生物钻孔、鸟眼构造、叠层构造、脉状层理、透镜状层理、波状层理、水平层理、干裂等。根据水动力条件、岩性组合、沉积构造特征，又可进一步划分为潮坪、台内滩、潟湖 3 个亚相。局限台地相主要发育在下奥陶统蓬莱坝组。

1. 潮坪亚相

潮坪亚相的沉积动力以潮汐作用为主，是局限台地主要的亚环境之一，塔中地区所识别出的潮坪亚相主要发育于局限台地内的局部隆起区，能量较低，根据水动力条件又可分为潮上带、潮间带两个微相（图 2.23）。

2. 潟湖亚相

为局限台地内低洼的区域，外侧受障壁滩坝的阻隔，水体循环受到限制，盐度高，以静水沉积为主。主要岩石类型为泥-粉晶灰岩、泥质灰岩，呈薄-中层状产出，多被白云石化，呈豹斑状、条带状云质灰岩、钙质云岩、泥晶-粉晶云岩。生物极少，为广盐度的蓝绿藻-介形虫组合，有时见海绵骨针。偶见鸟眼孔、藻纹层等构造，水平层理发育，偶见波状层理，反映出一种水体安静，水动力弱的沉积环境。

3. 台内滩亚相

局限台地台内滩亚相水体较浅，以潮汐作用为主，波浪作用次之，水体为弱-中等动荡，故不易形成分布广、厚度大的高能滩。潮汐和波浪的共同作用，在水体相对流畅处沉积了零星分布的小滩体。台内滩的岩石类型主要为（残余）颗粒云岩，夹细晶-中晶云岩，残余颗粒有砂屑、砾屑、鲕粒等。颗粒分选好，磨圆程度高。

（二）开阔台地相

开阔台地位于局限台地与台地边缘之间，海域广阔，无障壁遮挡，水体循环良好，盐度基本正常，水体深度几米至几十米，和局限台地相比，生物分异度和数量都比较丰富，发育的生物主要为蓝绿藻、棘皮动物、腕足类、海绵、介形虫等。沉积物类型多样，从砂砾屑级到灰泥级均有沉积。根据沉积物特征，可细分为台内滩亚相、台内洼地（滩间海）亚相、台内缓坡、台坪、台内礁丘亚相。

1. 台内滩亚相

台内滩位于开阔台地的地形高处，受波浪和水流作用影响，沉积水体能量高-中，岩性以中层状浅灰色-褐灰色泥-亮晶颗粒灰岩、藻砂屑灰岩为主，夹亮晶砂砾屑灰岩、粒屑

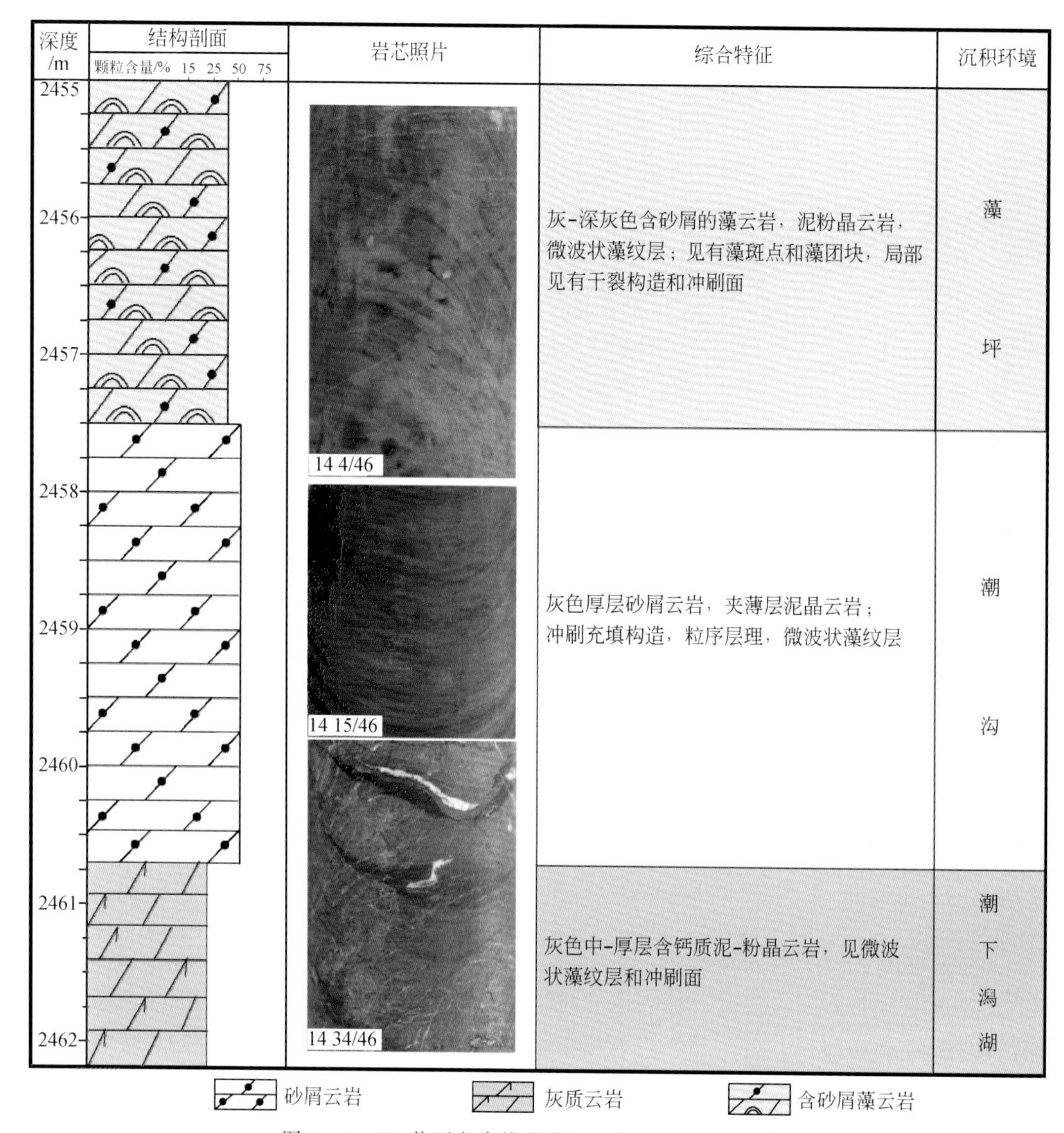

图 2.23 D9 井下奥陶统蓬莱坝组潮坪沉积微相剖面

泥晶灰岩、鲕粒灰岩。颗粒多为次棱角-次圆状，分选中等。具生物扰动和潜穴，它们不但破坏了层理，而且使岩石具斑团状。亮-泥晶方解石填隙。在受风暴和风暴流的影响下，能量增高，形成亮晶砂砾屑灰岩，显出粒序层理，并向上过渡为藻屑砂屑泥粒灰岩和灰泥岩。该亚相与局限台地台内滩相相似，以是否有正常盐度的生物相区分。

2. 滩间海亚相

滩间海亚相位于正常浪基面之下，水深较大，但一般不超过 50m，能量较低。沉积物以粒细、色暗为特征，生物以腕足类为主，其次为蓝绿藻、介形类等，生物扰动构造和潜穴发育，主要的岩石类型有泥晶灰岩和含藻屑、砂屑泥晶灰岩等。

3. 台内洼地亚相

台内洼地亚相岩石类型与滩间海类似，但规模较大，以弱动荡为主，在剖面上，与台内滩亚相交互沉积。沉积物以细粒、色暗为特征，主要发育泥粉晶灰岩，夹结晶云岩，泥粉晶灰岩常呈中厚层状产出。生物主要为腕足类、棘皮动物、介形虫、钙质海绵、苔藓虫，多为搬运沉积。发育生物扰动构造、生物潜穴、水平层理、冲刷构造，少见波状层理。

4. 台内缓坡亚相

台内缓坡为台地内部平缓倾斜的斜坡带，通常处于岩岛、礁或滩边缘至台内洼地的过渡带上，水体不深，长受风暴和风暴流的扰动作用，沉积物可为含泥质条带、条纹的泥晶灰岩，且伴随风暴沉积较发育为特征（图 2.24）。

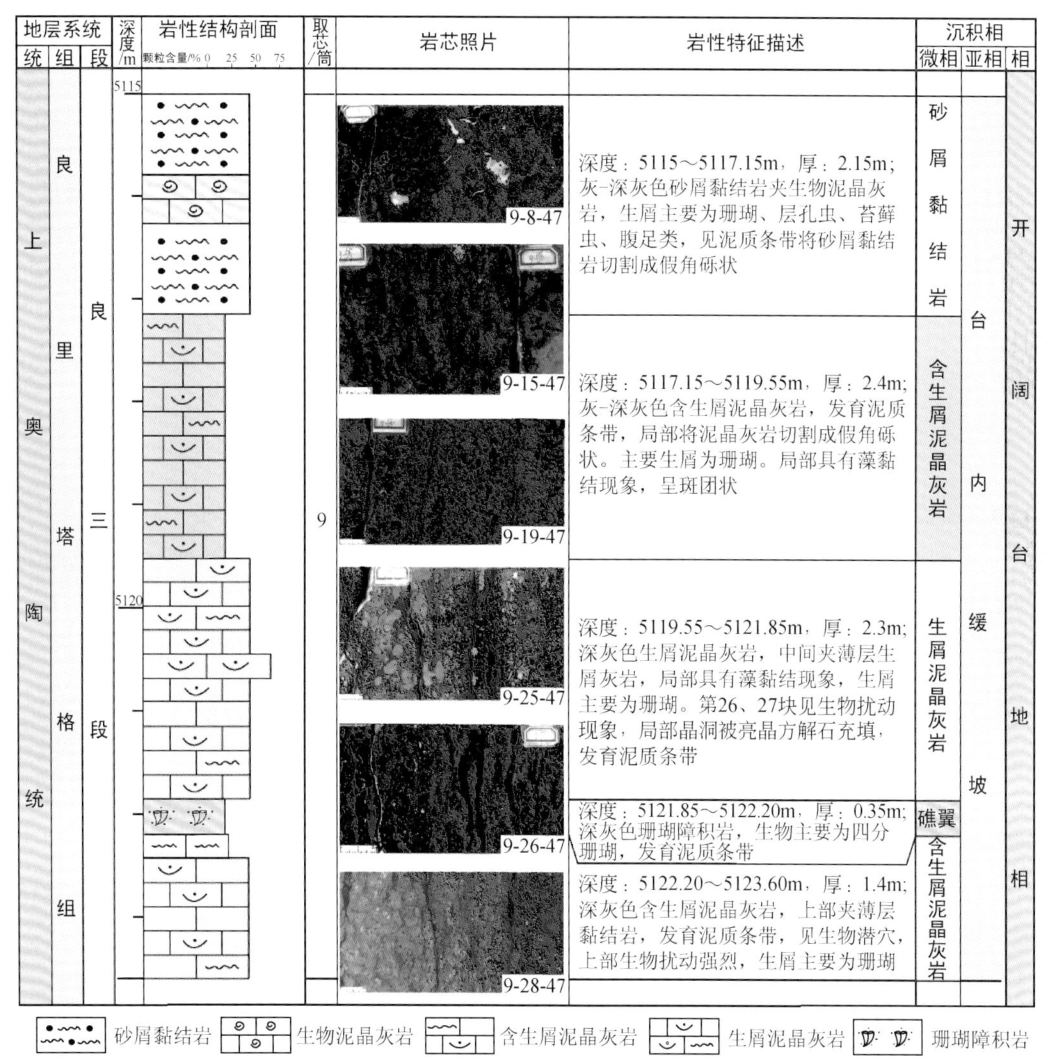

图 2.24 D23 井开阔台地台内缓坡沉积微相剖面

5. 台坪亚相

台坪亚相处于平均高潮面与平均低潮面之间，环境条件变换频繁，以周期性发生出露与淹没和强、弱水动力条件交替变化为特征。沉积物以含泥质条带的泥晶灰岩、含生屑泥晶灰岩为主，常发育干裂片构造、藻纹层理。根据沉积特征及岩性不同又可细分为灰泥坪、藻坪等微相。

6. 台内礁丘亚相

台内礁位于台地内部地貌高点，由于处在开阔台地内部，水体能量较低，营养物质充足，有利于生物礁的生长和保存。台内礁垂向上也可分为礁基、礁核、礁盖等微相。其中礁基和礁盖以砂屑滩沉积为主，礁核主要以各种格架岩、障积岩类为主。

塔中地区典型的台内礁丘发育于D35井、M31井（图2.25）等。D35井良一段上部发育台内礁体共35m，其中岩芯标定厚度11m，垂向上发育台内滩、礁核微相旋回组合，礁核上部直接覆盖桑塔木泥岩。其中礁核微相岩芯为浅灰色苔藓虫、珊瑚障积岩，夹深灰色泥质条纹、条带，生物主要为苔藓虫、珊瑚、棘皮动物、介形虫、腕足类等。

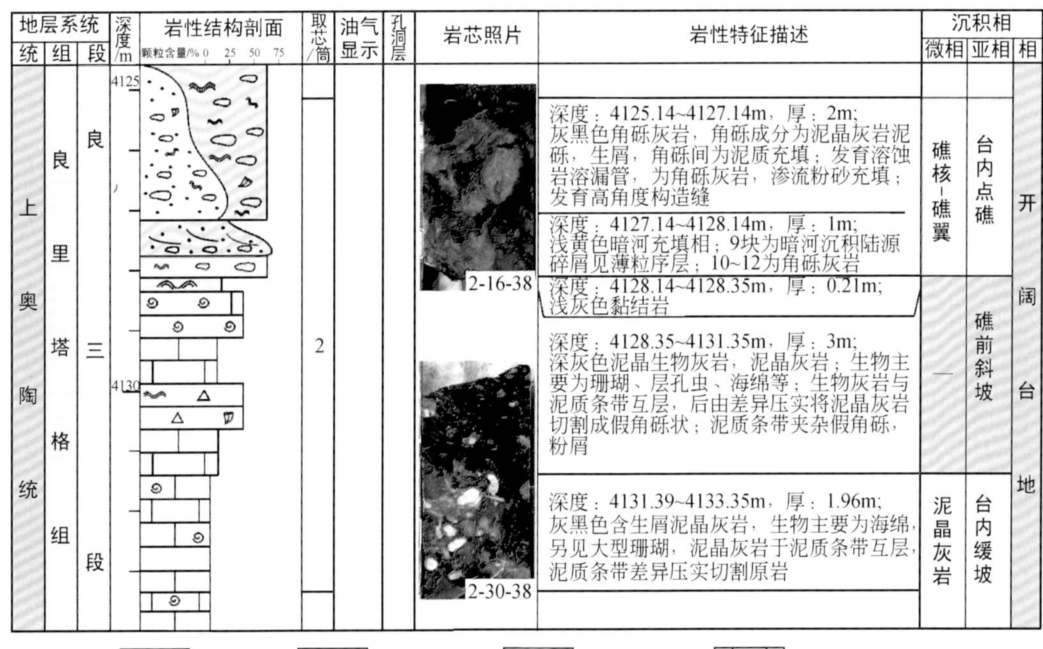

图2.25 M31井台内礁丘沉积微相剖面图

（三）台地边缘相

台地边缘相带面向广海，背靠开阔海台地，水浅能量高，粒屑滩、生物礁发育良好，颗粒类型和生物化石十分丰富，在塔中地区上奥陶统广泛发育。塔中地区主要沿塔中Ⅰ号坡折带发育，形成大规模多套的礁滩复合体沉积（顾家裕，1994；齐文同，2002），主要沉积粒屑滩、礁丘、灰泥丘、滩间海亚相类型，其中下奥陶统鹰山组、蓬莱坝组、中奥陶统一间房组主要由粒屑滩、灰泥丘、滩间海组成，上奥陶统良里塔格组主要由粒屑滩、礁丘、灰泥丘、滩间海组成（陈景山等，1999；王振宇等，2007）。

1. 礁丘亚相

礁丘在垂向剖面上一般可分为礁基、礁核、礁坪-礁顶、礁盖等4种微相，在横向剖面上可分为礁核、礁翼、礁前、礁后等微相，礁基和礁盖微相由粒屑滩组成（图2.26）。生物礁通常与粒屑滩呈多个旋回发育，单个的粒屑滩既是上部礁体的礁基，同时又是下部礁体的礁盖。

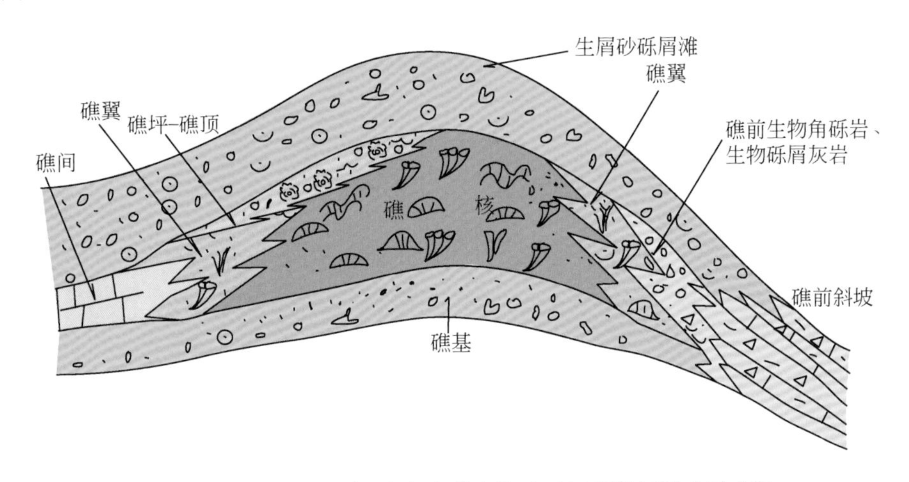

图2.26　塔中地区中-晚奥陶世台缘礁丘沉积微相模式示意图

礁核微相：礁核微相位于礁体的中心部位，是礁体的主要组成单元，是礁体中能够抵抗波浪作用的部分。它的主要识别特征包括：发育原地造架生物所形成的骨架岩、藻黏结生物礁灰岩。造架生物多保持原地直立生长状态，具有典型的骨架支撑结构和骨架孔洞构造，常夹有代表礁间或礁内沟道沉积的生物砂砾屑灰岩。台地边缘外带的礁体规模相对较大，单个礁核厚度为15～60m，主要沿塔中Ⅰ号坡折带良里塔格组呈带状展布，典型的井如D44井、D30井、D243井（图2.27）。

礁坪-礁顶微相：礁坪微相位于礁体的顶部或礁顶部的侧后方。礁坪由于受到前方礁顶凸起的遮挡，礁破碎发育，同时由于遮挡引起水体能量降低，藻黏结结构发育。在井下剖面中，礁坪和礁顶微相较难区分，合称为礁顶-礁坪微相。礁坪-礁顶微相在礁的纵向演化阶段上处于礁的演化后期，造架生物种属减少，多以半球状、包覆状为主，破碎的生物砾屑增加，藻黏结构发育。岩性主要为藻黏结生物灰岩、含藻灰结核藻黏结粒屑灰岩夹少量的生物骨架岩、亮晶砂砾屑灰岩。它以含藻灰结核、发育藻黏结构及晶洞构造为主要特征（图2.28）。

礁翼微相：礁翼微相分布于主礁体翼部与非礁相的过渡部位，非礁相与礁相地层呈指状穿插，垂向剖面上礁相与非礁相岩层呈互层状。

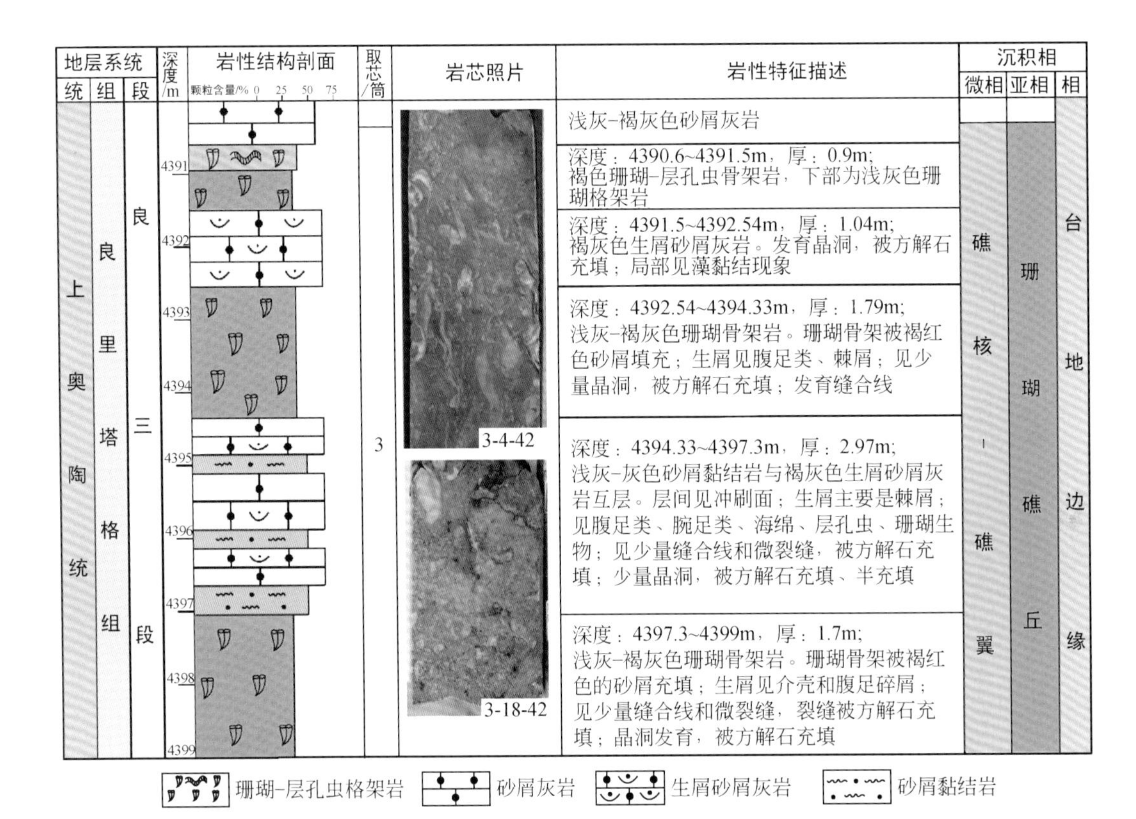

图 2.27　D243 井良里塔格组礁核沉积微相结构剖面图

礁前斜坡微相：礁前斜坡微相处在礁体面向深水盆地的前缘斜坡上。岩性主要包括塌积成因的灰色礁角砾灰岩、含灰岩角砾的泥灰岩和泥岩。泥灰岩和泥岩属斜坡上正常的沉积物，角砾以次棱角状为主，既有来源于附近的台缘礁灰岩和生物砾屑灰岩，也有来自台缘滩的亮晶粒屑灰岩。

礁基和礁盖微相：礁基微相位于礁核之下，是生物礁赖以固着生长的基础，主要由粒屑滩组成，部分骨架礁可在灰泥丘的基础上生长发展。礁盖微相位于礁顶之上，主要由粒屑灰岩组成，表明环境能量升高不再适合造礁生物的生长，而是有利于粒屑滩的形成，从而结束了礁的发育。在另外的某些情况下，礁盖微相的岩性为较深水沉积的泥晶灰岩甚至为暗色泥岩，表明礁的消亡与水体变深或陆源碎屑的增多有关。

生物礁丘亚相的原生孔隙、洞穴发育，孔隙类型多样，孔洞间连通性好，孔隙度、渗透率高，后期成岩和构造作用改造产生大量次生孔隙和裂缝，这都使生物礁成为良好的储层。

2. 灰泥丘亚相

在垂向剖面上，灰泥丘可分为丘基、丘核以及丘盖或丘坪 4 个微相，在横向剖面上，可分为丘核、丘翼两个微相。在灰泥丘发育的基础上，可发展演化为生物礁。灰泥丘在塔中地区良里塔格组可见 2～3 个旋回，在垂向剖面上，它们多产于粒屑滩之间，一个粒屑

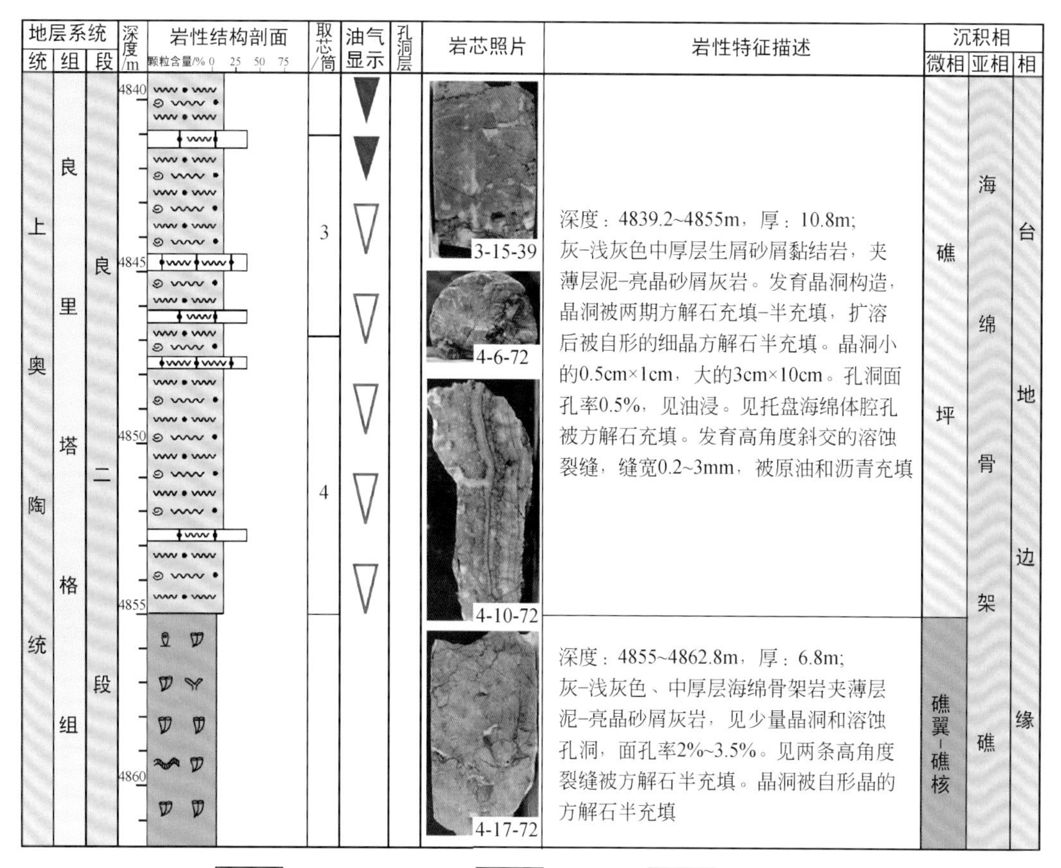

图 2.28　D44 井礁坪-礁顶微相岩性结构柱状剖面图

滩可成为某个灰泥丘的丘基，同时又可作为下面一个灰泥丘的丘盖。

丘核微相：丘核微相是灰泥丘的主体，以发育灰色中厚度-块状的隐藻泥晶灰岩，隐藻凝块石灰岩为特征，常夹具隐藻黏结结构的球粒泥晶灰岩、含球粒泥晶灰岩以及充填丘内沟道的粗沉积。隐藻泥晶灰岩、凝块石灰岩及球粒泥晶灰岩，多发育窗格孔洞构造、层状晶洞构造及收缩缝构造。孔洞呈似鸟眼状、雪花状、蠕虫状、不规则状，孔洞为 1～2 期粉-细晶方解石、灰泥及少量的充填，常具示底构造。部分孔洞壁外显示具隐藻包绕的残余结构或残余的藻丝体，孔洞内可见完整的介形虫和呈生长状态的表附藻。由于条件的限制，从岩芯上对单个隐藻凝块石宏观形态的估计是困难的，多数的凝块石可能以块状、丘状为主，少量呈小型丘状、柱状和分枝状的凝块石形态。微观的特征多表现为血块状泥晶凝块、泥晶、球粒斑块和亮晶方解石充填的孔洞构造（图 2.29）。

丘坪微相：丘坪微相在 D82 井区主要发育于 D824 井 5598～5604m 井段和 5611～5613m 井段，总厚 8m；这个微相的主要特征表现为它发育于灰泥丘的顶部，藻核形石核藻黏结结构较发育，藻黏结灰岩、粒屑灰岩及凝块石灰岩并存。岩性为灰色中厚层状藻黏结岩、泥-亮晶含核形石的藻砂屑灰岩、核形石生物砂砾屑灰岩，夹灰-深灰色薄-中层状

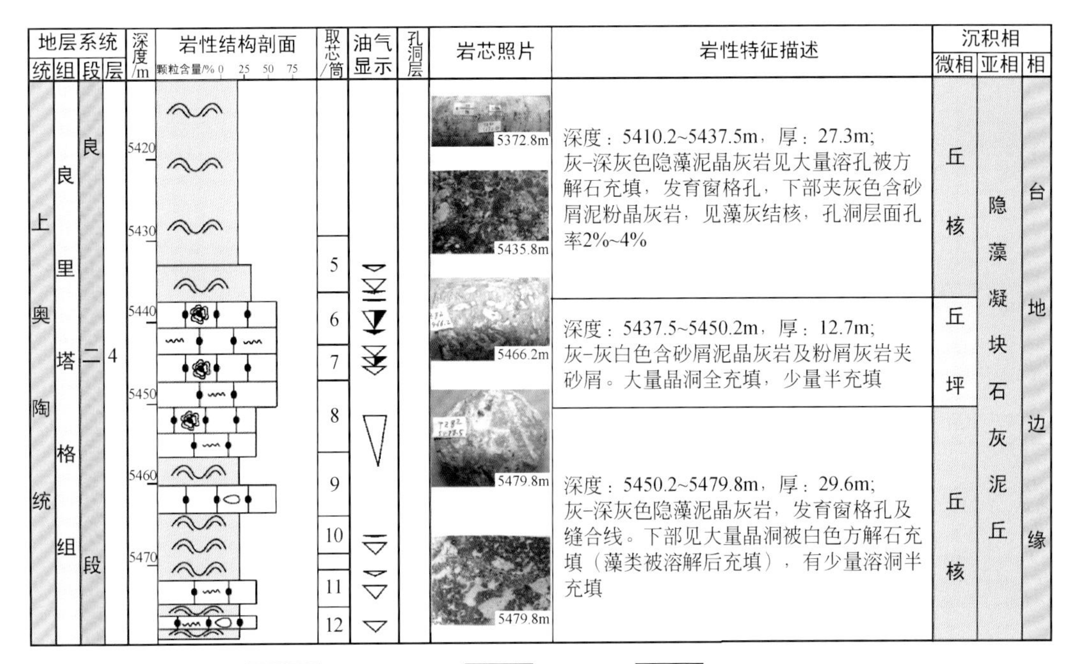

图 2.29　D82 井良里塔格组丘核沉积微相剖面图

隐藻凝块石灰岩、具藻黏结结构的生屑泥晶灰岩、泥晶生屑灰岩和泥晶生屑球粒灰岩。发育冲刷面构造，含少量的泥质条纹。

丘翼微相：丘翼微相处于灰泥丘侧翼向灰泥丘相过渡的地带，以发育藻层纹石灰岩以及多种不同类型岩石的互层为特征。岩性为中-薄层状具隐藻黏结结构的泥晶砂屑灰岩、球粒泥晶灰岩、含生屑的亮-泥晶砂屑粉屑灰岩，夹薄-中厚层状隐藻黏结岩、隐藻凝块石灰岩、隐藻泥晶灰岩、隐藻层纹石灰岩和含生物泥晶灰岩。岩石中常夹泥质条带和条纹。生物屑主要为隐藻类、介形虫、腹足类、腕足类、三叶虫、棘皮动物、苔藓虫、海绵等，发育隐藻黏结结构。藻灰岩中发育窗格孔构造，被亮晶方解石充填。见少量的冲刷面和水平层理。

3. 粒屑滩亚相

粒屑滩发育于台地边缘的碳酸盐岩浅滩，包括生屑砂砾屑滩、生屑滩、藻砂屑滩、鲕粒滩、核形石滩等类型，主要由中-厚层泥-亮晶砂砾屑灰岩、生屑灰岩、砂屑灰岩、鲕粒灰岩组成。

砂屑滩微相：岩性为灰-浅灰色中厚层状亮晶藻砂屑灰岩、亮-泥晶藻砂屑灰岩，夹薄-中层状泥-亮晶含砾屑的砂屑灰岩、含核形石的砂砾屑灰岩。颗粒含量一般为 65%～75%。藻砂屑为 40%～55%，核形石一般为 3%～5%，最高可达 15%～20%。生屑一般为 8%～10%。生物主要为葛万藻、球松藻、棘皮动物、腹足类、腕足类、三叶虫、苔藓虫、蠕孔藻、努亚藻、介形虫、海绵等，偶见珊瑚 *Streptelasma*。化石以近距离搬运或原地埋藏为主。颗粒磨圆、分选中等-好，粒间胶结物主要为亮晶方解石。

生屑滩微相：岩性为灰-深灰色薄-中层状泥晶生屑灰岩、泥-亮晶棘屑灰岩，常夹深灰色泥质条带和泥质条纹。生物碎屑含量为50%～80%，以棘皮动物为主，其次为苔藓虫、腕足类、三叶虫、介形虫等。可含少量的核形石。见冲刷面、水平层理和波状层理。在垂向层序上，下部生屑灰岩层厚、质纯，仅见少量泥质条纹，颗粒间以亮晶方解石胶结为主，上部生屑灰岩厚度减薄，泥质条带夹层增多、增厚，颗粒间的灰泥填隙物含量增加。显示向上变深的沉积序列，为海进背景下的沉积产物。

生屑砂砾屑滩微相：岩性为灰-浅灰色亮晶藻砾屑灰岩，泥-亮晶含砾砂屑灰岩、亮晶生物砾屑灰岩、亮晶藻砂屑灰岩、泥晶砂屑灰岩。颗粒含量一般为65%～85%，主要为藻砂屑，含量为35%～68%，砾屑含量为4%～50%，其次为核形石、藻鲕粒和球粒。生屑含量为0%～30%，主要为藻类、棘皮动物、腕足类、腹足类、介形虫、三叶虫，其次为层孔虫、苔藓虫、珊瑚等生物砾屑。藻类以管孔藻、努亚藻为主，其次为葛万藻、球松藻、表浮藻、丛藻、基座藻等。颗粒磨圆好，分选中等-好，粒间以亮晶方解石胶结为主，具2～3个世代的胶结物。

其实就粒屑滩而言，在纵横向的分布并不是孤立的，通常是几种粒屑滩组合和礁丘的组合发育。棘屑滩、生物砂砾屑滩主要发育在良一段和良二段上部，与礁丘组合产出，中高能藻砂屑滩、鲕粒滩一般与灰泥丘组合产出，厚度一般为几米至几十米，岩性为浅灰色中薄层泥-亮晶鲕粒灰岩、砂屑灰岩，常发育孔隙层，是优质孔洞型储层岩石、微相类型。棘屑滩主要分布于礁的侧翼低洼处，厚度一般几米至二十余米，岩性为泥-亮晶棘屑灰岩、生屑灰岩，常发育孔洞层，也是优质孔洞型储层岩石、微相类型（图2.30）。

4. 滩间海亚相

滩（丘）间海是指位于滩（丘）间地形相对低洼，水体相对较深的环境。它位于正常浪基面之下，水体较滩、丘深，但一般不超过50m，海底能量通常较低。沉积物以层薄、粒细、色暗和泥质含量相对较高为特征。生物以介形虫、蓝绿藻、腕足类、海绵骨针为主，其次可见棘皮动物、苔藓虫等生物。生物扰动构造发育。可见冲刷面和薄粒序。另外，生物种类及含量在滩间和丘间还有差别。滩间海亚相中生物类型及含量相对丰富，而丘间海亚相中生物类型和含量相对单一（图2.31）。

（四）斜坡相

该相带位于台地边缘与盆地之间，正常浪基面与平均风暴浪基面之间。斜坡相的主要沉积特征表现为正常沉积的泥质灰岩、泥晶灰岩夹重力流沉积的灰-深灰色厚层状巨-粗砾屑灰岩，沿台地外缘普遍发育斜坡亚相，沉积构造以水平层理为主，发育冲刷面、正粒序层、块状层理、平行层理、及滑动变形构造等。斜坡亚相可划分为静水沉积和重力流沉积微相。

1. 静水沉积微相

该微相在斜坡上广泛分布，是斜坡相的主要微相类型。岩性主要为灰-灰黑色泥质灰岩、泥晶灰岩、泥页岩等。发育水平层理和水平虫迹。

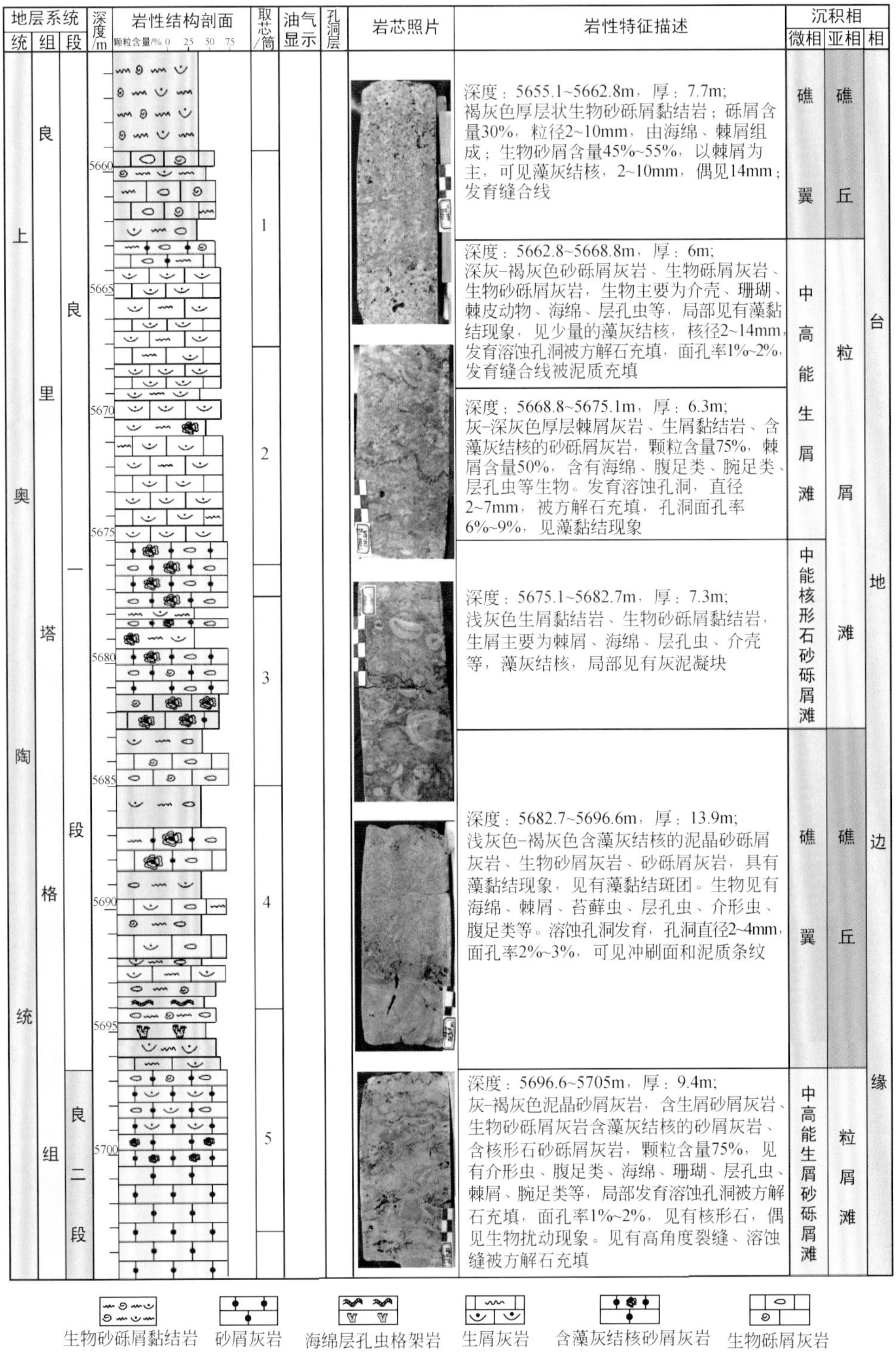

统	组	段	取芯/筒	岩性特征描述	微相	亚相	相
上奥陶统	良里塔格组	良一段	1	深度：5655.1~5662.8m，厚：7.7m；褐灰色厚层状生物砂砾屑黏结岩；砾屑含量30%，粒径2~10mm，由海绵、棘屑组成；生物砂屑含量45%~55%，以棘屑为主，可见藻灰结核，2~10mm，偶见14mm；发育缝合线	礁翼	礁丘	台地边缘
			1、2	深度：5662.8~5668.8m，厚：6m；深灰-褐灰色砂砾屑灰岩、生物砾屑灰岩、生物砂砾屑灰岩，生物主要为介壳、珊瑚、棘皮动物、海绵、层孔虫等，局部见有藻黏结现象，见少量的藻灰结核，核径2~14mm，发育溶蚀孔洞被方解石充填，面孔率1%~2%，发育缝合线被泥质充填	中高能生屑滩	粒屑滩	
			2	深度：5668.8~5675.1m，厚：6.3m；灰-深灰色厚层棘屑灰岩、生屑黏结岩、含藻灰结核的砂砾屑灰岩，颗粒含量75%，棘屑含量50%，含有海绵、腹足类、腕足类、层孔虫等生物。发育溶蚀孔洞，直径2~7mm，被方解石充填，孔洞面孔率6%~9%，见藻黏结现象	中高能生屑滩	粒屑滩	
			3	深度：5675.1~5682.7m，厚：7.3m；浅灰色生屑黏结岩、生物砂砾屑黏结岩，生屑主要为棘屑、海绵、层孔虫、介壳等，藻灰结核，局部见有灰泥凝块	中能核形石砂砾屑滩	粒屑滩	
			3、4	深度：5682.7~5696.6m，厚：13.9m；浅灰色-褐灰色含藻灰结核的泥晶砂砾屑灰岩、生物砂屑灰岩、砂砾屑灰岩，具有藻黏结现象，见有藻黏结斑团。生物见有海绵、棘屑、苔藓虫、层孔虫、介形虫、腹足类等。溶蚀孔洞发育，孔洞直径2~4mm，面孔率2%~3%，可见冲刷面和泥质条纹	礁翼	礁丘	
		良二段	5	深度：5696.6~5705m，厚：9.4m；灰-褐灰色泥晶砂屑灰岩，含生屑砂屑灰岩、生物砂砾屑灰岩含藻灰结核的砂屑灰岩、含核形石砂砾屑灰岩，颗粒含量75%，见有介形虫、腹足类、海绵、珊瑚、层孔虫、棘屑、腕足类等，局部发育溶蚀孔洞被方解石充填，面孔率1%~2%，见有核形石，偶见生物扰动现象。见有高角度裂缝、溶蚀缝被方解石充填	中高能生屑砂砾屑滩	粒屑滩	

图例：生物砂砾屑黏结岩；砂屑灰岩；海绵层孔虫格架岩；生屑灰岩；含藻灰结核砂屑灰岩；生物砾屑灰岩

图 2.30　D826 井粒屑滩沉积微相剖面图

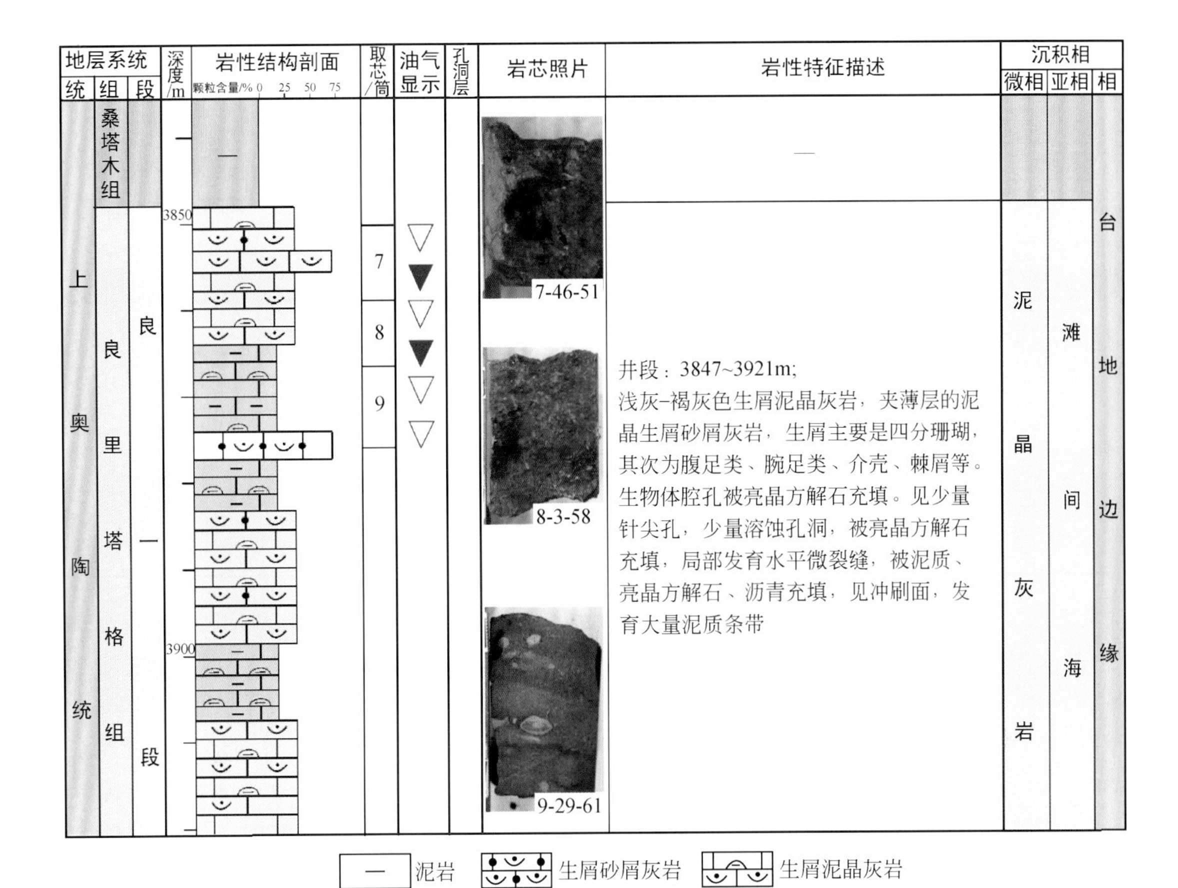

图 2.31　D43 井滩间海沉积微相剖面图

2. 重力流沉积微相

此类重力流沉积与其紧邻的物源区浅水碳酸盐岩台地密切相关，尤其是台地边缘的性质在很大程度上控制了深水重力流沉积体系的形式和发育程度。按台地前缘斜坡的坡度又可将其划分为陡坡型和缓坡型。岩性主要为厚层-巨厚层巨-粗砾屑灰岩，砾屑以泥晶灰岩为主，可见藻纹层，局部呈丘状。发育大型交错层理、冲刷面、平行层理等。显示以快速充填沉积作用为主，明显具水道化特征。

四、沉积相空间叠置迁移特征

（一）中-下奥陶统碳酸盐岩沉积相叠置迁移特征

塔中地区早奥陶世为局限台地-开阔台地台、台地边缘、斜坡、盆地相沉积体系，不同的沉积体系具有不同的垂向组合。局限台地体系内，表现为潟湖亚相、台内滩亚相、潮坪亚相等的垂向组合；开阔台地体系内，表现为滩间海（台内洼地）亚相、台内滩亚相多个旋回的组合；而台地边缘则表现为粒屑滩、滩间海和灰泥丘的垂向组合。

下奥陶统蓬莱坝组沉积早期主要为潮间和潮上沉积；蓬莱坝组中期以潮间沉积和台内滩沉积物为主；蓬莱坝组沉积晚期以发育高能滩颗粒灰岩或滩间海泥晶灰岩为主。蓬莱坝沉积时期，塔中地区整体表现为局限台地相沉积，岩性主要为厚层细-粉晶云岩、砂屑云岩、泥质云岩，垂向上表现为台内滩与潮坪、滩间海的沉积序列（图2.32）。

塔中地区中-下奥陶统鹰山组沉积时期为开阔台地台-台地边缘-斜坡相沉积体系。在开阔台地体系内表现为滩间海（台内洼地）亚相、粒屑滩亚相、灰泥丘亚相多个旋回的组合。纵向上具体表现为粒屑滩、滩间海的多旋回组合；横向上主要以多期次台内滩沉积为主，滩间海次之，整体上表现为滩体大面积分布（图2.33）。

（二）上奥陶统良里塔格组碳酸盐岩沉积相叠置迁移特征

上奥陶统良里塔格组礁滩体整体表现为小礁大滩的特征，纵向上的发育特征表现为多个粒屑滩、生物礁、灰泥丘、滩间海的多旋回组合，最后为巨厚层上覆沉积物所取代（图2.34）。不同的沉积体系具有不同的垂向组合，台地边缘体系内，单个滩、丘、礁复合表现为：下部发育粒屑滩亚相，上部为灰泥丘和（或）礁丘亚相，其上为下一个旋回的粒屑滩亚相所覆盖，且在台缘体系内不同区块具有不同的垂向组合，礁滩复合体的发育受次级的构造沉降和海平面变化的控制（图2.35）；开阔台地体系内，表现为滩间海（台内洼地）亚相、粒屑滩亚相、灰泥丘亚相多个旋回的组合，开阔台地局部地区发育滩间海（台内洼地）亚相、台内缓坡、灰泥丘亚相、粒序滩、台坪亚相多旋回组合。发育完整的单个灰泥丘在纵向上具有一定的微相序列，底部是颗粒岩组成的丘基微相，向上过渡为丘核微相，向两侧过渡为丘翼，顶部的粒屑滩既可作为该灰泥丘的丘顶，又可作为下个灰泥丘的丘基。礁丘也具有类似的微相演化序列：礁基微相—礁核微相—礁坪微相—礁盖微相。

塔中地区上奥陶统良里塔格组沉积时期在横向上具有分区性，不同井区的沉积特征、微相特征及组合类型都有一定的差别。D62井区位于礁发育的主体部位，以发育礁丘为特征，沿礁的外围主要发育生物砂砾屑滩以及藻黏结生物砂砾屑滩。D82-M2井区良里塔格组沉积时地貌相对较为平缓宽广，由一些线状的灰泥丘、小的点状礁丘和平缓宽阔的粒屑滩组成，礁滩体相对矮而宽，斜坡坡度缓，主要以丘滩复合体沉积为主，局部发育礁滩复合体和粒屑滩沉积，礁丘之间以及内侧主要发育粒屑滩。D24-D26井区良里塔格组沉积时地貌相对较为高陡狭窄，礁滩复合体主要以粒屑滩为主，礁丘、灰泥丘沿塔中Ⅰ号坡折带发育，沿礁丘的外围发育以生屑砂砾屑滩以及藻黏结生屑砂砾屑滩为主的滩相沉积。D45-D86井区台缘外带，以发育高能粒屑滩和灰泥丘组合为特征，其背后的台缘内带，主要表现出中低能粒屑滩、灰泥丘组合（王振宇等，2010）。在地震剖面上可识别出三期礁滩，自下而上向台地边缘逐渐迁移（图2.36）。

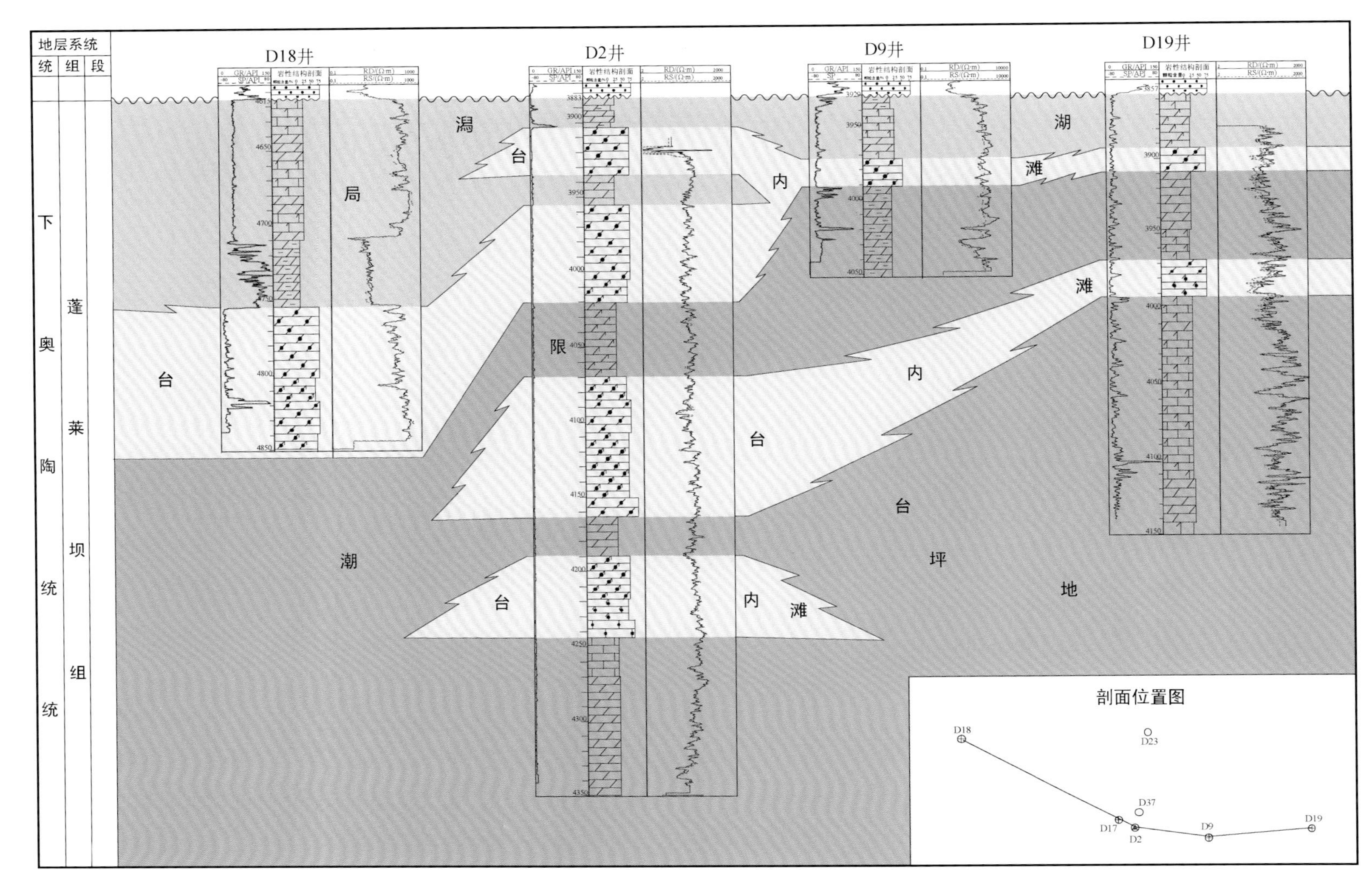

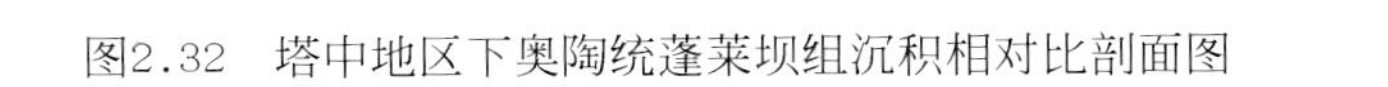
图2.32　塔中地区下奥陶统蓬莱坝组沉积相对比剖面图

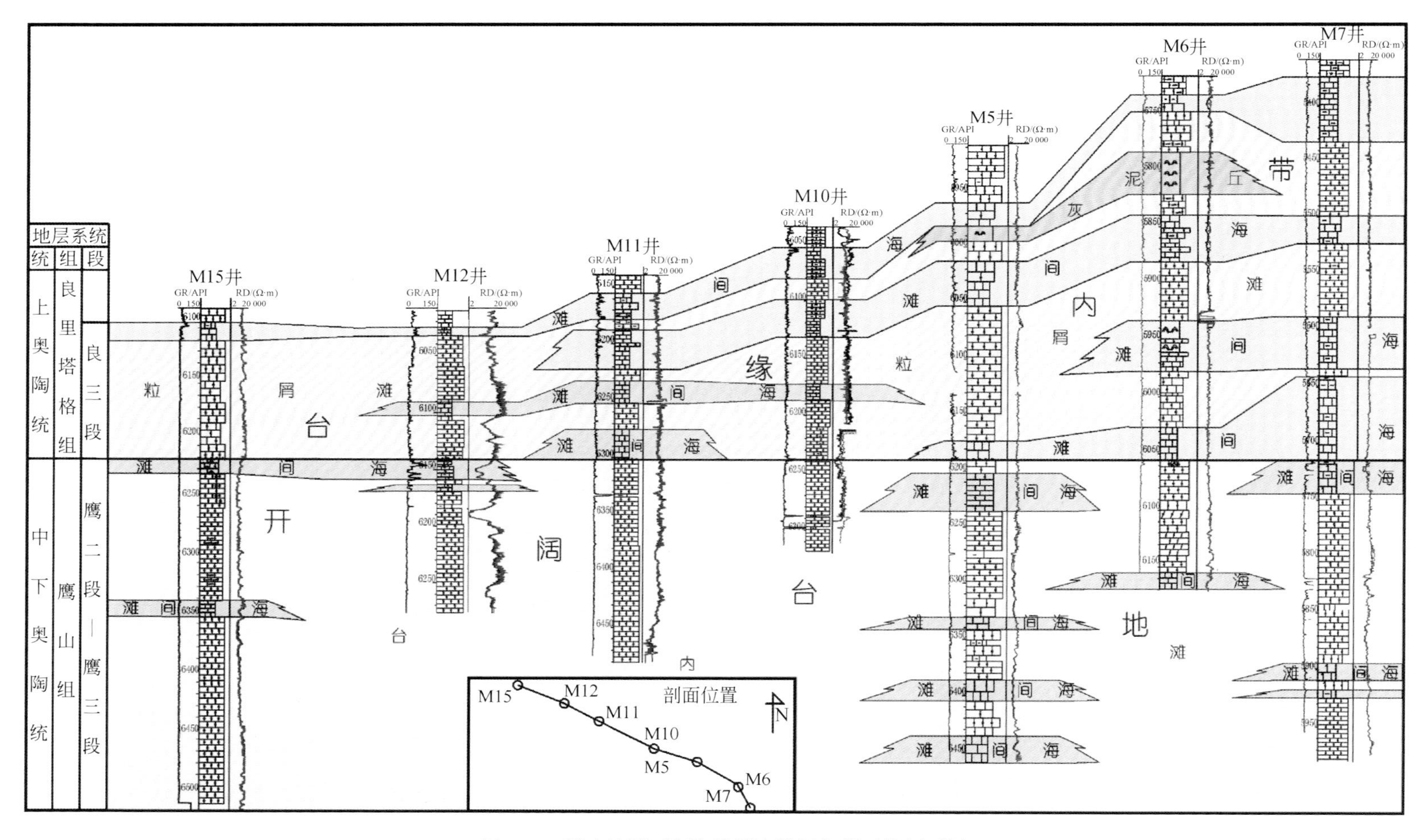

图2.33　塔中地区下奥陶统鹰山组沉积相对比剖面图

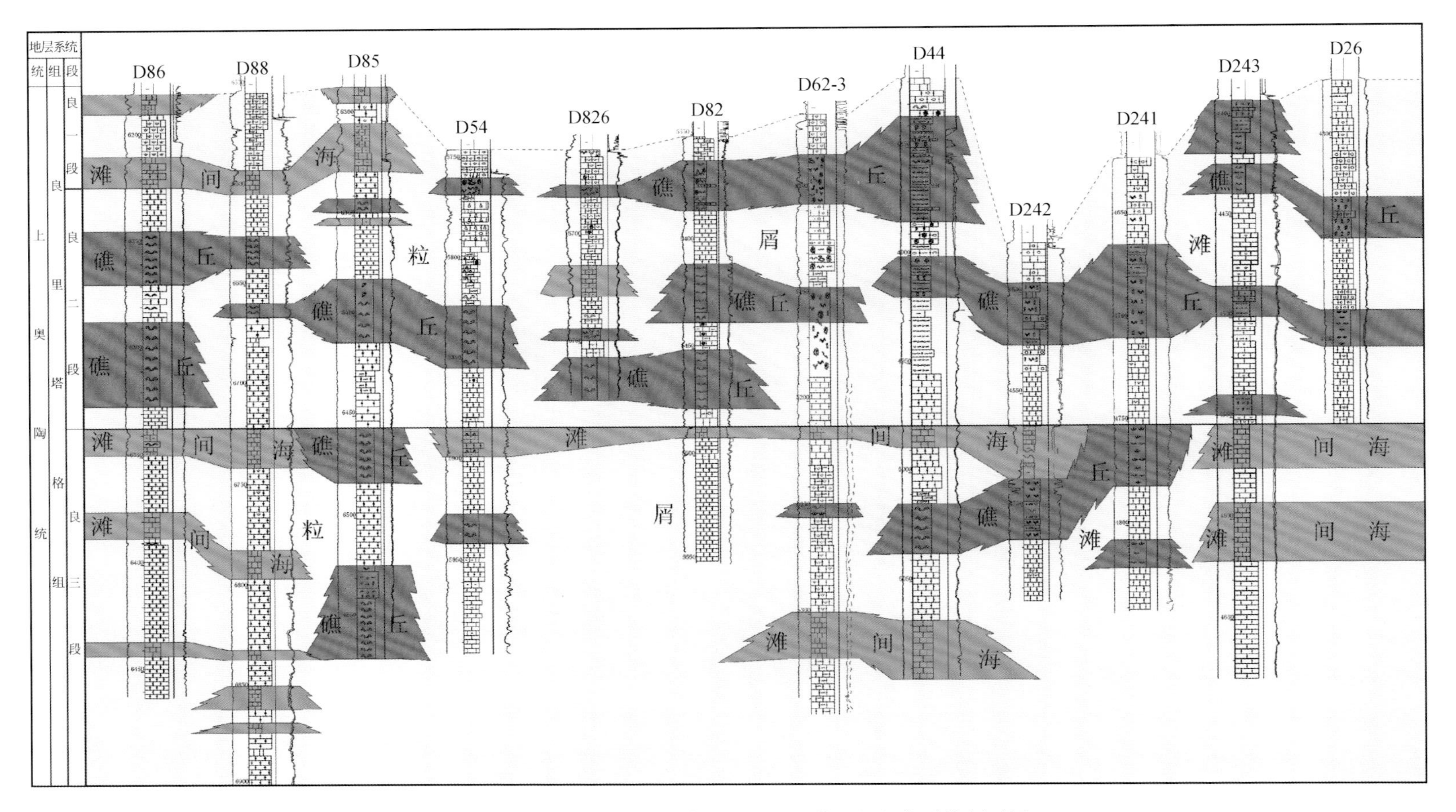

图2.34　塔中地区台地边缘上奥陶统良里塔格组沉积相对比剖面图

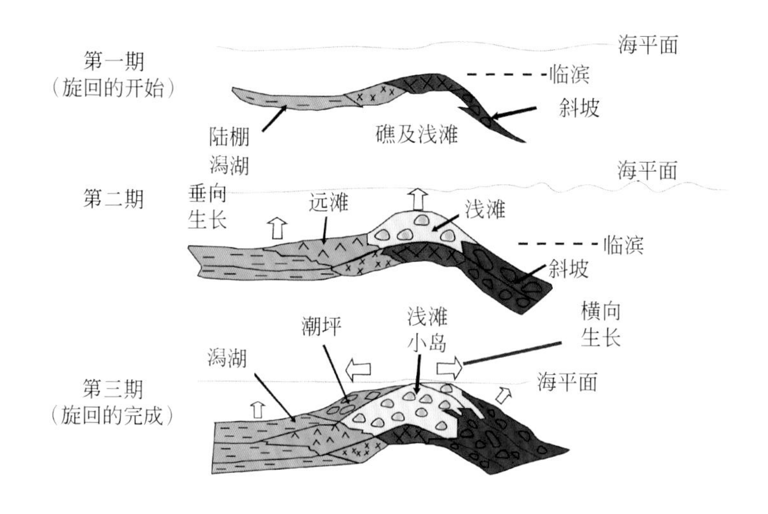

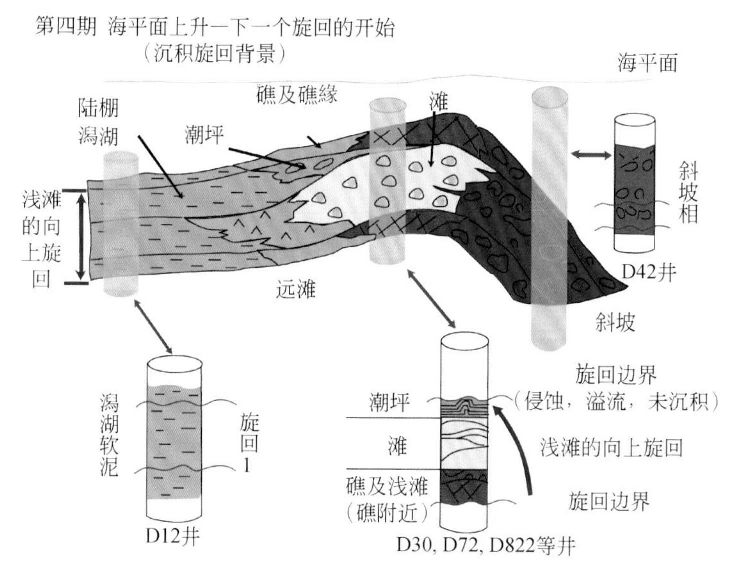

图 2.35　塔中地区良里塔格组礁滩体发育旋回模式图

五、沉积相建模及其三维展布

（一）沉积相发育模型建立

通过对塔中地区不同时期各种沉积类型、单井剖面特征、沉积相横向对比特征的综合分析，建立了塔中地区不同时期沉积相发育模式。蓬莱坝组沉积时期塔中地区台地边缘沿北西-南东向展布，台缘相带平缓，镶边不明显，岩性上为广泛分布的砂屑灰岩、砾屑灰岩，砂屑云岩、中-细晶云岩、藻云岩等，亚相类型以砂屑滩、砾屑滩为主，向内可见有潮坪沉积，以藻云坪为主，沉积相带总体上北西缘宽、南东缘窄；台地边缘向东则为斜坡相沉积，发育沉积物重力流、静水沉积等，靠近台缘下部可见水下扇体沉积，如 D5 井等

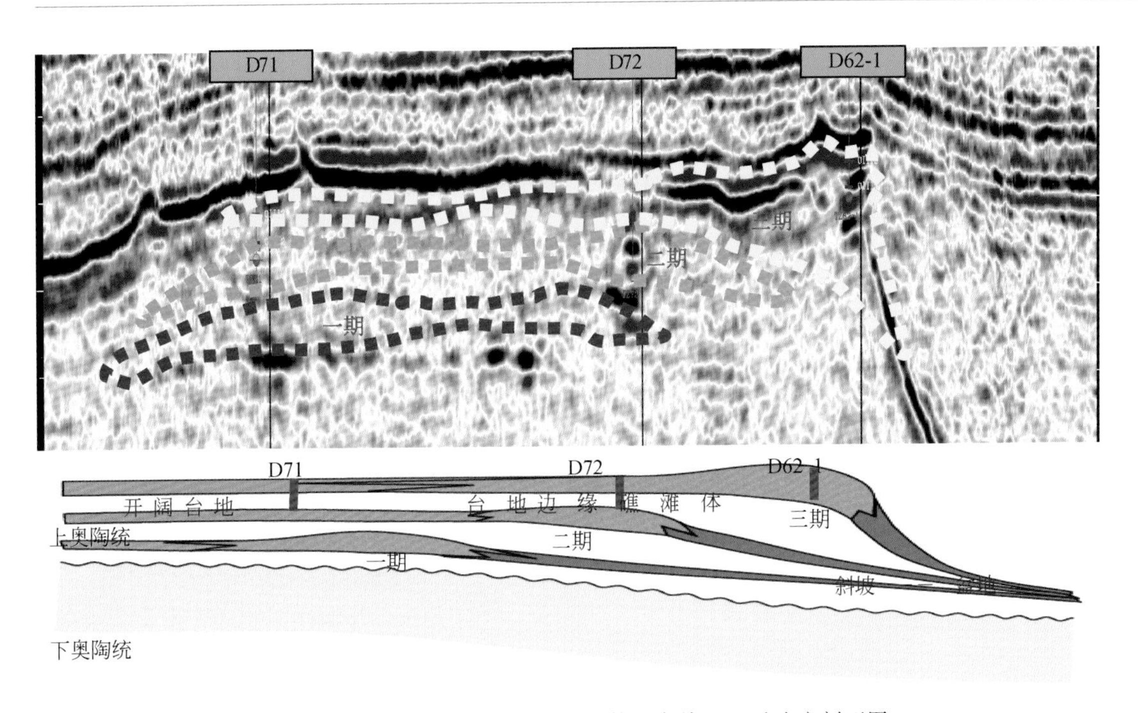

图 2.36　塔中地区良里塔格组礁滩体发育旋回地震响应剖面图

发育有厚层的代表斜坡相沉积的重力流沉积，如岩屑流、颗粒流、岩崩等，并可见一定的组合形式；斜坡向东为海槽沉积，发育深水泥岩、泥质灰岩等，可见海绵骨针等生物碎片。塔中台地边缘西侧发育局限台地潟湖亚相，过渡带可见台内缓坡沉积（图 2.37）。

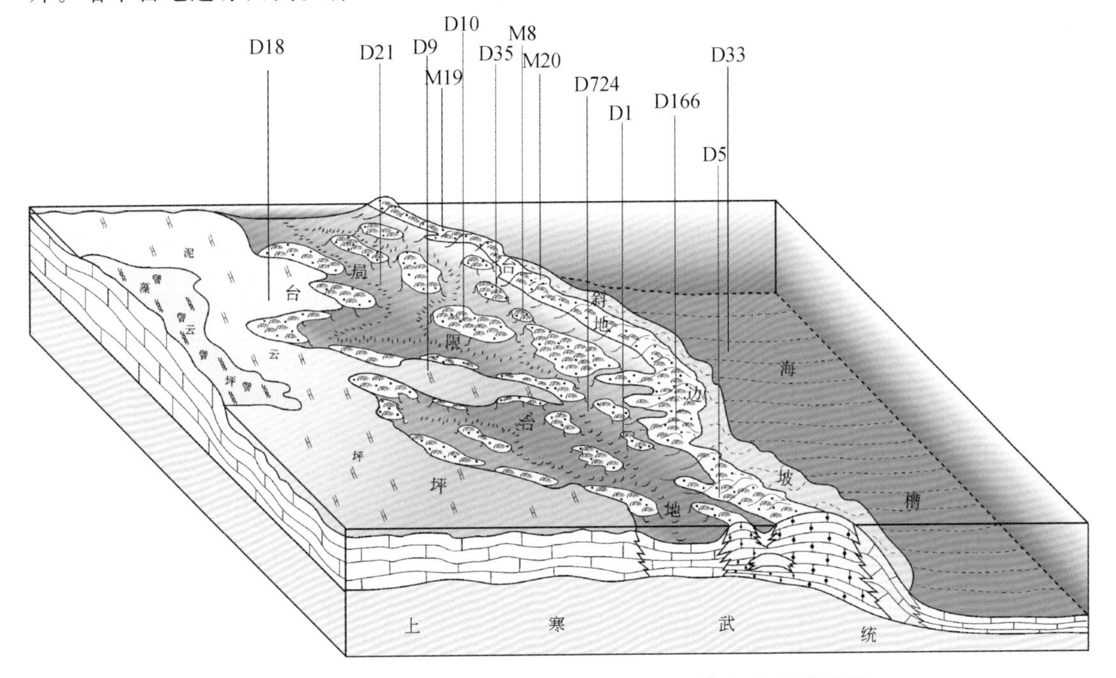

图 2.37　塔中地区上奥陶统蓬莱坝组沉积时期沉积相模式图

鹰山组沉积时期，塔中地区台地边缘沿北西-南东向展布，台缘相带加厚明显，为镶边台地沉积体系。岩性上为下部可见沿断裂体系分布的中-细晶白云岩、砂屑白云岩，中上部主要为砂屑灰岩、砾屑灰岩、泥晶灰岩，见少量藻灰岩；亚相类型以砂屑滩、砾屑滩为主、局部可见少量灰泥丘；在亚相分布上，台地边缘外带以中高能滩为主，内带则相带为中低能滩和滩间沉积为主，灰泥丘分布在外带；沿塔中Ⅰ号坡折带方向，台地边缘相总体上为北西缘宽、南东缘窄；地形上北西高、南东低，在D86井区鹰山组沉积晚期暴露为孤岛。台地边缘向东则为斜坡相沉积，南东缘为断阶式跌积型陡斜坡，南东缘为缓斜坡，斜坡上广泛发育沉积物重力流、静水沉积等，靠近斜坡下部可见水下扇体沉积，如D5井等发育有厚层的重力流沉积，如岩屑流、颗粒流、岩崩等，并可见一定的组合形式。斜坡向东为海槽沉积，发育深水泥岩、泥质灰岩等（图2.38）。

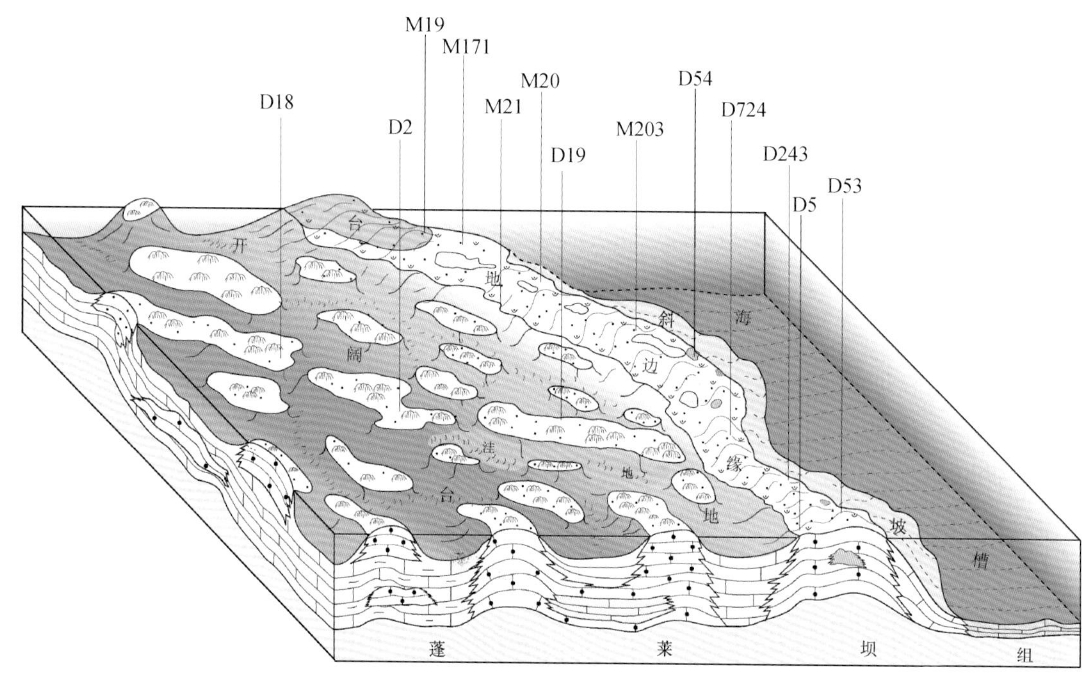

图2.38　塔中地区上-中奥陶统鹰山组沉积末期沉积相模式图

塔中地区上奥陶统良里塔格组总体表现为开阔台地-台地边缘-斜坡的沉积体系。开阔台地内地貌高点为台内滩、台内礁、台坪等亚相沉积。其中台内滩以砂屑滩为主，可见生屑滩及鲕粒滩，滩体多呈北东-南西向展布，规模不大，能量以中-低能为主；台内礁主要为礁丘亚相，多呈点状，总体亦呈北东-南西向展布，部分礁丘与台内滩相伴生，组成礁滩复合体；台坪以藻坪和灰泥坪为主，发育有多种类型的叠层石及鸟眼干裂构造等；开阔台地低洼处为台内洼地沉积，沉积物为低能泥晶灰岩，面积占开阔台地的大部分；台内礁滩与台内洼地之间可见台地缓坡沉积，沉积物为低能的泥晶灰岩夹砾角灰岩；在部分的台内礁滩体之间还可见潟湖沉积，塔中地区上奥陶统良里塔格组水体循环较频繁，礁滩体间普遍发育有水流通道，因此主要为淡化潟湖，盐度基本正常。塔中地区下奥陶统良里塔格组台地边缘表现为沿平行塔中Ⅰ号坡折带方向礁滩复合体的大规模成群成带发育，纵向上形成多个沉积旋回，这种礁滩复合体储层发育，成藏条件优越，与油气关系密切。台地边缘向海方向为斜坡沉积，发育多种类型的重力流及静水沉积，斜坡相为台地相向盆地相的过渡沉积，对确定整个台地范围、演化及整个沉积格局具有重要的意义（图2.39）。

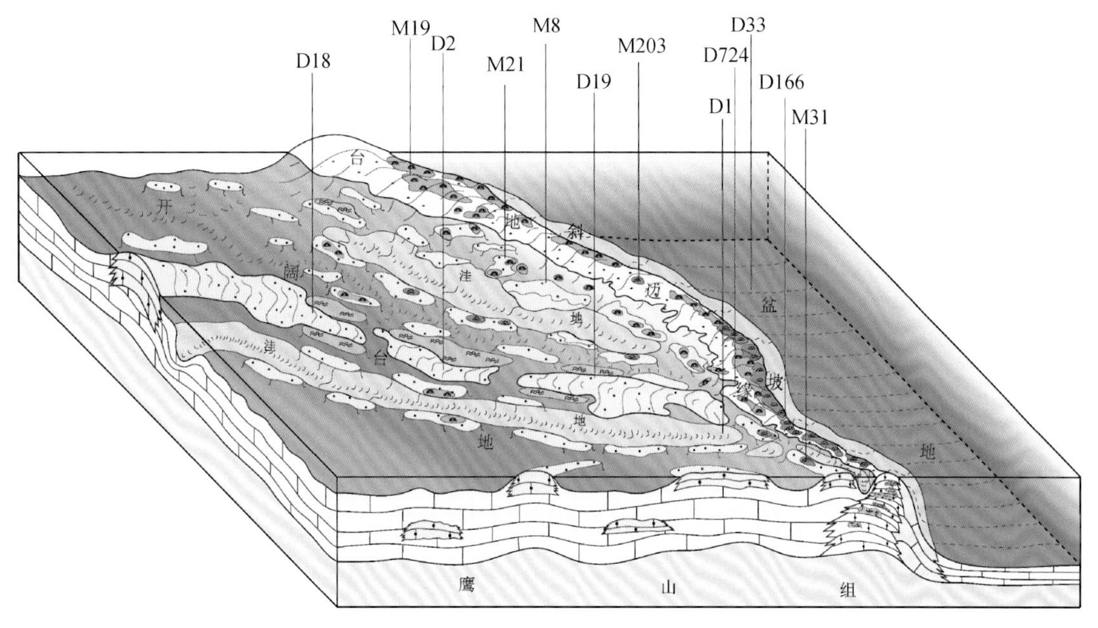

图 2.39 塔中地区上奥陶统良里塔格组沉积相模式图

（二）沉积相平面展布特征

1. 下奥陶统蓬莱坝组沉积相平面展布特征

塔中地区下奥陶统蓬莱坝组沉积相平面展布特征为：塔中地区蓬莱坝组沉积相带展布特征比较简单，大致以塔中Ⅰ号断层为界，以西为台地边缘和广阔的局限台地发育区。局限台地以沉积500多米厚的灰岩、白云岩为特征，主要包括潮坪、台内滩和潟湖等3种不同的亚相。其中以潮坪-潟湖相为优势相。断层以东为斜坡和盆地。蓬莱坝组沉积时候台地边缘推测为中低能的砂屑滩和滩间海沉积，砂屑滩为优势相（图2.40）。

2. 中-下奥陶统鹰山组沉积相平面展布特征

塔中地区中-下奥陶统鹰山组沉积相平面展布特征为：塔中地区中-下奥陶统鹰山组沉积时期继承了上奥陶统蓬莱坝组的沉积格局，与蓬莱坝组相比，水体更加开阔，台地边缘相带面积更大，塔中台地内部由蓬莱坝组的局限台地变为开阔台地，开阔台地内发育台内滩和滩间海亚相，其中以台内滩为优势相，滩间海零星分布，沿D75-D79井一带发育台内洼地，靠近塔中Ⅰ号坡折带台内滩成平行展布（图2.41）。

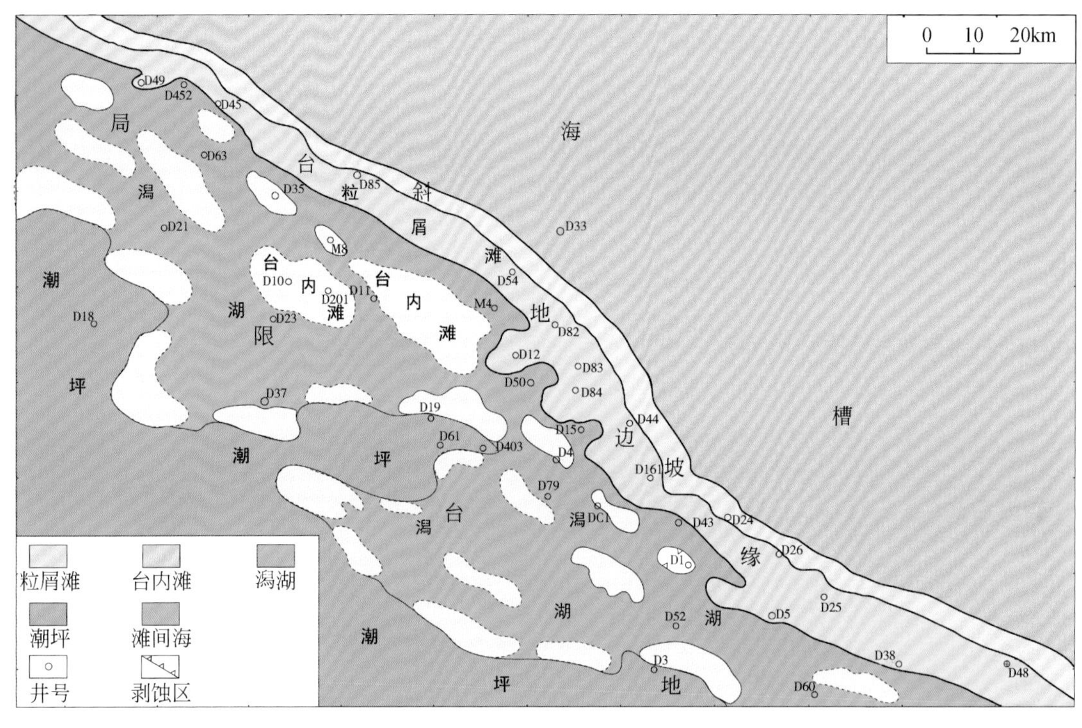

图 2.40　塔中地区下奥陶统蓬莱坝组沉积相平面展布图

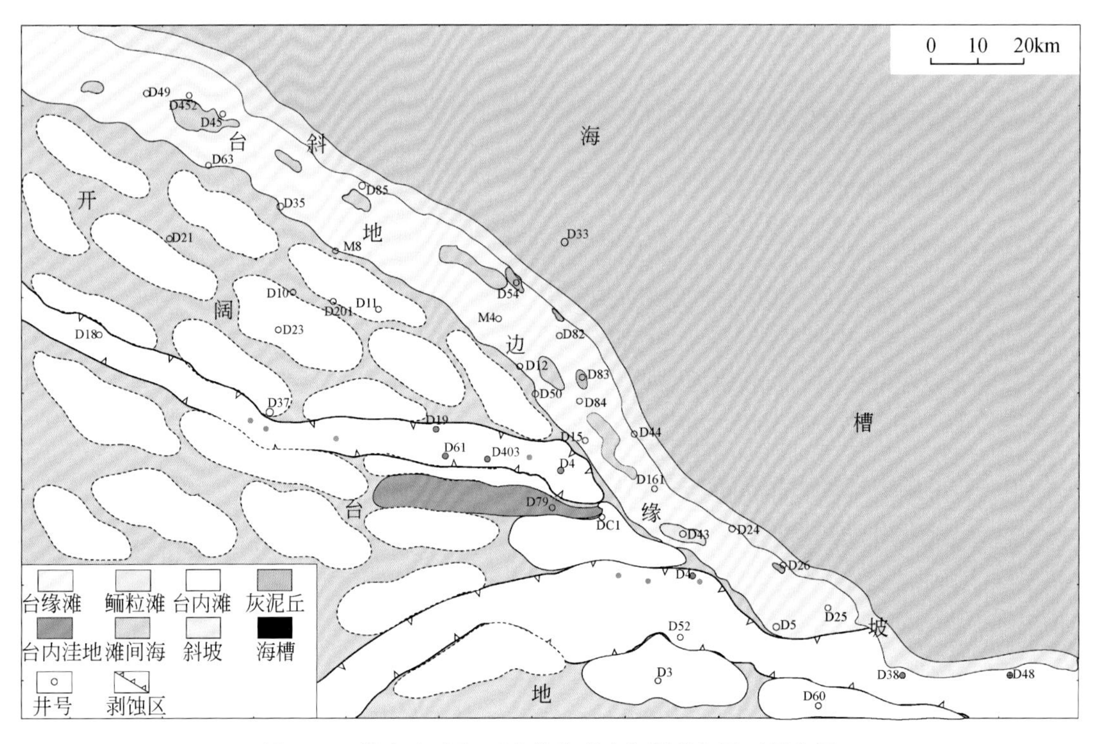

图 2.41　塔中地区中-下奥陶统鹰山组沉积相平面展布图

3. 上奥陶统良里塔格组沉积相平面展布

塔中地区上奥陶统良里塔格组沉积相平面展布特征为：塔中Ⅰ号坡折带东段台缘相带窄、斜坡陡，礁丘发育，组成沿塔中Ⅰ号坡折带发育的条带状礁滩复合体；向中段台缘相带变宽，灰泥丘含量增加，形成粒屑滩、灰泥丘、礁丘的复合沉积；西段则过渡为台缘相带宽、斜坡缓的沉积类型，生物礁以灰泥丘为主，礁丘少见，纵向上形成丘滩复合体沉积。台缘礁（丘）滩复合体沉积内侧为广泛的礁后低能带、滩间海沉积，能量低，沉积物细。开阔台地亚、微相特征表现为：开阔台地内以广泛发育的滩间海、台内洼地等低能沉积为主，粒屑滩、台内点礁多呈点状，规模小，部分台内点礁与滩可组成礁滩复合体（图2.42）。

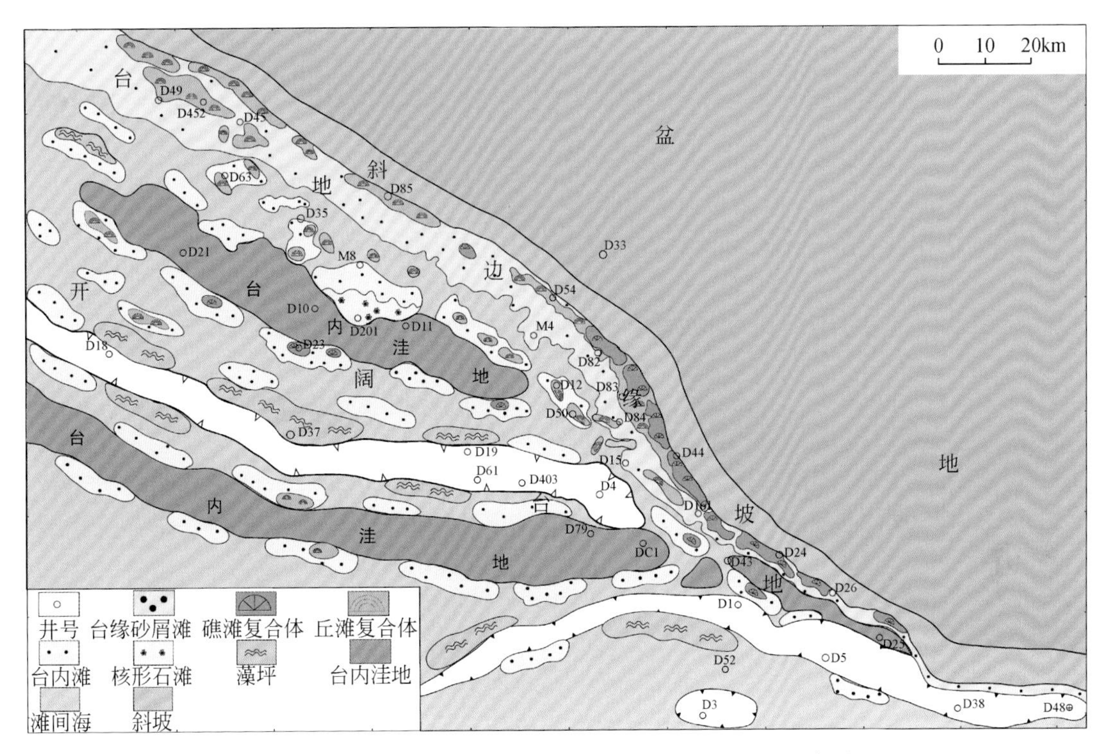

图2.42　塔中地区上奥陶统良里塔格组沉积相平面展布图

参考文献

陈景山，王振宇，代宗仰等．1999．塔中地区中上奥陶统台地镶边体系分析．古地理学报，1（2）：8～17

陈孝红，汪啸风，李志宏等．2003．扬子区中奥陶统大湾阶底界精细生物地层分带与对比．古生物学报，42（3）：317～327

陈旭，王志浩．2003．上奥陶统底界全球辅助层型剖面在我国的确立．地层学杂志，27（3）：263～264

陈旭，周志毅，戎嘉余等．2000．奥陶系．见：中国科学院南京地质古生物研究所．中国地层研究二十年（1979～1999）．合肥：中国科学技术大学出版社．39～58

冯增昭．1993．沉积岩石学．北京：石油工业出版社

顾家裕．1994．沉积相与油气．北京：石油工业出版社
顾家裕，方辉，蒋凌志．2001．塔里木盆地奥陶系生物礁的发现及其意义．石油勘探与开发，28（4）：1～3
顾家裕，张兴阳，罗平等．2005．塔里木盆地台地边缘生物礁、滩发育特征．石油与天然气地质，26（3）：277～283
贾承造，魏国齐，姚慧君等．1995．盆地构造演化与区域构造地质．北京：石油工业出版社
贾承造，张师本，吴绍祖等．2004．塔里木盆地及周边地层．北京：科学出版社
李本亮，管树巍，李传新等．2009．塔里木盆地塔中低凸起古构造演化与变形特征．地质论评，55（4）：521～530
李传新，贾承造，李本亮等．2009．塔里木盆地塔中低凸起北斜坡古生代断裂展布与构造演化．地质学报，83（8）：1065～1073
李洪革，韩宇春．2003．塔中地区中上奥陶统有利油气富集的地震相特征及分布．石油地球物理勘探，38（2）：194～198
李明杰，胡少华，王庆果等．2006．塔中地区走滑断裂体系的发现及其地质意义．石油地球物理勘探，41（1）：116～121
齐文同．2002．生物礁生态系统演化和全球环境变化历史．北京：北京大学出版社
汪啸风，陈孝红，王传尚等．2001．关岭生物群的特征和科学意义．中国地质，28（2）：6～12
汪啸风，陈旭，陈孝红等．1996．中国地层典　奥陶系．北京：地质出版社．1～126
汪啸风，倪世钊，曾庆銮等，1987．长江三峡生物地层学（2）早古生代部分．北京：地质出版社，43～197
王招明，杨海军，王振宇等．2010．塔里木盆地塔中地区奥陶系礁滩体储层地质特征．北京：石油工业出版社
王招明，张丽娟，王振宇等．2007．塔里木盆地奥陶系礁滩体特征与油气勘探．中国石油勘探，（06）：1～7
王招明，张丽娟，王振宇等．2008．塔里木盆地奥陶系碳酸盐岩岩石分类图册．北京：石油工业出版社
王振宇，孙崇浩，杨海军等．2010．塔中Ⅰ号坡折带上奥陶统台缘礁滩复合体建造模式．地质学报，84（4）：546～552
王振宇，严威，张云峰等．2007．塔中16-44井区上奥陶统台缘礁滩体沉积特征．新疆石油地质，28（6）：681～683
吴光红，张宝民，边立曾等．1999．塔中地区中晚奥陶世灰泥丘初步研究．沉积学报，17（2）：198～203
吴兴宁，赵宗举．2005．塔中地区奥陶系米级旋回层序分析．沉积学报，23（2）：310～315
肖传桃，刘岭山．1995．塔里木盆地轮南地区生物礁古生态特征．天然气工业，16（1）：38～42
雍世和，张超谟．1996．测井数据处理与综合解释．东营：石油大学出版社
曾允孚，夏文杰．1986．沉积岩石学．北京：地质出版社
张承泽，于红枫，张海祖等．2008．塔中地区走滑断裂特征、成因及地质意义．西南石油大学学报（自然科学版），30（5）：22～26．
张丽娟，李勇，周成刚等．2007．塔里木盆地奥陶纪岩相古地理特征及礁滩分布．石油与天然气地质，28（6）：731～737
赵宗举，赵治信，黄智斌．2006．塔里木盆地奥陶系牙形石带及沉积层序．地层学杂志，30（3）：193～203
钟广法，马在田．2001．利用高分辨率成像测井技术识别沉积构造．同济大学学报，29（5）：576～580

Antoshkina S. 1996. Ordovician reefs of the Ural Mountains. Russia: A Review. Facies, 35: 1～8

Destrochers A, James N P. 1989. Middle Ordovician (Chanyan) bioherms and biostromes of the Mingan Islands, Quebec. *In*: Geldsetzer H H J, James N P, Tebbutt G E (eds). Reefs: Canada and Adjacent Areas. Canadian Society of Petroleum Geologists, 13: 775

Dunham G R. 1962. Classification of carbonate rocks according to depositional textures. AAPG Mem, 1: 108～121

Folk R L. 1959. Practical pet rographic Classification of limestones. AAPG Mem, 43: 128

Folk R L. 1962. Spectral subdivision of limestone types. AAPG Mem, 1: 62～68

James N P, Klappa C F. 1989. Lithistid sponge bioherms, Early Middle Ordovician, Western Newfoundland. Reefs: Canada and Adjacent, Society of Petroleum Geologists, 13: 196～200.

Kershaw S. 1994. Classification and geological significance of biostromes. Facies, 31: 81～92

Leighton M W, Pendexter C, 1962. Carbonate rock types. *In*: Ham W E (ed). Classification of carbonate rocks. AAPG Mem, 1: 33～61

Plumley W J, Risley G A, Graves J R, et al. 1962. Energy index for limestone interperation and classification. *In*: Ham W E (ed). Classification of carbonate rocks. AAPG Mem, 1: 85～107

Riding R. 2000. Microbial carbonates: the geological record of calcified acterial- algal mats and biofilms. Edimentology, 47 (1): 1792～2140

Toomey D F, Nitecki M H. 1979. Organic buildups. The Lower Ordovician (Canadian) of Carbonate Platform, 366～400

Walker C T, Price N B. 1963. Departure curves for computing paleosalinity from boron in illites and shales. AAPG, 47 (5): 833～841

Walker K R, Ferringo K F. 1973. Major Middle Ordovician reef tract *In*: East Tennessee. American Journal of Science, 273 (A): 294～325

Webby B D. 2002. Patterns of Ordovician reef development. *In*: Kiessling W, Flugel E, Golonka J (eds). Phanerozoic Reef Patterns. Soc Sed Geol Spec Publ, 72: 129～179

Wood R. 1993. Nutrients, Predation and the history of reef building. Palaios, 8 (6): 526～543

Wright V P A. 1992. Revised classification of limestone. Sedimentary Geology, 76: 1772～1850

第三章 储层发育特征与主控因素分析

第一节 碳酸盐岩储层相关研究进展

进入20世纪90年代以来，随着石油勘探新技术、新方法的不断涌现，海相碳酸盐岩油气勘探的不断深入，在鄂尔多斯和塔里木盆地相继发现了一批缝洞型碳酸盐岩油气藏，使缝洞型碳酸盐岩储层的研究成为近年来的焦点之一。缝洞型碳酸盐岩储层比碎屑岩储层具有更低的孔渗、更强的各向异性和非均质性，其研究方法也与碎屑岩储层存在较大差异，从而大大增加了油气勘探的难度，使该类储层的研究成为一大世界级难题。碳酸盐岩缝洞系统研究涉及地质、油气田开发工程、地震和测井四大学科范畴。地质领域的研究包括露头和岩芯的观察描述、构造应力场数值模拟、断裂带应力场强度因子与声发射试验等；油气田开发工程领域的研究主要包括利用钻井放空、井漏、井涌、井喷、气侵、钻时下降等钻井显示现象、开发试井和生产动态以及流体性质相关成果综合判别裂缝、溶洞或缝洞发育带和连通关系与规模；地震领域的研究包括缝洞发育带的地震识别、地震属性提取、相干体分析技术、横波分裂技术、叠前三维地震数据体的AVO及AVA分析技术、分形分析技术等；测井领域的研究包括缝洞发育带测井识别、地层微电阻率成像测井、斯通利波法、人工神经网络法、裂缝指示曲线法等。对于碳酸盐岩缝洞系统的研究内容概括起来包括以下3个方面：缝洞参数定量表征研究、缝洞系统成因研究、缝洞型储层地质建模及分布预测研究（吕修祥、金之钧，2000；杨仁超，2006；金之钧、蔡立国，2006；邹才能、陶士振，2007）。

一、储层参数定量化、综合化发展

缝洞型碳酸盐岩储层参数定量表征一直是该类油气藏勘探开发的主要技术难题和研究重点。常规缝洞参数描述一般包括孔隙度、渗透率和孔隙结构。孔隙度、渗透率的研究方法包括：常规小岩塞测定、全直径测定、测井解释、试井分析等；孔隙结构的研究方法包括：毛管压力曲线法、铸体薄片法、扫描电镜法、CT扫描法、用测井资料解释方法等。这些常规的研究手段可以较好的表征碳酸盐岩基质孔洞缝的变化特征，但对于缝洞型储层而言，最主要的储层储集空间是裂缝和溶洞，而裂缝和溶洞的定量研究是该类储层研究的重点和难点。

裂缝的定量描述，一般都是通过岩芯观察和常规测井处理解释，成像测井的出现，为准确识别和评价裂缝提供了可靠的井周图像资料。通过对成像资料进行处理、分析，可以判断裂缝产状、裂缝的方位、鉴别出真假裂缝，并且可以定量计算裂缝孔隙度和裂缝张开度，给出裂缝长度FE（为单位井段内所拾取的裂缝长度之和）和裂缝密度FD（为单位井段中的裂缝条数）的统计结果。

大型溶洞的定量描述，除常规岩芯观察、常规测井曲线识别外，还应通过成像测井识别、常规测井处理、钻井数据识别、放空漏失量判别、试井测试解释洞径、地震剖面量化标定计算等手段综合判别，以实现其定量化表征。

随着石油勘探技术的不断进步，缝洞参数定量表征的发展主要表现在以下几个方面：①由单因素（储集空间）描述向综合描述发展；②由描述向评价和预测发展；③测试上，由小块岩芯向全岩芯发展；④由定性向定量发展；⑤方法上，由单一向多元发展（特别值得注意的是对地球物理勘探信息的获取越来越多，其中地震勘探信息尤为突出）。

二、断裂和裂缝的重要性日渐凸显

近年来，国内外对裂缝型储层的研究日益重视，随着对能源的巨大需求和高油价时代的到来，裂缝型储层在油气勘探和开发中已不断显示出其重要性。对于碳酸盐岩储层来说，裂缝发育与否对产能有着重要的控制作用。裂缝不仅是重要的储集空间，而且是良好的渗流通道，还控制着溶孔、溶洞的发育，影响着地层中原始流体的分布状况和泥浆侵入特性。所以，对裂缝的正确识别及分布规律和发育特征的正确认识，是裂缝型油气藏勘探开发成功的关键所在。但由于储层裂缝成因的复杂性、控制和影响的多因素性、形成和发育的随机性、分布的高度非均质性，在一定程度上增加了裂缝型储层的研究难度。近年来对储层裂缝的研究不断深入，实验方法与手段不断充实完善，取得了不少研究成果，有些用于现场的效果良好。但从国内外研究现状来看，尚缺乏一个能全面解决裂缝定量预测问题的研究方法，所以目前对裂缝型油气藏预测及评价研究仍处于探索阶段。

（一）裂缝识别及分布预测

裂缝识别是指根据其在地质、地球物理等资料上的响应，认识并描述裂缝。主要内容包括：①识别裂缝发育层段；②识别裂缝发育地区；③测量统计裂缝参数；④确定裂缝的类型，分析裂缝的成因、影响因素和形成时期；⑤建立裂缝参数与孔隙度、渗透率和含油饱和度的定量关系。

目前，针对裂缝性储层并没有一套完整的表征技术方法，但在储层裂缝识别、预测方面已取得了较大的进步，通常包括露头、岩芯、地球物理、数学模拟、裂缝储层地质建模、钻井（油藏）动态分析方法等。特别是地球物理方法的发展，包括先进的测井技术应用、地震资料的应用、裂缝数学方法的介入以及计算机三维建模技术的应用等。

裂缝预测是指根据裂缝的发育特点或形成机制，采用地质学、物理学、数学等方法，研究裂缝的分布规律，预测的内容主要包括：①裂缝发育的地区、层段；②裂缝的发育程度和延伸方向；③裂缝区的孔隙度和渗透率；④裂缝的含油气性。具体的预测方法有观察统计法、岩芯观察法、镜下统计法、测井方法、地震方法、地质类比法、物理模拟法、构造应力场模拟法、变形模拟法、岩层曲率法、分形分维法、生产动态法等。

就目前国内外发展现状来看，裂缝预测研究的各种方法都有优势，但同样存在缺陷和局限性。我国含油气盆地一般都经历多期构造运动，会造成裂缝的多期叠加，而对于裂缝多期叠加组合及扩展的研究较弱。目前裂缝预测都是对于张、剪裂缝进行预测，而对于过渡性质的裂缝（如压扭缝等）还无法很好地预测。井筒附近地层裂缝的识别方法基本成熟，但是对井间裂缝，尤其是储集体三维空间裂缝的分布规律预测，还没有形成比较成熟的技术。

（二）裂缝在碳酸盐岩油气藏勘探开发中的重要性

裂缝在碳酸盐岩勘探开发中的重要性已逐渐成为共识，对于裂缝在碳酸盐岩勘探开发中的作用而言，其重要性主要体现在以下 5 个方面。

1. 裂缝是油气运移的良好通道

开启裂缝大大提高了储层的渗透性与产能，使低渗透油层具有开采价值。岩芯物性分析可见基质孔隙的渗透率很低，一般在 0.001～0.5mD（$1D=0.986923\times10^{-12}m^2$），最大连通孔喉半径一般为 0.02～1μm，排驱压力达 5～10MPa。在深达 4000～7000m 的油层中很难获得工业油气流，但如果这类油层存在开启裂缝时（前面分析已表明裂缝的开度如达到 10～100μm，油层的渗透率可提高 10～1000 倍），那么就能成为工业油层或高产油气层，同时被泥质或方解石充填的裂缝虽然对储层的渗透性能没有贡献，但经过酸化压裂后也可成为良好运移通道，提高油气层产能。

2. 裂缝本身具有一定的有效储集空间

岩芯、薄片和测井解释表明在裂缝发育段与裂缝溶蚀作用较强的井段其裂缝孔隙度可达 0.1%～0.5%，尽管很低，但对中低孔隙度碳酸盐岩储层的贡献也可达 2%～20%，可提高油层的储量，同时对含油饱和度与可采储量也有显著的贡献。

3. 裂缝是埋藏岩溶作用所必要和重要的因素

多期构造运动可形成多期裂缝，多期裂缝又促进了流体的运移和溶蚀作用，构造断裂形成的裂缝体系可以限制流体（有机酸、地表水、地下水）运移的方向，断裂裂缝发育程度的不同，导致了不同区域上形成了相对独立的流体系统。这些流体不仅使早期形成的溶蚀孔洞进一步扩大，而且可以形成新的溶蚀孔洞，裂缝本身的溶蚀扩大也可以成为有利的储集空间。因此，断裂发育带附近，尤其是多组断裂交汇的地带，往往能够形成缝洞共生的较好的储集层。

4. 裂缝系统对油气藏的试采与开采的影响

塔里木盆地塔河和塔中油田大多数碳酸盐岩储层的井是在大型酸化后才获得高产工业油气流，裂缝的生成与连通对改善储层的渗透性与提高产能具有重要的作用，具有良好的经济效益。但也有对稳产和提高采收率不利的一面，即裂缝的分布极不均匀，延伸极远，与基质孔隙的渗透率差别越大，对试采的稳产和采收率越不利，塔中与轮南地区碳酸盐岩油气藏绝大多数难以稳产，其中也与裂缝造成渗流特征的复杂性有关，因此分析裂缝的分布规律对优化开采方案、保持稳产和提高采收率相当重要。

5. 裂缝系统造成了油气运聚成藏的特殊性与复杂性

油气生成以后就向缝洞发育的储渗体运聚，由于缝洞间的连通性较差，在有限连通条件下开始形成规模有限的分散的不规则的油气储集体，从而造成整个油气藏的复杂性与差异性。

裂缝形成与发育的控制因素可以概括为岩性、岩层厚度、断裂作用、构造应力场特征、局部构造、地层负荷变化与岩溶作用等方面。在裂缝与溶洞均较发育的碳酸盐岩地区，裂缝与溶洞的形成具有相互促进的作用，裂缝的存在有助于流体在岩层中的渗流，从而有利于溶解作用的发生。而溶洞的发育会降低岩石的强度，从而又有利于裂缝的形成所谓“无缝石成洞，缝洞一体”（韩剑发，2007）。

三、古岩溶科研技术方法不断创新

（一）古岩溶作用类型

根据成因机制及特征，古岩溶可以划分为以下 3 类：①沉积岩溶，指碳酸盐岩等可溶性地层在沉积过程中短暂暴露地表，接受大气淡水渗入淋滤而发育的岩溶。每个岩溶带上界面为岩相或岩性的突变面，系沉积间断暴露面，下界面为岩相或岩性的渐变面；②风化壳岩溶或侵蚀期岩溶，指因重大构造运动导致地壳抬升，碳酸盐岩等可溶性地层长期暴露地表遭受大气淡水淋滤并伴随风化壳形成而发育的岩溶；③缝洞系岩溶和地下水循环岩溶，指地层遭受构造变形而产生裂缝，在地层水的作用下产生的岩溶。这种构造成因的裂缝被溶蚀扩大形成的岩溶称为缝洞系岩溶，是在封闭环境下形成的压释水岩溶。

溶蚀作用可分为 5 类：①早期暴露的大气水淋滤作用，主要发育于滩相的颗粒碳酸盐岩中，表现为岩石颗粒溶蚀、早期胶结物的溶蚀，溶蚀作用发育具有局限性；②表生阶段的岩溶作用，是在长期暴露的地表风化条件下，由大气渗入水，潜水作用下发育的岩溶作用；③压释水溶蚀作用，是在埋藏压实过程中，泥岩排出大量孔隙水进入可溶性地层中，对该地层造成溶蚀；④岩浆活动等产生的热液在其作用带可以造成溶蚀现象；⑤随着有机质热演化的成熟，在成岩晚期出现的有机酸和大量的 CO_2，可对可溶性地层造成多期溶蚀。埋藏条件下的压释水溶蚀作用与有机酸的溶蚀作用对储层缝洞的改造十分重要，值得予以充分重视。

在漫长的地质历史时期，虽然碳酸盐岩一直在遭受溶蚀，但由于不同时期发生岩溶的环境不同，溶蚀特征也有很大不同，关于古岩溶的划分，目前学术界并无统一方案。根据古岩溶的各种特征，并结合前人的研究成果以及塔里木盆地奥陶系岩溶的实际情况，塔里木盆地岩溶划分为三类：即同生岩溶、风化壳岩溶、埋藏岩溶，其中风化壳岩溶包括潜山岩溶和层间岩溶，埋藏岩溶包括热液岩溶和油田水岩溶。

（二）国内外古岩溶研究新进展

国外古岩溶研究进展主要有 3 个方面：①岩溶相及岩溶控矿：主要是沉积学、岩石学学者把沉积岩石学和沉积相的方法引入古岩溶研究，提出岩溶相的概念，讨论古岩溶相问题（主要是不整合面古岩溶）及其对油气储层或矿产形成的控制作用。②岩溶岩、成岩作用、成矿作用：针对古岩溶特征（如落水洞、塌陷岩、钙结层等）的描述以及古岩溶与白云石化、礁体发育及大气水成岩的地球化学特征等关系的分析，将岩溶研究具体化、深入化。岩溶成矿的概念逐渐形成，逐步区分出了微岩溶、沉积岩溶、埋藏岩溶等概念，并在成岩作用和成矿作用方面开展了一些开创性研究。③岩溶演化：少量的研究成果已注意到古岩溶演化及其与矿产形成关系的研究。由上可见，国外在古岩溶研究方面的一个重要特点就是应用多学科（地层学、沉积学、岩石学、矿床学等）的理论方法开展综合研究。

国内古岩溶研究进展主要有 4 个方面：①古水文地质分析原理与古岩溶研究相结合：贾疏源等在这方面做出了尝试性和开创性的研究。他通过对地史演化过程的分析，划分古岩溶类型，恢复这些类型岩溶发育阶段的古水文地质条件，阐明这些岩溶发育及演化规律。由于把古水文地质原理引入古岩溶研究，因而产生了新的研究思路，即由于岩溶是水流与可溶岩相互作用的产物，因此地下水起源和活动特征不同，必然会形成不同体系的岩溶特征。但它们间又是相互联系的，即“旧体系”对“新体系”的控制，这正是岩溶的演化过程。这一认识为岩溶矿床形成演化的深入研究开拓了思路。②岩溶概念的进一步广义化：这主要是基于岩溶作用（即水-岩作用）双方拓展的。一方面是指化学溶解作用，不仅发生于碳酸盐岩中，同时在非碳酸盐岩及膏、盐岩和砂泥岩中也可发生；另一方面引起岩石溶解的水，不仅有渗入大气成因水，同时还有沉积层的压释成因水、深部地下热水等。这都更新了传统的岩溶概念，也有利于将岩溶地质学的研究思路和方法引入非碳酸盐岩地层的有关地质问题研究。③深岩溶与古岩溶研究相结合：地下水水平循环带以下发育的岩溶即为深岩溶。可见现今深部岩溶分布区，碳酸盐岩中广泛发育了古岩溶，且古岩溶发育又控制了现代深岩溶发育，因此，在讨论深岩溶问题时，必须讨论有关古岩溶问题。同时，地史期的岩溶发育不可避免有深岩溶的发育，故在对古岩溶研究中也应重视深岩溶研究。古岩溶中的热水岩溶、埋藏岩溶就是深岩溶。我国已有一些岩溶研究开始注意两者的结合。④与古岩溶作用相关的岩溶成矿（铅锌矿、铀矿、油气等）类型、成因和理论等研究正进一步深入。

（三）古岩溶研究新方法

古岩溶研究方法，随着其他学科的发展而越来越多。彭大钧等对 20 世纪 90 年代以前的古岩溶研究方法进行了系统性的总结：①古构造方法：应用于研究古构造与古岩溶的关系。②沉积相分析方法：应用于古岩溶相、亚相及微相的划分。③岩石学、矿物学方法：对古岩溶水文地化形迹、充填物特征的研究具有很大作用，可为探讨古岩溶形成的孔隙水起源、流体性质提供依据。岩石铸体薄片、岩芯观察、扫描电镜分析、X 射线衍射分析等对古岩溶微孔隙系统的研究也很有帮助。④古水文地球化学分析、有机地球化学分析方法：对古岩溶及油气形成的古水文地球化学环境研究很有意义。⑤古生物学方法与同位素方法结合运用：对于发现和确定古岩溶的存在具有实际意义。⑥钻探方法和物探方法综合运用：有助于发现和确定古岩溶的存在。⑦计算机运用：对恢复古岩溶形成的古水动力场、古构造应力场的数学模拟提供了可能，同时，使应用其他数学地质方法来研究古岩溶得以实施。⑧物理方法：可以对古岩溶系统的形成进行水动力场电模拟。⑨室内溶蚀实验方法：可以获取古岩溶发育控制因素的重要参数和直观资料。

近10年来，岩溶研究方法进一步获得了极大的丰富：①在岩矿分析手段中，阴极发光技术获得了更加广泛的应用；②在地球化学分析中，微量元素和稀土元素的应用，使得岩溶分析方法取得了重要的进展；③成像测井技术开始应用到石油勘探领域；④根据不同规模岩溶储集空间对波速有不同程度影响的理论，利用现代精密的地震采集手段和处理方法，建立起岩溶现象与地震反射的关系，对古岩溶进行深入研究。

第二节　奥陶系碳酸盐岩储层特征描述

一、储层物性特征

（一）蓬莱坝组常规物性特征描述

塔中地区下奥陶统蓬莱坝组岩芯孔隙度样品1017块，渗透率样品513块。对样品进行统计的结果为：最大孔隙度达11.96%，最小孔隙度仅0.03%，平均孔隙度为1.21%。岩芯渗透率分布范围在$0.000122\times10^{-3}\sim148\times10^{-3}\mu m^2$，平均渗透率为$1.65\times10^{-3}\mu m^2$。从分布直方图（图3.1）可以看出：本区蓬莱坝组的样品中，孔隙度小于1.8%的样品占72.22%；孔隙度大于4.5%的样品仅占4.27%；孔隙度在1.8%～4.5%的样品占23.51%。渗透率小于$0.01\times10^{-3}\mu m^2$的样品占样品总数的11.57%；在$0.01\times10^{-3}\sim5\times10^{-3}\mu m^2$的样品占样品总数的78.24%；大于$5\times10^{-3}\mu m^2$的样品占样品总数的10.2%。总之，塔中地区下奥陶统蓬莱坝组岩芯分析属于低孔、低渗储层，部分孔渗异常值为裂缝影响。

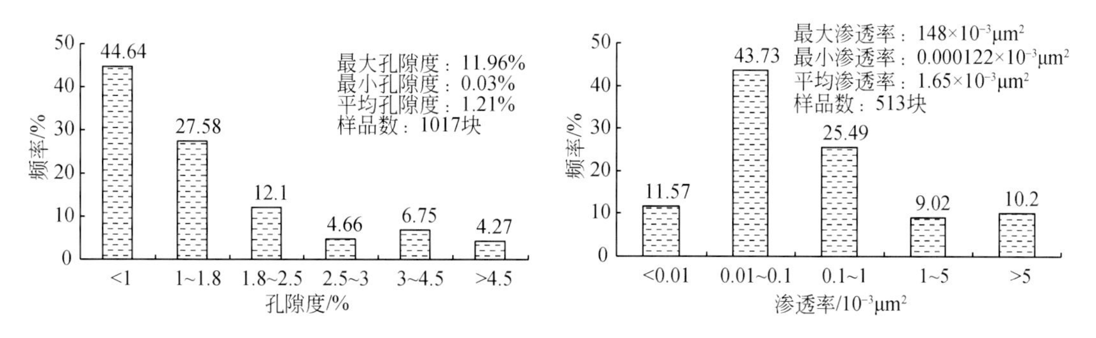

图3.1　塔中地区下奥陶统蓬莱坝组孔隙度-频率和渗透率-频率分布直方图

（二）鹰山组常规物性特征描述

塔中地区中-下奥陶统鹰山组岩芯孔隙度样品 732 块，渗透率样品 273 块。对样品进行统计的结果为：最大孔隙度达 11.13%，最小孔隙度仅 0.17%，平均孔隙度为 0.911%。岩芯渗透率分布范围为 $0.004\times10^{-3}\sim153\times10^{-3}\mu m^2$，平均 $3.776\times10^{-3}\mu m^2$。从分布直方图（图 3.2）可以看出：本区鹰山组的样品中，孔隙度小于 1.8%的样品占 91.94%；孔隙度大于 4.5%的样品仅占 0.41%；孔隙度在 1.8%～4.5%的样品占 7.65%。渗透率小于 $0.01\times10^{-3}\mu m^2$ 的样品占样品总数的 3.3%；在 $0.01\times10^{-3}\sim5\times10^{-3}\mu m^2$ 的样品占样品总数 90.12%；大于 $5\times10^{-3}\mu m^2$ 的样品占样品总数的 6.59%。总之，塔中地区下奥陶统鹰山组岩芯分析属于低孔、低渗储层，部分孔渗异常值为裂缝影响。

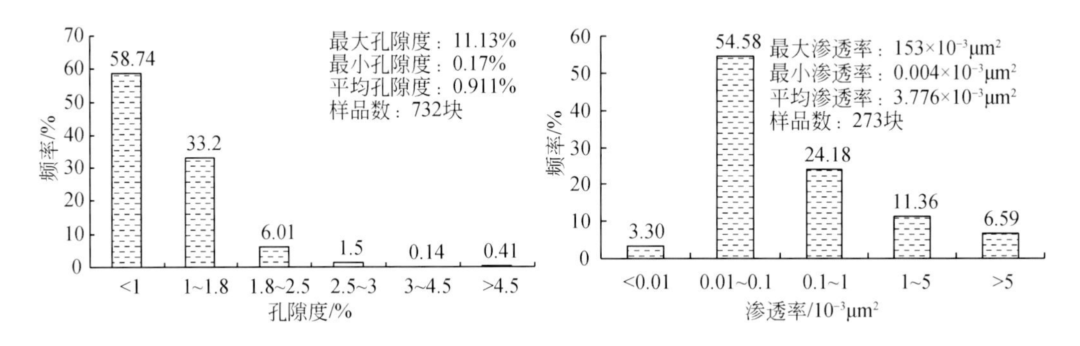

图 3.2 塔中地区中下奥陶统鹰山组孔隙度-频率和渗透率-频率分布直方图

（三）良里塔格组常规物性特征描述

塔中地区上奥陶统良里塔格组岩芯孔隙度样品 2376 块，渗透率样品 2002 块。对样品进行统计的结果为：最大孔隙度达 12.74%，最小孔隙度仅 0.05%，平均孔隙度 1.66%。岩芯分析渗透率分布范围在 $0.013\times10^{-3}\sim840\times10^{-3}\mu m^2$，平均 $5.5\times10^{-3}\mu m^2$。从分布直方图（图 3.3）可以看出：本区良里塔格组的样品中，孔隙度小于 1.8%的样品占 73.93%；孔隙度大于 4.5%的样品仅占 4.79%；孔隙度在 1.8%～4.5%的样品占

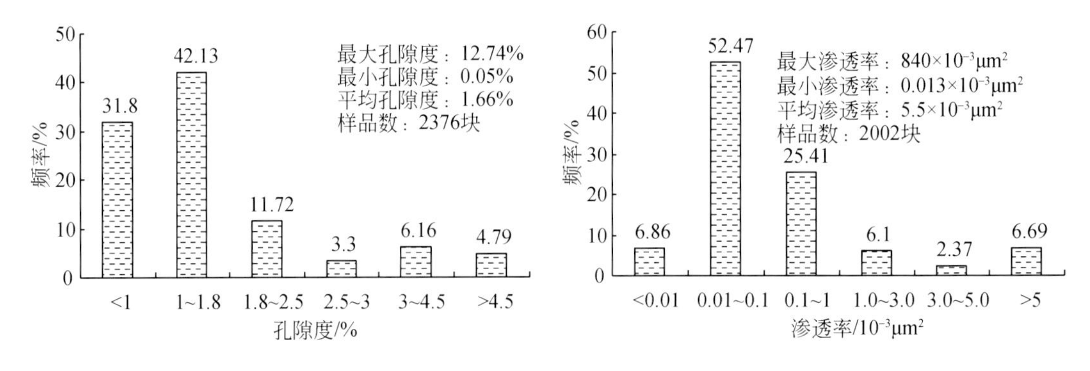

图 3.3 塔中地区上奥陶统良里塔格组孔隙度-频率和渗透率-频率分布直方图

21.28%。渗透率小于$0.01\times10^{-3}\mu m^2$的样品占样品总数的6.86%；在$0.01\times10^{-3}\sim5\times10^{-3}\mu m^2$的样品占样品总数86.35%；大于$5\times10^{-3}\mu m^2$的样品占样品总数的6.69%。总之，塔中Ⅰ号坡折带奥陶系岩芯孔隙度大于1.8的只有25.97%，渗透率多分布在$0.01\times10^{-3}\sim5\times10^{-3}\mu m^2$，占86.35%，可见本区孔隙度和渗透率相对较低。

二、储集空间描述

塔中地区奥陶系碳酸盐岩孔洞缝发育，种类多样，形态各异，不仅是油气主要的渗滤通道，而且是油气重要的储集空间。通过对铸体薄片分析、岩芯描述和缝洞统计认为，塔中地区奥陶系碳酸盐岩储集空间类型主要有孔、洞、缝三大类，具体碳酸盐岩储集空间类型划分见表3.1。孔、洞、缝按大小和成因可分为宏观储集空间和微观储集空间两大类，各大类又可进一步细分为若干个类型。

表3.1　碳酸盐岩孔、洞、缝级别划分表

孔		洞		缝	
类型	孔径/mm	类型	洞径/mm	类型	缝宽/mm
大孔	0.5～2	巨洞	≥1000	巨缝	≥100
中孔	0.25～0.5	大洞	100～1000	大缝	10～100
小孔	0.01～0.25	中洞	20～100	中缝	1～10
微孔	<0.01	小洞	2～20	小缝	0.1～1
				微缝	<0.1

（一）宏观储集空间

宏观储集空间主要相对于显微镜下才能观察到的微观储集空间而言，本书中宏观储集空间多指可观察到的岩芯描述统计的孔、洞、缝，也包括钻井工程、地震反射、测井等信息识别的缝、洞等。

1. 大型溶洞

直径大于500mm的空隙为洞穴，主要由岩溶作用形成，包括埋藏岩溶作用和层间岩溶作用。受层间岩溶作用控制的储层，溶洞十分发育，而且洞径很大。大洞多被充填，中、小洞则保存较好，成为有效的储集空间。

这类储集空间主要表现为钻井过程中泥浆漏失、放空等，测井上未充填的大型溶洞表现为井径显著扩大呈箱状、电阻率降低、声波时差增大及密度减小（图3.4）；取芯中可见洞内充填物，且取芯收获率常常较低、岩芯破碎（图3.5、图3.6）；从FMI成像图上极板拖行暗色条带夹局部亮色团块（图3.7）；地震剖面上明显的串珠状反射可见明显溶洞特征（图3.8）。

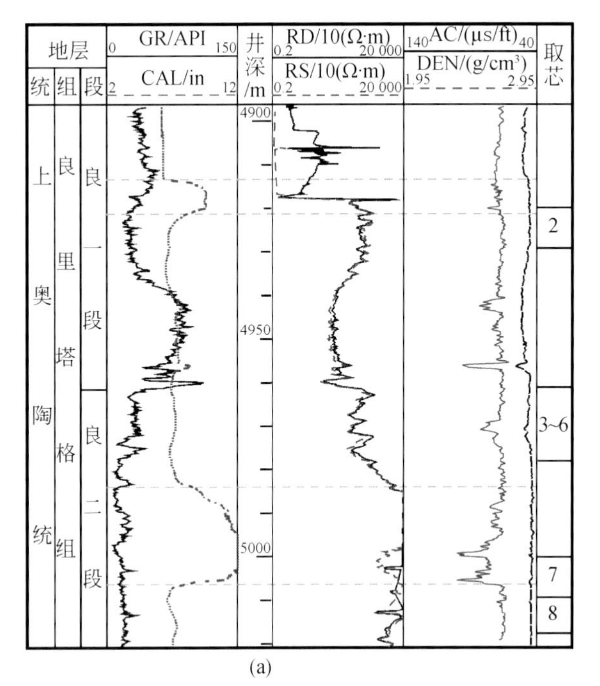

(a)

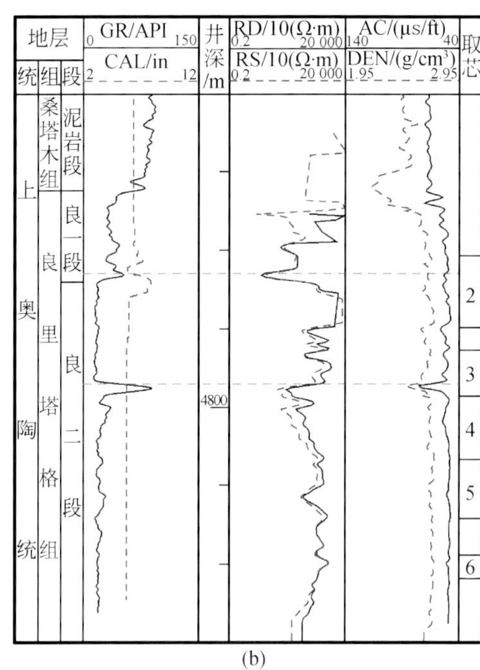

(b)

图 3.4 大型溶洞在测井上的响应特征

(a) D72 井：4913～4921.5m，井径显著扩大，曲线呈箱状，自然伽马无明显高值；4918m 处发生井漏，泥浆漏失 $27m^3$。此溶洞为方解石半充填。4984～5006m 处测井上井径明显增大呈箱状，自然伽马无明显高值。该溶洞为方解石半充填；(b) D62-2 井：在 4782.5～4798.1m 处漏边，共漏失泥浆 $846m^3$，为一个大型溶洞，洞高约 16m，洞的顶部为褐灰色柱状方解石晶束，褐色巨晶方解石充填溶洞；中部为溶塌角砾岩，角砾为生物砂砾屑灰岩、海绵礁灰岩，砾间为巨晶方解石充填；下部为深灰色含角砾泥岩；溶洞上部为半充填

图 3.5 溶洞充填物，亮晶方解石充填，D75 井，4036.2m，下奥陶统鹰山组，岩芯

图 3.6 溶洞充填物，充填物为泥质，M171 井，6400.5m，下奥陶统鹰山组，岩芯

未充填大型溶洞表现为泥浆漏失、放空，测井上表现为井径显著扩大呈箱状、电阻率降低、声波时差增大、密度减小。

半充填大型溶洞表现为泥浆漏失、放空，测井上表现为井径显著扩大。充填物为泥质，自然伽马呈明显高值；充填物为方解石，自然伽马曲线无明显高值。地震剖面上呈明显的串珠状强反射。

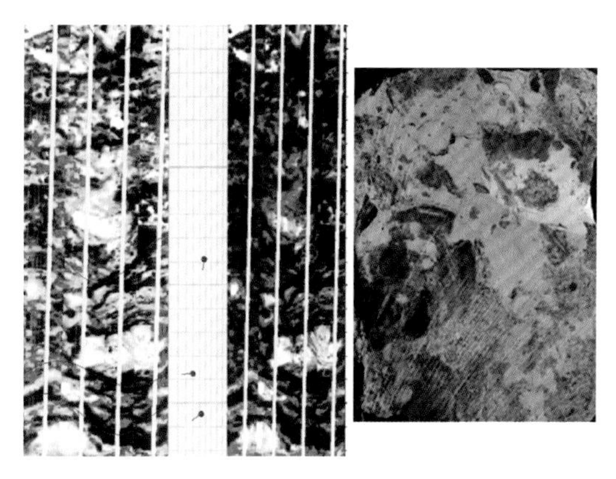

图 3.7　FMI 和岩芯溶洞充填物对应特征

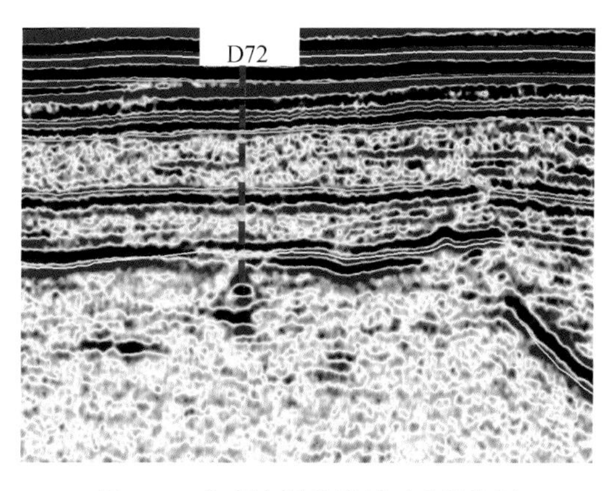

图 3.8　大型溶洞地震剖面反射特征

泥质全充填的大型溶洞测井上表现为自然伽马有明显高值段，井径变化不明显，深浅双测向降低，密度降低，声波时差增大；方解石全充填的大型溶洞在常规测井曲线上不易识别，可通过成像测井图上的溶塌角砾岩或者岩芯观察来识别。

2. 孔洞

塔中地区奥陶系碳酸盐岩岩芯显示其溶蚀洞比较发育，尤其是良里塔格组的礁滩体，储层以生物礁灰岩和颗粒灰岩为主，同生期岩溶、埋藏岩溶及层间岩溶作用形成孔洞发育段，孔洞发育段与不发育段呈层状间互分布，且孔洞岩芯统计表明绝大多数孔洞处于半充填-未充填。通过对典型井可视大、小洞和孔的统计表明，大小多为 1～5mm，占所统计 239 个孔洞的 66.5％（图 3.9）。孔洞呈圆形、椭圆形及不规则状，孔洞发育段岩石呈蜂窝状，面孔率一般 1％～2％，最高可达 10％。主要分布在良一段和良二段的中上部，孔洞分布的层位性较为明显。

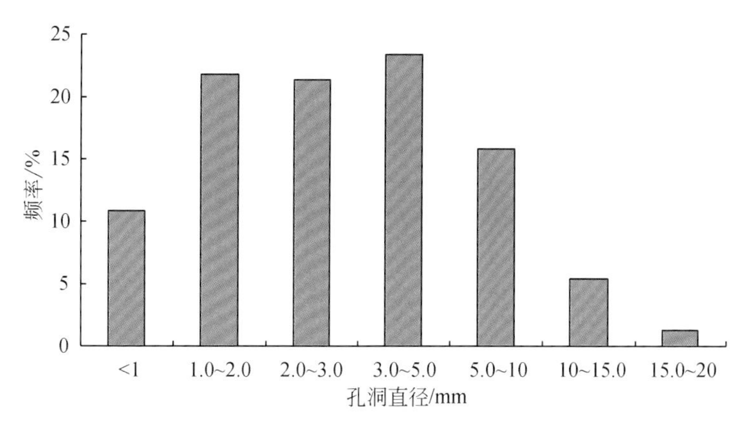

图 3.9　塔中地区良里塔格组储层孔洞直径-频率统计直方图

下奥陶统岩芯中孔洞相对不发育，不整合面附近的中小型孔洞大部分被泥质和方解石充填，主要是以地震和测井解释的大型溶洞为主。半充填和未充填的孔洞主要发育在受同生期大气淡水淋滤的台地边缘的高能粒屑滩（M203 井）以及受埋藏期热液改造的白云岩中（M9井、D12井、D162井）。

3. 裂缝

1）裂缝类型

裂缝在碳酸盐岩储层中普遍发育，不仅是碳酸盐岩重要的储集空间，也是主要的渗流通道之一，研究塔中地区储层裂缝的种类很多，裂缝从成因来分主要有3种类型：即构造缝、溶蚀缝和成岩缝，分别与断裂活动、古岩溶作用和压溶作用等因素有关。

构造缝是指受构造应力作用而产生的裂缝，是区内最主要的裂缝类型。根据裂缝的宽度，分为中、小、微裂缝。缝宽一般小于5mm，裂缝性质主要表现为剪切缝，其次为张性裂缝。根据裂缝的产状分为高角度斜缝、垂直缝、水平缝。构造缝以垂直缝和微裂隙最为发育（图3.10、图3.11）。早期形成的各种裂缝，多数已被方解石、泥质或沥青充填或半充填。局部区域多期不同产状的裂缝相互交切形成网状裂缝，发育的裂缝形成网状系统，使岩石破碎，大大提高了岩石孔渗性。

图3.10 多期构造缝，局部扩溶，为亮晶方解石充填

D5井，3571.20m，下奥陶统鹰山组，岩芯

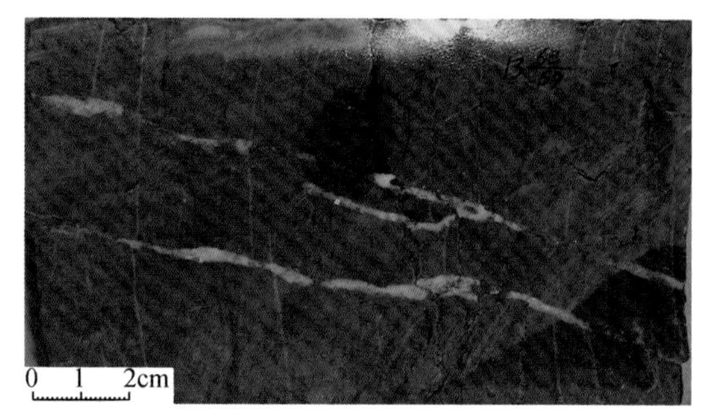

图3.11 两期构造缝，第一期水平状，缝较窄，第二期近垂直状，缝较宽，切割第一期，两期缝均为亮晶方解石充填

D162井，5252.4m，下奥陶统鹰山组，岩芯

溶蚀缝主要是由地表水和地下水作用形成。主要是沿早期的裂缝系统产生溶蚀扩大。该种裂缝也是十分发育的，缝宽一般大于1mm，表现为破裂面的不规则溶蚀扩大，沿断裂面壁上生长粒状、透明白色晶形完好的方解石晶体或晶簇。

成岩缝即压溶缝，主要表现为缝合线，是由沉积负荷引起的压实作用和压溶作用形成。这和地层的压力、温度及灰岩中的泥质含量有关。缝合线的产状多数与层面平行，呈锯齿状，宽一般几毫米不等，多数缝合线已被方解石、泥质或沥青不同程度充填或溶蚀扩大，据荧光薄片资料显示，部分缝合线有较强的荧光显示，存在有效储集空间。

2）裂缝发育期次

根据裂缝的切割关系、充填物结构等资料可以得出，本区奥陶系的构造缝主要有三期（表3.2）：

第一期形成于晚加里东期，缝细小而平直，主要为高角度缝，缝宽0.2～2mm，无溶蚀扩大现象，为半自形-它形细粉晶方解石充填，充填物中见晶间溶孔并为干沥青充填，这一期裂缝常切割同生期大气淡水溶蚀孔洞的渗流粉砂和细晶方解石充填物。

表 3.2　塔中地区奥陶系不同期次裂缝特征

裂缝期次	第一期	第二期	第三期
形成时间	晚加里东期	早海西期	印支-喜山期
充填物	方解石	方解石、萤石、石膏、沥青或原油等矿物	半充填或未充填，轻质油、天然气或地层水
宽度/mm	0.2～2	0.2～100	0.2～5
延伸长度/cm	<10	10～100	5～20
裂缝形态	细小、缝壁平直规则	平直、规模大	细小、规模小
产状	垂直	垂直	低角度、网状
有效性	多无效	多有效	多有效
力学性质	张性缝	张性缝	剪切缝

第二期形成于早海西期，以近直立的张裂缝为特征，缝宽且延伸长，岩芯可见其宽达0.2～100mm，延伸长可达1m，其缝壁不规则，具溶蚀现象，有的可扩溶成溶缝或溶洞，充填物为中粗晶方解石、萤石、石膏、沥青或原油充填。该期缝常切割第一期缝。

第三期形成于印支-喜马拉雅期，裂缝呈斜交状、低角度-水平状以及网状，宽0.2～5mm，扩溶现象较明显，常见沿裂缝周围或沿裂缝延伸方向分布针状溶孔和中小型溶洞，缝内充填物少，见少量马牙状方解石和原油，它常切割前两期的裂缝及成岩构造缝，是最晚一期的构造缝。

3）裂缝发育特征

根据塔中地区岩芯统计数据表明（图 3.12）奥陶系礁滩体以高角度裂缝和水平缝为

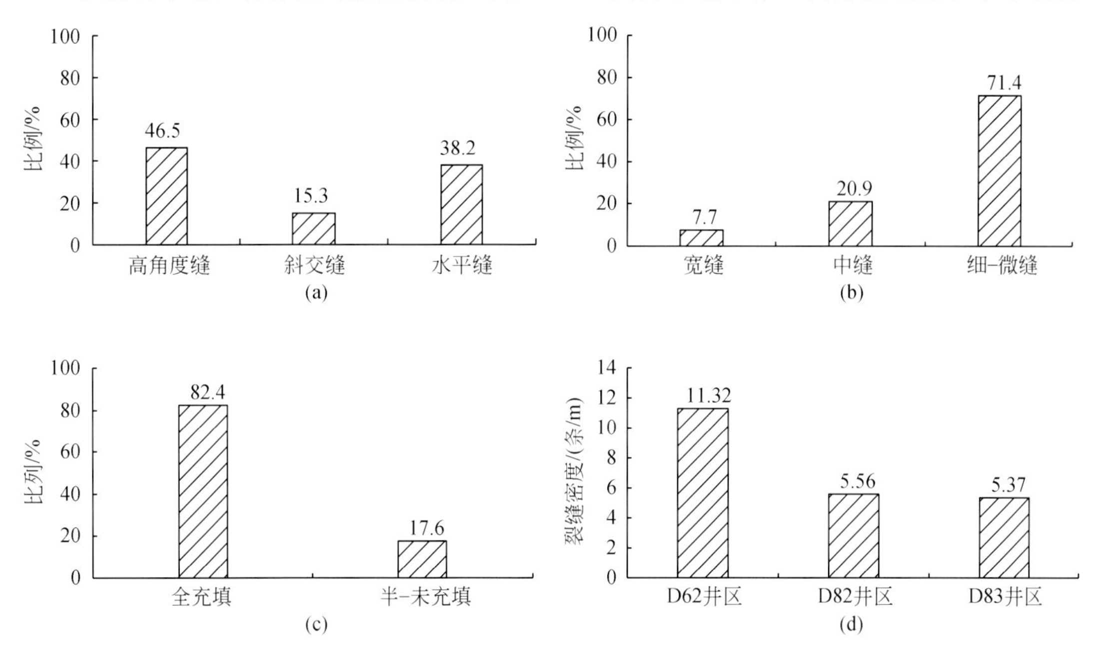

图 3.12　奥陶系礁滩体岩芯裂缝特征统计图

（a）裂缝产状统计直方图；（b）裂缝大小统计直方图；（c）裂缝充填状况统计直方图；（d）裂缝密度分布统计直方图

主，水平缝相对较少；细-微缝普遍，所占比例高达 71.4%，宽、中缝仅为 7.7%和 20.9%；裂缝大多数都被方解石或泥质全充填，半-未充填的缝仅占很少的一部分；裂缝的发育程度变化大，D62 井区裂缝密度可达 11.32 条/m，D82 井区、D83 井区仅为 5.56 条/m、5.37 条/m。

就岩芯统计数据总体而言，塔中地区以发育高角度缝为主，水平缝次之，斜交缝不发育，多表现为张剪性或剪性的特点，缝面不平，具有擦痕。大、中缝较少，且多为方解石或泥质充填，细-微缝居多，为泥质、方解石半充填或张开，细-微形态不规则，成树枝状、放射状和网状。裂缝发育段密度高达 20～100 条/m，不发育段仅为 1～2 条/m。

（二）微观储集空间

碳酸盐岩的孔隙体系要比碎屑岩复杂得多（Choquette and Pray，1970；Lucia，1995），碳酸盐岩孔隙体系的复杂性是碳酸盐岩沉积物的生物成因和高化学活动造成的。碳酸盐岩沉积物的生物成因导致了粒内孔、与生物有关的遮蔽孔和礁内生长格架孔的发育。由于普遍而强烈的成岩作用（如溶解作用和白云化作用），碳酸盐沉积物的高化学活动导致了次生孔隙的发育。对于碳酸盐岩孔隙分类主要有两种：一种是 Choquette 和 Pray（1970）的成因孔隙分类，他强调了组构的选择性和孔隙形成的作用、方向和时间的成因要素；另一种是 Lucia（1995，1999）的孔隙分类，他是建立在较早的 Archie（1952）的分类基础上，特点是将岩石组构要素（如粒间孔和溶孔）与岩石物理特征（如孔隙度、渗透率和饱和度）结合起来。第一种分类尤其适用于孔隙演化的研究，对碳酸盐岩的油气勘探具有重要的意义；第二种分类难于应用于勘探，但十分有利于碳酸盐岩储层特征的表述。所以本书对孔隙的特征描述将采用 Choquette 和 Pray（1970）的成因孔隙分类。通过对奥陶系礁滩体储层铸体薄片显微镜观察显示，微观储集空间主要有粒内溶孔、铸模孔、粒间溶孔、晶间孔、晶间溶孔、生物体腔孔和微裂缝，其具体特征如下：

1. 粒内溶孔

粒内溶孔主要见于砂屑内，少数见于生屑和鲕粒内，多为同生期大气淡水选择性溶蚀所致。粒内溶孔直径较小，一般为 0.01～0.04mm，部分较大的粒内溶孔可达 0.5～0.8mm，但大部分被后期方解石充填，如果充填的方解石经埋藏岩溶，亦可再发展成有效的粒内溶孔。粒内溶孔为本区重要的孔隙类型之一。

2. 铸模孔

铸模孔是粒内溶孔的进一步发展，整个颗粒被全部溶蚀，仅保存颗粒的外形，少数铸模孔中还见颗粒溶蚀残余物。铸模孔直径较大，一般为 0.1～1mm，最大可达 2mm 以上。铸模孔为次要的孔隙类型，仅在少数薄片中有，平均面孔率为 0.05%，但个别薄片中其面孔率高达 5%。

3. 粒间溶孔

粒间溶孔指粒间方解石胶结物被溶蚀形成的孔隙，主要溶蚀粒间中细晶粒状方解石，溶蚀强烈时，可溶蚀纤维状方解石甚至颗粒边缘，使颗粒边缘呈港湾状或锯齿状。溶蚀作用形成于第三期方解石胶结之后，第一期油气运移之前，孔隙中常有沥青伴生。孔隙直径变化较大，一般为 0.1～0.5mm，最大可达 1mm 以上。粒间溶孔为主要孔隙类型，平均面孔率高达 0.48%（图 3.13）。

4. 晶间孔

主要出现于结晶白云岩之白云石晶间、残余颗粒白云岩之白云石胶结物晶间；此外，在某些裂缝、溶孔、溶洞中充填的白云石或方解石晶间，以及部分白云石化灰岩的白云石晶间也可见到。孔隙一般较小，多为 0.01～0.2mm（图 3.14）。

5. 晶间溶孔

晶间溶孔指晶粒间、孔洞和裂缝中的方解石、石膏胶结物、充填物的晶间溶孔。主要见于结晶白云岩中，它是在白云石晶间孔的基础上溶蚀扩大形成。晶间溶孔直径变化较大，分布范围为 0.01～2mm，一般为 0.1～0.5mm。晶间溶孔也为主要的孔隙类型之一，有 14.74%的薄片见有这种孔隙类型，平均面孔率为 0.28%。

6. 生物体腔孔

生物体腔孔主要见于瓣鳃、腹足等软体动物体腔内，软体腐烂后被三期方解石充填未满形式，第三期和第二期方解石常见溶蚀现象。孔隙直径较大，一般为 0.5～1mm，最大可达 2mm 以上，成为洞穴。这种孔隙为次要孔隙类型，仅少数几个薄片中见有，平均面孔率为 0.02%，个别薄片面孔率可达 5%。

7. 微裂缝

微裂缝在铸体薄片中出现频率也比较高，镜下观察的微裂缝主要是构造缝和缝合线，裂缝率一般为 0.1%～0.5%。微裂缝的储集性能不大，但它可沟通孔洞缝形成渗流网络系统，对油气运移和产能都有重要意义（图 3.15）。

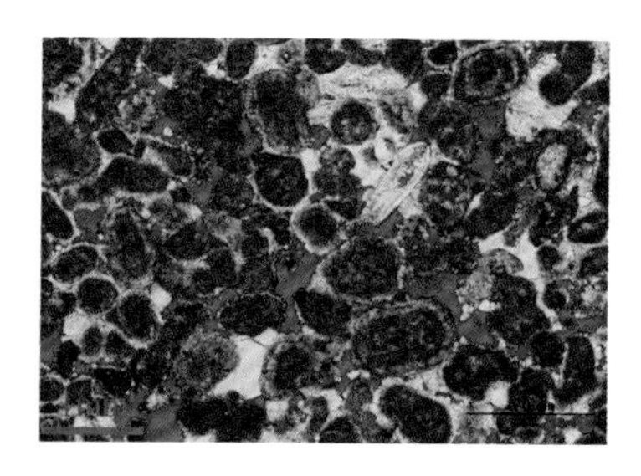

图 3.13　亮晶鲕粒灰岩粒间溶孔
M203 井，6571.81m，下奥陶统鹰山组，红色铸体

图 3.14　晶间孔，残余砂屑灰质云岩
M4 井，3863.90，下奥陶统鹰山组，红色铸体

图 3.15　两期构造缝，未充填构造缝切割方解石充填构造缝，泥晶藻屑灰岩
M7 井；5838.66m，下奥陶统鹰山组，红色铸体，单偏光

（三）储集空间成像测井响应特征

作为分辨率最高的地球物理测井方法，FMI/EMI 图像在未取芯井段对岩性岩相和储层的研究具有很大优势。随着塔中地区奥陶系碳酸盐岩新钻井取芯越来越少，FMI/EMI 成像测井在沉积相和储层研究的作用更加重要。

1. 溶洞及其充填物的类型与成像测井响应

塔中地区奥陶系碳酸盐岩溶洞的表现形式复杂多样，既有未充填溶洞，也有充填溶洞。未充填溶洞的规模较小，洞径毫米至厘米级，在静态 FMI/EMI 图像上一般表现为深色高导斑点或斑块。充填溶洞从毫米至米级均有分布。大型溶洞多数为充填洞，充填溶洞的沉积物的成分变化很大，主要有泥质或砂泥质沉积、岩溶角砾岩及与洞穴水化学沉淀作用有关的层状或晶洞式碳酸盐岩。不同形式的溶洞具有不同的地质特征，其成像测井响应存在较大的差异，如砂泥质充填溶洞一般呈黑色-棕色；岩溶角砾岩则表现为斑块状，其中颜色较浅的斑块为碳酸盐角砾；碳酸盐充填的溶洞或晶洞表现为高阻白色。

在单井成像测井解释的基础上，根据产状特点，将塔中奥陶系碳酸盐岩地层中的溶洞归纳为以下四大基本类型。

斑点-斑块状中小型溶洞：一般为不规则等轴状，直径介于数毫米至数十厘米，最大不超过井筒直径。在 FMI/EMI 图像上，直径小于 10cm 的溶洞一般呈斑点状，称之为“小洞”（图 3.16）；直径大于 10cm 但小于井筒直径的溶洞呈斑块状，可以称之为“中洞”（图 3.17）。斑点状或斑块状中小型溶洞一般成层成带密集产出，亦可沿层理缝、裂缝及方解石脉呈线状、串珠状分布。

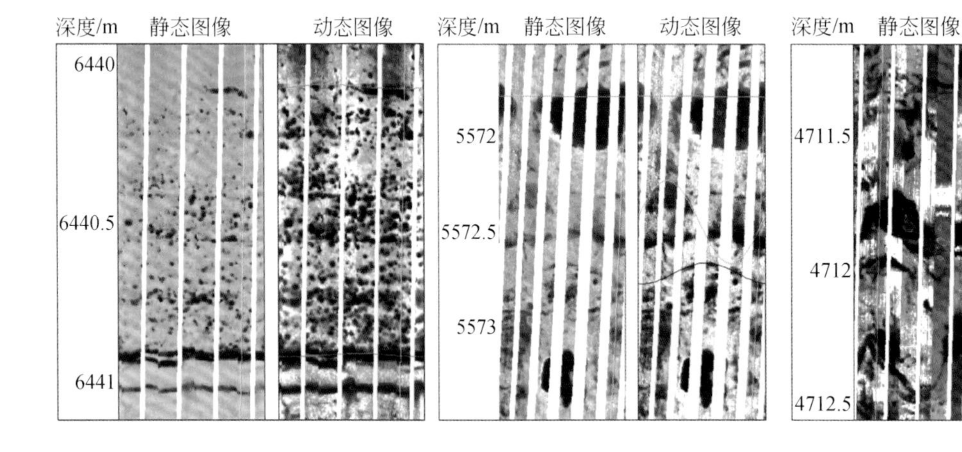

图 3.16　斑点状小溶洞

图 3.17　斑块状溶洞

片状缝洞：其产状主要有水平纹层状、倾斜状和垂直伸长状等类型。水平纹层状的缝洞平行于层面分布，多为溶解加宽的层理缝［图 3.18（a）］；倾斜状缝洞为溶解拓宽的裂缝［图 3.18（b）］；垂直伸长状缝洞的产状平行于井轴方向，与地层产状近于正交［图 3.18（c）］。水平纹层状缝洞主要发育于水平潜流带，垂直伸长状缝洞发育带则多为岩溶渗流带的产物。

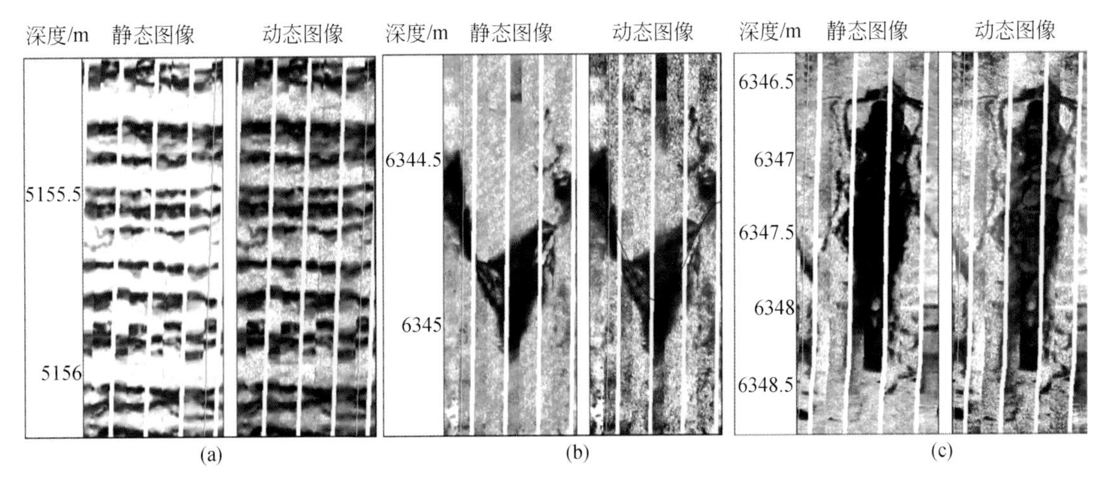

图 3.18　片状溶洞成像测井特征

层状大洞：指溶洞规模大于井筒直径的等轴状溶洞或厚度大于 0.1m 的层状溶洞，它们在成像测井图像上均表现为层状，其顶、底界面多不规则，并切割围岩层理。塔中地区大型溶洞一般被砂泥质或溶塌角砾岩充填，前者在成像上表现为深色高导特征，有时还可见明显的纹理构造［图 3.19（a）］，后者则呈斑块状，其中斑块颜色较浅，为碳酸盐角砾［图 3.19（b）］。

网状缝洞：一般分布于岩溶风化带，由各种产状的裂缝溶蚀扩大并与中小型溶洞交织构成［图 3.19（c）］。

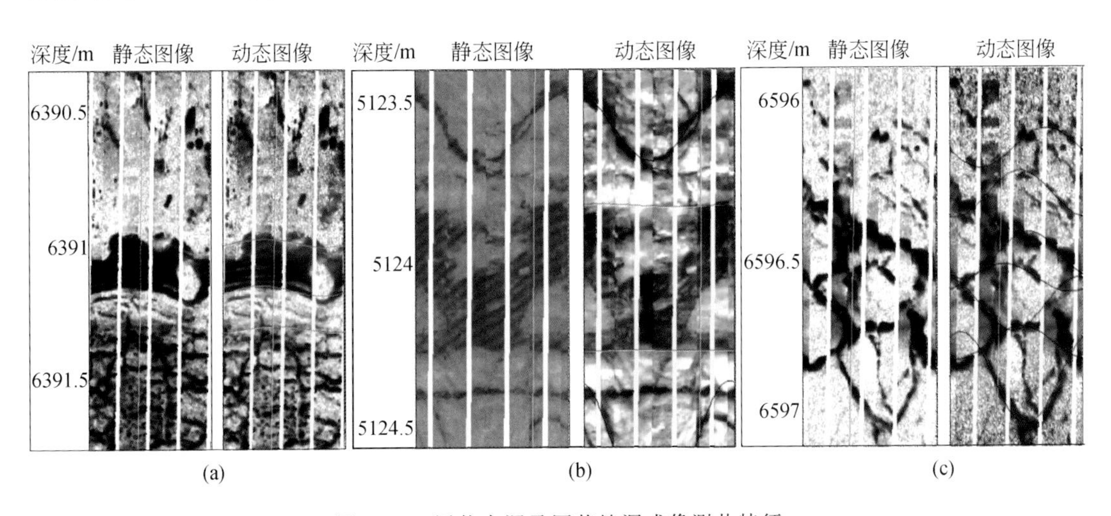

图 3.19　层状大洞及网状缝洞成像测井特征

2. 裂缝类型及其成像测井响应特征

成像测井解释表明，塔中地区奥陶系碳酸盐岩地层中，裂缝的类型复杂多样。按产状及成像测井响应特征，可以归纳为以下4组基本类型。

(1) 按裂缝面的平坦程度，可以划分为规则平面状裂缝和不规则非平面状裂缝。前者裂缝面为平面，在展开的二维成像测井图像上表现为正弦线状特征，一般成组发育，主要为构造裂缝（图3.20）。后者裂缝面起伏不平，在成像测井图像上不能用正弦线精确拟合，解释为非构造裂缝（如岩溶成因裂缝），或虽系构造裂缝，但后期经受过明显的溶解、压溶或风化作用改造（图3.21）；

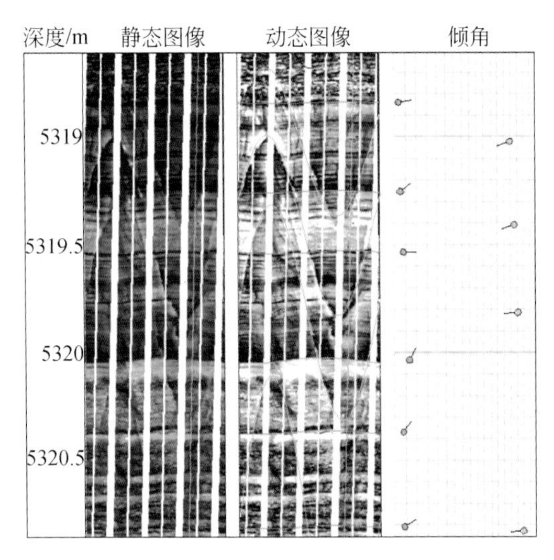

图3.20　高阻构造裂缝

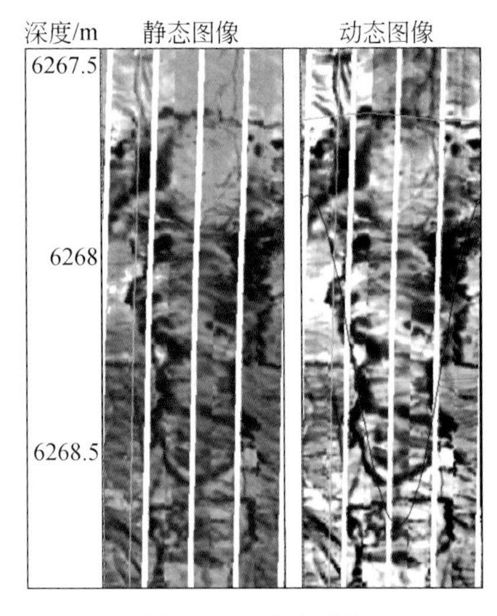

图3.21　岩溶裂缝

(2) 根据裂缝倾角大小，可以划分为低角度裂缝（倾角<45°）和高角度裂缝（倾角>45°）。塔中奥陶系地层中的裂缝以高角度构造裂缝为主，一般成组出现，但在良里塔格组顶部古岩溶风化不整合面下100～200m井段内亦见有较多的低角度裂缝或顺层裂缝，其成因可能与风化卸载引起的应力释放及顺层溶解作用有关（图3.22）；

(3) 根据裂缝充填与否及充填程度，划分为未充填裂缝和充填裂缝。未充填裂缝在钻揭后为高导泥浆占据，在电成像测井图像上呈黑色线状特征（图3.21）。充填缝在电成像测井图像则可以呈现出由深到浅几乎所有颜色，取决于裂缝的充填程度及充填物的成分，一般泥质充填裂缝和黄铁矿充填裂缝在图像上表现为暗色高导特征，与未充填裂缝相似，而方解石充填裂缝（方解石脉）则呈白色高阻特征（图3.23）；

(4) 按FMI/EMI图像颜色，划分为高导裂缝和高阻裂缝。前者在电阻率成像测井图像上呈深色（黑棕色系），后者则表现为浅色（黄白色系）。未充填裂缝、泥质充填裂缝、黄铁矿充填裂缝等一般为高导裂缝（图3.21，图3.22），而方解石充填裂缝则为高阻裂缝（图3.23）。

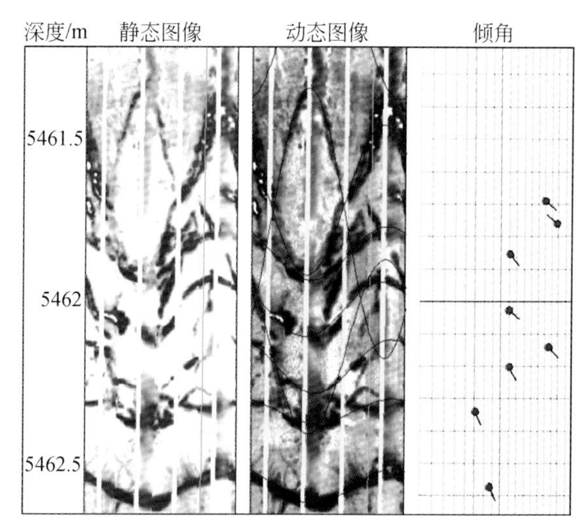

图 3.22 低角度岩溶裂缝与高角度的、经溶蚀改造过的构造裂缝交织在一起，构成复杂的网状裂缝

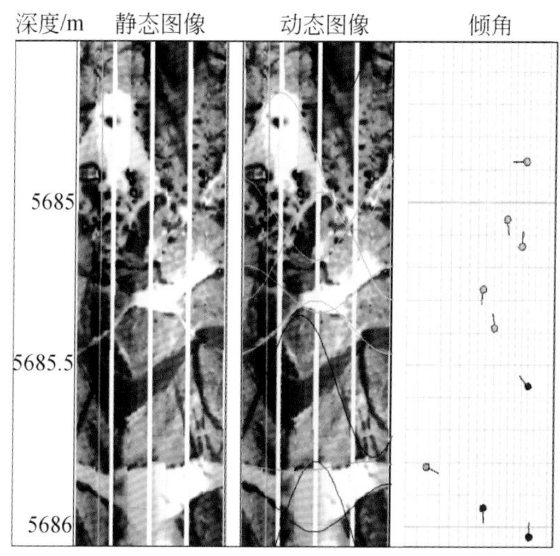

图 3.23 高阻裂缝（方解石脉）和高导裂缝

三、孔隙结构特征描述

不论是砂岩还是碳酸盐岩，它们的孔隙类型、喉道类型以及孔隙-喉道的配合关系，都与储集性有密切关系。

储集岩的孔隙结构是指岩石所具有的孔隙和喉道的几何形状、大小、分布及其相互连通关系。将储集层孔隙空间划分为孔隙和喉道是研究储集岩孔隙结构的基本前提。一般，可以将岩石颗粒包围着的较大空间称为孔隙，而仅仅在两个颗粒间连通的狭窄部分称为喉道。关于喉道，有些学者将其定义为一个喉道的大小和分布以及它们的几何形状是影响储集岩的储集能力和渗透特征的主要因素。因此，确定喉道大小分布是研究储层岩孔隙结构的中心问题。目前，在孔喉大小分布方面最流行的方法是水银注入法，或称为压汞法。它是根据水银对岩石是一种非润湿流体，在施加压力后，能克服岩石孔隙喉道的毛细管阻力的原理来测定岩石的孔喉大小分布的方法。这种方法具有快速、准确的优点。所测得的毛管压力-水银饱和度关系曲线可以定量的反映储集岩孔隙喉道大小的分布。

研究真实孔隙大小分布的现代方法是定量立体学方法以及孔隙铸体（或薄片）的镜下统计法。前者是将伍德合金灌注到演示的孔隙空间中去，溶蚀掉岩石后对留下的孔隙空间结构的铸体用定量立体学方法恢复其三维空间结构，根据一定的数学解来确定真实的孔隙大小的体积分布。后者则是将染色树脂灌注到岩石的孔隙空间中去，树脂固结后溶解掉岩石部分，对留下的孔隙空间铸体用扫描电镜观察研究。用这两种方法都可以直观的了解岩石孔隙空间的三维结构，并可量度其尺寸，是一种比较先进而成功的方法。

将灌注了染色树脂的岩石切成薄片，在显微镜下观察，称为铸体薄片法，也是常用的方法。可以很方便地直接观察到孔隙、喉道及其相互连通、配合的二维空间结构。

在碳酸盐岩基块中常见的喉道类型有以下 3 种。

管状喉道：孔隙之间由细而长的管子相连，其断面近圆形［图 3.24（a）］。

孔喉缩小部分喉道：孔隙与喉道无明显界限，扩大部分为孔隙，缩小的狭窄部分为喉道。孔隙缩小部分是由于孔隙内晶体生长，或其他充填物等各种原因形成。喉道与孔隙相比较，其直径（等效）相差不大［图 3.24（b）］。

片状喉道：在白云岩中孔隙的发育是经由四面体孔到多面体孔，最后在晶粒之间形成片状喉道。因此，片状喉道连通着多面体或四面体孔隙。片状喉道一般很窄，只有几微米到十几微米，这是碳酸盐岩中最常见的喉道类型［图 3.24（c）］。

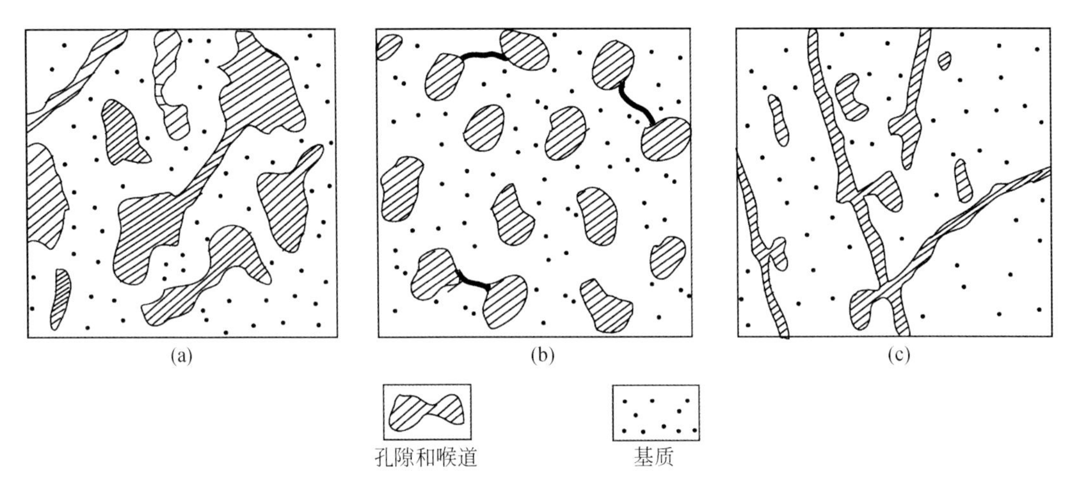

图 3.24　塔中地区奥陶系碳酸盐岩孔喉结构示意图

根据碳酸盐岩储层孔喉的行业划分标准，把塔中地区奥陶系良里塔格组及鹰山组储层的喉道划分为粗喉、中喉、细喉和微喉 4 个级别（表 3.3）。

表 3.3　储层孔、喉分级标准

喉道级别	中值喉道半径/μm	孔隙级别	平均孔径/mm
粗喉	＞2	粗孔	＞0.5
中喉	0.5～2	中孔	0.25～0.5
细喉	0.04～0.5	细孔	0.01～0.25
微喉	＜0.04	微孔	＜0.01

（一）孔径分布特征

根据铸体薄片图像分析（图 3.25），在镜下观察到的孔隙直径最小为 0.008 464mm，最大的孔隙直径为 2.353 632mm，平均孔径分布范围主要为 0.01～0.5mm，主要集中在 0.01～0.25mm，所占比例为 64.67%，其次分布区间在 0.25～0.5mm、0.5～2mm，所占比例分别为 21.74%、13.04%。根据碳酸盐岩储集层孔、喉分级标准，工区基质孔隙主要以细孔为主，其次为中孔。

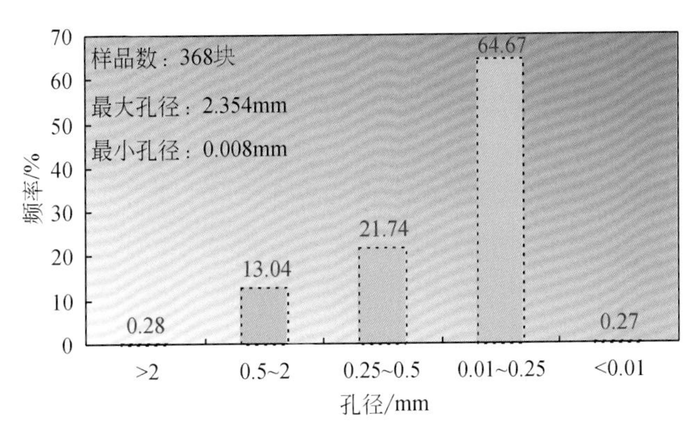

图 3.25　奥陶系储层微观孔隙大小分布频率直方图

（二）吼道分布特征

根据塔中地区 12 口井共 217 块样品的压汞曲线参数进行统计分析（图 3.26），所有样品的最大孔喉半径分布范围为 0.01～75μm，平均值为 4.35μm，平均孔喉半径分布范围为 0.02～12.22μm，平均值为 0.41μm。中值喉道半径普遍较小，中值喉道半径小于 0.04μm（微喉）的样品数占 86.63%，中值喉道半径介于 0.04～0.5μm（细喉）的样品数占 10.14%，中值喉道半径介于 0.5～2μm（中喉）的样品数占 3.23%，中值喉道半径大于 2μm（粗喉）的样品数为 0。由此可见，工区基质岩石的喉道主要以微喉为主，其次为细喉。

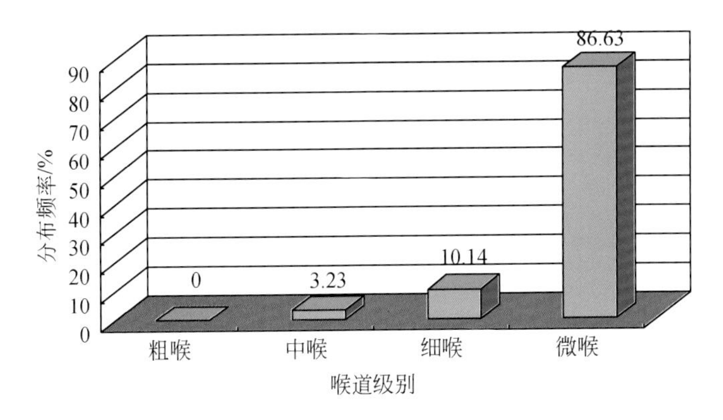

图 3.26　奥陶系礁滩体储层喉道分布频率直方图

（三）毛管压力曲线特征

通过对塔中地区 12 口井共 217 块样品的压汞曲线参数进行统计分析，可以看出，由于工区奥陶系储层具有较强的非均质性，在孔隙结构上也有明显反映（表 3.4）。所有样品的最大孔喉半径分布范围为 0.01～75μm，平均值为 4.35μm，排驱压力分布范围为 0.01～15.1MPa，平均值为 6.44MPa，平均孔喉半径分布范围为 0.02～12.22μm，平均值为 0.41μm。总体上孔喉配置关系以细孔微喉为主，渗滤通道普遍较狭窄，孔隙结构较差。

表 3.4 孔隙结构特征参数表

孔隙结构参数	平均值	最大值	最小值
孔隙度/%	2.05	9.9	0.16
渗透率/$10^{-3}\mu m^2$	0.92	40.9	0.01
排驱压力/MPa	6.44	15.1	0.01
最大孔喉半径/μm	4.35	75	0.01
平均孔喉半径/μm	0.41	12.22	0.02
分选系数	0.43	8.51	0.01
歪度	2.99	5.85	0.3

（四）孔隙结构类型

通过对 217 个压汞资料的曲线形态、特征参数统计研究，认为该区储层孔隙结构可以大致分为以下 4 种类型。

(1) 排驱压力<1MPa，最大孔喉半径>1μm，$K>0.1\times10^{-3}\mu m^2$，渗透率平均值为 $6.74\times10^{-3}\mu m^2$，孔隙度范围为 3.4%～11.1%，孔隙度平均值为 6.31%，分选系数>0.2，平均值 1.51。平均孔喉半径>0.2μm [图 3.27 (a)]，该类型的储层主要为大孔细-中喉的孔洞型储层或裂缝孔洞型储层；

(2) 排驱压力<0.5MPa，最大孔喉半径>1μm，$K>0.1\times10^{-3}\mu m^2$，渗透率平均值为 $3.79\times10^{-3}\mu m^2$，孔隙度范围为 0.66%～2.5%，孔隙度平均值为 1.52%，分选系数>0.2，平均值为 2.68。平均孔喉半径>0.2μm。该类型的储层主要为裂缝型储层，压汞曲线表现为特低排驱压力 [图 3.27 (b)]；

(3) 排驱压力介于 1～6MPa，最大孔喉半径介于 0.12～1μm，渗透率平均值为 $0.21\times10^{-3}\mu m^2$，孔隙度范围为 0.8%～8.84%，孔隙度平均值为 2.58%，分选系数>0.018，平均值为 0.05。平均孔喉半径>0.04μm [图 3.27 (c)]，该类型的储层主要为细孔-细微喉的裂缝孔隙型储层；

(4) 排驱压力>6MPa，最大孔喉半径<0.12μm，渗透率平均值为 $0.036\times10^{-3}\mu m^2$，

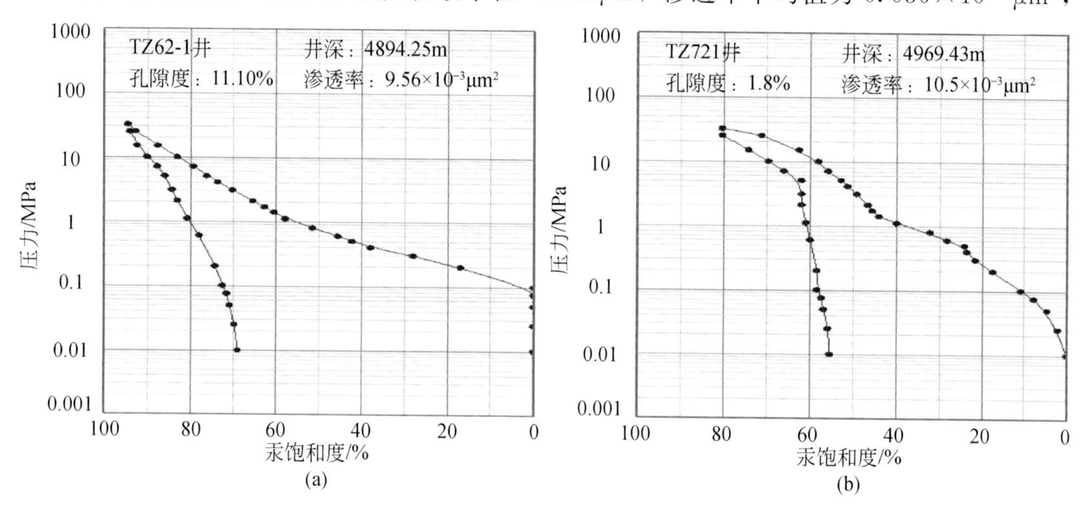

(a)　　(b)

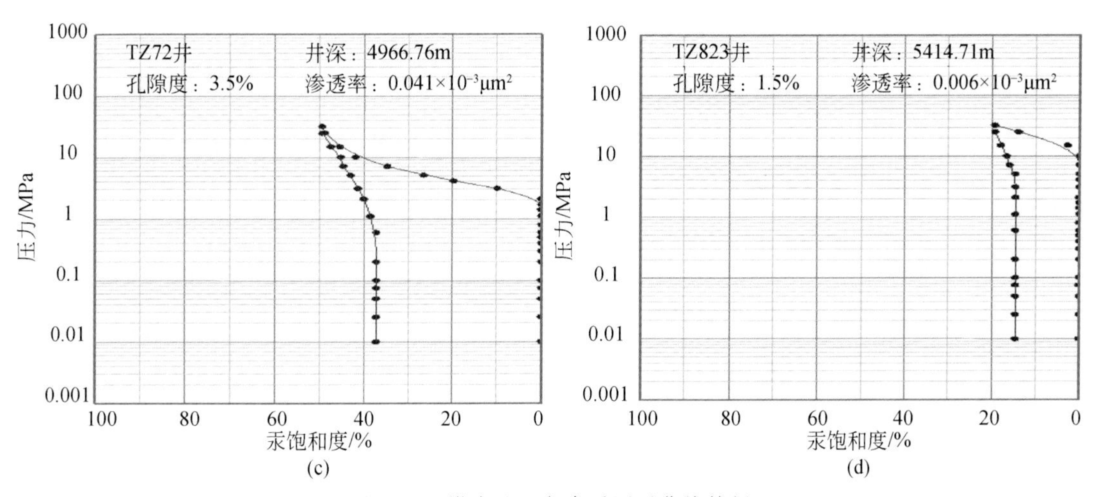

图 3.27 塔中地区奥陶系压汞曲线特征

孔隙度为 0.16%～4.9%，孔隙度平均值为 1.405%，分选系数＜0.018，平均值为 0.014μm。平均孔喉半径＜0.04μm［图 3.27（d）］，孔喉配置关系主要为细孔微喉型。

四、储集类型划分

塔中地区奥陶系碳酸盐岩储集空间主要为孔、洞、缝。根据其组合特征可以把储层的储集类型划分为洞穴型、孔洞型、裂缝型和裂缝-孔洞型 4 种类型。对于不同类型的储集层，其测井响应特征也不同，通过对不同储层类型的岩芯观察、成像测井资料研究，标定对应常规测井曲线特征，归纳总结了常规测井曲线上的各类储层响应特征（表 3.5）

表 3.5 塔中地区奥陶系碳酸盐岩储层测井响应特征

测井项目	基块	裂缝型	孔洞型	裂缝-孔洞型	洞穴型	泥质充填洞
双侧向电阻率	大于 3500Ω·m	100～3500Ω·m	100～3500Ω·m	100～3500Ω·m	低值、小于 50Ω·m	小于 200Ω·m
声波时差	较低，一般小于 48μs[①]/ft[②]	曲线平直，47～49μs/ft	大于 48μs/ft 偶有较大数值	大于 48μs/ft	明显增大	曲线起伏 60～80μs/ft
中子孔隙度	接近零，甚至低于零	曲线平直，接近零	大于 2%，扩径处有高的数值	大于 2%	明显增大	曲线有起伏 0～6%
地层密度	接近 2.71g/cm³，甚至大于 2.71g/cm³	小幅度起伏，接近骨架值 2.70g/cm³	有一定的幅度起伏，扩径处有较大的变化	曲线有较小幅度起伏，小于骨架值 2.71g/cm³	明显低值、小于 2.35g/cm³	2.65g/cm³ 左右、曲线有起伏

① $1\mu s=10^{-6}s$。
② $1ft=3.048\times10^{-1}m$。

续表

测井项目	基块	裂缝型	孔洞型	裂缝-孔洞型	洞穴型	泥质充填洞
自然伽马	<15API	<15API	<15API	<15API	<15API	>30API
井径	一般平直	部分有扩径现象	部分有扩径现象	部分有扩径现象	严重扩径	一般扩径

（一）基块测井响应特征

基块响应特征比较明显，从常规测井响应来看，其伽马值较低，一般小于15API，井径比较规则；电阻率值较高，深浅侧向基本重合，或有微小差异，反映其渗透性非常差；孔隙度测井曲线基本无变化，比较平直，反映物性较差，孔隙度低。在XRMI图像上反映为高阻的亮色；若是层状灰岩，还能见亮暗相间的近水平状条纹（图3.28）。

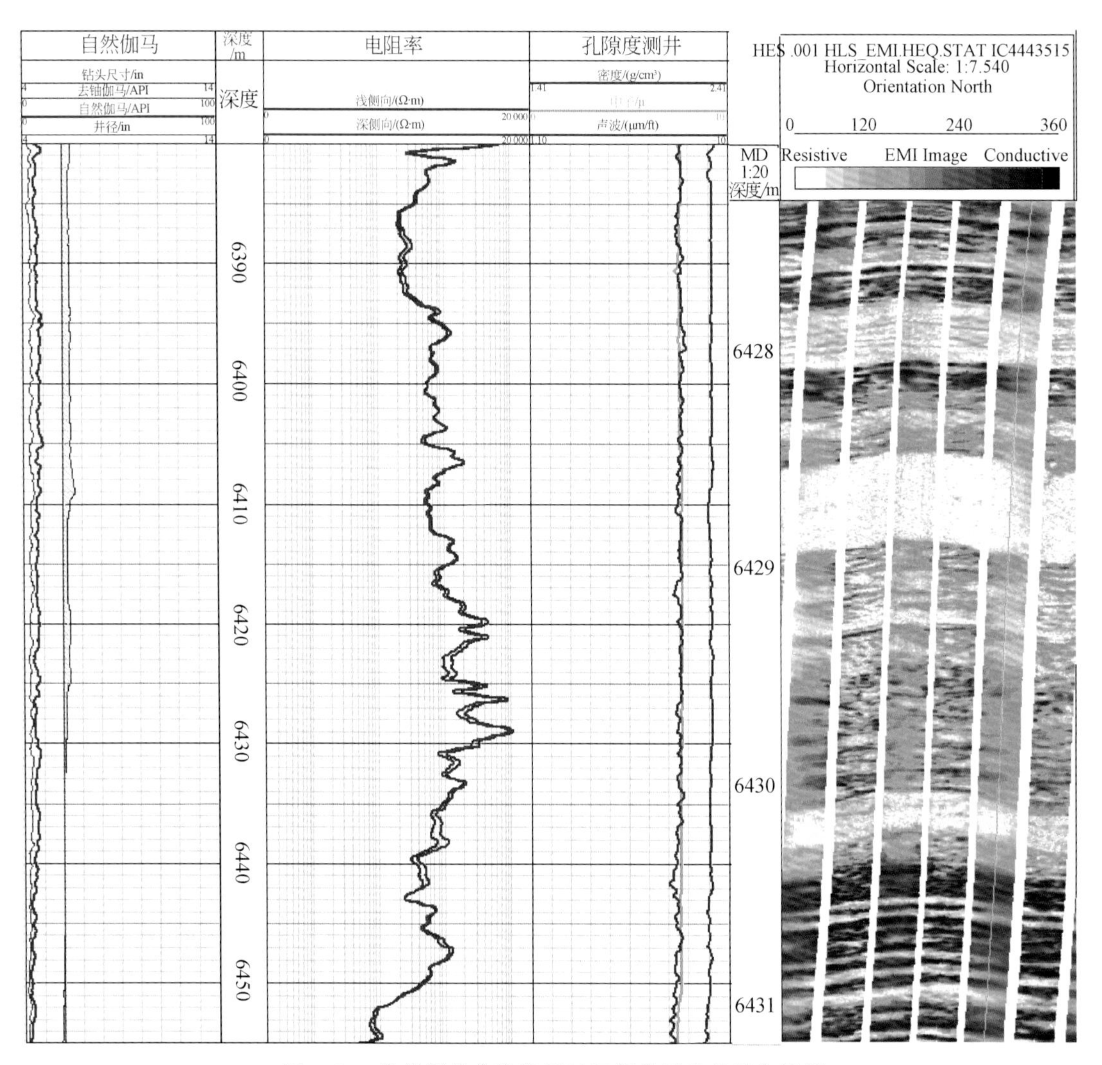

图3.28 常规测井曲线及XRMI图像反映的基块特征

（二）洞穴型储层

洞穴型储层是该区最主要的储层类型，其储渗空间以大型洞穴（直径大于 100mm）为主。主要分布在鹰山组、良里塔格组顶部及受断裂活动发育区，受构造应力和风化壳岩溶控制，是油气产出的主要的储集类型。最明显的特征就是在钻井过程出现放空或漏失，成像测井图像可看到明显较大面积的暗色斑块，常规测井曲线中电阻率值低，深、浅侧向差异大，密度值降低很多，地震上可见典型的串珠状反射。该类储层的孔渗都较高，是非常有利的储层，产量也较高。但该类储层段岩芯收获率也很低（图 3.29）。

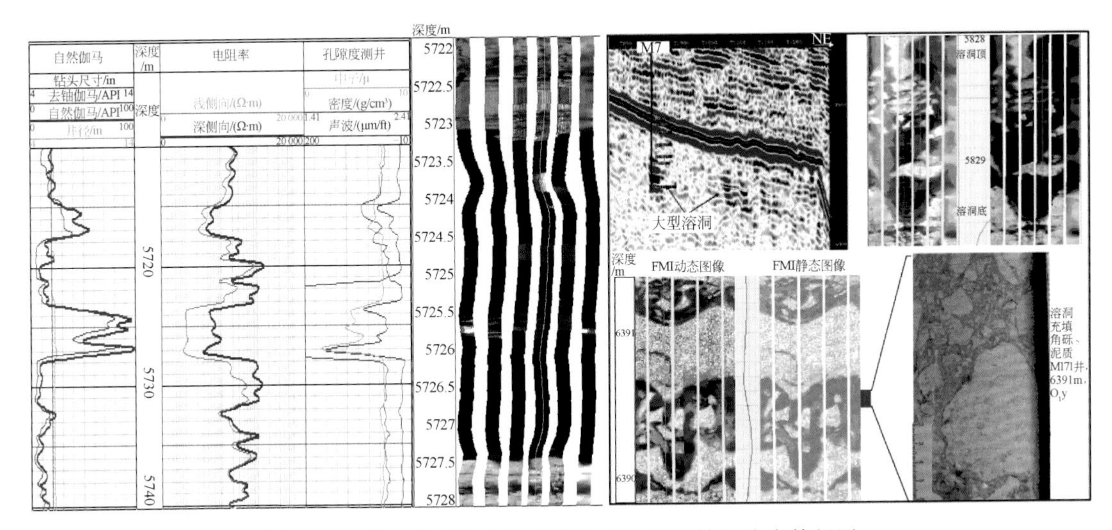

图 3.29　塔中地区奥陶系碳酸盐岩洞穴型储层响应特征图

（三）孔洞型储层

孔洞型储层相对较少，主要是原生孔隙经过溶蚀改造形成溶蚀孔、洞（直径小于 100mm），裂缝欠发育，是受同生期大气淡水淋虑作用形成的。基质孔隙度多在 2%以下，但溶蚀孔洞发育段孔隙度可达 4%～6%，局部甚至高达 10%以上，从 FMI 图像上可看到明显较大面积或斑点状暗色斑块，常规测井曲线响应为电阻率值低，深、浅侧向差异不明显，密度值降低很多，声波时差增大，反映此井段孔洞发育（图 3.30）。

（四）裂缝-孔洞型储层

裂缝-孔洞型储层是该区最主要的储集类型，这类储层不但孔洞发育，而且裂缝也发育。孔洞是其主要的储集空间，裂缝既可提供部分储集空间，但更为重要的是起连通渗流渠道的功能。相比单一孔洞型或单一裂缝型储层，孔洞和裂缝共存更能提高储集、渗流能力。这类储层综合了裂缝与孔洞型储层的储集特征，因此在测井曲线上的响应也具有这两种储层的响应特征，在 FMI 成像测井动态图像上显示为黑斑点与垂直黑色条带联合（图 3.31）。

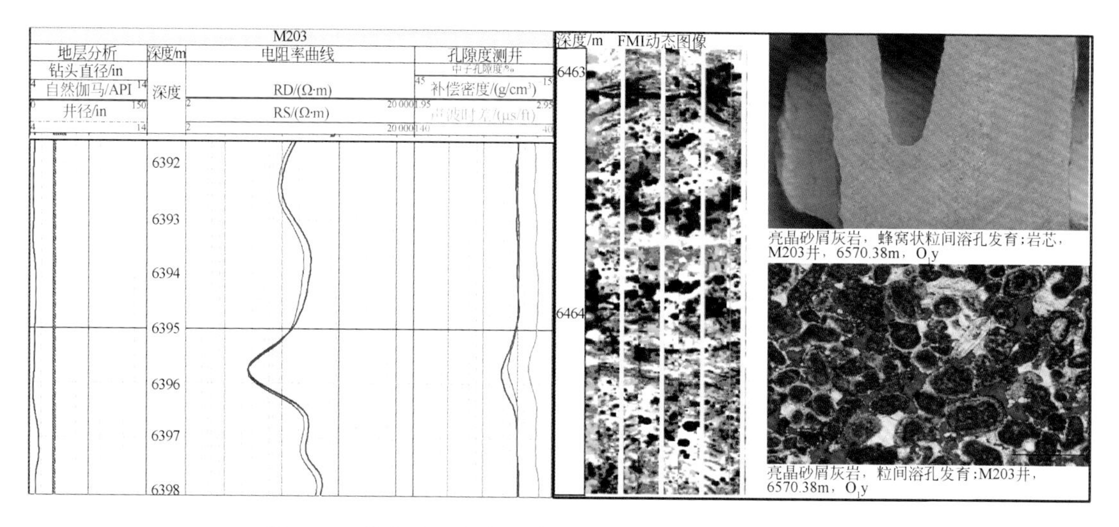

图3.30 塔中地区奥陶系碳酸盐岩孔洞型储层响应特征图

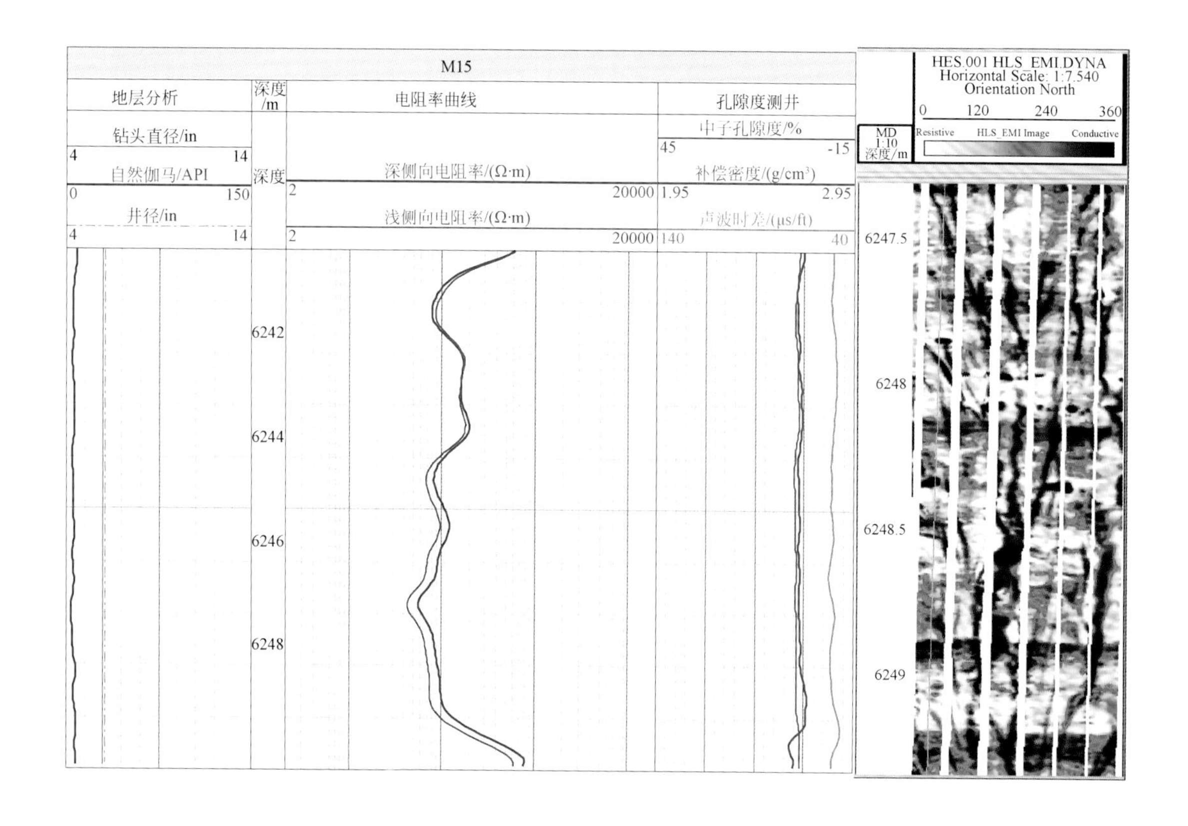

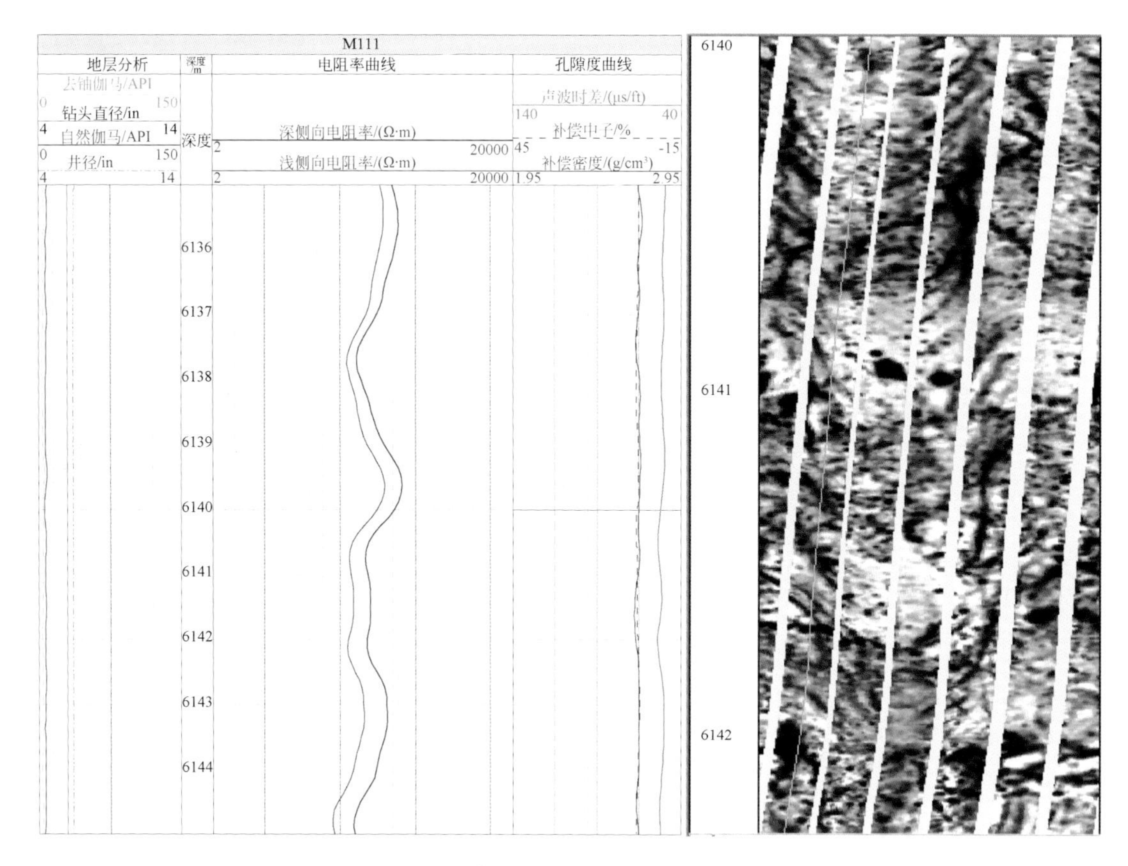

图 3.31 塔中地区奥陶系碳酸盐岩裂缝孔洞型储层响应特征图

（五）裂缝型储层

裂缝型储层缺乏孔洞，基质孔隙一般不发育，孔洞孔隙度一般小于 1.8%，裂缝孔隙度一般大于 0.04%，裂缝既是渗滤通道，又是主要的储集空间，具低孔隙度（主要是岩石基质孔隙度）和较高的渗透率，储渗能力主要受裂缝分布和发育程度的控制。在成像测井上较易识别裂缝（表现为黑色的正弦曲线）并判断其产状和有效性。图 3.32 所示，图中可见裂缝、微裂缝发育，部分泥质或方解石充填、半充填；双侧向呈正差异，且电阻率值降低，三孔隙度曲线变化不明显。在 XRMI 成像测井图像上观察到未充填缝或泥质充填缝呈暗色线状，而方解石充填缝呈连续亮色线状，方解石半充填缝呈断续亮色线状。

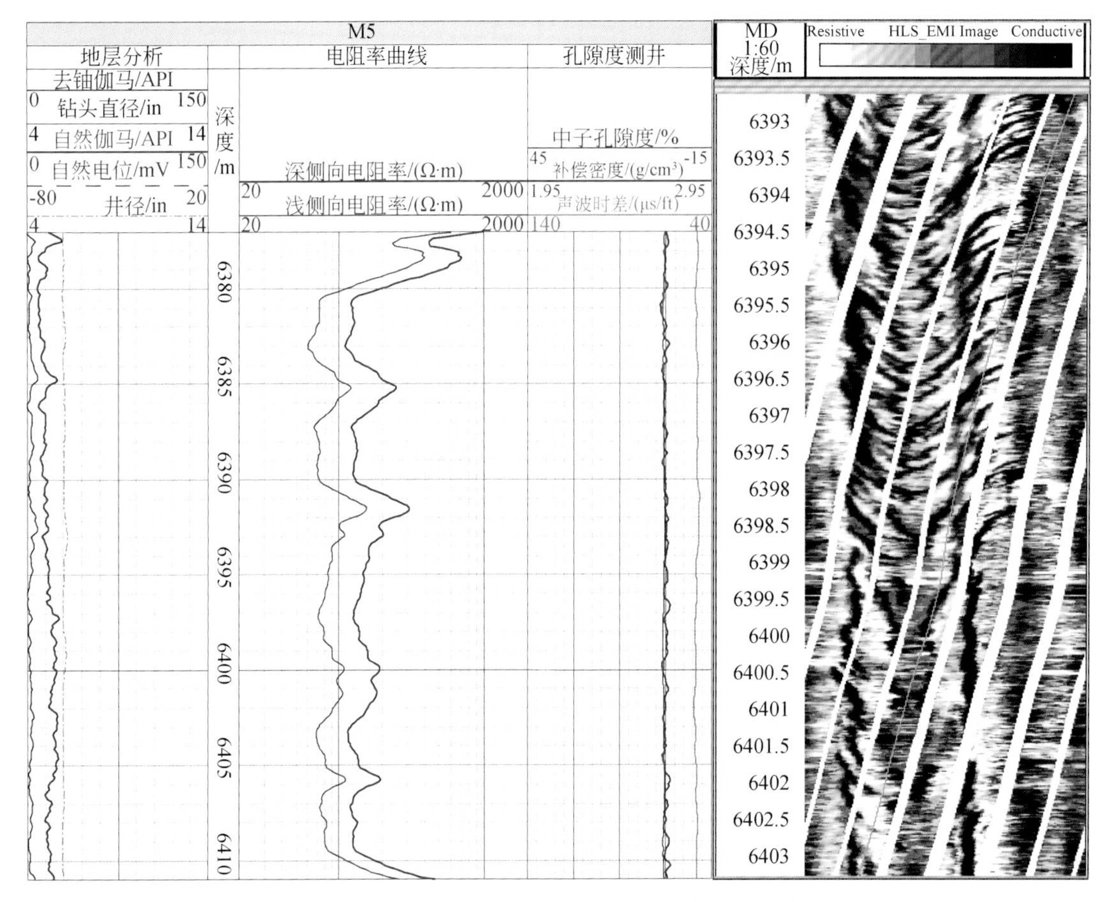

图 3.32　塔中地区奥陶系碳酸盐岩裂缝型储层响应特征图

第三节　礁滩型储层主控因素分析

碳酸盐岩储层相对碎屑岩储层具有更大的差异性、复杂性和多样化等特点，中国海相碳酸盐岩储层的年代比较老，地质历史复杂，在其形成及演化过程中盆地的区域构造背景无疑是控制碳酸盐岩储集体类型及储层演化的最根本因素，但在特定条件下，在一定的成岩演化阶段，不同储层的孔隙演化特征不同。根据碳酸盐岩储层发育的沉积相带、成岩作用及岩性组成，目前国内学者普遍趋同于将碳酸盐岩储层成因类型分为以下 3 类：即礁滩型储层、风化壳岩溶型储层、白云岩储层。这 3 种储层类型在塔中地区内均有分布，不同层系、不同地区主要储层类型差别较大，其中上奥陶统良里塔格组主要以礁滩型储层为主，中下奥陶统主要以风化壳岩溶储层、白云岩储层为主。众所周知，碳酸盐岩储层的发育演化主要受沉积、成岩和构造三大地质因素的控制。总的来说，沉积相是储层形成的物质基础，古岩溶作用则是储层发育的关键，构造破裂作用为储层发育的纽带。本部分旨在通过对该区储层不同的成因类型的主控因素和成因机理进行分析，为储层评价预测提供理论依据。

一、中高能沉积相带环境

中晚奥陶世塔中Ⅰ号坡折带处于台地边缘相带的礁滩镶边体系中，发育多个（丘）、滩的沉积旋回组合，厚达100～300m。其单个旋回的礁、滩体皆为有利的沉积体，沉积微相控制岩石的结构和岩性，从而控制岩石原生孔的发育程度，并在很大程度上影响溶蚀孔隙的发育，虽然储层孔隙主要为次生溶蚀孔隙，但原生孔隙的存在是溶蚀作用发生的必要条件。不同相带的原生孔隙的发育情况不同：在台地边缘外带，海浪作用能量高，斜坡、盆地方向上升洋流携带的丰富营养，适合大量生物的生长和碎屑堆积，形成生物礁灰岩和颗粒岩类。由于生物骨架的支撑作用和黏结生物的黏结作用，使生物礁中发育了大量的原生骨架孔洞和层状晶洞构造，虽然部分孔洞为灰泥、生物碎屑和多期方解石充填、半充填，但从礁孔洞中的胶结物含量和残余孔洞估算，其孔洞孔隙度仍在6%～10%，是优质的储集层。礁基和礁盖由粒屑滩组成。当海平面相对下降，粒屑滩出露海面，进入大气成岩环境，在大气渗流带和潜水面附近，经过大气淡水的选择性溶蚀作用，形成粒间溶孔、粒内溶孔、铸模孔等溶蚀孔缝，使孔隙度增加，经埋藏期的胶结作用，孔隙类型以残余粒间孔为主，储层孔隙度保持在3%～6%。孔隙发育带的位置发育于粒屑滩的中上部，孔隙带厚度一般为几米至二十余米，粒屑滩储层的基质孔隙度主要是由它贡献的。一般而言，礁丘和粒屑滩容易形成优质储层，而与礁丘形成环境相关的生屑滩、生物砂砾屑滩更容易形成优质储层。所以说与生物碎屑（骨粒）相关的岩性如生屑砂屑灰岩、生物砂砾屑灰岩、生物骨架岩、生屑黏结岩是优质储集岩类（表3.6）。而在台地内部相对低能环境下形成的泥晶灰岩、粒泥岩及泥晶颗粒灰岩的溶蚀程度远远小于高能环境下的沉积的亮晶颗粒灰岩及礁灰岩。

表3.6　塔中上奥陶统礁滩体不同岩石类型物性分布表

岩性	孔隙度/%		渗透率/10^{-3}mD	
	平均值	范围	平均值	范围
生屑砂屑灰岩	1.6925	0.01～4.60	0.6325	0.007～6.44
隐藻泥晶灰岩	0.9475	0.27～7.54	0.6325	0.004～8.53
亮晶砂屑灰岩	1.5075	0.01～5.90	0.3075	0.003～8.94
泥晶灰岩	0.9625	0.05～5.07	0.7250	0.012～9.52
生物骨架岩	1.1450	0.50～5.00	0.2700	0.02～1
泥晶砂屑灰岩	1.0760	0.05～7.16	0.7660	0.01～8.53
生物砂砾屑灰岩	1.8000	1.13～3.57	1.7400	0.04～9.52
棘屑灰岩	1.7700	0.54～4.44	0.6700	0.04～9.71

因此，岩性和岩相组合是储层发育的重要基础，控制了有利相带的分布和有利储集区带的发育，多期的礁滩体向上营建以及其形成的古地貌和海平面相对变化控制的暴露溶蚀作用形成了多套有效的储集层。另外，不同礁（丘）滩复合体类型也决定孔洞型和孔隙型

储层的形成和分布：在灰泥丘上多发育砂屑滩、鲕粒滩，接受大气淡水暴露溶蚀，形成孔隙型储层；在复合灰泥丘上多发育生屑滩、生屑砂砾屑滩，接受大气淡水暴露溶蚀，其中高镁方解石及文石胶结物较易遭受选择性溶蚀，形成孔洞型储层；台缘礁丘顶部及侧翼多发育生物砂砾屑滩，生物砂砾屑滩、礁核和礁前生物砾屑灰岩、角砾岩接受暴露，形成孔洞型优质储层。

二、高频米级海平面变化

礁型地貌隆起和海平面相对变化所控制的暴露，以及准同生期大气淡水溶蚀、淋滤作用和岩溶作用是控制台缘礁滩体优质储层发育的根本原因。在塔中Ⅰ号坡折带良三段上部——良一段高位域的台地边缘，经过了6.5个礁（丘）-滩沉积旋回的发育和大气暴露，在良里塔格组（良一段沉积期间及末期）出现整个台地边缘的大规模暴露。良一段的相变缺失区，是大气淡水溶蚀的强烈区，已形成岩溶规模，在上部旋回的生屑滩、砂砾屑滩中发育区域性稳定的溶蚀孔洞层，是优质储层的发育层位（王振宇等，2002；高志前等，2005；王招明等，2007）。

准同生期暴露和溶蚀淋滤作用或同生期岩溶作用发生于同生期大气成岩环境中。受次级沉积旋回和海平面变化的控制，处于台地边缘的粒屑滩、生物礁丘等浅水沉积体，尤其在海退沉积序列中，伴随海平面暂时性相对下降，时而出露海面或处于淡水透镜体内，在潮湿多雨的气候下，受到富含 CO_2 的大气淡水的淋滤，发生选择性和非选择性的淋滤、溶蚀作用，形成大小不一、形态各异的各种孔隙（图3.33）。它既可以选择性地溶蚀由准稳定矿物组成的颗粒或第一期方解石胶结物形成粒内溶孔、铸模孔和粒间溶孔，又可发生非选择性溶蚀作用，形成溶缝和溶洞。在塔中Ⅰ号坡折带上奥陶统灰岩中粒内溶孔呈层段性的分布，即与同生期大气淡水的作用有关。

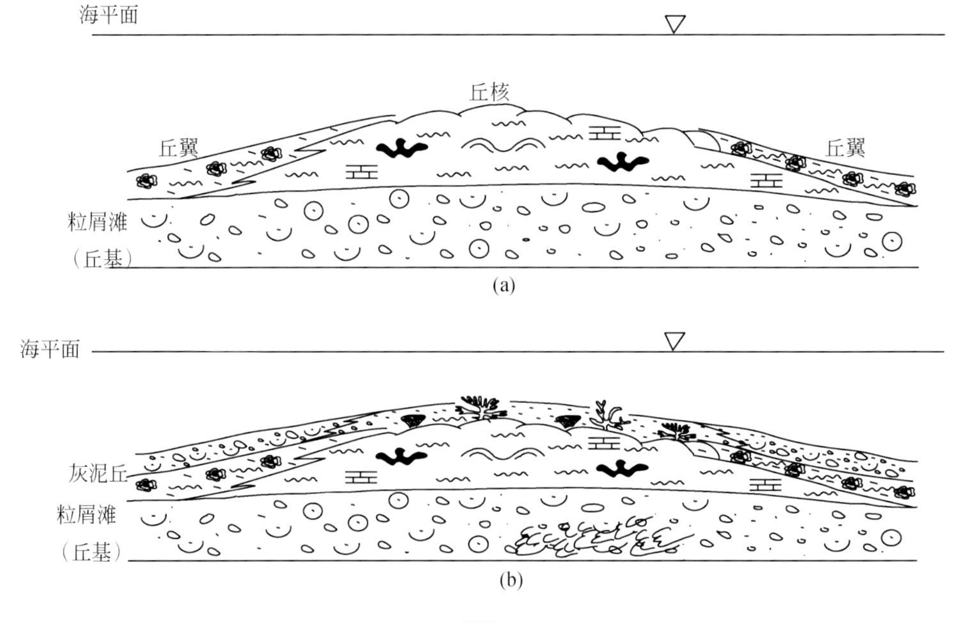

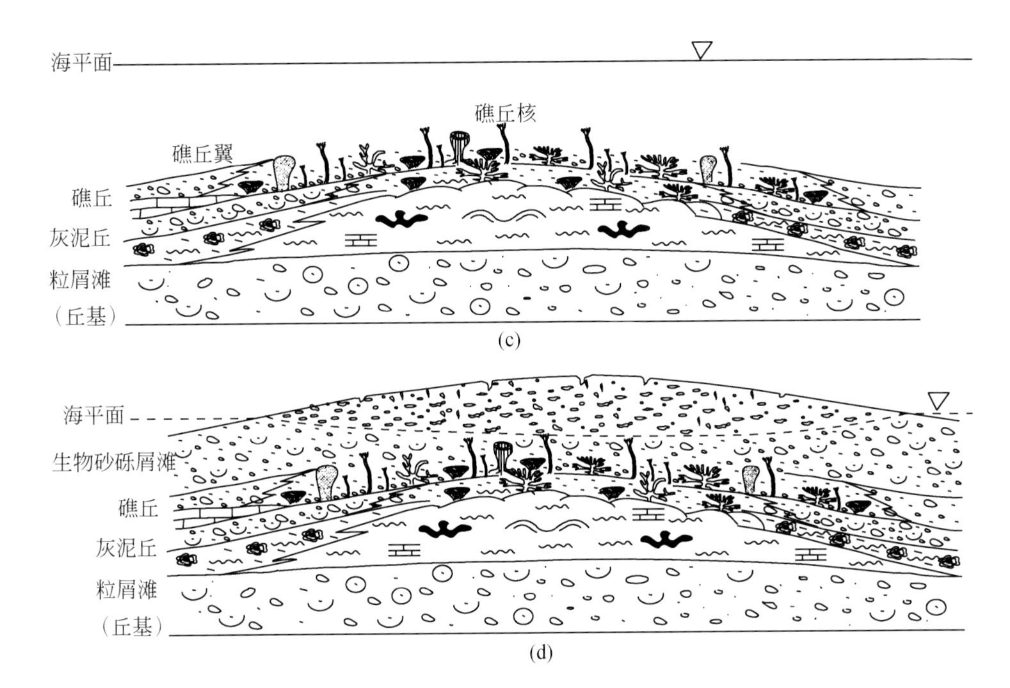

图 3.33　礁（丘）滩复合体及生物砂砾屑滩早期溶蚀孔洞层的发育模式图

(a) 海平面上升，在粒屑滩的基础上发育隐藻凝块石灰泥丘；(b) 海平面相对下降水体变浅，能量增强，在灰泥丘的顶部发育珊瑚、层孔虫骨架礁；(c) 海平面继续下降，波浪作用极强，造礁生物被风浪打碎，生物停止生长形成生物砂砾屑滩；(d) 海平面下降到最低点，生物砂砾屑滩暴露，接受大气水溶蚀改造，在大气成岩透镜体中发育孔洞层

根据同生期岩溶作用的识别标志，在塔中Ⅰ号坡折带多数井的上奥陶统灰岩中发现有不同期次和不同程度的岩溶作用及大气成岩透镜体的发育。常出现于礁滩旋回顶部的颗粒灰岩中，并相应发育四—五期大气成岩透镜体（图 3.34）。

总体上说，塔中Ⅰ号坡折带良四段—良五段主要表现为向上加深的沉积序列，岩性主要以泥晶灰岩、隐藻泥晶灰岩和泥晶砂屑灰岩为主，纵向上以中低能砂屑滩-礁丘相组合为特征，显示出垂向加积和退积的沉积特点，因此，其暴露发育的可能性较小，岩石物性及储集性能没有得到岩溶的改造。良三段—良四段共发育了 7 套礁滩体沉积暴露旋回，主要表现为垂向加积和进积的沉积特征。岩性主要以发育亮晶砂屑灰岩、生屑灰岩、生物礁灰岩和隐藻泥晶灰岩、隐藻凝块石灰岩为主，纵向上以礁丘-中高能滩相沉积为特征，由于受到礁型地貌隆起和海平面相对变化的影响，在礁丘的顶部以及其发育所控制的滩相沉积均受到大气淡水溶蚀淋滤作用和岩溶作用的改造，使得其储集性能均进一步有所提升，随着礁滩体沉积暴露旋回伴生发育了 7 套共约 200 余米厚的有效储集层，且部分井段均有良好的油气显示。因此，早期大气暴露作用及岩溶作用是本区优质储层形成的根本原因（图 3.35）。

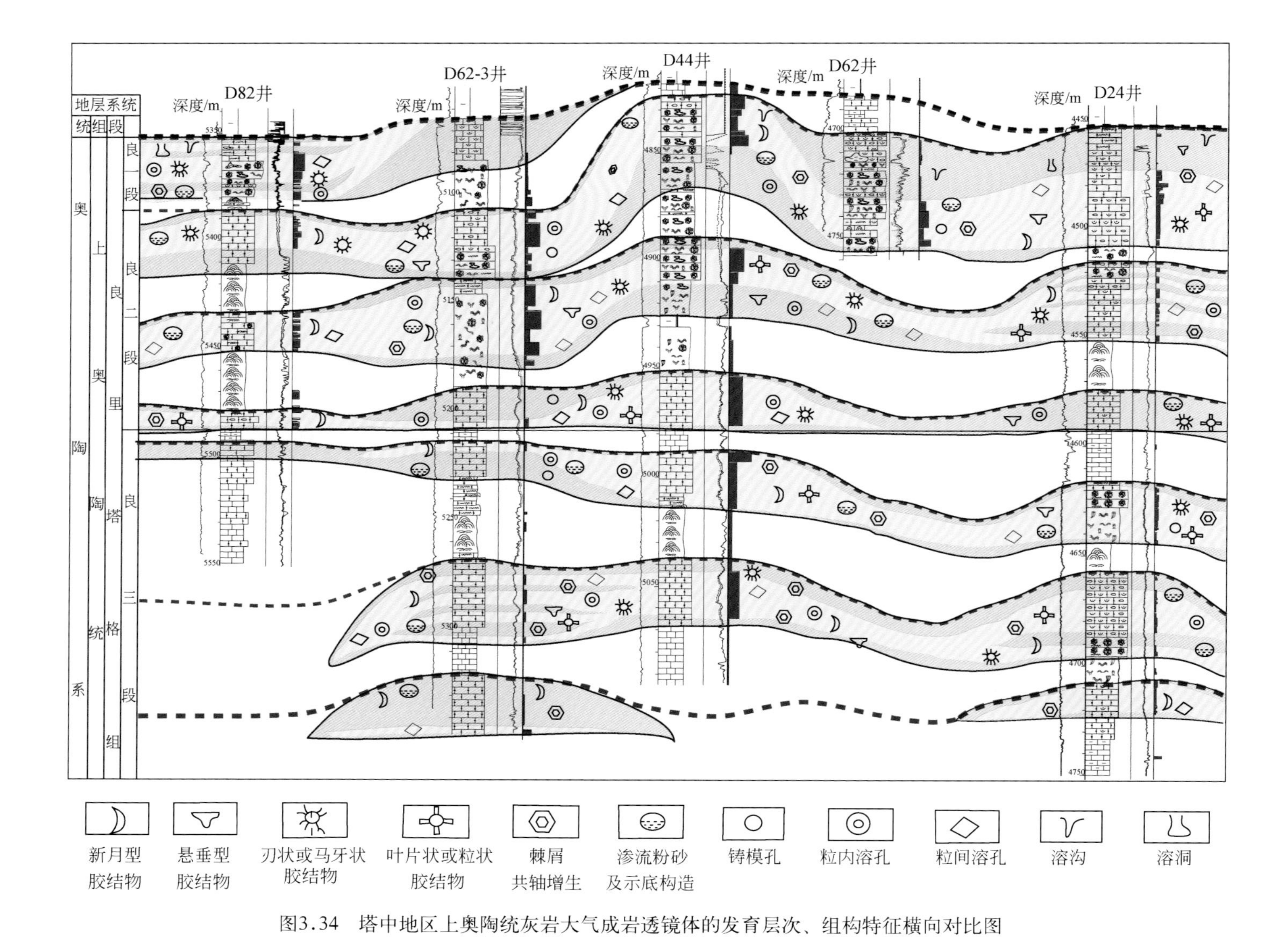

图3.34 塔中地区上奥陶统灰岩大气成岩透镜体的发育层次、组构特征横向对比图

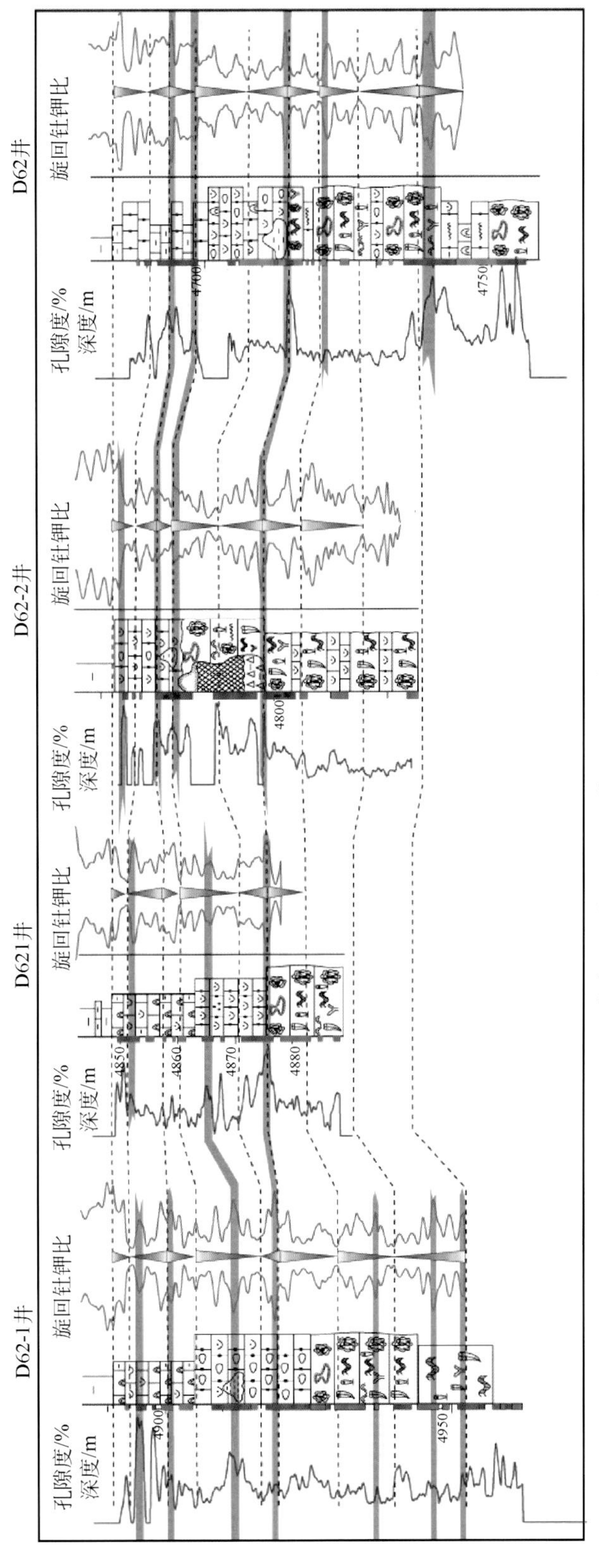

图3.35　塔中地区奥陶系礁滩体高频旋回与储层对比图

三、多成因岩溶作用改造

良里塔格组顶部的礁滩体旋回暴露以及构造作用并没有改变礁型地貌的沉积特点。在暴露期间由礁型地貌转化而成的岩溶地貌，已形成岩溶发育规模。礁滩复合体核部形成岩溶高地，礁翼形成岩溶斜坡，礁后低能带、礁滩间海形成岩溶洼地、洼坑。储层在侧向上主要以发育礁滩复合体核部和翼部为主，核部以好-中等储层为主，翼部以好储层为主，礁后低能滩和低能泥晶灰岩沉积区储层变薄变差。在纵向层位来说，岩溶作用层位主要发育于良二段和良一段上部，岩溶发育强烈，是优质储层和高产油组的发育层位。在垂向剖面上孔洞层的集中发育段的位置明显受潜流岩溶带发育位置控制，潜水面的波动变化可形成多套孔隙层叠置，孔隙层的发育并未严格受到岩性、岩相的控制，但孔洞发育程度和孔隙度则明显与岩性、岩相有关，即颗粒岩的孔隙度和孔洞发育程度，明显优于黏结岩，礁翼优于礁核。

在塔中Ⅰ号坡折带台缘外带的 D24 井区、D62 井区和 D82 井区的上奥陶统良里塔格组顶部，皆存在不同程度的岩溶作用，见有大型溶洞及角砾、泥质、层纹状方解石充填物。这些大气淡水作用特征明显与侵蚀面岩溶作用有关。根据泥质条带灰岩受到的剥蚀残留情况，推测在良里塔格组沉积末期，在塔中Ⅰ号坡折带台缘外带的 D24 井区、D62 井区、D82 井区发生暴露、剥蚀和岩溶作用。

塔中Ⅰ号坡折带的台地边缘经过了 4～5 个滩-礁（丘）沉积旋回的发育和大气暴露，在良里塔格组顶部（良一段沉积期间及末期），出现整个台地边缘的大规模暴露，良一段的相变缺失区，是大气淡水溶蚀的强烈区，已形成岩溶规模，在上部旋回的生屑滩、砂砾屑滩中发育区域性稳定的溶蚀孔洞层，是优质储层的发育层位（图 3.36）。其岩溶作用具有以下 3 点标志特征。

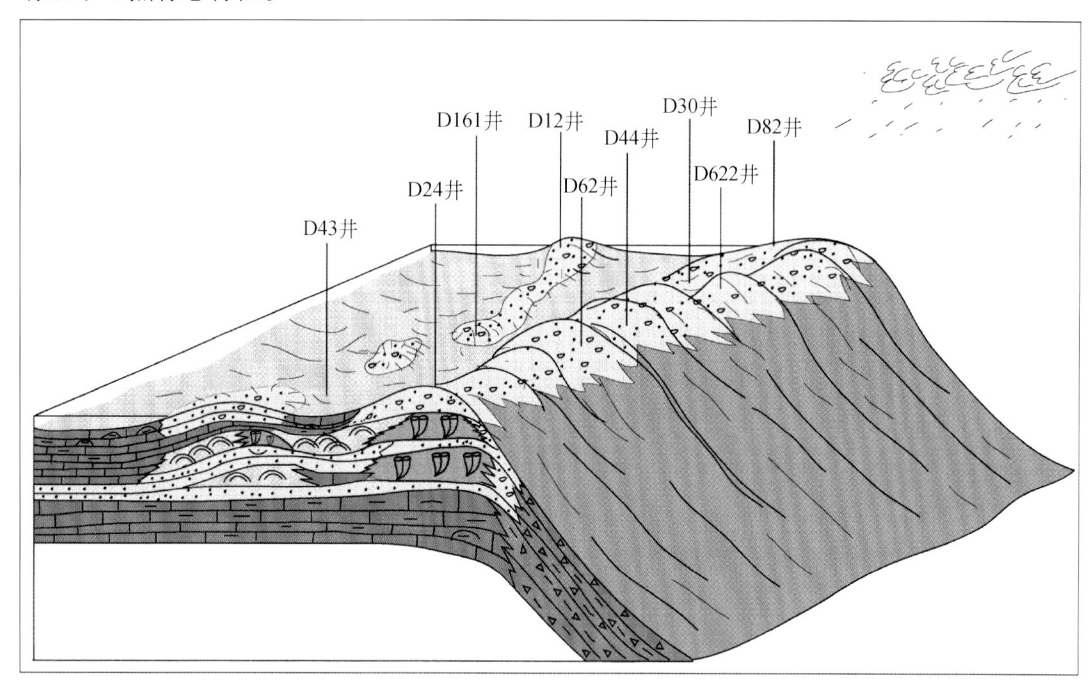

图 3.36　良里塔格组沉积末期塔中台地边缘礁滩体相组合及岩溶模式图

（一）大型溶洞及泥、砾充填物

D82井在5358.5～5359.5m处发育一高度为1m的洞穴，从底到顶灰绿色泥岩和纹层状方解石互层叠置，顶部为生物碎屑充填。另外在D622井也发育一个大型溶洞，洞高约10m，洞的顶部为褐灰色柱状方解石晶束，褐色巨晶方解石充填溶洞，发育井间溶蚀孔洞；中部为溶塌角砾岩，角砾为生物砂砾屑灰岩、海绵礁灰岩，砾间为巨晶方解石充填；下部为深灰色含角砾泥岩。溶洞上部为半充填。在D62井4715m处发育一高约1m的溶洞，洞内被灰绿色泥质充填。

（二）被泥质充填-半充填的中小型溶蚀孔洞

在D24井4458～4463m井段发育不规则溶蚀孔洞被泥质及细晶方解石充填。D62井4714.5～4734m井段见有小型的溶蚀孔洞为泥质和方解石充填-半充填。

（三）不规则状溶沟的发育及泥质和渗流粉砂充填物

溶沟宽约2～5mm，长几厘米到十余厘米，边部具有不规则状的溶蚀边缘，多呈近直立状延伸，同一条溶缝宽度变化大。溶沟主要为灰色泥质、渗流粉砂和细晶方解石充填。溶沟可进一步发展为溶洞，多呈囊状分布，见于D24井中上奥陶统灰岩顶部第七筒芯的4452.4～4461.11m井段。不规则溶沟及渗流碎屑充填物发育，是大气渗流带的识别标志。

根据初步研究判别，良里塔格组沉积末期发育的侵蚀面岩溶发育阶段并不完善，是一个在幼年期就夭折的岩溶系统，其岩溶发育规律较难预测。但该期岩溶作用的发育对上部地层的改造作用重大，目前D62井区的高产油气层段的礁滩体储层都受到了不同程度的岩溶作用改造。D82井区良一段的礁滩体受岩溶作用改造也比较明显，其薄的孔洞发育层往往紧邻大型溶洞之下附近，说明其孔洞层是岩溶作用形成的。

该区的大型溶洞多为砾石、泥质、碳酸盐碎屑和方解石充填，其充填程度很高，但如D62-2井的高达10余m的溶洞并未被全充填，其残留的空间仍是储集油气的大型有利空间。中小型溶蚀孔洞常呈层状分布，具有一定的厚度规模，厚度范围一般为0.8～20余m，其孔洞的碎屑和泥质的充填程度较低，孔洞保存条件较好，是良好的储层。

初步将该区的岩溶带划分为垂直渗流岩溶带、水平潜流岩溶带和深部缓流岩溶带（图3.37）。垂直渗流岩溶带以发育高角度溶缝、大型的落水洞、溶沟为特征，其泥质和角砾的充填程度较高。水平潜流岩溶带以中小型溶蚀孔洞层的发育为特征，其孔洞面孔率较高，一般达3%～5%，其泥质的充填程度较低，是良好的储集层段。深部缓流岩溶带岩溶作用不明显，其作用深度难以估计。

塔中地区内古地貌表现出较大的起伏，区内地形高差近700m，局部地貌高差30～100m。从总体上来看，北高南低，西高东低，由北西向南东方向高差增大，区内古地形最高处位于塔中Ⅰ号坡折带边缘，最低洼处在工区的东南角，即D24井以南的地区。区内可根据古地形的平均高差将其划分为3个部分：D82井区，平均高差90m，最大高差270m，区内地形起伏不大，高部位主要分布于北部宽缓带状的区域内，带宽约7～8km，

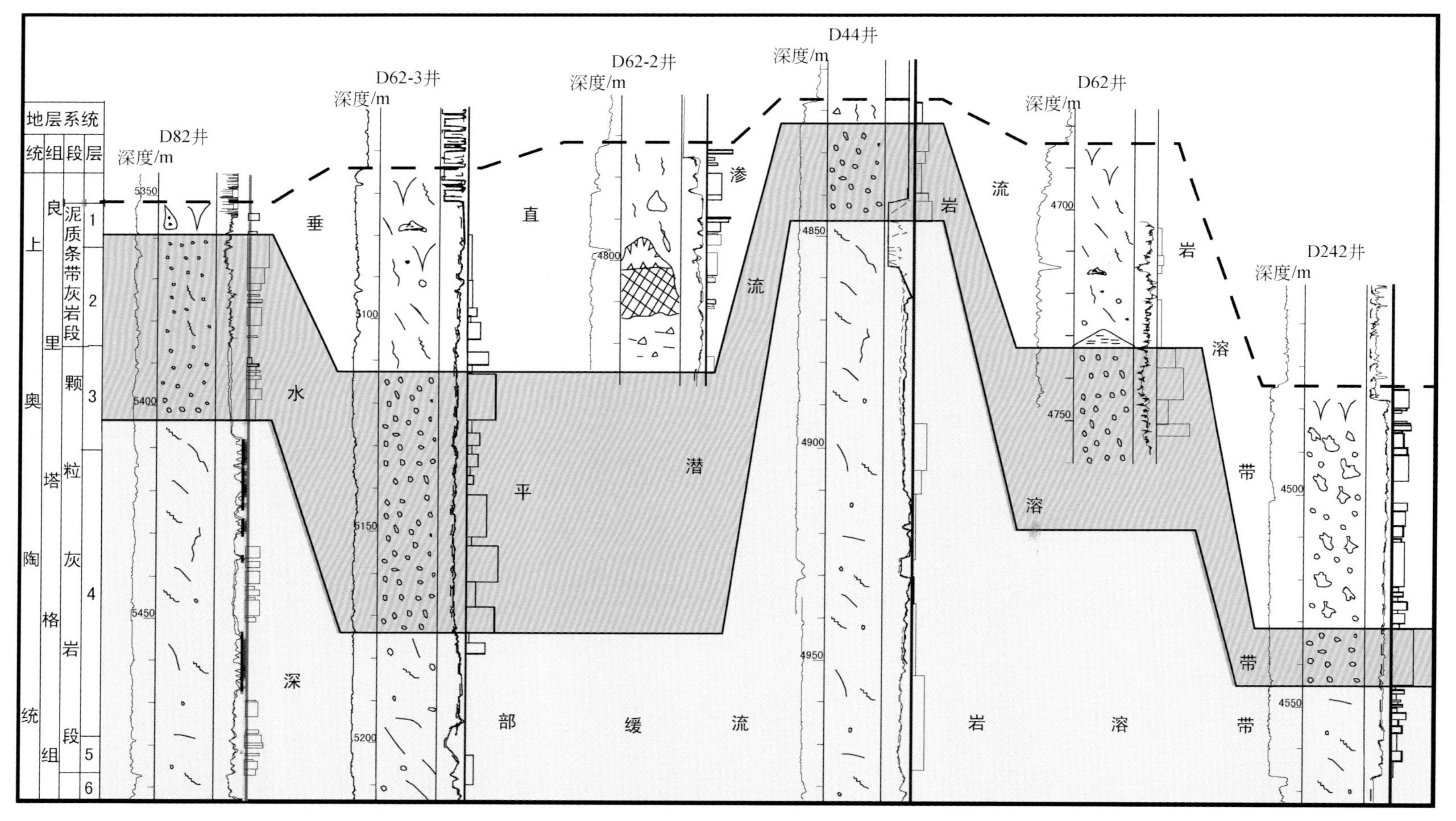

图3.37　塔中地区上奥陶统良里塔格组碳酸盐岩岩溶对比剖面图

其南翼与邻区的高差不明显；D62 井区，平均高差 150m，最大高差 375m，区内地形起伏较大，高部位主要分布于坡折带以南的狭长带状区域内，其南翼与邻区的高差明显；D24 井区，平均高差 330m，最大高差 480m，高部位主要分布于坡折带以南约 1km 宽的狭长带状区域内，其南翼与邻区的高差大。

根据地貌形态特征，D82 井区、D62 井区按古地貌形态分为岩溶高地、岩溶斜坡及岩溶洼地 3 个单元（图 3.38）。

图 3.38 塔中地区上奥陶统岩溶地貌单元的划分

岩溶高地：主要分布于塔中Ⅰ号坡折带附近及塔中Ⅰ号坡折带西段的区域（黄线以北的长条带状区域），是岩溶水供给区。该区域内岩溶地下水以垂向运动为主，垂直渗流岩溶带发育，且厚度大，岩溶形态以漏斗、落水洞、溶隙为主，发育孤立溶洞，水平潜流岩溶带发育的地段主要出现于岩溶高地的边沿部位。

岩溶斜坡：主要分布于黄线和暗红色线之间的范围。该区地下水以垂向渗入及水平运动为主，地下径流区发育，渗流带厚度小，潜流带发育。岩溶斜坡区的地面坡度大小直接影响着地表岩溶水渗透量的大小。在比较平缓的地带，地面径流的流速缓慢，渗透量大，垂直渗流岩溶带厚度大、水平潜流岩溶带发育。

岩溶洼地：分布于暗红色线的中间区域。岩溶洼地上游地区与斜坡区呈过渡关系，垂直渗流岩溶带的厚度小、水平潜流岩溶带极为发育。岩溶洼地下游区是地下水排泄区，以地表径流和停滞水为主，垂直渗流岩溶带浅薄或不发育，在地表甚至可形成积水区，可发育一些小型溶蚀孔洞和溶缝。

四、多期次油气成藏过程

碳酸盐岩的埋藏岩溶作用显然是提高储层孔渗性的一种重要的建设性成岩作用。通过岩芯和镜下薄片观察以及铸体薄片，发现本区上奥陶统碳酸盐岩中发育埋藏期岩溶作用，不仅期次多，而且分布较普遍，规模也较大，对本区油气有效储集空间的形成，储层的发育以及油气的富集影响最大。在中新生代埋藏期，构造活动在靠近塔中Ⅰ号断层的台地边缘外带表现较为强烈，发育大量的高角度缝、斜交缝或网状缝，伴随酸性水的进入，发生了多期的埋藏岩溶作用，形成溶缝、串珠状溶孔、溶蚀孔洞，孔隙度增加约2%，与先期残余孔洞一起构成新的储渗组合（图3.39）。

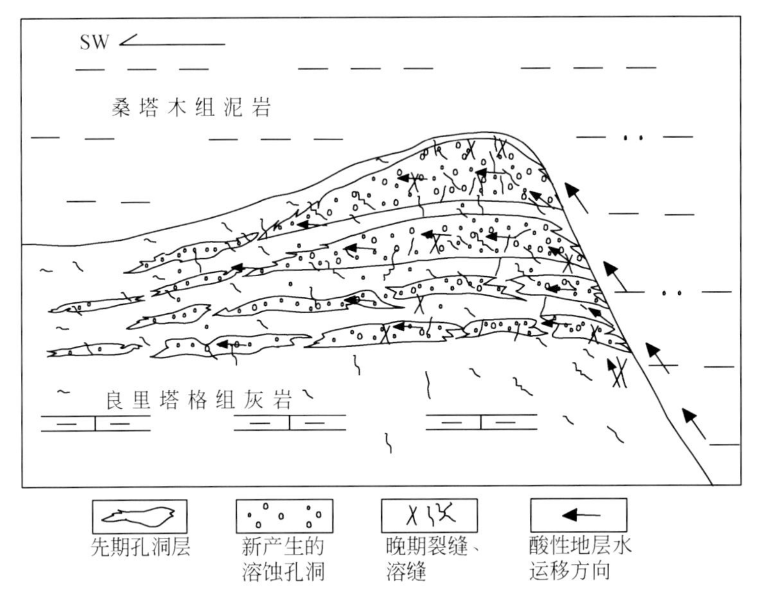

图3.39　埋藏期酸性地层水对台地边缘礁滩体先期孔洞层的溶蚀作用模式示意图

塔中Ⅰ号坡折带上奥陶统碳酸盐岩中的埋藏岩溶作用，所形成的各种串珠状溶蚀孔洞、扩溶缝使礁相的连通性增加，成为本区油气有效的储集空间，控制着储层的发育和油气的富集。同时由于本区上奥陶统灰岩经历了多次构造-成岩旋回的改造，所以它们相应地发育了多期埋藏岩溶作用。许多研究发现，埋藏期岩溶孔隙的发育往往与烃类运移相伴随，因此埋藏期次生孔隙发育的期次与相应的油气运移事件是相对应的。由于本区存在多套源岩和多次烃类的运聚事件，其埋藏岩溶作用也呈多期发育。

塔中Ⅰ号坡折带至少发育三期埋藏岩溶作用，第一期埋藏岩溶作用发生于晚加里东-早海西期，在全区都有分布，但岩溶作用较弱。第二期埋藏岩溶作用发生于晚海西期-印支早期，在D45井区、D12井区、D161井区、D44井区表现较强烈，但其形成的缝洞多为方解石和萤石充填；其次，该期埋藏岩溶作用和晚海西期的构造作用是形成D45井的裂缝-孔洞型储层的重要作用；再次为D161井区、D30井区、D15井区岩溶孔隙发育较差，以发育裂缝-孔隙型、裂缝型储层为特征，孔隙中见油斑或含油。第三期的埋藏岩溶作用主要发育于D54井区、D42井区、D44井区，以发育裂缝-孔洞型储层为特征；其次发育于D24-D26井区，以发育裂缝-孔隙型或孔隙-裂缝型储层为特征，并形成凝析气藏为特征。

第四节　风化壳层间岩溶型储层主控因素分析

早奥陶世末—晚奥陶世初的中加里东运动，使塔中地区整体强烈抬升，大部分地区缺失了中奥陶统的一间房组和中-上奥陶统的吐木休克组地层，下奥陶统的鹰山组也遭到剥蚀，仅存鹰一段和鹰二段地层，同时也伴随了较为明显的层间岩溶。层间岩溶在表生成岩环境中，经过加里东构造各幕次运动事件和海西早期形成叠加的古隆起，暴露、埋藏和再抬升造成碳酸盐岩多期、多形式的溶解，形成叠加的层间岩溶型储层。

一、风化壳层间岩溶特征及三维空间展布

（一）基本特征及识别标志

塔中地区下奥陶统鹰山组顶部不整合面之下200m厚的地层内，见发育程度不等的多种岩溶现象，出现了规模不同、形态各异的岩溶缝洞系统和特征的内部充填物（陈景山等，2007；王振宇等，2008）。通过对井下取芯段的观察、研究对其钻井以及电测曲线和地震响应特征的分析，认为本区奥陶系碳酸盐岩层间岩溶主要有以下八方面的识别标志：

1. 与剥蚀面伴生的风化残积物

与本区奥陶系碳酸盐岩顶部剥蚀面伴生的风化残积物（溶蚀残余物），包括覆盖角砾岩和紫红色泥岩、灰绿色铝土质泥岩、含砾泥岩等，常堆积于岩溶沟谷和岩溶坑洼中。在D162井的O_1与O_{2+3}接触处有一段厚约20m的泥质石灰岩与灰绿色软泥，这种泥岩极细，硬度很低，表面很光滑（图3.40）。

2. 高角度溶沟和溶缝

高角度溶沟和溶蚀扩大缝是本区奥陶系碳酸盐岩遭受层间岩溶作用的一个常见识别标志。溶蚀扩大缝常被泥质、粉砂及少量的碳酸盐岩角砾、粒状方解石和白云石充填，一般分布于剥蚀面以下100m的深度范围内。M171井，第三筒岩芯，岩溶环境的水循环作用期间，高角度溶沟和溶蚀扩大缝常被泥质、粉砂和角砾充填。D83井5681～5684.7m井段，发育高角度溶缝，缝边部为灰绿色陆源泥质充填，并可见氧化边；缝中间为泥晶灰岩的角砾及泥质充填，泥晶灰岩角砾长轴多向下倾斜（图3.41）。

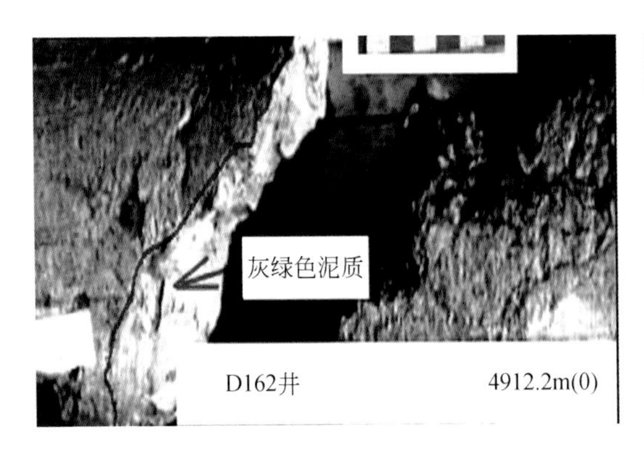

图 3.40 泥质石灰岩与灰绿色软泥组成的风化残积物
下奥陶统鹰山组，D162 井，岩芯

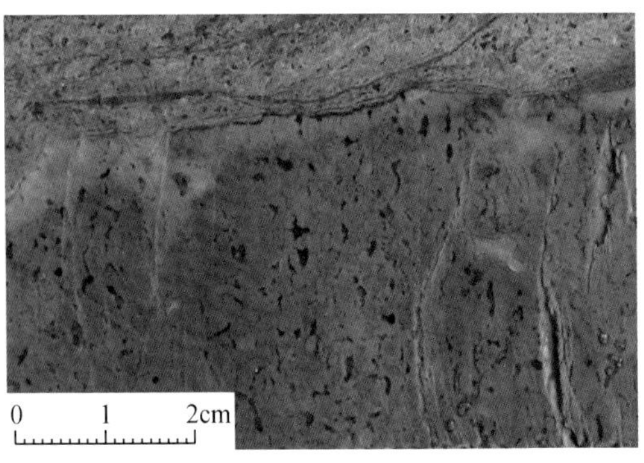

图 3.41 缝边部为灰绿色陆源泥质充填，缝中间为泥晶灰岩的角砾及泥质充填，泥晶灰岩
下奥陶统鹰山组，D83 井，岩芯

3. 大型溶洞

大型溶洞是识别层间岩溶作用的重要标志之一，它的形成和发育是本区鹰山组碳酸盐岩水平潜流带岩溶作用的结果。溶洞的发育规模、充填物性质和充填程度受不整合面之下奥陶系的岩性控制或影响。灰岩中发育的溶洞规模较大，洞径一般为 2～5m，最大可达十几米，主要为灰岩角砾、碳酸盐矿物和砂泥质充填或半充填。部分大型灰岩溶洞中还发育特征的地下暗河沉积物，其交错层理、波状层理等沉积构造发育，总体上以粉砂和黏土为主，显正粒序。这些大型溶洞及其充填物是潜水面溶洞系统和地下水流系统的重要识别标志。更大的溶洞取芯收获率常常为 0，但在钻井过程中常表现为泥浆的漏失和钻具的放空，在成像测井静态图像表现为黑色块状，动态图像表现为层状，在洞的顶、底界面成像图像不规则，并切割围岩层理。当大型溶洞被泥质或溶塌角砾充填时前者在成像图像上表现为深色高导特征，有时还可见明显的纹理构造，后者则呈斑块状，其中斑块颜色较浅，为碳酸盐岩角砾。

4. 中小型溶蚀孔洞

本区鹰山组岩层间岩溶带中，中小型溶蚀孔洞发育，常呈囊状或水平状，孔洞径一般为 0.2～10cm，多被泥质、粉砂等渗流沉积物及方解石、白云石和硅质矿物等化学沉淀物充填或半充填。溶蚀孔洞发育较为分散，多呈星散状，常为泥质和砂质及方解石充填或半充填。

5. 钻井过程中的钻具放空以及泥浆的大量漏失

钻井过程中钻遇本区鹰山组碳酸盐岩中的半充填或未充填溶洞时，常出现钻具放空及大量的泥浆漏失。钻具放空量一般为 0.2～2.5m，钻具放空是钻遇溶洞的最直接的标志。而泥浆漏失则可能由多种因素引起，在钻遇裂缝发育带、孔洞发育带或大型溶洞时皆可出现泥浆漏失现象，但与明显的钻具放空相伴随的大量泥浆漏失现象，则是钻遇溶洞的结果。

6. 电测井曲线上表现出高自然伽马和低电阻率

电测井曲线上表现出的高自然伽马和低电阻是对岩溶缝洞内泥质充填物的响应。通常，本区奥陶系灰岩的岩溶缝洞发育规模较大，并常常被角砾、砂质和泥质等充填物所充填，其自然伽马值一般为50～100API，电阻率值一般为3～70Ω·m，部分小于2Ω·m。自然伽马值的升高多与岩溶缝洞中泥质充填物的存在有关，而电阻率值的降低除与泥质含量增加有关外，可能还要受孔缝残余空间中地层水的存在及泥浆滤液的渗入等因素影响。本区中下奥陶统碳酸盐岩总体上泥质含量较少，岩性较纯且较致密，其自然伽马值主要表现为大段低值，一般为10～15API，曲线起伏较小。由于整体上岩性较为致密，除岩溶缝洞发育带和裂缝发育带外，其电阻率值一般都在100Ω·m以上，最高可达几万Ω·m。如D162井在鹰三段4910～4930m井段出现低电阻率、高伽马特征（高钾、低铀、高钍），表明D162井该段正处于不整合面上。通过取芯在4909.5～4914.7m，岩芯中见一组绿灰色泥质充填高角度大裂缝与溶洞，溶洞被石灰岩角砾、泥质和砂岩等充填。

7. 成像测井特征

层间岩溶形成的溶洞表现形式复杂多样，既有未充填溶洞，也有充填溶洞。未充填溶洞的规模较小，洞径毫米至厘米级，在静态FMI/EMI图像上一般表现为深色高导斑点或斑块。充填溶洞从毫米至米级均有分布。大型溶洞多数为砂泥质或溶塌角砾充填，前者在成像上表现为深色高导特征，有时还可见明显的纹理构造，后者则呈斑块状，其中斑块颜色较浅，为碳酸盐角砾；另见有水平纹层状缝洞表现为高阻和低阻层系相互平行，可能是沿层理发育溶蚀缝，主要发育于水平潜流带，垂直伸长状缝洞发育带则多为岩溶渗流带的产物。

8. 地震剖面响应特征

由于缝洞系统非均质性特征，缝洞极不规则的外形和复杂的内部系统，为地震波的散射、绕射提供了条件，因此，通过缝洞系统以后的地震波，实际上是缝洞系统内外部不规则反射、散射和绕射相互干涉叠加的结果。根据地震波的综合反射效应，在地震剖面上，缝洞系统常表现为相干性差、反射杂乱、同相轴时强时弱、断续出现或存在复合波等异常特征。孔洞裂缝在地震剖面表现为杂乱的忽强忽弱的反射状，大型溶洞在地震剖面上常表现为强串珠状反射。总体上缝洞系统常体现低频、低阻抗、低速度、强衰减等特征。

（二）岩溶古地貌恢复与岩溶单元划分

1. 层间岩溶古地貌恢复

下奥陶统蓬莱坝组沉积后，塔中地区被挤压隆升，形成塔中隆起的雏形，之后下奥陶统鹰山组由四周向高部位D12-D4-D75井的隆起轴部超覆。由西部的D88井、北部D822井、东部D243井向D12井均具有超覆减薄趋势，表明鹰山组为海侵沉积体系，中加里东期晚期为全区分布的稳定沉积。中加里东运动使塔中地区整体抬升，中-下奥陶统广泛暴露并长期遭受剥蚀，形成广泛的下奥陶统岩溶发育区。晚奥陶世早期，塔中地区整体沉没，在早先地貌上开始接受上奥陶统良里塔格组灰岩沉积。良里塔格组地层厚度总体能够代表中加里东期下奥陶统不整合面顶界古地貌特征，针对东部潜山区可利用拉平上奥陶统灰岩顶界（Tg5′）来进行古地貌恢复，同时剔除塔中Ⅰ号坡折带生物礁同沉积造成的局部厚度激增现象，另外对良里塔格组剥蚀区中央主垒带也按照厚度趋势法进行恢复。但对于全区的下奥陶统层间岩溶古地貌恢复，由于东西部上奥陶统剥蚀量差异很大，加之生物礁的影响，造成恢复难度比较大，在此采用 Tg6 与 Tg5″之间的厚度来反映下奥陶统层间岩溶的古地貌。

2. 层间岩溶古地貌岩溶单元划分

下奥陶统由于暴露时间长，并长期处于强烈剥蚀区，下奥陶统表层岩溶带和大部分渗流岩溶带遭到剥蚀，部分渗流岩溶带和潜流岩溶带得以保存。处于岩溶高地的 D12-D4 井区，垂直渗流带发育，水平潜流带较薄，但在围斜部位的斜坡带上，渗流岩溶带较薄，水平潜流带较发育，如 D83 井区。总体看中加里东期，塔中低凸起的隆升幅度不是很大、构造活动不是很强，基本上以平缓的复式背斜褶皱为特征，因而裂缝的发育特征及分布规律可能类似于构造平缓的克拉通区，即裂缝主要发育于构造翼部和倾末端，即围斜部位（图 3.42）。

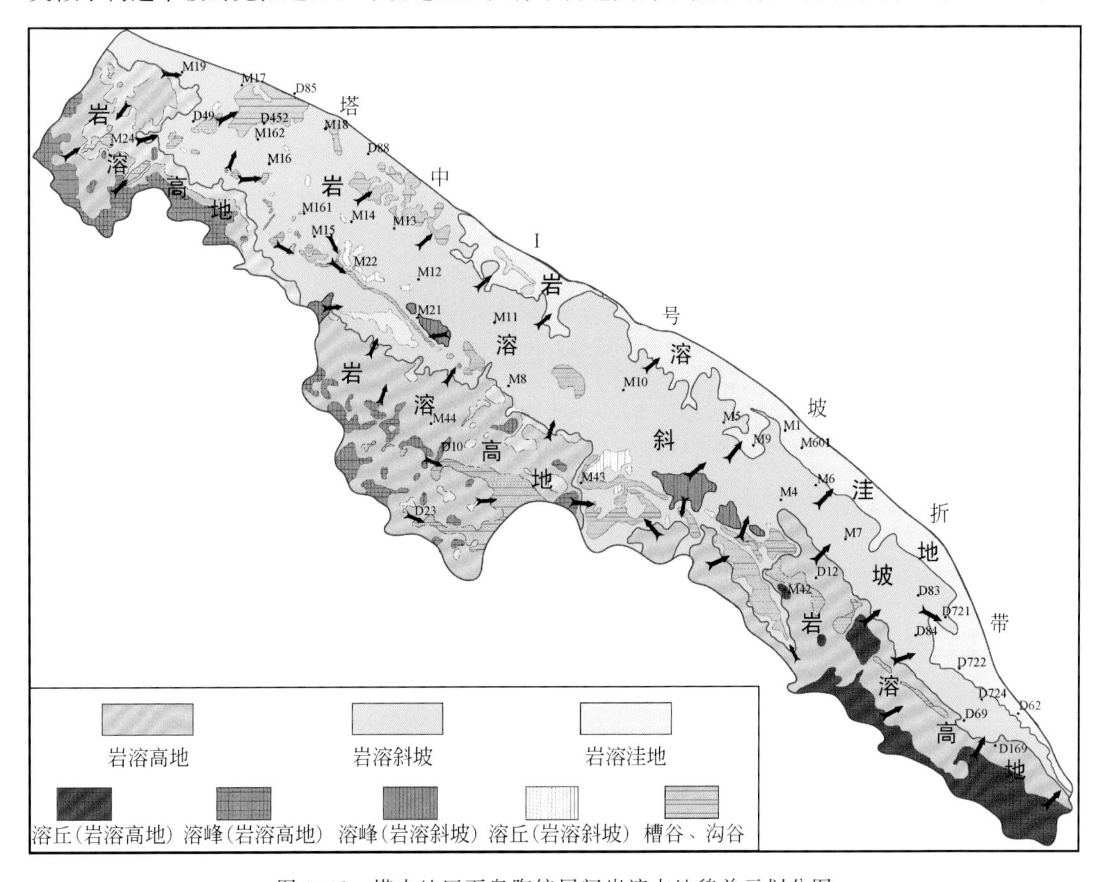

图 3.42　塔中地区下奥陶统层间岩溶古地貌单元划分图

由此，控制了层间岩溶储层发育的平面分异，即向构造翼部的岩溶斜坡区发育程度变高、保存条件变好。结合单井、连井岩溶划分结果，利用恢复的下奥陶统层间岩溶古地貌图将岩溶单元划分为岩溶次高地、岩溶上斜坡和岩溶下斜坡。

（三）古岩溶地貌差异下的垂向结构发育特征

1. 岩溶垂向分带特征

岩溶分带即岩溶剖面，作为一个成岩相，Esteban 和 Klappa（1983b）根据水文条件、岩溶作用过程及产物概括出一个综合的岩溶剖面模式（图 3.43）。该岩溶剖面中，渗流带位于潜水面之上，其孔洞和裂缝空间未被地下水饱和，这些降落到地表的大气水在重力的作用下主要是向下垂直渗流或流动。渗流带可进一步划分为两个次级带：渗透带和渗滤带。潜流带位于潜水面之下，该带内的地下水仍属重力水而非承压水，但水流方向以水平方向为主，在无隔水层的情况下，该带下部通过混合带与基岩深卤水过渡。潜流带也可划分为两个次级带：透镜带和下部带（停滞潜流带）。

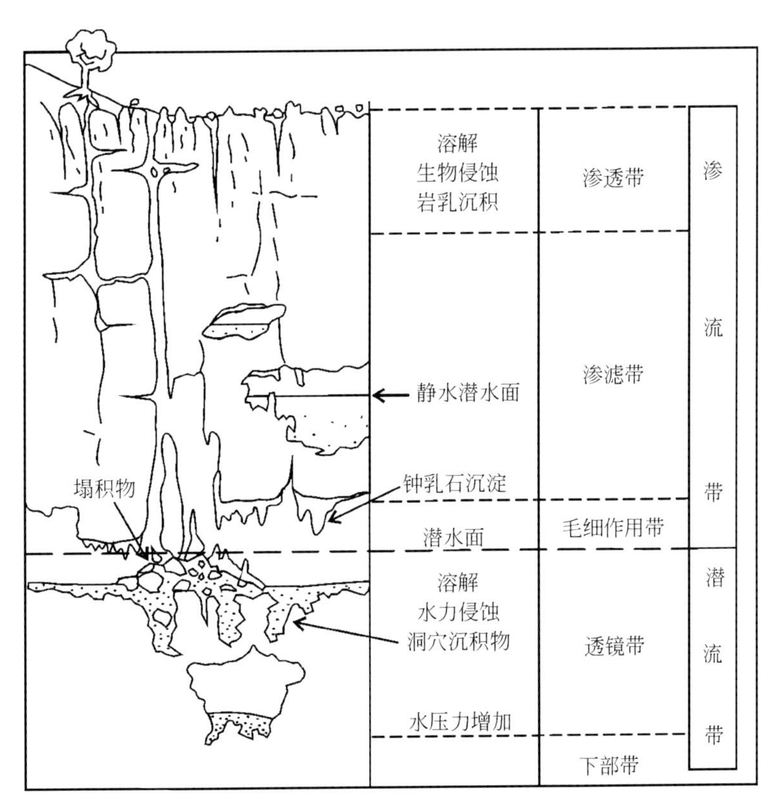

图 3.43　理想的岩溶剖面

在研究岩溶剖面时值得注意的是上述典型岩溶剖面层序的形成过程与沉积相序的形成过程是完全不同的。沉积相序是由下向上逐渐“建造”起来的，各相带之间可以有成因联系但相互之间不会改造重叠。而岩溶剖面层序却是在由上往下加深“破坏”的过程中造成的，在各种外界条件不变的情况下，随岩溶过程的持续进行，地层的逐渐剥蚀，岩溶影响的深度逐渐下移，各岩溶带也将在此过程中下移，其岩溶特征则可能重叠在一起。因此，对于古岩溶要鉴别出其完整的岩溶剖面层序是十分困难的。

理论上一个发育完整的层间岩溶序列从不整合面向下一般由垂直渗流、水平潜流和深部缓流 3 个岩溶带构成。但由于多期岩溶的叠加以及地层的抬升剥蚀往往会造成层间岩溶的垂向分带不完整或是不同期次岩溶带的叠加。岩溶带的发育程度与深度随地区、岩性、构造部位、古地貌位置、古水文条件以及暴露时间长短等因素的差异而有较大的变化。现以 M5 井为例，据古岩溶的识别标志可圈定古岩溶影响的深度大致为 6189～6460m，厚 271m，从剥蚀面向下可划分出 3 个岩溶带（图 3.44）：

垂直渗流岩溶带：分布于 6189～6272m 井段，厚 72m。岩溶水主要沿着岩层中的垂直缝隙向下渗流，以垂向淋滤岩溶作用为主，形成高角度溶缝和溶蚀加宽缝，充填或半充填方解石、泥质等；局部发育较大溶蚀孔洞、被角砾、泥质、方解石等充填、半充填。岩溶作用形成的孔、洞、缝以垂向延伸为主。自然伽马呈近于平直或呈微齿状，缝洞发育段被砂泥质充填时自然伽马增大；深浅双侧向电阻率值略低于基质灰岩，常出现正差异；声波时差略增大；井径无扩径或略扩径。钻井过程中钻速不加快或略加快，局部出现少量泥浆漏失。

水平潜流岩溶带：分布于 6272～6421m 井段，厚 149m。岩溶水受压力梯度控制并沿水平方向流动，多形成一系列近水平溶缝、溶洞或岩溶管道系统；溶蚀孔洞、洞穴、裂缝相对发育，孔隙度大幅提高；溶蚀空间规模相对较大，同系统岩溶空间连通性较强。

塔中地区水平潜流带可细分为两个次一级的水平潜流亚带及过渡带。M5 井的上、下亚带厚度分别为 50m、44m，以发育大型水平溶洞（6273～6277m 和 6377～6380m 处）和孔洞层为标志，被溶塌角砾岩、泥质、粉砂及方解石等半充填，网状扩溶缝中的泥质呈部分充填或未充填，见沿低角度构造缝发育的串珠状溶蚀孔，另见有高角度扩溶缝，局部扩溶成小型溶洞。深浅双侧向电阻率值明显分异，物性较好。中部 6322～6366m 井段为水平潜流带过渡亚带，以相对高自然伽马值和高电阻率为特征，储层物性较差。

深部缓流岩溶带：分布于 6419～6460m 井段，厚 44m，距剥蚀面约 271m。其底深是岩溶作用的下限，该带地下水流动极为缓慢，岩溶作用相对微弱，主要以溶孔、溶缝的零散发育为特征，且多为粒状方解石、黏土矿物、粉砂等充填或半充填。自然伽马曲线相对平直、深浅双侧向电阻率值增大，无明显分异。

由此可见，径流岩溶带缝洞发育规模较大，且连通性较好、储集性能最好；表层岩溶带虽然岩溶空间规模较小，但连通型较强、储集性能次之。

2. 岩溶横向发育特征

不同的古岩溶地貌单元，其垂向岩溶带发育程度不一样，其储集性能也就相应有差异。在塔中地区选择不同地貌单元上的单井，进行井间岩溶带对比可发现这一规律（图 3.45）。

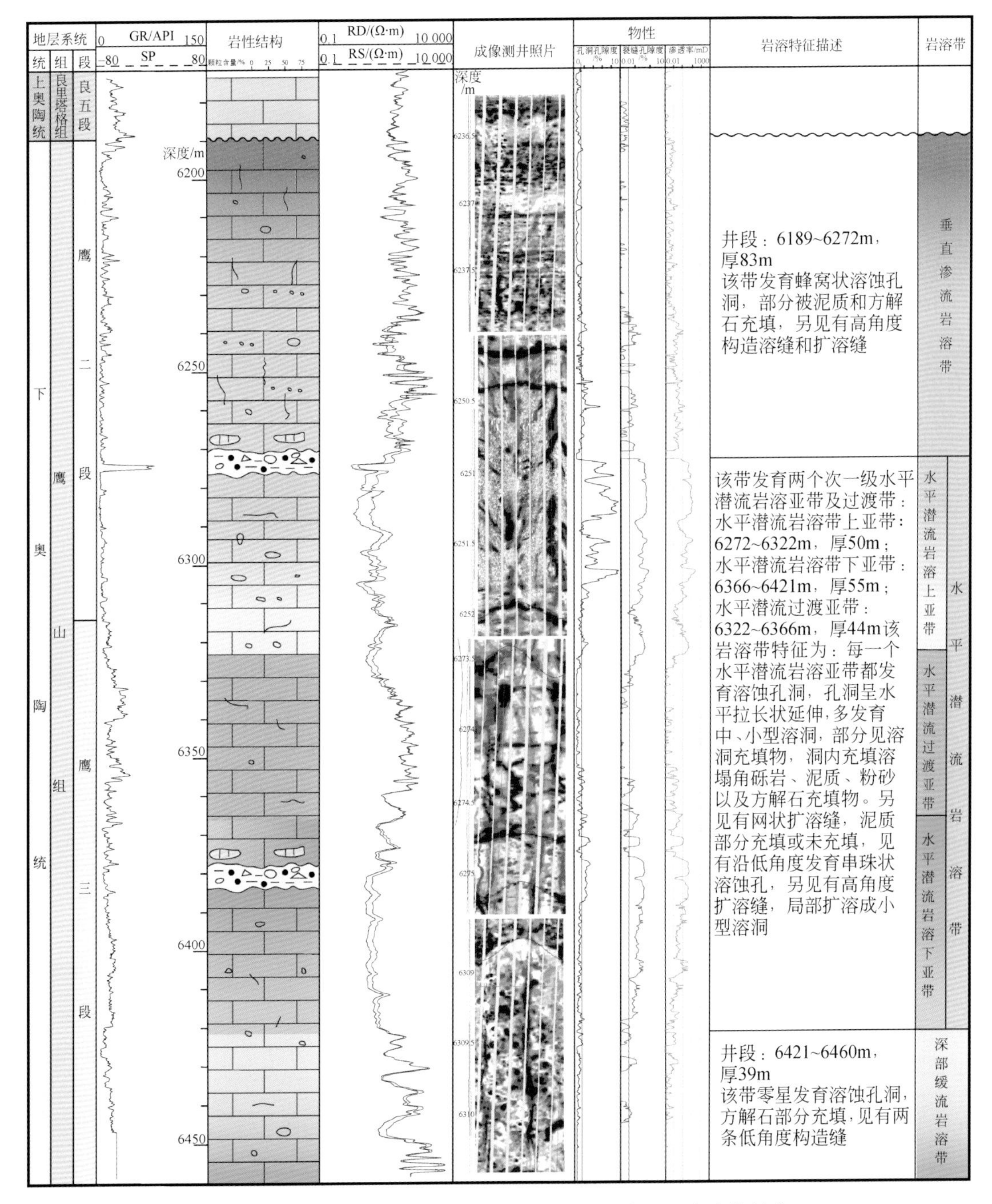

图 3.44　M5 井下奥陶统鹰山组碳酸盐岩岩溶剖面及岩溶带划分

（1）岩溶高地的地势较高，侵蚀、溶蚀较强，是地下水的补给区，岩溶作用以垂向渗滤为主，垂直渗流岩溶带发育厚度较大，地表单个地貌形态以石芽、溶沟、峰丛和浅洼为主。地下岩溶以漏斗、溶隙、溶孔和孤立溶洞为主，多形成泥质填隙的岩溶角砾岩；

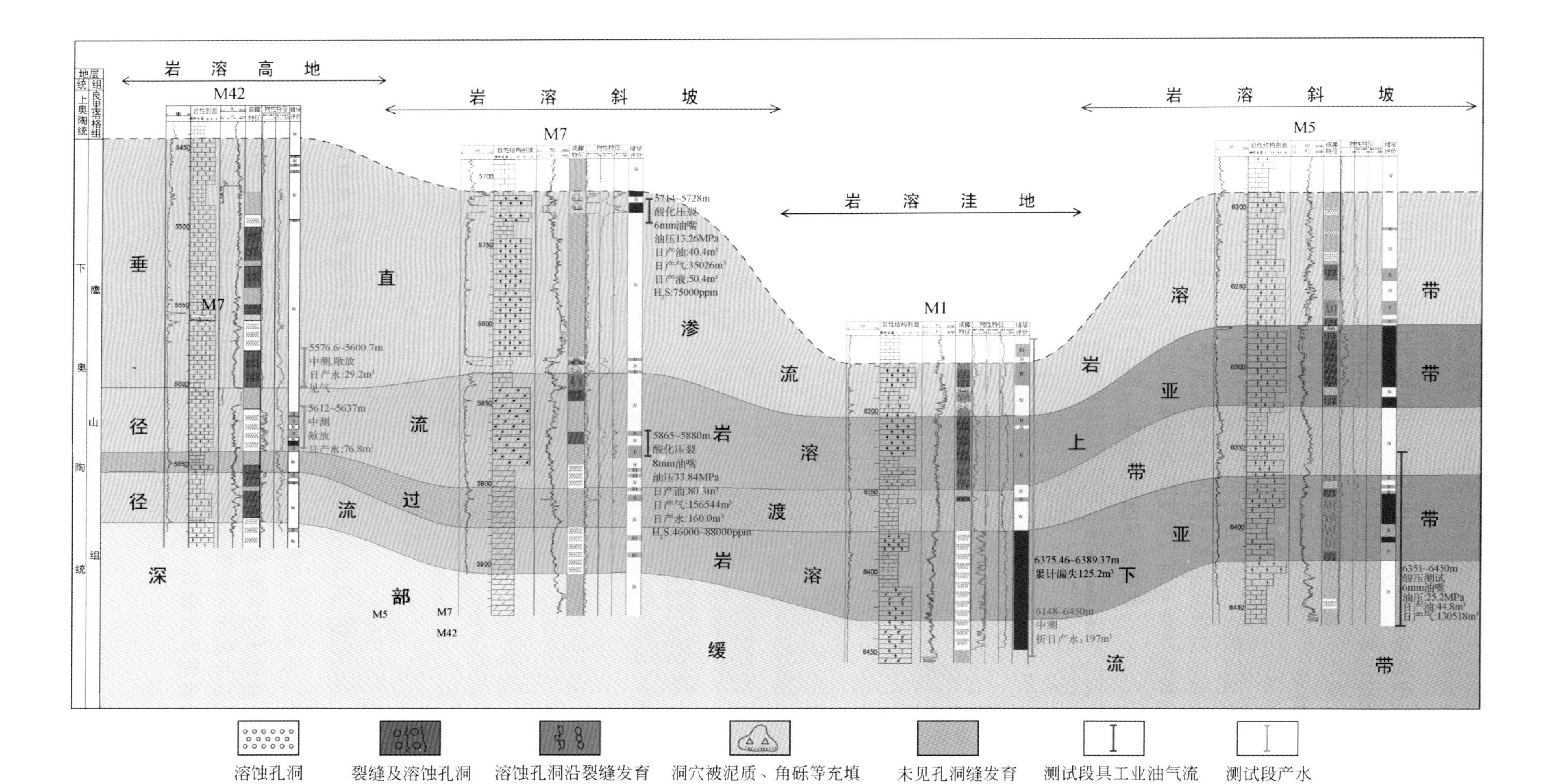

图3.45　塔中地区下奥陶统鹰山组井间岩溶带对比剖面图

(2) 岩溶斜坡处于高地与洼地的中间地带，除大气降水垂直渗流补给外，还接受岩溶高地地下水的侧向补给，水动力作用强。地下水以水平径流为主，除发育垂向溶蚀缝洞外，主要以水平层状岩溶作用为主，在地下水水位季节变动带附近岩溶发育最强烈，岩溶形态以暗河管道和宽溶缝为主。径流岩溶带厚度相对较大，地表单个岩溶以溶丘、谷地或溶丘洼地组合为主。垂直形态和水平形态的地下岩溶均发育，可形成多层水平溶洞层；

(3) 岩溶洼地的垂直渗流岩溶带浅而薄，在地下不深处就是径流岩溶带，在地表可以形成积水盆地，地表地貌以残丘、孤峰及洼地为主，容易发育落水洞及埋藏较浅的溶洞，以充填作用为主。可形成泥质角砾岩、溶蚀泥岩。

由此可见，随着古地貌地势的降低，上部的岩溶带有减薄甚至不发育的趋势。岩溶斜坡为有利的勘探区域，纵向上径流岩溶带、垂直渗流岩溶带易形成有利储集层（图 3.45）。如 M7 井位于岩溶斜坡上，测试段 5865～5860m 处于径流岩溶带上亚带中，酸压后日产油 80.3m^3，日产气 156 544m^3。

二、高能粒屑滩是层间岩溶发育的物质基础

前已述及，塔中隆起奥陶系鹰山组纵向上表现为台内滩、滩间海的多旋回组合，横向上主要以多期次台内滩沉积为主，滩间海次之（图 2.33），平面上多沿北东-南西向呈带状展布（图 2.41），多套大面积的滩体发育为优质储层形成提供了岩相基础。

通过对区块内鹰山组测井解释物性资料的统计（图 3.46），发现井区内沉积亚相与孔渗存在一定的对应关系，总体上台内滩物性较好，平均孔隙度 3.44%、渗透率 $1.18\times10^{-3}\mu m^2$，滩间海的储层物性次之，平均孔隙度 3.32%，渗透率 $1.16\times10^{-3}\mu m^2$。灰泥丘中储层相对不发育。

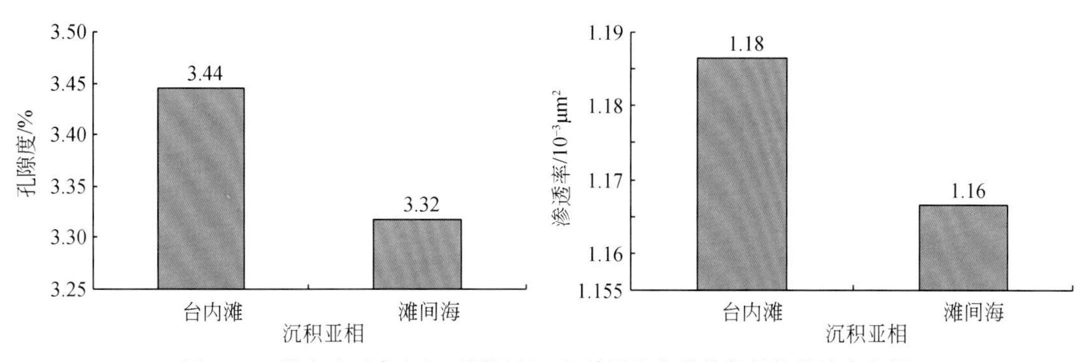

图 3.46　塔中地区鹰山组不同沉积亚相储层发育段储集性能统计直方图

沉积相控制了岩石的岩性和结构，从而控制了岩石原生孔隙的发育。区块内鹰山组厚度大、分布广泛的台内滩的颗粒灰岩由于颗粒支撑作用形成大量的粒间孔、粒内孔，为岩溶型储层发育提供了物质基础。另外，原生孔隙的存在为后期组构选择性溶蚀奠定了基础，由于原生孔隙在胶结充填中多有残余通道，且充填物与颗粒间有薄弱带，在后期酸性流体的运聚过程中，有利于溶蚀作用发育。

三、断层和裂缝是层间岩溶纵横发展的关键

构造是控制古岩溶发育的最重要的因素之一。构造背景是古岩溶发育的基础，构造格局控制了岩溶地貌分区，断裂和裂缝是地下水运动的重要通道。从奥陶系沉积至今，经历了多次构造运动，可形成多期裂缝，而在同一期的构造运动中又可产生不同的裂缝类型，并随其形成的先后顺序又可互相改造、切割。多期构造破裂作用所形成的裂缝形成了储层的储集空间和渗滤通道，有效提高了储层的渗流性能，同时裂缝系统的产生有利于孔隙水和地下水的活动及溶蚀孔洞的发育，又促进了岩溶作用的进行，形成统一的孔洞缝系统，因此断裂发育带往往是储层最发育的地区。特别是垂直塔中Ⅰ号坡折带分布的晚期（喜马拉雅期）走滑断裂活动，其断裂和裂缝系统不仅沟通了孔洞层，并且伴随酸性水的进入，发生了多期的埋藏岩溶作用，形成溶缝、串珠状溶孔、溶蚀孔洞，孔隙度增加约2%，与先期残余孔洞一起构成新的储渗组合。从而形成了好的缝洞体系，形成的储层储集空间和渗滤通道，也为油气藏的形成提供了良好的通道（图3.47），奠定了高产稳产的基础，裂缝发育区的分布对高产油气井的分布具有控制作用。

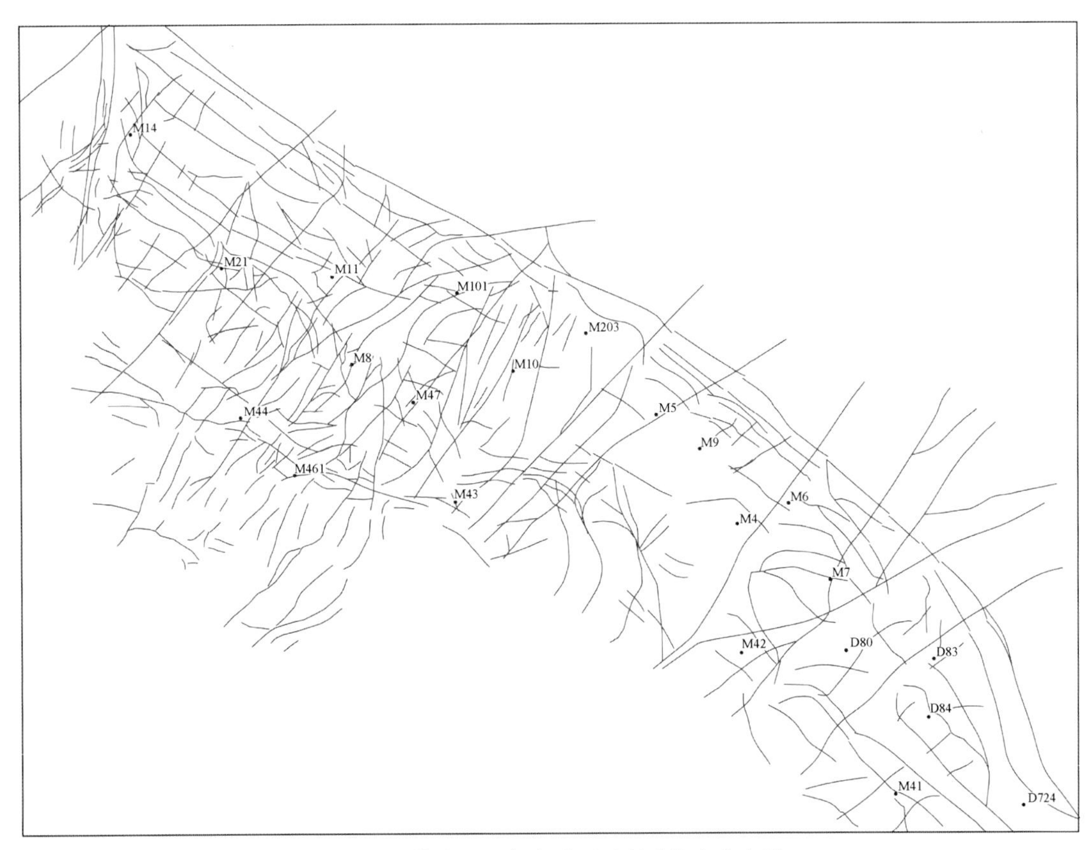

图3.47 塔中地区奥陶系顶面断裂发育分布图

四、埋藏作用是改善深层储集物性的重要因素

埋藏岩溶是在深埋藏条件下，受地质内动力驱动的流体对碳酸盐岩进行的淋滤、溶蚀和交代作用的统称。它和喀斯特岩溶不同（表3.7），①埋藏岩溶发生在深埋环境，温度与其所处的地热梯度大致相当，热液沉淀物与环境温度的差别一般小于地质测温方法的实验误差；②流体的驱动力来自构造挤压，或者是受岩浆侵入热流驱动，其流动方向是朝温度、压力降低方向，通常是从深部朝浅部运移；③碳酸盐岩的结果是岩石的孔隙度和渗透率明显增加，而不是形成大型溶洞。

表3.7　埋藏岩溶与层间岩溶形成条件对比表

	层间岩溶	埋藏岩溶
环境	地表、近地表	深埋藏（>2000m）
温度	常温	>60～80℃
流体性质	下渗雨水	封存海水（卤水）、压实脱水、循环海水（雨水）或地层水、深源流体（含CO_2、H_2S、CH_4、有机酸、F^-、Cl^-）等
控制因素	潜水面、降雨量	通道发育，构造、岩浆活动
表现形式	溶洞、喀斯特地貌	岩石孔隙度、渗透率增加（灰岩淋滤、白云石化）

典型的埋藏岩溶表现为对流经地层的交代、淋滤、溶蚀作用，并伴随物质的迁移及在上部层位形成新的矿物沉淀。该过程往往使得原岩物性大大改善，岩石孔隙度和渗透率增加，成为有利的储层发育部位。

埋藏流体沿着裂隙-缝洞系统对灰岩进行改造，在下部层位表现为溶蚀，孔渗性能增大，成为油气产能区；而在上方一定层位表现为沉淀作用，沉淀物主要为方解石、硬石膏、石英等。

当流体为岩浆作用期间和期后的残余热液和混合地层水对围岩中的断裂裂缝通道及先期存在的孔洞层进行溶蚀时，称之为热液岩溶。热液岩溶流体对碳酸盐岩溶蚀的同时，可以形成特定的矿物组合，如热液白云岩、热液脉体等。热液白云岩、受热液改造裂隙-缝洞体系和被热液矿物充填-胶结的裂隙与缝洞在空间分布上通常具有一定的分带趋势，即从上部往下依次出现。

埋藏岩溶同时受断裂构造和岩性的控制。一方面，断层和裂缝系统是重要的通道，流体在构造驱动下，从深部朝浅部运移；另一方面，非渗透性岩层的屏蔽和阻挡对流体的汇集具有重要意义，与埋藏岩溶有关的重要储层通常发育在区域性盖层之下的有利岩性层中。

五、白云岩化是改善深层储集物性的主要因素

（一）识别标志

通过对白云岩分布特征、结构、构造、沉积层序、地球化学特征等的分析，塔中地区奥陶系白云岩除少量由准同生白云岩化作用成因之外，其余多由埋藏热液白云岩化作用成

因。在埋藏期，腐蚀性的酸性流体是深部溶解作用产生的基本动力。这些酸性流体主要来源于有机质成熟过程中产生的富含CO_2、H_2S、有机酸的酸性流体和上覆泥页岩的酸性压释水以及其他地下酸性水。这些酸性流体在承压流作用下，常与碳酸盐岩发生相互作用：一方面流体溶蚀碳酸盐岩，使孔隙增加；另一方面，由于流体流动溶蚀下来的溶质颗粒在流体作用下发生迁移，迁移到一定距离由于溶质的饱和而使物质在异地沉淀，从而造成孔隙减小。该过程是一个流体与岩石相互作用，流体在岩石孔隙（裂缝）中流动，溶质在流体中弥散迁移的动力学过程。在深埋藏条件下，高温可提高反应物的平均能量，从而降低反应活化能。相比于提高反应物浓度来说，温度的提高对白云石沉淀或白云石化作用更为有效。在此过程中，由于有机质演化过程中产生的酸性流体以及上覆泥页岩的酸性压释水都富含镁离子，因此在温度较高的情况下使石灰岩发生的白云岩化作用。在深埋藏条件下，不仅孔隙流体能够沉淀白云石充填岩石孔隙，而且岩石原有的方解石也会被交代为白云石（郑和荣，1988；李凌等，2006；朱东亚等，2009；潘文庆等，2009）。综合以上研究，我们可得出塔中地区热液白云岩的7点识别标志。

（1）白云岩晶体粗大，常为中-粗晶，部分为块状斑晶，半自形和它形晶的镶嵌结构；也有部分粗粉晶-细晶白云岩。异形白云石结晶粗大，呈粗晶块状，晶形和解理弯曲，波状消光，常分布于溶蚀孔洞中或大裂缝中。热液成因的白云石成岩环境稳定，先期热液先溶蚀灰岩形成大的溶蚀孔洞，为以后白云岩晶体生长提供足够空间。一般来说，热液作用强烈的地方，白云岩化越强烈，因此，被热液溶蚀的溶蚀孔洞和大缝是白云岩最为发育的地方。见于塔D1井下奥陶统蓬莱坝组3804.6m处的溶塌角砾云岩，大型溶缝和溶洞发育，被粒状白云石和渗流粉砂半充填，埋藏环境（图3.48）。

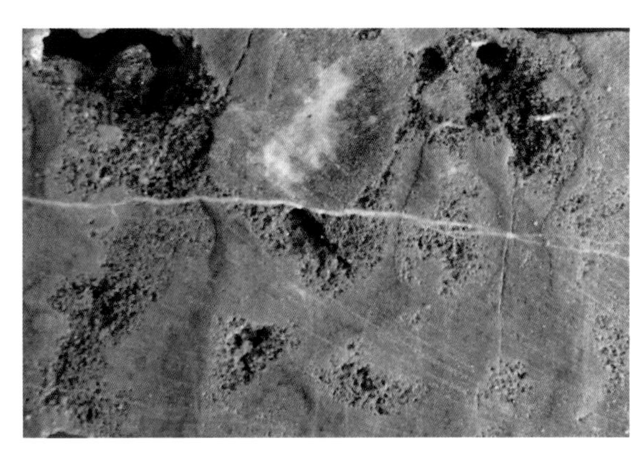
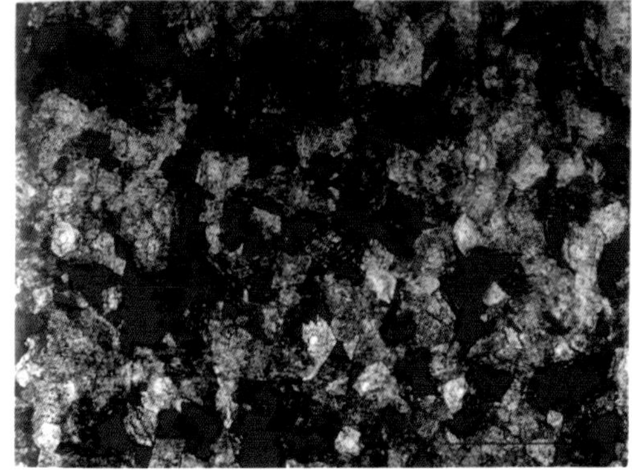

图3.48　溶蚀孔洞中的白云岩晶体及示意图

（2）见大量的缝合线和微细裂缝。一般来说，白云石交代方解石这一过程中岩石总体积要减少，发生收缩。在此过程中会产生一些晶间孔以及微裂缝。另外在此过程中易发生压溶作用，形成缝合线。见于DC1井下奥陶统蓬莱坝组6052.9m处的泥晶云岩，网状微裂缝发育，被沥青全充填，埋藏环境（图3.49）。

（3）部分云岩的晶体中常包含石英的残留物。在深埋藏条件下，不仅孔隙流体能够溶蚀方解石、石英，还可以沉淀白云石充填岩石孔隙，而且岩石原有的方解石也会被交代为白云石。因此云岩的晶体中常包含石英的残留物充分反映了云岩是溶蚀或交代石英后沉淀的白云岩。

（4）在阴极显微镜下的发光性变化大，从不发光到发较强的光都有。

（5）具有较高的铁和锰含量，塔中地区下奥陶统埋藏成因白云石 Fe 含量可达 1804～4652ppm、Mn 含量最高可达 132ppm；具有较轻的 $\delta^{18}O$。因此这种白云岩是地下热液与灰岩的长期作用形成的，而热液又来自地层深部，来自地层深部的流体中富含 Fe、Mn，因此热液的性质也必然反映到它的产物中，有时甚至会形成一些铁白云石。

（6）常与萤石、硅质、玉燧、石英、天青石、重晶石、马鞍状白云石等其他热液矿物伴生。地下热液流体在上升过程中常会形成萤石、硅质、玉燧、石英、天青石、重晶石等热液矿物，热液白云化过程中也不例外。因此热液白云岩常常与这些热液矿物相伴生。见于 D1 井下奥陶统蓬莱坝组 6505m 处的粉晶云岩，溶洞内从下到上由玉髓—微晶石英—粗晶石英—残余开放空间，埋藏环境（图 3.50）；

（7）包裹体温度较高，热液温度高于周围环境至少 5°，因此其形成的流体包裹体的温度也高于正常包裹体温度。

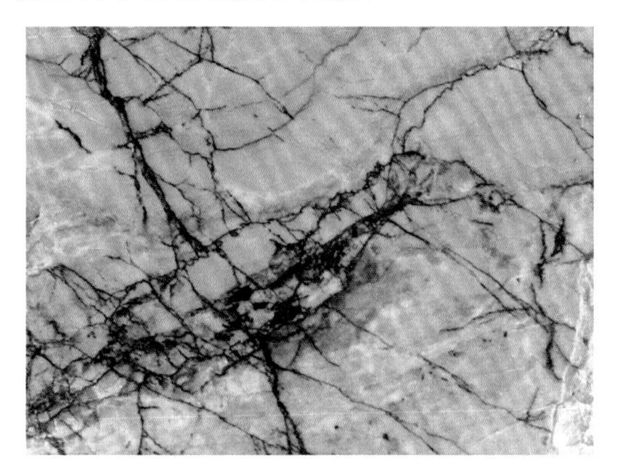

图 3.49　白云岩发育微裂缝

图 3.50　与热液白云岩伴生的石英

（二）储集空间类型

热液岩溶作用形成的有效储集空间主要为溶蚀孔洞、溶缝、晶间溶孔、溶扩孔洞以及溶扩构造缝等。

按特征划分这些孔隙可分为组构选择型和非组构选择型两种类型。组构选择型常以微孔为主，主要包括粒间溶孔和晶间溶孔两种类型。如 D162 井 5977～5985m 井段，灰岩中的晶间孔和晶间溶孔发育，分布均匀，以组构选择型溶孔为主。非组构选择型主要包括溶扩构造缝、溶扩压溶缝、溶蚀孔洞及溶扩孔洞。如 TC1 井 5059～5113m 井段，埋藏岩溶孔洞非常发育，呈串珠状沿溶扩缝发育，纵向上分布不均，孔径 0.5cm 以下，密度高达 210 个/m。

（三）白云岩成因分析

时至今日，有关白云石和白云岩的生成机理依然存在很多争议。结合已提出了诸多的成因机理和假设模式，归纳起来比较，为大家所熟知和接受的主要有 5 种：蒸发（或毛细管浓缩)、渗透回流、海水、混合水以及埋藏云化作用模式，前 4 种基本上发育于近地表成岩环境，最后 1 种则出现于埋藏成岩环境。

在不同的成岩环境中，引起云化作用和白云石生成的流体显然具有不同的成分与特性。一般来说，它们可以是正常海水、经过蒸发浓缩或修饰的海水、大气水与海水形成的混合水、地层水、甚至来自深部的热液等。由他们交代形成的白云岩，必然或多或少地留下它们的地球化学烙印，尤其是稳定同位素和某些微量元素，这是根据白云岩的地球化学特征解释其成因的基础。通常是综合运用白云岩的地球化学、矿物学、岩石学等特征来解释与推测其成因。

1. 碳氧稳定同位素指标

碳、氧稳定同位素是解释白云岩成因的一种重要的地球化学标志。现代大洋水的 $\delta^{13}C$ 为 $-1‰\sim+2‰$ (PDB 标准)。Popp (1986) 根据变化最少的无脊椎动物和海水胶结物，求出地质历史中海水的碳氧同位素。下奥陶统海洋胶结物的 $\delta^{13}C=-1‰\sim-0.5‰$ (PDB 标准)(鲍志东等，1998)；早奥陶世海洋胶结物的 $\delta^{13}C=-1.5‰\sim-0.5‰$，$\delta^{18}O=-6.5‰\sim-4.5‰$ (PDB 标准)。塔中地区鹰山组白云岩的碳氧同位素通常具有以下典型特征 (表 3.8)：

表 3.8 塔中地区中下奥陶统鹰山组碳氧同位素组成及成因分析表

井号	井深/m	岩性	稳定同位素/‰		成因分析
			$\delta^{13}C$	$\delta^{18}O$	
D3 井	4282	中晶白云岩	−1.45	−8.60	埋藏成因
	4305	中晶白云岩	−1.40	−8.25	
D5 井	3504	粉晶白云岩	−1.21	−7.84	
D12 井	5172.16	中晶白云岩	−1.667	−6.997	
	5234	细晶白云岩	−1.40	−9.32	
	5299.5	细晶白云岩	−1.508	−7.025	
D43 井	4799	细-中晶白云岩	−1.58	−8.14	
	4821	中晶白云岩	−1.77	−8.13	
D162 井	5253.25	细晶白云岩	−1.345	−6.923	
	5976.88	中晶白云岩	−1.28	−10.09	
	5979.78	细晶白云岩	−1.15	−9.72	

它们以富集较轻的氧同位素为特征，11 块样品的 $\delta^{18}O$ 值变化为 $-10.09‰\sim-6.923‰$，平均为 −7.73‰，大约比前述 3 个区的白云岩低 3‰左右，反映了它们的生成温度较高。它们的碳同位素组成与Ⅰ区白云岩接近，但略微负偏，11 块样品的 $\delta^{13}C$ 值变范围为 $-1.77‰\sim-1.15‰$，平均 −1.43‰，大约比Ⅰ区白云岩仅低 0.53‰，但比Ⅱ区白云岩高 0.81‰。这也许反映了引起白云石交代作用的流体与大气淡水无关。通过对比塔中地区下奥陶统白云岩碳氧同位素组成可知 (图 3.51)，塔中地区下奥隐统鹰山组白云岩以埋藏成因为主。

从岩性可以知，塔中地区白云岩以结晶云岩为主，并且晶体一般较粗大，无残余结构，表明云化作用相当彻底，通常既无蒸发岩和蒸发盐矿物伴生，又无淡水作用的痕迹。据此看来，一方面：埋藏白云岩可以由埋藏压实流引起的云化作用所形成，也有可能由深部热水沿断层上升侵入灰岩地层中造成云化作用；另一方面，早期生成的各种白云岩在漫长的埋藏过程中可以通过重结晶作用的强烈改造，形成具有埋藏成因特征的结晶云岩。

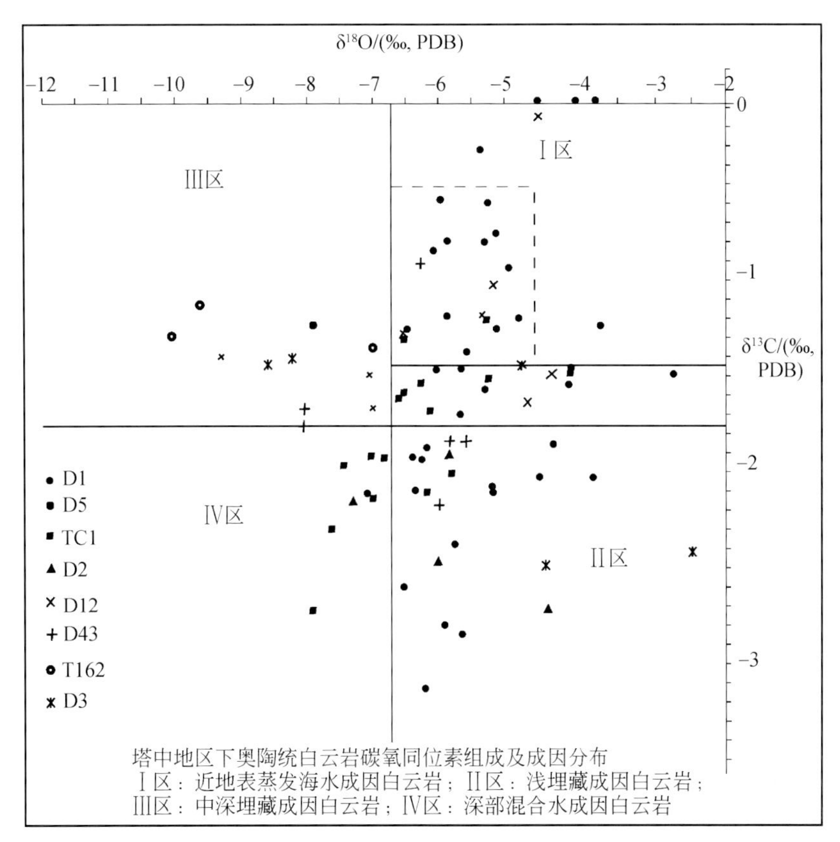

图 3.51　塔中地区下奥陶统白云岩碳氧同位素组成及成因分区

2. 微量元素丰度指标

从理论上讲，由于引起白云化作用的流体性质与成分、温度、压力、被交代的灰岩类型等环境条件的不同，必然造成所形成的不同成因类型白云岩具有可鉴别的微量元素丰度指标。然而，这些环境因素不仅因时因地而变，而且相互关联、相互影响、又相互制约，还有白云化作用强度差异等，都可导致白云岩的微量元素含量千差万别。

研究表明：近地表蒸发海水成因白云岩的 Fe^{2+}、Mn^{2+} 含量相对于混合水成因白云岩要高，这主要是因为这类白云岩往往含有较多的伊利石、蒙脱石、绿泥石等黏土矿物，导致白云岩的 Fe^{2+}、Mn^{2+} 含量偏高；但如果这类白云岩较纯，其 Fe^{2+}、Mn^{2+} 含量会很低，因为其形成环境是强氧化的。近地表混合水白云岩以低的 Fe^{2+}、Mn^{2+} 含量为特征，这可能与成岩环境偏氧化、Fe^{2+}、Mn^{2+} 含量低的地表淡水不断渗透到混合带中有关。对于深埋藏成因白云岩来说，Fe^{2+}、Mn^{2+} 含量又会呈现出增加的趋势，充分反映了它们形成于深埋藏成岩环境的还原条件下。

3. 阴极发光特征

Fe^{2+} 是阴极发光的猝灭剂，而 Mn^{2+} 是阴极发光的激活剂，因此，Fe^{2+}、Mn^{2+} 的含量及其比率变化是控制白云石发光的主要因素。郭建华等（1991）认为 Fe/Mn 小于 0.13～6.5 时发橙红光-黄色光，大于 13 则不发光；Zinkernagel 等对铁白云石-白云石系列的阴极发光特性研究之后认为 $FeCO_3$ 含量小于 4.5%时呈橘红色，4.5%～10%发暗红光，大于 10%则发黑褐色光或不发光。

由于 Fe^{2+}、Mn^{2+} 含量与成岩环境的氧化还原程度有关，因此一般认为，发光强度在一定程度上反映成岩环境的氧化还原程度。发橘黄色、红色光的白云石 Fe^{2+}、Mn^{2+} 含量较高，代表还原环境。不发光的白云石要么形成于地表附近的氧化环境，不含 Fe^{2+}、Mn^{2+}，要么形成于深部还原环境，Fe^{2+} 含量较高。

本区的泥粉晶白云石在阴极射线下一般不发光或者发光昏暗，少数发暗红光；细晶-粗晶白云石发光从暗红光-橙黄光不等；具有雾心亮边结构的白云石雾心部位发光较暗，亮边部位发光明亮。

另外，通过岩芯、薄片观察可知，塔中地区鹰山组白云岩以结晶白云岩为主，晶粒粗大，常为中-粗晶，部分为块状斑晶；异形白云石结晶粗大，呈粗晶块状，晶形和解理弯曲，波状消光。白云岩分布上呈不规则透镜状或块状分布，井间对比性差。这些特征表明塔中地区中-下奥陶统鹰山组白云岩以热液成因为主。

构造裂缝和断层发育带：构造作用不仅控制着层间储层的分布，由它所引起的构造裂缝和断层发育带同样是埋藏期酸性流体的上移重要通道。同时由断层和褶皱所派生的裂缝系统则组成了流体横向运移的通道网络，这些纵横交错的裂缝网络和断层带共同支撑了流体运移的最主要的通道。

压溶缝：即缝合线，缝合线一般延伸较远，如果处于半充填-未充填可以成为流体和油气运移的重要通道。本区可见两种缝合线类型，其一是呈水平状或低角度度延伸的类型，该类型最为常见，多为泥质、沥青和方解石充填；其二是呈高角度或垂直状分布的类型，也称构造缝合线，多半充填-未充填，它是流体的运移的重要通道。缝合线中充填的亮晶方解石和残余沥青是埋藏期流体和油气运移的证据。

埋藏岩溶前存在的孔洞层：若这些孔洞层由于准同生期的大气水或层间岩溶的溶蚀扩大，或与裂缝相连，则可以是油气运移的重要通道。而在岩芯和薄片中均发现有沥青、方解石、天青石等其他矿物充填，证明这些孔洞层参与了油气和酸性流体的运移。

六、多成因层间叠合复合岩溶发育模式建立

综合以上分析可知，塔中地区储层的发育受岩溶作用、构造活动、白云岩化、岩性岩相等多种因素的控制。首先是在同生风化岩溶的基础上，经过中奥陶统—下奥陶统吐木休克组时期，发育不整合面附近沿不整合面形成准层状分布的大规模缝洞储集体；到了良里塔格组沉积时期，礁滩体多期暴露，形成多套孔隙层叠置，大气淡水作用有可能对鹰山组储层产生影响；后来又经过晚加里东期—喜马拉雅期，多期构造破裂和埋藏岩溶作用进一步对储层进行改造，最终形成了优质的层间岩溶型储层（图 3.52）。

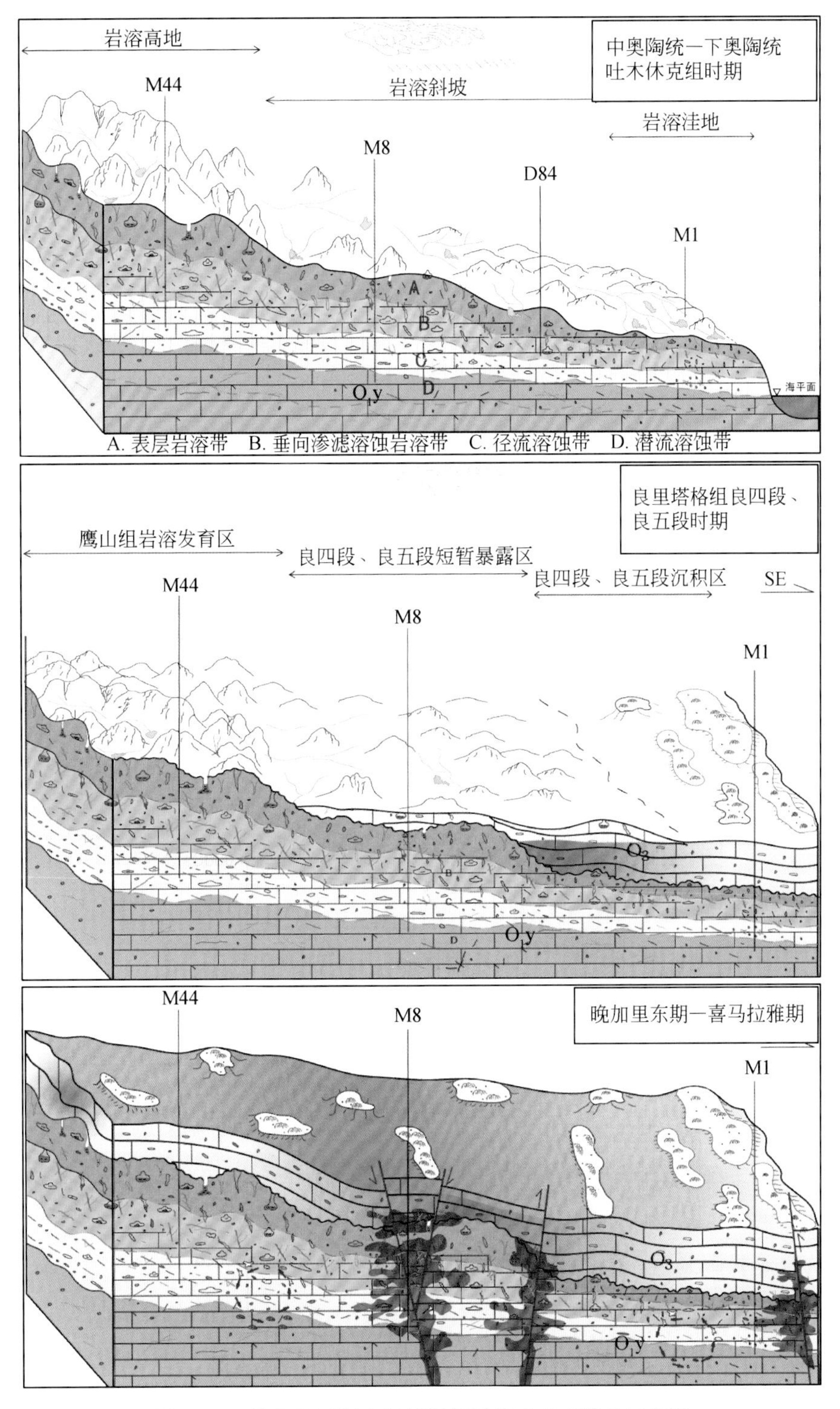

图 3.52 塔中地区鹰山组层间储层形成动态演化示意图

在沉积相带控制的基础上，在层间岩溶、埋藏岩溶以及构造作用等多种因素的作用下使储层的连通性变好。其中地貌控制的层间岩溶是储层形成的最主要因素，构造变形作用产生断裂与裂缝提供了沟通通道，促进了溶蚀即岩溶作用的进行，又有效地改善了储层的储集性能，白云岩化则是本区鹰山组白云岩内幕型储层发育的重要控制因素。因此只有多种作用多期叠加改造才能形成纵向叠置、横向连片的优质碳酸盐岩储集体。

第五节　储层评价及预测

一、单井储层划分与评价

（一）储层分类标准建立

1. 储层参数下限确定

研究工区的奥陶系碳酸盐岩储层属于双重孔隙介质，其裂缝和孔洞虽相互联系，但又有独立的储渗性能，因此分别求取裂缝和孔洞的有效孔隙度下限。

1）用测试资料确定有效孔隙度下限

借用四川盆地及塔里木盆地轮南油田的研究成果，采用孔喉半径 0.04μm 作为下限值。根据压汞分析资料分别对孔隙度小于 1.8%，大于 1.8%两个区间的孔喉特征参数进行统计（表 3.9）。统计结果表明，当孔隙度大于 1.8%时，其平均中值孔喉半径为 0.0598μm，大于 0.04μm，属于有效储层。因此，可以把孔隙度 1.8%作为 D62-D82 井区有效孔隙度下限值，换言之，孔隙度≥1.8%的储层是有效储层。

表 3.9　塔中地区奥陶系碳酸盐岩孔喉结构特征参数表

指标	孔隙度<1.8%	孔隙度≥1.8%
孔隙度/%	0.89	2.66
退出效率/%	40.81	39.27
门槛压力/MPa	4.06	1.06
中值半径/μm	0.0160	0.0598
最大进汞饱和度/%	81.80	73.24
变异系数	0.24	0.37
中值压力/MPa	65.09	53.14
均值系数	12.31	10.20
最大孔喉半径/μm	0.58	2.24

2）用压汞分析孔饱关系确定有效孔隙度下限

在孔饱关系图上（图 3.53），应以曲线的拐点所对应的孔隙度作为孔隙度下限值，但曲线的拐点不易确定，一般以含水饱和度 50%时对应的孔隙度作为孔隙度下限值。该饱和度下限值对应的是储集层孔隙度下限值也为 1.8%。

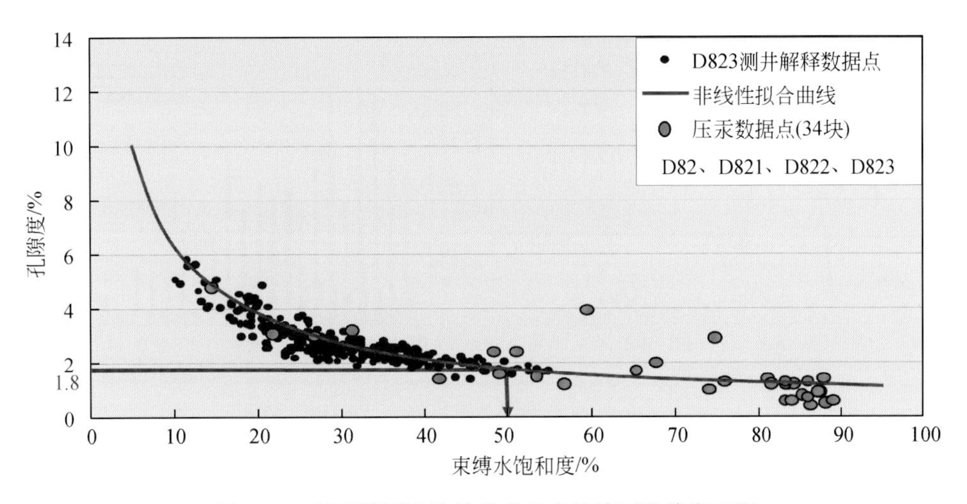

图 3.53 压汞测试孔饱关系确定有效储层孔隙度下限

3）类比法确定碳酸盐岩有效孔隙度下限标准

国内一些碳酸盐岩油气藏储层评价标准与流体性质参数见表 3.10。一般油气区有效孔隙度下限取 1.5%～2%，裂缝孔隙度下限取 0.005%～0.04%；气区有效孔隙度下限最低取到 1.25%。本区地面原油密度为 0.80g/cm^3 左右，气油比平均 2034m^3/m^3；对比分析，有效孔隙下限取值 1.8%，裂缝有效孔隙度下限取值 0.04%是比较合理的。

表 3.10 国内一些油气田碳酸盐岩储层有效厚度下限取值表

油田	层位	岩性	裂缝孔隙度下限/%	孔洞孔隙度下限/%	黏度/(mPa·s)	气油比/(m^3/m^3)	原油密度/(g/cm^3)
塔河 4 号	奥陶系	灰岩	0.05	2.0	966.39	49.1	0.9541
桩西油田	奥陶系	灰岩	—	1.5	0.58～11	333.9	0.78
川南气田	二叠系	灰岩	—	1.5	—	—	0.57
威远气藏	震旦系	白云岩	—	1.25	—	—	0.46
牙哈油气藏	震旦系	白云岩	0.005	1.5	1.4	402	0.8094
D45 油气藏	奥陶系	灰岩	0.01	1.5	2.01	492	0.8019
桑塔木凝析气藏	奥陶系	灰岩	0.04	1.8	0.85～14.3	6800	0.806
塔河油田沙96 井区凝析气藏	奥陶系	灰岩	0.04	1.5	0.9～12.72	2097～8180	0.7576～0.8549
L38 凝析气藏	奥陶系	灰岩	0.04	1.5	4.7	9300	0.83

4）分布函数法求孔隙度下限

根据统计学原理利用测井曲线计算的参数来研究物性下限；在统计学上当两个样本总体在相互混合和交叉时，区分这两个样本的界限定在二者损失概率相等的地方，这样两者损失之和最小，两条孔隙度-频率分布曲线的交点所对应的孔隙度就是下限值，图 3.54 是塔中地区部分测试井的分布函数图，在该图中孔隙度下限为 1.8%。

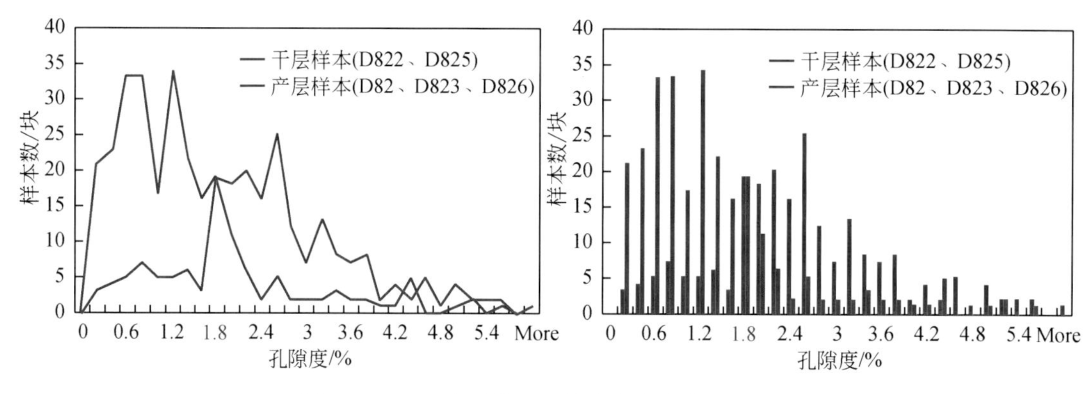

图 3.54 D82 井区分布函数法确定孔隙度下限图

通过前面几种确定储层下限方法的使用，可以看出，不同的方法所得出的储层下限结果是一致的，因此把有效孔隙下限取值 1.8%，裂缝有效孔隙度下限取值 0.04%，换而言之，孔隙度≥1.8%或裂缝孔隙度≥0.04%的储层是有效储层。

2. 储层评价标准

根据研究工区奥陶系碳酸盐岩储层特征和储层参数下限，结合油气开发的需要，参考四川地区通用碳酸盐岩储层分级评价标准，确定了工区奥陶系储层新的评价标准，将储层划分为 4 级进行评价（表 3.11）。

表 3.11 塔中地区奥陶系碳酸盐岩储层评价标准表

级别	有效孔隙度/%	裂缝孔隙度/%
Ⅰ类储层（好储层）	≥5	≥0.3
Ⅱ类储层（中等储层）	2.5～5	0.1～0.3
Ⅲ类储层（差储层）	1.8～2.5	0.04～0.1
Ⅳ类储层（非储层）	<1.8	<0.04

Ⅰ类储层：是储层中储渗性能最好的储集层，主要为台地边缘礁滩相沉积的礁前、礁翼灰岩和滩相亮晶粒屑灰岩，测井解释有效孔隙度≥5%，裂缝孔隙度≥0.3%，储层类型属孔洞型或裂缝-孔洞型。溶蚀孔洞发育，储层品质最好。

Ⅱ类储层：主要是台缘内侧滩和礁主体部分障积灰岩，测井解释有效孔隙度 2.5%～5%或裂缝孔隙度为 0.1%～0.3%，孔渗性能较好。Ⅰ类和Ⅱ类储层为经过现有工艺改造后能获得工业产能的储层。

Ⅲ类储层：是储渗性能较差的台缘斜坡灰泥丘、丘翼滩。测井解释有效孔隙度 1.8%～2.5%，或裂缝孔隙度为 0.04%～0.1%，储层孔渗性能较差。储层类型属微裂缝-孔隙型、微裂缝及孔隙发育。Ⅲ类储层为经过现有工艺改造后，只产微量油气或为干层。

Ⅳ类储层：主要集中在致密泥晶灰岩层段或致密颗粒灰岩段，孔隙度<1.8%，并且裂缝孔隙度<0.04%，孔洞和裂缝均不发育，属非储层。

（二）储层单井评价

根据塔中地区奥陶系储层分类评价标准和单井测井解释结果，结合奥陶系礁滩体储层常规物性及生产测试结果，分别对工区内各井奥陶系储层进行了分类评价研究，下面以典型的D82井区和M8井区为例来进行分析。

1. D82井区良里塔格组礁滩体储层单井评价结果

D82井区上奥陶统良里塔格组良一段和良二段礁滩体储层均以Ⅱ类储层为主，良一段好储层（Ⅰ类＋Ⅱ类）比例与良二段比例相当。在良一段，Ⅰ类储层厚度比例为17.49%，Ⅱ类储层厚度比例为59.78%，Ⅲ类储层厚度比例为22.72%；在良二段，Ⅰ类储层厚度比例为22.24%，Ⅱ类储层厚度比例为54.06%，Ⅲ类储层厚度比例为23.71%（表3.12、图3.55）。

表3.12 D82井区奥陶系单井储层类型厚度统计表

井号	Ⅰ类储层厚度/m	Ⅰ类储层比例/%	Ⅱ类储层厚度/m	Ⅱ类储层比例/%	Ⅲ类储层厚度/m	Ⅲ类储层比例/%
D82	0	0	25.5	57	19.0	43
D821	3.5	12	13.4	45	13.0	43
D822	7.1	10	53.6	77	9.2	13
D823	0	0	32.2	70	14.0	30
D824	2.2	8	11.4	43	12.9	49
D825	0	0	0	0	2.6	100
D826	14.3	42	17.3	50	3.3	9
D828	29.1	38	39.8	52	7.8	10

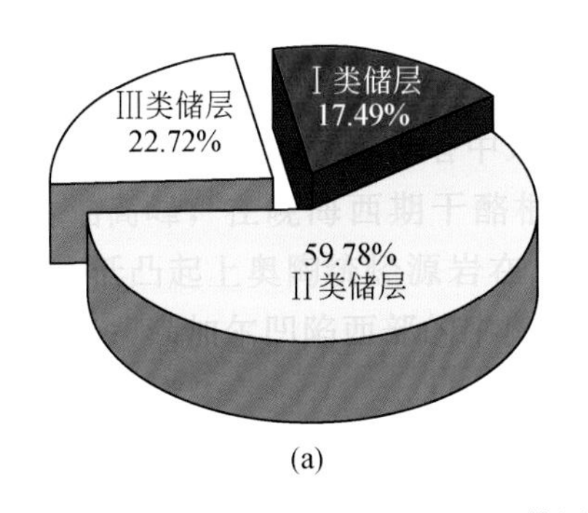

(a)

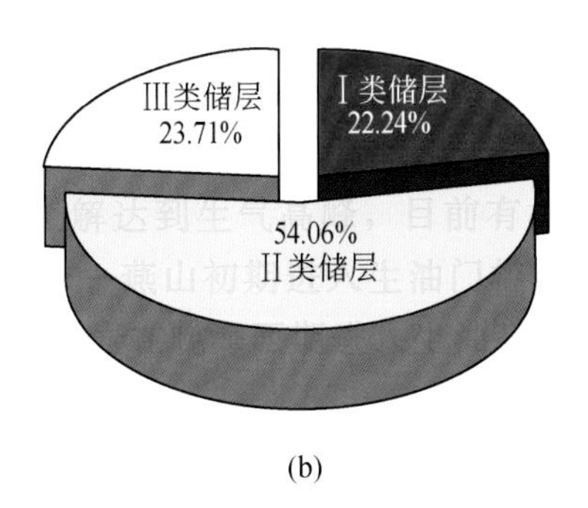

(b)

图3.55 储层分级厚度比例图

（a）D82井区良一段；（b）D82井区良二段

2. M8井区鹰山组岩溶型储层单井评价结果

M8井区鹰山组储层以Ⅱ类储层为主，Ⅱ类储层厚度比例为51.79%，占绝对优势；

其次为Ⅰ类储层，Ⅰ类储层厚度比例为25.96%；Ⅲ类储层所占厚度比例为22.25%（表3.13、图3.56）。

表3.13　M8井区下奥陶统鹰山组单井储层类型厚度统计表

井号	Ⅰ类储层厚度/m	Ⅰ类储层比例/%	Ⅱ类储层厚度/m	Ⅱ类储层比例/%	Ⅲ类储层厚度/m	Ⅲ类储层比例/%
M12	15.6	30.2	14.1	27.2	22	42.5
M47	14.8	37.6	21.7	55.1	2.9	7.4
M111	8.4	11.7	63	88.2	0	0
M11	7	16.6	21.9	52.04	13.2	31.36
M10	12	49.2	5.4	22.1	7.0	28.7
M5	16.4	28.9	21.9	38.6	18.5	32.5

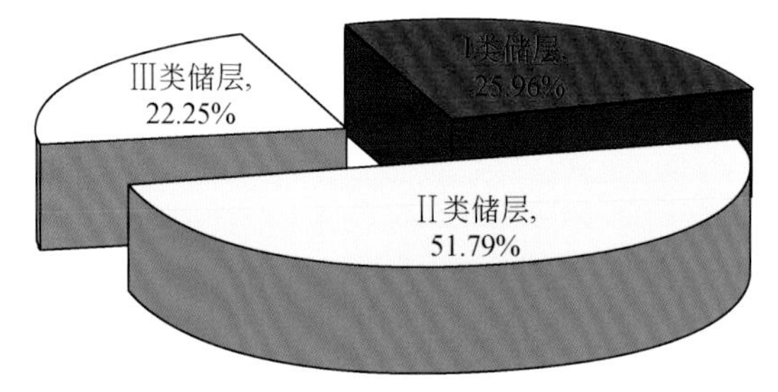

图3.56　M8井区鹰山组储层分级厚度比例图

二、多井间储层评价对比

（一）良里塔格组储层评价对比

塔中地区良里塔格组台地边缘礁滩体高能沉积相带为后期储集空间的形成提供了岩性基础，控制了有利储集区带的发育，同时礁滩体形成的古地貌高也为后期溶蚀作用提供了有利条件。储层对比分析表明，优质储层段多集中于上部礁滩体发育的150m范围内，单层厚3～6m，单井储层有效厚度在30～90m，储层纵向上叠置、横向连片，受台缘相带控制呈条带状展布，形成叠置连片、沿台缘高能相带广泛分布的具有非均质性变化的礁滩型储层（图3.57）。

（二）鹰山组储层评价对比

根据测井解释成果和生产测试结果，并结合储层主控因素分析，在单井储层综合评价的基础上，选取重点井对塔中地区下奥陶统鹰山组岩溶型储层横向发育特征进行分析（图3.58）。鹰山组储层总体呈准层状发育，储层厚度大，最厚可达180m（M11井），储层厚度具有由M5井向东西两侧储层厚度逐渐减薄、向南侧储层厚度逐渐增厚的变化趋势，M5井区在有效储层多分布在鹰山组中下部，横向连续性好，呈准层状分布，鹰山组顶部

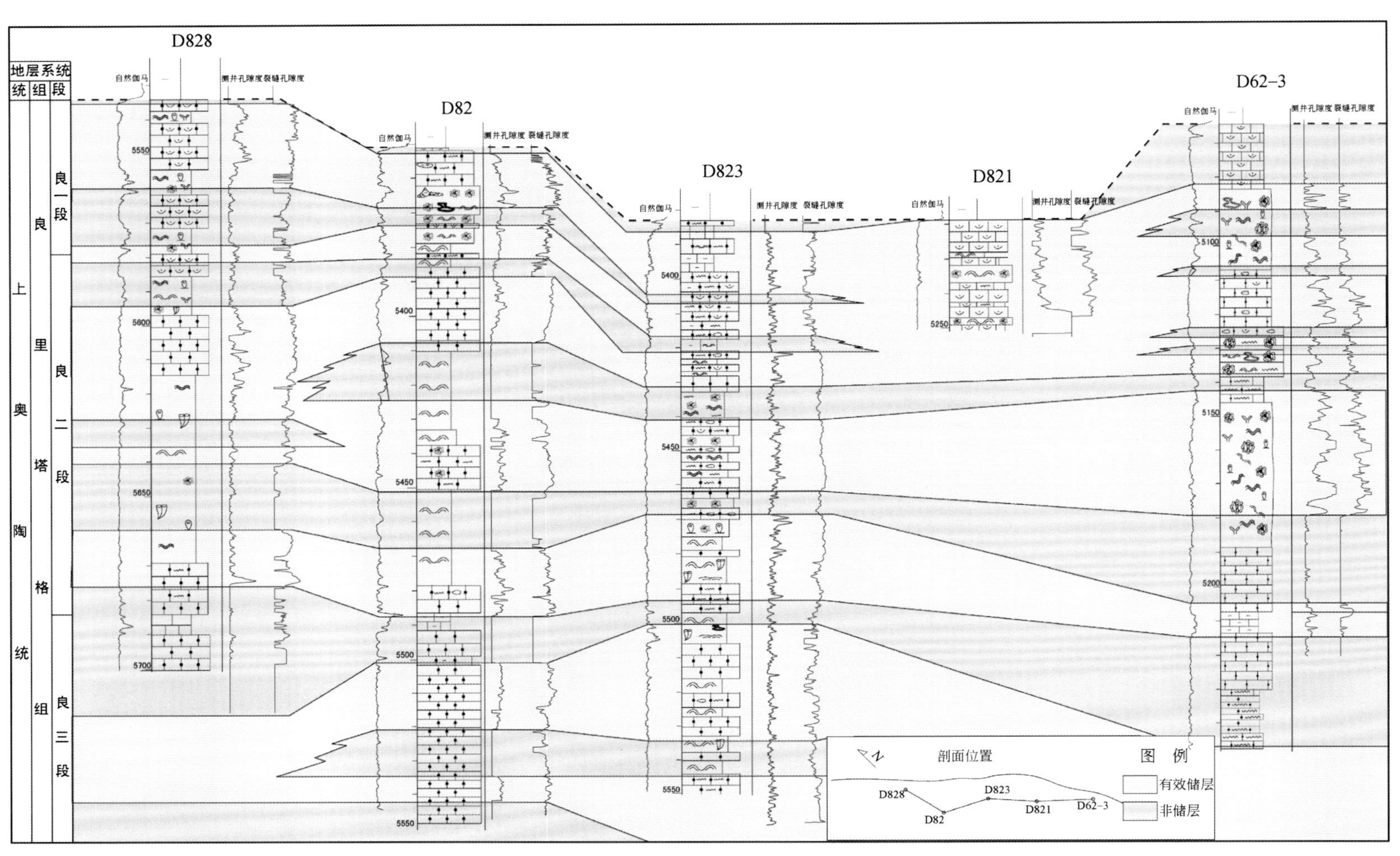

图3.57　塔中地区上奥陶统良里塔格组礁滩型储层发育特征对比图

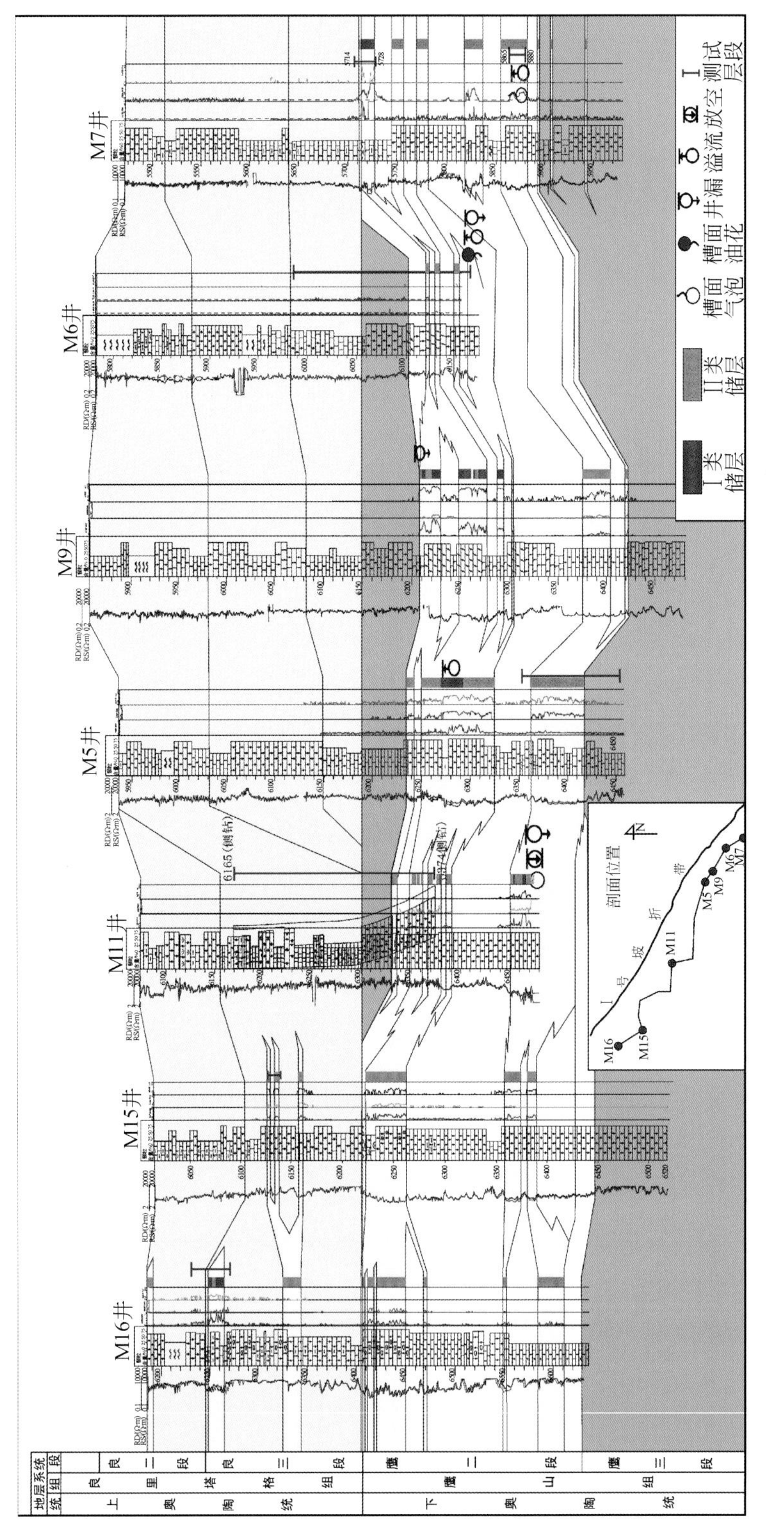

图3.58 塔中地区下奥陶统鹰山组岩溶型储层横向发育特征对比图

储层通常不发育。向东西两侧、南侧储层发育层位逐渐靠上至鹰山组顶部，反映出岩溶古地貌对储层发育规模及发育层位影响较大。纵向上储层发育常呈多期叠置，中间为薄的相对致密性夹层，夹层通常较薄，且不连续。

三、礁滩复合体储层综合预测

通过对塔中地区上奥陶统良里塔格组礁滩型储层的储层特征、储层成岩主控因素以及纵横向分布特征的综合分析可评价预测该区有利储集区带（图 3.59）。塔中Ⅰ号坡折带礁滩体位于台地边缘外带，储层类型以裂缝-孔洞型为主，其次为裂缝-孔隙型，储层发育的岩相基础以高能粒屑滩和骨架礁为主，它经历了同生期岩溶作用、晚加里东期-早海西期埋藏岩溶、晚海西期埋藏岩溶、喜马拉雅期埋藏岩溶作用以及构造作用的多期复合改造，溶蚀作用强，充填程度低、优质储层的发育厚度大，其储集条件较好，属于最有利储集区带。向台地边缘内带的塔中 10-16 号构造带方向，储层类型为以裂缝-孔隙型、孔隙-裂缝型为主，储层发育的岩相基础主要为中低能粒屑滩，其储层发育的基础是早期的大气成岩透镜体，后期虽然经历了晚加东期—早海西期、晚海西期的构造及埋藏岩溶作用的强烈改造，但岩溶缝洞的充填程度较高，喜马拉雅期的构造作用和埋藏岩溶作用在台地边缘内带表现较弱，其优质储层厚度较小，多属次有利储集区带，与台地边缘外带相比其储集能相对较差。由于不同沉积期内礁滩体受沉积古地理环境、构造生物的演化、海平面升降变化等诸因素的控制，平面上发育多期次的迁移及纵向上的叠置旋回，使得遭受构造和岩溶改造后的有利储集区带也呈现出横向上的迁移及纵向上的相互叠置规律。

作为塔中Ⅰ号坡折带的礁滩体，不是孤立出现的，是沿塔中Ⅰ号坡折带成群成带分布。由于其本身具有良好的储盖组合，加上在古地理位置上处于邻近的盆地生油岩相一侧，对油气聚积具有得天独厚的储集条件，塔中Ⅰ号坡折带分布的礁群或礁带应该是一个油气聚集带。

四、层间岩溶型储层综合预测

（一）不同成因岩溶类型综合预测

塔中地区下奥陶统鹰山组岩性以亮晶砂屑灰岩为主，砂屑灰岩岩性质纯，厚度大、分布广。储层以发育大型缝洞储集空间为主，由前述储层主控因素分析可知储层发育受层间岩溶、断裂裂缝、埋藏岩溶作用叠加的综合控制。不同井区储层发育受岩溶作用类型不同，根据多因素综合叠加分析法可预测不同成因岩溶类型：D86 井区及其以南附近井区为强层间岩溶、埋藏岩溶联合作用区；M5-M7 井区、D83 井区、D24 井区为中等埋藏、中-强层间岩溶联合作用区；塔中Ⅰ号坡折带外带为同生风化、弱层间岩溶联合作用区；M3 井附近为强埋藏、同生风化岩溶联合作用区（图 3.60）。

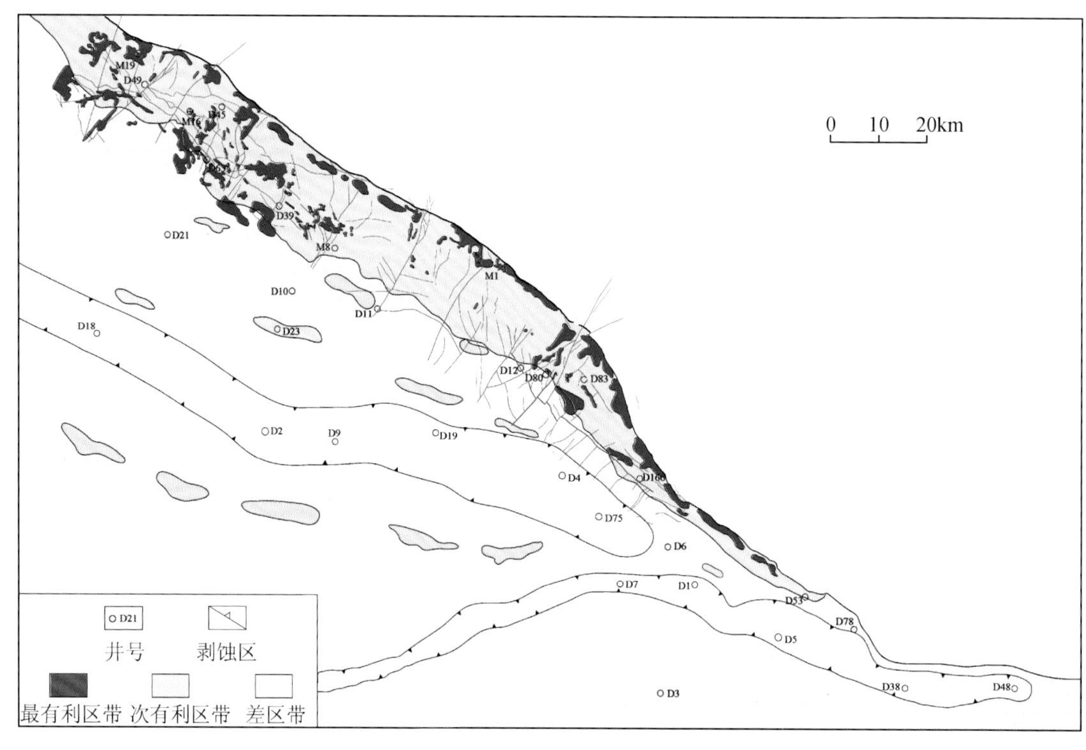

图 3.59 塔中地区上奥陶统良里塔格组礁滩型储层综合预测图

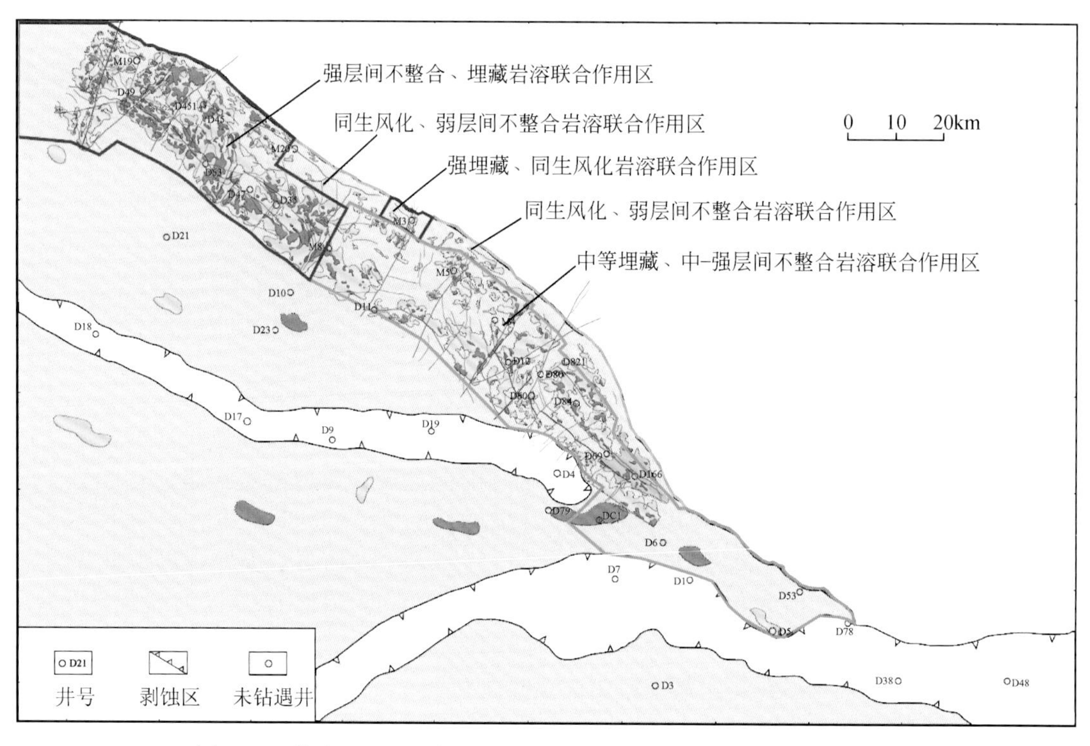

图 3.60 塔中地区下奥陶统鹰山组不同成因岩溶类型综合预测平面图

（二）有利储集区带综合预测

下奥陶统鹰山组地层经过中加里东期构造抬升，地层遭受剥蚀溶蚀，在鹰山组顶部形成了典型的层间储层，再加上后期构造改造和埋藏岩溶作用，形成了优质的储层。通过对制约下奥陶层间储层发育因素的综合分析，结合单井测井解释和试油成果对鹰山组层间岩溶储层有利储集区带进行了预测（图 3.61）：总体而言，优质储集区主要沿塔中Ⅰ号坡折带分布。最有利储集区多呈斑团状和短条带状，分布于 M8-D86 井区、D84 井区、M5 井区、M8 井区、塔中 10 号构造带等区域分布，它的分布受台缘滩等高能相带和岩溶发育有利带及断裂活动等综合控制，总体上沿平行塔中Ⅰ号坡折带呈断续分布，另外在开阔台地的高能滩中也有零星分布。有利和次有利储集区分布于塔中Ⅰ号坡折带内侧的广大区域，呈条带状平行塔中Ⅰ号坡折带展布，连片性好，在开阔台地内也有斑团状的零星分布。不利储集区主要分布于开阔台地内部的台地洼地和滩间海，沉积水体能量低，颗粒含量少，基质孔不发育，成岩期次生改造不强烈，因此储层不发育。

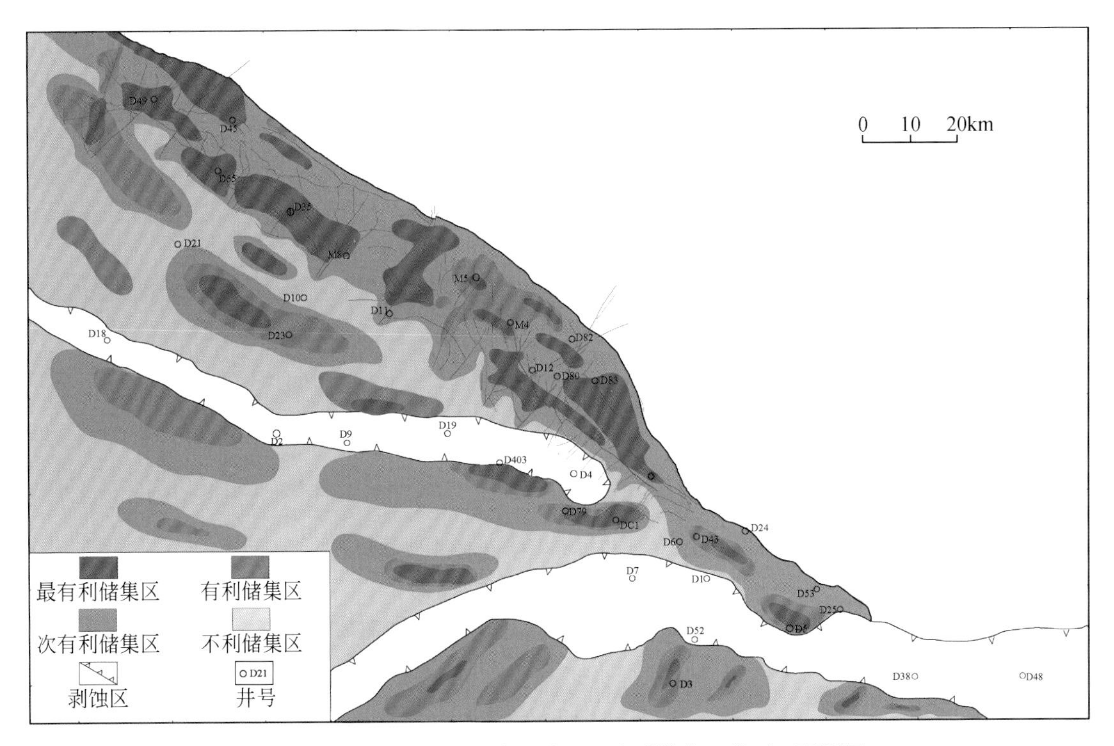

图 3.61　塔中地区下奥陶统鹰山组有利储集区带平面预测图

参考文献

鲍志东，朱井泉，江茂生等．1998．海平面升降中的元素地球化学响应——以塔中地区奥陶纪为例．沉积学报，16（4）：32～36

陈景山，李忠，王振宇等．2007．塔里木盆地奥陶系碳酸盐岩古岩溶作用与储层分布．沉积学报，25（6）:858～868

高志前，樊太亮，王惠民等. 2005. 塔中地区礁滩储集体形成条件及分布规律. 新疆地质，23（3）：283～287

苟光汉. 1997. 川中川南过渡带油气勘探研究. 西安：电子科技大学出版社

顾家裕. 1999. 塔里木盆地轮南地区下奥陶统碳酸盐岩岩溶储层特征及形成模式. 古地理学报，1（1）：54～60

韩剑发，孙崇浩，于红枫等. 2011. 塔中Ⅰ号坡折带奥陶系礁滩复合体发育动力学及其控储机制. 岩石学报，27（3）：845～856

韩剑发，徐国强，琚岩等. 2010. 塔中54-塔中Ⅰ6井区良里塔格组裂缝定量化预测及发育规律. 地质科学，45（4）：1027～1037

韩剑发，于红枫，张海祖等. 2008. 塔中地区北部斜坡带下奥陶统碳酸盐岩风化壳油气富集特征. 石油与天然气地质，29（2）：167～173

何发崎. 2002. 碳酸盐岩地层中不整合——岩溶风化壳油气田——以塔里木盆地塔河油田为例. 地质论评，48（4）：391～397

何宇彬. 1991. 试论均匀状厚层灰岩动力剖面及实际意义. 中国岩溶，10（3）：1～11

贾承造，魏国齐，姚慧君等. 1995. 盆地构造演化与区域构造地质. 塔里木盆地油气勘探丛书. 北京：石油工业出版社

贾疏源，冯先智，易运昭等. 川南阳新灰岩（古）岩沉溶发育特征及其与天然气勘探关系. 四川智力开发，1988，3（1）：33～52

金之钧，蔡立国. 2006. 中国海相油气勘探前景、主要问题与对策. 石油与天然气地质，27（6）：722～730

康玉柱. 2005. 塔里木盆地寒武一奥陶系古岩溶特征与油气分布. 新疆石油地质，26（5）：472～480

李凌，谭秀成，陈景山等. 2006. 塔中北部中下奥陶统鹰山组白云岩特征及成因. 西南石油大学学报，29（1）:34～39

刘春晓，李铁刚，刘城先. 2010. 塔中地区深部流体活动及其对油气成藏的热作用. 吉林大学学报（地球科学版），40（3）：279～285

刘忠宝，于炳松，李廷艳等. 2004. 塔里木盆地塔中地区中上奥陶统碳酸盐岩层序发育对同生期岩溶作用的控制. 沉积学报，22（1）：103～109

吕修祥，金之钧. 2000. 碳酸盐岩油气田分布规律. 石油学报，21（3）：8～12

吕修祥，杨宁，解启来等. 2005. 塔中地区深部流体对碳酸盐岩储层的改造作用. 石油与天然气地质，26（3）:284～296

潘文庆，刘永福，Dickson J A D等. 2009. 塔里木盆地下古生界碳酸盐岩热液岩溶的特征及地质模型. 沉积学报，27（5）：983～994

彭大均，刘效曾，任天培等. 碳酸盐岩储层研究的若干问题. 中国石油天然气总公司科技发展部. 储层评价研究进展. 北京：石油工业出版社，1990. 117～125

王嗣敏，金之钧，解启来. 2004. 塔里木盆地塔中45井区碳酸盐岩储层的深部流体改造作用. 地质论评，50（5）：543～547

王招明，杨海军，王振宇等. 2010. 塔里木盆地塔中地区奥陶系礁滩体储层地质特征. 北京：石油工业出版社

王招明，赵宽志，邬光辉等. 2007. 塔中Ⅰ号坡折带上奥陶统礁滩型储层发育特征及其主控因素. 石油与天然气地质，28（6）：797～801

王振宇，李陵，谭秀成等. 2008. 塔里木盆地奥陶系碳酸盐岩古岩溶类型识别. 西南石油大学学报（自

然科学版)，30 (5)：11～16
王振宇，李宇平，陈景山等. 2002. 塔中地区中-晚奥陶世碳酸盐陆边缘大气成岩透镜体的发育特征. 地质科学，(37) 增刊：152～160
王振宇，严威，张云峰等. 2007. 塔中上奥陶统台缘礁滩体储层成岩作用及孔隙演化. 新疆地质，25 (3):287～290
翁金桃. 1987. 桂林岩溶与碳酸盐岩. 桂林岩溶之二. 重庆：重庆出版社
邬光辉，李启明，张宝收等. 2005. 塔中Ⅰ号断裂坡折带构造特征及勘探领域. 石油学报，26 (1)：27～30
邬光辉，岳国林，师骏等. 2006. 塔中奥陶系碳酸盐岩裂缝连通性分析及其意义. 中国西部油气地质，2 (2):156～159
武芳芳，朱光有，张水昌等. 2009. 塔里木盆地油气输导体系及对油气成藏的控制作用. 石油学报，30 (3):332～341
夏日元，唐建生，邹胜章等. 2006. 碳酸盐岩油气田古岩溶研究及其在油气勘探开发中的应用. 地球学报，27 (5)：503～509
杨海军，韩剑发，陈利新等. 2007a. 塔中古隆起海相碳酸盐岩油气复式成藏特征与模式. 石油与天然气地质，28 (6)：784～790
杨海军，邬光辉，韩剑发等. 2007b. 塔里木盆地中央隆起带奥陶系碳酸盐岩台缘带油气富集特征. 石油学，28 (4)：26～30
杨仁超. 2006. 储层地质学研究新进展. 特种油气藏，13 (4)：1～5
张厚福，方朝亮，高先志等. 1999. 石油地质学. 北京：石油工业出版社，176～191
赵明，樊太亮，于炳松等. 2009. 塔中地区奥陶系碳酸盐岩储层裂缝发育特征及主控因素. 现代地质，23 (04)：709～718
赵宗举，王招明，吴兴宁等. 2007. 塔里木盆地塔中地区奥陶系储层成因类型及分布预测. 石油实验地质，29 (1)：40～46
郑和荣. 1988. 白云岩研究的若干进展. 地球科学进展，13 (3)：19～24
中国科学院地质所岩溶组. 1987. 中国岩溶研究. 北京：科学出版社
朱东亚，胡文瑄，宋玉才. 2005. 塔里木盆地塔中45井油藏萤石化特征及其对储层的影响. 岩石矿物学杂志，24 (5)：205～215
朱东亚，金之钧，胡文瑄. 2009. 塔中地区热液改造型白云岩储层. 石油学报，30 (05)：698～703
邹才能，陶士振. 2007. 海相碳酸盐岩大中型岩性地层油气田形成的主要控制因素. 科学通报，52 (增刊)：32～39
Archie G E. 1952. Classification of carbonate reservoir rocks and petrophysical considerations. AAPG Bull，36：278～298
Braithwaite C J R，Rizzi G，Darke G. 2004. The Geometry and Petrogenesis of Dolomite Hydrocarbon Reservoirs. Geological Society (London) Special Publication. 1～413
Budd D A，Saller A H，Harris P M. 1995. Unconformities and porosity in carbonate strata. AAPG Mem，63：55～76
Choquette P W，Part L C. 1970. Geologic nomenclature and classification of porosity in sedimentary carbonates. AAPG Bull，54：207～250
Davies G R，Smith L B. 2006. Structurally Controlled Hydrothermal Dolomite Reservoir Facies：An Overview. AAPG Bull，90 (11)：1641～1690

Esteban M, Klappa C F. 1983a. Subaerial exposure surfaces. *In*: Scholle P A, Bebout D G, Moore C H (eds). Carbonate depositional environments. AAPG Mem, 33: 1～54

Esteban M, Klappa C F. 1983b. Subaerial exposure environment. *In*: Scholle P A, Bebout D G, Moore C H (eds). Carbonate depositional environments. AAPG Mem, 33: 1～54

Ford D C. 1988. Dissolutional cave systems in carbonate rocks. *In*: James N P, Choquette P W (eds). Paleokarst. New York: Spring-Verlag. 25～57

Ford D C, Ewars R W. 1978. The development of limestone cave systems in the dimensions of length and depth. Canadian Journal of Earth Sciences, 15: 1783～1798

Ford T O. 1984. Paleokarsts in Britain. Cave Science, 11 (4): 246～264

James N P, Choquette P W. 1984. Diagenesis 9: limestone the meteoric diagenetic environment. Geoscience Canada, 11: 161～194

Kerans C, 1988. Karst-controlled reservoir heterogeneity in Ellenburger Group, Carbonates of West Texas. AAPG Bull, 72 (10): 1160～1183

Lucia F J. 1995. Rock-fabric/petrophysical classification of carbonate pore space for reservoir characterization. AAPG Bull, 79 (9): 275～1300

Lucia F J. 1999. Characterization of petrophysical flow units in carbonate reservoirs: Discussion. AAPG Bull, 83 (7): 1161～1163

Moore C H. 2001. Carbonate reservoir: porosity evolution and diagenesis in a sequence stratigraphic framework. Developments in Sedimentology, 55: 291～339

Popp B N, Anderson T F, Sandberg P A. 1986. Textural elemental and isotopic variations anong constituents in Middle Devonian Lime-stones, North America. J Sedium Petrol, 56: 715

Smith L B. 2006. Origin and reservoir characteristics of Upper Ordovician Trenton——Black River hydrothermal dolomite reservoirs in New York. AAPG Bull, 90 (11): 1691～1718

Smith L B, Davies G R. 2006. Structurally controlled hydrothermal alteration of carbonate reservoirs: introduction. AAPG Bulletin, 90 (11): 163 ～1640

Tucker M E. 1993. Carbonate Diagenesis and Sequence Straigraphy. *In*: Wright V P (ed). Sedimentology Review. Blackwell. 51～72

第四章　大面积复式成藏机理与油气分布规律

第一节　准层状油气藏特征

塔中隆起先后整装探明了塔中Ⅰ号坡折带上奥陶统超亿吨级礁滩型凝析气藏与塔中北部斜坡下奥陶统层间岩溶型凝析气藏，塔中奥陶系10亿吨级油气储量规模的大场面已初具规模（周新源等，2006，2009；杨海军等，2007a；韩剑发等，2008a，2008b）。前期的勘探实践表明，塔中北斜坡奥陶系碳酸盐岩整体含油、局部富集，油气的分布受断裂、不整合、岩性和古地貌等多种因素的控制，是一个大型复式油气聚集区。油气在纵向上呈准层状叠合分布，平面上受储层发育程度控制，未见边底水，为大型准层状、油气水分布复杂的非常规凝析气藏（周新源等，2006；杨海军等，2007a；韩剑发等，2007a，2007b，2008a，2008b；邬光辉等，2008）。

一、油气大面积分布，优质储层控制油气富集程度

（一）塔中北斜坡奥陶系整体大面积含油气

勘探实践证实，塔中奥陶系碳酸盐岩中油气遍布，主要分布在塔中北斜坡区6000km^{2}范围内，没有油气显示的干井极少，目前发现的油气藏/田主要分布在塔中Ⅰ号坡折带及以南的塔中北部斜坡带（图4.1）。

塔中Ⅰ号坡折带上奥陶统良里塔格组均可见良好的油气显示，在东西长220km范围内均发现了工业油气流，东西油气藏顶面高差超过2300m，油气分布超出局部构造范围，不受局部构造控制。到目前为止，塔中Ⅰ号坡折带礁滩复合体实现了东部连片探明、西部拓展探明的格局，上交探明油气当量约1.38万吨，超亿吨油气田（群）已经形成。塔中地区上奥陶统礁滩体缝洞系统雕刻表明塔中Ⅰ号坡折带有利勘探面积近1298km^2，其中台缘带缝洞系统面积303km^2/9个、已探明面积271km^2、剩余面积32km^2；同时台内带还具有巨大的勘探潜力，缝洞系统面积995km^2/21个，目前尚未探明，上奥陶统礁滩体是探明3亿吨储量的现实地区。

塔中北部斜坡带油气主要产出于下奥陶统鹰山组，油气分布范围广，在D45-D1-D16井区广大区域都获得油气流。2006年D83井在下奥陶统层间岩溶获得高产工业油气流后，掀起对下奥陶统勘探的热潮，向西、向内甩开的M5-M7井区、M8-M21井区在下奥陶统层间岩溶储层均获得重大突破，从D83井区到M8-M21井区850km^{2}范围内油气分布基本连片，充分证明了塔中北斜坡下奥陶统岩溶斜坡带呈现整体含油气态势，大型富油气区轮

廓已经明朗，标志着塔中地区增储上产领域向纵深方向发展，成为继塔中Ⅰ号坡折带上奥陶礁滩体之后又一现实的增储上产新领域。目前塔中三维区块内，鹰山组层间岩溶有利勘探面积 1766km²，可探明油气储量达 7 亿吨，塔中北斜坡鹰山组岩溶不整合富油气区带轮廓基本明朗，层间岩溶勘探已经拉开序幕，潜力巨大，是塔中下一步油气勘探的主攻地区。

同时，塔中隆起下古生界白云岩也是寻找油气的潜在领域。地震剖面显示，塔中地区蓬莱坝组发育串珠状地震反射结构，寒武系发育层状强反射地震特征，连片成层性好，此外，DC1、D1、D162 等井钻探已经证实，不但储层发育，而且根据获得的工业油气流或见到良好的油气显示，表明成藏条件优越，具备很大的勘探潜力。

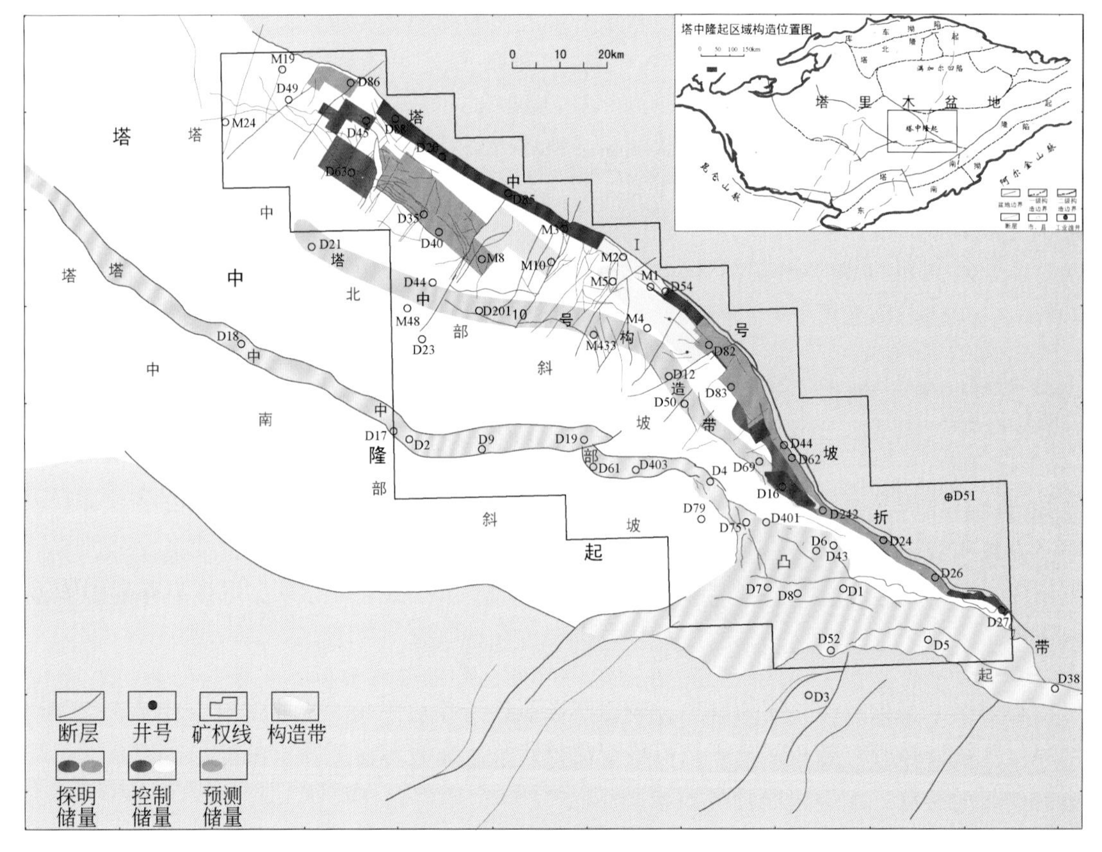

图 4.1　塔中隆起勘探现状图

（二）上奥陶统良里塔格组油气垂向上沿良一段至良二段呈“准层状”分布

塔中Ⅰ号坡折带上奥陶统良里塔格组在东西 200km 范围内均发现了工业油气流，油气分布不受局部构造控制。作为在塔中Ⅰ号坡折带台地边缘外带的生物礁，它不是孤立出现的，而是沿塔中Ⅰ号断层的台地边缘外带成群、成带分布。由于其本身具有良好的储盖组合，加上在古构造位置上处于邻近的盆地生油岩相一侧，对油气聚集具有得天独厚的条件。沿台地边缘外带分布的礁群或礁带是一个油气富集带。

综合测井、测试、试采和地质、地球化学等多学科的研究成果认为，塔中Ⅰ号坡折带良里塔格组油气藏属于多套储层交错叠置的礁型油气藏，相态以凝析气藏为主(图4.2)，垂直向上沿良一段至良二段呈“准层状”分布，中间夹斑块状油层，物性好的层段聚集的是天然气，物性较差的层段聚集的是油层。

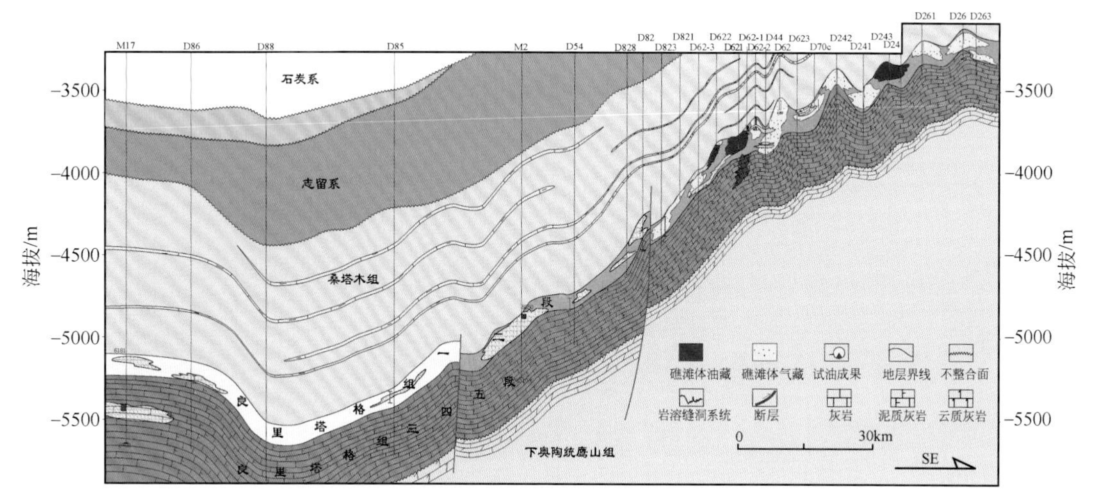

图4.2　塔中上奥陶统礁滩复合体东西向凝析气藏剖面图

（三）下奥陶统鹰山组油气垂向上沿不整合面上下呈“准层状”分布

塔中北部斜坡带奥陶系油气藏没有明显边底水，具有整体含油的特征，油气产出层段主要为下奥陶统鹰山组顶部层间岩溶，油气的高产稳产受控于储层发育程度，储层发育井段一般都高产油气，局部地区测试出水，其原因是因储层非均质性强烈导致油气充注不充分而存在封存水现象，储层欠发育井段则一般为低产或仅见油气显示。下奥陶统储层的发育形成了沿塔中北部斜坡带分布的大面积、低丰度碳酸盐岩岩性油气藏，储层的发育程度控制了油气富集程度及分布，优质储层是本区油气富集的主控因素。

通过单井漏失放空情况统计，发现由于断裂改造作用影响，溶蚀作用除对下奥陶统层间储层进行改造外，还可对上奥陶统良里塔格组良五段进行一定程度的改造，使得下奥陶统岩溶型储层可以穿越奥陶系鹰山组顶面不整合面向上与良五段储层构成统一缝洞系统。对单井测井解释油气层进行统计分析表明，测井解释的油气层集中在不整合面下150m深度范围内，各井区间存在一定差异。M8井区油气层主要分布在不整合面下20～100m，M5井区为20～200m，D83井区为40～150m。整体上看，中部M5井区最深，东部D83井区次之，西部M8井区最浅（图4.3）。这应该与地层的剥蚀、溶蚀程度有关系。M8井区普遍缺失鹰一段，与M5井区、D83井区相比，地层剥蚀更严重，暴露时间更长，层间岩溶作用更强烈，因此优质储层发育深度较另外两井区更浅。从塔中北斜坡鹰山组顶面不整合大型准层状缝洞型凝析气藏剖面图上也可以看出，油气沿不整合面上下呈现准层状分布（图4.4）。

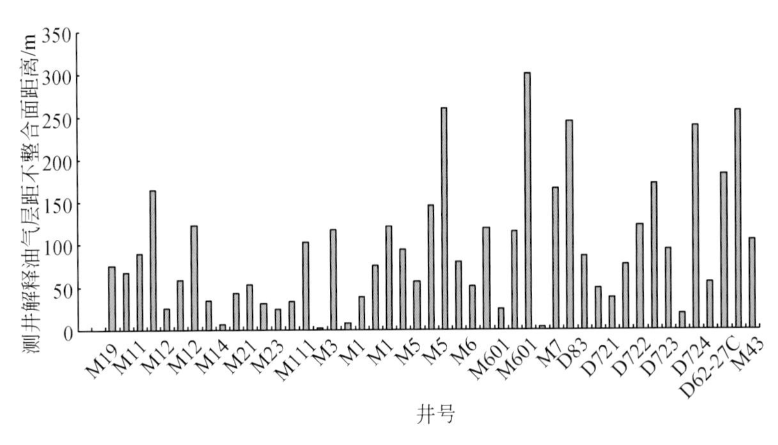

图 4.3 塔中下奥陶统测井解释油气层段距不整合面距离统计图

二、油气具有“东西分段、南北分带”的分布特征

(一) 上奥陶统良里塔格组油气分布特征

现有资料表明，塔中奥陶系油气性质复杂，既有正常油、弱挥发油，也有凝析气、干气，油气相态的变化没有截然的边界，油气的产出不受构造高低的控制（表 4.1）。

表 4.1 塔中Ⅰ号气田流体分布统计表

区块	井区	气层组	埋深/m	流体分布特点					
				地层压力/MPa	地饱压差/MPa	凝析油含量/(g/m³)	驱动型	油气藏类型	流体分布控制因素
D82	D82-D828	OⅠ	5352.5～5684	63.96	2.53	459.1	弹性驱	高含凝析油凝析气藏	岩性、构造
	D823-D821		5218～5496.5	62.98	0	240.6	弹性驱	中含凝析油凝析气藏	岩性、构造
D62	D62-D3		5064.5～5207	55.64	0	191.4	弹性驱	中含凝析油凝析气藏	岩性、构造
	D622		4908～5058	44.92	0	—	溶解气驱	饱和油藏	岩性、构造
	D621-D62-D1		4848.5～4998.5	57.8	2.79	—	弹性水压驱动	近饱和油藏	岩性、构造
	D62-D2		4773～4925	55.64	0	191.4	弹性驱	中含凝析油凝析气藏	岩性、构造
	D44-D242		4475～4978.91	56.89	1.86	139.5	弹性驱	中含凝析油凝析气藏	岩性、构造
D24-D26	D24-D26		4272～4752	53.10	1.27	236.3	弹性驱	中含凝析油凝析气藏	岩性、构造
D83	D83	OⅢ	5500～5700	61.67	0	40.57	弹性驱	低含凝析油凝析气藏	岩性、构造
	D721		5318～5550	62.98	0	240.6	弹性驱	中含凝析油凝析气藏	岩性、构造
	D722		5356.7～5750.0	60.41	—	—	弹性水压驱动	油藏	岩性、构造

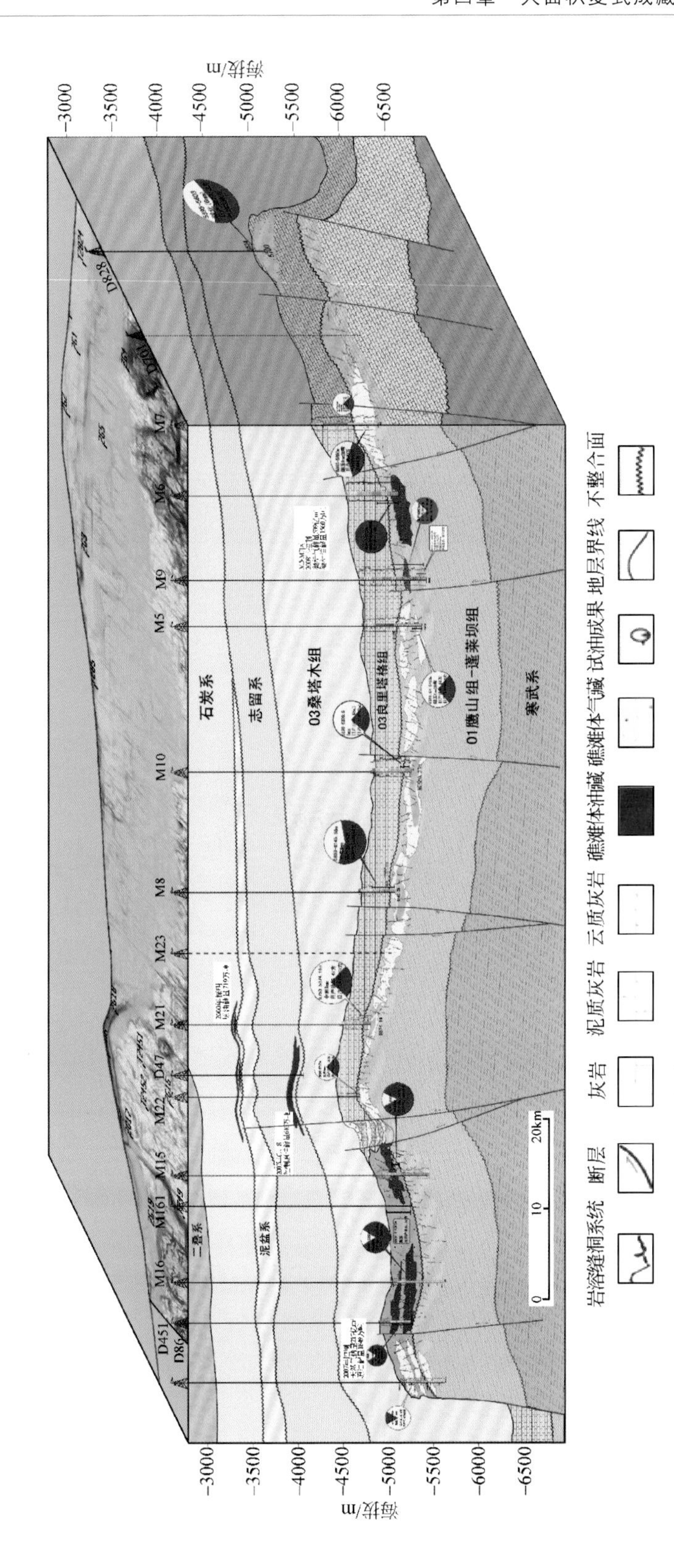

图4.4　塔中北斜坡鹰山组顶面不整合大型准层状缝洞型凝析气藏剖面图

从气油比在塔中Ⅰ号坡折带上的平面分布特征看（图4.5），油气分布具有明显的分带性。除D621井、D62-1井的气油比较低外（＜1000），D26-D82井区其他工业油气流井的气油比都在1000以上，具有凝析气藏的特点；内带的两口出油井D58井和D72井气油比也很低，分别为276和218，为正常油藏。位于塔中西部外带的D86、M17井具有较高的气油比，为中-高含凝析油的凝析气藏（凝析油含量为166.4～533.1g/m^3），而位于内带的D45井区及M15井区所有工业油气流井的气油比较低，均为挥发性油藏。因此，塔中Ⅰ号坡折带油气分布总体上具有“西油东气、外气内油”的特点。塔中Ⅰ号坡折带奥陶系原油总体上具有低密度、低黏度、低胶质+沥青质含量、中低含蜡、中低含硫的特征。从图4.5中可以看出，D26-D82井区除D621井和D62-1井原油密度较高外，其他井的原油密度都小于0.84g/cm^3，具有凝析气藏的特征；内带的5口井普遍具有较高的密度（＞0.82g/cm^3）、中高的含蜡量、中等的含硫量，说明内带主要为油藏。

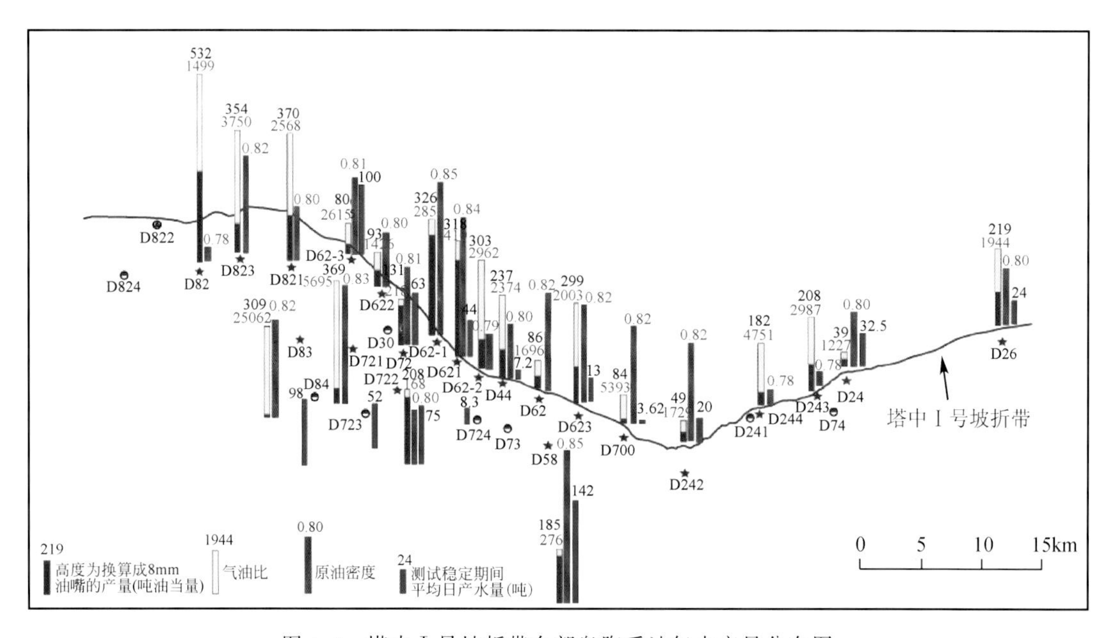

图4.5　塔中Ⅰ号坡折带东部奥陶系油气水产量分布图

塔中Ⅰ号坡折带天然气组分变化大，甲烷含量为80.57%～92.5%，CO_2含量为0.1381%～3.4782%，N_2含量为3.29%～9.12%，天然气相对密度为0.61～0.68。该地区天然气普遍含H_2S，含量一般为16.9～10 000mg/m^3，井间变化较大。塔中Ⅰ号坡折带奥陶系天然气组分在平面上的变化具有分带性（图4.6）：D241井以东天然气普遍高N_2含量、低H_2S含量；D242井至D823井区具有较高的干燥系数（＞0.95）、中低N_2含量、低CO_2含量、中高H_2S含量；D82井至D54井区具有低H_2S含量、中高N_2含量；D45井区具有低干燥系数、低CO_2含量、中低N_2含量和中等含量的H_2S；内带从东到西天然气性质变化较大，这些都反映了天然气在成因和次生变化上存在差异。

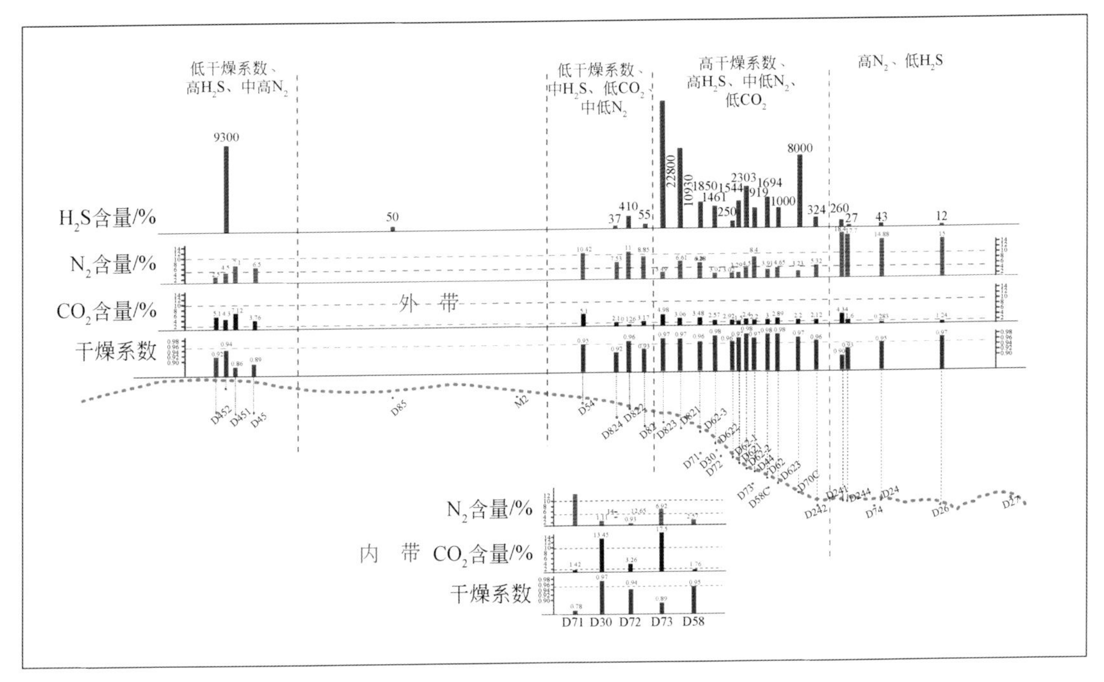

图 4.6 塔中Ⅰ号坡折带奥陶系天然气组分平面分布图

（二）下奥陶统鹰山组油气分布特征

塔中下奥陶统原油以低密度、低黏度、低胶质沥青质、低含硫、中高含蜡的凝析油和轻质原油为主。受气源断裂控制，原油性质呈现分段性，以X型剪切断裂为界，东西部差异较大。

从塔中下奥陶统鹰山组原油密度分布图可以看出，D82井附近X型剪切断裂以西的井，原油密度绝大多数小于0.79g/cm^3，仅M7井（0.796g/cm^3）和M15井（0.797g/cm^3）略高于0.79g/cm^3；而该断裂以东的井，原油密度均大于0.79g/cm^3，且大部分高于0.81g/cm^3。原油密度最高值为D83井0.821g/cm^3，最低值M10井0.7678g/cm^3［图4.7（a）］，轻质油为主。

原油黏度的平面分布特点类似于原油密度，X型剪切断裂以东井，原油黏度偏高，大多数为2～4mPa•s。全区最高值为西部的D452井4.06mPa•s，最小值为M10井的0.809mPa•s［图4.7（b）］。

从原油含蜡量平面分布图可见，X型剪切断裂以西绝大多数井分布在5%～10%，为中含蜡，其中D45井含量最小为2.2%，为低含蜡；M21井含量为12.03%，为高含蜡。该断裂以东，大部分井含蜡量为10%～15%，为高含蜡，且呈现出由西向东减小的趋势，反映了气侵方向在D83井区是由西向东的。两口含蜡量大于15%的井分别是D83井含量为23.44%、D721井含量为20.18%［图4.7（c）］。

原油含硫量平面变化依然遵循以X型剪切断裂为界，东西差异大的特点。在东部的D83井区，由外带向内带有增大的趋势，反映气侵由外带向内带进行。从全区的原油含硫量看，最高值为D723井含量为0.56%，为中含硫；最小值为D724井含量为0.05%，为低含硫。总体表现为低含硫特征［图4.7（d）］。

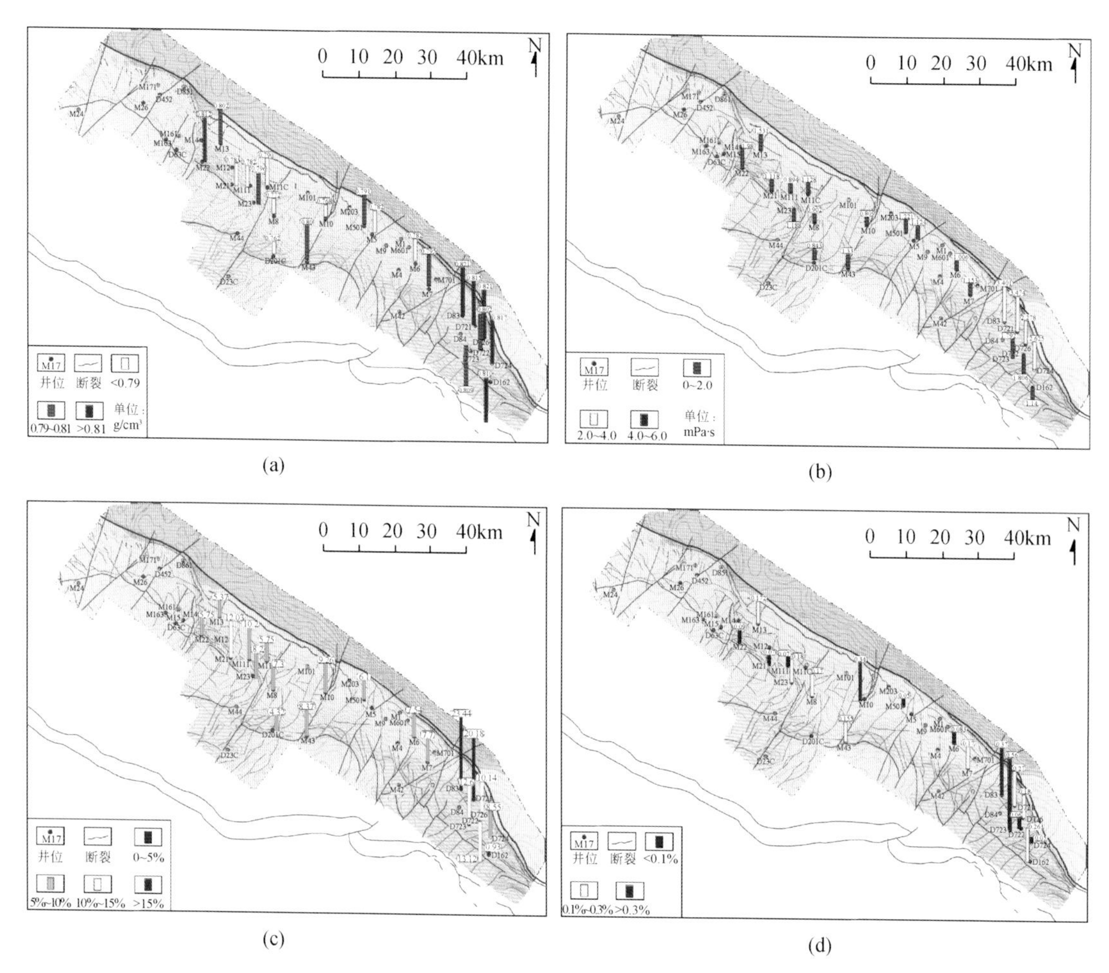

图4.7 塔中下奥陶统鹰山组原油性质平面分布图

（a）塔中Ⅰ号气田下奥陶统鹰山组原油密度平面分布图；（b）塔中Ⅰ号气田下奥陶统鹰山组原油黏度平面分布图；（c）塔中Ⅰ号气田下奥陶统鹰山组原油含蜡量平面分布图；（d）塔中Ⅰ号气田下奥陶统鹰山组原油含硫量平面分布图

鹰山组天然气性质同样以X型剪切断裂为界，东西部存在差异。塔中下奥陶统天然气组分变化较大，以干气为主［图4.8（a）］，甲烷含量为64.1%～94.63%，CO_2含量为0.01%～22.2%，N_2含量为0.23%～14.7%，天然气相对密度为0.59～0.86。其中M5井区N_2含量明显高于其他井区，全区仅有的N_2含量大于10%的3口井都出现在该井区，分别为M7井14.7%、M9井13.5%和M501井10.32%［图4.8（c）］；CO_2含量类似于N_2含量，M5井区也明显偏高［图4.8（d）］。平面上天然气性质变化较大，这些都反映了天然气在成因和次生变化上存在差异。

从下奥陶统天然气H_2S含量分布图可见［图4.8（b）］，下奥陶统H_2S含量平面变化复杂，未呈现明显的分段性。M5 井区普遍偏高，H_2S 含量分布范围较大，为 $3\times10^4\sim61\times10^4mg/m^3$，最高值为 M9 井的 $61\times10^4mg/m^3$，M6 井的 $60\times10^4mg/m^3$，比大部分井高出一个数量级。总体上，M21 井以西的井，H_2S 含量偏低。从已有的数据来看，H_2S 含量最低值为 M23 井的 $35mg/m^3$［图 4.8（b）］。综上，塔中地区下奥陶统鹰山组天然气总体表现为高含 H_2S 特征。

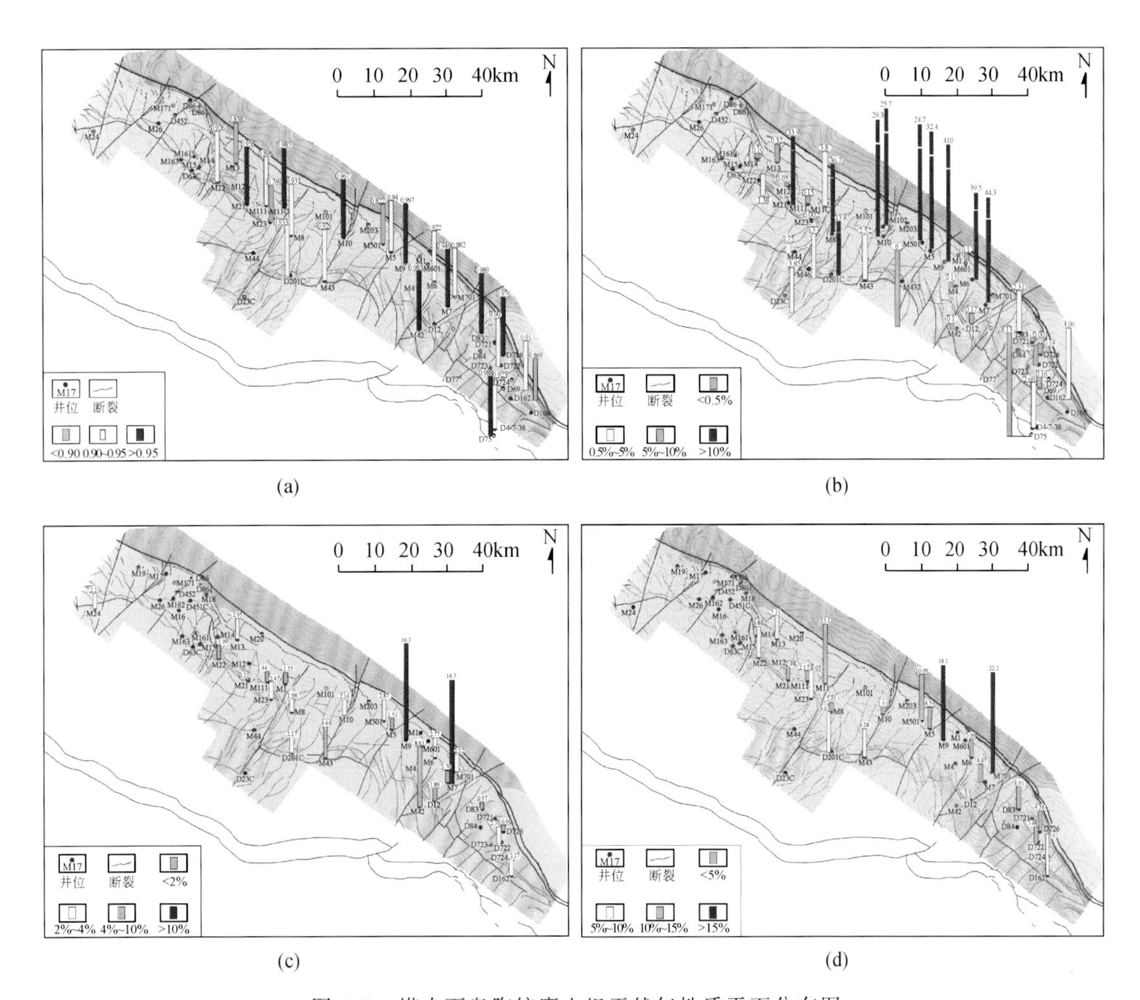

图 4.8 塔中下奥陶统鹰山组天然气性质平面分布图

(a) 塔中Ⅰ号气田下奥陶统鹰山组天然气干燥系数平面分布图；(b) 塔中Ⅰ号气田下奥陶统鹰山组 H_2S 含量平面分布图；(c) 塔中Ⅰ号气田下奥陶统鹰山组 N_2 含量平面分布图；(d) 塔中Ⅰ号气田下奥陶统鹰山组 CO_2 含量平面分布图

三、油气藏无统一的边底水，局部发育定容水

测试及试采资料表明，塔中隆起奥陶系有的探井与试采井有出水现象（图 4.5），但水的性质有较大差异。大量研究表明，塔中奥陶系碳酸盐岩地层水均为氯化钙型，氯离子主体为 5 万～11 万 mg/L，主体总矿化度在 9 万～17 万 mg/L，pH 在 5.4～7.7，密度基本上大于 1.05g/cm^3，$0.6<\gamma Na/\gamma Cl<0.9$。在塔中地区，随着层位自上而下，地层水矿化度主峰（集中段）也有逐渐增高的趋势，即鹰山组地层水矿化度比良里塔格组略高，比蓬莱坝组和寒武系略低（图 4.9）。而对于钠氯系数，随着层位自上而下，其主峰逐渐降低（图 4.10），与矿化度正好呼应，都表明地层水封闭性随着层位变老有变好的趋势。这可能反映了沉积演化过程中，各地层在大的构造背景下，是处于同一个水动力环境的。

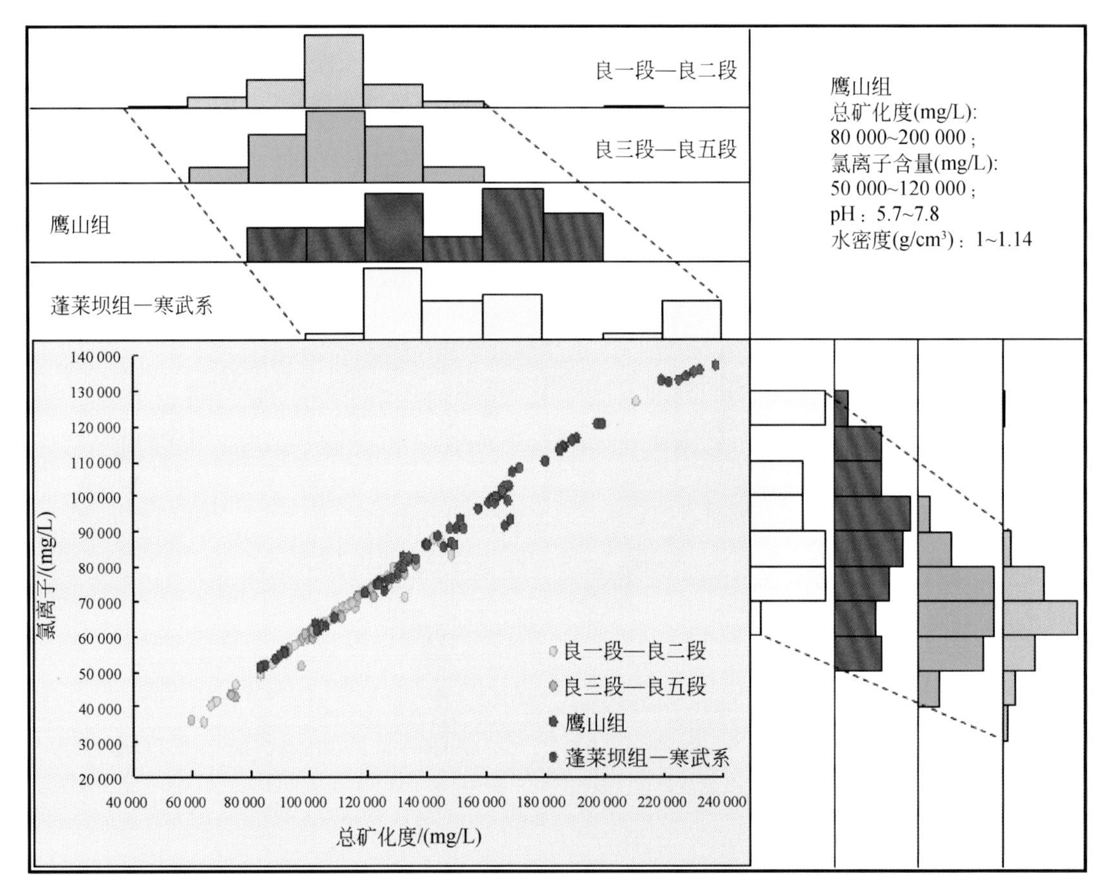

图 4.9 塔中地区下古生界碳酸盐岩地层水总矿化度-氯离子交会图

在垂向上，各层系地层水的氯离子、总矿化度、密度、pH、$\gamma Na/\gamma Cl$ 和 $\gamma Na/\gamma Ca$ 等指标均与埋深没有相关性，说明这些地层水应该是各自独立的，而不是互相连通的，这是

由碳酸盐岩储层的非均质性决定的（图 4.11），这可能反映了目前地层内部的水各自处于不同的微观单元，相互之间不具连通性。

综合分析认为，塔中Ⅰ号坡折带油气藏没有明显的边底水，未与大的地下水网络连通，井出水有两种情况，一种是油气藏与大的洞穴水连通，出水量较大，出水期较长；另一种是油气藏连通范围内的局限储集体内含水，出水期较短，水量变化大，出水一段时间后含水量急剧降低。碳酸盐岩地层水赋存状态可用图 4.12 来表示，当测试或开采一段时间后，油气层压力下降，当压差达到一定程度时，某一（或某几个）局部封存水便会流入到井筒中。这时便会出现前期无水突然出水或前期也出水但出水量突然增大的现象；当这一局部封存水流失殆尽或流失一定量导致压差减小后，出水量便减小或变为无水，直至油气层条件变化后下一次类似事件的发生。

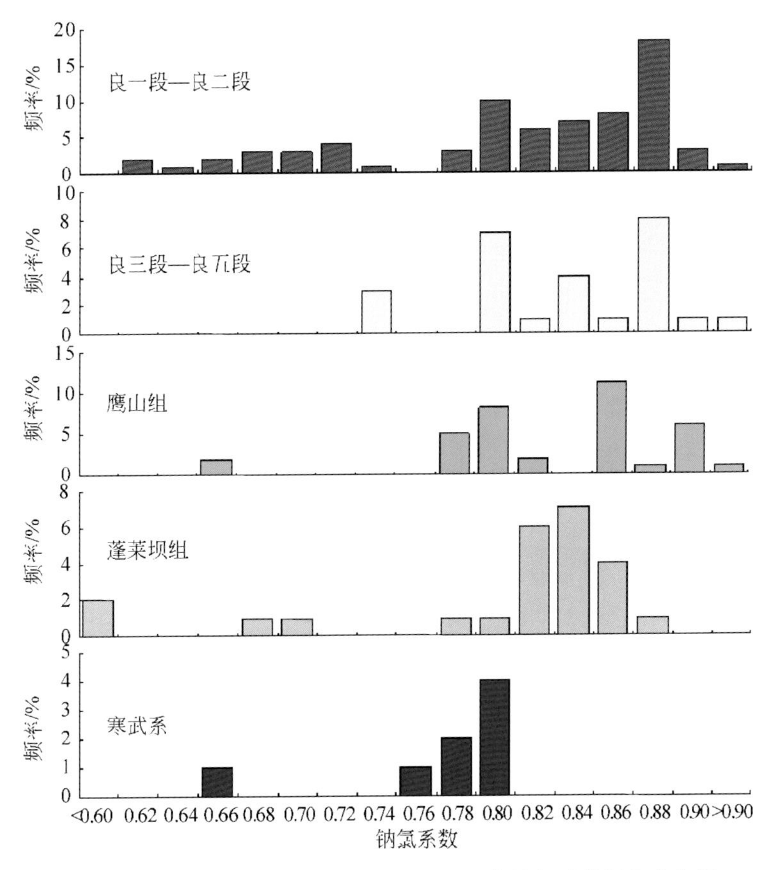

图 4.10 塔中地区下古生界碳酸盐岩地层水钠氯系数频率直方图

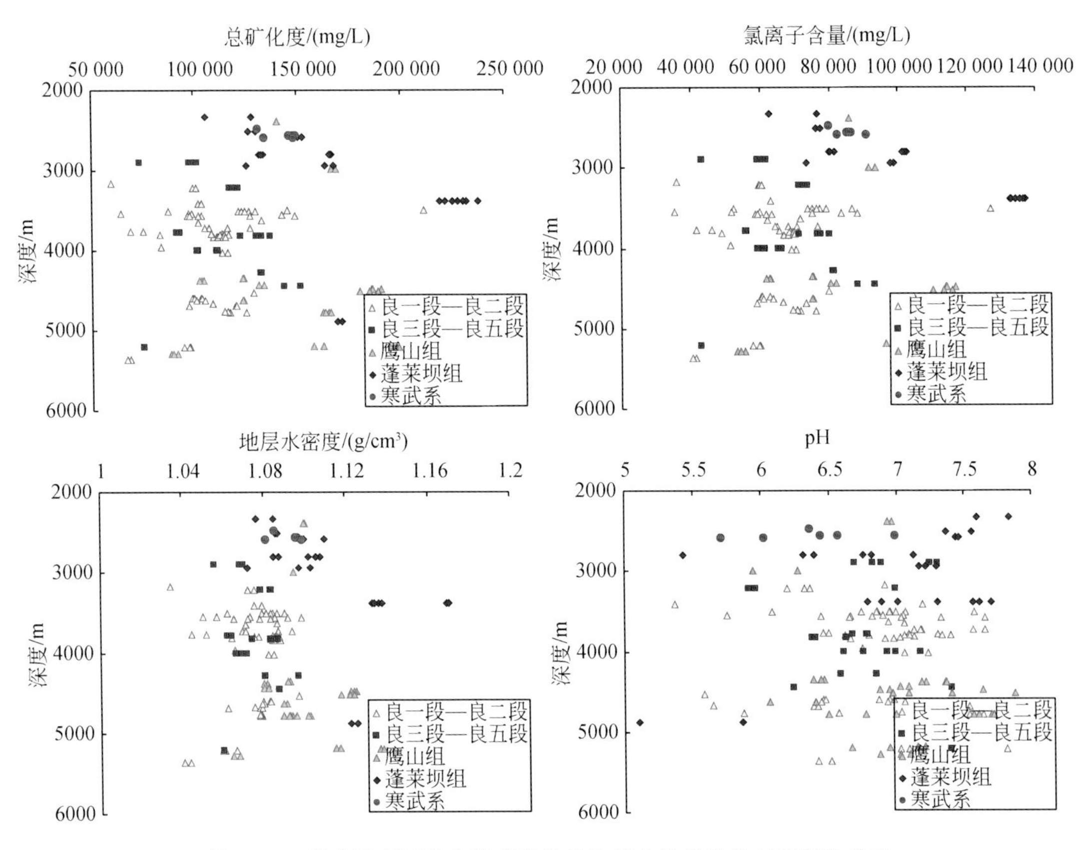

图 4.11　塔中隆起下古生界碳酸盐岩地层水化学性质与埋深的关系

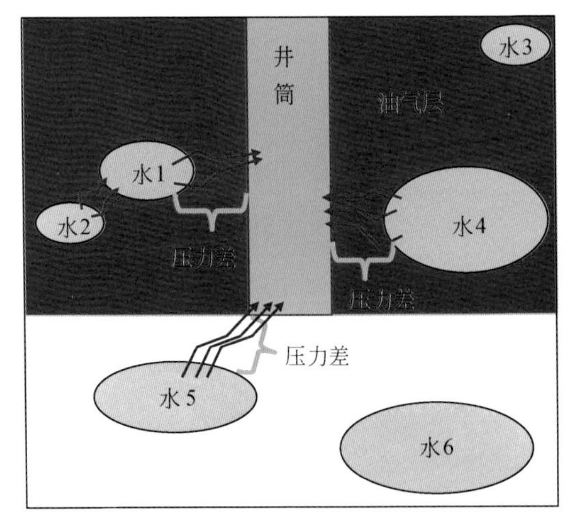

图 4.12　碳酸盐岩油气藏地层水赋存模式图

四、缝洞系统是碳酸盐岩储渗主体，油气产出呈动态变化

宏观与镜下微观研究表明，塔中地区碳酸盐岩储层的有效储集空间绝大多数为次生的溶蚀孔洞与裂缝，原生孔隙贡献很小。以塔中Ⅰ号坡折带上奥陶统储层为例，对1402块岩芯样品统计分析表明，最大孔隙度达12.74%，最小仅0.099%，孔隙度均值为1.78%，孔隙度>2%的占35%；渗透率分布为$0.001\times10^{-3}\sim840\times10^{-3}\mu m^2$，平均为$10.35\times10^{-3}\mu m^2$，属特低孔-低孔、超低渗-低渗储层，孔渗相关性很低（图4.13）。由于大型缝洞发育段难以取芯，而且岩芯缝洞发育段易破碎，岩芯样品物性整体偏低，仅代表基质物性特征，测井解释储层段孔隙度一般为3%～6%，大型缝洞发育段孔隙度>10%，大致能反映本区物性特征。根据其空间组合特征可以将碳酸盐岩储层细分为孔洞型、裂缝型、裂缝-孔洞型和洞穴型四大类，其中裂缝-孔洞型储层是层间岩溶的一种重要储集类型，这类储层在孔洞、裂缝均较发育，孔洞是主要的储集空间，裂缝既作为储集空间，又作为重要的渗流通道。相比单一孔洞型或单一裂缝型储层，裂缝-孔洞型储层孔洞和裂缝共存，大大提高了储集、渗流能力，是碳酸盐岩油气井高产稳产的主要储层类型。塔中奥陶系碳酸盐岩储层非均质性，一方面给勘探开发工作带来复杂；另一方面，奥陶系碳酸盐岩非均质储层易形成侧向封堵岩性圈闭，为形成大型-特大型岩性油气藏创造有利条件。

由于塔中地区奥陶系碳酸盐岩油气复杂性与储层非均质性，造成了油气产出的多样性，储层物性好、连通程度好，则油气的产出稳定；而储层变化大、连通状态复杂、非均质性强则造成了油气产出的多样性。根据目前试采井动态分析结果，可将塔中Ⅰ号凝析气田各单井产量递减规律分为3种类型，分别为稳产型、递减型、先减后增型。

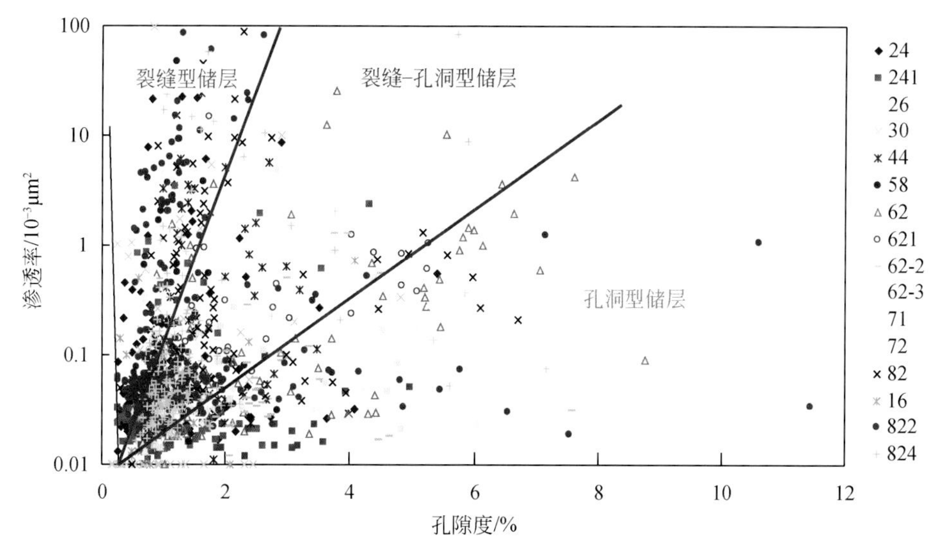

图4.13　塔中Ⅰ号坡折带上奥陶统储层孔渗关系图

（1）稳产型：此类井初期产量不太高，但是能保持较长时间稳产，外围供给较好，该类井一般钻遇的是裂缝-基质型储集层，而非溶洞。如D62区块的D62井，从2004年3月

23 日开井到 2006 年 2 月，生产近两年，油压有所降低，但产气量基本维持在 $1.6\times10^4m^3/d$，而后由无水开采期进入带水采气期，在水体的作用下能量得到补给，产气量有所上升，基本维持在 $1.6\times10^4\sim1.7\times10^4m^3/d$，直到 2009 年 1 月关井（图 4.14）。

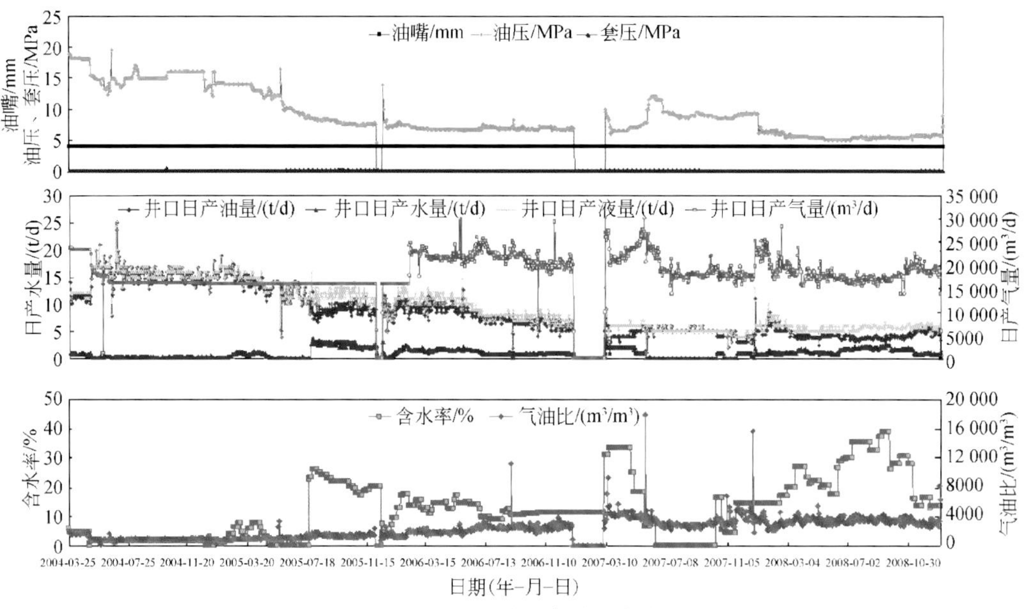

图 4.14　D62 井综合采油曲线

(2) 递减型：当井钻遇单个溶洞时，开井初期产量很高，但随着开采的进行，能量逐渐衰竭，表现为油压下降、产量递减。由于具体地质条件及流体分布不同，递减特征有所不同：①快速递减型，该类气井产量的递减是因为地层能量亏空所致，而非产水所致，表明气井是从一个封闭的系统中进行开采。D242 井从 2006 年 3 月 9 日开始投入试采，如图 4.15 所示，油压由 23MPa 下降到目前（截至 2010 年 3 月 15 日）的 4.8MPa，日产气量由开井初期的 $3.9\times10^4m^3/d$ 下降到 $0.5\times10^4m^3/d$，后进行关井，稍有恢复。但产水量并未出现明显增加，从投入试采到 2008 年 5 月该井几乎不产水，到目前，产水量也不超过 5t/d，因此产量递减并非由于气井产水所致，而是单井控制范围相对封闭，无能量补给造成的。②中速递减型，该类气井递减率相比较“快速递减型”要慢，产量一般也稍低，产水量中等，甚至不产水。开井初期油压、产量下降较快，很快达到相对稳定之后，则保持缓慢的速度递减。表明该井钻遇溶洞还是相对较小，但外围能量供给比较充足，能补给一定时期的能量需求。D26 井从 2005 年 10 月 27 日投入试采，油压、产量迅速下降，生产一个月左右油压、产量达到相对稳定，其后开始缓慢递减，整个生产过程中，几乎不产水。从投入试采到 2009 年 1 月 4 日因低效关井，日产气量由开井初期的 $3.5\times10^4m^3/d$ 下降到 $2\times10^4m^3/d$，日产油量由 20t/d 下降到 5t/d，如图 4.16 所示。③低速递减型，该类井产量递减主要由产水所致，开采初期油压较高，油气产量均较高，但开采一段时间之后，气藏见水，含水率迅速上升且直接达到一个高含水率值，油气产量急速下降，油压大幅下降。但是在高含水率阶段却能维持一个较长时间的相对稳定的开采期，油压缓慢降低，油气产量下降速率缓慢，产水量也逐渐减小。D62-1 井即属于该类井，2005 年 11 月 13 日投

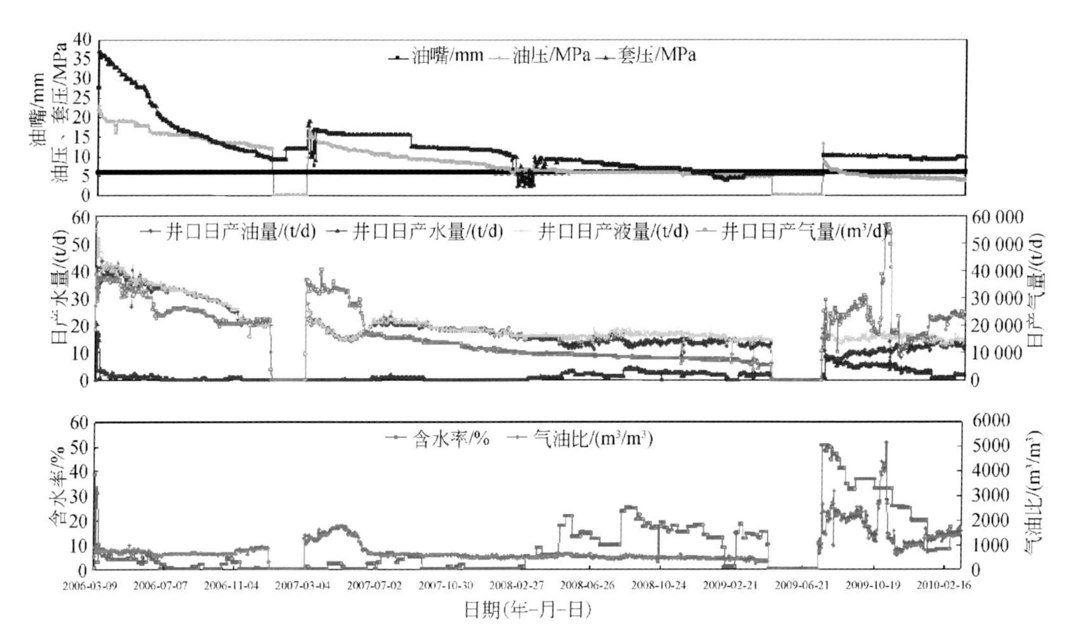

图 4.15　D242 井综合采油曲线

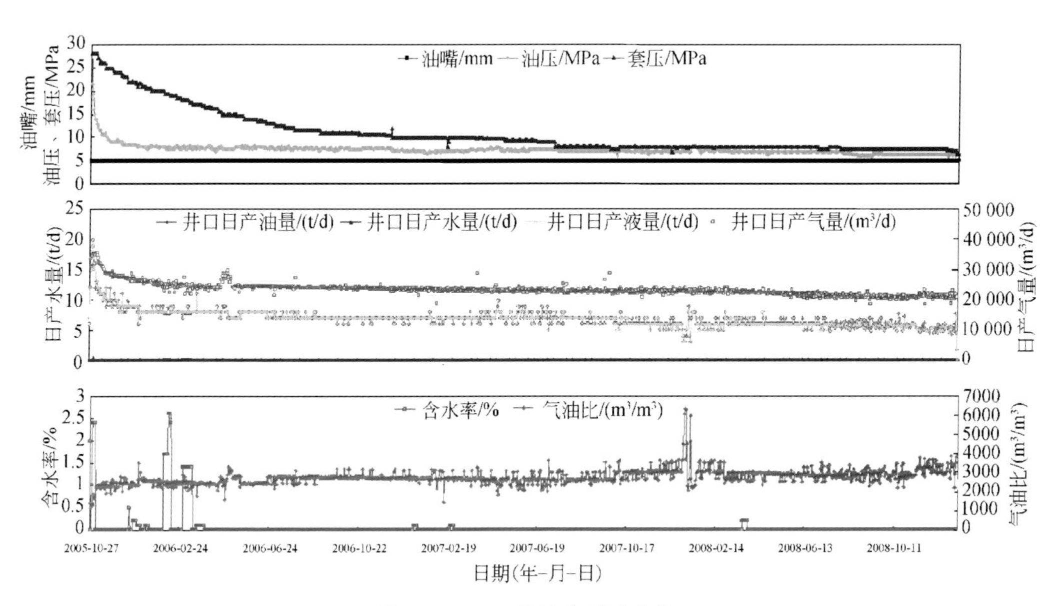

图 4.16　D26 井综合采油曲线

入试采，试采期间均采用5mm油嘴，但开采不到半年（2006年4月22日）突然见水，含水率由0上升到90%左右，油压由初期的27.5MPa降到12.8MPa，日产油量由初期的平均120t/d降到15t/d，日产气量由初期的$4\times10^4\sim5\times10^4m^3/d$降到$1.5\times10^4m^3/d$，如图4.17所示。产水是该类井初期产量迅速递减的一个重要原因，但后期油气产量的递减缓慢说明了该井有充足的水体补充。

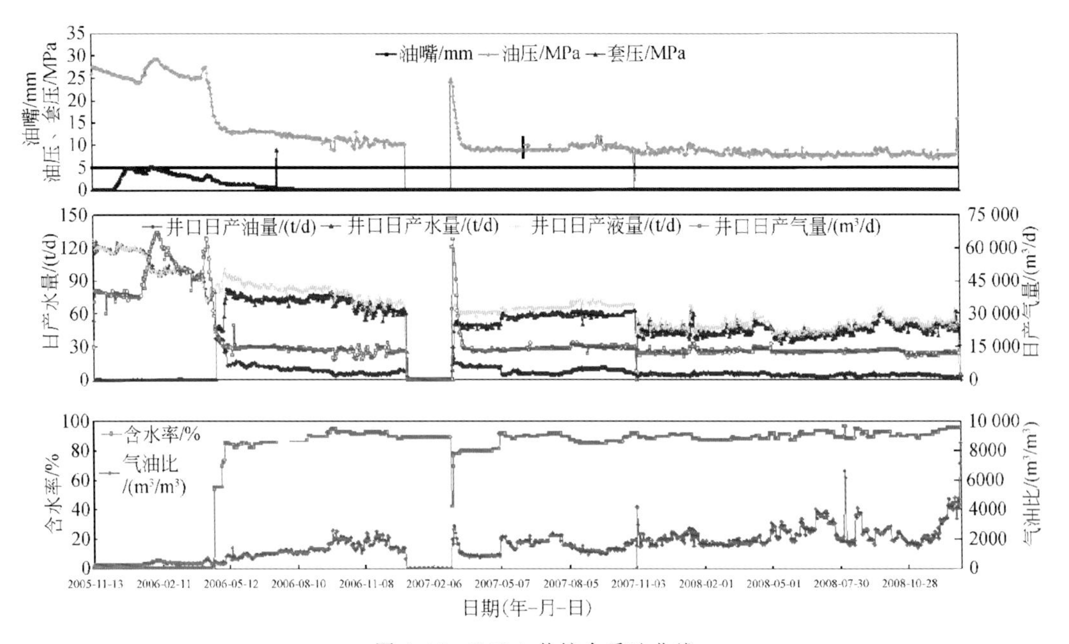

图4.17　D62-1井综合采油曲线

（3）先减后增型：该类井前期压力下降、产量递减较快，在工作制度并未发生改变、产水量也无明显变化的条件下，当压力下降到一定值、油气产量降低到一定值时，压力和油气产量均有所回升，并能维持一段时间的开采。此类井钻遇溶洞可能与其他溶洞通过裂缝等通道相连通，当一个溶洞中油气被采出，压力下降到一定程度时，在压差作用下，与之连通的溶洞被打开，向该井补给能量。

D243井2007年7月7日投入试采，投产初期产量较高，产油量最高达到了257t/d，产气量最高达到$21\times10^4m^3/d$；而后下降较快，到2007年11月20日，油气产量首次出现台阶，日产气量下降到$3.6\times10^4m^3/d$，日产油量下降到86t/d，油压也由初期的32MPa下降到22.5MPa。2008年2月4日，气产量再次出现了台阶上升，日产气量上升到$7.9\times10^4m^3/d$，油压上升到28.2MPa。到2008年9月22日，产量出现波动升高，到2008年12月1日，油气产量达到基本稳定，第三次出现台阶上升，日产气量维持在$11\times10^4m^3/d$，日产油量约为40t/d。2009年5月15日油气产量第四次出现台阶式变化，日产气量维持在$6.5\times10^4m^3/d$，日产油量约为53t/d，如图4.18所示。

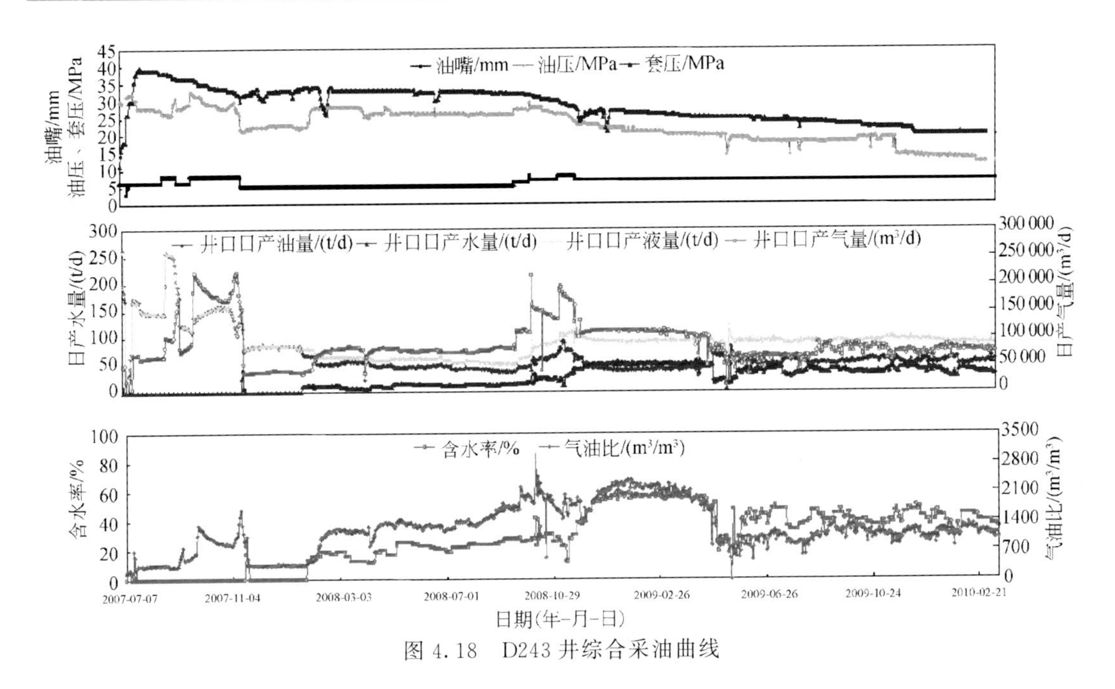

图 4.18　D243 井综合采油曲线

五、塔中北斜坡海相碳酸盐岩准层状凝析气藏特征

尽管塔中Ⅰ号坡折带奥陶系油气分布复杂，但碳酸盐岩台缘相带整体含油、储层的发育程度控制了油气的富集。东部 D26-D82 井区油气藏具有统一的常温常压系统，没有明显的油、气、水界面，在纵向上近似层状分布、平面上沿台缘相带展布，高压物性资料分析表明本区以中-高含凝析油的凝析气藏为主，局部为高饱和挥发性正常原油，为一大型准层状礁滩型凝析气藏。油气藏的油气水分布复杂，油气性质有较大差异，反映储层在横向上存在非均质性，油气成因也比较复杂，油气水产出变化大，油气藏类型特殊。

通过对比分析表明，塔中下奥陶统层间岩溶型油气藏、寒武系白云岩油气分布也具有奥陶系礁滩型油气藏相似的特征，具体来说有以下 4 点。

(1) 含油气面积广，油气分布不受局部构造控制，低孔低渗碳酸盐岩非均质储层，以低丰度油气藏为主，局部有中等丰度的油气富集区；

(2) 礁滩体、岩溶储层类型多、非均质性强，以次生溶蚀孔洞形成的低孔低渗储层为主，储层纵向叠置、横向连片，具有大面积层状分布的特征；

(3) 具有多期油气充注与调整，储层的发育程度是油气富集的主控因素，多期油气充注与储层非均质性造成了油气水产出的复杂性；

(4) 缺少构造圈闭，多为受储层控制的准层状分布的大面积岩性圈闭，没有明显边底水、油气水分布复杂，具有相对统一的温压系统，为非常规准层状岩性油气藏。

由此可见，大面积、中低丰度、准层状物性控制的缝洞型碳酸盐岩油气藏是塔中地区下古生界碳酸盐岩的普遍特征（图 4.19）。塔中准层状油气藏面积大于 6000km^2，已探明油气储量 4.87 亿吨。

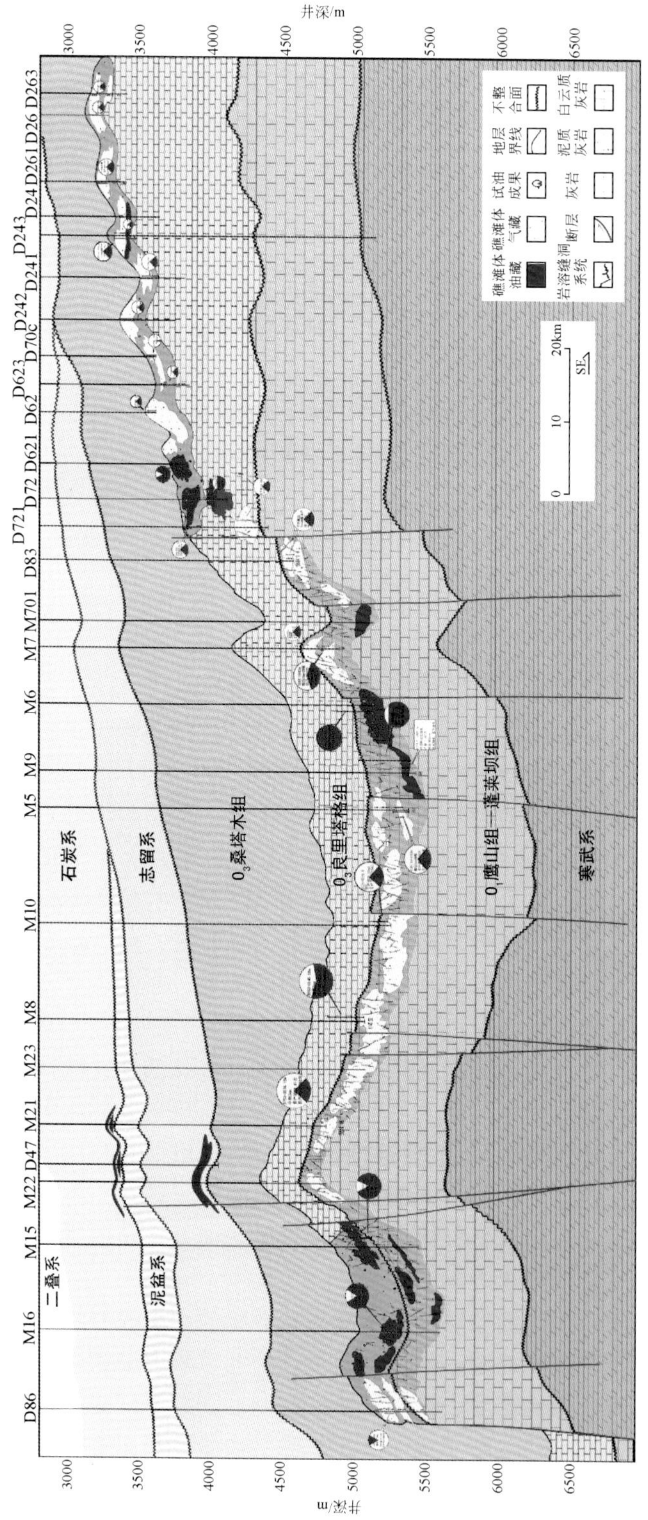

图4.19 塔中Ⅰ号坡折带奥陶系油藏剖面图

第二节　油气地球化学特征及来源

一、原油地球化学特征及来源

（一）原油物性特征

塔中原油物性差异性显著，因层位、区块而异，包含沥青砂、稠油、无色轻质油、淡黄色凝析油、乳白色固状高蜡油、黑色稀油等多种形式。统计表明，志留系原油物性最差，以稠油为主，一般具有高密度［0.76～0.98g/cm^3，均值0.91g/cm^3（39个样）］、高黏度（1.799～197.7mPa·s）、高含硫（0.11%～1.52%）、低蜡（1.2%～11.8%）等特点；奥陶系原油物性最好，一般具有低密度（0.75～0.85g/cm^3）、低黏度（0.5～8.69mPa·s）、低含硫（0.01%～0.4%）、相对高含蜡（2.4%～22.49%）的特点（图4.20）；石炭系界于上述两者之间。塔中Ⅰ号坡折带以轻质凝析油为主，奥陶系原油密度（一般为0.76～0.88g/cm^3），含硫量（0.02%～0.42%）一般低于内带（塔中Ⅰ号坡折带南侧），而含蜡量（0.342%～22.5%）普遍高于内带。D47-D15井区原油物性变化较大，志留系以稠油为主；D16井区、D4井区以正常油为主；D1-D6井区原油物性相对较好，具有相对低密度、低含硫的特征。塔中隆起原油物性的变化规律反映了油气的成因与成藏

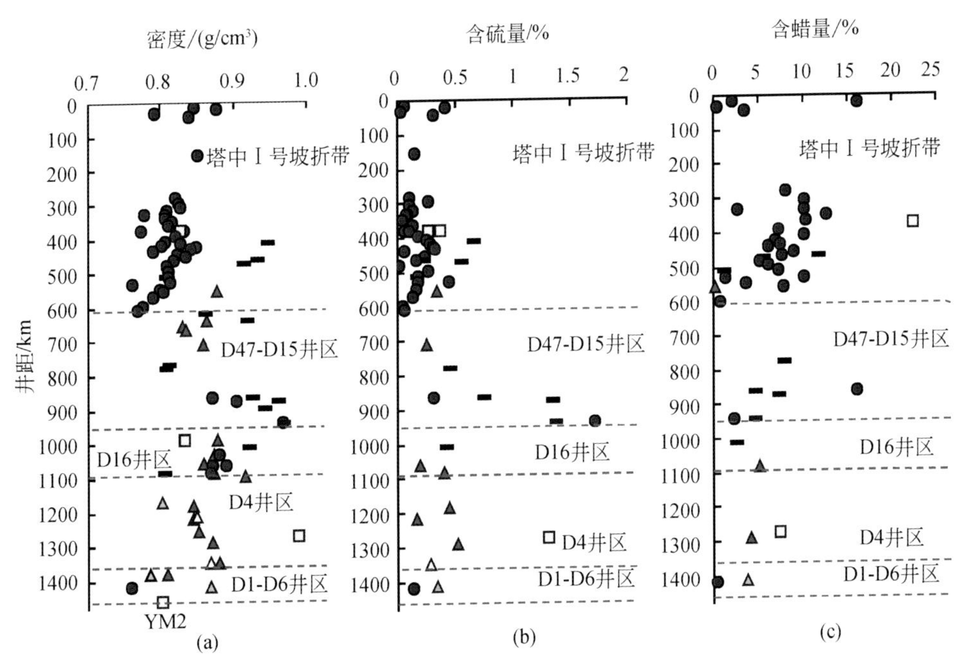

图4.20　塔中隆起原油物性分布特征

特征及演化过程。志留系原油物性普遍较差，与晚加里东期大规模的构造破坏活动相吻合（周新源等，2006）；塔中Ⅰ号坡折带原油物性好于内带，反映晚期成藏的相对高成熟原油在该区带较为富集。

（二）原油族组分

塔中原油物性与宏观组成的显著变化，指示油气成因与成藏的复杂性，反映多源、多期成藏。原油族组成显示塔中原油显著的差异。绝大多数奥陶系原油以饱和烃为主，芳烃、非烃＋沥青质含量极低。对51个奥陶系原油的统计表明，饱和烃含量为33.5%～91.3%（均值74.5%）、芳烃含量为7.0%～36.3%（均值15.5%）、非烃＋沥青质含量为0.8%～46.9%（均值10.1%）。石炭系、志留系原油物性分布范围较宽，多数志留系原油饱和烃含量相对较低（均值48.4%）、非烃＋沥青质含量（均值25.3%）相对较高，与原油物性特征相吻合。在该情形下，不同成熟度与不同油源原油的混合在所难免，特别是充当多期成藏期的主干运移通道的大断裂如塔中Ⅰ号坡折带及横切该断裂的转换断层附近的油藏。塔中Ⅰ号坡折带邻井原油物性也有显著的差异，由于储层的非均质性，其真实地记录了油气多期/多源混合聚集的特征。

（三）烃类生物标志物

塔中不同层系、相同层系不同区带全油气相色谱图差异明显，低分子量成分丰度总体相对偏高，反映塔中原油成因的多样性，体现原油成熟度、次生变化程度等的差异。分析原油碳优势指数（CPI）、奇偶优势（OEP）值均接近平衡值1，表明原油有较高的成熟度。原油Pr/Ph值分布范围为0.77～1.83，指示母源岩可能并非完全形成于封塞的强还原性原始沉积环境。

塔中原油正构烷烃均为单峰形，但分布形式迥异。主要有4种，包括C_8—C_{11}为主峰且单体丰度逐渐降低的“半峰”形［图4.21（a）］、C_8—C_{17}为主要成分的“不对称单峰”形［图4.21（b）］、C_8—C_{20}为主要成分的“不对称单峰”形［图4.21（c）］、单体丰度差异不明显的“近直线”形［图4.21（b）］。正构烷烃分布形式取决于多种因素，如油源、成熟度、油气运移等。塔中原油正构烷烃的多种分布形式进一步反映油气的多源与多期成藏特征。

原油中的主要成分——正构烷烃和类异戊二烯烷烃丰度差异显著［图4.22（a），图4.22（b）］，不同样品间有时相差近40倍。塔中Ⅰ号坡折带原油正构烷烃多为60～120μg/mg，最高值达128.5μg/mg。其他原油多数分布于3.8～47.3μg/mg［图4.22（a）］。原油中甾萜类化合物丰度也有较大差异。塔中Ⅰ号坡折带D83井（O_1）、D721井（O_1）（高蜡油）等原油中甾烷、藿烷类化合物已降解殆尽；但某些原油中甾烷、藿烷类最高丰度分别高达2771μg/g（D6井，$C_{Ⅱ}$）、4926.87μg/g（D621井，O）。甾类化合物的分布形式主要有3种：第一种为C_{27}、C_{28}、C_{29}规则甾烷相对丰度呈“V”形，绝大多数原油为此类（图4.23）；第二种规则甾烷一般呈反“L”形，如D452井（O）、D1井（O）、D24井（$C_{Ⅲ}$）与D6井（$C_{Ⅱ}$）等［图4.23、图4.24（a）］，具有该特征的原油往往伴随相

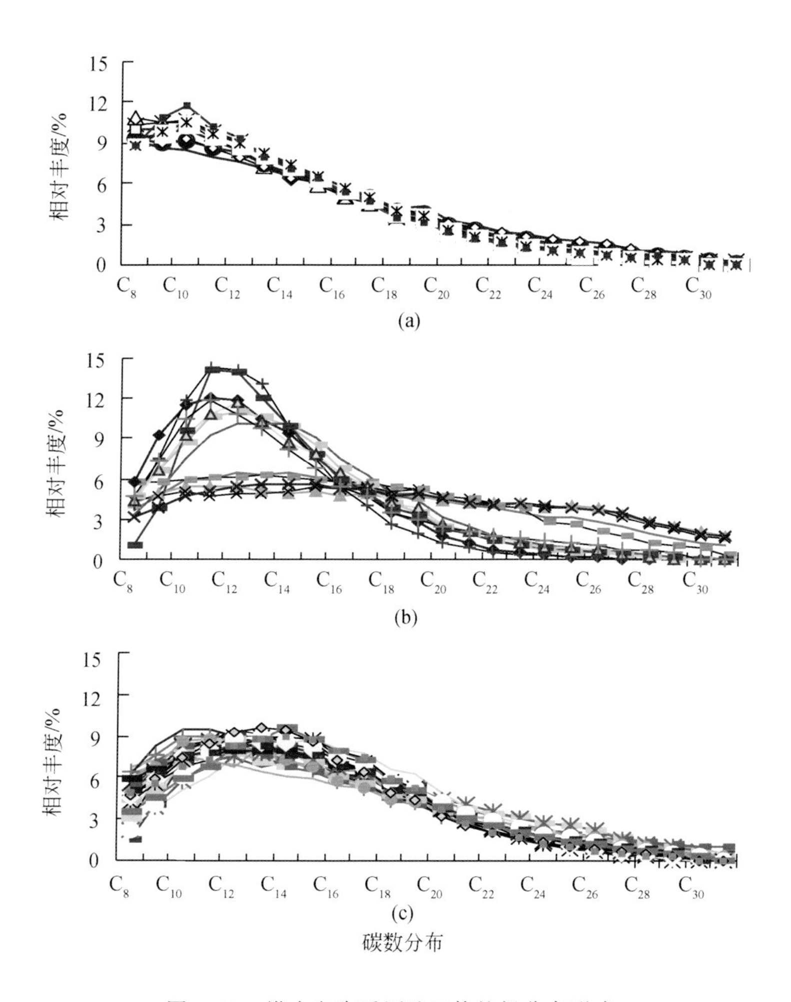

图 4.21　塔中奥陶系原油正构烷烃分布形式

对较低丰度的重排甾烷与低分子量甾类、相对较高丰度的伽马蜡烷［图 4.24（b），图 4.24（c）］；第三种规则甾类化合物几乎消失殆尽，如 D83 井（O_1）、D244 井（O_3）等（图 4.23）。在少数样品中还检测到甲基甾烷系列，包括 4-甲基甾烷、甲藻甾烷等，似乎一般出现在甾烷异构化程度相对较低的样品中。多数原油的 C_{29} 甾烷 ααα20S/(S+R) 为 0.5～0.55、C_{29} 甾烷 αββ/(αββ+ααα) 为 0.5～0.6（图 4.24），已达到平衡终点值。对于高过成熟度原油，此类参数的应用已表现出一定局限性。

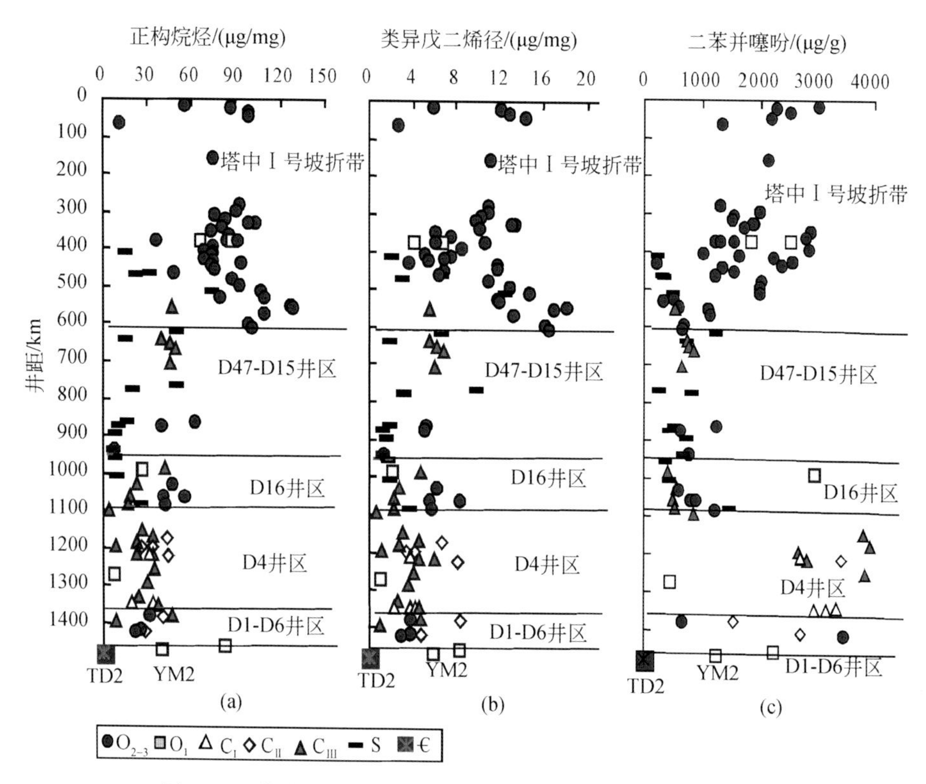

图 4.22 塔中奥陶系原油链烷烃、二苯并噻吩丰度分布特征

由于原油相对较高的成熟度，塔中原油相对低分子量倍半萜、三环萜类化合物丰度相对较高。塔中Ⅰ号坡折带奥陶系原油倍半萜/五环萜值最高达 18.85。与甾类化合物相似，D83 井（O_1）、D244 井（O_3）井原油中的三环、五环萜类化合物已降解殆尽。塔中所有分析原油中都含有较为完整的链烷烃，部分原油含量极高［图 4.22（a)］。然而，几乎在各个层系、各个区块的原油中都检测到了丰富的25-降藿烷系列，包括 D4 井区、D16 井区的石炭系等原油，如果不是烃源岩携带的原生性质，则应反映塔中地区油气藏的破坏及混源的普遍性。金刚烷为具有类似金刚石结构的一类刚性聚合环状烃类化合物，这种碳骨架结构特性决定了它在地质演化过程中比其他烃类稳定，具有很强的抗热能力和抗生物降解能力。现已提出多项金刚烷类成熟度指标，如 4-MAD（甲基双金刚烷）/(1-MAD+3-MAD+4-MAD)、4,9-DAD/3,4-DAD（二甲基双金刚烷），被指出具有成熟度指示作用。塔中Ⅰ号坡折带原油中检测到丰富的金刚烷类化合物，丰度分布范围为75.5～2606.6μg/g。东侧原油丰度总体高于西侧，如东侧 D24 井石炭系、奥陶系原油中的金刚烷类化合物的丰度分别高达 1526.3μg/g、2606.6μg/g，而西侧 D86 井仅为 75.5μg/g。塔中Ⅰ号坡折带原油中高丰度此类化合物的检出，无疑反映该构造带原油的高成熟性。

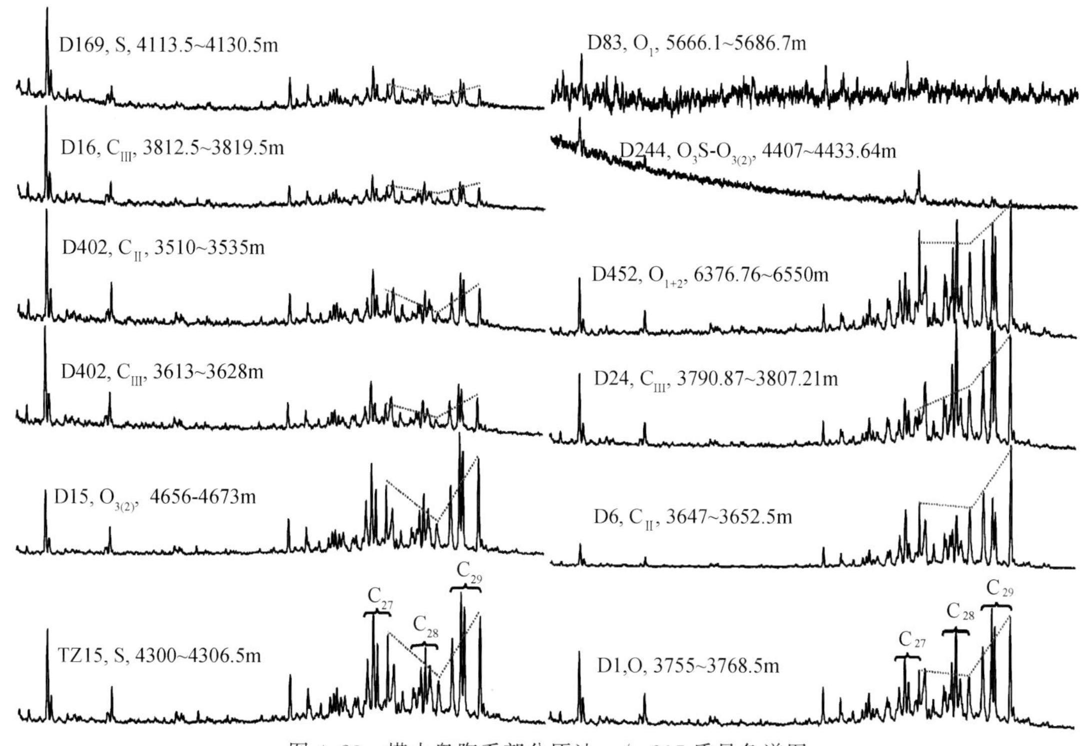

图 4.23 塔中奥陶系部分原油 m/z 217 质量色谱图

纵坐标井位按从西向东的顺序排列，以距 D19 井距离的统计起点。样品图例下同

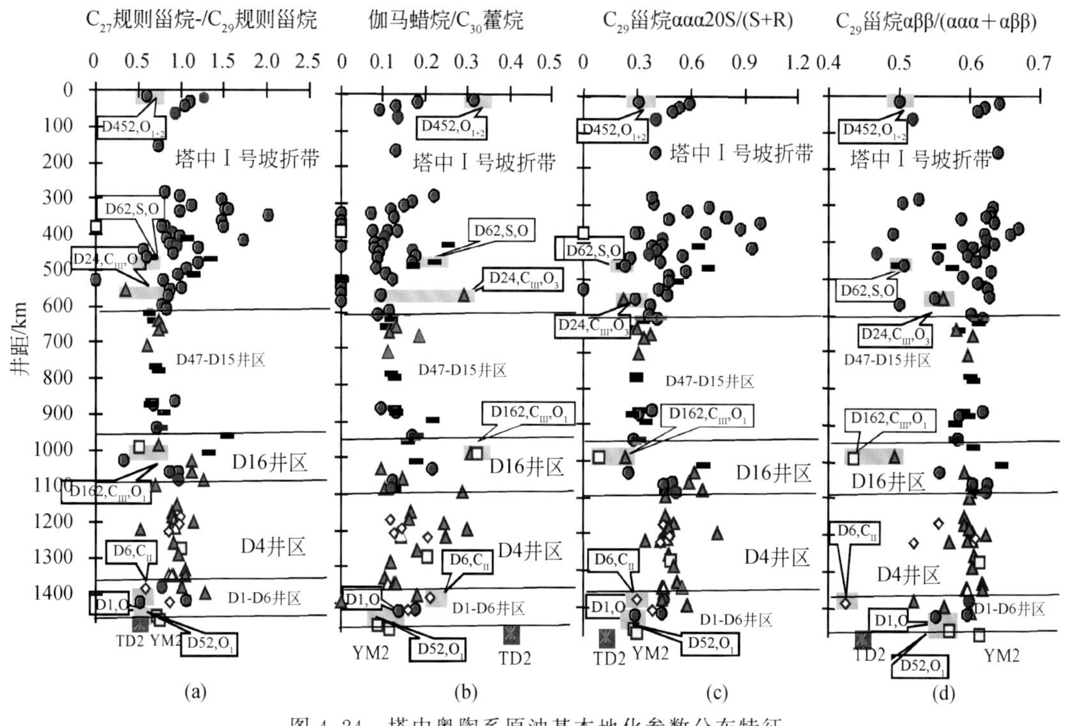

图 4.24 塔中奥陶系原油基本地化参数分布特征

此外，塔中地区降解油与未降解原油的混合作用也很明显。塔中地区相当部分原油中检测出了丰度的25-降藿烷系列，而这些原油中也同时存在丰富的正构烷烃系列。这种现象并不是局限在某一个层位中，而是所有层位都表现出这样的特征，并且东部潜山带的油气的降解程度高于西部的D45井区，这种特征形成的原因值得进一步深入分析。虽然有时难以识别25-降藿烷是何时以何种方式存在于原油中的。例如，原地早期油藏破坏后经后期正常油二次/多次充注混合、异地混源后期调整成藏、运移途中受降解运移烃的侵染等，至少反映塔中地区除了多源、多期混源外，尚有降解油与正常油的混源。

（四）芳烃化合物

塔中原油中的芳烃化合物主要是萘、菲、联苯、硫芴、芴、氧芴等系列，其他芳烃系列含量较低。塔中Ⅰ号坡折带、D4井、D1-D6井区（D1-D4井区）原油中的芳烃化合物丰度相对较高，突出表现为三芴系列相对丰度较高。塔中原油硫芴与氧芴的相对比值远高于陆相原油。特别地，D4井区（部分D1-D6井区）多数原油二苯并噻吩（硫芴）系列的绝对丰度［图4.22（c）］和相对丰度都远高于其他原油，部分甚至为芳烃中的最高组分，显然反映原油的成因差异。

高H_2S、高含硫芳烃、含硫代金刚烷油气的检测，得出塔中多口井具有高H_2S天然气特征，如D83井；部分井具有高含硫芳烃特征，如D4井。结合部分烃源岩样品的分析测试，初步认为这种高硫的油气暗示与寒武系—下奥陶统烃源岩的成烃有关，并与TSR-硫酸盐的热化学还原作用有关。有人已从塔中原油井检测到硫代金刚烷，认为是TSR反应的结果（姜乃煌等，2007）。

（五）原油混源特征

塔中地区油气混源的分析必须通过对油气混源的地质条件、混源油地球化学的定性与定量识别、源岩的生烃史与成藏期次等多个角度来加以客观审定。

从地球化学角度来看，可识别出塔中地区存在丰富的混源油，正如前文所言，利用生物标志物定性识别混源油具有很大的局限性。例如，D162井（O_1）与D168井（O_3）井原油的甾类分布似乎有很大差异（图4.24），反映原油成因不同，然而两井原油正构烷烃单体同位素差异相对较为接近，反映原油主体成分相似，成因大体一致。正构烷烃毕竟是原油的主体成分，而甾类为微量组分。塔中生物标志物反映的寒武系成因原油看似零星分布可能恰恰反映了寒武系成因原油的广泛混合。塔中原油、储层包裹烃的单体烃同位素分布结果，验证了这种推断，即塔中原油混合尺度大、混源范围广，混源是普遍的。塔中原油的族组分同位素也较为接近[①]，反映多数原油成因相近（即使表现为混源油形式），进一步表明了塔中原油广泛混源。

从油源角度来看，多数学者认同塔里木盆地至少有两套烃源岩，即寒武系与中-上奥陶统。这两套烃源岩最有利的生油部位都不在塔中本地，其生排烃期有交叉叠合现象即同

① 包建平等．2008．塔里木盆地海相原油混源定量研究．塔里木油田分公司内部报告

时供烃。故具备形成混源油的物质条件。

从油气运聚的地质条件角度来看，一些主干运移通道显然承担了多期成藏阶段油气的输送作用，如塔中Ⅰ号断裂构造带、深切转换断裂带、部分砂体运载层等。其中塔中Ⅰ号断裂构造带附近缝孔洞发育，相对于内带更接近油源区，混源现象应更为突出。

本次研究除了坚持传统的生物标志物并注重其差异之外，同时提出原油单体烃同位素和包裹体烃同位素作为油气来源分析的重要指标，值得引起进一步重视。单体烃同位素是判别寒武系—下奥陶和中-上奥陶来源油气的重要标准，总体来说寒武系—下奥陶统成因原油同位素偏重，而中-上奥陶统成因原油偏轻。对比塔中地区原油的单体烃同位素与典型寒武系—下奥陶和中-上奥陶来源油气的单体烃同位素特征可见，塔中原油具有明显的混源特征。这点与传统油气源判识生物标志物特征比较吻合。

单体烃同位素可反映烃类母源岩沉积环境与生源输入特征（张水昌等，2002），其受成熟度、运移分馏的影响，但其影响程度相对较小，一般小于3‰（赵孟军、黄第藩1995；段毅等，2003）。本研究分析的塔中地区不同层系、不同构造部位的原油的正构烷烃单体同位素的分析结果表明，多数原油的单体烃同位素值为－33‰～－32‰［图4.25（a）］，反映多数原油成因相近。从生物标志物角度来看，塔东2（TD2，O_1—Є）、英买2（YM2，O_1）井原油分别被认为是塔里木盆地代表性的寒武系与中-上奥陶统成因原油（张水昌等，2002；肖中尧等，2005）两原油单体同位素具有显著的差异，前者明显偏重（－30‰±～－29‰）、后者偏轻（－35‰±）［图4.25（a）］，相差近5‰±，反映母源岩不同沉积环境与生源输入差异，进一步验证了其成因的差异。塔中多数原油介于这两类原油之间，仅在个别志留系残余油藏原油中检测到与TD2井原油相近的单体烃同位素，充分反映塔中地区多数原油为混源油。塔中多数原油单体烃同位素值相近，表明相当量的原油的混合作用发生在成藏之前或者混合作用较为均匀。塔中分析凝析油与正常原油同位素相差不大，表明成熟度影响相对较小。

从两个塔中奥陶系方解石包裹烃样品中（D62-1、D245井）中检测到与塔中原油相近的正构烷烃单体同位素值，一个方解石包裹烃样品（D826）中检测到与YM2井相近的单体烃同位素值［图4.25（b）］，暗示相当部分原油的混源发生在运移途中即成藏前。发现部分储层包裹烃同时包含两种降解级别的生物标志物即25-降藿烷与正构烷烃等链烷烃系列，进一步反映部分原油的混源作用可能发生在油气成藏之前。类似现象在塔北轮南地区也有报道，轮南地区三叠系储层包裹烃既含25-降藿烷也含有正构烷烃和无环类异戊二烯烃（Gong et al.，2007），是降解油与未降解油的混合物。

由于不同来源油气在单体烃同位素组成上具有明显的差异，选择塔中地区具有代表性的D62井志留系和D825井中-上奥陶统单体烃同位素为代表，可以对塔中地区油气的混源比例进行分析。计算的公式为

$$\mathrm{Mix}(\mathrm{Em}a)(\%)=(\delta\mathrm{M}i-\delta\mathrm{Em}b)/(\delta\mathrm{Em}a-\delta\mathrm{Em}b)\times 100 \tag{4.1}$$

式中，Mix(Ema）为端元油a的混源量；δMi为原油i的测定同位素值；δEma为端元油a测定同位素值；δEmb为端元油b的测定同位素值。

总体来看，塔中地区寒武系—下奥陶统原油的混入量分布为13%～91%，个别为

100%的残存油藏（图 4.26）。不同的构造带混源比例具有明显的差别，塔中Ⅰ号坡折带混入比例相对较大，D47-D12 井区和 D16 井区混源比例相对较小，D1-D4 井区混入比例相对更小。同一个构造带油气的混源比例具有明显的分区性，塔中Ⅰ号坡折带明显分为 6 部分，寒武系—下奥陶统原油混源比例呈现出波浪式分布的特点。D1-D4 井区也存在明显的分区性，D4 井区寒武系—下奥陶统原油混源比例明显高于 D1-D6 井区。

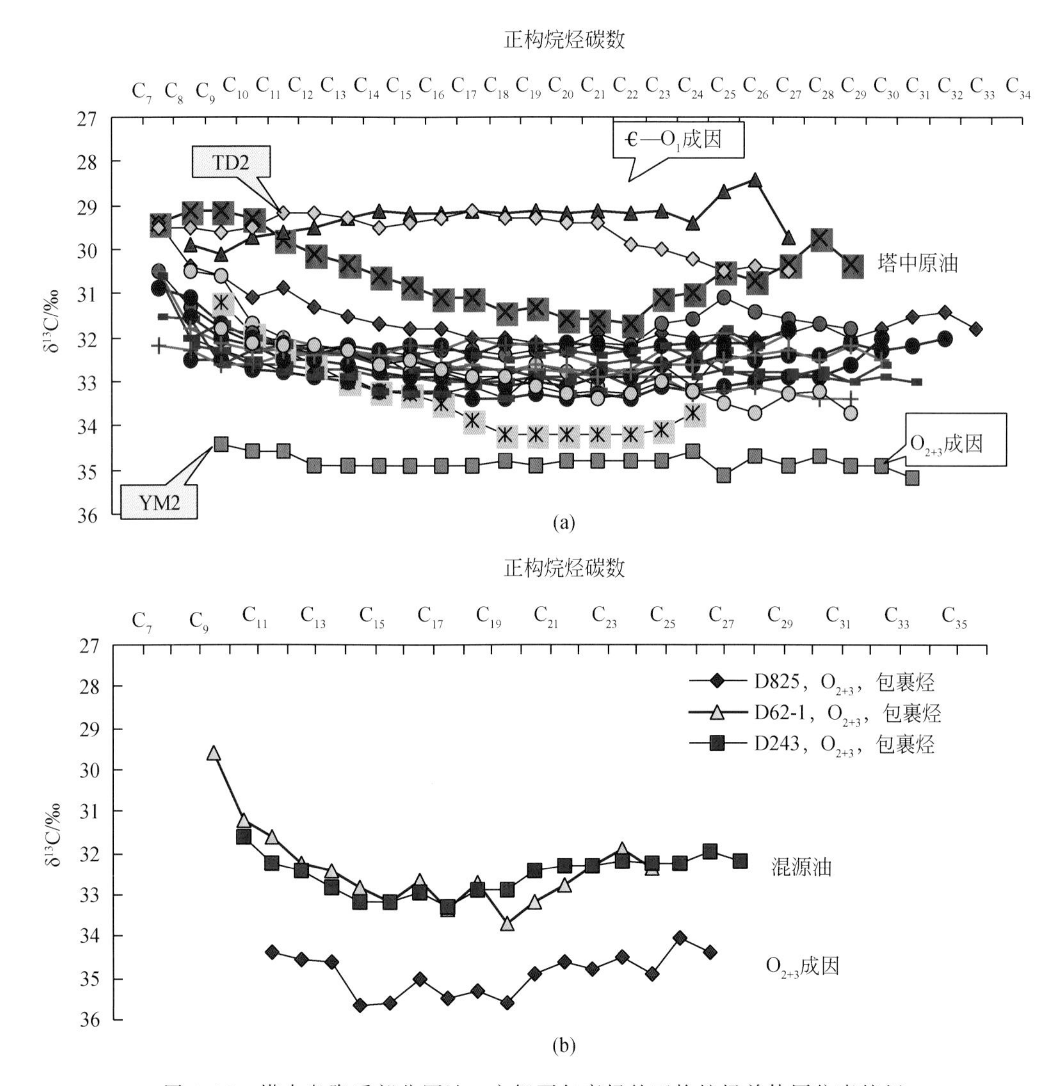

图 4.25　塔中奥陶系部分原油、方解石包裹烃的正构烷烃单体同位素特征

寒武系—下奥陶统原油混合量随埋深增加有增加趋势（图 4.27）。M17 井、M2 井、M16 井原油中寒武系—下奥陶统原油的含量估算分别高达 91%、84%、63%。浅埋个别层系保存有较多的 $€—O_1$ 成因原油，如 D62 井志留系基本为 $€—O_1$ 成因。

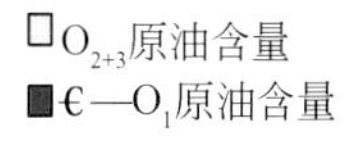

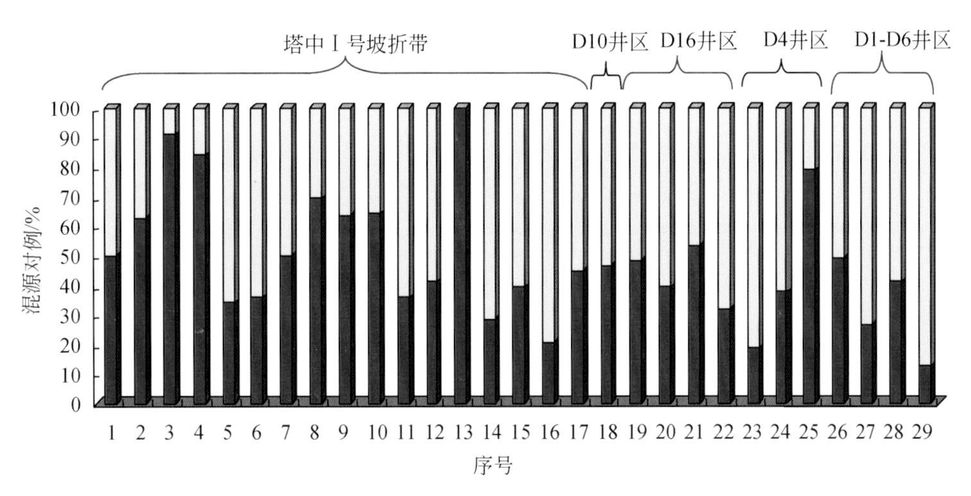

图 4.26　塔中地区奥陶系原油混源相对贡献

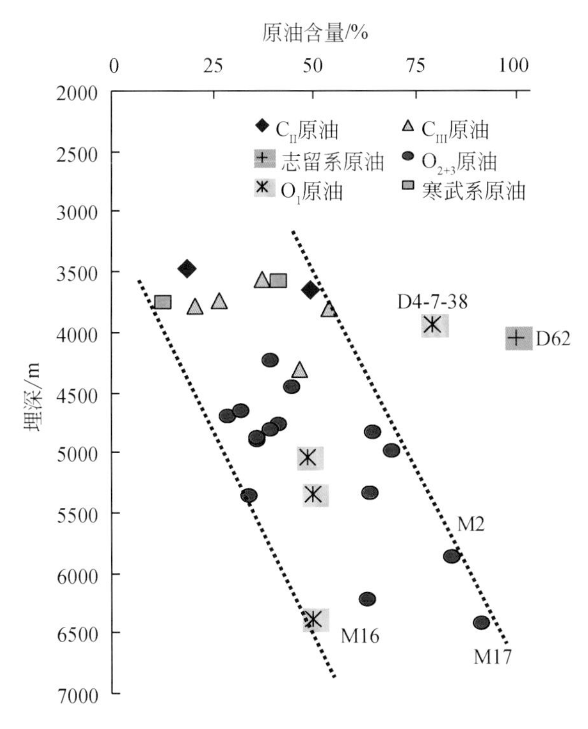

图 4.27　塔中地区奥陶系原油混源相对贡献

二、天然气地球化学特征及来源

塔中隆起奥陶系天然气组分变化大（表 4.2），甲烷含量为 80.57％～92.5％，CO_2 含量为 0.1381％～3.4782％，N_2 含量为 3.29％～9.12％，天然气相对密度为 0.61～0.68。该地区天然气普遍含 H_2S，井间变化较大。天然气组分在平面上的变化具有分带性：D241 井以东天然气普遍高 N_2 含量、低 H_2S 含量；D242 井、D823 井之间具有较高的干燥系数（＞0.95）、中低 N_2 含量、低 CO_2 含量、中高 H_2S 含量；D82-D54 井区具有低 H_2S 含量、中高 N_2 含量；D45 井区具有低干燥系数、低 CO_2 含量、中低 N_2 含量和中等含量的 H_2S，这些都反映了天然气在成因和次生变化上存在差异。

塔中奥陶系碳酸盐岩油气藏中天然气的甲烷碳同位素值主体分布为－46‰～－37‰（表 4.3），乙烷碳同位素值主体分布为－42‰～－30‰，远低于腐泥型母质和腐殖型母质来源天然气的分界－28‰，属于海相腐泥型母质来源的天然气。$\delta^{13}C_2$ 和 $\delta^{13}C_1$ 值小，大多小于 10‰，反映天然气成熟度非常高。根据天然气 $\delta^{13}C_1$ 和 R^o 值关系式（黄第藩等，1996）换算出的天然气 R^o 值主体在 1.3％～2.2％，说明天然气主体进入了高-过成熟阶段。这与塔中北斜坡上奥陶统烃源岩的成熟度不匹配，说明天然气主要来源于中-下寒武统烃源岩。例外的是 D45 井具有异常轻的 $\delta^{13}C_1$，小于－50‰，$\delta^{13}C_2$ 和 $\delta^{13}C_1$ 为 16.2‰和 23.3‰，干燥系数为 0.89，具有生物-热催化过渡带天然气的特征。

表 4.2　塔中隆起奥陶系天然气组成表

井区	井号	层位	深度/m	烃类组分						非烃组分			干燥系数
				C_1/%	C_2/%	C_3/%	iC_4/%	nC_4/%	C_5+/%	N_2/%	CO_2/%	H_2S/(mg/m^3)	
D26-D24	D241	O_3l	4618.47～4725.74	69.60	4.02	2.33	0.28	0.56	0.17	18.40	4.34	324	0.90
	D243	O_3l	4387.03～4547.9	83.50	1.65	0.66	0.07	0.18	0.09	12.80	0.91	18	0.97
	D26	O_3l	4300～4360	85.41	1.44	0.59	0.08	0.21	0.33	11.12	0.82	12	0.97
	D261	O_3l	4357～4380	85.60	1.06	0.42	0.05	0.12	0.07	9.35	3.28	—	0.98
	D263	O_3l	4310～4342	77.10	2.39	1.34	0.12	0.31	0.13	15.30	3.31	—	0.95
	D24	O_3l	4497.25～4522.87	73.12	3.12	4.53	0.21	0.48	0	18.54	0	—	0.90
D62	D62	O_3l	4700～54758	90.55	1.39	0.39	0.13	0.20	0.31	3.97	3.07	1000	0.97
	D621	O_3l	4851.1～4885	90.31	1.51	0.69	0.20	0.35	0.69	3.55	2.70	2305	0.96
	D622	O_3l	4913.52～4925	90.41	1.30	0.50	0.17	0.31	0.75	2.37	4.21	250	0.97
	D623	O_3l	4809～4815	90.20	1.29	0.42	0.12	0.19	0.25	4.65	2.89	8000	0.98
	D62-2	O_3l	4773.53～4825	90.80	1.36	0.29	0.08	0.14	0.20	4.09	3.02	919	0.98
	D62-1	O_3l	4892.07～4973.76	90.90	1.58	0.70	0.19	0.33	0.38	2.87	3.06	1544	0.97

续表

井区	井号	层位	深度/m	烃类组分						非烃组分			干燥系数
				C_1/%	C_2/%	C_3/%	iC_4/%	nC_4/%	C_5+/%	N_2/%	CO_2/%	H_2S/(mg/m^3)	
D82	D82	O_3l	5430～5487	81.97	3.07	1.30	0.35	0.50	0.78	8.85	3.17	55	0.93
	D821	O_3l	5212.64～5250.2	87.60	1.44	0.56	0.19	0.28	0.26	6.61	3.06	16800	0.97
	D822	O_3l	5614～5675	85.10	1.96	0.74	0.25	0.37	0.51	11.00	0.13	410	0.96
	D823	O_3l	5369～5490	90.80	1.22	0.41	0.12	0.16	0.18	3.68	3.44	22800	0.98
	D824	O_3l	5613～5621	82.70	3.94	1.77	0.32	0.68	0.93	7.53	2.10	37	0.92
	D828	O_3l	5595～5603	73.10	3.93	1.92	0.61	1.02	1.56	10.20	7.72	—	0.89
M2	M2	O_3l	5944～6000	90.90	2.58	0.79	0.29	0.41	0.88	4.02	0.12	—	0.95
	D54	O_3l	5752.35～5792.3	80.01	3.12	2.07	0.19	0.37	0	5.61	8.63	16	0.93
D45-D86	D45	O_3l	6080～6125	84.57	4.45	1.63	0.37	0.66	0.88	4.82	2.62	—	0.91
	D86	O_3l	6273～6320	85.60	3.05	1.21	0.35	0.67	1.00	4.29	3.86	14.23	0.93
	M17	O_3l	6426.09～6487.05	89.60	2.74	0.75	0.19	0.40	0.79	5.47	0.05	36.11	0.95
	M16	O_3l	6230～6269	78.70	8.45	2.10	0.48	0.79	0.89	5.99	2.55	4.44	0.86
	M162	O_3l	6123～6198	77.10	8.49	2.68	0.66	1.10	0.87	7.58	1.54	—	0.85
	M15	O_3l	6125～6138	78.70	7.74	1.93	0.38	0.61	0.38	7.73	2.55	2000	0.88
D72-D16	D30	O_3l	4997～5026	81.66	1.43	0.44	0.12	0.22	0.36	1.09	14.35	—	0.97
	D72	O_3l	5125～5130	88.20	3.16	1.23	0.39	0.71	1.37	1.30	3.68	750	0.93
	D58	O_3l	4592.19～4700.2	90.78	2.67	1.47	0.33	0.69	1.39	2.60	0.08	—	0.93
	D169	O_3l	4224.09～4450.47	84.60	1.94	0.37	0.03	0.08	0.06	6.99	5.93	—	0.97
	D168	O_3l	4374.5～4730	87.22	1.61	0.42	0.08	0.13	0.60	3.96	6.51	—	0.97
D83	D83	O_3y	5666.10～5681.0	93.10	0.64	0.10	0.04	0.06	0.15	0.97	4.91	32700	0.99
	D721	O_3y	5355.50～5505.0	94.70	0.65	0.14	0.03	0.07	0.11	0.97	3.31	18	0.99
	D722	O_3y	5356.7～5750.0	84.50	3.77	1.56	0.63	1.22	2.27	2.39	3.68	3833	0.90
M5-M7	M5	O_3y	6351.64～6460.00	87.90	3.51	0.89	0.24	0.37	0.57	1.53	4.59	48643	0.94
	M7	O_3y	5865.00～5880.00	77.70	2.13	0.66	0.16	0.23	0.28	14.70	4.07	66500	0.96
	M6	O_3y	5934.5～6172.73	85.95	3.10	1.32	0.72	1.00	1.12	2.77	3.99	600000	0.92
	M9	O_3y	6049.1～6480	64.10	0.06	0.02	0.01	0.03	0.10	13.50	22.20	616000	1.00
M8-M21	M8	O_3y	5983.00～6145.58	90.10	3.13	1.23	0.34	0.68	0.53	1.98	2.01	19933	0.94
	M21	O_3y	5753.00～5874.16	92.10	2.82	0.79	0.22	0.41	0.47	0.23	2.98	50894	0.95
	M10	O_3y	6198～6309.8	93.10	1.83	0.58	0.23	0.29	0.27	2.16	1.53	2200	0.97
	M11	O_3y	6450～6461.8	84.00	1.13	0.14	0.02	0.02	0.01	1.55	13.10	3800	0.98

注：“—”表示未测相关数据。

表 4.3 塔中隆起奥陶系天然气碳同位素值数据表

井号	层位	深度/m	$\delta^{13}C_1$/‰	$\delta^{13}C_2$/‰	$\delta^{13}C_3$/‰	$\delta^{13}C_4$/‰	$\delta^{13}C_{CO_2}$/‰	R^o/%
D45	O_3l	6020～6150	−54.4	−38.2	−32.0	−30.7	−2.5	0.35
D45	O_3l	6020～6150	−56.5	−33.2	−37.8	−34.2	—	0.28
D824	O_3l	5744.59～5750	−39.5	−35.2	−32.4	−31.8	−15.1	1.48
D82	O_3l	5430～5487	−39.6	−33.8	−30.6	−29.0	−8.2	1.46
D821	O_3l	5212.64～5250.2	−38.3	−33.1	−30.2	−29.4	−3.9	1.77
D62-3	O_3l	5072.46～6348	−38.7	−33.5	−30.1	−29.9	−9.3	1.67
D622	O_3l	4913.52～4925	−38.9	−33.8	−31.1	−30.3	−4.7	1.62
D62-1	O_3l	4892.07～4973.76	−38.0	−33.6	−30.2	−29.3	−4.1	1.84
D62-2	O_3l	4773.63～4825	−38.9	−31.7	−30.3	−28.7	−8.9	1.62
D44	O_3l	4822～4832	−39.0	−31.5	−29.6	−27.7	—	1.59
D44	O_3l	4854～4888.31	−44.0	−38.0	−33.1	−32.4	—	0.98
D241	O_3l	4618.47～4725.7	−38.4	−37.2	−33.5	−31.1	−6.2	1.74
D24	O_3l	4452～4465	−40.0	−31.6	−34.9	−30.8	—	1.38
D26	O_3l	4300～4360	−38.4	−36.8	−33.5	−29.4	−10.7	1.74
D26	O_3l	4300～4315	−37.7	−36.8	−32.6	−29.8	−0.4	1.93
D83	O_3y	5666.10～5684.7	−38.4	−31.9	−26.7	−22.7	−5.6	1.74
D721	O_3y	5355.5～5505	−38.8	−36.5	−30.8	−29.1	−10.3	1.62
M8	O_3y	5893～6145.58	−46.4	−36.5	−30.0	−28.6	−5.9	0.89
M5	O_3y	6351.64～6460	−44.6	−33.8	−28.9	−29.3	−1.2	0.98

天然气碳同位素值是划分油裂解气和晚期干酪根裂解气的重要依据。前人通过对四川威远震旦系天然气的研究得出，当甲烷碳同位素为−32‰时，仍然包含了三分之一油裂解气，如果排除油裂解气的影响，晚期干酪根裂解气的甲烷碳同位素可能比−32‰还重。轮南 59 井石炭系天然气甲烷碳同位素为−33.4‰，以晚期干酪根裂解气为主。英南 2 井与和田河气田的玛 4 井的天然气成因研究表明以原油裂解气为主（李剑等，1999；陈世加，2002；赵孟军，2002），这两口井的天然气甲烷碳同位素均在−37‰左右，明显轻于轮南 59 井的干酪根裂解气的甲烷碳同位素。塔中古隆起奥陶系碳酸盐岩油气藏中天然气的甲烷碳同位素与塔里木典型的干酪根裂解气和原油裂解气的甲烷碳同位素的对比表明（图

4.28)，塔中古隆起奥陶系天然气的甲烷碳同位素值明显与典型的原油裂解气相近或更轻，说明天然气主要为中-下寒武统来源的古油藏的原油裂解气。

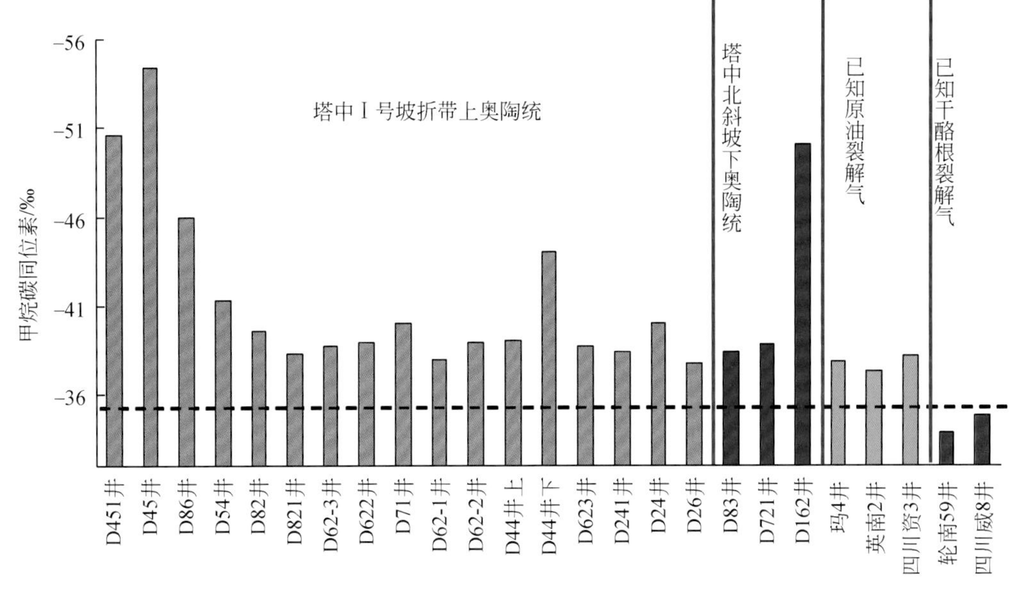

图 4.28　塔中奥陶系天然气与典型干酪根裂解气、原油裂解气的 $\delta^{13}C_1$ 对比图

第三节　油气成藏过程与成藏模式

一、油气充注时间与期次

已有研究表明（张水昌等，2000，2004；肖中尧等，2005；邬光辉等，2008），塔中隆起的油气来源于中-下寒武统、上奥陶统两套烃源岩，主要形成于加里东期、晚海西期、喜马拉雅期多期油气充注与成藏。塔中地区和满加尔凹陷西部中-下寒武统烃源岩在晚加里东期达到生油高峰，在晚海西期干酪根大量裂解达到生气高峰，目前有机成熟度高于 2.0%R^o；塔中低凸起上奥陶统烃源岩在二叠纪末—燕山初期进入生油门槛，在喜马拉雅期达到生油高峰；满加尔凹陷西部的中奥陶统烃源岩在晚海西期进入生油高峰期，在喜马拉雅期进入生气高峰。

对塔中奥陶系碳酸盐岩油气藏储层包裹体的研究表明，塔中奥陶系碳酸盐岩储层盐水包裹体均一化温度主要分布在 3 个区间，分别为 70～100℃、90～125℃、120～155℃，与之对应的成藏期分别为晚加里东-早海西期、晚海西期和喜马拉雅山期（表 4.4，图 4.29～图 4.31），综合上述油气来源分析及本地区构造演化史资料，塔中地区成藏过程可概括为：晚加里东—早海西期、晚海西期和喜马拉雅期三期油气充注与早海西期油气破坏调整、喜马拉雅期油气补充调整 3 个阶段（图 4.32）。

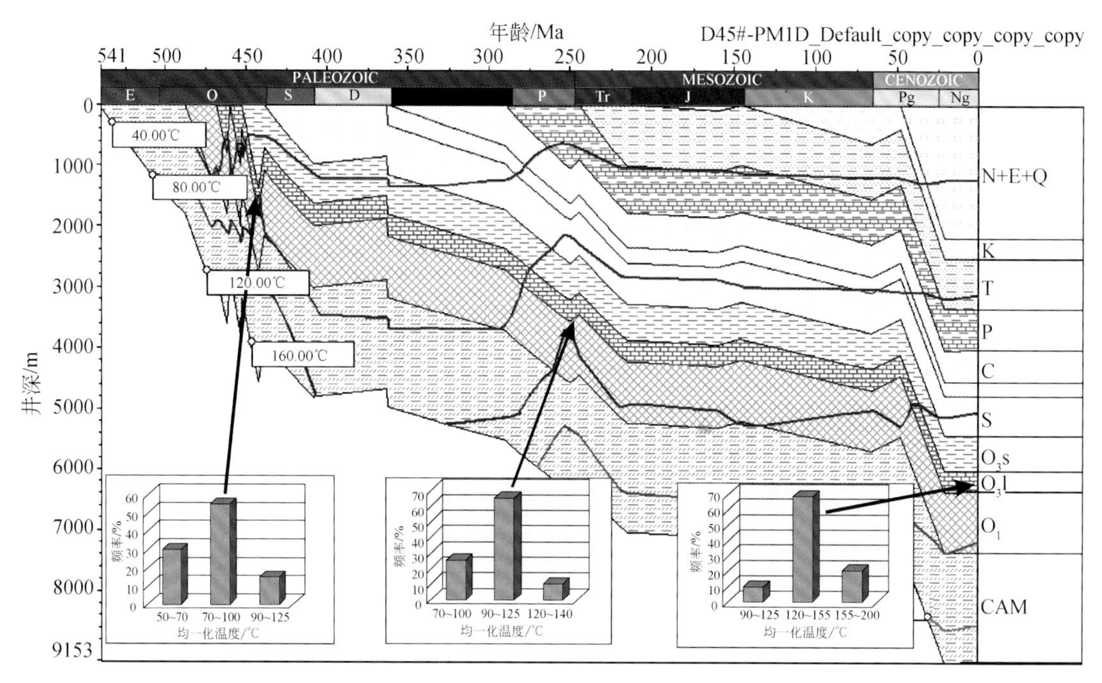

图 4.29　D45 井奥陶系埋藏热演化史与成藏包裹体温度

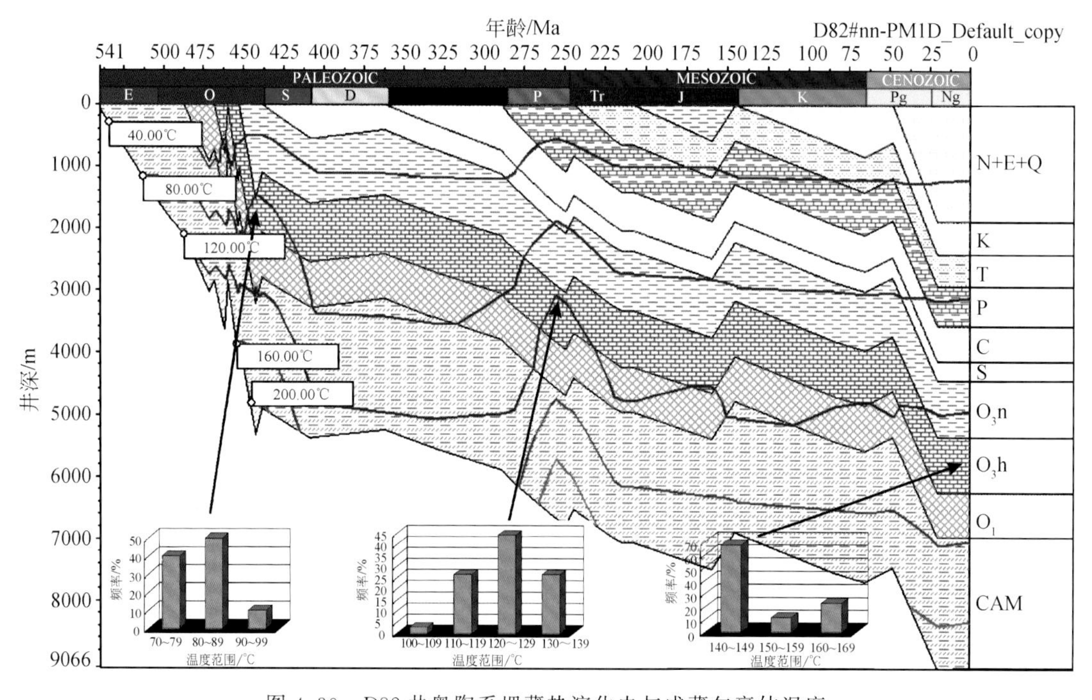

图 4.30　D82 井奥陶系埋藏热演化史与成藏包裹体温度

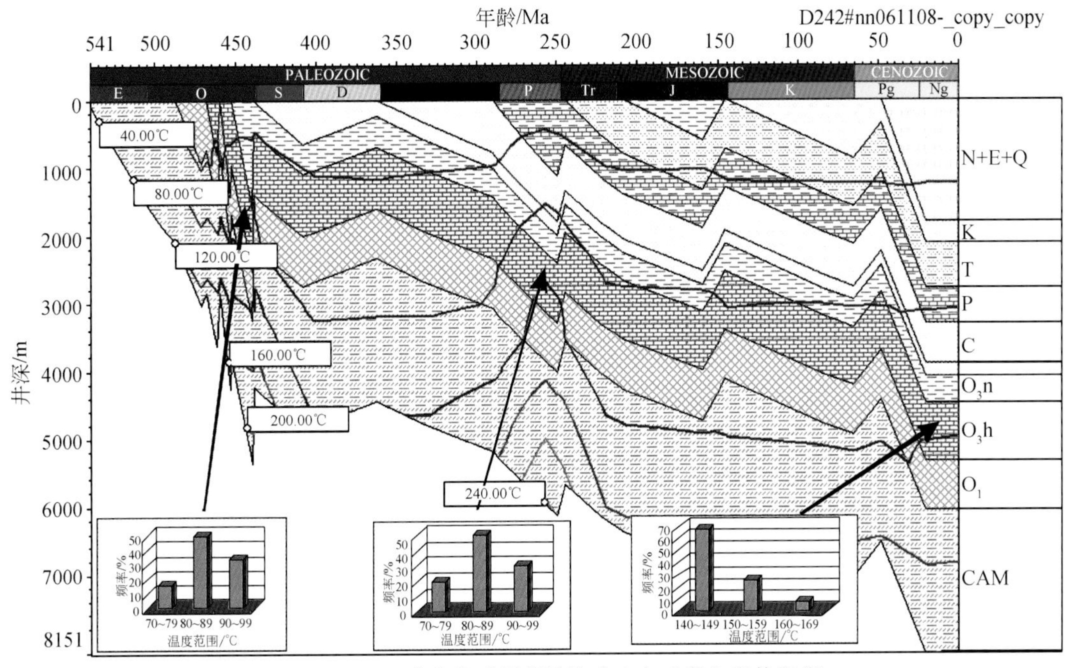

图 4.31　D242 井奥陶系埋藏热演化史与成藏包裹体温度

表 4.4　塔中地区奥陶系储层包裹体温度及成藏时期

地区	层位	晚加里东—早海西期	晚海西期	喜马拉雅期
D45 井区	O_3	70～100℃	90～125℃	120～155℃
D82 井区	O_3	70～90℃	110～130℃	140～150℃
D62 井区	O_3	70～90℃	90～120℃	115～140℃
D83 井区	O_1	86～90℃	100～120℃	125～150℃
与盐水包裹体共生的烃类包裹体特征		主要为液相包裹体，发黄色荧光，数量少	气液两相包裹体，发黄色荧光和黄绿色荧光，数量较多	主要为气态烃包裹体

第一期与烃类包裹体共生的盐水包裹体均一化温度为 70～100℃，主要为液相包裹体，发黄色荧光，数量少，推断其对应的形成时间为晚加里东—早海西期。尽管从现在残存的奥陶系和志留系叠加厚度来看，要达到此古地温，埋藏深度还显得较浅，但如果考虑到上奥陶统桑塔木组泥岩还存在剥蚀，即可以弥补此不足，推断上奥陶统桑塔木组泥岩沉积以后，奥陶系礁滩复合体的埋藏深度可以达到 3000m 以上，温度超过 80℃，也正是桑塔木组泥岩的快速堆积、油藏温度迅速升高，聚集的油气经受高温灭菌消毒，后期构造抬升埋藏变浅时没有受到生物降解的原因。塔中礁滩体附近桑塔木组泥岩盖层现今残余厚度 400～1100m，在桑塔木组泥岩盖层剥蚀后期，礁滩体油藏的温度最大不超过 60℃（以最大埋藏深度 1100m 和古地温 3.5℃/100m 计算），仍然在遭受生物降解的温度范围内。因此，如果不是早期的深埋高温消毒作用，此期聚集的油气将全部遭受生物降解，而不是仅在与地表水连通的局部区域见到降解沥青（如 D44 井区见到沥青垫，而与其邻近的同深度的 D62 井区上奥陶统没有见

到沥青垫是主要的产层段分布区并且成为主要的产层)。这期包裹体在塔中I号坡折带储层中有少量发现，与其对应油藏原油的生标特征相吻合，属于下奥陶统—寒武系生源特征，因此这一期原油来自于满加尔凹陷的下奥陶统—寒武系烃源岩（图 4.32)。

第二期与烃类包裹体共生的盐水包裹体均一化温度为 90～125℃，推断其对应的形成时间为晚海西期。这是塔中奥陶系碳酸盐岩储层最重要的油气聚集时间，充注强度大，气液两相包裹体数量多，发黄色荧光和黄绿色荧光，该期原油主要来自于中上奥陶统烃源岩(图 4.32)。塔中地区在该期的包裹体温度比根据地层厚度反推算出的当时的古地温要高，可能与当时普遍存在的热液活动有关。除在 D45 井发现热液活动的证据之外，在其他井也发现直接的热液作用证据，如萤石和石膏，D82 井区在该期包裹体温度为 110～130℃，D62-D24 井区该期包裹体温度为 90～120℃。

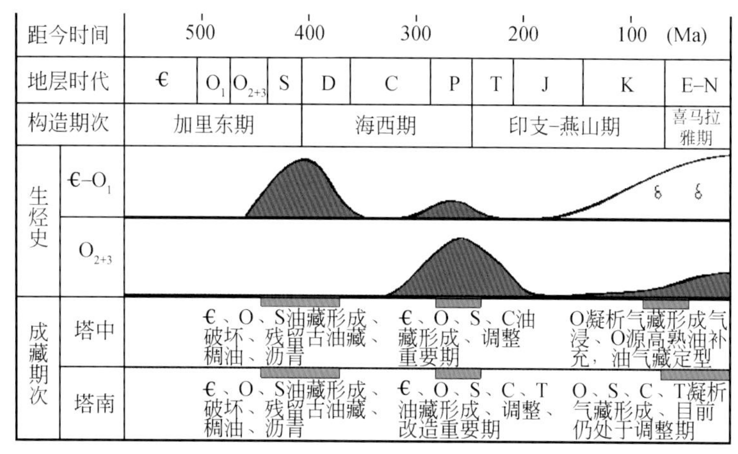

图 4.32 塔中隆起奥陶系油气充注成藏史

第三期包裹体以气态烃包裹体为主，包裹体的均一化温度较高，为 120～155℃。根据各井埋藏史和包裹体均一温度推测，这期以气为主的油气充注期主要在喜马拉雅期（图 4.32)。根据前面对天然气成因的分析，该期天然气来自寒武系原油的裂解气。第三期包裹体不发育，在目前所分析的样品中，数量较少，可能是因为储层孔隙中充填了油，游离的地层水数量较少，包裹体的形成从而受到抑制。塔中奥陶系礁滩复合体油气藏现今的地层温度与埋藏深度有关，埋藏深度由西向东逐渐变浅，西部 D82 井区，埋藏深度大，温度为 137.04℃，东部 D24-D26 井区埋藏深度相对较浅，温度为 127.62℃，位于中部的 D62 井区，温度为 131.06℃。D82 井区在该期包裹体温度为 140～150℃，D62-D24 井区在该期包裹体温度为 115～140℃。

二、油气成藏模式

烃类地球化学分析表明，塔中下奥陶统原油性质与中-上奥陶统原油差异显著，埋深超过5000m 的下奥陶统原油较之于相同埋深的上奥陶统原油具有较低的 C_{29} 甾烷/C_{30} 藿烷[图 4.33 (a)]、较高的甲基屈指数 [图 4.33 (b)]、较低的氧芴含量 [图 4.33 (c)]，特别地，原油芳烃参数二苯并噻吩/四甲基萘、二苯并噻吩/菲、SF/OF 指示塔中下奥陶统原油与相同埋深的中-上奥陶统原油有本质的区别，下奥陶统原油明显独立聚为一类（图 4.34）。这种差异表示下奥陶统与中-上奥陶统原油具有既相互区别又相互联系的油气成藏体系。

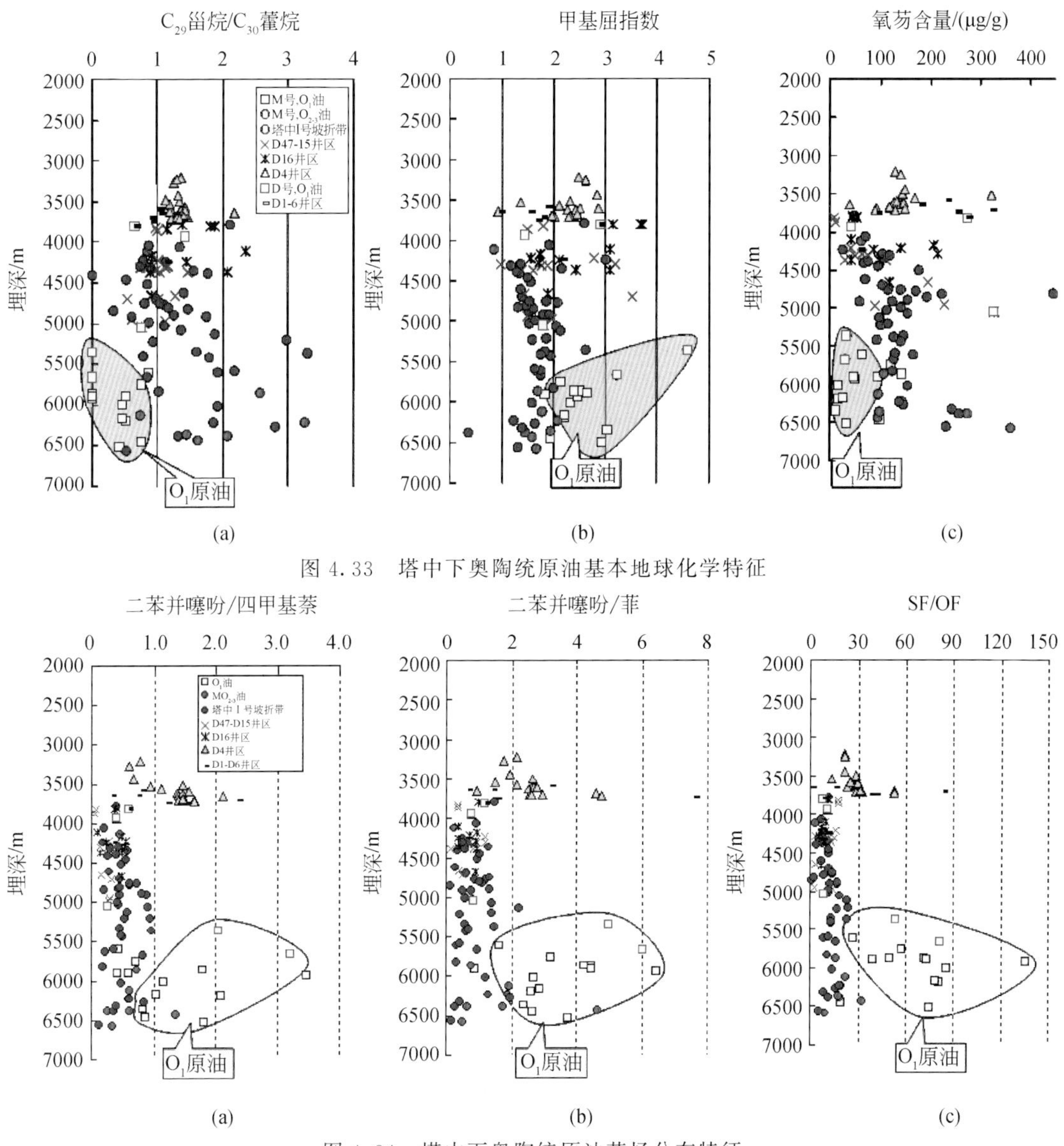

图 4.33　塔中下奥陶统原油基本地球化学特征

图 4.34　塔中下奥陶统原油芳烃分布特征

塔中下奥陶统绝大部分原油性质较均一，特别是同位素值较为接近，表明油气的成藏模式与中-上奥陶统可能存在一定的差异，似乎表明下奥陶统油气的运移通道和（或）油藏的连通性方面有别于中-上奥陶统。下奥陶统与中-上奥陶统之间的不整合面对于油气的侧向运移可能至关重要。对比表明，除塔中东侧埋藏较浅的下奥陶统原油外，其他部位下奥陶统原油性质仍有细微的差异，观察到 M5 井、M6 井、M7 井下奥陶统原油可能具有更高的成熟度（原油中生标已很难检测）（图 4.35），可能与该区发育深切断层、输导高过成熟油气和（或）该区带晚期气侵更强有关（图 4.36），该区带原油特征的差异可能与邻近深切断层的发育有关。

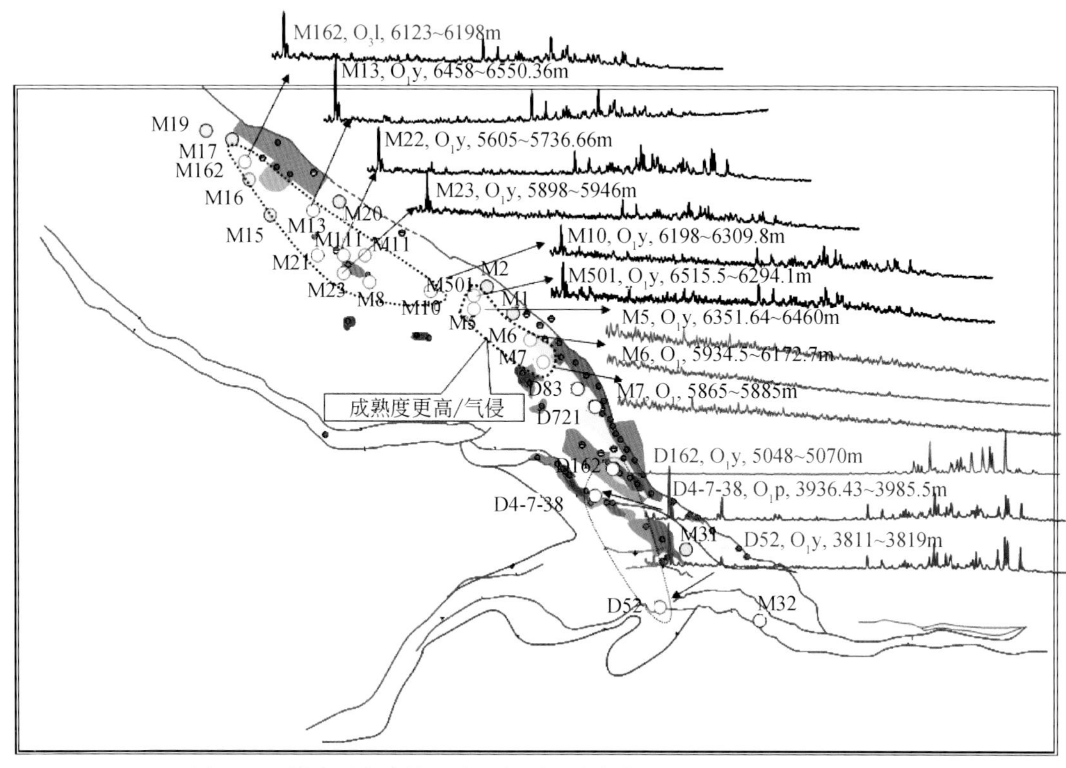

图 4.35　塔中下奥陶统原油生标平面分布特征差异指示油气多期充注

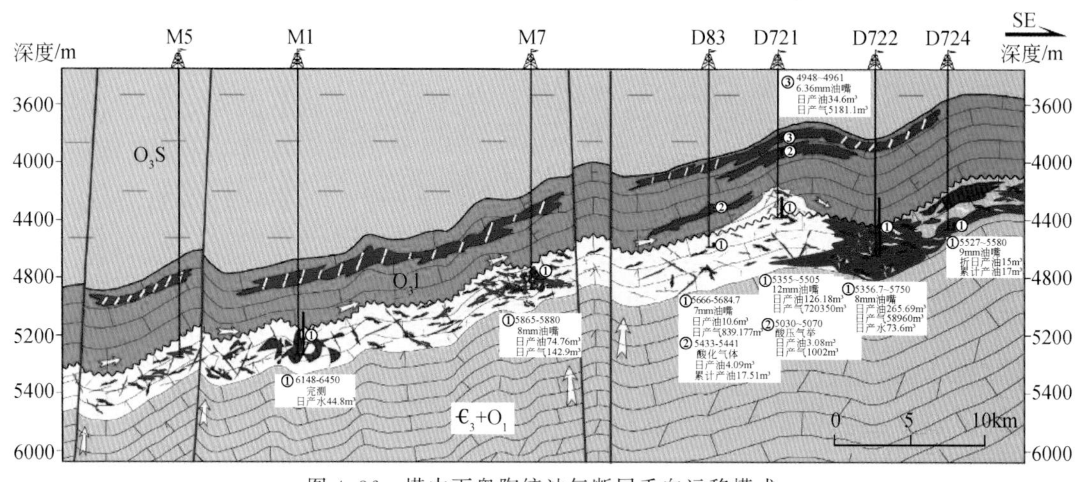

图 4.36　塔中下奥陶统油气断层垂向运移模式

塔中下奥陶统原油可能包含以下几种混源成藏模式：“原生型”混源成藏模式（边运移边混合）、“异源多期充注型”混源模式，局部可能存在早期成藏后期调整的“次生调整型”混源成藏模式，以上成藏模式可贯穿于几乎全部的油气成藏过程，受油气成藏年代、优势运移通道、储层连通性、烃源岩生排烃期、构造活动时间与强度等多种因素控制。

塔中古隆起形成于早奥陶世，至奥陶纪中晚期满加尔凹陷寒武系烃源岩进入生油高峰，生成的油气通过塔中Ⅰ号坡折带向位于高部位的寒武系白云岩、下奥陶统层间岩溶、上奥陶统礁滩体圈闭运移聚集，形成广泛分布的大型古油藏（图 4.37）。

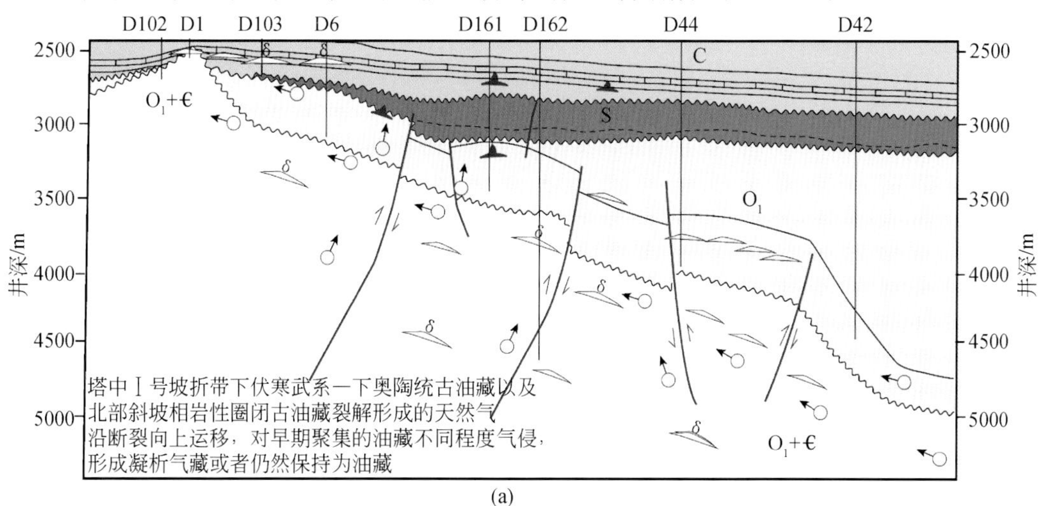

(a)

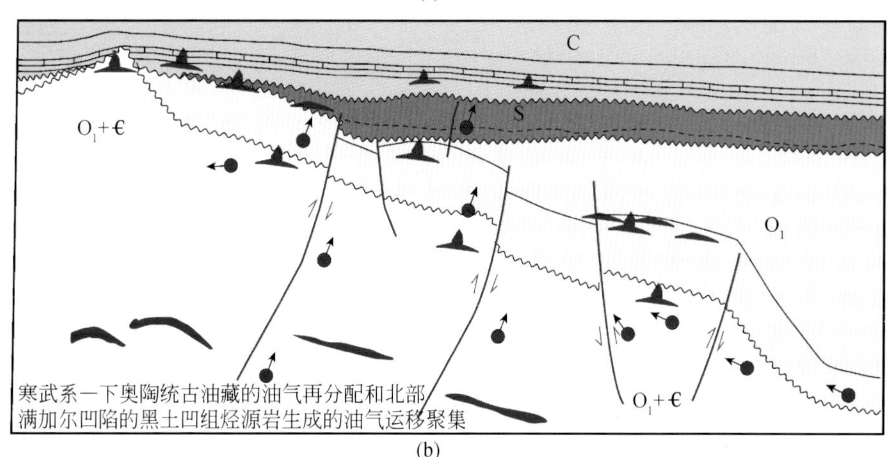

(b)

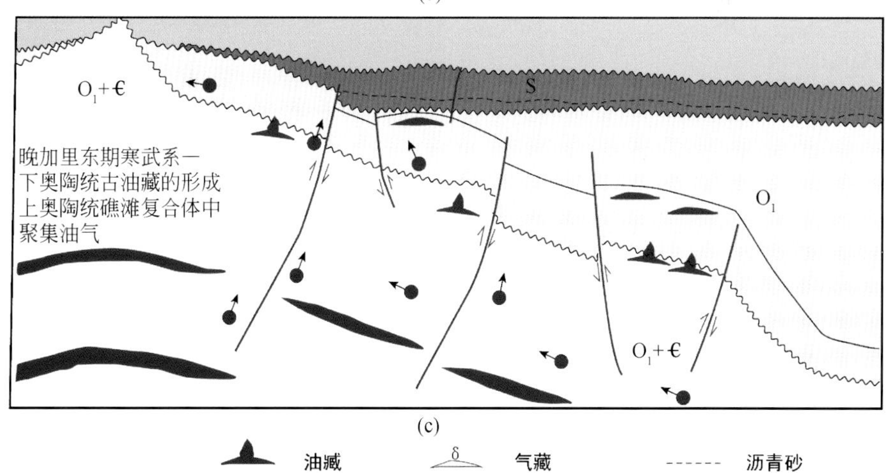

(c)

图 4.37　塔中隆起奥陶系碳酸盐岩油气运移聚集示意图

(a) 喜马拉雅造山期；(b) 晚海西期；(c) 晚加里东—早海西期

志留纪末至东河砂岩沉积前，塔中地区遭受强烈的构造改造作用，油气经历强烈的调整破坏，大量的油气发生散失，形成志留系普遍赋存的沥青与稠油。

晚海西期满西及巴楚地区寒武系烃源岩进入高成熟期，同时满西地区中奥陶统优质烃源岩进入生烃高峰期，为紧邻满西的塔中北斜坡提供了大量的油气，来源于中-下寒武统、上奥陶统两套烃源岩的油气在奥陶系优质储层发生混源成藏，形成塔中北斜坡奥陶系大面积分布的混源油气藏。

天然气的充注主要发生在喜马拉雅期，喜马拉雅期塔里木盆地受新构造运动作用，位于深层的古油藏、烃源岩与输导体系中分散有机质，在深埋作用下可能发生裂解，形成油裂解气，在塔中北斜坡下奥陶统及塔中Ⅰ号构造带上奥陶统产生强烈气侵，形成现今塔中北斜坡大面积分布的凝析气藏。高成熟度的原油裂解气充注时，也会携带一定量的寒武系来源的凝析油，从而使得奥陶系油气藏混源现象进一步加剧（图 4.37）。

下奥陶统层间岩溶型油气藏主要位于下奥陶统鹰山组顶面附近缝洞体系发育带，储层主要由大型溶洞、裂缝、溶孔组成，油气通过底部气源断裂输导，由下向上充注，经不整合面横向运移，调整成藏。两类气源断裂形成了 3 种成藏模式（图 4.38）：①构造背景富集成藏模式，如 D83、D162 等井下奥陶统有局部构造背景的地区，邻近气源断裂，天然气以构造高部位为指向充注，在侧向上以圈闭或断裂遮挡，有利于天然气的富集，在储层发育区的低部位（如 D84 井）可能有封存水；②上倾方向遮挡成藏模式，如 M7、D62 等井气藏，缺少局部构造，位于斜坡背景，由于天然气通过断裂侧向运移，在储层发育区上倾方向出现致密带，形成上倾方向遮挡聚集成藏，在储层发育的下倾部位可能有水体的存在（如 M1 井区）；③局部缝洞体遮挡成藏模式，如 D82、D58 等井区，在邻近气源断裂的部位，有缝洞系统发育带，天然气就近聚集成藏。

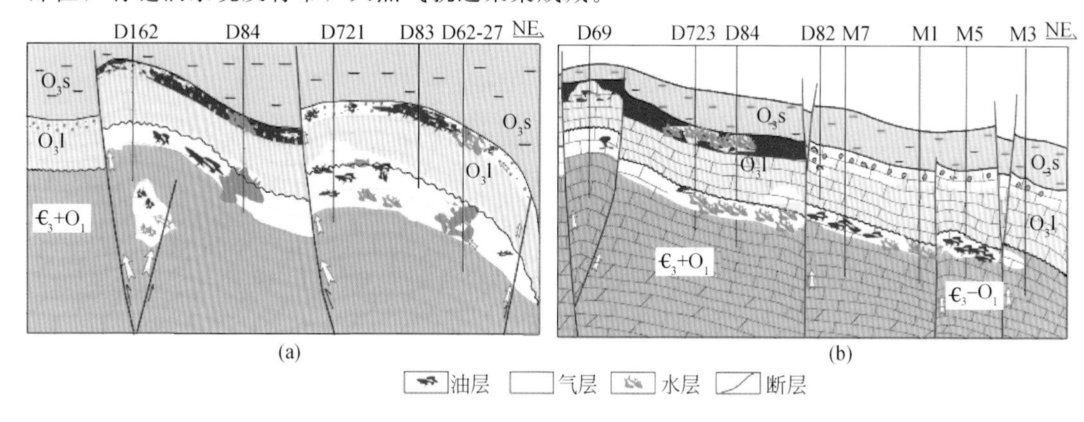

图 4.38 塔中北斜坡下奥陶统油气成藏模式图

三、混源成藏机制

（一）碳酸盐岩储层非均质性导致油气赋存差异

塔中奥陶系碳酸盐岩油气复杂性与其储层特性密切相关，本区虽有优质储层分布，但总体以低孔低渗为主（图 4.39）。储层岩石物性分析结果表明孔隙度、渗透率差异大，塔中Ⅰ号坡折带上奥陶统储层物性分析孔隙度最大为 20.92%，最小只有 0.03%，孔隙度均值 1.5%，渗透率最大为 $492\times10^{-3}\mu m^2$，最小的只有 $0.005\times10^{-3}\mu m^2$。D83 区下奥陶统岩芯分析孔隙度最大 11.96%，最小 0.03%，渗透率最大为 $12.7\times10^{-3}\mu m^2$，最小的只有 $0.0126\times10^{-3}\mu m^2$。总体属特低孔-低孔、超低渗-低渗储层，孔渗相关性很低。岩芯压汞资料分析表明塔中奥陶系碳酸盐岩储层存在多种孔喉结构，其中大孔大喉孔隙型储层，约占分析样品的 15%，大孔细喉型储层，约占 35%，细孔细喉孔隙型储层，约占分析样品的 40%，裂缝-孔隙型储层，占分析样品的 10%，多种孔喉结构的存在造成碳酸盐岩储层非均质性。

从储层发育的主控因素来看，岩性、岩相的变化与成岩作用造成储层非均质性的主控因素。储层对比研究表明，礁滩体虽然纵向叠置、横向连片，但沉积微相变化较大，又由于成岩作用的差异，造成单个礁滩体可能形成相对独立的储集单元，形成局部油气分布的变化，以及含水的复杂性变化。可见，本区储层低孔低渗特征与非均质性是造成油气分异不明显的重要因素。

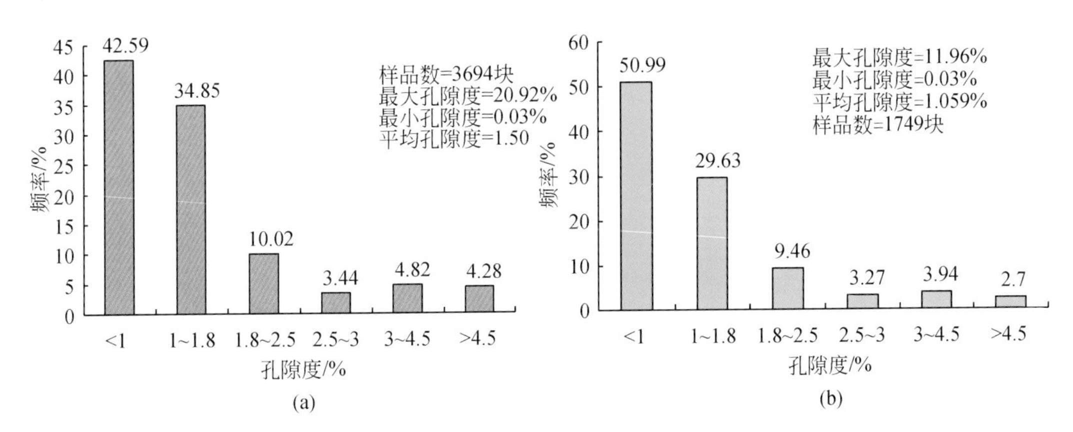

图 4.39　塔中奥陶系碳酸盐岩储层岩芯孔隙度分布直方图

（a）上奥陶统；（b）下奥陶统

塔中隆起奥陶系碳酸盐岩储层非均质性还表现在试采过程中流体的动态变化：

（1）单井油气产能变化可以分为 3 种类型，分别为稳产型、递减型、先减后增型（详见第一节）；

（2）单井出水特征表现为以下 4 种类型：①台阶型，油气井出水以后，产水逐渐达到一个相对稳定值，随着开采的进行，可能连通另一溶洞或者另一水体侵入，产水量上升，从而导致产水特征呈现台阶型，可能出现两个或多个台阶［图 4.40（a）］。②快速上升型，当油气井钻遇溶洞通过裂缝或高渗带与水体连通，经过一段时间的无水采气期之后，一旦气井见水，含水率将迅速上升，达到甚至超过 90%，形成水淹，但有些井在外围水体能量补充作用下，在高含水率的情况下仍然能带水采气相当长一段时间［图 4.40（b）］。③缓慢上升型，当油气井钻遇储层纵向上物性相当，随着开采的进行，生产压差的增大，压力分布的变化等，导致水体逐渐侵入，气井产水，含水率逐渐上升。该类储层发育程度相当，不易形成边、底水突进。D242 井出水特征即为缓慢上升型，如图 4.40（c）所示，大约经历了两年的无水采气期，气井出水，产水量缓慢上升。④先升后降型，此类型通常油气井钻遇储层仅与较小水体连通。此类出水分两种情况而论，一是开井即见水，但经过一段时间的开采，随着水体能量的减弱，气井出水逐渐减少，含水率下降；二是含水率上升到一定值后再下降［图 4.40（d）］。

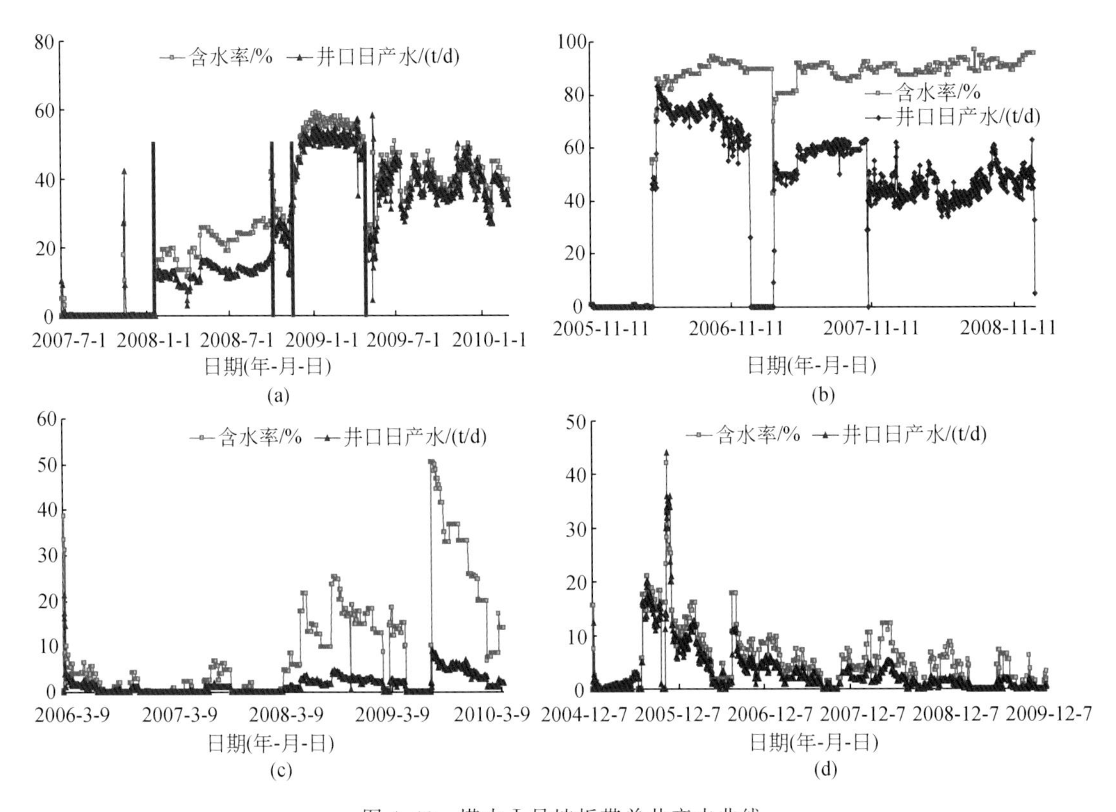

图 4.40　塔中Ⅰ号坡折带单井产水曲线

（a）台阶型，D243 井；（b）快速上升型，D62-1 井；（c）缓慢上升型，D242 井；（d）先升后降型，D621 井

（3）气油比变化特征。①平面上差异大，生产中主要表现在平面上不同井之间气油比变化复杂，差异很大，反映由于储层非均质性强，后期气侵不均一的特点。②随开采时间变化，同一口井不同时间段气油比变化也比较大，如 D622 井。D622 井在生产中出现气油比先高后低的变化规律，主要原因是由于流体纵向上具有差异性造成的，气体的流动性好，产出一定量上部分气体后，压力降低、气体的产出量减小、生产气油比降低、流体密度增大，后期由于反凝析现象，气油比升高。③随深度变化而变化。塔中Ⅰ号气田开发试验区具有低部位为油、高部位为气，而且油气分异比较大的特点，虽然分布的储集体较多，但随着深度的增加，气油比明显变低（图 4.41）。从图中可以看出，以 D621 井为界，东部井和西部井大致表现为两条趋势线，随深度的变化气油比变化趋势明显不同。

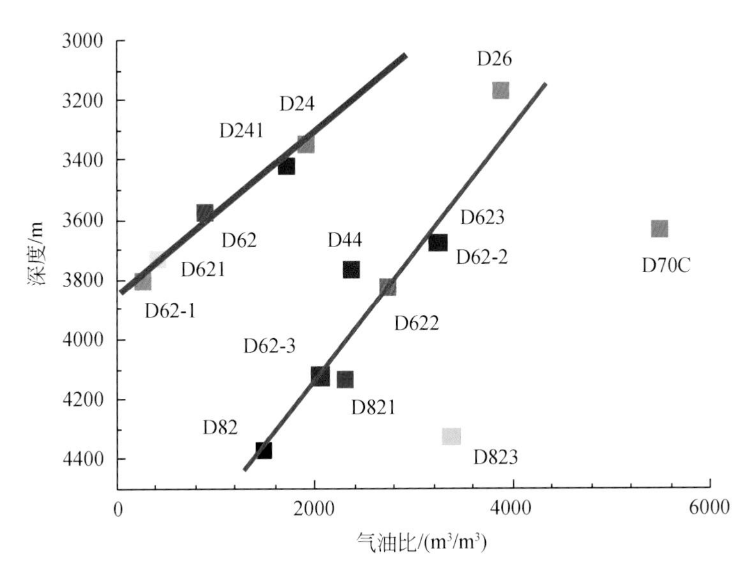

图 4.41 塔中油气井气油比随深度变化关系

上述塔中奥陶系碳酸盐岩储层及流体非均质性特点表明，碳酸盐岩储层储集空间以孔、洞、裂缝为主，基质孔隙贡献小，缝洞系统是油气富集的基本单元，控制了油气分布。碳酸盐岩油气藏宏观上无明显的边、底水，每一个缝洞系统为相对独立的油水系统，油气藏流体分布单元为缝洞系统，同一缝洞系统遵循高部位为油气、低部位为水的流体分布规律。

（二）多源多期油气充注造成油气水分布复杂

对塔中地区提供油气的潜在烃源岩有 3 套，一是早已过成熟的普遍分布于塔中低凸起北侧、满加尔凹陷西部地区的高有机质丰度中-下寒武统烃源岩；二是塔中低凸起上普遍分布的有机质丰度较低、目前处于成熟阶段的上奥陶统灰泥丘相泥灰岩；三是仍然存在争议的位于满加尔凹陷西部地区的中奥陶统黑土凹组烃源岩。塔中地区和满加尔凹陷西部中-下寒武统烃源岩在晚加里东期达到生油高峰，在晚海西期干酪根大量裂解达到生气高峰；塔中低凸起上奥陶统烃源岩在二叠纪末—燕山初期进入生油门槛，在喜马拉雅期达到生油高峰；满加尔凹陷西部的中奥陶统烃源岩在晚海西期进入生油高峰期，在喜马拉雅期进入生气高峰。

由于多期油气的来源、相态以及充注的方向和方式都有差别，产生油气充注的差异性，不同的储集体单元可能经历不同的油气运移与调整，在非均质低孔、低渗碳酸盐岩储层中，容易造成油气水分布的差异性。

1. 岩溶缝洞体系的差异运聚

层间岩溶储层是表生岩溶储层，对它的研究相对深入并建立了比较完善的岩溶缝洞体系模式（Esteban and Klappa，1983；Kerans，1988；Budd et al.，1995；顾家裕，1999；何发崎，2002；刘忠宝等，2004；夏日元等，2006）。根据上述模式可以将表生岩溶地区的主要圈闭归纳为以下5类（图4.42）：①横向具有一定连通性的可以导致流体横向运移的通道［图4.42（a）、（b）中的AA'］：该通道对应于表生岩溶作用中的水平渗流带，其最明显的岩溶特征是出现大型的水平溶洞，控制流体沿水平方向流动；②位于AA'一侧的圈闭［图4.42（a）、（b）的H］：横向连通通道在被垂直落水洞或者其他垂直缝洞体系［图4.42（a）、（b）中G］切割时，将在垂向上跃迁，从而在水平通道一侧形成盲肠状的圈闭［图4.42（a）、（b）中的H］；③位于AA'之上的圈闭［图4.42（a）、（b）中的BCDEF圈闭］：这些圈闭代表垂直渗流带或者表层岩溶带发育的复杂圈闭，与地表水产生的地表径流冲刷、溶蚀过程中形成的一些溶沟、溶洞、溶缝、溶蚀洼地、溶蚀漏斗及落水洞等密切相关；④位于AA'之下圈闭［图4.42（a）、（b）中的Ⅰ］：该带对应于水平渗流带之下形成的溶蚀漏斗、落水洞等；⑤孤立的缝洞体系［图4.42（a）、（b）中的B］：由于受到后期复杂成岩作用的影响，不与AA'发生任何水动力联系的圈闭，形成相对独立的流体封存箱。

任何复杂的岩溶过程均可归纳为上述简化模式的叠加和复合，因此通过上述简单模型油气运移过程的分析，可以探究碳酸盐岩复杂缝洞体系的油气成藏过程。由于碳酸盐岩成岩作用中存在不同的耗水过程，原始圈闭中充满水和不充满水将决定浮力在油气运移过程中所起作用的大小，因此需要分两种情况分别考虑：

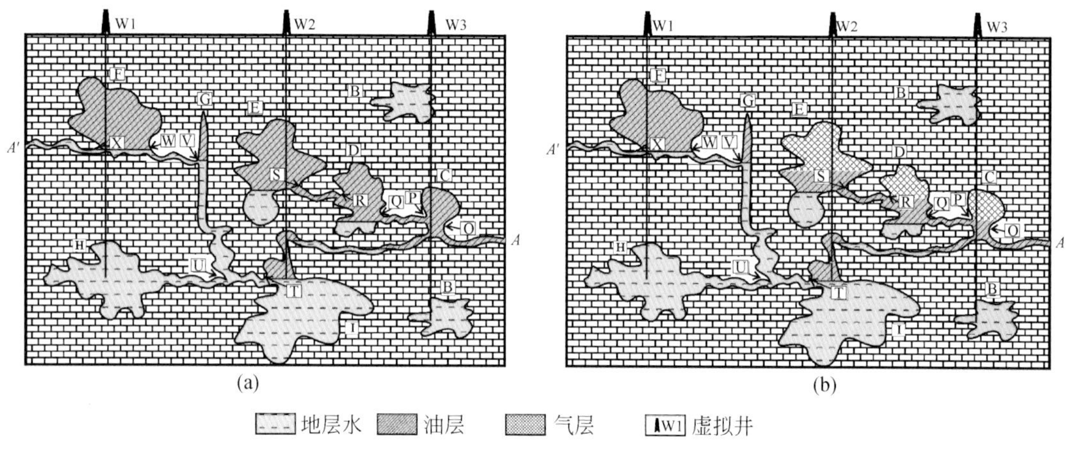

图4.42　表生岩溶缝洞体系简化模式及其油气运移过程

（a）原始储层中充满地层水，早期油源充足；（b）原始储层中充满地层水，早期油源充足，晚期有限气侵。AA'：水平渗流带中导致流体横向运移的复杂通道；B：孤立的孔洞缝体系；CDEF：位于AA'之上的孔洞缝圈闭；G：垂直落水洞或溶洞；H：位于AA'一侧的圈闭（被垂直落水洞屏蔽）；I：位于AA'之下的孔洞缝通道；OQSW：油气在浮力作用下向圈闭顶部聚集的点；PRTVX：局部圈闭的溢出点

当储层中充满地层水时［图4.42（a）］：油气在进入储层中的O点后，将在浮力的作用下，向圈闭C顶部运移，将地层水向下排出，直到将圈闭C充满到其溢出点后（P点），油气沿圈闭C和圈闭D间的裂缝体系向圈闭D运移，在圈闭D中重复圈闭C中所发生的过程，在此期间下部油气波及的范围始终没有超过O点。如果油源充足，原油将持续充注，直到超出圈闭C和D的共同溢出点（R）并向S点运移，并在圈闭E中重复在圈闭C和D中发生的过程。如此反复，直到将所有位于横向联通通道之上的圈闭充满，形成如

图 4.42（a）所示的原油聚集状态。

现在考虑晚期天然气运移的情况。由于天然气的密度比原油和地层水的密度均小，其所发生的过程与原油在地层水中发生的过程大致类似。唯一的区别是注气的过程同样是原油波及范围扩展的过程：天然气将首先在圈闭 A 中形成气顶，将早期形成的原油向下排出。此时天然气的波及范围虽然没有发生变化（处于圈闭 C），但是由于圈闭 C 中排出了油气，因此原油的波及范围会继续扩展。这一特点也暗示天然气和原油充注的先后次序会影响局部圈闭的油气成藏过程，早期天然气充注可能阻碍晚期的原油充注。

上述过程分析说明油气充注的过程是逐渐将地层水排出圈闭的过程，因此油气的充足程度对不同圈闭的油气充满度影响巨大。一般遵循近源圈闭先充注，充满程度高，而远源圈闭后充注，充满程度相对低的规律。

图 4.42（b）展示了油源充足，而晚期微弱气侵的情况，可以看出岩溶缝洞体系的油气成藏具有以下几个特点：①油气充满度影响因素复杂：圈闭大小、圈闭溢出点和油气源的充足程度都会影响圈闭油气充满度。一般在油气运移的方向上［图 4.42（b）中的 AA'］可能形成纯气藏（近烃源岩）、油气藏和纯油藏（远烃源岩）的空间分布格局；②油气水关系复杂：位于圈闭溢出点之下的地层水不能有效的排出，导致所有圈闭没有统一的油水界面，不同圈闭的油水界面和气水界面受局部圈闭溢出点控制，总体受横向联通的输导通道 AA' 制约。受圈闭溢出点的影响，位于横向输导通道之下的圈闭甚至会在进口和出口两端形成不同的油水界面［图 4.42（b）中圈闭 I］；③受浮力作用的影响，被垂直落水洞或者其他垂直缝洞体系［图 4.42（b）中 G］切割的部分水平溶洞［图 4.42（b）中的圈闭 H］可能永远不会有油气成藏过程。即垂直缝洞体系会导致油气运移通道在垂向上的跃迁；④受毛细管作用力的影响，孤立的缝洞体系［图 4.42（b）中圈闭 B］由于缺少通道沟通油源，不会发生油气成藏过程。

2. 断裂主导的多层缝洞体系

断层改造了储层形成裂缝孔隙型储层（Moore，2001），同时断层是深部热液上升的通道，复杂的热液溶蚀作用进一步改造了储层（Moore，2001；王嗣敏等，2004；朱东亚等，2005）。断层活动所伴随的多种地质过程对碳酸盐岩缝洞体系的改造使油气运聚过程更加复杂化。但是从地质解析的角度，可以将该系统理解为受断层沟通的多层碳酸盐岩缝洞体系的油气运移，在空间上呈树状结构，断层是油气运移的树干（图 4.43）。

区别于碎屑岩的断层油气差异模式（Allan，1989；Moore，2001），碳酸盐岩缝洞体系中的断层不会形成规则的下部油藏，中间油气藏和上部油藏的分布模式。如果储层中充满了地层水，则可以和表生岩溶体系中储层充满地层水的运移模式相对应，总体在临近断裂带附近形成气藏，随着远离断裂带形成油气藏和油藏，规模取决于断层输导油气的量；图 4.43 展示了储层中充满地层水，早期原油充注充足而晚期有限气侵的油气分层聚集模型。油气的注入点位于早期油源充足时，油气在浮力的作用下沿断裂系统垂向输导，在上下两层缝洞体系中同时形成油藏，每一层的充注过程与图 4.42（a）可以类比，油水界面同样受局部圈闭溢出点的控制；晚期有限气侵时，天然气在浮力的作用下对两层孔洞缝体系同时气侵，由于圈闭的大小不一样，导致每一个圈闭的充满度不一样，因此形成了复杂的油气界面。

油气注入点强烈的影响油气的富集规律，如图 4.43 所示，如果油气从左侧注入，则会导致油气仅仅在下层孔洞缝中聚集，相反如果油气从右侧注入，则油气会仅仅在上层孔洞缝中聚集，导致下层孔洞缝介质不会被油气充注。

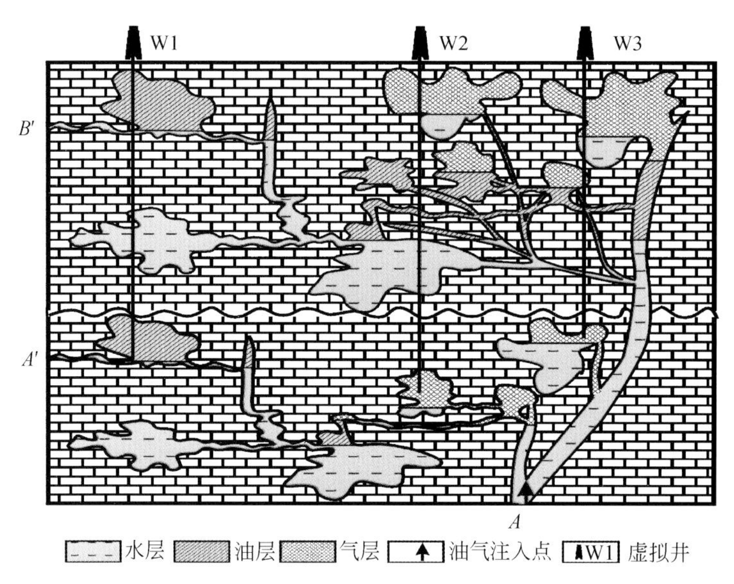

图 4.43　断裂复杂化的溶缝洞体系模式及其油气运移过程

储层中充满地层水，早期油源充足，晚期有限气侵；AA'和AB'：侧向上联通的断层-缝洞体系

3. 不整合面主导的多层缝洞体系的输导作用

同样据地质解析的原理将该系统理解为不整合面系统和碳酸盐岩复杂缝洞体系的复合输导体系。碳酸盐岩不整合面岩溶结构本身就是复杂的碳酸盐岩缝洞体系，但是叠合盆地多期构造活动形成的不同级别的不整合面可能将不同时期的碳酸盐岩缝洞体系联通，形成复式缝洞体系结构，决定了油气在其中的运聚规律不是简单的背斜型油气差异运聚（张厚福等，1999）。

如果储层充满地层水，油气运聚取决于不整合面的结构及其与上覆储层的沟通情况。如果不整合面与上覆储层沟通良好，此时油气将沿不整合面顶面运移，形成背斜型油气差异运聚。相反，如果不整合面之上为膏泥岩，沿不整合面运移的油气将在下部缝洞体系中聚集，油气向下排出地层水，因此油气的聚集程度取决于不同层缝洞体系中地层水的可排出程度；图 4.44 展示了不整合面侧向沟通的多层缝洞体系油气向下排出地层水的情况。其中最显著的特征是圈闭溢出点之下的地层水永远无法有效排出，从而形成复杂的油气水系统。

（三）晚期天然气气侵形成非常规凝析气藏

塔中奥陶系凝析气藏喜马拉雅期气侵来自两个方向：其一来自北侧深层的寒武系；其二来自垂直方向的深层的寒武系。自北侧深层寒武系的天然气，从北向南呈近平行面状输导进入奥陶系碳酸盐岩储层中，现今正处于大量天然气充注期，气侵北强南弱，由于碳酸盐岩储层本身的非均质性以及油藏受气侵产生沥青质沉淀，对天然气的进一步运移产生一定的阻隔（赵文智等，2009），形成了“北气南油”现象，挥发油藏与凝析气藏没有截然界限，地露压差、地饱压差都很低。由于输导体系的差异性、储层物性的非均质性，在气侵强烈的层段形成凝析气藏，气侵程度弱的层段仍然保持为微型油藏，以斑块状的形式分布于凝析气藏中。另外，部分 H_2S 含量极高的天然气沿切割中下寒武统的断裂从富含膏盐的中下寒武统向上运移，造成油气相态与产出的复杂性。这些高含 H_2S 气体多分布在南北向走滑断裂附近，如 D82 井区走滑断裂以东 D83 井 H_2S 含量达到 32 700ppm。

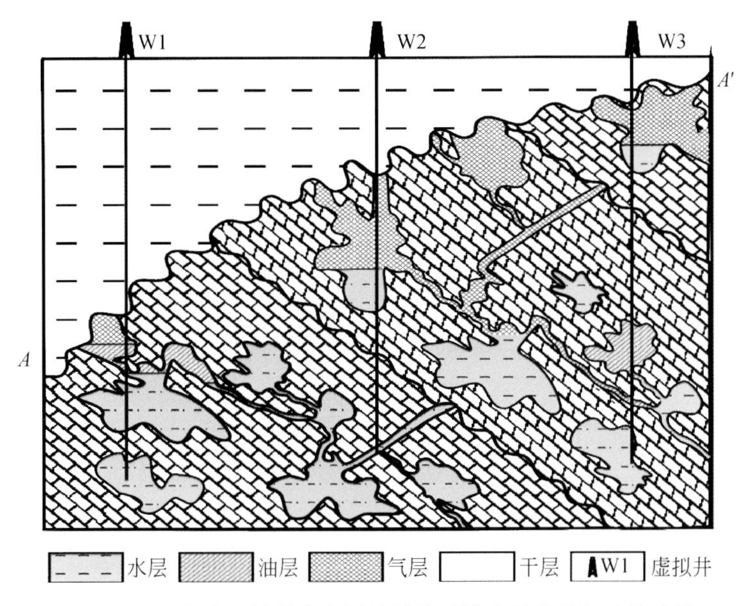

图 4.44　不整合面输导的多层缝洞体系模式及其油气运移过程

储层中充满地层水，早期油源充足，晚期有限气侵；AA'：横向联通的不整合面输导体系

前文从原油物性、生标特征及单体烃碳同位素论述了塔中奥陶系原油具有混源特征，根据奥陶系油气成藏过程分析可以看出，塔中奥陶系原油存在混源的地质条件，首先是两套烃源岩成藏期次存在重叠和交叉现象，因此两种来源油气混源在时间上是可行的；其次是上、下奥陶统优质储层横向上连片，纵向上相互叠置，油气沿断裂、不整合面、缝洞发育带及其共同构成的复式输导网络运移，使得两种来源油气混源在空间上是允许的。因此，多源多期成藏、多期调整及油气运移通道共享，是造成塔中北斜坡奥陶系原油普遍混源的根本原因。

第四节　油气成藏控制因素

一、继承性古隆起是形成特大型凝析气田的地质基础

对塔中地区提供油气的潜在烃源岩有 3 套，一是早已过成熟的普遍分布于塔中低凸起

北侧、满加尔凹陷西部地区的高有机质丰度的中下寒武统烃源岩；二是塔中低凸起上普遍分布的有机质丰度较低、目前处于成熟阶段的上奥陶统灰泥丘相泥灰岩；三是仍然存在争议的位于满加尔凹陷西部地区的中奥陶统黑土凹组烃源岩（张水昌等，2000，2004）。塔中和满西地区中-下寒武统烃源岩厚 30～200m，TOC 最高可达 2.43%，目前 R^o 为 1.5%～2.3%，处于过成熟阶段，在较深拗陷区 R^o 已大于 3%，这些寒武系—下奥陶统烃源岩的沉积环境属于强还原环境，有机质丰度较高，不仅是塔中地区油气的重要来源，也是塔里木盆地其他台盆区重要的油气烃源；满西地区中奥陶统烃源岩 20～60m，TOC 为 0.5%～1.3%，目前 R^o 为 1.5%～2.0%，处于高-过成熟阶段；塔中地区上奥陶统烃源岩厚约 80m，TOC 为 0.5%～5.54%，在隆起斜坡区 R^o 为 0.81%～1.30%，现今处于生油高峰阶段，上奥陶统烃源岩主要为碳酸盐岩陆内的洼地沉积，属于弱还原至弱氧化环境，有机质丰度低（表 4.5）。总之，这 3 套烃源岩厚度大、分布广，有机质丰度高，现今都处于成熟阶段，在历史阶段生成的油气资源丰富，为塔中隆起北斜坡奥陶系大型油气藏的形成奠定了物质基础。

表 4.5　塔中古隆起两套有效烃源岩参数统计表

层系	中-下寒武统	上奥陶统
分布	满加尔凹陷东部和盆地西部	主要分布于塔中北斜坡
有机相及岩石类型	满东凹陷为欠补偿深水盆地相，灰质硅质泥岩与泥灰岩，夹灰黑色放射虫硅质岩；西部台地区主要为蒸发潟湖相，含泥或泥质泥晶灰岩	上奥陶统台缘斜坡灰泥丘相，泥质条带灰岩
有机碳	TOC 为 0.5%～5.52%，大于等于 0.5%的源岩厚度为 153～336m（未穿）	TOC 为 0.5%～5.54%，源岩厚度 80～300m
成熟度	1.70%～2.45%	0.81%～1.1%
主要排烃期	晚加里东期为主要排油期，晚海西期为主要生气期	喜马拉雅期为主要生、排油期

二、优质烃源是碳酸盐岩大面积混源成藏的物质保障

古隆起是油气运聚成藏的有利指向区。总体而言，塔中古隆起是一个寒武系—奥陶系巨型褶皱背斜隆起，形成早、定型早，早奥陶世末已经形成，志留系沉积前基本定型，塔中古隆起形成演化北早南晚、构造作用西弱东强，经历多期构造作用叠加。中生代、新生代隆起相对南倾，这种由早期北倾转为南倾的翘倾模式有利于油气成熟和储集。

古隆起背景控制优质储层的发育。古隆起斜坡边缘有利于台缘高能储集相带的发育，沉积相控制岩石的结构和岩性，从而控制岩石原生孔的发育程度，并在很大程度上影响溶蚀孔隙的发育，虽然储层孔隙主要为次生溶蚀孔隙，但原生孔隙的存在是溶蚀作用发生的必要条件，溶蚀孔隙大多是在原生孔隙的基础上发展起来的。良里塔格组沉积期沿塔中Ⅰ号坡折带发育台地边缘相带，该相带适合造礁生物的大量生长，随阶段性构造沉降和海平

面变化及生物向上营建作用，发育生物礁、粒屑滩、灰泥丘的多旋回沉积组合（陈景山等，1999；王振宇等，2007a；赵宗举等，2007），形成塔中Ⅰ号坡折带的礁滩型储层，是塔中Ⅰ号坡折带上奥陶统油气赋存的主要储集对象。

受早奥陶世末—晚奥陶世初的中加里东运动控制，塔里木盆地区域构造应力场开始由张扭转变为压扭，塔中乃至巴楚地区整体强烈隆升，下奥陶统上部地层裸露为灰云岩山地，遭受强烈剥蚀、淋滤和风化，形成了塔中地区广布的碳酸盐岩层间岩溶储集体（康玉柱等，2005；赵宗举等，2007；苗继军等，2007）。从平面上看，下奥陶统顶部的层间岩溶储层分布范围较大，储层分布范围与古构造形成的不整合面形态具有较好对应关系。塔中地区下奥陶统表现为整体抬升、局部起伏不平的斜坡地貌，可以进一步划分为岩溶次高地、岩溶上斜坡和岩溶下斜坡等地貌单元。不同岩溶地貌单元具有各自独特的岩溶发育特征，也决定了层间岩溶的深度、范围及强度（韩剑发等，2008a，2008b）。有利储层段主要分布在下奥陶统鹰山组顶部300m内，纵向上叠置，横向连片，沿岩溶斜坡部位广泛分布，其储集性能在很大程度上受控于岩溶体系与裂缝系统的空间发育程度，具有准层状展布特征，油气层主要分布在潜山150m范围内。

古隆起斜坡区保存条件优越。塔中Ⅰ号构造带形成于早加里东期，在奥陶纪末基本定型，志留系与石炭系都是自西向东披覆其上，在石炭纪后基本没有断裂活动，只有多期的整体翘倾活动，形成稳定的埋藏。塔中北部斜坡带及塔中Ⅰ号构造带奥陶系碳酸盐岩上覆一套稳定的区域盖层——上奥陶统桑塔木组泥岩，厚度一般为300～500m，该套盖层分布广泛、厚度大、封盖性能好。该套盖层在前两个成藏期（中晚加里东期、晚海西期），上覆层较薄，泥岩压实较弱，构造活动强，桑塔木组中的断层基本处于开启状态，油气可以通过断裂、不整合面等进入志留系、石炭系。晚海西期以来的构造活动减弱，在石炭系以上基本没有断裂断穿，断裂在桑塔木组泥岩中处于封闭状态，在喜山期油气无法突破这套泥岩盖层向上运移，从而可以形成奥陶系礁滩体凝析气藏。此外，奥陶系良里塔格组下部较致密的含泥灰岩段与下奥陶统顶部鹰山组层间岩溶也可构成良好的储盖组合，形成层间岩溶型凝析气藏。

三、断裂、不整合面，缝洞系统是成藏最佳输导格架

塔中下古生界碳酸盐岩经历长期成岩演化史，储层以低孔低渗为主，沉积相带、岩溶、裂缝是储层发育主控因素，其中不整合岩溶对优质储层的分布具有重要作用，多期不整合暴露控制了大面积碳酸盐岩储层的分布，埋藏溶蚀-烃类充注作用控制了储层的发育，构造破裂作用改善了储集性能。

宏观与镜下微观研究表明，塔中地区碳酸盐岩储层的有效储集空间绝大多数为次生的溶蚀孔洞与裂缝，原生孔隙贡献很小。以塔中Ⅰ号坡折带上奥陶统储层为例，1402块岩芯样品统计分析表明，最大孔隙度达12.74％，最小仅0.099％，孔隙度均值为1.78％，孔隙度＞2％占35％，渗透率分布范围在$0.001\times10^{-3}\sim840\times10^{-3}\mu m^2$，平均为$10.35\times10^{-3}\mu m^2$，属特低孔-低孔、超低渗-低渗储层，孔渗相关性很低。由于大型缝洞发育段难以取芯，而且岩芯缝洞发育段易破碎，岩芯样品物性整体偏低，仅代表基质物性特征，测

井解释储层段孔隙度一般为3%～6%，大型缝洞发育段孔隙度>10%，大致能反映本区物性特征。从储层发育情况看，储层主要岩石类型为礁灰岩和颗粒灰岩，次生孔隙是主要的储集空间，储集空间以大型溶洞、溶蚀孔洞、粒内及粒间孔为主，裂缝是主要的渗透通道。礁滩复合体中的棘屑灰岩、生物砂砾屑灰岩以均匀溶蚀的蜂窝状孔洞发育为特征，孔径一般为1～10mm，面孔率最高达10%，储层物性好，孔隙度平均为2.27%，渗透率平均为$5.5\times10^{-3}\mu m^2$，储层主要分布在良里塔格组的良一段、良二段，厚度一般为50～300m，有效储层厚度为30～160m。塔中Ⅰ号构造带准同生期溶蚀及埋藏期溶蚀作用发育（陈景山等，1999；王振宇等，2007b），在良里塔格组沉积后也有短暂的暴露岩溶，各种溶蚀作用多沿礁滩体原生孔隙层段与裂隙发育，而且可能形成大型缝洞系统，溶蚀孔洞发育段孔隙度可达4%～8%，洞穴发育段高达15%以上，后期的暴露岩溶及埋藏溶蚀作用大大改善了礁滩复合体的储集性能。

根据岩芯、岩屑观察以及镜下微观研究，塔中地区下奥陶统鹰山组储层岩石类型以亮晶砂屑灰岩、泥晶砂屑灰岩为主，储集空间以大型溶洞、溶蚀孔洞为主，孔隙度平均为4.7%，渗透率平均为$5.5\times10^{-3}\mu m^2$。纵向上集中分布在不整合顶面以下280m地层厚度范围内，可大致分为两大套储集体，两套储集体之间有较为明显的致密隔层，东部的M5-M7井区钻穿了这两套储集层段，西部的M8-M21井区仅钻揭了上部的储集层段（图4.45）。研究表明，该套储层的发育受多期岩溶作用、构造活动、白云岩化、岩性岩相等多种因素的综合控制。在有利岩性岩相和同生风化岩溶的基础上，经过世吐木休克组—良三段沉积早期，受层间岩溶影响，沿不整合面育准层状分布的大规模缝洞储集体，进入埋藏期后又经过晚期加里东期—喜马拉雅造山期，多期构造破裂和埋藏溶蚀作用进一步对储层进行改造，最终形成了优质的岩溶型储层。其中古地貌控制的层间岩溶是储层形成的最主要因素，构造变形作用产生断裂与裂缝提供了沟通通道，促进了溶蚀即岩溶作用的进行，又有效地改善了储层的储集性能，白云岩化则是本区鹰山组白云岩内幕型储层发育的重要控制因素（Saller et al.，1999；HoPkins et al.，1999；吕修祥等，2005；康玉柱等，2005）。最终多种作用多期叠加改造形成塔中北斜坡鹰山组纵向叠置、横向连片的优质碳酸盐岩储集体。

塔中下奥陶统碳酸盐岩层间岩溶优质储层的发育主要受控于古地貌、岩溶作用和断裂活动。古地貌平面上的分带性又决定了层间岩溶的深度、范围及强度；岩溶分带性则控制了优质储层的垂向发育特征；断裂活动改善了储层的储渗性能。多种作用的多期叠加改造使下奥陶统层间储层形成了“横向连片，纵向叠置”的分布特征。油气沿优质储层聚集成藏，受储层控制，宏观上也具有准层状的分布特点（图4.46）。当局部放大，具体到储层内单独的一个缝洞单元内，油气水分异正常，流体的分布主要受控于该缝洞体所处的构造部位及其与断裂的关系等（图4.47）。油气产出呈动态变化，可能是采油过程中，缝洞体结构及其与其他洞体连通性变化所致。因此，油气成藏研究中除了注重宏观上的整体研究外，还应加强单个缝洞体与局部构造、断裂活动等控制因素的关系研究。

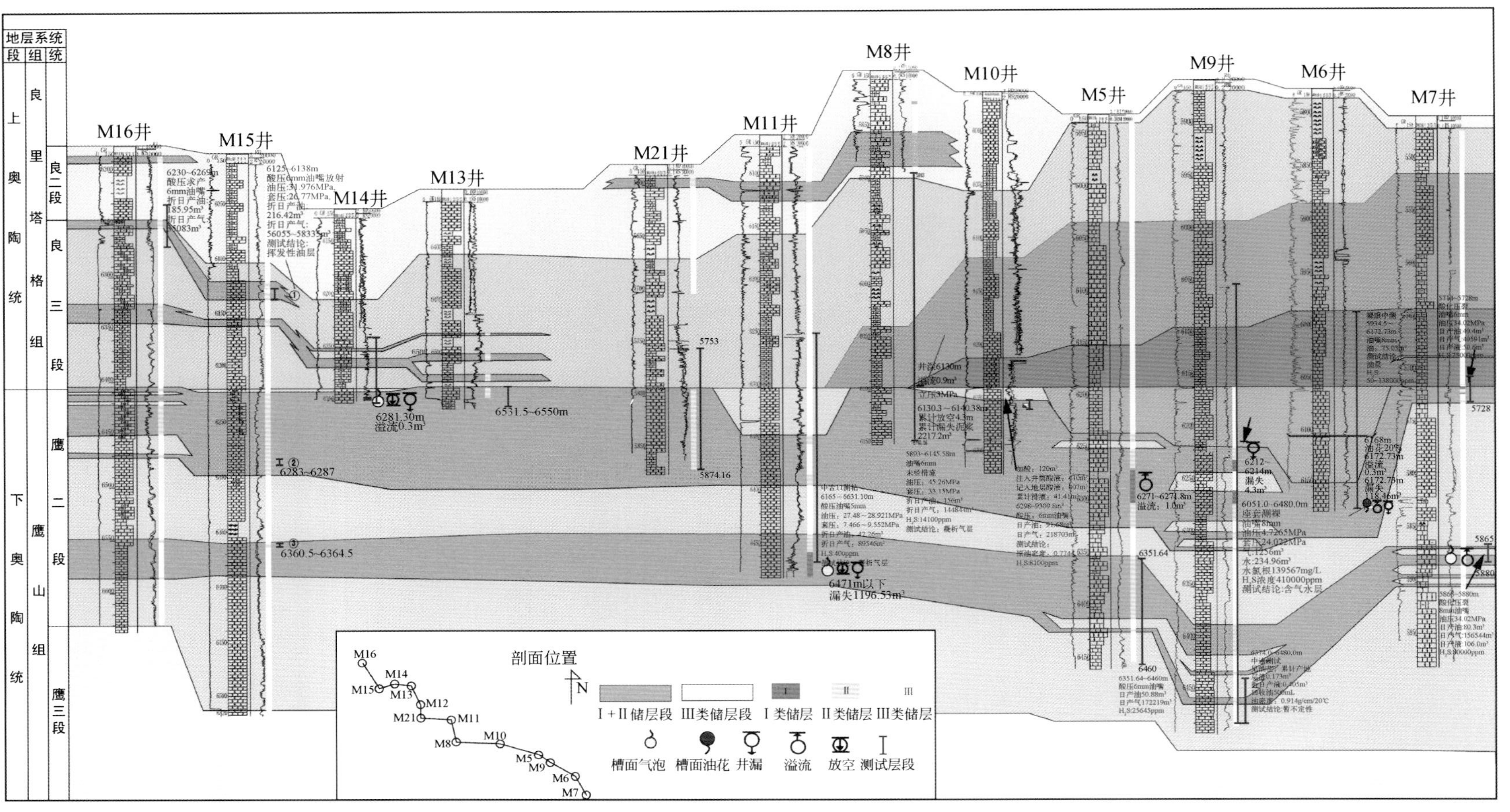

图4.45 塔中隆起北斜坡下奥陶统鹰山组层间岩溶储层对比剖面图(单位：m)

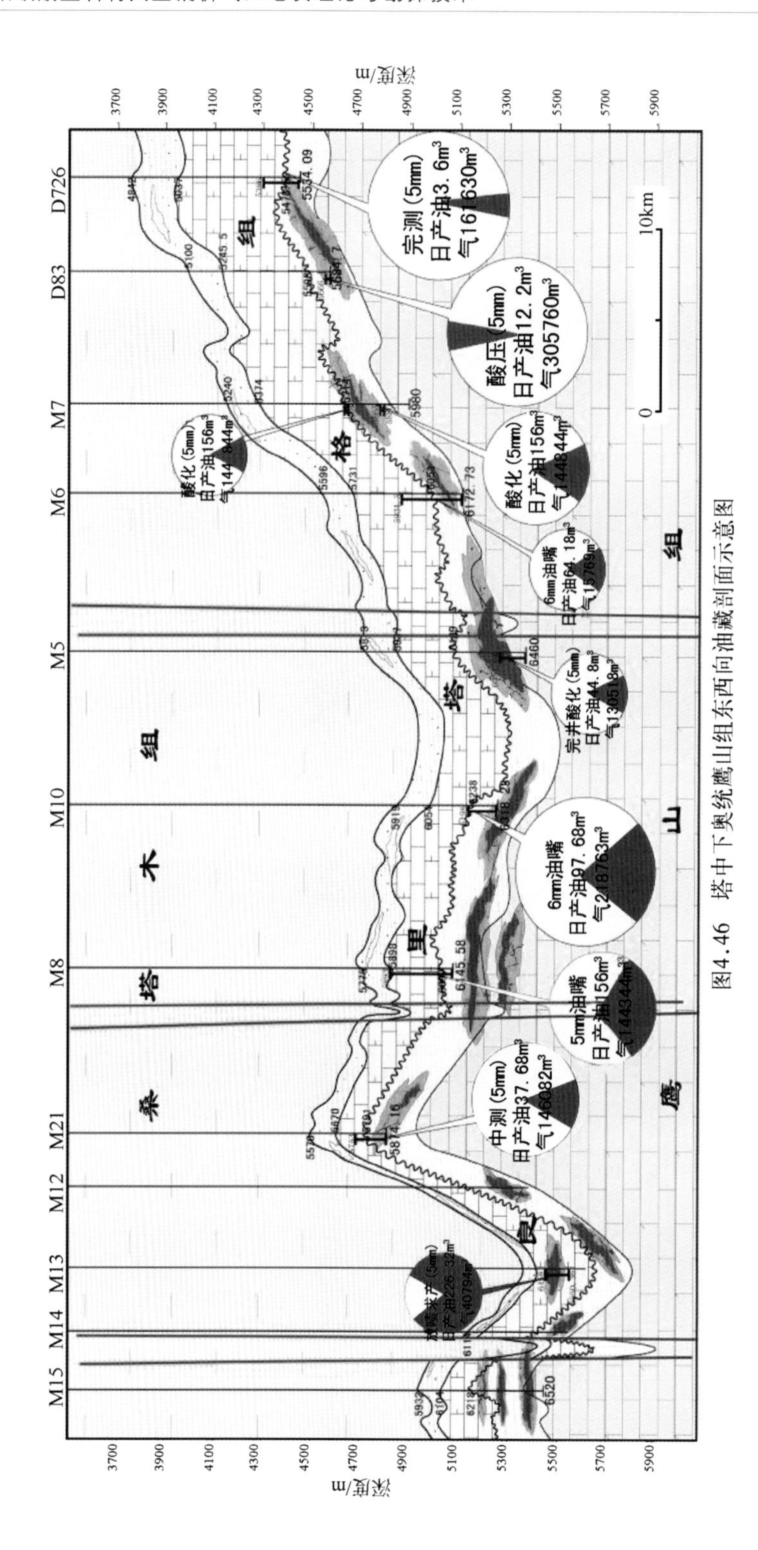

图4.46 塔中下奥统鹰山组东西向油藏剖面示意图

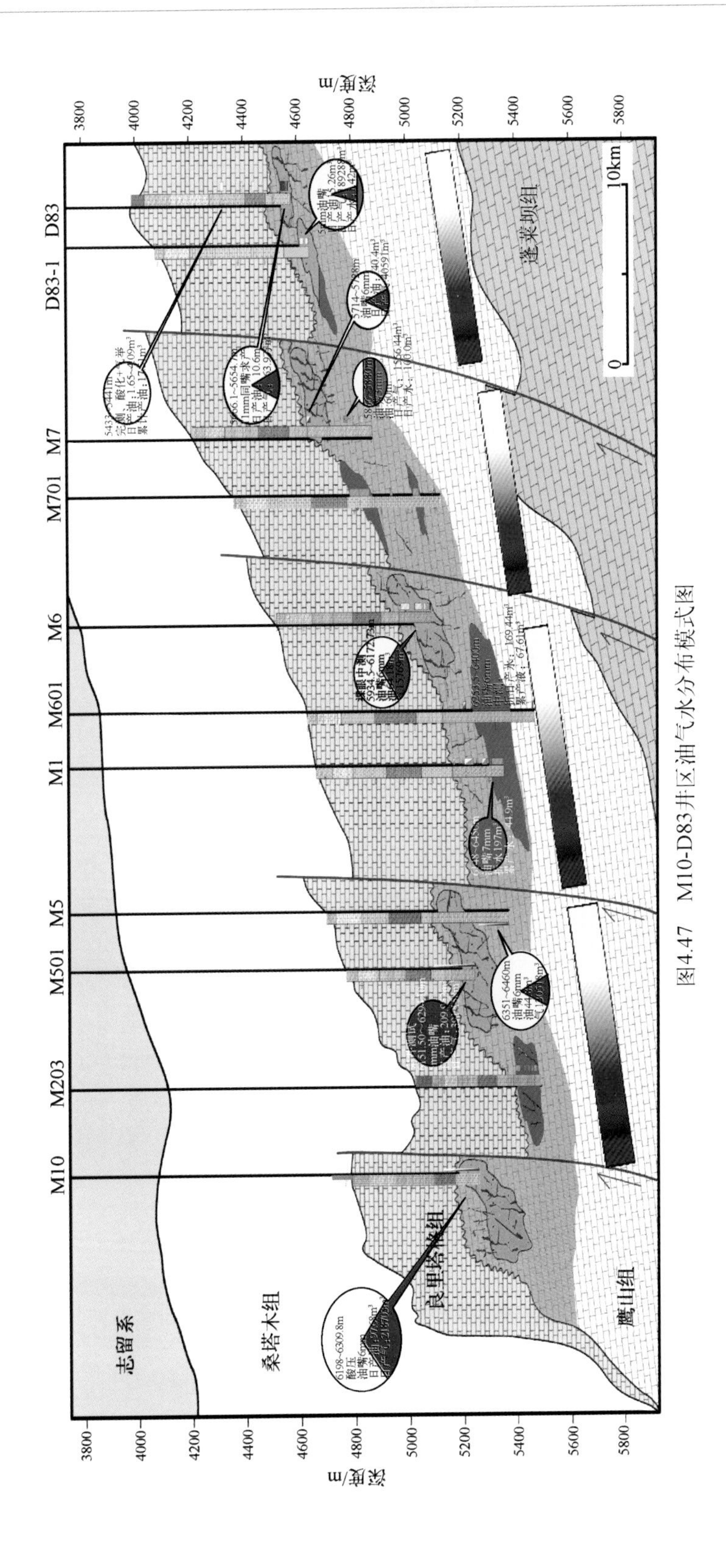

图4.47　M10-D83井区油气水分布模式图

四、岩溶缝洞系统是准层状凝析气田油气富集的关键

塔中奥陶系碳酸盐岩具有优越的成藏条件，但在低孔、低渗碳酸盐岩中，断裂、裂缝、不整合面与储层所组成的油气有效运移系统以及与运移系统沟通的有效聚集成藏缝洞储集系统对油气的分布具有重要的控制作用，有效运移系统和聚集系统形成的运聚体系控制了油气的分布。

塔中奥陶系凝析气藏天然气主要来自深层寒武统的原油裂解气，天然气主要形成于晚近期，而且正处于充注过程之中，下寒武统生成的天然气需要通过巨厚的中寒武统盐膏层，因此气源断裂对天然气的运聚成藏具有举足轻重的作用（杨海军等，2007b；赵文智等，2009；武芳芳等，2009）。塔中地区发育两类气源断裂：塔中Ⅰ号断裂及次一级断裂、北东向走滑断裂。塔中下奥陶统层间岩溶存在两套输导体系，即垂向输导体系和侧向输导体系。垂向输导体系主要以塔中Ⅰ号断裂及次一级断裂、中央断裂、塔中10号断裂和走滑断裂构成，侧向输导体系则由下奥陶统鹰山组顶部不整合面、上奥陶统灰岩潜山不整合面和碳酸盐岩中缝洞发育带构成，断裂、不整合面和碳酸盐岩中缝洞体系构成三维输导体系，垂向运移与侧向运移的结合是形成塔中奥陶系大型凝析气藏的重要条件。

除中-下寒武统存在储盖组合外，目前发现的油气藏主要位于上奥陶统礁滩体和下奥陶统层间岩溶储层中，这说明中-下寒武统生成的油气经历了向上转移的过程。大量的油气藏和油气显示均发现于断裂附近，这也是断裂作为油气垂向运移通道的一个间接证据。而塔中古隆起下奥陶统鹰山组不整合面附近发现多个油气藏和大量油气显示则是不整合面作为侧向运移通道的证据。而输导层作为侧向运移通道主要发现于塔中Ⅰ号坡折带外带礁滩体储层，在地质历史时期通过优质储层的输导作用在南部的内带也形成了油气藏。

参考文献

陈景山，王振宇，代宗仰等. 1999. 塔中地区中上奥陶统台地镶边体系分析. 古地理学报，1（2）：8～17

陈世加，付晓文，马力宁等. 2002. 干酪根裂解气和原油裂解气的成因判识方法. 石油实验地质，24（4）：364～366

段毅，张辉，吴保祥等. 2003. 柴达木盆地原油单体正构烷烃碳同位素研究. 矿物岩石，23（4）：91～94

顾家裕. 1999. 塔里木盆地轮南地区下奥陶统碳酸盐岩岩溶储层特征及形成模式. 古地理学报，1（1）：54～60

韩剑发，梅廉夫，潘文庆等. 2007a. 复杂碳酸盐岩油气藏建模及储量计算方法：以潜山油气储量计算为例. 地球科学，32（2）：267～278

韩剑发，梅廉夫，杨海军等. 2007b. 塔里木盆地塔中地区奥陶系碳酸盐岩礁滩复合体油气来源与运聚成藏研究. 天然气地球科学，18（3）：426～434

韩剑发，梅廉夫，杨海军等. 2008a. 塔中Ⅰ号坡折带礁滩复合体大型凝析气田成藏机制. 新疆石油地质，29（3）：323～334

韩剑发，梅廉夫，杨海军等. 2009. 塔中Ⅰ号坡折带奥陶系天然气特征及其与油气的聚集. 地学前缘，16（1）：314～325

韩剑发，王招明，潘文庆等. 2006. 轮南古隆起控油理论及其潜山准层状油气藏勘探. 石油勘探与开发，

33（4）：448～453
韩剑发，于红枫，张海祖等．2008b．塔中地区北部斜坡带下奥陶统碳酸盐岩风化壳油气富集特征．石油与天然气地质，29（2）：167～173
何发岐．2002．碳酸盐岩地层中不整合-岩溶风化壳油气田——以塔里木盆地塔河油田为例．地质论评，48（4）：391～397
黄第藩，刘宝泉，王廷栋．1996．塔里木盆地东部天然气的成因类型及其成熟度判识．中国科学（D辑），26（4）：1016～1021
姜乃煌，朱光有，张水昌等．2007．塔里木盆地塔中83井原油中检测出2-硫代金刚烷及其地质意义．科学通报，24（12）：212～216
康玉柱．2005．塔里木盆地寒武－奥陶系古岩溶特征与油气分布．新疆石油地质，26（5）：472～480
李剑，谢增业，罗霞等．1999．塔里木盆地主要天然气藏的气源判识．天然气工业，19（2）：38～43
刘忠宝，于炳松，李廷艳等．2004．塔里木盆地塔中地区中上奥陶统碳酸盐岩层序发育对同生期岩溶作用的控制．沉积学报，22（1）：103～109
吕修祥，杨宁，解启来等．2005．塔中地区深部流体对碳酸盐岩储层的改造作用．石油与天然气地质，26（3）：284～289
苗继军，贾承造，邹才能等．2007．塔中地区下奥陶统岩溶风化壳储层特征与勘探领域．天然气地球科学，18（4）：497～500
王嗣敏，金之钧，解启来．2004．塔里木盆地塔中45井区碳酸盐岩储层的深部流体改造作用．地质论评，50（5）：543～547
王振宇，严威，张云峰等．2007a．塔中16-44井区上奥陶统台缘礁滩体沉积特征．新疆石油地质，28（6）：681～683
王振宇，严威，张云峰等．2007b．塔中上奥陶统台缘礁滩体储层成岩作用及孔隙演化．新疆地质，25（3）：287～290
邬光辉，陈利新，徐志明等．2008．塔中奥陶系碳酸盐岩油气成藏机理．天然气工业，28（6）：20～22
武芳芳，朱光有，张水昌等．2009．塔里木盆地油气输导体系及对油气成藏的控制作用．石油学报，30（3）：332～341
夏日元，唐建生，邹胜章等．2006．碳酸盐岩油气田古岩溶研究及其在油气勘探开发中的应用．地球学报，27（5）：503～509
肖中尧，卢玉红，桑红等．2005．一个典型的寒武系油藏：塔里木盆地塔中62井油藏成因分析．地球化学，34（2）：155～160
杨海军．韩剑发．2007．塔里木盆地轮南复式油气聚集区成藏特点与主控因素．中国科学D辑：地球科学，374（增刊Ⅱ）：53～62
杨海军，韩剑发，陈利新等．2007c．塔中古隆起下古生界碳酸盐岩油气复式成藏特征及模式．石油与天然气地质，28（6）：784～790
杨海军，韩剑发，陈利新等．2007b．塔中古隆起海相碳酸盐岩油气复式成藏特征与模式．石油与天然气地质，28（6）：784～790
杨海军，邬光辉，韩剑发等．2007a．塔里木盆地中央隆起带奥陶系碳酸盐岩台缘带油气富集特征．石油学报，28（4）：26～30
张厚福，方朝亮，高先志等．1999．石油地质学．北京：石油工业出版社．176～191
张水昌，梁狄刚，黎茂稳等．2002．分子化石与塔里木盆地油源对比．科学通报，47（增刊）：16～23
张水昌，梁狄刚，张宝民等．2004．塔里木盆地海相油气的生成．北京：石油工业出版社．26～52

张水昌，王飞宇，张宝民等．2000．塔里木盆地中上奥陶统油源层地球化学研究．石油学报，21（6）：23～28

赵孟军．2002．塔里木盆地和田河气田天然气的特殊来源及非烃组分的特殊成因．地质评论，48（5）：481～485

赵孟军，黄第藩．1995．初论原油单体烃系列碳同位素分布特征与生油环境之间的关系．地球化学，24（3）：254～260

赵文智，朱光有，张水昌等．2009．天然气晚期强充注与塔中奥陶系深部碳酸盐岩储集性能改善关系研究．科学通报，54（17）：3076～3089

赵宗举，王招明，吴兴宁等．2007．塔里木盆地塔中地区奥陶系储层成因类型及分布预测．石油实验地质，29（1）：40～46

周新源，王招明，杨海军等．2006．塔中奥陶系大型凝析气田的勘探和发现．海相油气地质，11（1）：45～51

周新源，杨海军，邬光辉等．2009．塔中大油气田的勘探实践与勘探方向．新疆石油地质，30（2）：149～152

朱东亚，胡文瑄，宋玉才．2005．塔里木盆地塔中45井油藏萤石化特征及其对储层的影响．岩石矿物学杂志，24（5）：205～215

Allan U S. 1989. Model for hydrocarbon migration and entrapment within faulted structures. AAPG Bull，73（7）：803～811

Budd D A，Saller A H，Harris P M . 1995. Unconformities and porosity in carbonate strata. AAPG Mem，63：55～76

Esteban M，Klappa C F. 1983. Subaerial exposure surfaces. *In*：Scholle P A，et al（eds）. Carbonate depositional environments. AAPG Mem，33：1～54

Gong S，George S C，Volk H，et al. 2007. Petroleum charge history in the Lunnan Low Uplift，Tarim Basin，China-evidence from oil-bearing fluid inclusions. Organic Geochemistry，38：1341～1355

HoPkins J C. 1999. Charaeterization of reservoir lithologies within subunconformity pools：Pekisko formation，Medicine River field，Alberta Canada. AAPG Bull，83（11）：1855～1870

Kerans C. 1988. Karst-controlled reservoir heterogeneity in Ellenburger Group，carbonates of West Texas. AAPG Bull，72（10）：1160～1183

Moore C H. 2001. Carbonate reservoir：porosity evolution and diagenesis in a sequence stratigraphic framework. Developments in Sedimentology，55：291～339

Saller A H，Diekson J A D，Matsuda F. 1999. Evolurion and distribution of porosity assoeiated with subaerial exposure in Upper Paleozoic platform limestones，Wesxt Texas. AAPG Bull，83（11）：1835～1854

第五章 大沙漠区高精度三维地震采集处理技术

地震勘探是油气勘探的重要手段，包括地震数据采集、数据处理及资料解释三大环节。塔中大沙漠区碳酸盐岩储层地震勘探主要面临以下技术难题：表层沙丘疏松、厚度大，对地震波能量及频率吸收衰减严重、噪音干扰较强，地震资料的信噪比和分辨率较低；奥陶系勘探目的层埋藏深，反射信号弱；碳酸盐岩非均质性强，缝洞单元及小断裂体系的识别对地震资料的信噪比和分辨率要求高，技术难度大；沙丘起伏剧烈，静校正问题突出；施工及后勤保障难度大。针对上述问题，塔里木油田公司采用高精度三维地震勘探的技术思路，通过针对性技术攻关，形成了较完善的沙漠区地震勘探技术系列，特别是高精度三维地震采集技术和叠前时间偏移处理技术，在实际生产中取得了显著的应用效果。

第一节 大沙漠区高精度三维地震采集关键技术

塔里木盆地塔中大沙漠区沙丘厚度一般为30～80m，最厚可达160m，速度为350～800m/s；奥陶系碳酸盐岩目的层埋深多超过5000m。为此，该区地震采集技术攻关的重点一是如何解决好地震激发、接收、静校正等问题，尽可能削弱或避免疏松、巨厚沙层的影响；二是针对碳酸盐岩储层地震勘探的特点，结合经济投入和勘探效益，分析如何优化观测系统设计，实现高精度三维地震采集，获得尽可能满足碳酸盐岩储层描述的三维数据。

围绕上述问题及地震采集攻关目标，为了获得频带较宽、高频信号丰富的深层碳酸盐岩有效反射信号，多年来，就塔中大沙丘对地震信号的吸收衰减特点进行了充分调查和研究，发现塔里木盆地沙漠覆盖区存在平滑稳定分布的潜水面。潜水面上沙层疏松、干燥、低速、速度随埋深连续变化，而潜水面之下含水性好，速度稳定（1600～1700m/s），充分利用这一稳定的潜水面是地震采集的关键应对措施。一是通过沙漠区激发钻井装备技术和工艺的研制，打“穿”沙丘实现潜水面之下激发，产生较好的激发波场和子波，且避开了能量下传时沙层对波场的吸收衰减作用。二是利用稳定的潜水面及其速度分界面特点，通过表层调查和数据建立，创新了“基于高精度表层数据库的沙丘曲线静校正”技术，有效地解决了由于沙丘起伏变化带来的静校正问题。在此基础上，针对碳酸盐岩储层地震勘探的特点，实施地震采集、处理、解释一体化和经济技术一体化的三维地震采集技术设计和工程设计，形成了复杂地表和特殊波场的观测系统设计技术。本书将以地震波场激发和针对碳酸盐岩储层勘探特点的一体化观测系统设计两大关键技术为代表对高精度三维采集技术加以阐述。

一、基于子波一致性的地震激发技术

合理选择激发参数是地震数据采集十分重要的环节，对于塔中沙漠区激发技术的研究显得尤为重要。近几年针对沙漠区碳酸盐岩非均质储层的勘探，在激发方面进行了大量深入细致的研究，包括表层条件对激发的影响，潜水面以下优选激发岩性、优化激发参数等技术，为运用地震信息预测储层、推动碳酸盐岩勘探进程打下了良好的资料基础。

（一）沙漠区实现潜水面以下激发的钻井工艺技术

塔里木盆地沙漠区多年地震勘探证明，潜水面以下激发效果明显好于潜水面之上激发效果（图 5.1）。为此，油田公司与东方地球物理公司多年来一直致力于钻井设备的改进和钻井工艺的研究，使钻深井的能力不断提高。塔中大沙漠区 1996 年以前主要采用 4m 吹沙筒浅井组合激发；1996～1998 年主要采用 8m 吹沙筒浅井组合激发；1998～2001 年主要采用气水两用钻机部分实现潜水面下激发；2001 年主要采用麻花钻、水钻，辅助炮点偏移、转移全部实现潜水面下激发；2002 年以后采用麻花钻、水钻，在不变观（炮点不偏移、不转移）下全部实现了潜水面下激发。目前，沙漠区钻井能力达到了 100m，保证了激发效果，原始单炮品质显著提高。

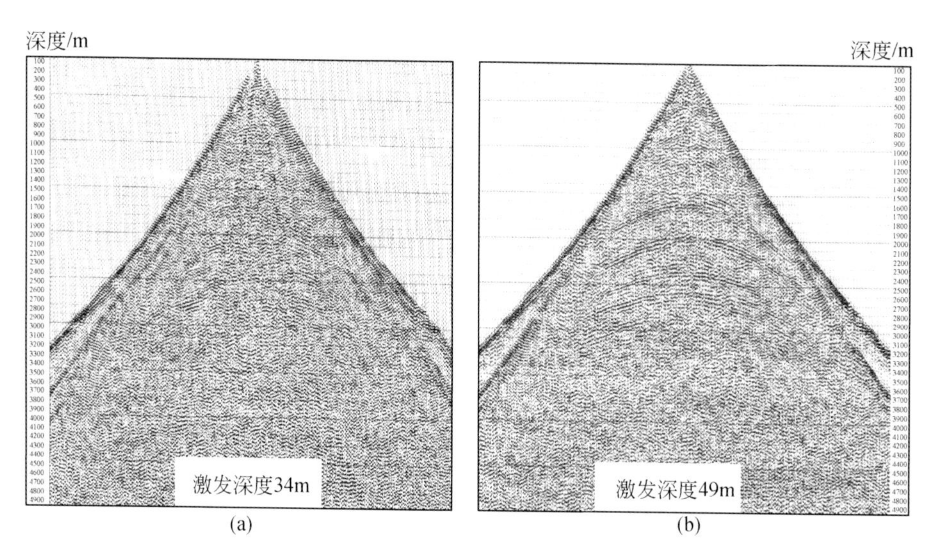

图 5.1　大沙漠区潜水面上、下激发单炮对比（潜水面深度 46m）

（a）潜水面上；（b）潜水面下

（二）基于子波一致性的试验分析方法

塔中大沙漠区以奥陶系碳酸盐岩缝洞等为主的勘探要求野外采集过程中地震子波尽量“保真”——尽量真实地反映地下情况，消除野外采集带来的地震属性假象。以往激发参数试验主要是通过对单炮的能量、频率、信噪比、单炮记录的各种显示等进行定性和定量分析，以优化激发参数。这种分析方法没有考虑不同激发参数的子波形态，也不能量化反映不同激发因素下的地震子波一致性，造成激发参数选择的多解性，也使得三维勘探由于没有考虑全区子波一致性的问题从而加重了“采集脚印”（指在地震数据的采集、处理过程中在数据体上留下的痕迹）的影响。为此，塔里木盆地地震勘探技术人员通过分析和研究确定了基于子波一致性的试验分析方法（图 5.2），在单炮定性分频、定量分析（能量、信噪比、频率）等常规分析方法的基础上，对试验单炮目的层附近进行地震子波一致性分析，最终根据工区油气勘探需要，在兼顾能量、频率和信噪比等因素的同时考虑全区子波一致性要求，实现在一定条件下的全区地震子波一致性的最大化。

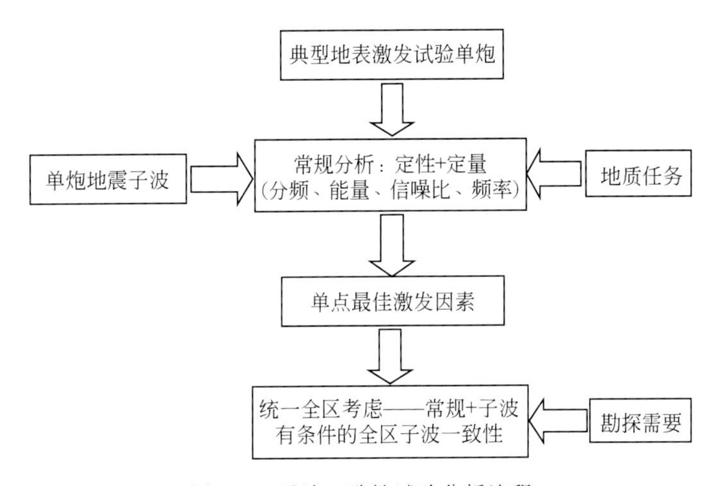

图 5.2　子波一致性试验分析流程

同一工区的不同地表条件激发参数地震子波形态各异。如今，为了实现塔中三维全区子波一致性，我们把地震子波形态分析作为新的定量分析手段和参数选择依据，丰富了以往试验分析方法，获得了更科学的试验分析结果。三维全区子波一致性分析应从主瓣宽度、主瓣与旁瓣的幅度比和尾振 3 个方面考虑。

下面从实际资料来分析塔中地区不同激发深度对地震子波的影响。对比因素：1 口×潜水面以下（1m、3m、5m、7m、9m）×22kg（高密度硝铵炸药）。从目的层位置不同增益自相关子波对比结果（图 5.3）可以看出，潜水面以下 5m 激发主瓣一致性最好，且旁瓣幅度和尾振幅度也最小。从统计自相关子波对比图（图 5.4）可见，随着潜水面以下激发深度的增加，主瓣的宽度逐渐变窄；而主瓣与旁瓣幅度之比潜水面以下 5m 激发最佳（$A_1/A_2=8.7$），是其他激发深度的两倍以上。单炮记录品质分析结论与地震子波形态分析结论完全相符，因此，塔中沙漠区潜水面以下 5m 激发效果最佳。

（三）基于地质目标的激发深度选取技术

激发深度选取首先是保证激发的效果，需要考虑激发深度、岩性、钻井成本、虚反射等因素。虚反射的形成是由于在低速带以下激发时，部分能量向上传播遇到低速带底界面和地表时再向下传播形成的一种特殊类型的多次波，也有人把它称为“伴随波”或“鬼波”。

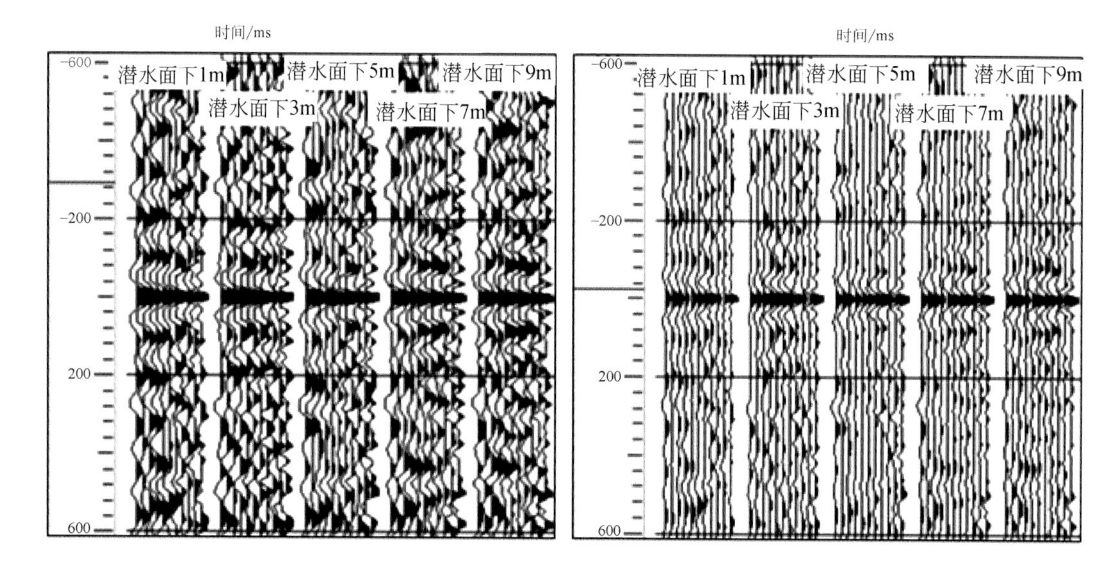

图 5.3 塔中地区激发深度试验不同增益自相关子波对比图

通过虚反射原理的分析认为：如果存在较强虚反射，那么，在双井微测井的井底接收记录中就可以看到明显的虚反射痕迹。从塔中地区进行的一口双井微测井记录可见（图5.5），在井底接收的记录中可以清楚地看到高速顶界面产生的反射，并能直观、准确地确定虚反射界面位置。

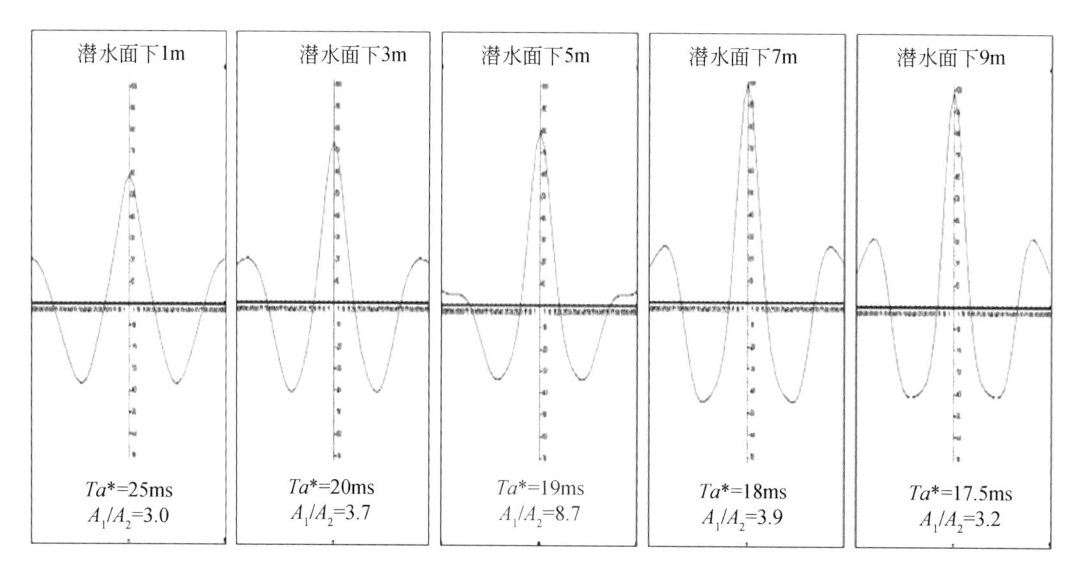

图 5.4 塔中地区激发深度试验统计自相关子波对比图

Ta^*：σ 波主瓣宽度；A_1/A_2：主瓣与旁瓣的幅度比值

目前，潜水面以下激发效果最佳是大家的一个共识。但是，由于潜水面是一个强反射界面，虚反射是客观存在的，又是影响激发效果的主要原因之一，究竟潜水面以下几米激发最佳？针对这一问题，技术人员在理论分析的基础上在野外进行了大量的激发井深试

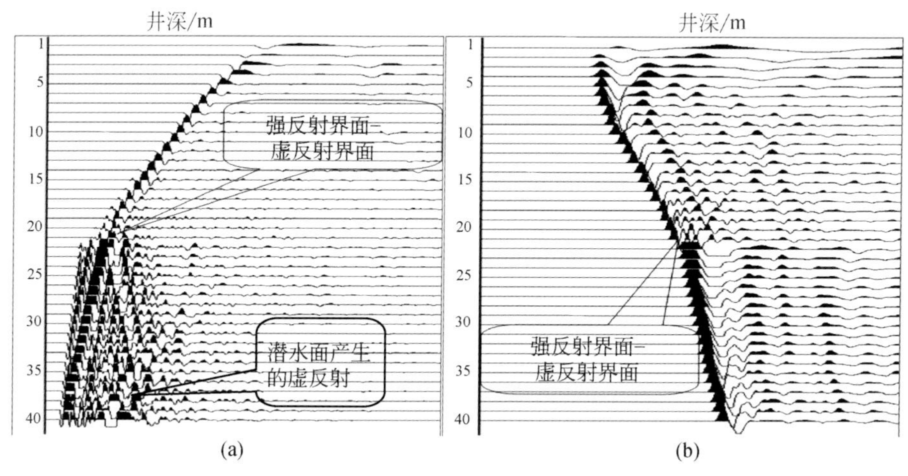

图 5.5　塔中地区双井微测井原始记录

（a）井底接收记录；（b）井口接收记录

验，形成了针对不同勘探目标的激发深度选择技术。

图 5.6 为塔中地区激发深度试验原始记录，试验内容：1 口×潜水面以下（1m、3m、5m、7m、9m）×22kg。该试验点激发介质为沙，低速层速度为 618m/s，潜水面深度为 28.9m，高速层速度为 1864m/s。

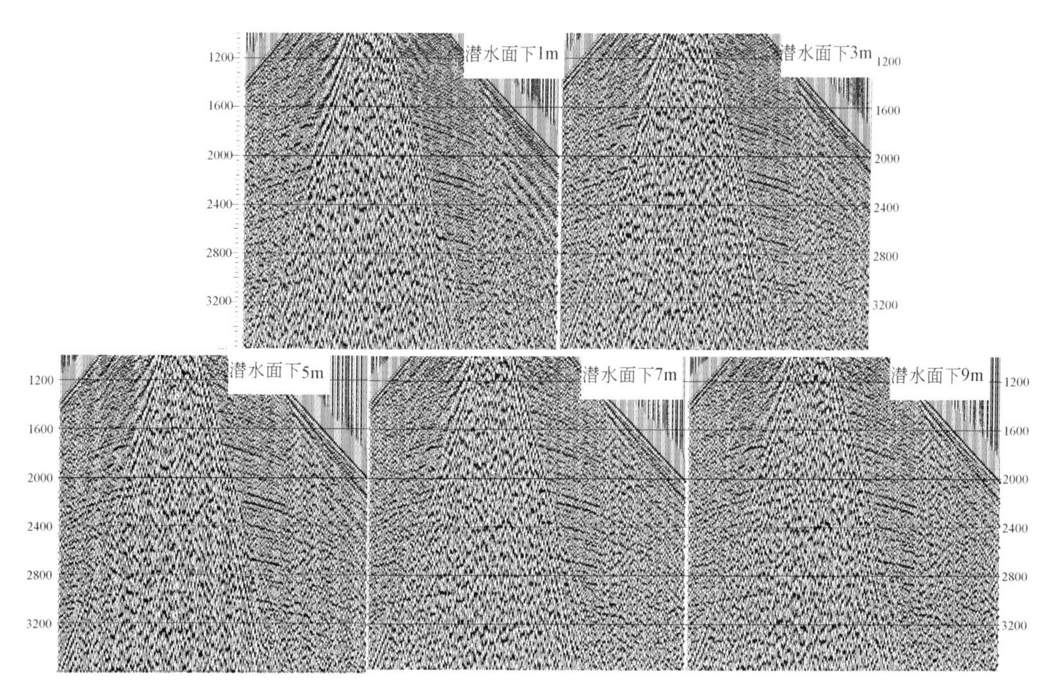

图 5.6　塔中地区激发深度试验原始记录

潜水面以下不同深度激发原始记录频带较宽，面貌差别不大。但是，通过定量分析发现：能量随激发深度增加而增加，信噪比在潜水面以下 5～9m 最高，潜水面以下 1～3m

激发单炮绝对频宽较宽，25～75Hz 频率段较强。该试验基本证实了潜水面以下激发对能量有增强的效果，对频率具有低通效应。考虑到塔中奥陶系碳酸盐岩主要目的层信噪比相对较低、主频一般在 20～25Hz，在提高目的层地震分辨率的同时还要考虑信噪比，因此塔中地区选择在潜水面以下 5～7m 激发。如今，塔中大沙漠区不再采用 1998 年以前的固定的井深激发方式，而是根据激发点潜水面深度逐点设计激发井深，实现潜水面之下统一深度（5m）激发（图 5.7），保证了激发能量和子波的一致性，大幅度提高了原始单炮品质。

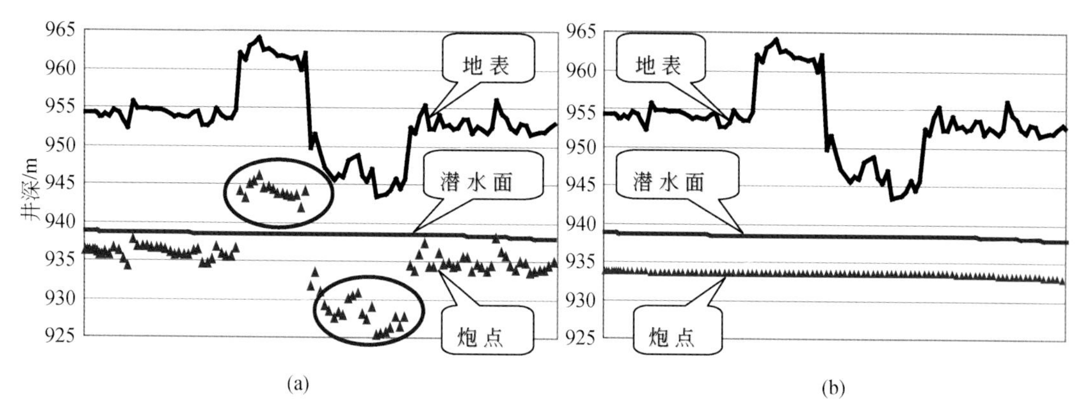

图 5.7 固定井深统一深度激发示意图

（a）固定井深激发示意图；（b）潜水面之下统一深度激发示意图

为了尽可能提高沙漠区激发效果，技术人员在组合激发、激发药型、激发药量等方面也开展了大量研究和试验工作。组合激发试验表明：沙漠区当单炮资料具有一定信噪比时，采用单深井、高覆盖的激发方式资料品质要好于采用组合井、低覆盖的激发方式（钻井总工作量相同），这个认识与当前高密度采集的点激发、高覆盖的理论也是相符的；高密度炸药的激发效果好于中密度炸药；增大激发药量振幅增大，低频成分增大比高频成分快，高频成分虽也有增大，但所占比例反而缩小。在针对塔中奥陶系碳酸盐岩勘探中，由于目的层较深，必须在保障目的层有足够能量和信噪比的基础上适当减小激发药量，经大量试验和定性定量研究分析，目前塔中沙漠区单井激发药量选择在 12kg 左右。

二、精细三维观测系统优化设计技术

对于碳酸盐岩勘探来说，二维勘探无法解决其复杂波场的偏移归位及储层的精确描述等问题；基于地下水平层状介质及共中心点（CMP）覆盖假设、应用几何学理论进行采集参数论证的常规三维观测系统设计方法也不能较好满足碳酸盐岩缝洞型储层勘探的需要。

近年来，不少专家学者通过理论论证和对实际资料的分析，在三维地震勘探观测系统设计方面提出了许多可行性的方法。碳酸盐岩主要以溶孔、溶洞、裂隙型储层为勘探对象，只有高信噪比、高保真及高分辨能力的地震数据才能准确反映其横向非均质性反射特征。近几年通过不断地攻关研究、试验，形成了针对碳酸盐岩勘探的三维观测系统优化设计方法。该技术主要包括：波动方程正演指导下的观测参数量化设计技术；保证面元属性均匀、减弱采集脚印的观测系统“三均化”设计技术；复杂地表条件下的三维变观设计技术。

（一）波动方程正演指导下的观测参数量化设计技术

缝洞型碳酸盐岩储层是以绕射波形式来反映地震波运动特征的，利用地震资料来描述缝洞型储层在很大程度上依赖于地震剖面上该储层的偏移成像质量，因此，需要用波动学理论指导三维观测系统参数设计，保证缝洞型储层引起的地震响应有足够的偏移成像精度。为此，首先要通过波动方程正演分析在地震资料上影响碳酸盐岩储层识别的因素（缝洞本身的宽度、高度、充填物等）和不同采集的参数（地震波主频、面元大小、覆盖次数、观测方位等），根据正演分析所得到的结论设计合理的观测系统参数。

1. 正演模拟

复杂缝、洞系统的地震正演是一个很大很难的研究课题，到目前为止，很少见到精确适用的地震正演方法。通常采用具有一定近似的等效地质体来替代实际复杂的缝洞系统，采用统计学方法中使用的非均匀性的随机介质模型来描述缝洞型油气藏，并采用非均质弹性波波动方程进行正演模拟计算，从而得到比较接近实际的地震波场。具体流程如下（图5.8）：

（1）根据工区钻井、地质等资料，获得围岩及储层的密度、速度、缝洞大小、弹性参数等基本模型参数；

（2）建立碳酸盐储层的随机介质模型；

（3）确定正演模拟基本观测方法，如道距、炮点距、最大炮检距、观测方式及地震波主频等；

（4）非均质弹性波波动方程正演，获得单炮记录；

（5）对正演单炮进行叠前偏移处理，形成偏移剖面；

（6）对不同模型的偏移剖面进行对比分析，从而获得指导观测系统设计的结论。

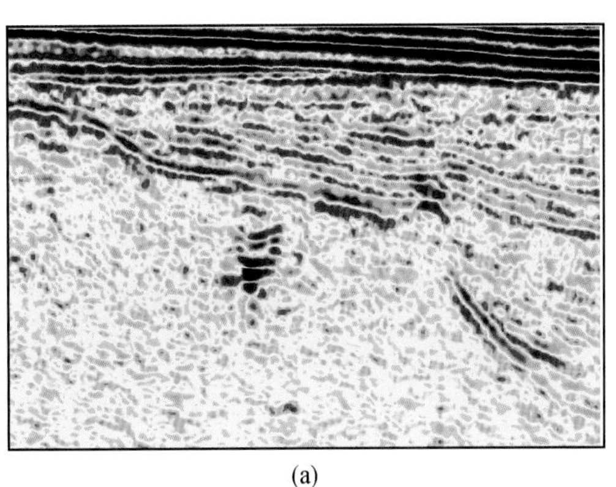

(a)

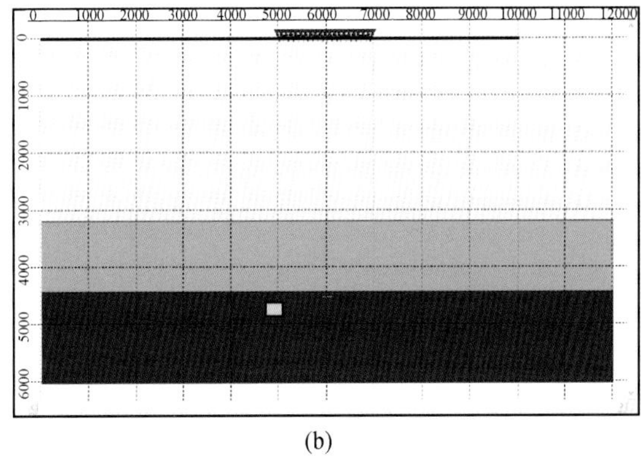

(b)

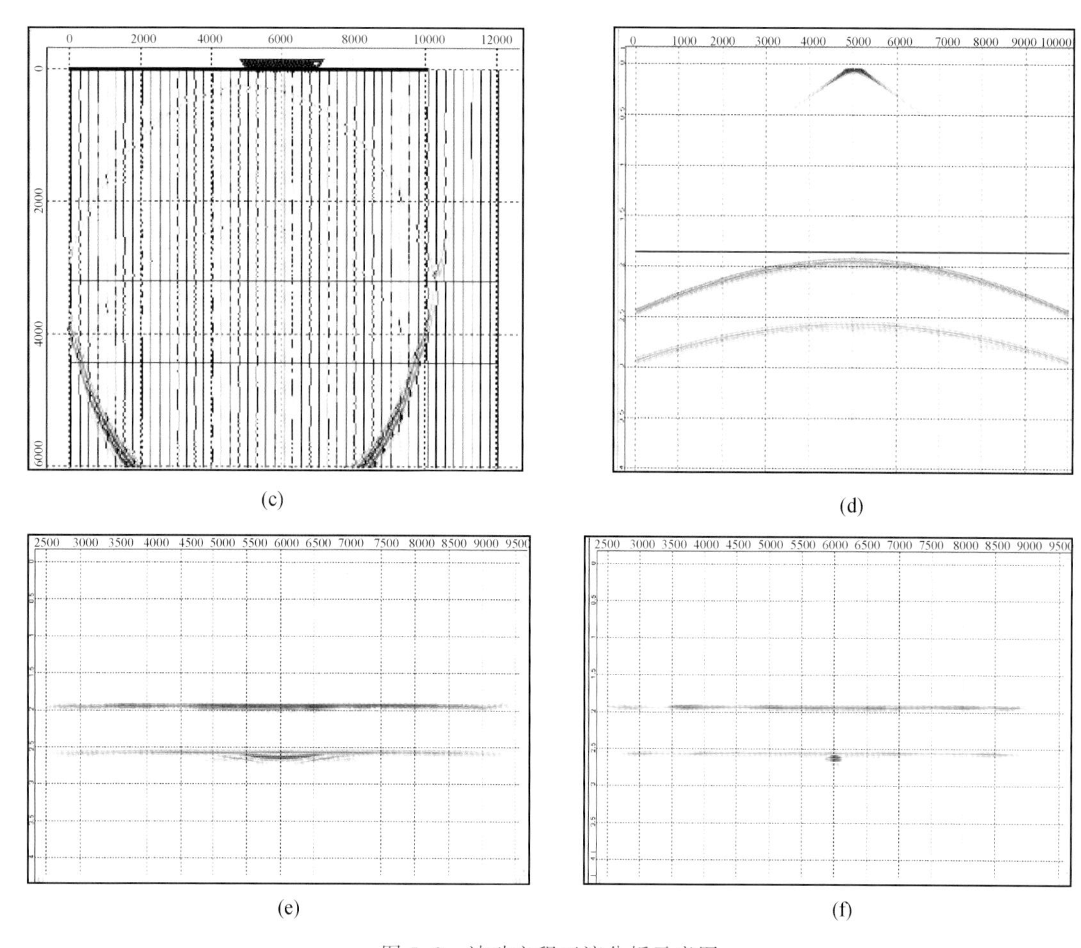

图 5.8　波动方程正演分析示意图

(a) 包含缝洞的地震剖面；(b) 地质模型；(c) 模型正演；(d) 模型正演单炮；
(e) 正演数据叠加剖面；(f) 正演数据叠前偏移剖面

2. 缝洞储层识别的影响因素

针对碳酸盐岩缝洞储层的三维观测系统的设计，应在搞清影响缝洞型储层识别因素的基础上，根据储层类型及地震地质条件量化设计各项参数。在碳酸盐岩缝洞储层的地震属性特征及其识别的影响因素方面，国内外的专家学者均进行了大量的研究工作。这些研究成果表明，缝洞的大小、充填物及围岩介质均对缝洞体的地震响应特征有直接影响；地震采集方法（地震波主频、面元等）对缝洞体在地震资料上的可识别性也存在较大影响。

塔中地区碳酸盐岩缝洞型储层正演模拟表明：缝洞储层的反射强度与缝洞体的宽度、高度以及围岩的波阻抗差、地震波波长（主频）等有关。缝洞的高度、宽度和充填物（与围岩的速度差）对缝洞体的绕射或反射强度有着直接的影响；在地震波主频一定的情况下，缝洞储层必须达到一定的体积，地震剖面上才能见到响应，且随充填介质的不同，其体积的大小也不相同；当储层特征一定时，随着地震波主频的增加，溶洞的反射强度即识别能力也随之增加。因此，在三维观测系统设计中，需要首先确定勘探目标储层的性质，然后再根据地震响应特征进行参数论证。

采集方法的影响：碳酸盐岩储层的性质决定了它的地震响应的强弱，而采集方法决定了缝洞储层在地震资料上的清晰程度。通过物理模拟和数学模型等多种手段，证明三维观测系统的面元大小、覆盖次数、面元属性均匀性和方位宽窄等参数对碳酸盐岩缝洞储层的识别精度有较大影响。小空间采样有助于提高小缝洞反射的信噪比，并提高其识别能力；高覆盖、宽方位观测有助于提高碳酸盐岩储层的偏移成像质量。

由此可见，提高地震波主频和采用小面元采集，是提高小缝洞识别能力的主要途径。

3. 三维观测系统参数量化设计

碳酸盐岩三维勘探的观测系统设计不同于常规构造勘探的方法设计，它是基于绕射波成像原理，参数的论证更侧重于偏移成像质量。针对碳酸盐岩勘探目标的三维观测系统设计重点是做好面元大小、覆盖次数、方位宽窄等参数的论证和保证面元属性均匀的参数选择。

1）面元设计

针对碳酸盐岩勘探，毫无疑问，通过小空间采样可以提高剖面上对缝洞反射的识别精度，但由此将引起勘探成本大幅度增加，因此，需要对面元进行合理的设计。对碳酸盐岩缝洞储层三维观测系统面元大小的确定就是要保证碳酸盐岩缝洞储层偏移成像质量和横向分辨率。狄帮让等（2006）通过理论分析、三维地震物理模拟、数值模拟表明：面元大小的选择需要满足常规三维设计中的偏移时无假频、横向空间分辨极限及 1/3 最小目标体宽度的要求。

理论情况下满足横向分辨率要求的面元值：

$$b=\frac{CV}{2f\sin\varphi}\quad \varphi<\varphi_0 \tag{5.1}$$

$$b=\frac{CV}{2f}\quad \varphi>\varphi_0 \tag{5.2}$$

式中，b 为面元大小；C 为常数；V 为均方根速度；f 为地震波主频；φ 为孔径角；φ_0 为临界角。在 Crossline 方向，$\varphi_0=60°$时，$C=0.9$；在 Inline 方向，$\varphi_0=60°$时，$C=1$。

统计分析目前塔中地区良好油气显示井在三维地震数据体中引起的地震响应，在某一方向的三维剖面上，能被识别的有效储集体所需的 CMP 点数最少在 8 个以上（图 5.9）。据此可以确定满足空间采样原理的面元大小的一个选择原则：

$$b\leqslant\frac{w}{8} \tag{5.3}$$

式中，b 为面元大小；w 为最小目标储集体的宽度。

同时，姚姚（2003）通过大量的数值模拟认为：碳酸盐岩缝洞型储层可检测的极限为地震波在围岩中传播的 1/4 波长。因此，在地震波主频一定的情况下，面元大小存在极限值：

$$b\geqslant\frac{V_{\mathrm{w}}}{4n_{\mathrm{s}}f_{\mathrm{d}}} \tag{5.4}$$

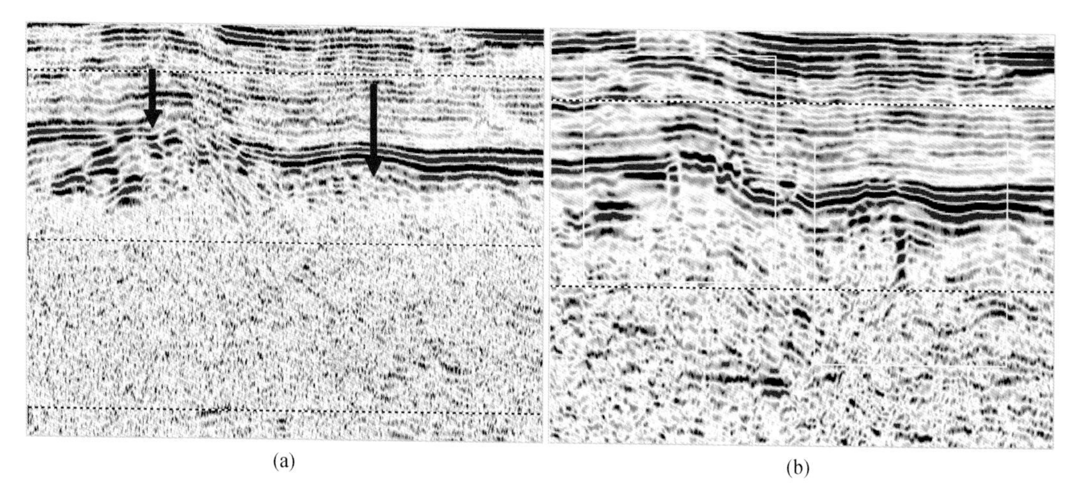

图 5.9 塔中地区有效储集体在三维剖面中的显示

（a）叠加剖面；（b）偏移剖面

式中，V_w 为围岩速度；f_d 为地震波主频；n_s 为在单向上储集体所需的空间采样点数。

因此，面元大小的选择，除了要考虑偏移时无假频、最小目标体宽度，还要考虑目标区的地震地质条件所决定的储层可检测的极限值，即面元存在着极小值。

以塔里木盆地塔中地区为例，根据上述面元设计公式，碳酸盐围岩速度按 5500m/s、地震波主频按 20Hz 计算，缝洞储层在地震偏移剖面上能被识别的最小反射段长度为 68m。按上述面元设计原则，结合最小地质体识别至少需要分布 4～8 个 CMP 点（取 6 个 CMP 点），面元应不大于 13.6m。该区面元大小最后选择为 12.5m，66 次覆盖（同 25m 面元三维覆盖次数一致）。从不同面元偏移剖面（图 5.10）可见，小面元三维［图 5.10（b）］提高了对更小缝洞体的识别精度。

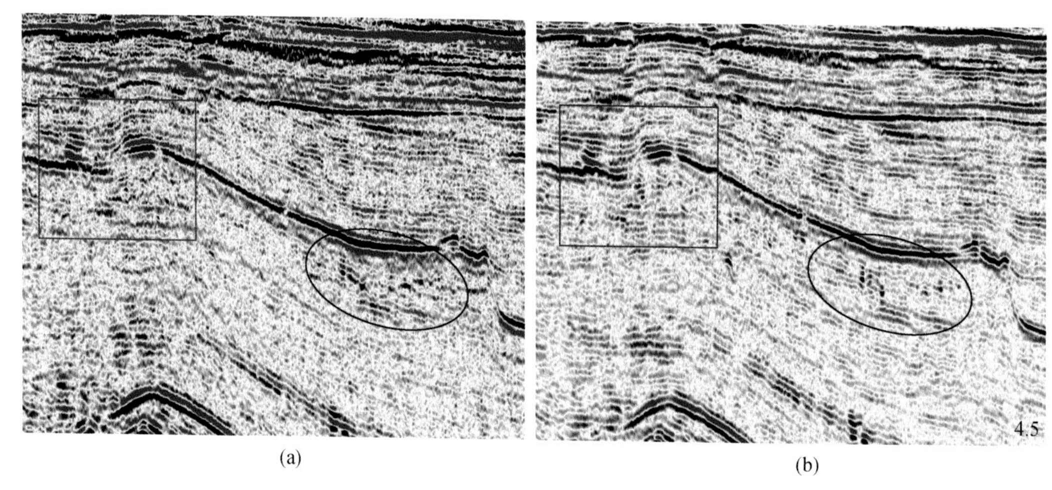

图 5.10 塔中沙漠区不同面元（相同覆盖次数）偏移剖面

（a）面元 25m×25m；（b）面元 12.5m×12.5m

2）三维覆盖次数设计

碳酸盐岩勘探是保证不同大小的储集体在偏移剖面上的成像效果，而成像效果很大程度上取决于目的层资料信噪比，信噪比取决于叠加覆盖次数和偏移范围内绕射波数据量。借助钻井及测井资料，通过分析工区或邻区高品质的二维数据或较高质量的三维地震资料，可以用来进行覆盖次数量化论证。

A. 利用二维资料进行覆盖次数的量化设计

塔中沙漠区奥陶系碳酸盐岩风化壳顶面为一中等强度反射界面，具有较高的信噪比。碳酸盐岩缝洞内幕储层一般位于该界面以下30～150m，碳酸盐岩内幕储层的随机噪音强度与碳酸盐岩顶界面处相当，规则噪音为碳酸盐岩顶界面处的规则噪音透射到内幕储层处的强度。这样就可以利用以往二维资料求出这些噪音值；再确定所要识别的最小缝洞储层的反射系数，即可求出三维地震所需的覆盖次数，利用二维计算覆盖次数的流程见图5.11。

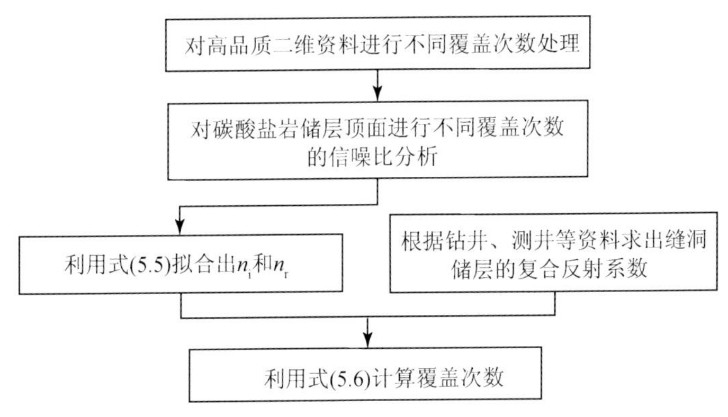

图5.11　利用二维资料计算覆盖次数流程图

具体来讲，就是首先对工区内较高品质的二维资料进行不同覆盖次数叠加处理，对碳酸盐岩储层顶面进行不同覆盖次数的信噪比分析，利用式（5.5）进行覆盖次数与信噪比的曲线拟合，求出噪音强度系数。

$$r_{sn}=\frac{R\sqrt{F_o}}{n_i+n_r\cdot\sqrt{F_o}} \tag{5.5}$$

然后，利用式（5.6）计算所需的覆盖次数：

$$F_d=\left[\frac{n_i r'_{sn}R}{(1-R)(C'R-n_r r'_{sn})R_T}\right]^2 \tag{5.6}$$

式中，F_d为三维所需的覆盖次数；F_o为二维资料的覆盖次数；r_{sn}为二维资料中碳酸盐岩缝洞储层顶面信噪比；r'_{sn}为拟识别的最小缝洞储层有效波要达到的信噪比；R为碳酸盐岩储层顶面的反射系数；R_T为三维拟识别的最小储集体的反射系数；n_r为碳酸盐岩顶面的规则噪声强度系数；n_i为碳酸盐岩顶面的不规则噪声强度系数；C'为偏移处理对储集体有效波信噪比的提高比例。

B. 利用三维资料进行覆盖次数量化设计

在三维资料上找到被钻井证实的碳酸盐岩缝洞储层，分析三维偏移资料上该缝洞储层反射波的信噪比和三维偏移后该缝洞储层反射波信噪比的提高比率，根据钻井资料确定该储层特性参数及反射系数，利用三维资料求出该覆盖次数下的信噪比，再根据目标储层与该储层的反射系数差，可以计算目标储层所需的覆盖次数。利用三维计算覆盖次数的流程见图 5.12。

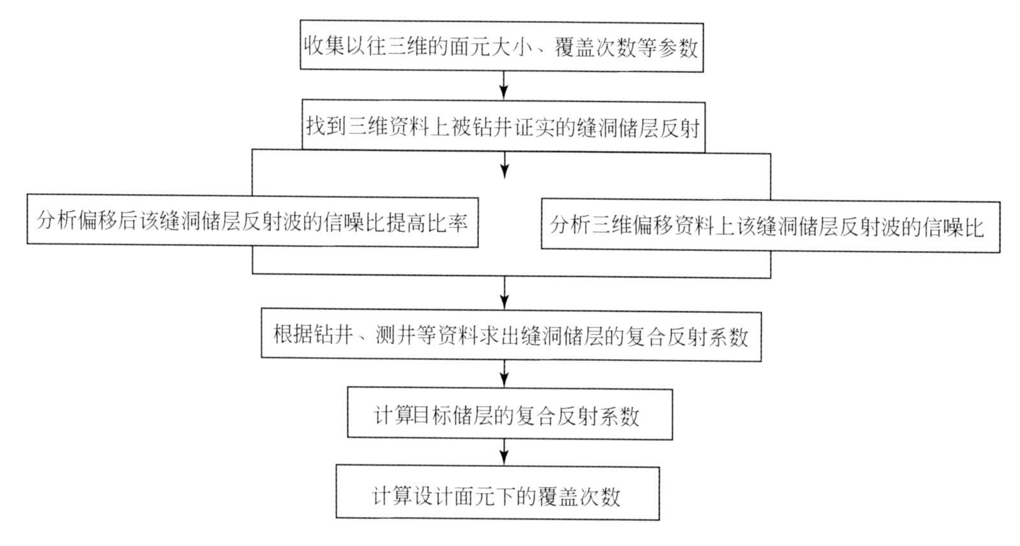

图 5.12　利用三维资料计算覆盖次数流程

根据碳酸盐岩内幕储层的性质以及覆盖次数与信噪比之间的关系，可以推导出如下计算覆盖次数的公式：

$$F_{\mathrm{d}}=\left(\frac{r'_{\mathrm{sn}}R_{\mathrm{o}}b_{\mathrm{d}}}{Cr_{\mathrm{sn}}R_{\mathrm{T}}b_{\mathrm{o}}}\right)^{2}F_{\mathrm{o}} \tag{5.7}$$

式中，F_{d} 为小面元三维所需的覆盖次数；F_{o} 为老三维的覆盖次数；r_{sn} 为老三维偏移资料中反射系数为 R_{o} 的储集体的有效波的信噪比；r'_{sn} 为小面元三维中拟识别的最小储集体的有效波要达到的信噪比；R_{o} 为老三维中可以被识别的储集体的反射系数；R_{T} 为小面元三维中拟识别的最小储集体的反射系数；b_{o} 为老三维的面元尺寸；b_{d} 为小面元三维的面元尺寸；C 为资料处理中的实际压噪系数。

上述公式表明，覆盖次数与面元尺寸之间存在着直接的联系，设计过程中应综合考虑工区的地质需求与勘探成本之间的平衡，合理设计覆盖次数和面元大小。

图 5.13 为根据上述流程利用以往三维资料计算的 D85 井区不同储层大小所需的覆盖次数估算曲线（面元 12.5m、地震波主频 20Hz、信噪比 3）。根据计算曲线，并考虑实际压噪能力，以分辨高 20m、宽 68m 的缝洞储层为目标，采用 12.5m×12.5m 面元，将该区的三维覆盖次数设计为 66 次。

图 5.14 为 D85 井区不同面元、不同覆盖次数的三维时间切片及偏移剖面。由此可见，采用较小面元和较高的覆盖次数均可提高对小缝洞体的成像质量和识别能力，相比而言，采用缩小面元尺寸比提高覆盖次数更有利于改善缝洞体的成像效果。

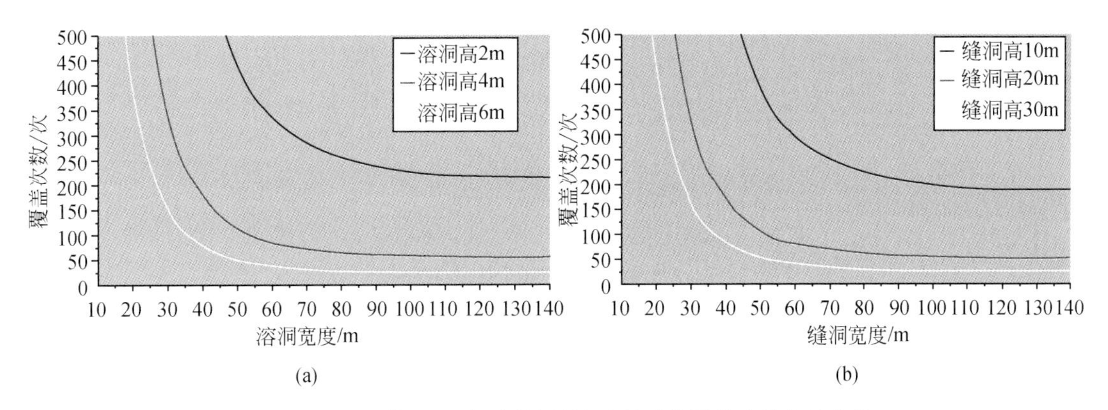

图 5.13　D85 井区识别不同储层性质所需的覆盖次数估算曲线

(a) 识别不同溶洞体系所需覆盖次数估算曲线（孔隙度 10%、地震波主频 20Hz、面元 12.5m×12.5m、信噪比为 3）；(b) 识别不同缝洞体系所需覆盖次数估算曲线（孔隙度 3%、地震波主频 20Hz、面元 12.5m×12.5m、信噪比为 3）

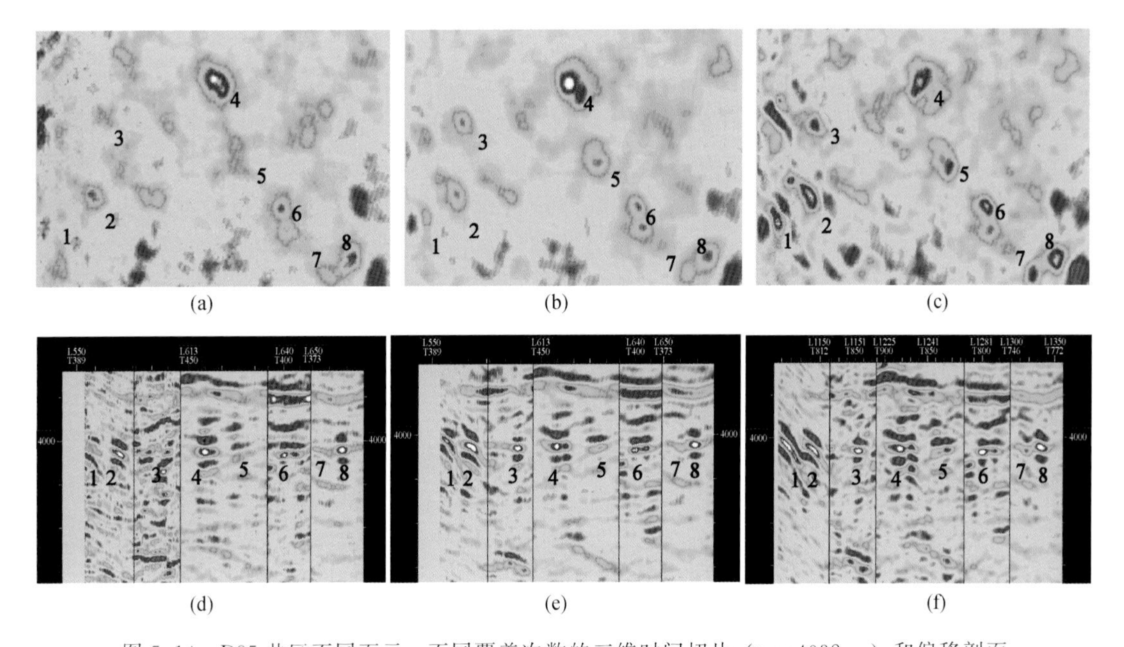

图 5.14　D85 井区不同面元、不同覆盖次数的三维时间切片（$t_0=4032$ms）和偏移剖面

(a) 面元 25m、66 次覆盖切片；(b) 面元 25m、264 次覆盖切片；(c) 面元 12.5m、66 次覆盖切片；(d) 面元 25m、66 次覆盖剖面；(e) 面元 25m、264 次覆盖剖面；(f) 面元 12.5m、66 次覆盖剖面

3）宽度系数设计

物理模拟结果表明，针对碳酸盐岩缝洞储层应采用宽方位角的三维观测系统。常规意义上三维观测系统方位角的宽窄通过横纵比参数来体现，其定义是指最大非纵距与纵向最大炮检距的比值，而与纵、横向的覆盖次数分布无关，明显不够准确。牟永光（2003）通过大量的物理模拟实验和理论分析，提出了采用三维观测宽度系数来衡量三维观测系统方位宽窄的方法。三维观测宽度系数定义公式为

$$\gamma=\frac{\theta}{2\pi}\cdot(C_1\gamma_t+C_2\gamma_n) \tag{5.8}$$

式中，γ 为三维观测宽度系数；θ 为半炮检线的张角；γ_t 为模板模纵比；γ_n 为横纵覆盖次数比；C_1、C_2 为 γ_t、γ_n 有关的系数，$C_1<1$、$C_2<1$，且 $C_1+C_2=1$。

三维观测系统方位宽窄的衡量标准规定如下：$\gamma<0.5$ 时为窄方位观测系统；$\gamma\geqslant0.5$ 时为宽方位观测系统；$\gamma\geqslant0.85$ 时为全方位观测系统。

对于碳酸盐岩储层，三维观测系统的设计应至少保证宽方位观测，即 $\gamma\geqslant0.5$。

（二）减弱“采集脚印”的三维观测系统设计技术

利用三维地震资料进行碳酸盐岩内幕缝洞储层预测和评价，要求数据体能真实反映地下地质体的地球物理特征。这就要求三维观测系统应保证全区的面元属性具有较严格的一致性，避免产生严重的“采集脚印”；面元属性的均匀性也影响着地质体的偏移成像质量。因此，三维观测系统的设计要尽量保证面元属性均匀、减弱采集脚印，即在几何关系上，保证覆盖次数、炮检距分布、方位角分布的均匀；在地震响应上，应保证观测系统引起的绕射能量、振幅和频率平面特征的均匀性。

通过分析研究，三维观测系统与“采集脚印”之间存在如下关系：①“采集脚印”在Crossline方向以束线横向滚动距为周期，并在一个横向周期内以半个接收线距再呈周期性变化；②“采集脚印”在Inline方向以炮线距为周期，并在一个纵向周期内以半个炮线距再呈周期性变化。为使三维勘探区内面元属性分布均匀，需重点选择好三维观测系统的纵横向覆盖次数、接收线距、炮线距、横向滚动距、观测系统形式等参数。在设计中，可以通过模型正演进行不同观测系统形式及参数的属性均匀性分析来优选三维观测系统。论证分析表明，横、纵覆盖次数比应在0.5以上，并采用较小的束线横向滚动距以改善Crossline方向的面元属性分布；当炮线距大于接收线距时，为改善Inline方向的面元属性分布，可以采用非正交等观测系统形式。

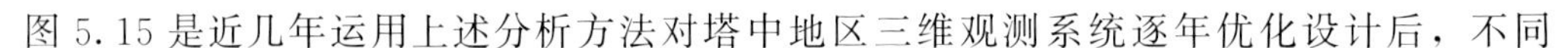

图5.15是近几年运用上述分析方法对塔中地区三维观测系统逐年优化设计后，不同

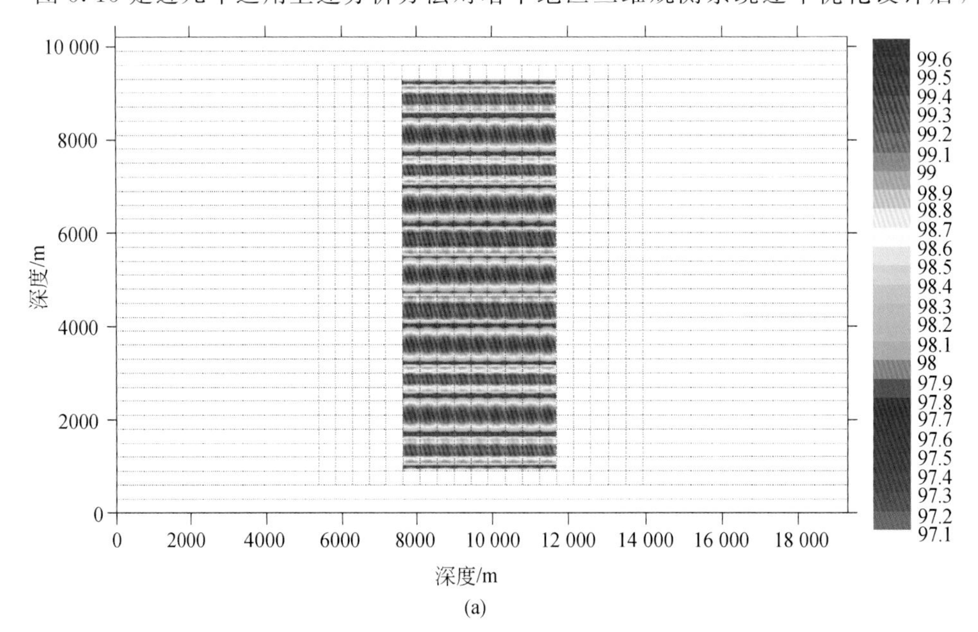

(a)

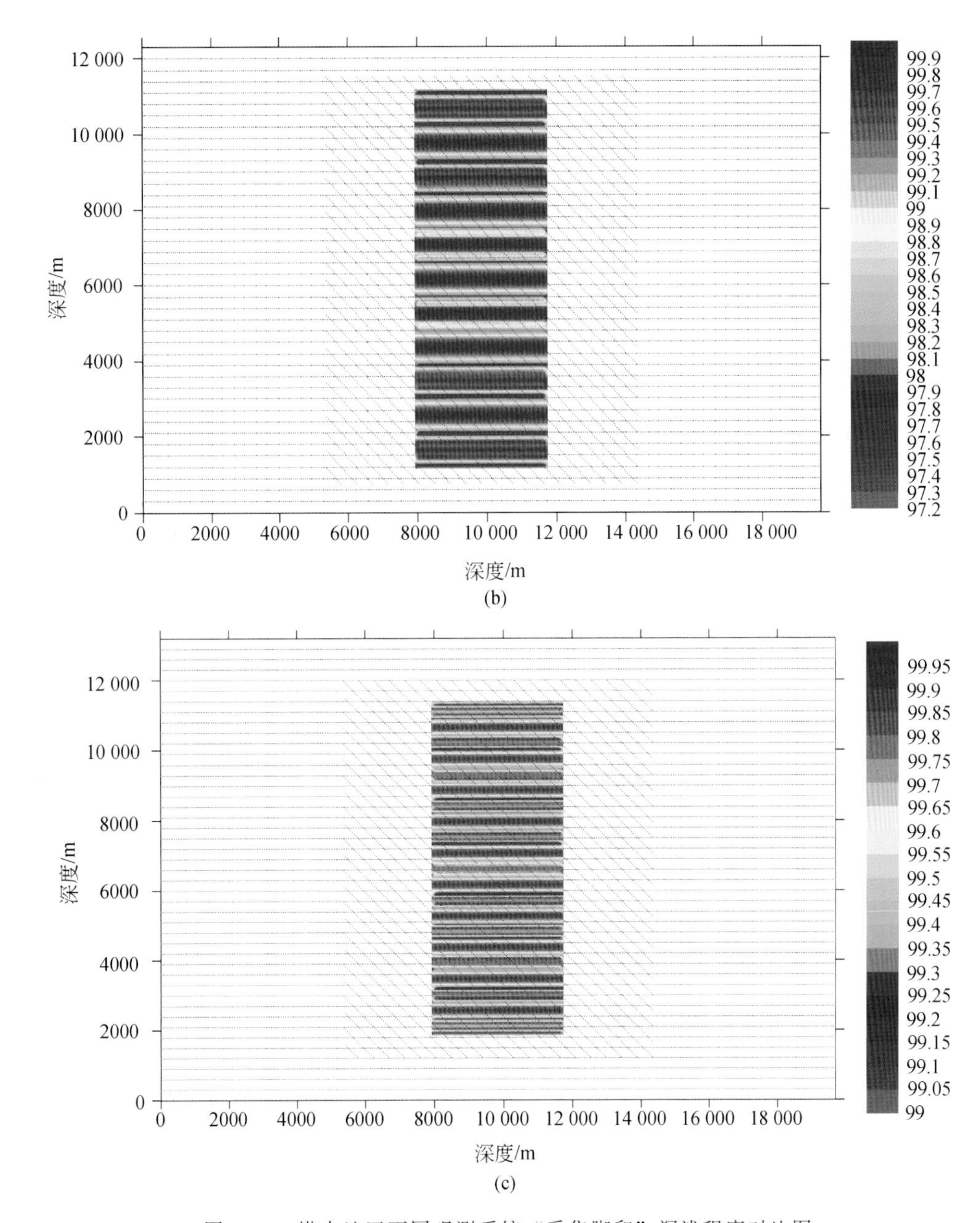

图 5.15　塔中地区不同观测系统“采集脚印”深浅程度对比图

(a) 2001 年 D16 井三维 [10 线 30 炮 216 道正交（滚 5 根 1500m，60 次）]；(b) 2002 年 D30 井三维 [12 线 36 炮 216 道非正交（滚 6 根 1800m，72 次）]；(c) 2004 年 D4 井三维 [12 线 18 炮 216 道非正交（滚 3 根 900m，72 次）]

年度观测系统的“采集脚印”深浅程度对比图。由图可见，2004 年 D4 井区三维观测系统（12 线 18 炮 216 道非正交、横向滚 3 根 900m，72 次）把由观测系统产生的“采集脚印”程度控制在 1%以内，较其之前观测系统更优化。图 5.16 是塔中地区相邻 3 个年度获得的三维偏移剖面（主要是观测系统不同），可以看到，重点随着三维观测系统的不断优化，塔中Ⅰ号坡折带更清晰，内幕反射信息更丰富、清楚，地震资料品质逐步提高。

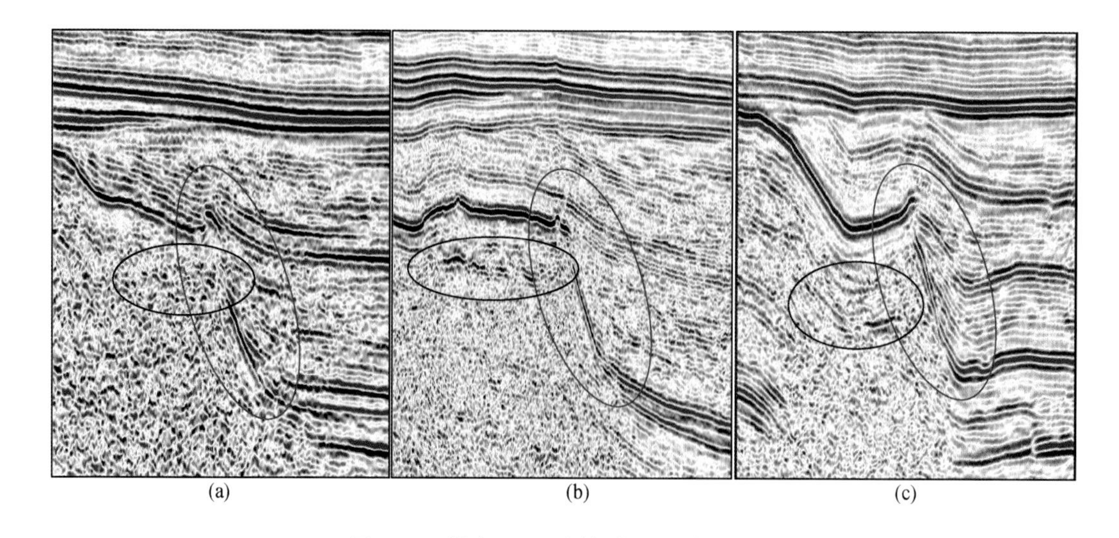

图 5.16　塔中地区不同年度三维偏移剖面

（a）D16 井三维剖面（2002 年）；（b）D31 井三维剖面（2003 年）；（c）D4 井三维剖面（2004 年）

三、复杂地表条件下三维变观设计技术

塔中沙漠区村庄城镇较少，但随着油气勘探开发程度的不断深入，部分地震勘探区域的地表条件变得越来越复杂，如油田作业区及管网建设等。复杂的地表条件给地震施工、设计方法的正常实施带来了极大的困难，同时诸多干扰源对地震资料品质亦造成了严重的影响。为了保证这种复杂地表条件下勘探区资料的完整，主要采用变观方法加以解决。

首先在准确确定固定干扰源及障碍物等引起的空炮或空道对地震资料影响的基础上，采用如下方法进行变观设计，降低施工难度并保证资料完整及品质。

对于复杂地表引起的空炮所造成的覆盖次数的缺失，常规做法是沿接收线正、反两个方向进行恢复加密。当障碍物分布范围较大时，常规恢复方法会造成炮点恢复距离过大，造成面元内的不同炮检距缺失严重，因此，变观设计时应尽量减小恢复距离。根据三维观测系统的几何性质，除了可以沿接收线方向进行恢复外，还可以在垂直接收线方向上按接收线距的整数倍进行恢复变观。在实际工作中，应根据障碍物分布情况，尽可能减小恢复距离、减小剖面缺口，使恢复后的炮点分布尽量均匀，将纵向、横向恢复性变观方法结合起来灵活应用。

当检波点无法布设或检波点被严重干扰、炮点可以选择性布设时，根据炮检射线路径互换原理，可以采用以炮补道的变观方法。

为了使上述变观思路能够可靠实施，可以充分利用卫片等能准确反映地面障碍物分布范围的辅助工具进行变观设计。

下面以 2004 年施工的 D4 井三维为例加以说明。D4 井三维区内分布有 D4 井油田作业区地面地下油田设施众多、障碍物密集，一方面干扰种类多、干扰范围大；另一方面，针对作业区内众多的油田设施，HSE 管理体系对工作要求高，观测方案无法正常实施。具体实施时，在查清工区障碍物的基础上，根据HSE要求划分不同障碍物的不同安全距离，在安全距离内关闭炮点；对工区内主要干扰源进行干扰波调查，确定干扰范围，范围内的检波点做偏移。经论证满覆盖区内最低覆盖次数仅39次，远低于设计的72次。在安全距离之外，把关闭的炮点布设在障碍物周围，重新论证，满覆盖区部分面元最低覆盖次数53次，采用“以炮补道技术”补充检波点横向偏移造成的覆盖次数不均、炮检距不均等问题，对炮点进行针对性加密，并在构造部位远离油田设施的区域适当布设部分炮点，经过论证满覆盖区内最低覆盖次数达到为59次，达到了设计覆盖次数的83%，最终获得了高品质的三维资料（图5.17）。

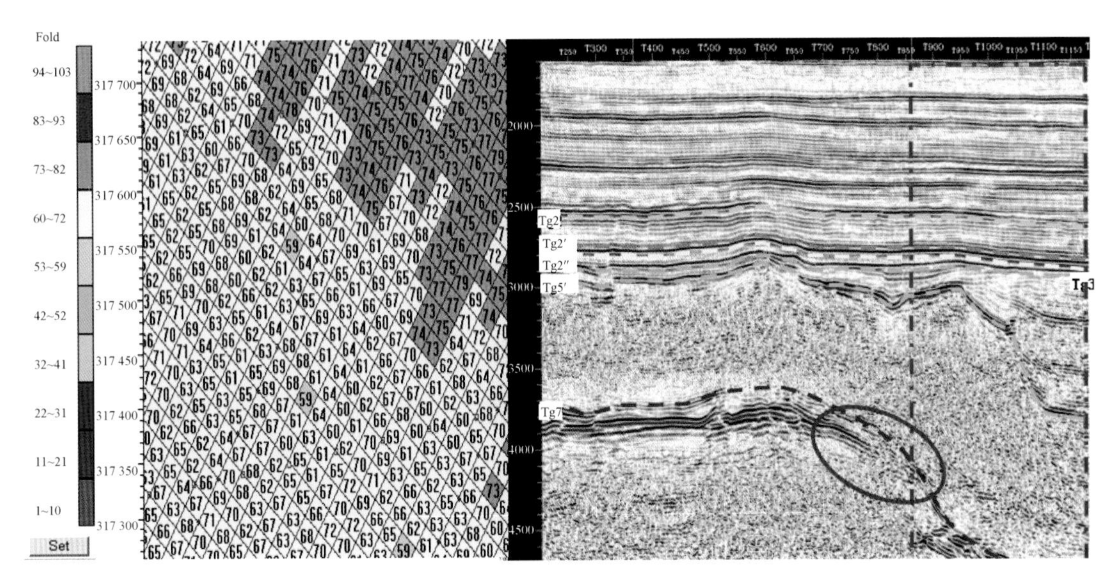

图5.17　D4井区三维变观后覆盖次数分布图及剖面效果

四、大漠区表层结构调查及静校正技术

（一）精细表层结构调查技术

精细表层结构调查一方面是为了满足激发井深设计的需要；另一方面是为了满足计算高精度静校正量的需要。精细表层结构调查技术主要包括优化的表层调查方法、科学合理地布设表层调查控制点等技术，主要是为了搞清沙漠区低降速带的变化规律（速度、厚度和潜水面），为准确设计激发井深、建立合理表层结构模型和计算高精度的静校正量提供可靠的基础数据。

1. 表层调查方法

沙漠区表层结构调查方法主要有浅层折射法、微地震测井法和测静水面高程法（推水坑）。这些方法都有其使用条件、优势及局限性，在实际应用中必须对这些方法进行优化，扬长避短，不断提高表层调查的精度，即要获得高精度的表层调查资料，必须分区分段采用不同的调查方法，并联合使用相互验证其精度。

近几年来大量的试验数据表明，沙漠区低速层厚度大于10m时，浅层折射法调查误差较大，沙丘厚度越大则其误差越大（厚度误差一般在2m以上）。因此，低速层厚度在10m以上的地段生产中采用微地震测井法；低速层厚度在10m以内的平地采用浅层折射法，同时利用适量微测井进行控制。通过与水坑静水面对比，误差一般在1m以内，精度较高。大沙区由于潜水面稳定，目前基本全部采用微地震测井法进行表层结构调查，此外还辅助测量水坑静水面高程法来补充沙漠区的表层结构调查。通过这些调查方法的合理应用，大大地提高了表层调查的精度，目前沙漠区低速层厚度误差一般控制在±0.8m，最大误差不超过2m。

2. 表层调查点灵活布设技术

沙漠区由于沙丘地形起伏剧烈，各种表层调查方法又存在一定的适用条件，为了取全表层调查资料，表层调查控制点布设必须覆盖工区的各类地表类型，调查点布设密度应以能控制表层结构变化规律为原则，灵活布设。经过多年的实践与应用，目前已经形成了成熟的表层调查点布设技术，即采用一定的调查点密度准确控制潜水面；不同厚度沙丘上均布设微测井调查点，保证低速层速度的准确性。基本布设原则是：地形平坦地段采取浅层折射法为主，密度原则上为2～3km/点；其他地段采取高精度的微地震测井法为主，密度一般控制在3～4km/点；特殊地段根据需要适当再加密，同时在全区范围内再辅助测量水坑静水面高程法补充调查点密度。

3. 表层建模技术

沙漠区表层结构建模技术大致可以分为两类：一类是通过野外表层调查控制点数据进行建模；另一类是通过地震波初至信息反演表层结构模型。塔里木盆地沙漠区一般采用精度高的表层结构调查数据来建立准确的表层结构模型，能够满足激发井深设计以及静校正精度的要求。特殊情况下采用基于模型约束下的初至波反演模型的方法建模。

多年的勘探实践证明，大沙漠区表层为双层结构，低速带平均速度随其厚度的增加而增大，潜水面为高速层顶界，它是一个非常平缓的界面。

沙漠区三维表层结构模型主要利用表层调查控制点资料经平面网格插值形成数据库方法来建立。一般是前期先建立区域“骨架”表层模型数据库（潜水面高程数据库、厚度数据库等），指导野外表层调查点的布设，通过后续加密调查控制点提高表层模型数据库的精度（图5.18）。

（二）高精度静校正技术

沙漠区复杂的地形条件给静校正工作带来较大困难。野外静校正是沙漠地震勘探中一个非常关键的环节，其精度将直接影响剖面质量和成果解释的可靠性。目前，沙漠区高精度静校正技术主要有模型＋沙丘曲线静校正方法、数据库＋沙丘曲线静校正方法、初至折射静校正方法等。

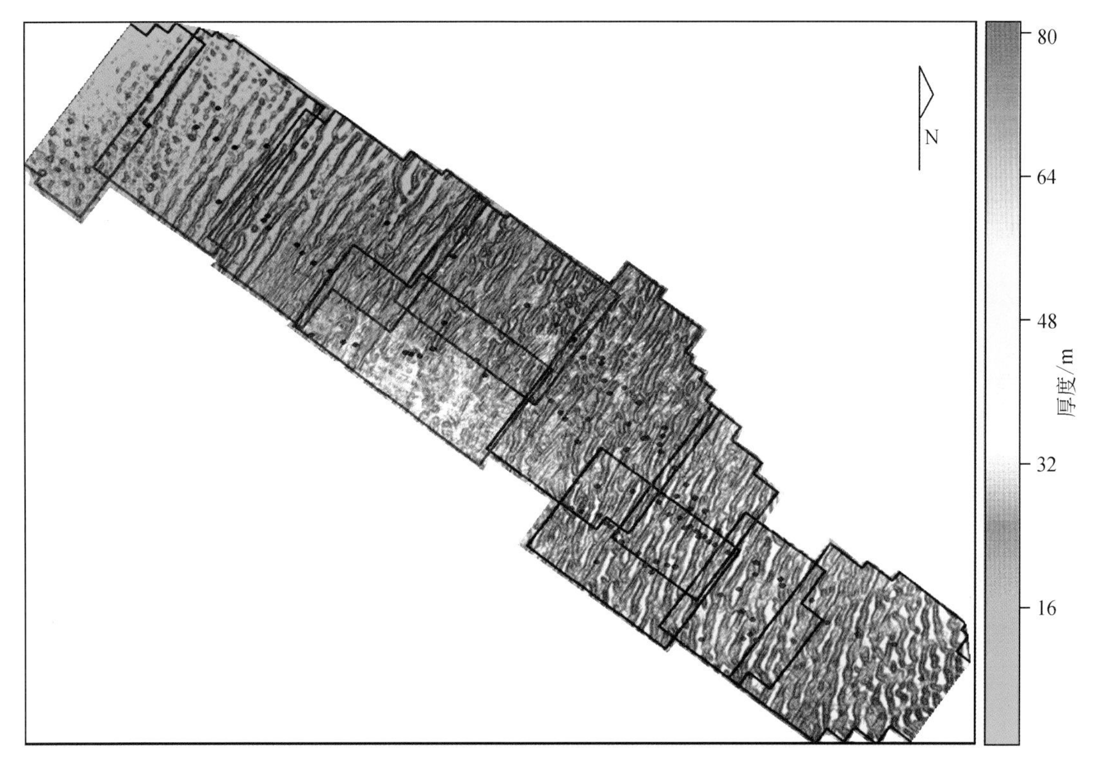

图 5.18　塔中地区低速带厚度数据库平面图

1. 模型+沙丘曲线静校正方法

该方法是通过表层调查控制点潜水面高程线性内插出每个物理点的潜水面高程，低速层速度则通过沙丘曲线量板根据每个物理点的厚度直接获得，进而计算静校正量。该方法的关键是获得高精度的沙丘曲线量板，不同区域应该建立不同的沙丘曲线，并划分区域使用，以保证静校正精度。

沙丘曲线是通过对典型沙丘进行调查而获得的，也可以利用微测井数据来求取。通过野外大量调查，得出一条反映 t、H、V 三者关系的经验曲线，即沙丘曲线（图 5.19）。根据沙丘曲线，由某点的延迟时间就可以查出该点所处的低速层的厚度及速度。

大沙漠地区各炮点、检波点都有实测高程（用 EL 表示）和低速层的厚度 H_{1i}，由此可得各控制点高速层顶界的高程（以 EW 表示，$\mathrm{EW}=\mathrm{EL}-H_{1i}$），浮动基准面的高程用 ED 表示，经内插获得各控制点的 EW、ED 值。

检波点和炮点的静校正量 RSC 和 SSC 采用以下公式计算：

$$\mathrm{RSC}=(\mathrm{ED}-\mathrm{EW})/2000-(\mathrm{EL}-\mathrm{EW})/V_0 \tag{5.9}$$

$$\mathrm{SSC}=(\mathrm{ED}-\mathrm{EW})/2000-[(\mathrm{EL}+D-H_w)-\mathrm{EW}]/W_0 \tag{5.10}$$

式中，D 为炮点的偏移高差；H_w 为井深；V_0 为低速层的平均速度，可根据该点的低速层厚度由沙丘曲线查出。

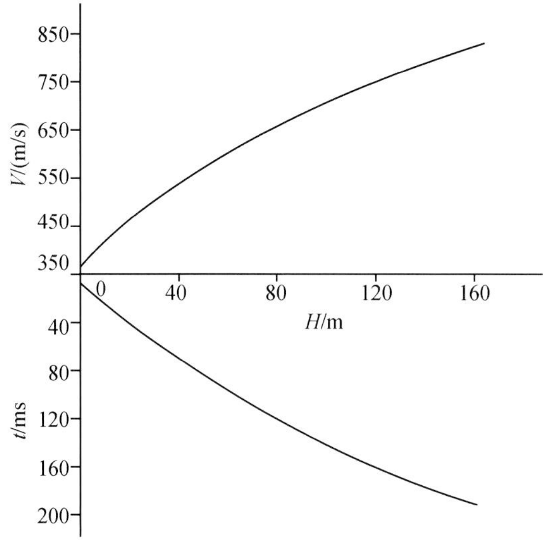

图 5.19　沙丘曲线

2. 数据库＋沙丘曲线静校正方法

三维工区静校正一般应用数据库＋沙丘曲线方法。该方法是利用表层调查控制点数据并通过网格化内插建立表层模型数据库（低速层厚度数据库、潜水面高程数据库等）（图5.20），利用物理点的坐标提取表层模型数据，低速层速度则通过沙丘曲线求取。其优点是确保静校正量的闭合，关键是建立高精度的表层模型数据库。

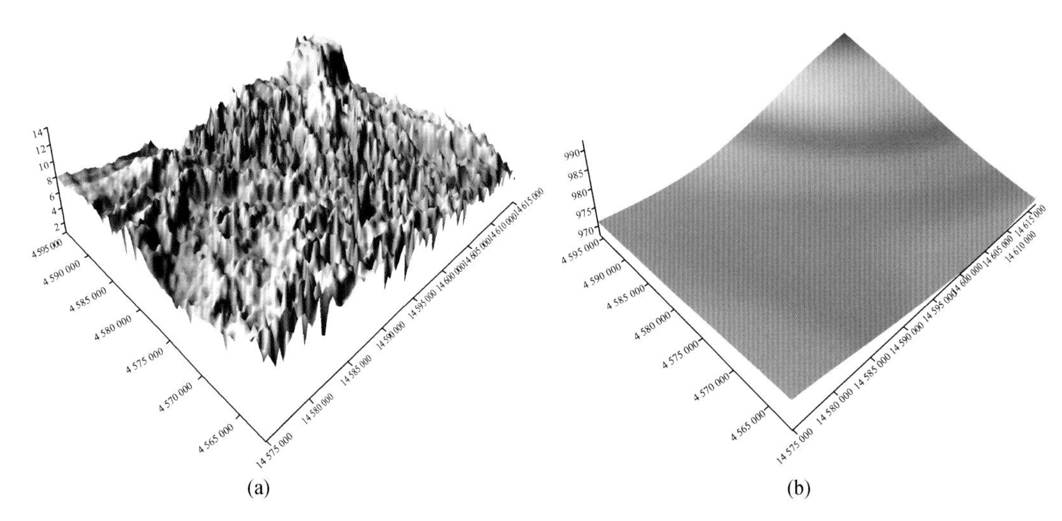

图 5.20　沙漠区低速层厚度和潜水面高程数据库立体图

（a）低速层厚度；（b）潜水面高程

经过多年的深入研究和探索，沙漠区野外静校正方法和技术已基本成熟。从沙漠区野外静校正前后叠加剖面（图5.21）对比可见，野外静校正基本解决了大的静校正问题，静校正后地震剖面品质显著提高。

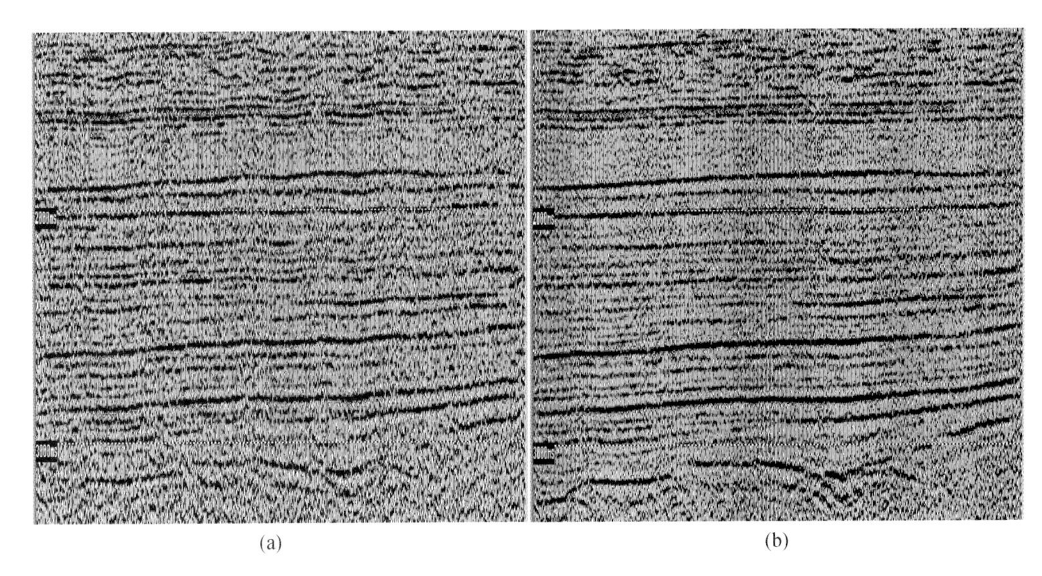

图5.21　野外静校正前、后叠加剖面图
（a）校正前；（b）校正后

第二节　大漠区高精度三维地震处理技术

一、叠前高保真三维地震处理技术

（一）地表一致性振幅处理

1. 全局地表一致性振幅补偿

由于激发和接收因素存在差异，造成地震资料的能量空间分布不均衡。处理中采用地表一致性振幅补偿技术，可以消除因地表因素不同造成的能量差异，均衡炮间和道间能量。该方法具体实现方法是首先在确定的时窗内统计出各道平均振幅或均方根振幅或某一振幅标准的分贝值或比例因子，再利用地表一致性假设，分别计算出共炮点、共检波点、共炮检距等各项的振幅补偿因子，最后分别应用在各地震道上，最终使得能量在横向更加均衡。对于三维地震资料，常规的振幅补偿处理仅仅是对各线束独立、分别进行地表一致性补偿，这样能够对线束内由于激发接受条件而导致的能量差异进行较好的补偿（图5.22），分析认为图中较大范围的“泛白”现象是由于补偿不均衡造成。

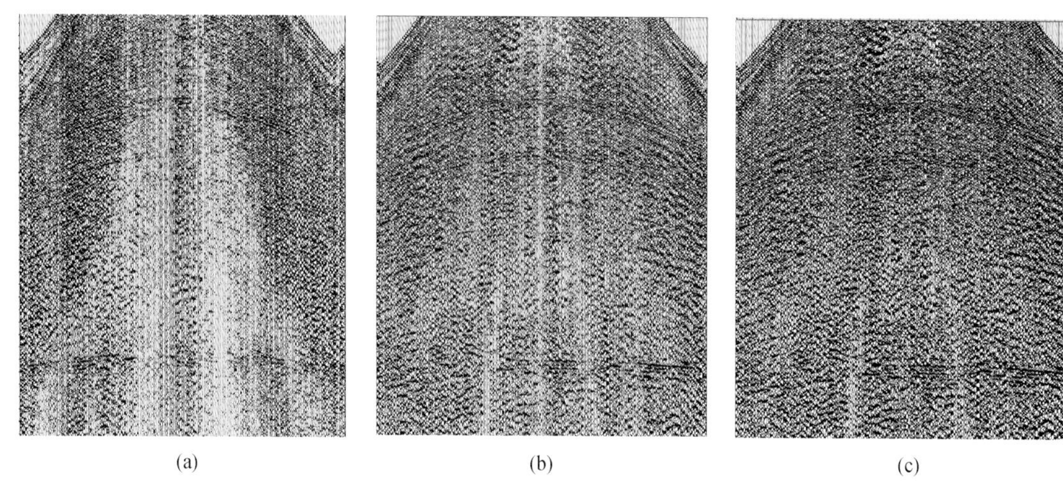

图 5.22 地表一致性补偿效果

(a) 补偿前；(b) 单线束补偿；(c) 全局补偿

通常的解决方法是在单线束的补偿基础上再做全局的补偿：“单线束拾取，全局分解”，将所有线束全部输入，使全局数据参与统计分析，这样能够很好地解决补偿不均的问题，达到各线束间的振幅地表一致性补偿，做到了全工区的振幅保真处理，如图 5.23，“泛白”现象得到了改善，较好地解决了能量的不均衡的问题，从叠加效果上看，振幅补偿突出了有效信号，在一定程度上提高了信噪比。

2. 三维连片中的子波整形

连片技术的核心是子波整形技术，子波整形中最重要的工作是求取准确的整形因子。以往子波整形处理效果的好坏依赖于处理人员的经验，只是一种定性的描述。通过互谱的引入，实现了子波整形处理效果的定量分析，将连片处理技术进一步深化。

通俗而言，互谱就是在频率域刻画出区块重叠区资料在每个频率成分上的振幅和相位的差异。如果区块间重叠部分资料互谱的振幅和相位在每个频率成分上都接近 0 值，这说明二者间资料吻合较好，反之，还需要进一步调整子波整形参数。

为了获得最好的整形因子，在处理中采用定性、定量相结合的方法。按照整形因子的求取、论证和验证 3 个步骤进行，从而比较科学地完成波整形处理。具体实现方法是：

(1) 首先采用不同的参数求取多个不同的整形因子，并尽量保持整形因子具有较宽的频带，减少子波整形带来的频率损失；

(2) 对不同整形因子进行对比论证，对不同的整形因子的应用效果分别从拼接叠加剖面、相同叠加段、互相关函数、尤其是互谱（包括相位差异、振幅差异）等方面进行定性、定量的对比分析，确定出最佳的整形因子；

(3) 采用上述分析的方法，在其他拼接部位对这个整形因子进行验证，以保证整形因子选择的合理性。

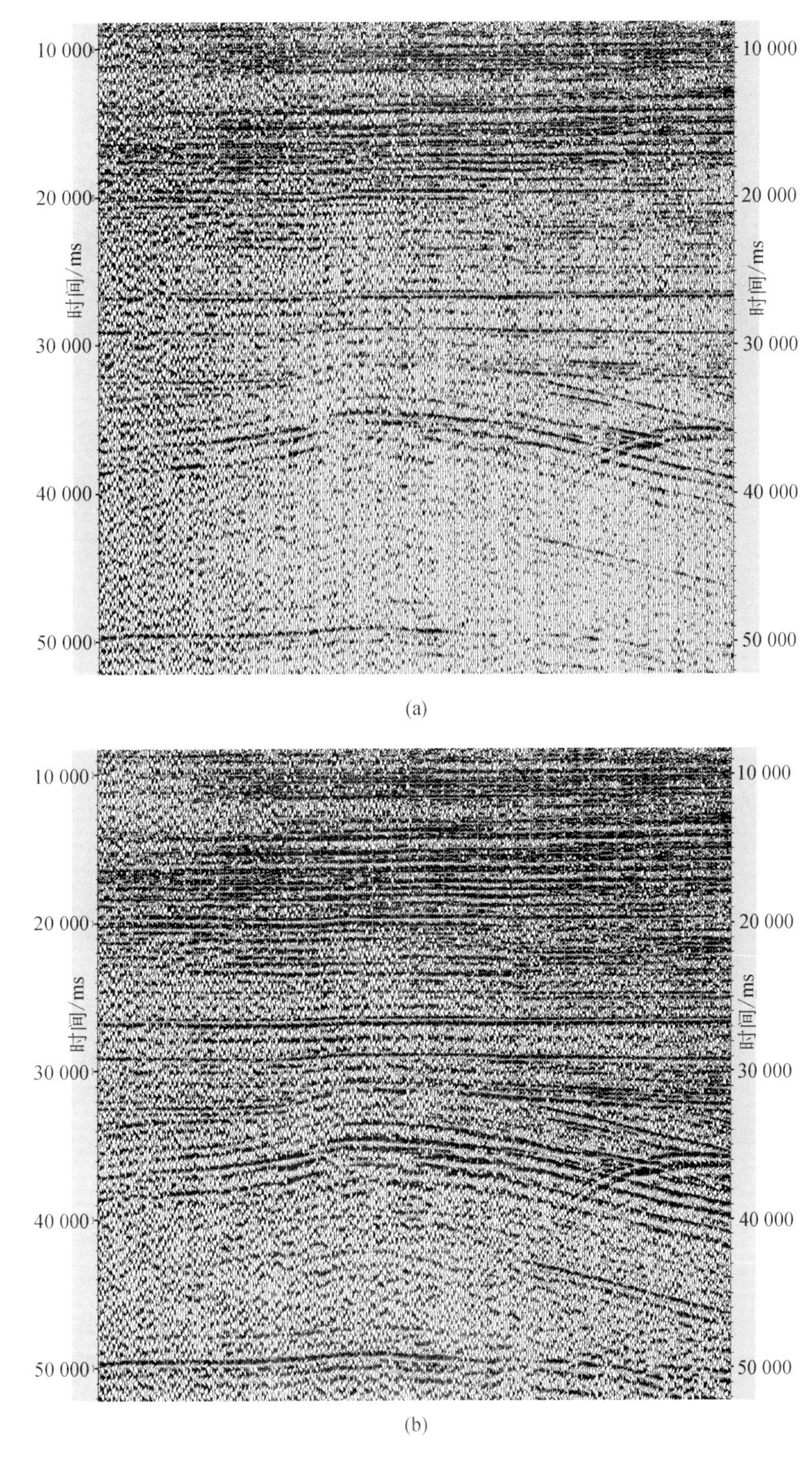

图 5.23　地表一致性振幅补偿前、后效果对比图

(a) 补偿前；(b) 补偿后

塔里木盆地轮南地区开展的三维大连片处理广泛采用了子波整形技术，例如，以东斜坡三维资料为标准对解放渠三维资料进行子波整形。首先，是对因子的求取，图 5.24 为所求出的 3 个不同整形因子及其对应的振幅谱和互谱，从振幅谱上分析，3 个因子差异不明显，只是在高频部分略有不同（图 5.25）。其次，是因子的论证，图 5.26 为Inline783 线东斜坡与解放渠的拼接剖面，从左至右依次为整形前及 3 个整形因子整形后剖面，整形

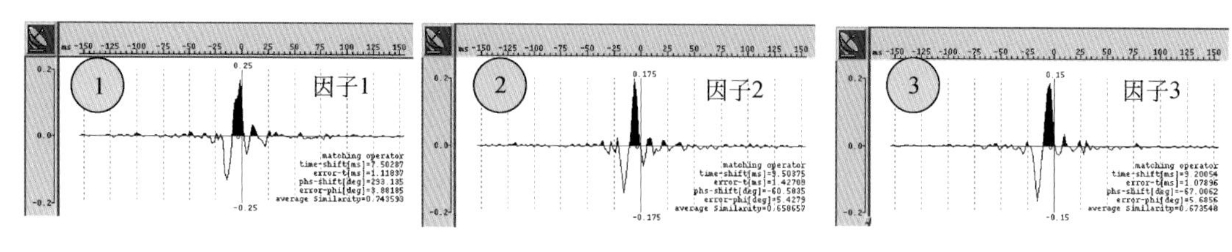

图 5.24　3 个不同整形因子

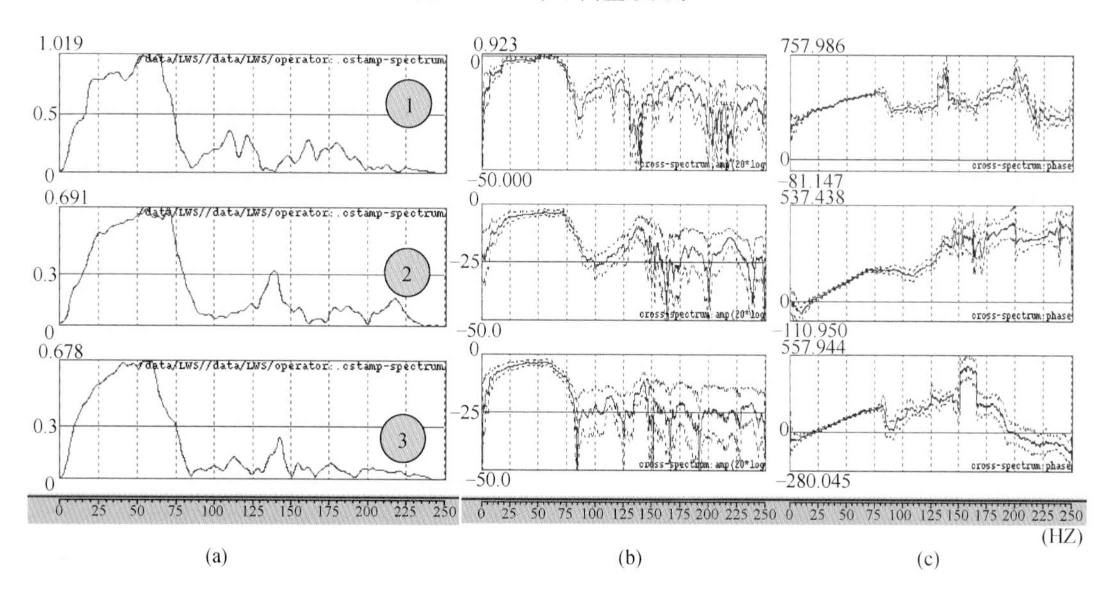

图 5.25　3 个不同整形因子对应的振幅谱、互谱对比图

（a）因子振幅谱；（b）互谱（振幅）；（c）互谱（相位）

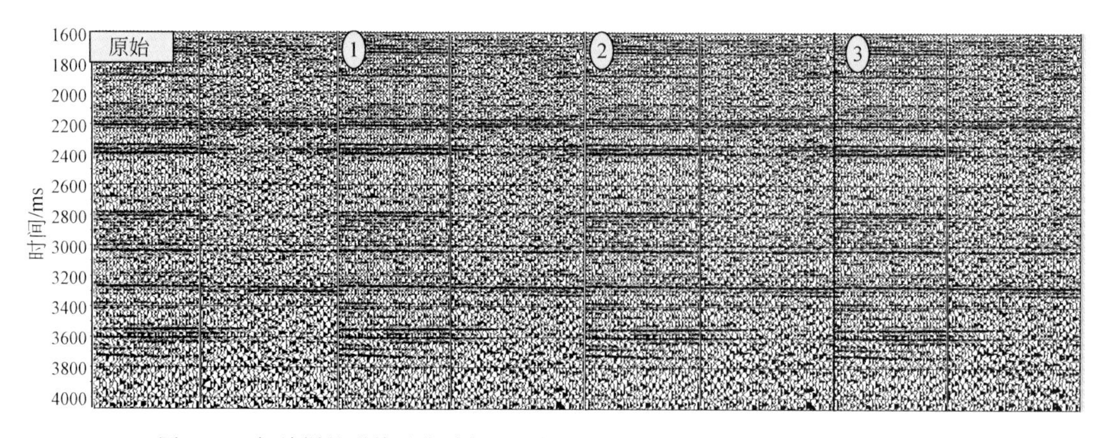

图 5.26　解放渠整形前及分别应用 3 个因子整形后与东斜坡拼接的叠加剖面图

前解放渠和东斜坡面貌差异较大，经过整形后，解放渠剖面波阻特征明显接近东斜坡，应用 3 个因子整形后的拼接剖面看不出明显的不同，红色线为拼接线。图 5.27 的左侧从左至右依次为整形前个解放渠、东斜坡以及 3 个整形因子整形后解放渠的叠加段，整形前解放渠和东斜坡资料面貌差异较大，经过整形后，解放渠叠加段特征明显向东斜坡靠近，3 个因子面貌无明显差异。图 5.27 右上侧为解放渠和东斜坡叠加段的互相关函数，分别是解放渠未整形及采用 3 个整形因子整形后所对应的互相关函数，未整形时差比较明显，第一个因子有明显时差，第二、三个因子没有明显的时差；图 5.27 右下侧为解放渠整形前及分别应用 3 个因子整形后与东斜坡的互谱中的振幅部分和相位部分，表明整形前后两个叠加段之间在相位、振幅上的差异。从这几个图可以看出，整形前解放渠和东斜坡叠加段之间互谱的振幅和相位差异明显，而整形后接近，其中，第一个因子整形后时差略大于第二、三两个因子，第三个因子时差、相位差最小。将整形前后的数据分别进行反褶积处理，进一步通过反褶积调查资料在整形过程中频率损失情况，图 5.28 分别为反褶积前后的解放渠、东斜坡及 3 个整形因子整形后的频谱，通过反褶积后的频谱对比，第三个因子在频宽上略有优势。

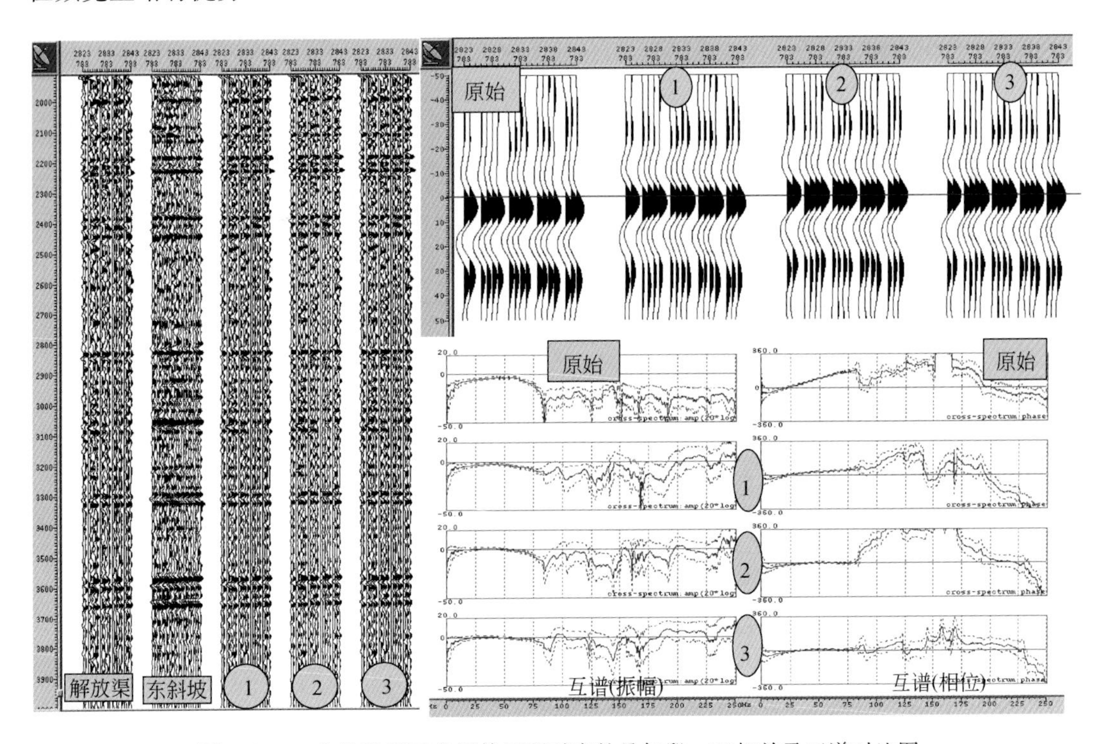

图 5.27　3 个整形因子应用前后所对应的叠加段、互相关及互谱对比图

（二）叠前井控处理技术

1. 井控振幅球面扩散补偿

几何扩散、透射损失、层间多次反射及非弹性损耗等噪声地震波能量在时间方向的衰

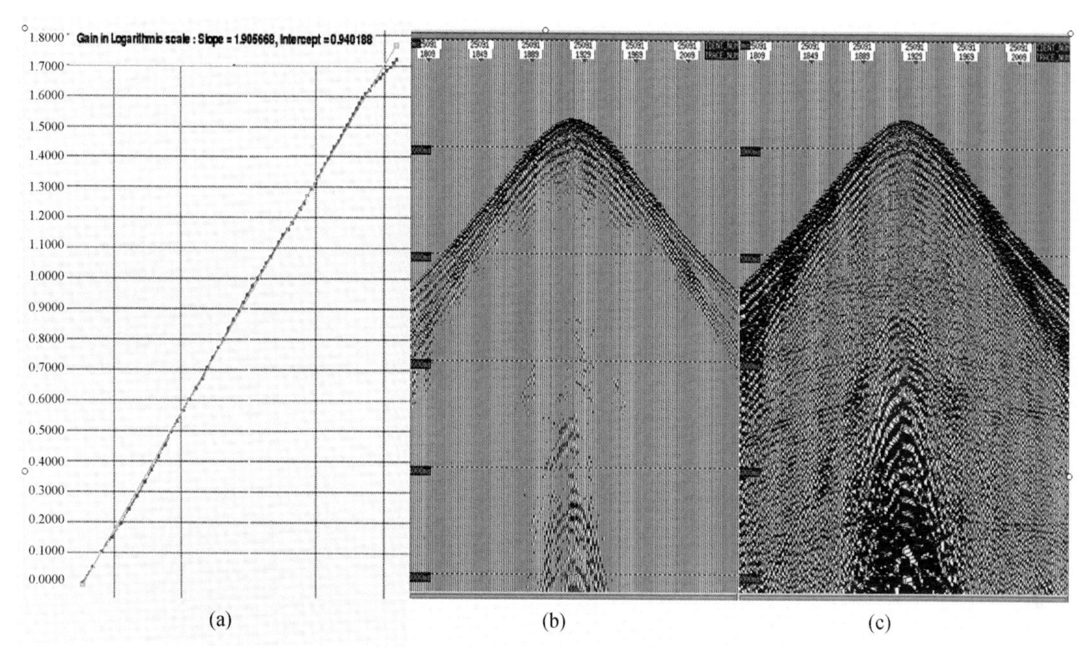

图 5.28　利用 M-33 井的 VSP 资料计算真振幅恢复因子进行真振幅恢复图

(a) VSP 资料真振幅恢复因子拟合曲线；(b) 原始单炮记录；(c) 几何发散补偿后单炮记录

减。振幅处理主要从球面扩散、Q 吸收、地表一致性振幅补偿、透射损失等几个方面对地震波的振幅进行恢复。井控地震资料处理是从 VSP 资料求取球面扩散补偿因子，对地面地震数据进行扩散补偿。

真振幅的恢复基于球面波传播假设，在处理过程中首先根据均方根振幅值对每个记录道进行振幅归一化处理，然后用时变增益补偿地震波的振幅衰减。

假设能量密度以球面波形式向外传播，即 $E=1/r^2$，其中 r 为球形波前面的半径。因此，振幅以 $1/r$ 规律衰减。设均匀介质中的速度 v，则 $r=v\times t$，其中 t 为单程旅行时。假设速度随深度增加而增加，且平均速度正比为 t^a，其中“a”为球面扩散 Tar 因子。这样，以 t^{1+a} 形式衰减的振幅可以利用时变增益 $G(t)$ 进行恢复。即

$$G(t)=(t/t_0)^{(1+a)} \tag{5.11}$$

式中，t 为记录时间；t_0 为每个记录道的初至时间。指数值 a 一般为 0.1～0.5。图 5.29 显示利用 M-33 井 VSP 资料计算真振幅恢复因子，进行真振幅恢复的过程，利用井控资料进行真振幅恢复后的地震记录更好地保持了地震波的动力学特征。

2. 井控反褶积

由于地表激发、接收条件的差异，导致地震记录频率特征和子波特性之间存在差异，通过地表一致性反褶积处理，做好子波频率和相位一致性处理，并适当提高地震资料的分辨率。在进行地表一致性频率调整时，尽可能增强有效频带以内的能量，有效频宽以外渐变衰减，减少地震子波旁瓣的延续长度。地表一致性反褶积是一种多道反褶积方法，通过将地震记录的频谱进行多道统计分析，计算反褶积算子，弱化子波在空间上的差异。

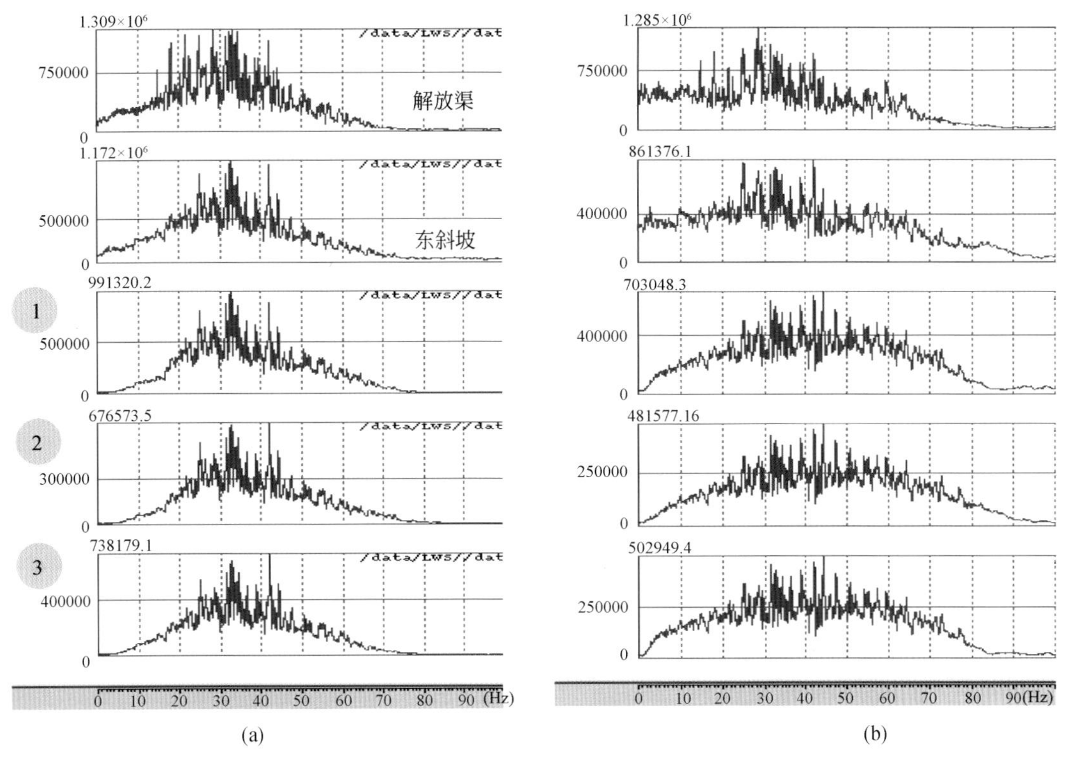

图 5.29　反褶积前后的解放渠、东斜坡及 3 个整形因子整形后的频谱

(a) 反褶积前；(b) 反褶积后

地表一致性反褶积参数的测试主要是通过参数扫描，对比不同参数在单炮和叠加上的效果来确定；井控处理方法提供了定量分析反褶积参数的手段，根据不同参数的处理结果与井资料的匹配程度，确定最佳的地表一致性反褶积参数。

图 5.30 是不同步长（8ms 至 32ms，增量为 4ms）的地表一致性反褶积结果与井旁地震道进行对比的情况，通过分析和对比，确定最佳的反褶积步长为 16ms，将该参数应用到整体数据的反褶积处理中，取得了较好的反褶积效果（图 5.31）。

3. 井控反 Q

Q 值是描述在黏弹性介质中地震波衰减的参数，直接影响地震信号的相位和分辨率。Q 值越大，表示衰减越小；反之，Q 值越小，表示衰减越严重。影响 Q 值的因素主要有以下几个方面：①温度和压力增加导致 Q 值减小；②岩性不同，其 Q 值不同，一般来说，灰质岩吸收较小，砂岩吸收较大，泥岩介乎其中间；③岩石中孔隙形状及裂缝发育程度影响 Q 值的大小；④孔隙中流体的性质也会对 Q 值产生影响。

利用地震数据可以对岩层的 Q 值进行分析和计算，但要求地震数据具有较高的信噪比，相对于地表采集的地震数据，VSP 数据具有更高的信噪比和保真度，因此，VSP 下行波场是进行 Q 值分析的理想数据。

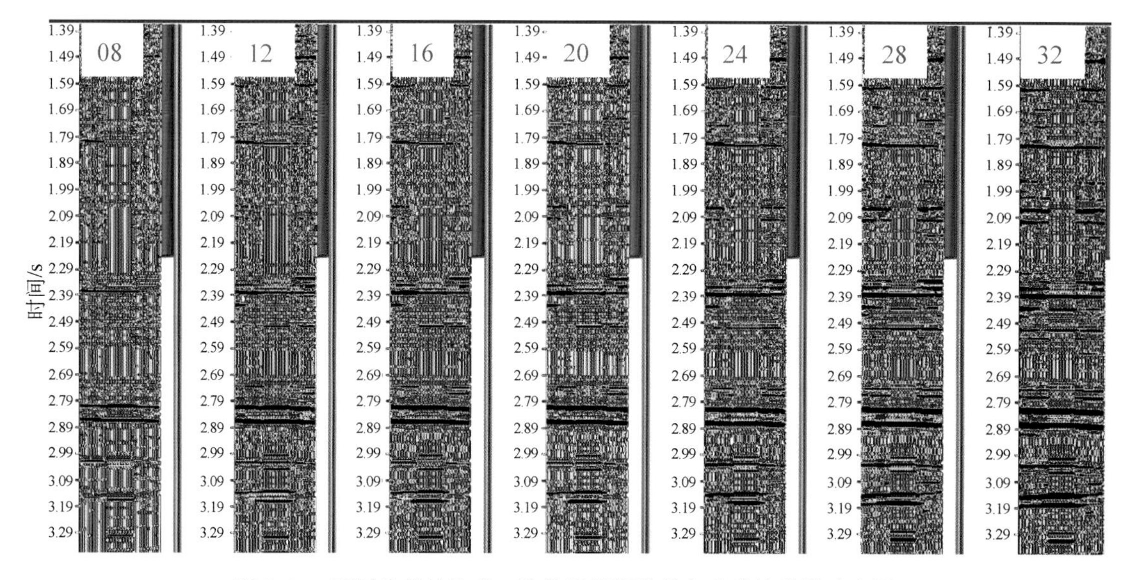

图 5.30　不同步长的地表一致性反褶积结果与井旁地震道对比图

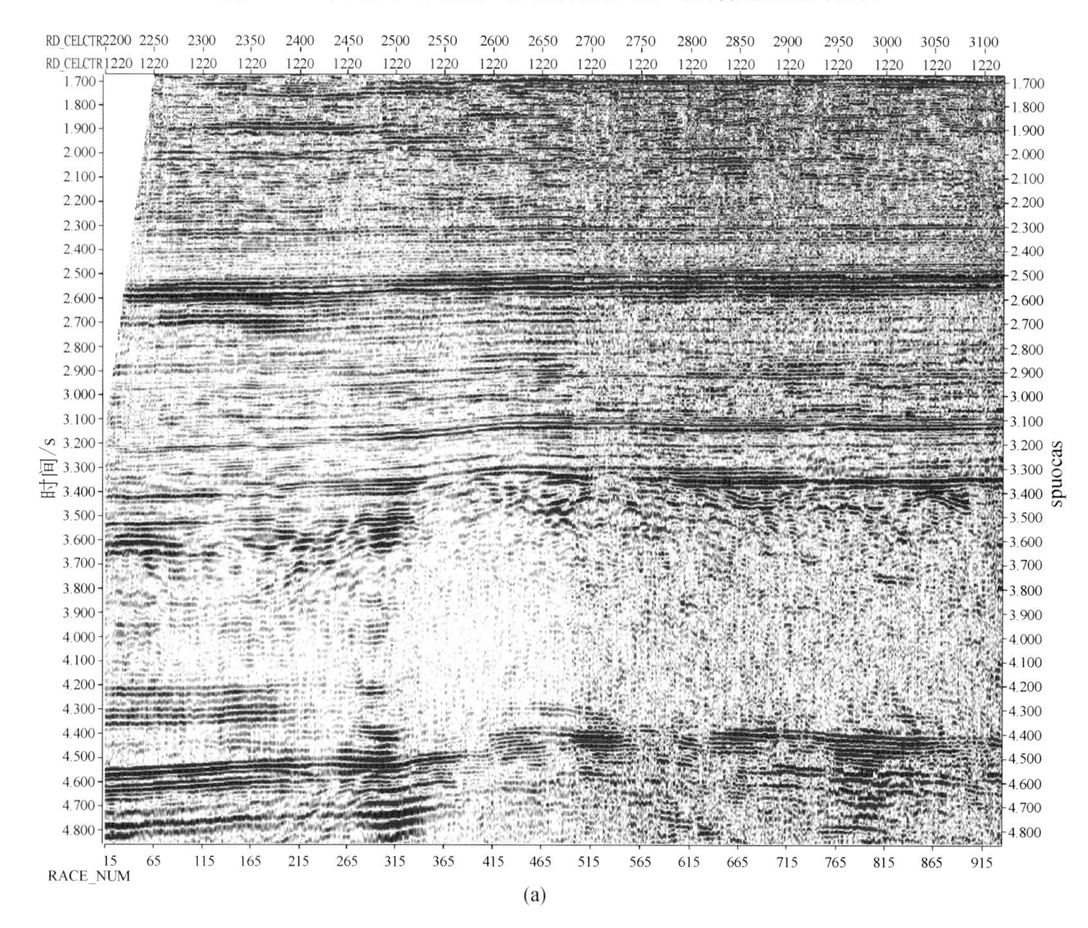

(a)

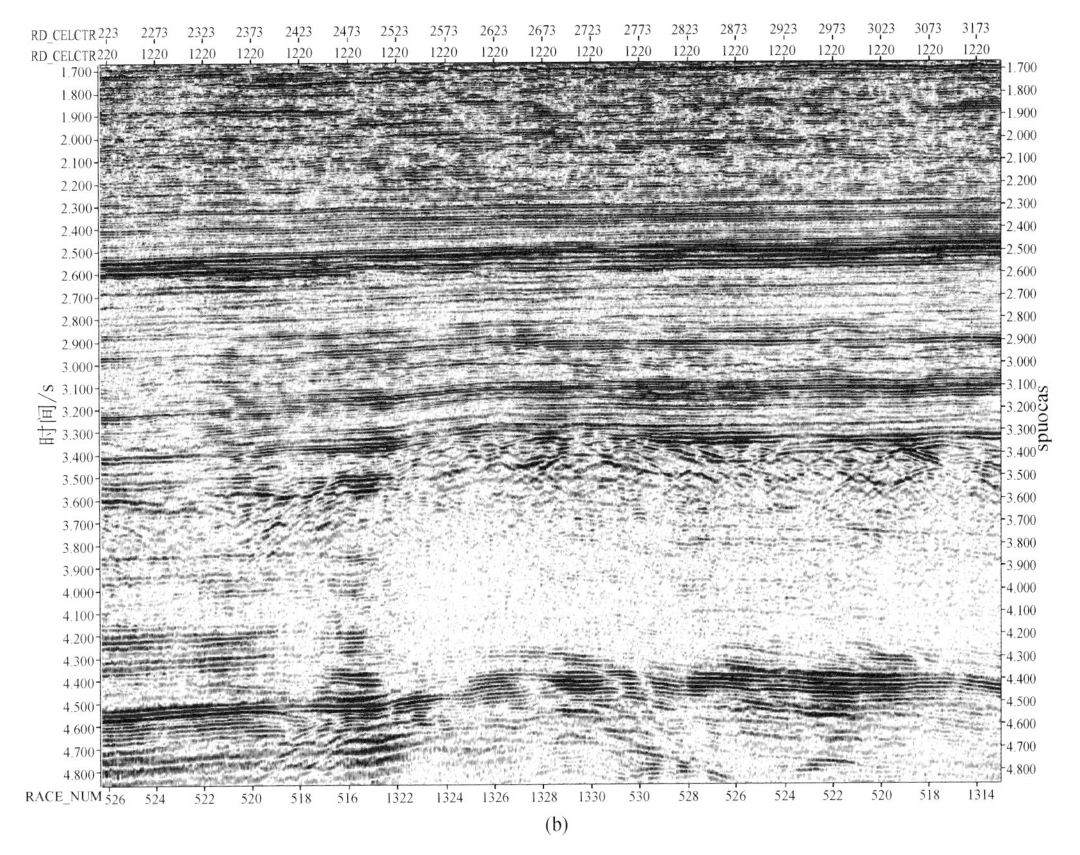

图 5.31　井匹配的地表一致性反褶积前、后效果对比图

(a) 反褶积前；(b) 反褶积后

谱比法是 Q 值分析的常用方法，其基本原理为假设两个接收器之间地层的 Q 值是一个常量，那么频率 f 的振幅随时间变化可以表示为

$$A(f,t_2)=A(f,t_1)\mathrm{e}^{-\pi f(t_2-t_1)/Q} \tag{5.12}$$

式中，A 为振幅，是频率 f 和时间 t 的函数。

对该公式两边求自然对数，得到

$$\ln\left[\frac{A\ (f,\ t_2)}{A\ (f,\ t_1)}\right]=-\pi f\ (t_2-t_1)/Q \tag{5.13}$$

可以看出，振幅随频率呈线性衰减函数，其衰减的斜率为 $-\pi(t_2-t_1)/Q$。因此，利用频率的变化梯度计算 Q 值是谱比法求取 Q 值的基本思想。

多谱比法计算 Q 值的思想与谱比法基本相同，该方法通过一系列不同深度点的 Q 值统计出一个全局 Q 值作为该深度段的 Q 值。

图 5.32 是利用 D72 井的 VSP 资料进行谱比法 Q 分析和多谱比法 Q 值分析的结果，两种方法的分析结果分别为 94.0 和 91.0，具有较好的一致性。

图 5.33 是利用 VSP 资料计算的 Q 值进行反 Q 滤波前后的偏移剖面对比，分辨率得到明显提高，剖面质量得到有效改善。

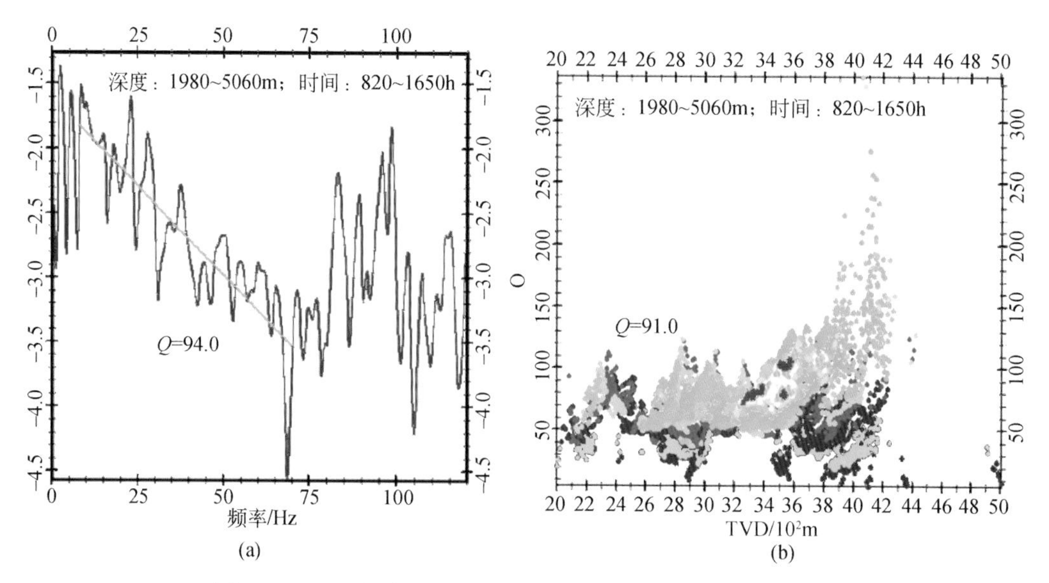

图 5.32　D72 井谱比法 Q 值分析和多谱比法 Q 值分析对比图

(a) 谱比法 Q 值分析；(b) 多谱比法 Q 值分析

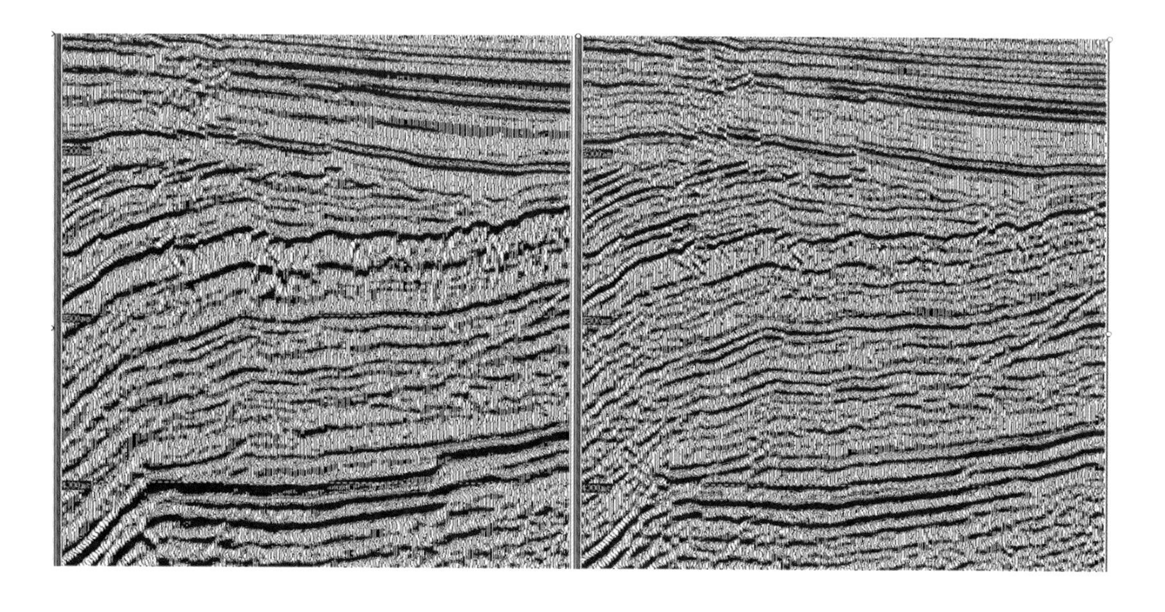

图 5.33　反 Q 滤波前、后偏移剖面效果对比图

(a) 反 Q 滤波前；(b) 反 Q 滤波后

(三) 高密度逐点速度分析技术

高密度速度分析就是在常规速度分析基础上加大速度分析密度，速度谱密度的加大使得工作量翻番，同时又使得速度场更趋于准确。在台盆区，准确的速度场是保证“串珠”归位的前提，高密度速度分析的点现已缩小至 10×1，对于速度空间变化能够描述比较精

确。对于没有特殊地质体区域，该速度成像非常准确，如图 5.34 所示；但在刻画“串珠”成像上，此速度略显不足。在此基础上，采用逐点速度分析技术将速度加密到 1×1，这时速度已经相当精准，从处理效果上看，精确的速度分析将不整合面、“串珠”刻画得淋漓尽致，如图 5.35 所示。

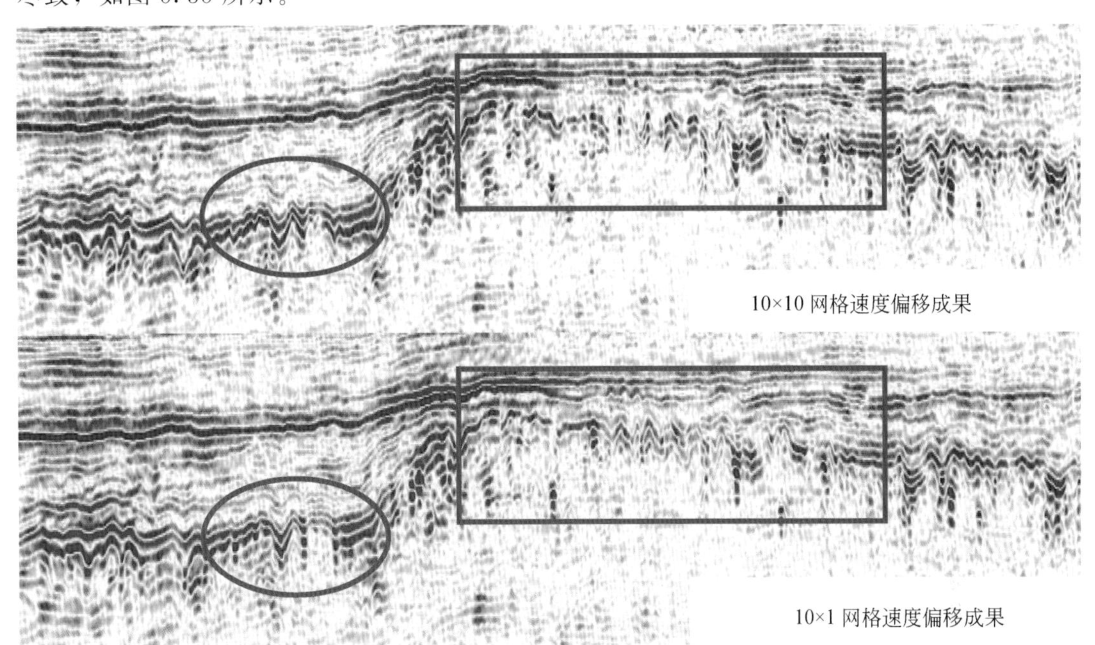

图 5.34　高密度速度分析前、后偏移成果对比效果图

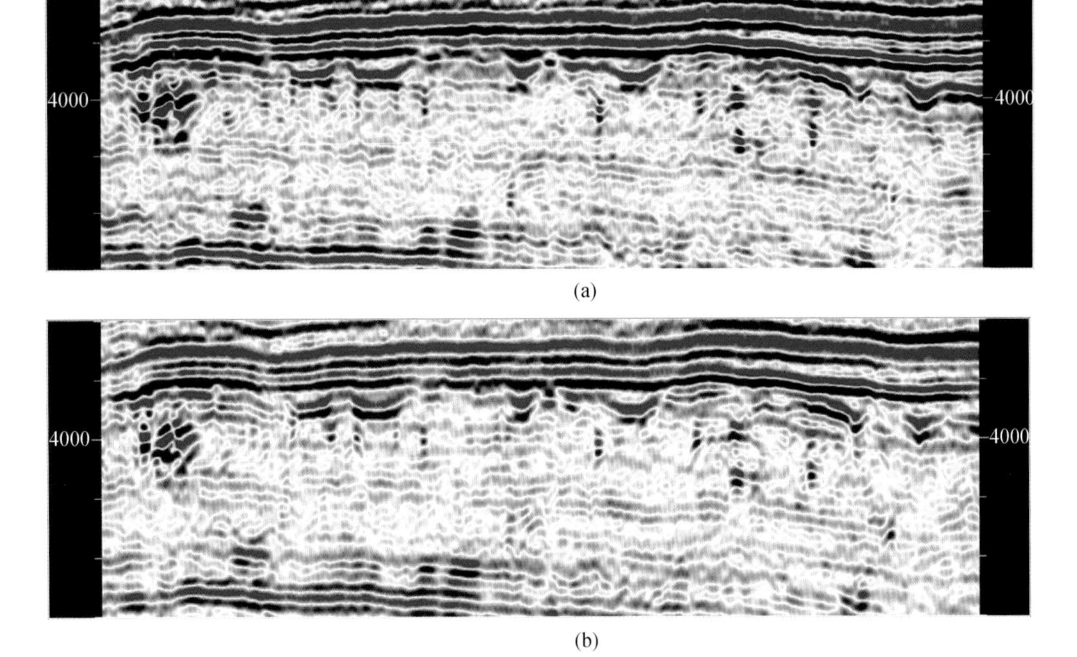

图 5.35　高密度逐点速度分析前、后偏移成果对比效果图

（a）分析前；（b）分析后

在高密度速度分析的基础上，再采用逐点速度分析技术，即对每个 CRP 网格点都进行速度分析，使速度分析的精度进一步提高，对速度的刻画更精准。在哈拉哈塘地区采用高密度逐点速度分析技术取得了非常好的成像效果。

二、偏前、偏后提高信噪比处理技术

（一）偏前保幅压噪处理技术

1. 分频 ZAP

ZAP 处理技术（zone anomaly process）是一种地表一致性的异常噪音衰减技术。该方法从共炮点、共检波点、共中心点和共偏移距 4 个域对均方根振幅、中值绝对振幅、最大绝对振幅和主频进行统计分析并分解，实现异常噪音压制。在常规处理中仅用于压制大的异常振幅、野值。通过在频率域约束、模块组合和参数优化等方面的创新，实现衰减面波的目的。与常规压制面波方法相比，它对有效波的伤害更小，振幅更加保真。图 5.36 是利用该技术进行压制面波干扰的效果对比。

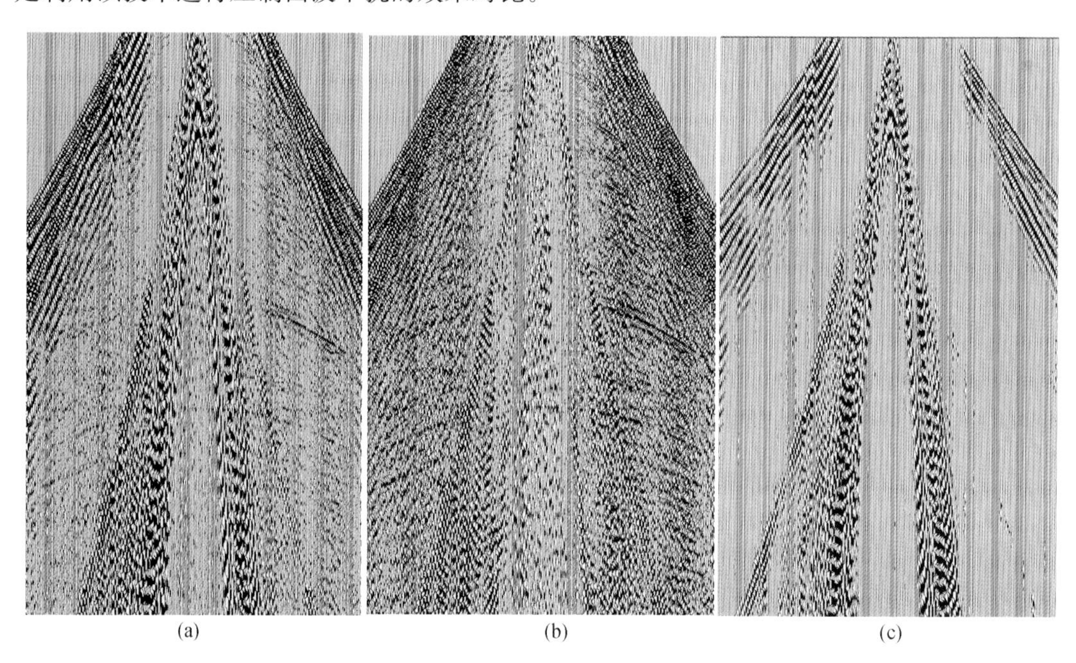

图 5.36 分频 ZAP 压制面波前、后、滤掉的噪音单炮记录对比图

(a) 分频 ZAP 压制面波前；(b) 分频 ZAP 压制面波后；(c) 滤掉的噪声单炮记录

2. 异常噪音衰减技术

异常噪音衰减（anomalous amplitude attenuation，AAA）是一种叠前分频噪音衰减技术。该方法首先分频带对给定时窗内的振幅进行统计，求取中值能量，在特定频带内中

值能量大于设定门槛值即认为是异常振幅；异常噪音可以进行衰减，也可以根据相邻地震道进行空间插值。如图 5.37 所示，异常噪音得到很好压制，有效波得到保护。

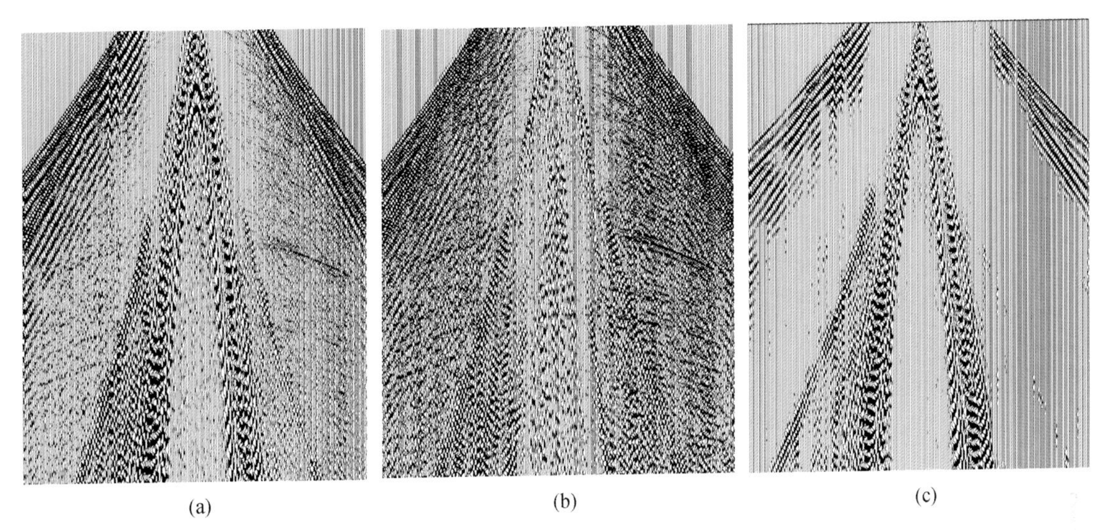

图 5.37 异常噪音衰减前、后及异常噪音对比图

（a）异常噪音衰减前；（b）异常噪音衰减后；（c）异常噪音

3. 叠前四域去噪

叠前四域去噪技术是将三维叠前地震数据视为一个四域数据体，4 个域分别为 X 坐标、Y 坐标、共炮检距 C 和记录时间 T；它假设地震记录的有效波在四域上具有可预测性，而随机噪声无此特性。利用最小平方原理求取三维预测算子，把预测算子应用于三维叠前地震数据上，达到衰减三维叠前随机噪声的目的。

图 5.38 和图 5.39 是叠前四域去噪前后的单炮，可以看到，无论是沙丘上还是沙丘下采集的单炮，信噪比都得到了明显提高。图 5.40 是四域去噪前后叠前时间偏移后的剖面。结果表明，叠前随机噪声压制技术可以有效地压制随机噪声，大幅度的改善叠前道集的质量，为叠前时间偏移提供高质量的基础数据。因此，在塔中地区，叠前四域去噪（即叠前随机噪声压制）是改善叠前时间偏移资料品质、提高信噪比的有效手段。

在实际应用中为了做好振幅的相对保持，对处理流程、参数进行合理搭配，构建了新的处理流程，即把“四域去噪技术”放在叠前时间偏移之后，其优点是可以较方便、快捷的对比不同去噪强度参数，以便处理解释结合优选出合理的去噪参数，如图 5.41 所示，在叠前时间偏移后的 CRP 道集上采用最小平方原理求取三维预测算子，并将此预测算子应用于 CRP 道集，这样既改善了叠加的效果，又能适当的把握去噪强度，使得振幅关系能相对保持，如图 5.42 所示。

创新的“四域去噪”流程，大幅度地消除了背景噪音，在目的层段展示了更详细的地层接触关系，同时同相轴的过渡关系也较老资料效果更自然、流畅。

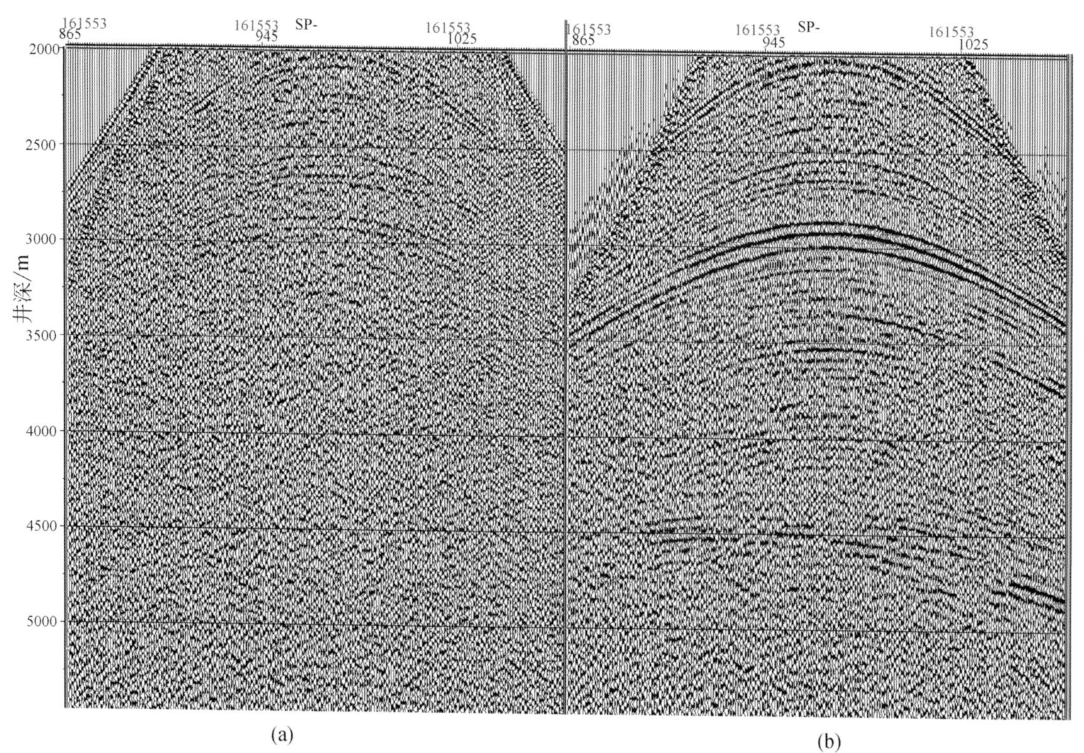

图 5.38　叠前四域去噪前后单炮（沙丘下采集）对比图

(a) 去噪前；(b) 去噪后

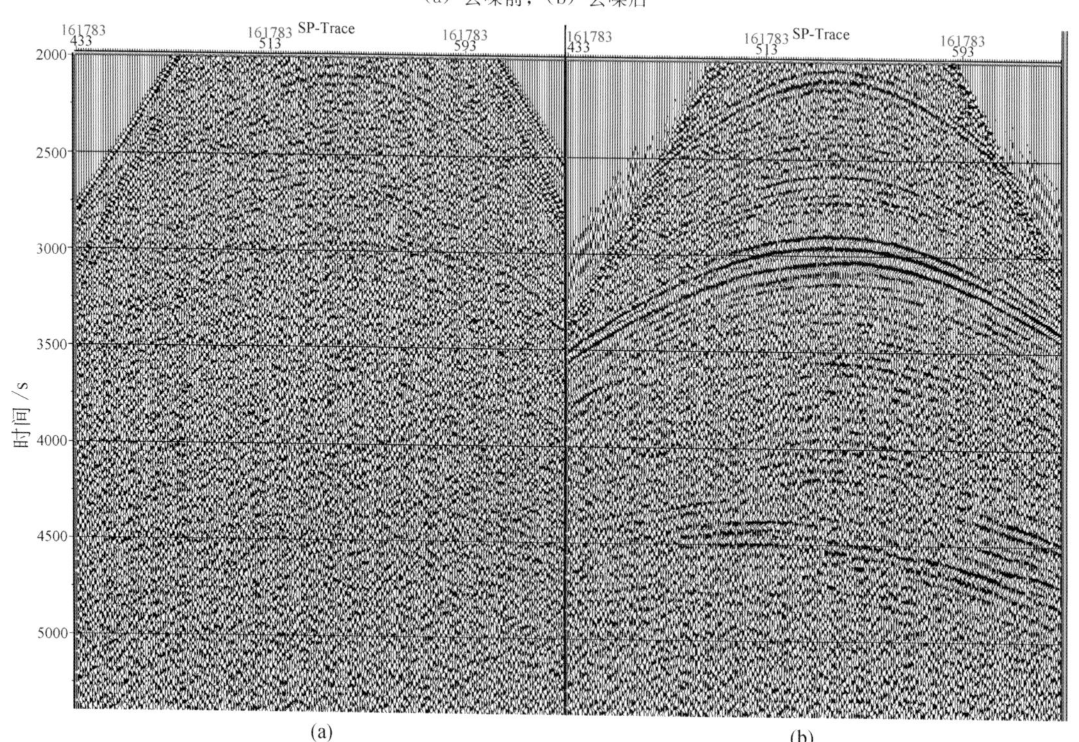

图 5.39　叠前四域去噪前后单炮（沙丘上采集）对比图

(a) 去噪前；(b) 去噪后

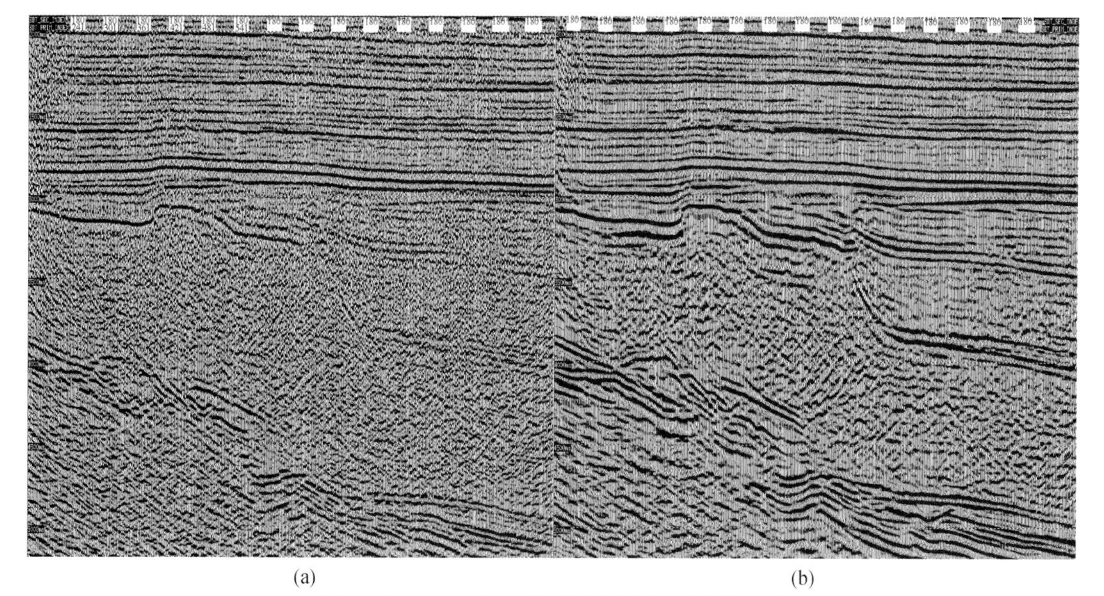

(a)　　　　　　(b)

图 5.40　叠前四域去噪前后叠前时间偏移剖面

(a) 去噪前；(b) 去噪后

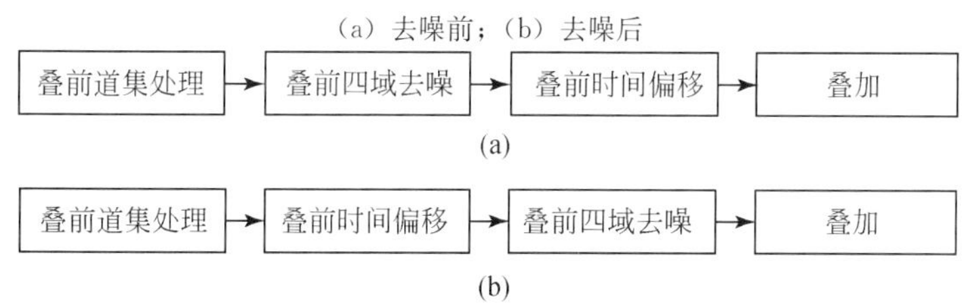

图 5.41　四域去噪处理流程的创新

(a) 老流程；(b) 新流程

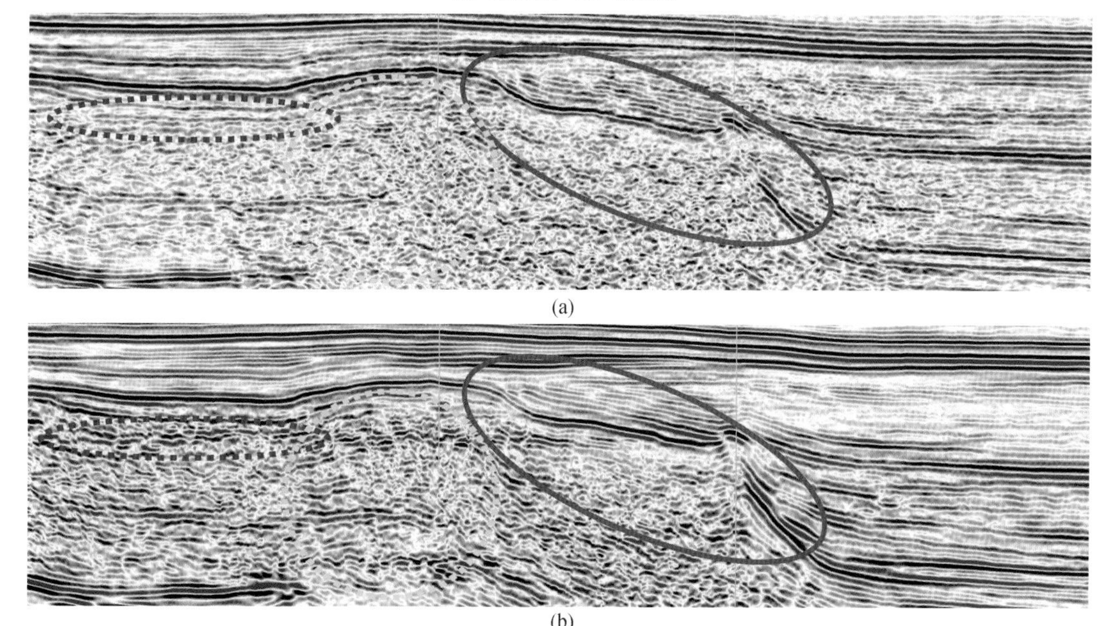

(a)

(b)

图 5.42　不同的“四域去噪”流程叠加效果对比图

(a) 老流程；(b) 新流程

4. 三维线形噪音压制

三维野外采集多采用束状观测系统，造成炮检距间隔不均匀。由于炮检距间隔的不均匀，导致原始炮集上线性同相轴呈现弯曲形状。目前的去噪技术如 FK 滤波、FX 滤波、T-P 速度切除等，都是建立在等炮检距间隔假设之上的，因此，在三维数据上不能取得理想的压噪效果。不但无法很好消除线性噪声，而且还会损害有效波能量。

压制线性干扰波的方法是 LNS（linear noise suppression）方法。该方法主要的处理步骤如下：①在同样的振幅级别条件下，先测出原始单炮记录（或其他道集）中的线性干扰波的速度范围和包含线性干扰波的频带范围；②用线性干扰波的速度对含线性干扰波的频带范围内的数据进行线性动校正，这样线性干扰波被校平，有效波校正不足或过量；③通过一定的组合规律，相邻几道进行叠加，这样线性干扰波增强、有效波就被大大削弱；④再用线性干扰波速度对该数据进行线性反动校正，这样仅仅分离出线性干扰波；⑤最后利用减去法，从原始数据中减去线性干扰波就得到有效波。

该方法的特点是：①不受视速度的限制，利用减去法实现；②该方法与常用的 F-K 滤波方法相比无假频问题。其去噪效果见图 5.43，可以看出，压制线性干扰后，有效信号得到了较好恢复。

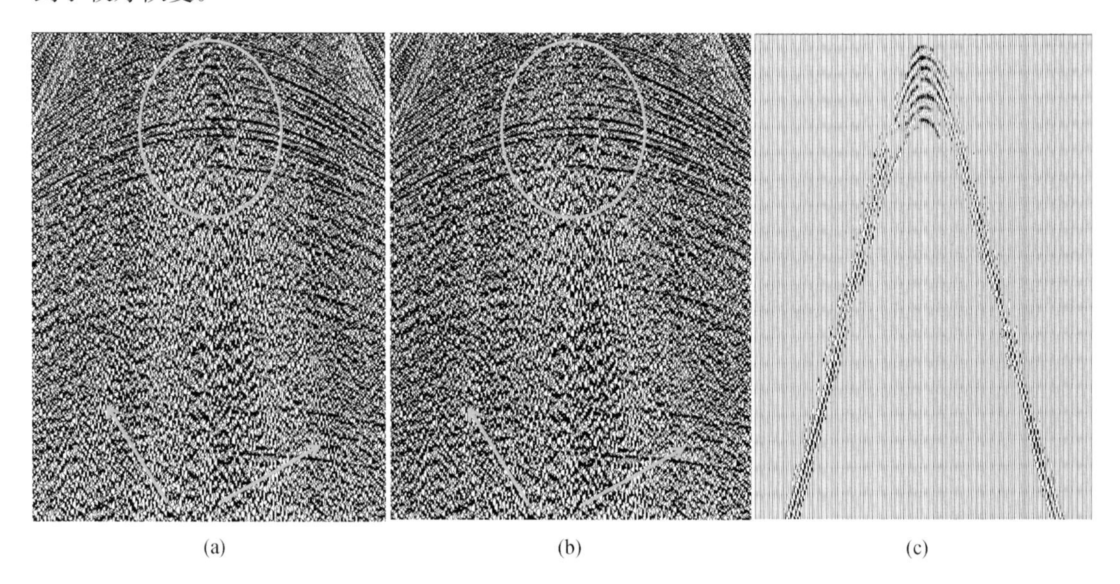

(a) (b) (c)

图 5.43 LNS 去线性干扰前、后以及滤掉的噪音单炮记录对比图

(a) LNS 去线性干扰前；(b) LNS 去线性干扰后；(c) 滤掉的噪音单炮记录

5. 十字交叉体去噪

十字交叉排列（炮线和检波线相交叉采集地震数据）很早就在陆上三维地震采集中使用了，主要是希望解决空间采样问题。而在地震资料处理中使用交叉排列的概念是最近几年才提出的。交叉排列是宽方位角全三维数据集的采样充分的子数据集，每个子数据集可以单独成像。所以，从成像的角度看，交叉排列是二维测量中炮点道集的三维模拟，每一

个交叉排列是三维空间上的一次覆盖，如图 5.44 所示。

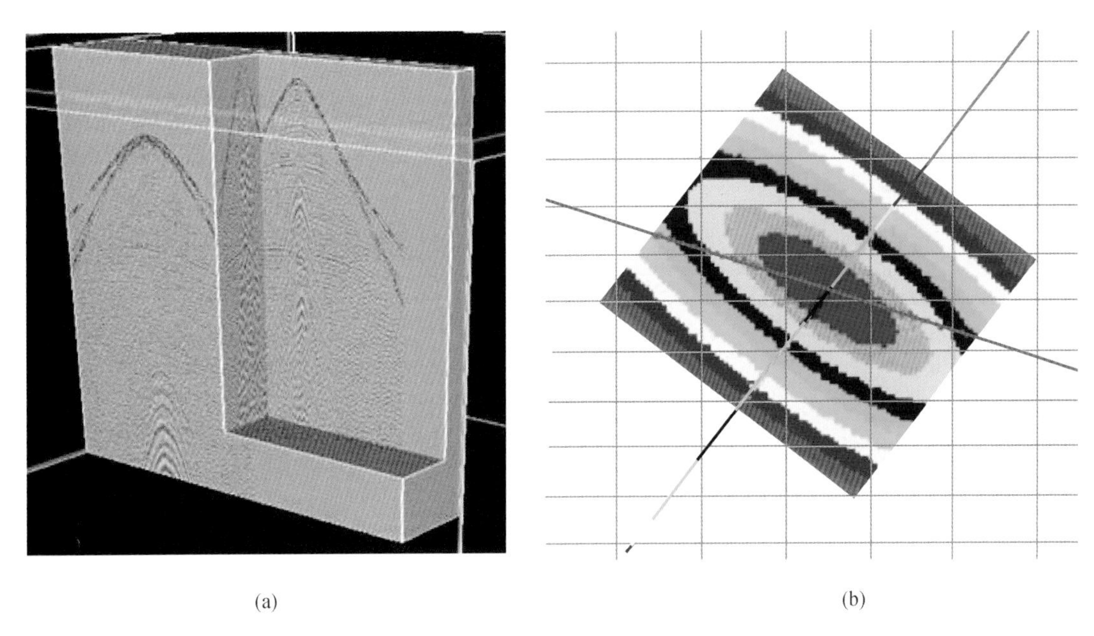

(a)　　(b)

图 5.44　交叉排列数据体及其偏移距分布属性图
(a) 交叉排列数据体；(b) 偏移距分布属性

由于交叉排列在空间上是一个单次覆盖的三维数据体，和通常的叠后三维数据体完全一样，那么就可以真正实现处理中的一些“体去噪”技术，如三维的 FKK、三维的 RNA 等。在巴什托普 Q5 井区三维叠前时间偏移工作中首次将该技术引入资料处理，取得了很好的效果。图 5.45 是应用交叉排列三维去噪前后的效果对比，可以看出基于交叉排列的三维去噪技术明显好于常规方法。

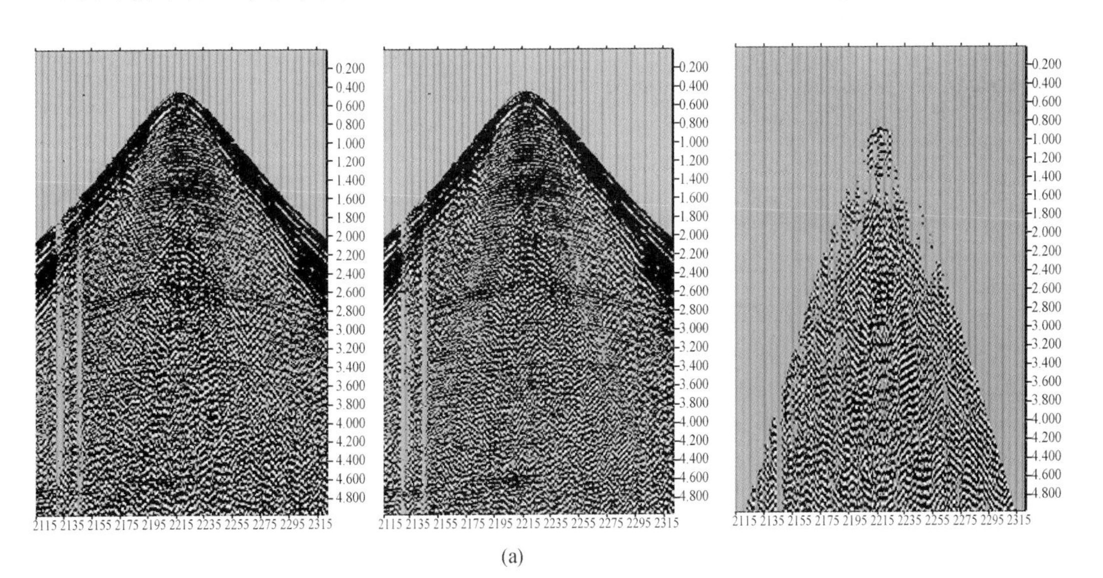

(a)

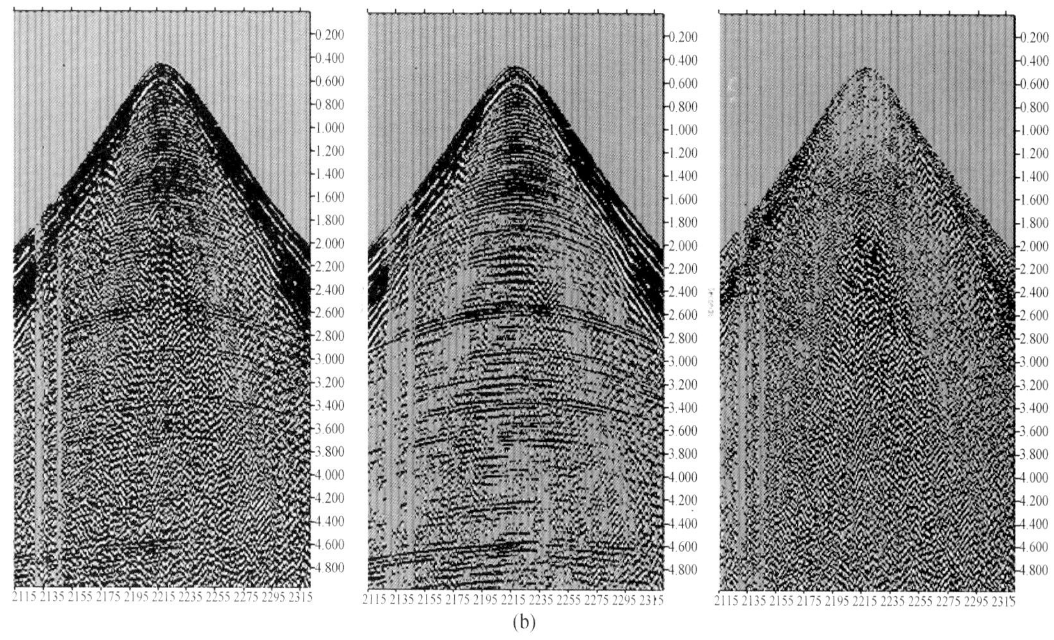

(b)

图 5.45　十字交叉排列数据体压制面波前、随机噪声前、后及噪声效果图

(a) 十字交叉排列数据体压制面波前、后及噪声效果图；

(b) 十字交叉排列数据体压制随机噪音前、后及噪声效果图

塔里木奥陶系灰岩地震响应为杂乱反射，信噪比非常低，而叠前时间偏移需要资料具有一定的信噪比，所以我们在叠前数据信噪比提高上进行了交叉排列试验和三维 RNA 试验，试验结果显示数据振幅关系没有发生变化，叠前时间偏移结果提高了资料的分辨率，更加清楚地揭示了奥陶系古潜山、古水系的发育情况（图 5.46），偏移数据信噪比有很大

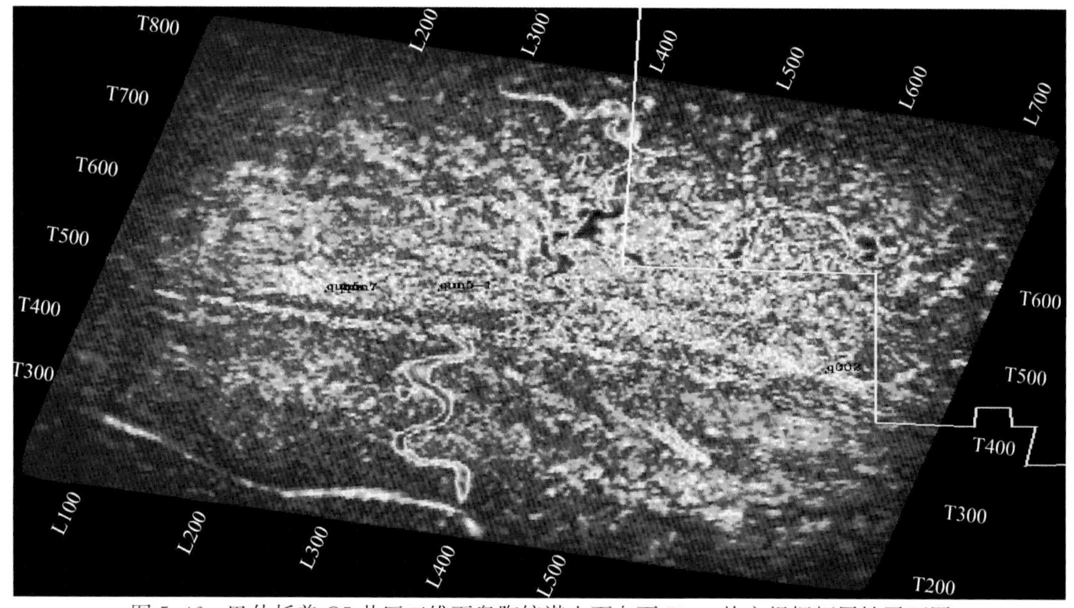

图 5.46　巴什托普 Q5 井区三维下奥陶统潜山面向下 50ms 均方根振幅属性平面图

提高（图 5.47）。

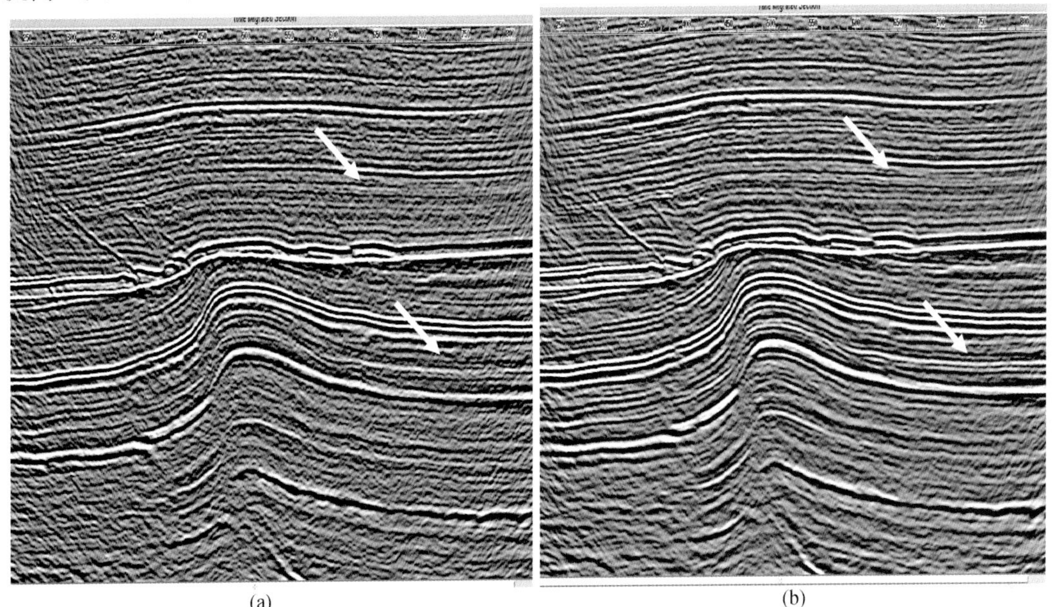

图 5.47　常规 PSTM 交叉排列及三维 RNA＋PSTM 效果图

（a）常规 PSTM 交叉排列；（b）三维 RNA＋PSTM

（二）多次波压制技术

1. 聚束滤波法

聚束滤波法的最大的优点是它服从多重约束、可以自我修正，而且还可以对滤波性能进行直接控制，因而其效果很容易通过经验测试的方法检测和优化。通过每一个约束引入一个参数调节平衡点，控制了信号畸变和噪音的增益。高阶聚束滤波方法利用其平均作用消除了模型误差等因素的影响，降低了分辨率的门槛，提高了消除相关噪音的稳定性。实际资料的应用表明，虚假的层位可以通过有效消除相关噪音的同相轴来避免。

图 5.48 是轮南地区地震资料应用高阶聚束滤波方法消除多次波的效果对比，可以看出，多次波得到了较好的压制。图 5.48（a）是从 CMP 道集压制多次波前后的 CRP 道集和延迟谱对比，图 5.48（b）是其多次波压制前后的叠前时间偏移剖面。波效果不理想。

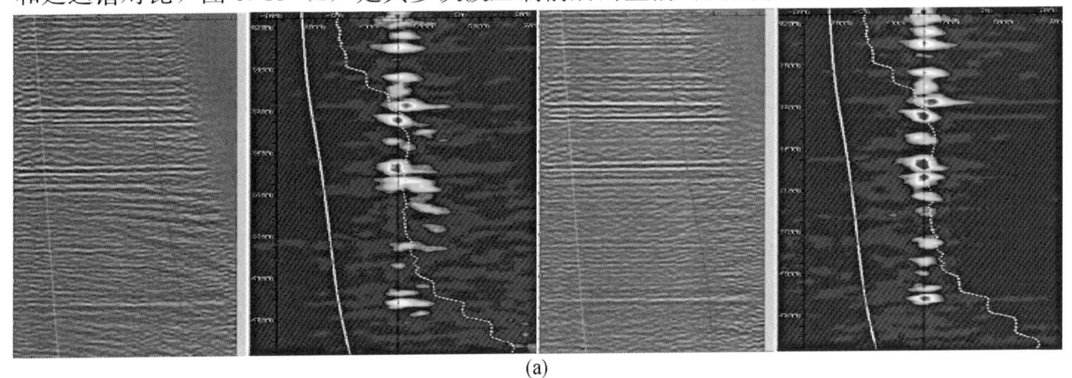

(a)

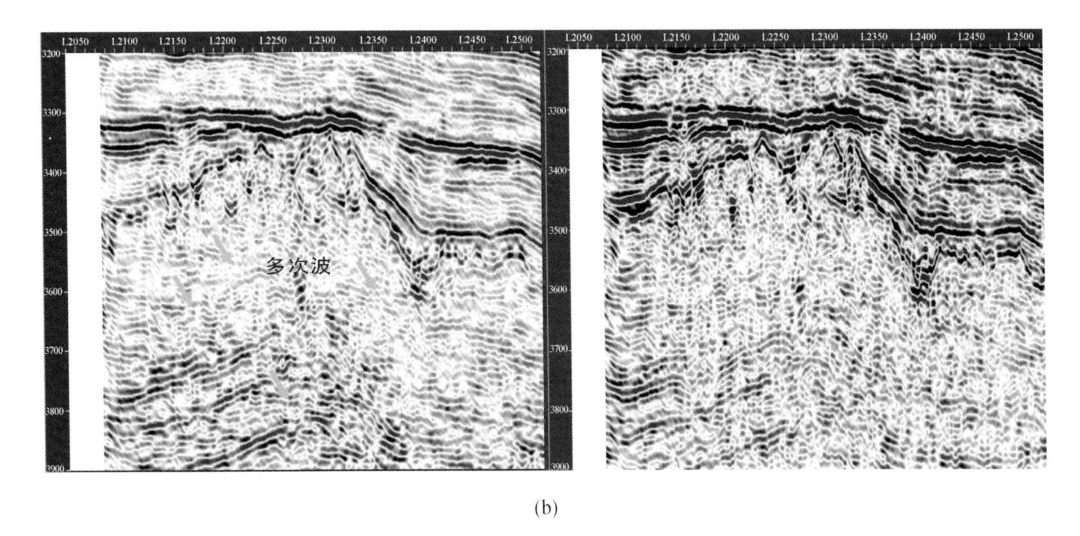

(b)

图 5.48　轮南地区地震资料应用高阶聚束滤波方法消除多次波效果对比图

(a) CMP 道集压制多次波前后 CRP 道集和延迟谱对比；(b) 多次波压制前后叠前时间偏移剖面

在塔中地区偏前目的层（奥陶系）信噪比极低，在偏前应用该方法压制多次波效果不理想，但在偏后 CRP 道集上应用聚束滤波方法压制多次波效果明显，图 5.49 可以看出，多次波得到了较好的压制。图 5.50 是其多次波压制前后的叠前时间偏移剖面图。

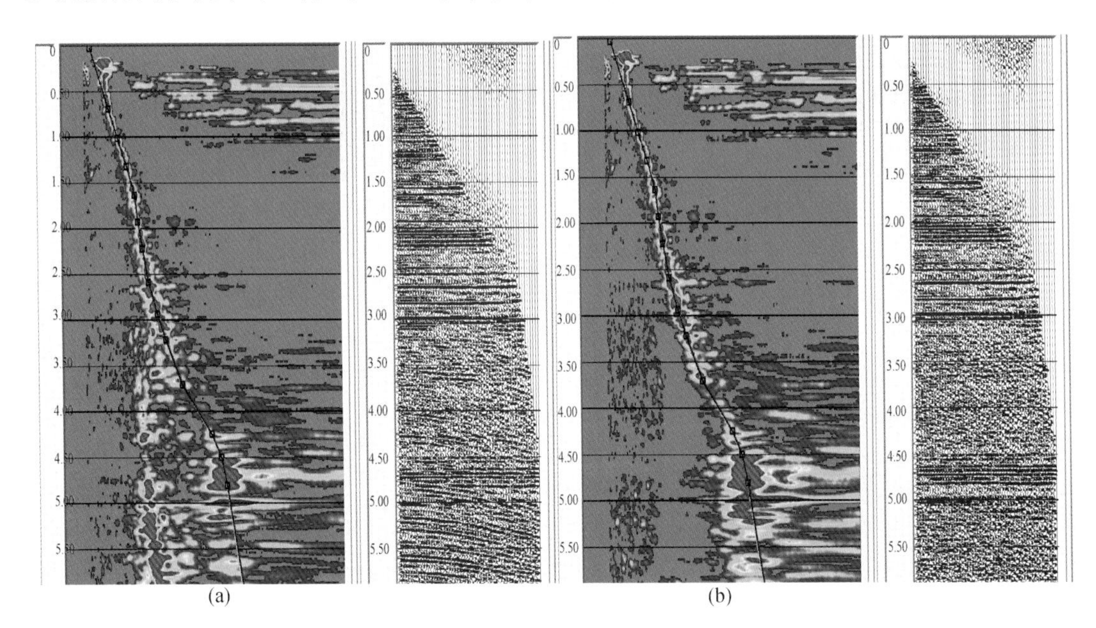

图 5.49　塔中地区压制多次波前、后速度谱和道集效果对比

(a) 压制多次波前；(b) 压制多次波后

2. LIFT 法

LIFT (leading intelligent filter technique) 去噪技术的基本原理是：对原始数据进行

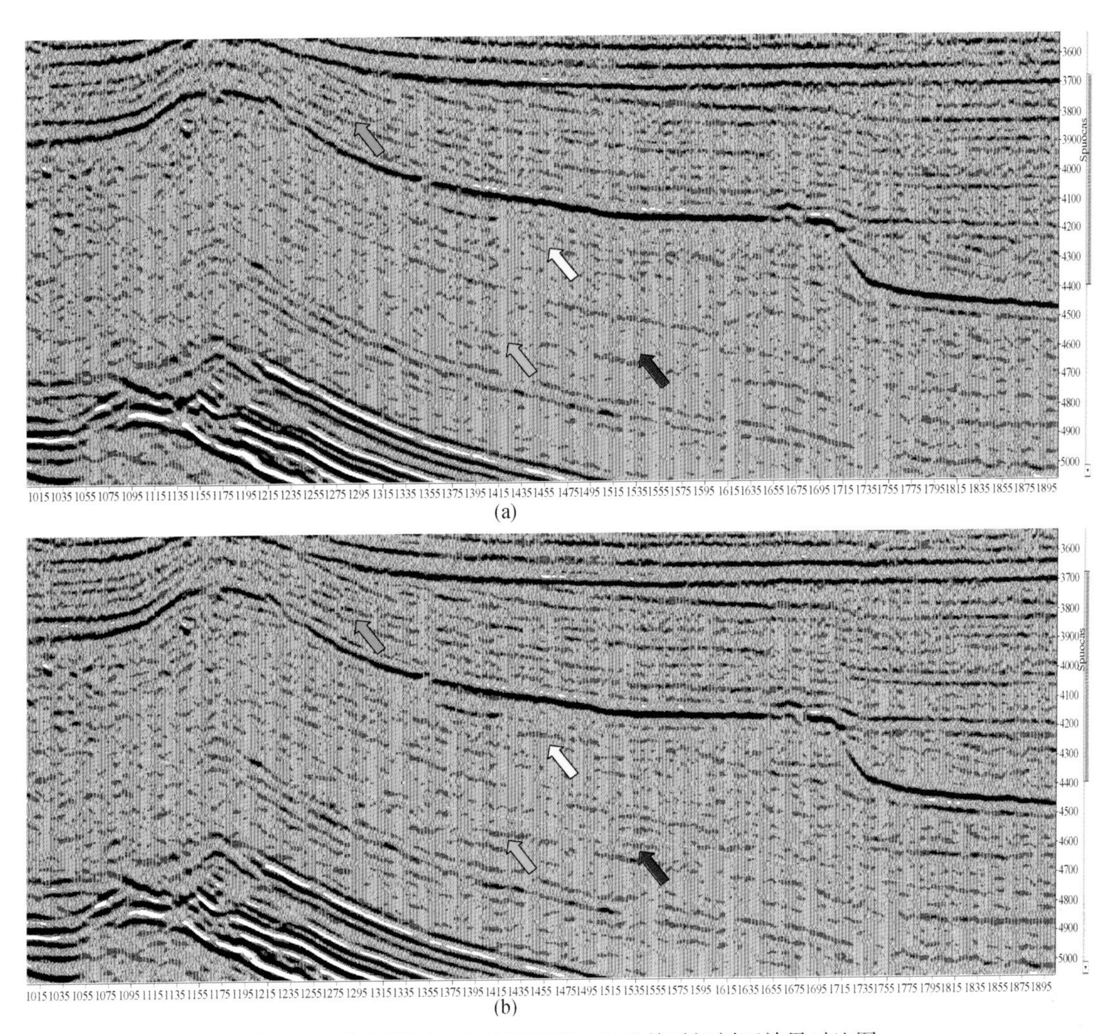

图 5.50　塔中地区多次波压制前、后叠前时间剖面效果对比图

(a) 压制前；(b) 压制后

去噪处理，获得信号模型数据和噪声数据，信号模型数据包含了大部分有效信号和极少噪声，噪声数据则包含了大部分噪声和极少信号；为了达到信号保真的目的，对第一次信噪分离后的噪声数据再次进行信噪分离，再次获得信号模型数据和噪声数据，从理论上讲，信噪分离可一直进行下去；最后将所有的模型数据相加，即为最终的去噪结果。LIFT 去噪方法的核心步骤如下：①信号模型的建立。根据原始地震信号（可以是道集、炮集），利用 AVO 反演方法、τ-p 变换方法、f-x 随机去噪、平均值统计等方法，建立信号模型。②剩余信号的求取。通过原始地震信号减去信号模型，得到剩余信号。③剩余信号的去噪。利用常规去噪方法对剩余信号进行去除，得到剩余的有效信号。④地震信号重构。将信号模型和去噪后得到有效信号进行合并，重构得到最终的有效信号。

该方法的优点是可以在保证有效信号的前提下大量去除各种噪声，能够很好地保护有效信号的波动力学特征（振幅，频率等），真正做到保真处理，提高地震数据的质量（图 5.51）。

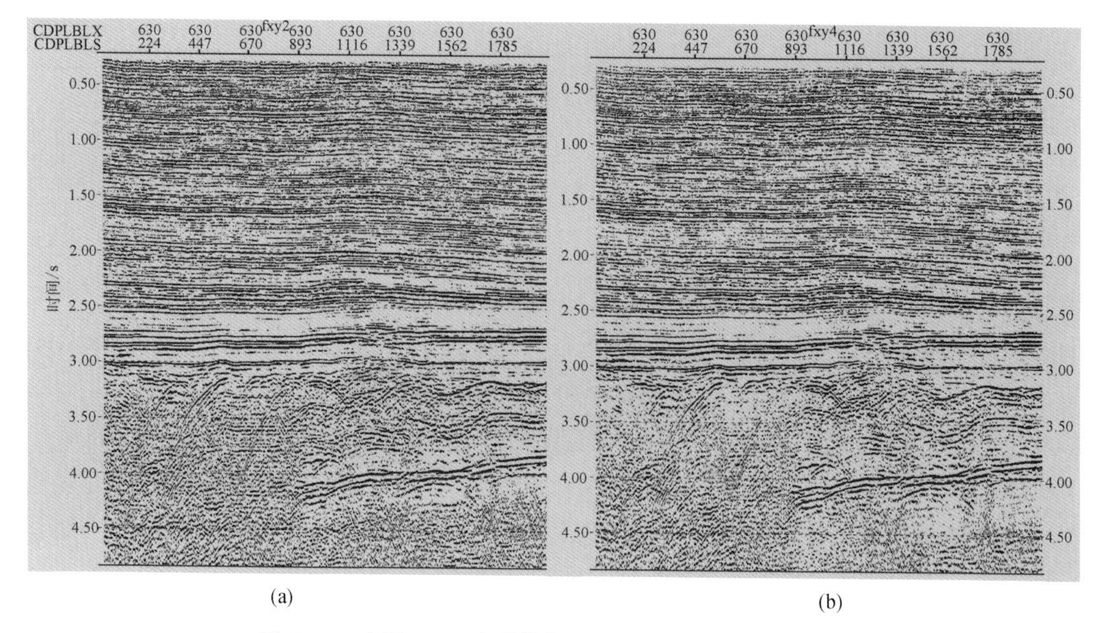

图 5.51 应用 LIFT 去噪技术压制多次波前后效果对比图
(a) 应用 LIFT 去噪技术压制多次波前；(b) 应用 LIFT 去噪技术压制多次波后

（三）叠前数据规则化技术

克希霍夫叠前时间偏移方法需要地震数据在共偏移距道集内尽量空间分布均匀。当一个面元内过覆盖或者空道以及方位角变化很大时，由于空间采样不足，算子的脉冲响应就不能完全相互加强或相消，所以这些错位的信息会在偏移上留下噪音。

Robin Hood 规则化方法是将地震道缺失的面元借用相邻最近偏移距的地震信息进行规则化处理，该处理补充了近偏移距或小入射角信息，能够为 AVO 分析提供更加充分的可靠信息。从图中可以看出（图 5.52、图 5.53）偏移距规则化前后覆盖次数分布更加均匀，所对应的叠前时间偏移差异更明显，规则化处理有利于偏移整体效果。

克希霍夫叠前时间偏移是能量在空间的重新分配求和，高覆盖次数区域偏移后能量高，所以要进行共偏移距道集覆盖次数均化处理，从效果上看，共偏移距道集覆盖次数的均化能均衡偏移的能量分布，更大程度上满足保幅处理的需求。

三、井控、各向异性叠前时间偏移处理技术

实践证明，塔里木盆地地震资料处理过程中，叠前时间偏移效果要远好于叠后时间偏移效果，如图 5.54 所示，随着勘探的深入，常规叠前时间偏移也不能满足生产的需求，因此开展了各向异性叠前偏移技术以满足碳酸盐岩勘探任务。

（一）VTI 各向异性动校速度分析及叠前时间偏移

目前，绝大部分各向异性理论和应用研究，都是基于 Thomsen 弱各向异性假设。为

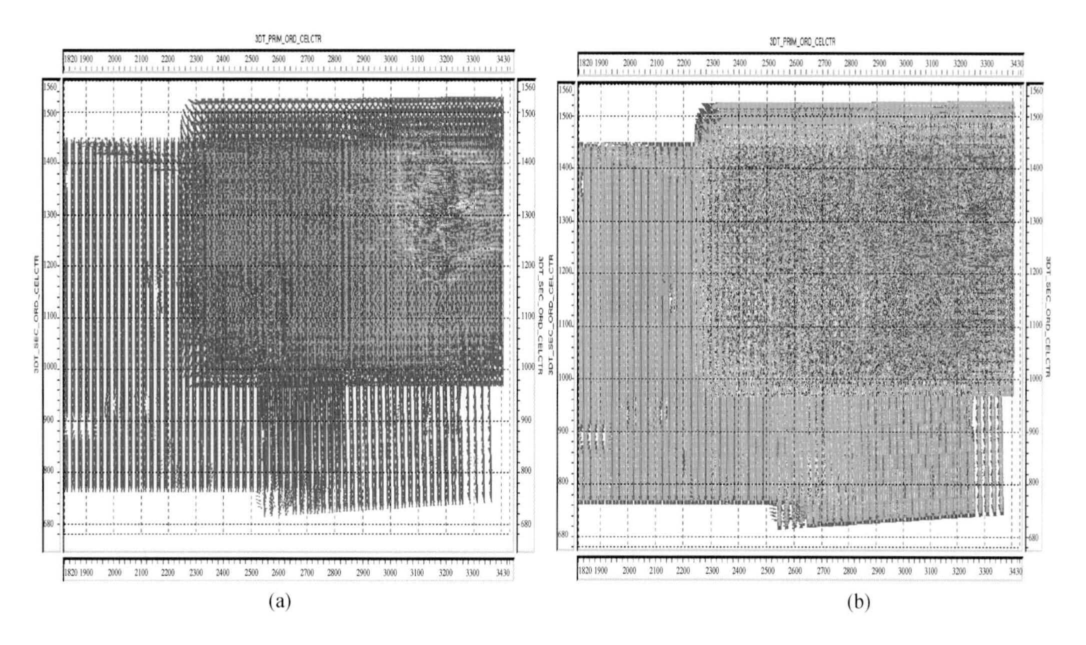

图 5.52　偏移距规则化前后的覆盖次数前、后属性图对比

（a）偏移距规则化前；（b）偏移距规则化后

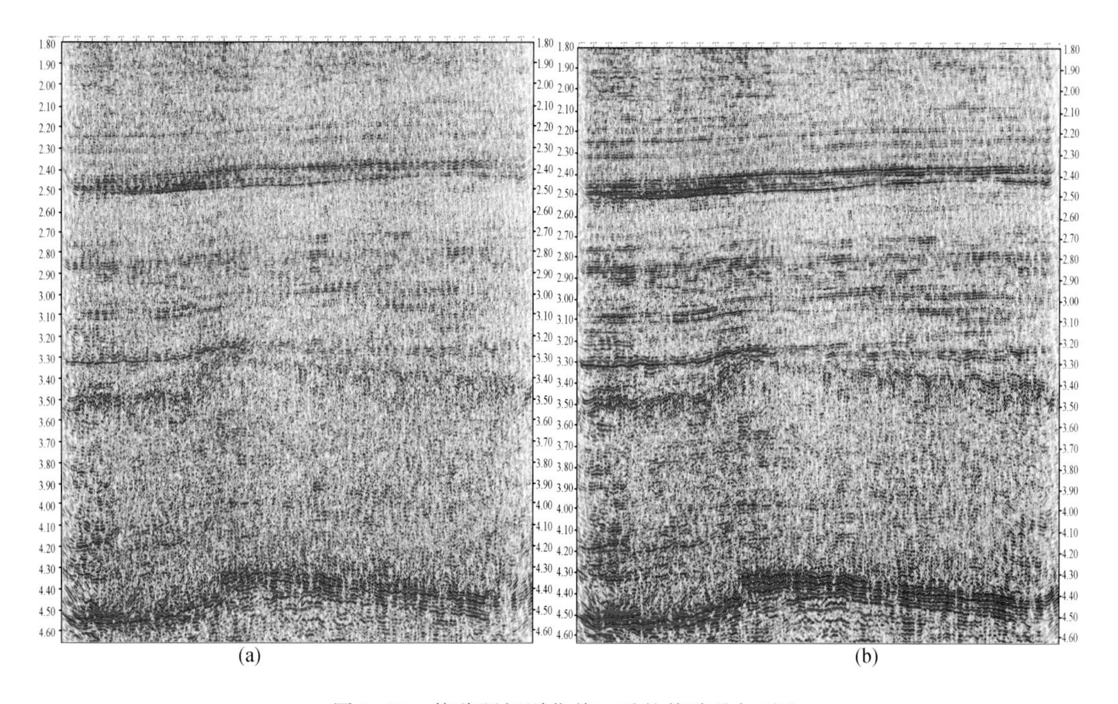

图 5.53　偏移距规则化前、后的偏移叠加对比

（a）偏移距规则化前；（b）偏移距规则化后

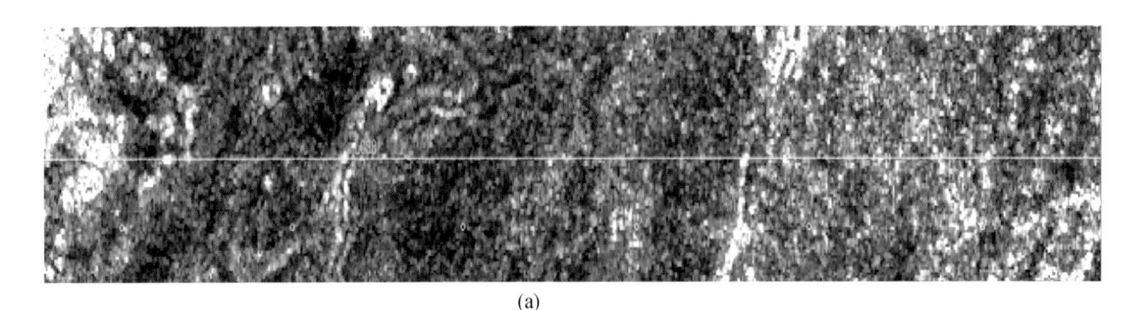

(a)

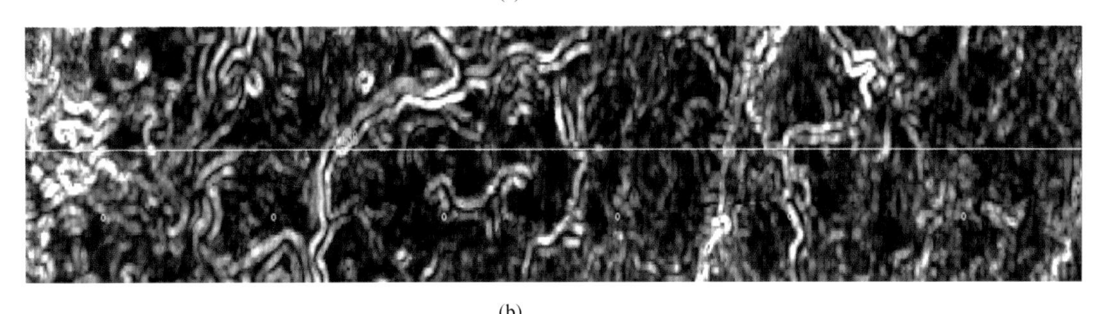

(b)

图 5.54　叠后时间偏移和叠前时间偏移相干切片效果对比图

(a) 叠后时间偏移；(b) 叠前时间偏移

了描述弱各向异性介质中的反射波正常时差，必须采用非双曲函数来描述。许多学者进行了这方面的工作，弱 VTI 各向异性介质中的常规非双曲时距曲线可写为（Alkhalifah and Tsvankin，1995）

$$t^2 = t_0^2 + \frac{x^2}{V_{\text{nmo}}^2} - \frac{2\eta x^4}{V_{\text{nmo}}^2[t_0^2 V_{\text{nmo}}^2 + (1+2\eta)x^2]} \tag{5.14}$$

式中，t 为炮检距为 x 的地震道上观测的反射波时间；x 为炮检距；V_{nmo} 为均方根速度；η 为各向异性参数。Ursin 和 Stovas（2006）在对常规弱 VTI 各向异性介质方程进行分析的基础上，提出了改进的 VTI 各向异性时距方程为

$$t^2 = t_0^2 + \frac{x^2}{V_{\text{nmo}}^2} - \frac{2\bar{\eta}x^4}{V_{\text{nmo}}^2[t_0^2 V_{\text{nmo}}^2 + 4\bar{\eta}x^2]} \tag{5.15}$$

式中，t 为炮检距为 x 的地震道上观测的反射波时间；x 为炮检距；V_{nmo} 为均方根速度；$\bar{\eta}$ 为各向异性参数。

图 5.55 和图 5.56 分别利用理论模型和实际资料对常规动校正与各向异性动校正进行了对比，各向异性动校正之后，较好地解决了大炮检距反射校正过量地问题。图 5.57 是常规动校正叠加和各向异性动校正叠加的对比，各向异性动校正叠加弱化了常规叠加的低通滤波效应，较好地保持了原始数据的纵向分辨率。

图 5.58 为各向同性偏移叠加与各向异性偏移叠加对比图。图 5.59 是各向异性偏移与各向同性偏移的时间切片对比，各向异性偏移和时间切片更好地展示了地下构造的地质特征。

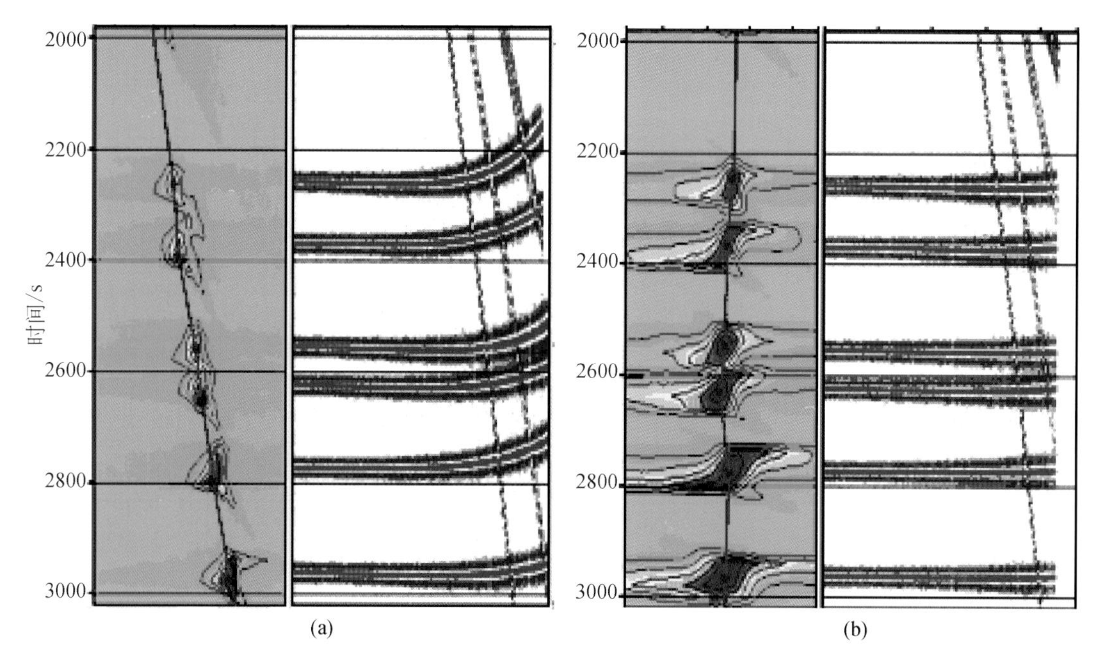

图 5.55　理论模型常规动校正和各向异性动校正对比示意图
(a) 理论模型常规校正；(b) 各向异性动校正

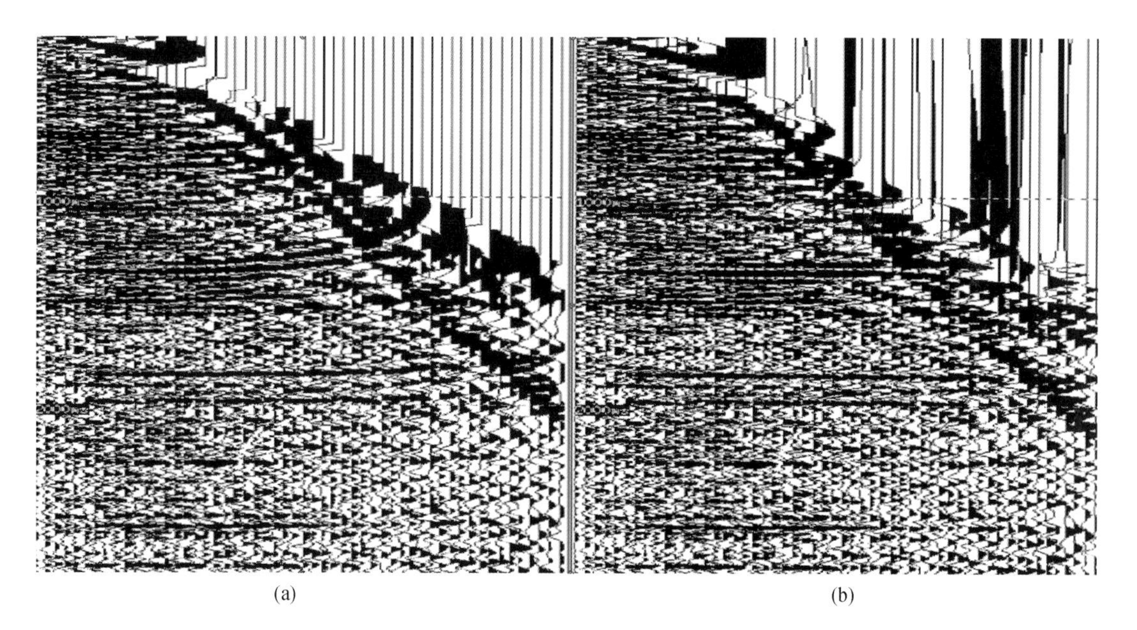

图 5.56　实际 CDP 道集常规动校正和各向异性动校正对比图
(a) 实际 CDP 道常规动校正；(b) 各向异性动校正

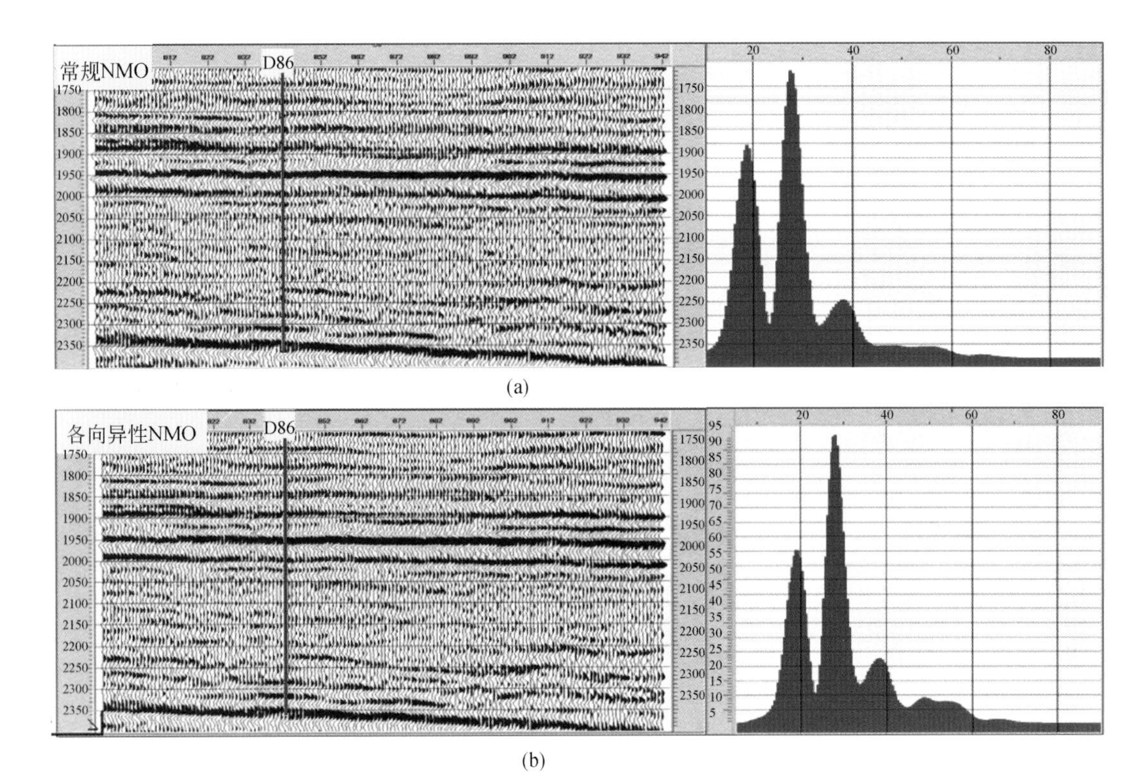

图 5.57　过 D86 井常规叠加及其频谱与各向异性叠加及其频谱对比图

（a）常规动校正叠加及其频谱；（b）各向异性动校正叠加及其频谱

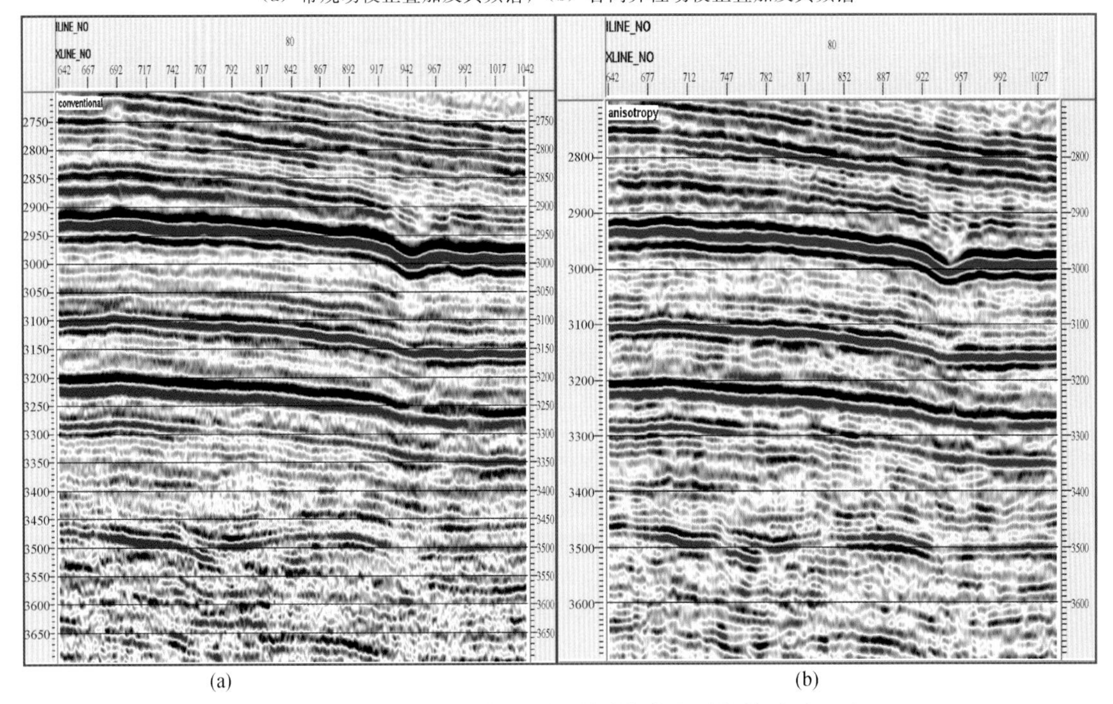

图 5.58　主测线 80 线各向同性偏移与各向异性偏移对比图

（a）主测线 80 线各向同性偏移；（b）主测线 80 线各向异性偏移

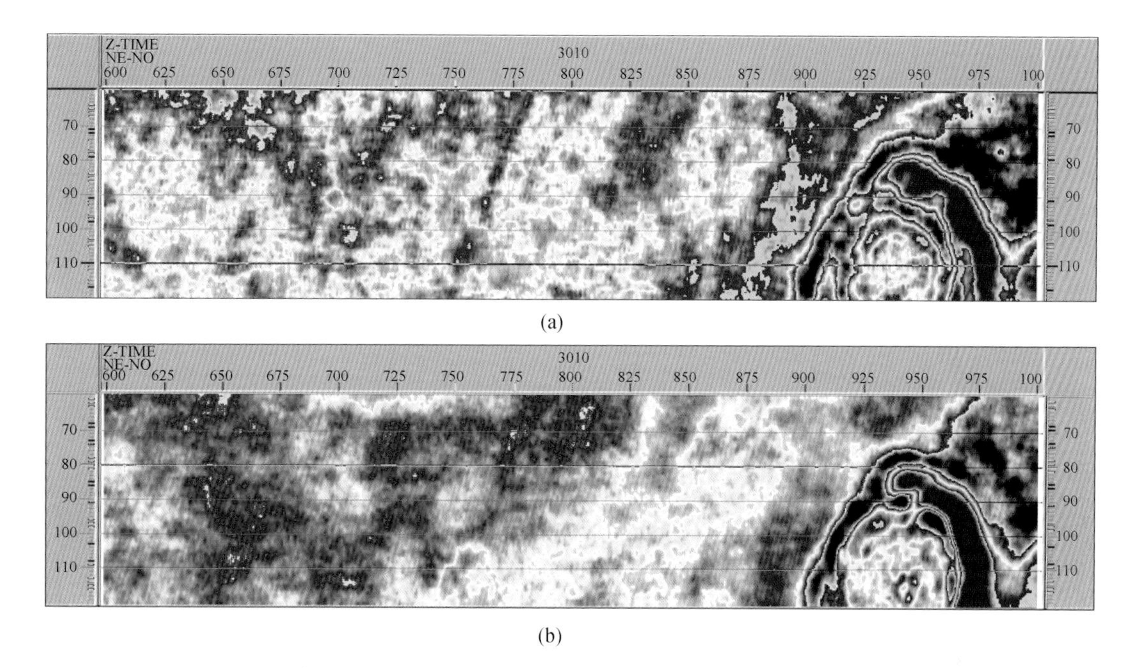

图 5.59 各向异性偏移 3010ms 时间切片与各向同性偏移时间切片对比图
（a）各向异性；（b）各向同性

（二）基于井控的各向异性叠前时间偏移技术

Walkway-VSP 各向异性叠前时间偏移是通过 Walkaway-VSP 资料分析计算井点处的各向异性参数，以此参数为参照校准时空变的各向异性速度场。分析各向异性参数时采用有效各向异性反演法、Miller 相位时差法、时差和极化角综合分析法三种方法综合分析得到准确的层间各向异性参数。

时空变的各向异性速度场是通过交互各向异性分析工具拾取得到的。图 5.60 为拾取均方根速度和各向异性参数 Eta；图 5.61 为 Inline 方向 Eta 场；图 5.62 为 Inline 方向各向异性偏移速度场；图 5.63（a）为各向同性偏移叠加；图 5.63（b）为各向异性偏移叠加。各向异性偏移更好地展示了地下构造的地质特征。

四、叠前深度偏移三维地震处理技术

早在 2006 年，塔里木油田就在塔中开展了叠前深度偏移攻关试处理并取得初步效果。理论和实践都证明，不论是叠前时间偏移或各向异性叠前时间偏移，对地下“串珠”的位置刻画仍然存在一些误差。这主要是因为叠前时间偏移没有考虑速度横向变化引起的反射波传播射线的偏折，不能满足斯奈尔定律，严格地讲，只能适合均匀介质或水平层状介质速度模型的情况。当速度横向变化较剧烈时，由于绕射曲线严重偏离双曲形态，绕射曲线的顶点也不再位于绕射点的正上方，时间偏移的成像结果会产生较大的误差。为了解决这个问题，应当利用具有速度函数梯度的波动方程有限差分近似，这就是深度偏移技术。近年来，塔里木油田在指导和帮助下，持续开展了叠前深度偏移攻关并见到良好效果，图

5.64是在哈拉哈塘地区哈6井区进行波动方程叠前深度偏移处理与叠前时间偏移处理对比，从成像效果上看，叠前深度偏移串珠聚焦更好，归位更准确，更符合区域速度规律，反映地下位置更精准，说明该技术具有良好的应用潜力。目前叠前深度偏移技术正在进一步攻关试验中，正在进行波动方程逆时偏移的探索。

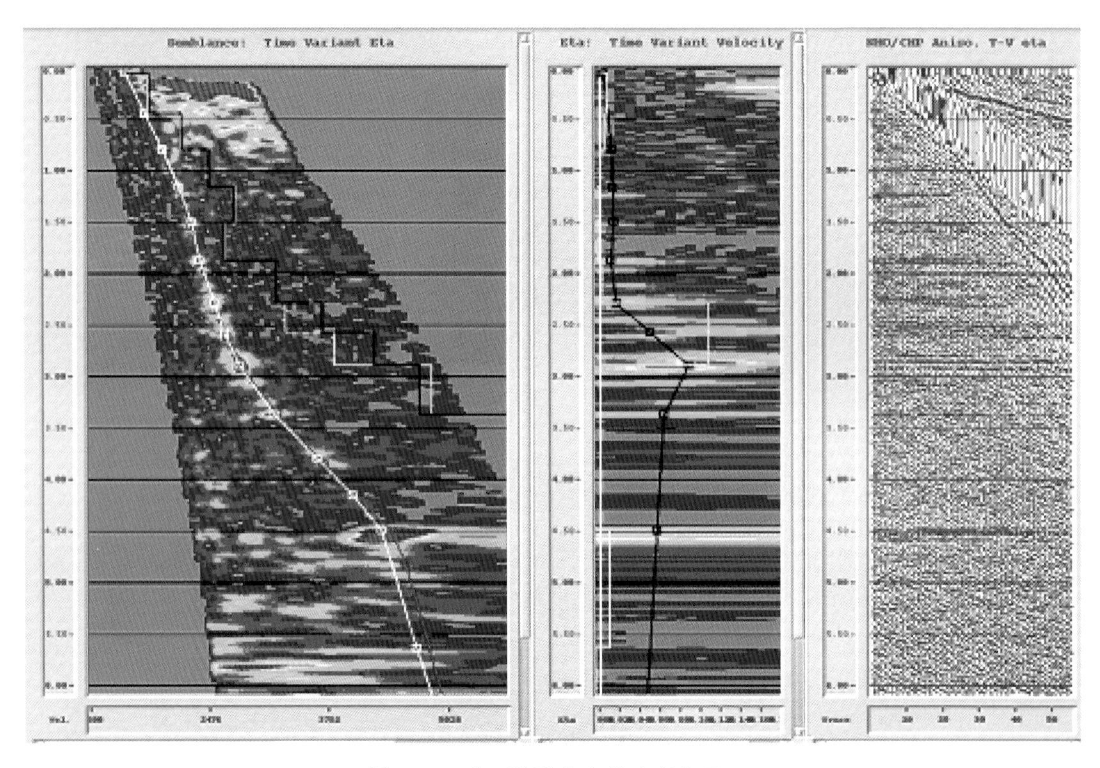

图5.60 交互拾取均方根速度和Eta

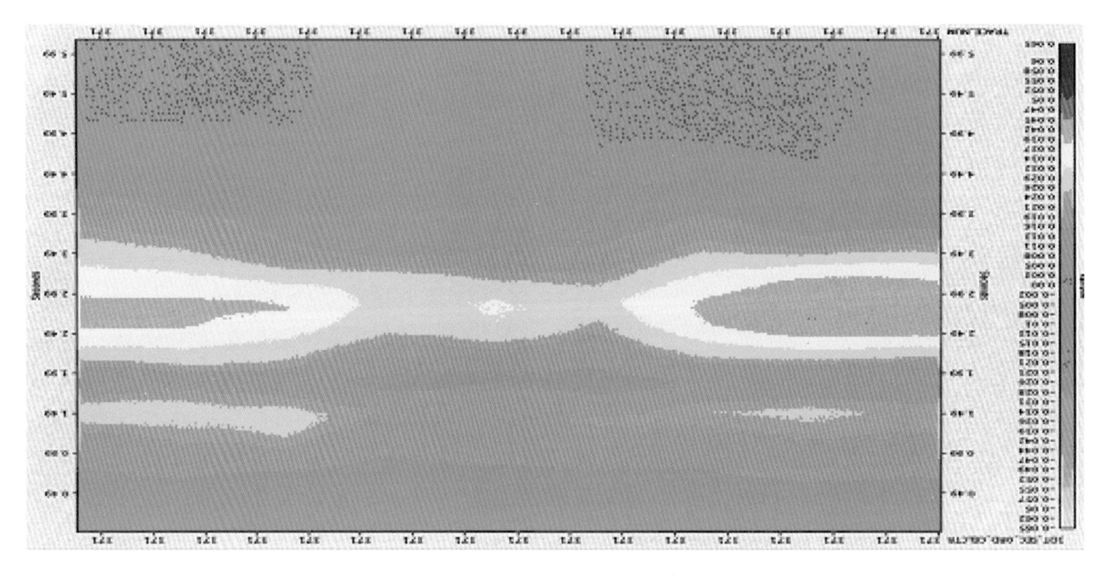

图5.61 Inline方向Eta场（塔中某工区）

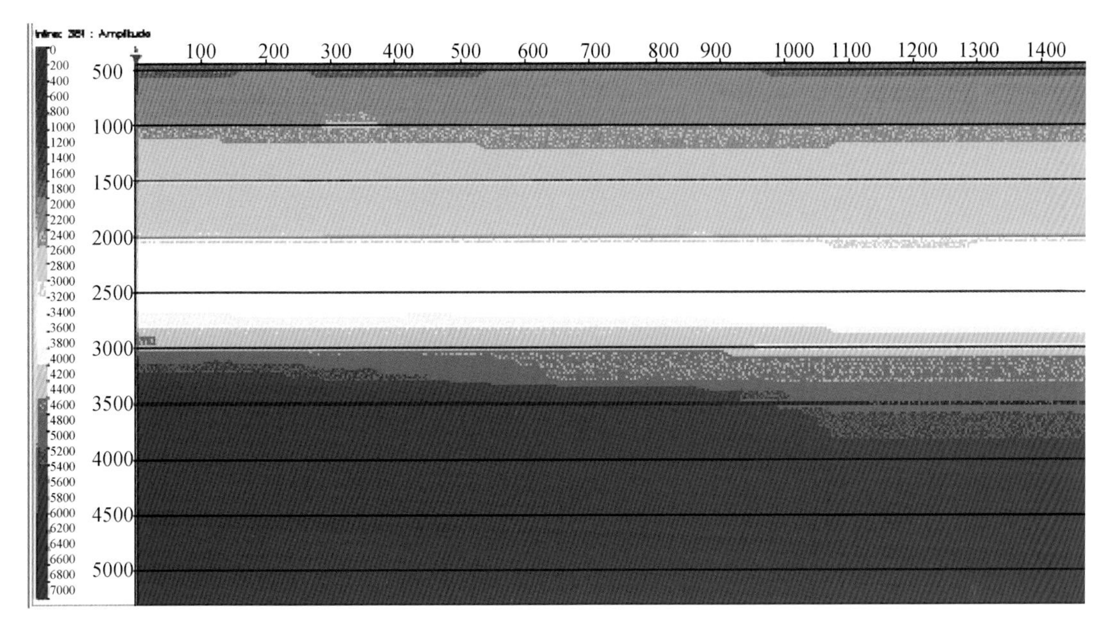

图 5.62　Inline 方向各向异性偏移速度场（塔中某工区）

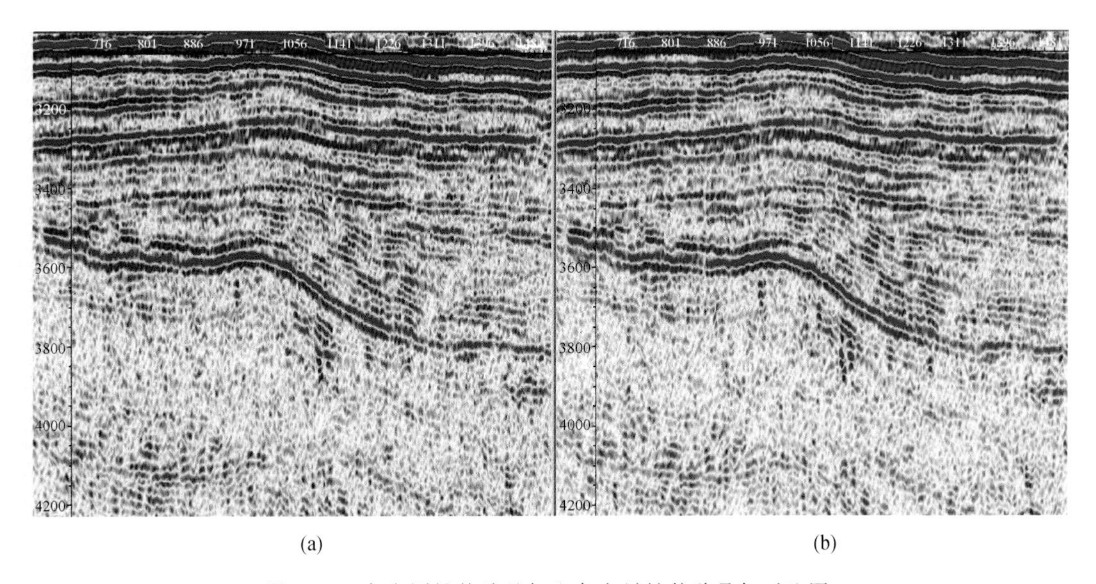

图 5.63　各向同性偏移叠加和各向异性偏移叠加对比图

（a）各向同性偏移叠加；（b）各向异性偏移叠加

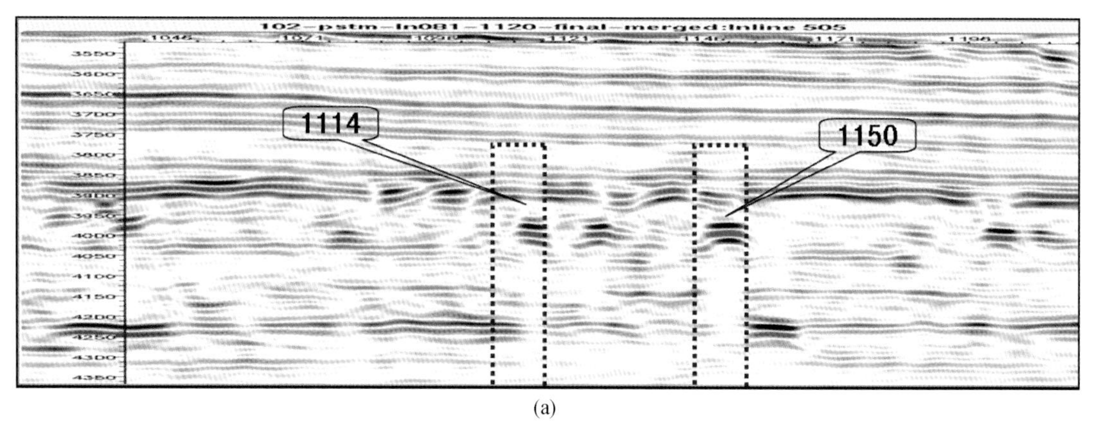

(a)

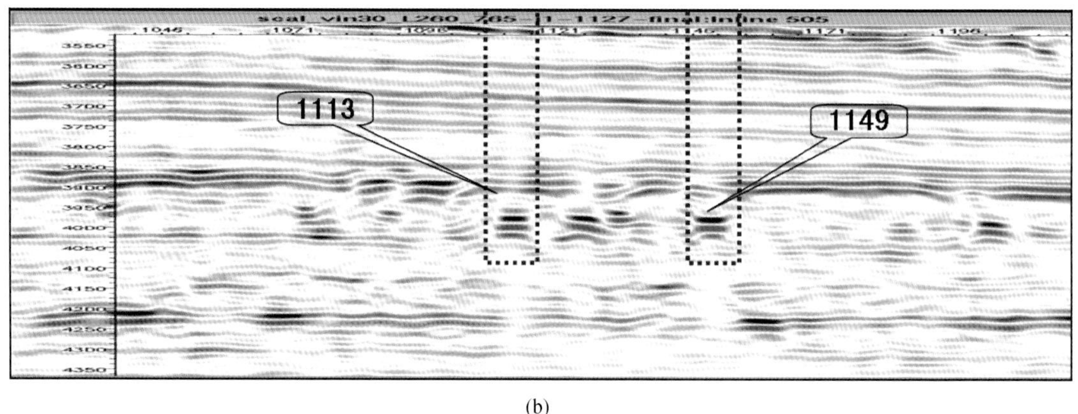

(b)

图 5.64　哈 6 井区叠前时间偏移与叠前深度偏移对比图

(a) 叠前时间偏移；(b) 叠前深度偏移

参 考 文 献

曹孟起，王九拴，邵林海．2006．叠前弹性波阻抗反演技术及应用．石油地球物理勘探，41 (3)：323

曹谊，娄晓东．2003．弹性波阻抗反演．油气地球物理，1 (3)：29

陈学强，段孟川，钟海等．2006．塔中沙漠区碳酸盐岩三维地震勘探技术．勘探地球物理进展，29 (05)：346～352

狄帮让，熊金良，岳英等．2006．面元大小对地震成像分辨率的影响分析．石油地球物理勘探，41 (4)：363～368

胡鹏飞．2009．油田碳酸盐岩缝洞型储集体成像技术研究．石油地球物理勘探，44 (2)：152～157

李凡异，魏建新，狄帮让等．2009．碳酸盐岩溶洞横向尺度变化的地震响应正演模拟．石油物探，06：557～562

李振春．2004．地震数据处理方法．东营：石油大学出版社．19～69

李宗杰．2008．塔河油田碳酸盐岩缝洞型储层模型与预测技术研究．成都理工大学博士学位论文

马仁安，杨静宇，王洪元等．2003．可视化技术及在三维地震解释中的应用．工程应用技术与实现，29 (5)：139～141

牟永光．2003．三维复杂介质地震物理模拟．北京：石油工业出版社．45～67

尚新民. 2008. 基于岩石物理与地震正演的AVO分析方法. 天然气工业，28 (2)：64～66

王保丽，印兴耀，张繁昌. 2005. 弹性波阻抗反演及应用研究. 地球物理学进展，20 (1)：89

吴永国，贺振华，黄德济. 2008. 串珠状溶洞模型介质波动方程正演与偏移. 地球物理学进展，23 (2)：539～544

姚姚. 2003. 深层碳酸盐岩岩溶风化壳洞缝型油气藏可检测性的理论研究. 石油地球物理勘探，38 (6)：623～629

张永刚. 2002. 地震波阻抗反演技术的现状和发展. 石油物探，11 (4)：385

Aki K，Richards P G. 1980. Quantitative seismology-theory and method. New York：W H Freemall Company

Bortfeld R. 1961. Approximation to the reflection and transmission coefficients of plane longitudinal and transverse waves. Geophysical Prospecting，9：485～502

Domenico S N. 1976. Effect of Brine gas mixture on velocity in an unconsolidated sand reservoir. Geophysis，41 (5)：882～894

Domenico S N. 1990. Elastic properties of unconsolidated porous of sediments and granular materials. Ph D thesis Stanford University

Gegory A R. 1976. Fluid saturation effects an dynamic elastic properties of sedimentary rocks. Geophysics，41 (5)：895～921

Shuey R T. 1985. Amplification of the Zoeppritz's equations. Geophysics，50 (4)：609～614

Smith G C，Gidlow P M. 1987. Weighted stacking for rock property estimation and detection of gas. Geophysical Prospecting，35：993～1014

第六章　碳酸盐岩缝洞体预测与烃类检测技术

第一节　碳酸盐岩缝洞体预测技术

一、碳酸盐岩储层预测技术发展现状

碳酸盐岩蕴藏着全世界40%以上的石油与天然气资源，也是目前世界油气勘探的主要领域。在我国，继20世纪70年代初东部任丘地区发现大型碳酸盐岩油田之后，80年代末西部油气田（长庆、四川、塔里木等）勘探又取得新进展，然而因其储层非均质性特征非常严重，也造成了勘探过程中重重困难。随着勘探的深入，对碳酸盐岩油气储层的研究成为各油田近年来关注的焦点，针对碳酸盐岩储层预测在各个油田也逐渐形成了极具特色的技术系列，并取得非常好的效果。

国外一些盛产石油的国家也在逐渐重视低渗透岩石中裂缝、孔洞型储层的研究。据美国能源部预测：在2010年前，大约20%的天然气将来自碳酸盐岩和致密砂岩等裂缝、孔洞型储层；在2030年以前，美国国内一半以上的天然气产量将来自于低渗透的裂缝型储层。在国内的塔里木、四川、长庆、克拉玛依、胜利、辽河、青海、玉门等许多油田都发现了裂缝型油气田。裂缝、孔洞型油气藏的储集体几乎都位于致密岩体中，其共同的特点均是基质孔隙度和渗透率比较低，在这样致密的岩体中，若没有溶蚀孔洞、裂缝的储集和渗流作用，不可能形成有效的油气藏以及高产油气流。

非均质油气藏勘探、开发的最大难点，是对储层中裂缝、孔洞发育程度和分布范围的预测。特别是对裂缝的研究，其分布复杂、规律性差，又受观测手段以及研究方法的限制，所以对这个课题的研究，在国内外起步都较晚。从20世纪50年代以来，随着世界上裂缝、孔洞型油气藏的不断发现，非均质储层的研究工作逐渐开展起来。1968年，G. H. Murray用几何法导出了剖面曲率值与裂缝孔隙度的关系公式，对裂缝作了初步量化研究。1982年，日本的Masanobu Oda引进裂隙张量来研究各向异性裂缝岩体的孔隙指数。1980年，P. L. Gong Dilland从理论上证明了分形理论可以用于碳酸盐岩地区裂缝的研究，并介绍了用分形理论建立裂缝分布的实际模型，其后，分形理论在断层几何形态的描述、裂缝数以及裂缝长度、裂缝宽度和密度、裂缝平面分布等方面均取得了较大进展。

目前国内已发现的碳酸盐岩油气藏，其储层类型总体来讲可以分为两大类：缝洞型储层和礁滩孔隙型储层。前者的典型代表是塔里木盆地的轮古油田和塔中奥陶系油气藏，后者的典型代表是四川盆地开江-梁平海槽周缘的普光和龙岗气田。这两类储层的共性是原生孔隙不发育、储集空间以次生的孔隙、裂缝、溶洞等为主；不同之处在于储层的主控因

素不同。缝洞型储层的主控因素是构造运动和风化作用造成的破碎、溶蚀、充填作用，而礁滩孔隙型储层的主控因素是沉积相带和白云岩化等成岩作用。两类储层的表现形式也不同，前者以宏观储集空间为主（岩芯及以上尺度），后者以微观储集空间为主（薄片尺度）。其他类型的碳酸盐岩储层，都可以看做这两类储层的变形或是过渡形态。

针对塔中地区奥陶系非均质油气藏，在勘探实践中逐步形成了针对缝洞型储层的不同研究思路和技术系列。该技术系列的形成，一方面较好地解决了目前塔中地区碳酸盐岩勘探面临的多数问题，带来了勘探的发现与突破；另一方面也使得碳酸盐岩地震解释技术更加系统、全面，改变了以往研究时针对性不强，动辄所有方法全用的盲目做法，变得目标明确且充满发展潜力。更重要的是，该技术系列使得碳酸盐岩研究由原来的粗犷、定性研究逐步发展成为精细的半定量、定量研究为主，为碳酸盐岩的勘探井位部署、开发井网优化、优质储量计算等提供了重要参考。

二、碳酸盐岩储层定性预测技术

（一）碳酸盐岩缝洞系统地震响应特征分析技术

针对碳酸盐岩储集类型，国外有文章认为可分为 7 类：溶洞＋主要裂缝带、溶洞＋次要裂缝带、溶洞、主要裂缝带、中等（密度）裂缝带、低（密度）裂缝带、非储层（图 6.1）。结合塔中地区碳酸盐岩近几年的勘探开发成果，分析认为塔中地区奥陶系碳酸盐岩储集类型体主要表现为前 4 类，即溶洞＋主要裂缝带、溶洞＋次要裂缝带、溶洞、主要裂缝带，其中以溶洞＋主要裂缝带的储层类型为最好。

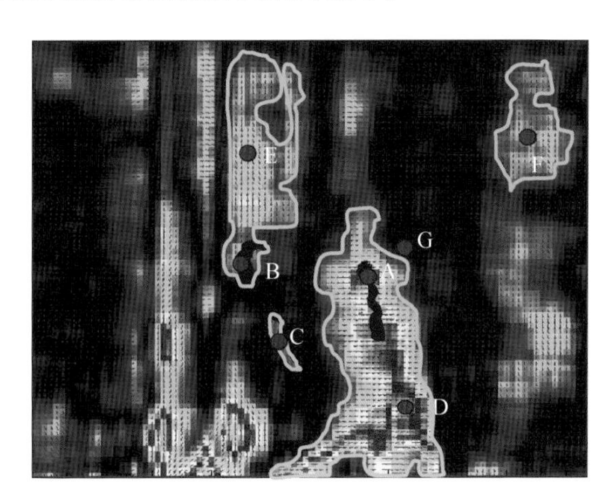

图 6.1　塔中地区碳酸盐岩储层类型

A. 溶洞＋主要裂缝带；B. 溶洞＋次要裂缝带；C. 溶洞；D. 主要裂缝带；
E. 中等（密度）裂缝带；F. 低（密度）裂缝带；G. 非储层

而实际上通过露头观察研究发现，碳酸盐岩溶洞和裂缝带经常不是单独存在的，而是共生存在的状态，溶洞周缘伴随分布有垮塌带和破碎带，断裂及裂缝的存在造成发育溶蚀条件，形成溶洞，二者互相影响共同存在（图 6.2）。

图 6.2　溶洞与裂缝关系露头照片

依据这个认识，研究人员设计了多种类型的溶洞、裂缝以及孔洞组合，利用模拟真实地震地质条件的波动方程正演技术、地质模型驱动波阻抗反演技术进行正反演，认识到溶洞、裂缝以及孔洞组合在地震资料上面表现为地震串珠状反射，同时正演也表明总孔隙度相同时（图 6.3）地震反射特征基本一致，与小溶洞的具体位置无关；而且只有储集空间达到一定规模才能形成强串珠反射，串珠反射对缝洞体具有指示作用。塔里木多年的碳酸盐岩钻探也表明，地震反射串珠 80％以上是碳酸盐岩储层的表现，图 6.4 为 M11 井的精细合成记录标定，可以清楚看到这一点。

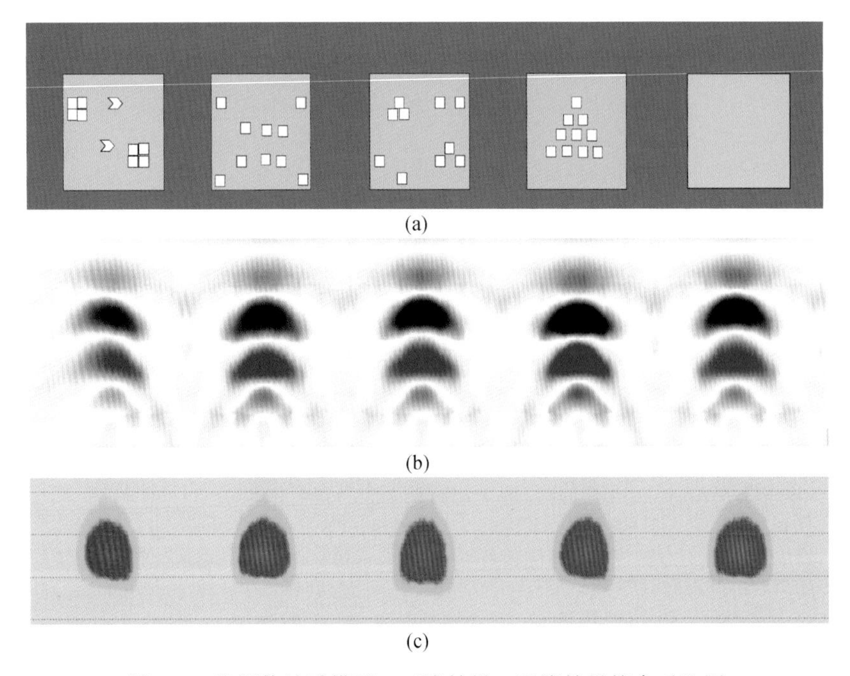

图 6.3　缝洞体地质模型、正演结果、反演结果综合对比图

（a）地质模型；（b）正演结果；（c）反演结果

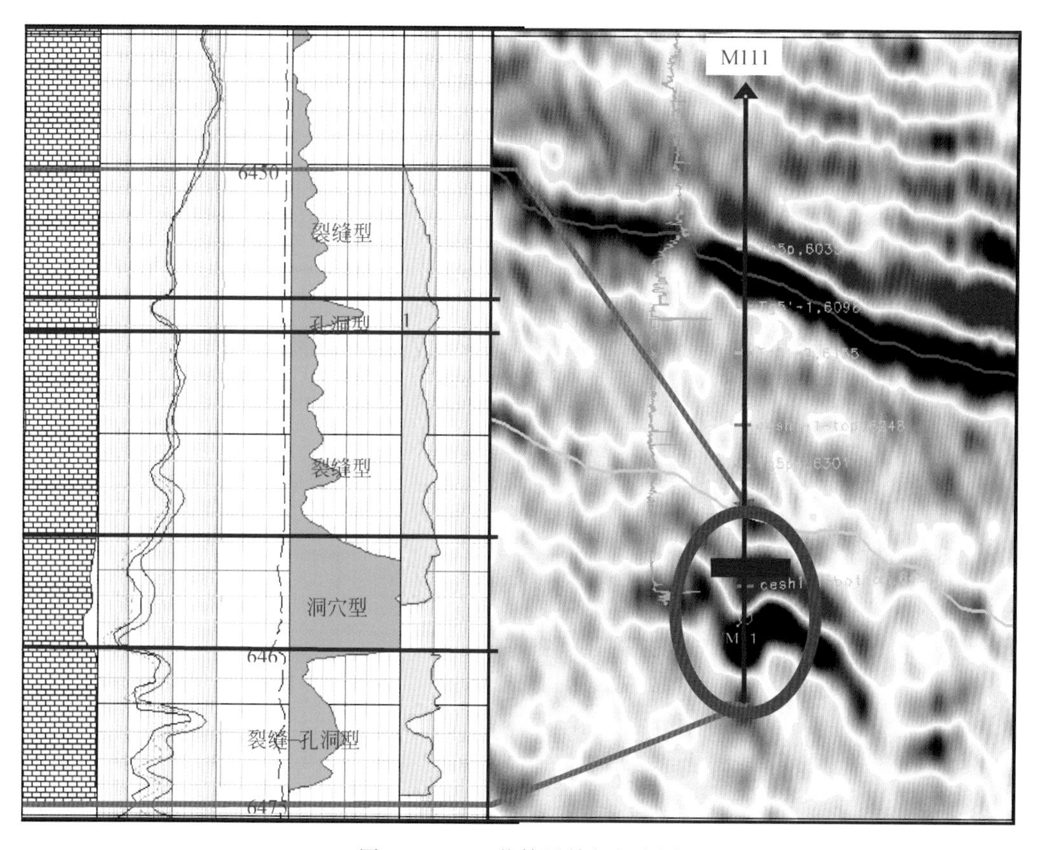

图 6.4　M11 井储层精细标定图

塔中地区另外一种主要的储层类型是裂缝型储层，其大面积发育也在地震资料上面有反映，多年的实际勘探表明这种储层在地震剖面上主要表现为杂乱反射，图 6.5 的裂缝型储

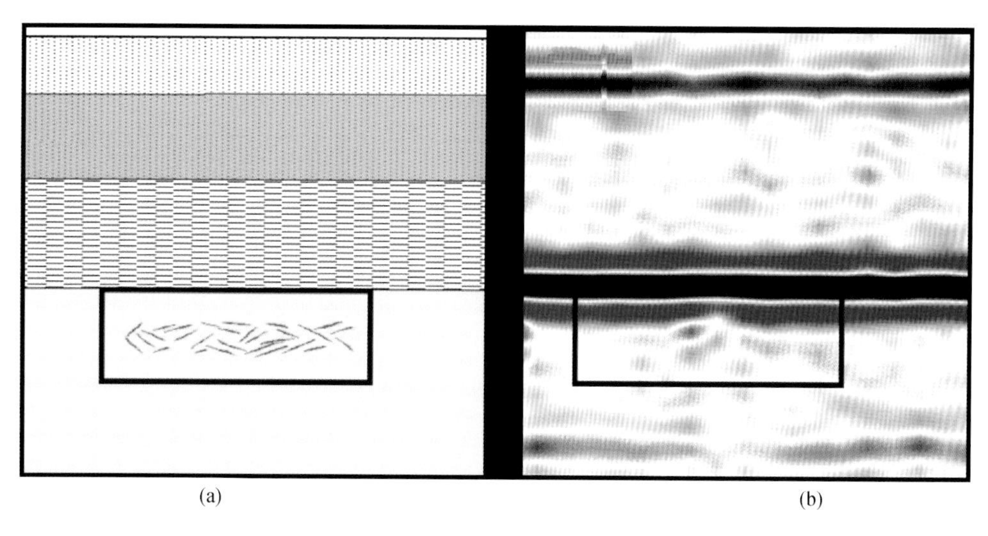

图 6.5　裂缝型储层模型正演剖面图
(a) 地质模型；(b) 正演剖面

层正演同样表明了这一观点。图 6.6 为 D243 井合成记录标定结果，可以看见目的层为杂乱反射，该井储层主要为裂缝型，是塔中地区的一口高产稳产井，目前已经产油约 6 万吨。

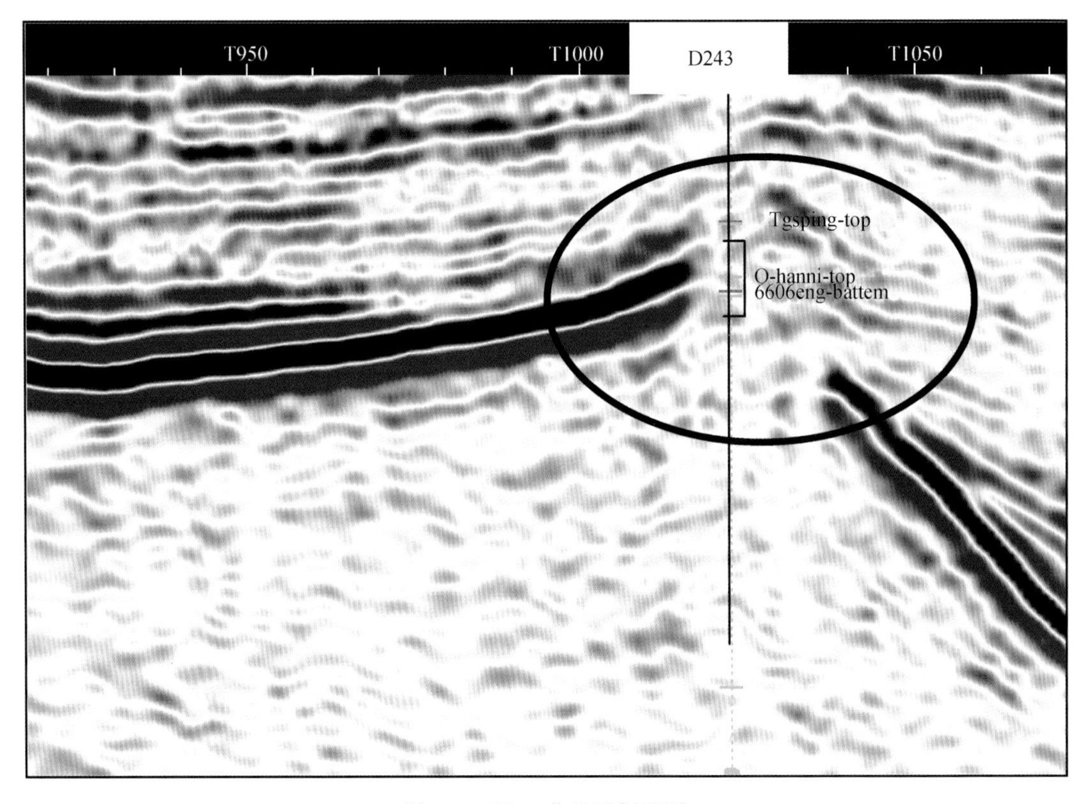

图 6.6　D243 井地震剖面图

由于碳酸盐岩储层的高度非均质性，地震解释成果是碳酸盐岩井位设计的最主要依据，因此认清地震资料上每一个反射特征的地质含义就显得至关重要。层位及储层标定是唯一可以将钻探成果与地震剖面直接结合进行分析的途径。以合成地震记录为纽带，将根据钻井、地质、测井资料解释出的致密带、储层发育段、试油层段等沿井轨迹标定到地震剖面上，分析不同层段的地震响应特征，用于进一步分析平面乃至空间的储层变化分布规律，是碳酸盐岩地震解释的根本目的。因此精细的层位及储层特征标定是认识储层、研究储层以及预测储层的基础。

标定技术包括层位精细标定、储层响应特征标定两方面的内容。层位精细标定的一般步骤是：①利用 VSP（垂直地震剖面）资料确定大致时深关系；②选准标志层确定合成记录与地震剖面的对应关系；③针对目的层进行精细调整（图 6.7）。由于针对碳酸盐岩的钻井经常在进入目的层后很快就完钻，因此碳酸盐岩层段的测井曲线往往都比较短，所以上覆标志层的选择就非常重要。

针对目的层的精细调整是在确定了标志层之后，时深关系已基本明确的基础上，通过微调时深关系与调整子波相位，将各种钻探结果定位在地震剖面上的必要过程。一般来说，一个工区只需要做少数几口井的 VSP 标定与层位标定，而针对目的层的精细标定则

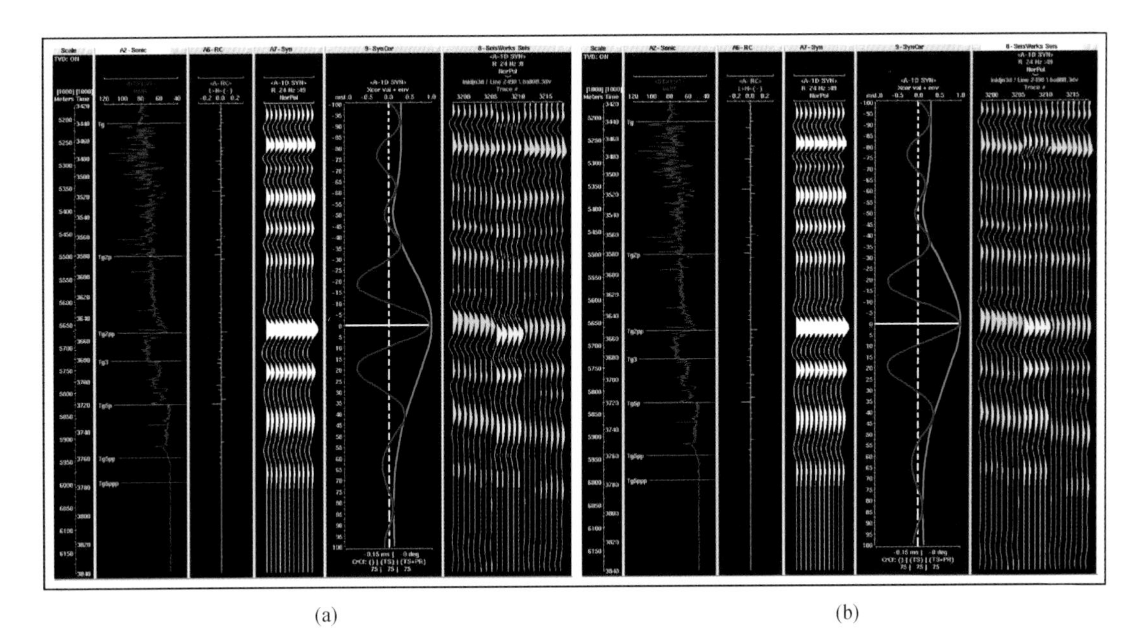

(a)　　(b)

图 6.7　子波相位调整前后合成记录对比图
(a) 调整前；(b) 调整后

需要每口井都做。完成这一步，就可以对储层的地震响应进行分析总结了。

不同岩性段的地震响应特征不同；即使是同一岩性段，由于岩性、储层类型、含油气情况的差异，也可导致地震响应特征的千变万化，因此不可能仅仅通过振幅和波形等反射特征就对储层做出准确的预测。但通过大量的储层精细标定，结合正演与理论分析结果(图 6.8)，得到了关于储层反射特征的基本认识：①风化壳表层岩溶储层发育时，潜山顶面反射为弱反射；②内幕溶洞发育段在地震上表现为强反射，溶洞顶底的裂缝发育段为弱反射；③内幕致密层的响应为弱反射或空白反射。但必须强调这种认识符合塔里木碳酸盐岩绝大多数储层的地震反射基本规律，但并不能代表所有的碳酸盐岩储层反射特征。更为重要的是：储层标定不能局限于井与地震剖面的关联，而应拓展到井与各种属性体，如波阻抗体、三瞬体、相干体等的关联上，才能更好、更全面地认识储层的地震响应。图 6.4 是 M11 井的精细储层标定，通过合成记录把测井解释的不同段的储层情况一一标定在地震剖面的具体位置上，进而了解各种储层在地震上的响应特征，塔中鹰山组缝洞发育带基本表现为强反射串珠，另外通过对塔中钻遇鹰山组的井精细标定后得到一个结论：塔中地区奥陶系鹰山组的缝洞体顶面对应着“串珠”状的第一个波谷。

（二）缝洞体定性预测技术

碳酸盐岩缝洞系统预测技术是研究中最常用的，也是储层平面规律认识的主要手段，此外由于溶洞和裂缝两种储层类型在地震反射上特征各异，技术手段也需要分别预测、综合分析。

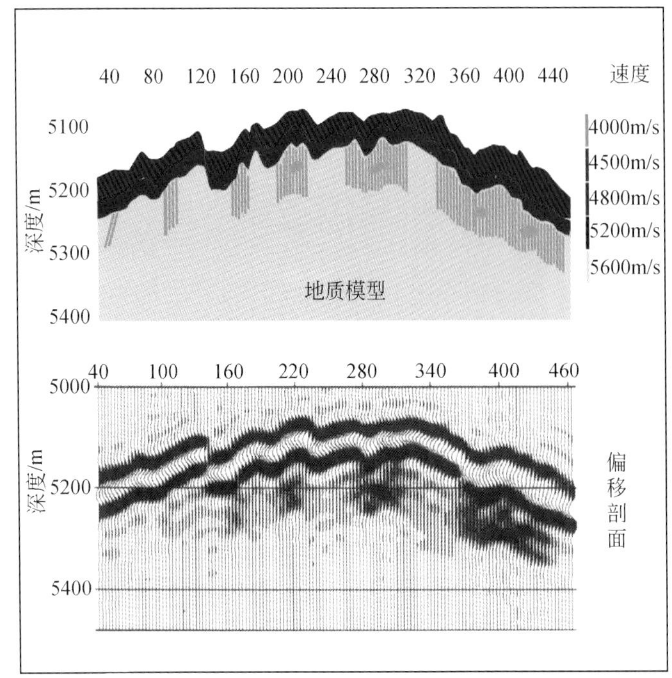

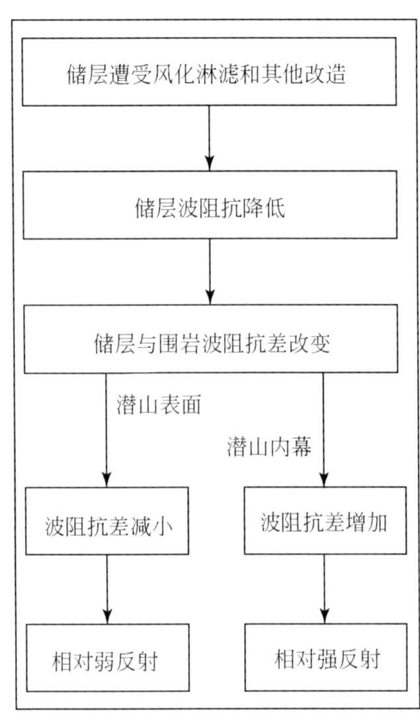

图 6.8 缝洞型储层的正演模拟与反射特征理论分析

1. 孔洞型储层定性预测技术

对于孔洞型储层的研究，常规的方法是利用叠后地震信息进行储层预测，地震属性参数是地下地质结构、岩性和所含流体性质等多种因素的综合反映，因此利用地震属性参数的综合分析可以对地下地质结构、岩性和所含流体进行分析和研究，进而预测和描述储集层的发育规律。利用各种地震数据体和解释层位，可沿层、层间、沿层时移等多种方法提取目的层的各种地球物理属性，或在地震数据体中按一定的追踪条件得到异常体的空间形态及物理属性进行研究。在储层（缝洞系统）地震响应特征标定的基础上，对碳酸盐岩储层孔洞缝模型正演模拟揭示：①有一定发育规模且顶、底和洞壁保存相对较好的溶洞能形成强反射特征，在偏移剖面上表现为与背景差异明显的强短反射，其反射特征可以通过振幅门槛值提取；②坍塌规模不大、被断裂复杂化后的由多个溶洞构成的系统能形成弱反射或杂乱反射带，有一定发育规模的裂缝体系或小断层系列产生反射同相轴的微小错断和反射能量的小幅变化。基于对模型反射特征的认识和实际钻井地震资料，在地震剖面上识别这些碳酸盐岩缝洞储集体，为利用地震数据进行储层预测提供了地质基础。尤其是具有一定规模的大型缝洞系统，在高精度三维地震数据体剖面上往往形成强能量的“串珠”状反射，生产中俗称为“羊肉串”，很容易在地震剖面和地震平面信息上识别。

按照近年来应用比较成熟的地震属性分析方法和各种流行的地震信息计算方法，可以提取上百甚至几百种地震信息或参数。在应用地震信息分析和预测碳酸盐岩缝洞储层集体时，根据各种地震属性参数对碳酸盐岩储集层的不同特征反映敏感性的不同，有多种地震参数可供储集层和油藏描述研究使用，但并非是参数越多越好，而是要根据上述储层特征的地震标定，优选最具特征和敏感性的参数。根据标定和正演模拟认为，振幅类属性在碳酸盐岩孔洞型储层预测中最有效。频率、相位等属性在有些情况下也能取得较好效果。

常规地震数据经过叠后处理后，形成新的地震属性体（如频率体、波阻抗数据体、相干体等）。一般说来，所有属性体都是以（x，y，t，A）的形式直接体现的，其中，t 为时间、A 为属性值，用地震波形表示时就是样点幅值，简称振幅，但并不是真正意义上的地震反射振幅。

振幅提取是地震属性分析中最基础、也是最常用的方法。常见的振幅统计方法有 15 种，分别是：均方根振幅、平均绝对振幅、最大波峰振幅、平均波峰振幅、最大波谷振幅、平均波谷振幅、最大绝对振幅、总绝对振幅、总振幅、平均能量$\left(\frac{1}{N}\sum x_i^2\right)$、总能量$\left(\sum x_i^2\right)$、平均振幅、振幅方差$\left[\frac{1}{N}\sum(x_i-\bar{x})^2\right]$、振幅偏度$\left[\frac{1}{N}\sum(x_i-\bar{x})^3\right]$、振幅峭度$\left[\frac{1}{N}\sum(x_i-\bar{x})^4\right]$。这些统计方法的目标值都很明确，在此不一一列出公式。

振幅统计总是沿特定时窗进行的。可根据分析研究需要在上述各种统计方法中进行选择，配合适当的分析时窗，达到预期目的。例如，当我们需要统计最大波峰振幅时，往往不能精确地将层位解释在波峰的峰值上，但可以沿这个层位上下开适当的时窗，或是相对粗略地解释与该波峰上下相邻且更容易追踪的波谷，并以此为时窗范围，利用最大波峰振幅就可以准确地求得每一道在目的层的最大波峰值，这种做法可以简化解释员的工作强度而不影响分析效果。

振幅类属性包括地震振幅、反射强度、振幅变化率、单频振幅等各种振幅形式，是地震资料中最直观，地球物理意义最为明确的属性参数。尤其在碳酸盐岩储层预测中，由于前面述及的各种原因，振幅能够较好地反映出地层速度的变化，从而可以较好地预测储层物性，比如灰岩内部的储层将形成串珠状强反射，而地层顶部的储层则会形成弱反射等。各种不同的振幅属性，都是为了更好、更突出地反映地质资料中的这种异常。实际上，这类属性种类繁多，实现简单，在此对几个常用属性进行简要介绍。

1）反射强度

即通常所说的瞬时振幅，是对复数道的虚部和实部分别平方后求和再开方，由于是平方后参与运算，仅与大小有关而与符号无关，所以又称为振幅包络。在碳酸盐岩研究中，由于反射强度直接体现反射能量，从而间接反映储层与围岩的波阻抗差，因此比较常用。此外，该属性还用于反映亮点、暗点等反射特征。

2）振幅变化率

振幅变化率是用于研究振幅异常的有用属性。其数学表达式为

$$\mathrm{AVR}=\sqrt{\left(\frac{\mathrm{d}A}{\mathrm{d}x}\right)^2+\left(\frac{\mathrm{d}A}{\mathrm{d}y}\right)^2} \tag{6.1}$$

式中，AVR 为振幅变化率；其值为振幅 A 分别在 x 方向和 y 方向求导后的平方和再开

方。振幅变化率的计算是在沿层时窗内进行的，它只与沿层时窗内振幅的横向相对关系有关，而与振幅的绝对值无关，消除了由于地震反射振幅本身存在的差异而造成对振幅属性分析的影响，研究结果表明振幅横向变化率较大的区域可能是裂缝、溶洞发育带。

3）单频振幅

单频振幅是对地震数据进行频谱分解后，得到的某单一频率成分（如 20Hz）的振幅值，也可以是某一窄带频率成分（如 20～25Hz）的振幅值。这种振幅最大优势是频率单一，因而能够跟储层厚度更好地相关联。其理论依据是频谱分解中调谐频率理论。在碳酸盐岩储层研究中，单频振幅无论从剖面上还是平面上都能比常规地震振幅更清晰地反映出异常，因此近年来应用得较为广泛。但在实际生产中，通过大量深入对比研究后，发现单频振幅的应用中也存在着较大的不确定性或陷阱，使得在进行精细储层描述时容易造成错误认识，建议要慎用。

2. 裂缝型储层预测

在碳酸盐岩油藏中，裂缝占据非常重要的作用，既是油气的渗流通道，又是储集空间。早期裂缝还对洞穴、孔洞型储层的发育起到控制作用。尤其对于缺乏基质孔隙的我国碳酸盐岩缝洞型储层研究而言，裂缝更是沟通孔洞、提高产能的主要因素。因此对碳酸盐岩储层裂缝发育程度的地震预测技术研究长期是人们关注的重点，也发展了一系列相关技术。但由于地震技术本身分辨能力的限制，总体上这些技术发展的主体思想分为 3 个层次：一是基于叠后三维地震数据体（包括叠前偏移后的叠加数据体），通过研究道间不连续变化和构造变形来预测断层及构造突变区，间接预测裂缝发育带，这类方法推广应用普遍，其中效果明显的当属相干、曲率、构造应力分析等类属性。二是基于宽方位角采集地震资料的叠前方位各向异性属性分析预测裂缝，理论上预测精度应高于叠后资料属性分析的精度，但目前受勘探投资的限制，大部分三维地震资料不满足宽方位勘探要求。因此，该技术应用受到一定限制，仅仅在部分区块开展探索性应用。三是基于多分量地震资料（矢量地震勘探）的横波分裂等特性开展裂缝预测，这一技术目前仍处于理论发展和完善阶段，生产应用较少，可能是下一代地球物理技术发展的方向，在此不做重点讨论。

1）相干分析技术

相干属性，或称为相似性属性，是从 1996 年兴起，不断发展并被广泛应用的地震属性。该属性通过不同方法计算地震道之间的不连续性，从而为断层、河道等线状地质体的平面识别提供非常可靠的依据。

相干分析技术主要对原始振幅数据体进行相干计算，产生相干数据体，并通过相干体及相干属性的分析，从平面、剖面及空间对断裂系统进行精细刻画。相干分析是一种定量化计算处波形相似性的方法，它是通过在时空中定义“全局化的”孔径并利用倾角和方位角的计算来实现的。此种处理方法可为地震波形空间变化提供准确的成图显示，断层与断裂系统可直接空间成像或平面成图，而不必在所选垂直剖面上进行主观繁琐的断层解释再对其进行平面组合成图，因而断层解释精度大幅提高。

相干体反映断层的精细程度取决于相干算法。相干算法经历长期的发展与改进，共经历了4代算法，分别是第一代互相关（correlation）算法、第二代相似系数（semblance）算法、第三代本征值结构（eigenstructure）算法及第四代基于子体属性的多算子相干算法。第四代相干算法目前还没有商业化的软件可以实现。

由于第三代的相干算法（本征向量相干）的优越性，目前已被广泛应用，现将其实现过程简介如下：首先，将两地震道的振幅值进行交会得到以下的交会图［图6.9（a）］，并可以确定一个主方向轴（major axis）和一个最小方向轴（minor axis）。当两道完全一致时，所有样点将按主方向轴排列成一条直线［图6.9（b）］；当两道完全相反时，所有样点将按最小方向轴排列成一条直线［图6.9（c）］。然后，用两个不同比例的向量分别表示主轴和最小方向轴，一般情况下，长向量沿主轴方向，短向量沿最小方向轴方向。在线性代数中，这两个向量对应协方差矩阵中的特征值（本征值），称为本征向量。我们可以利用线性代数的矩阵运算很容易的计算本征值，用它作为表征波形差别的参数。最后，计算两个本征值之间的相似性。

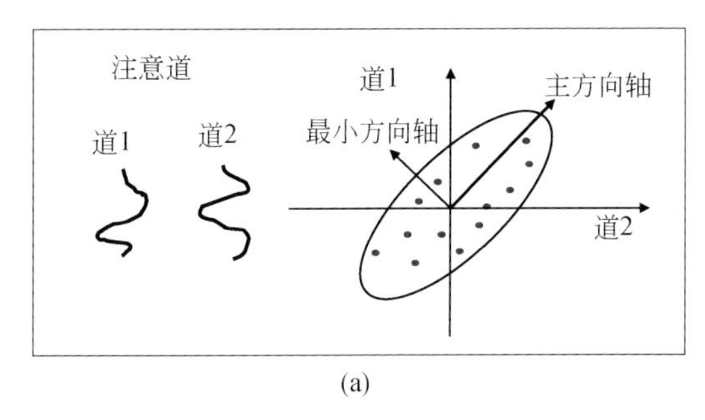

(a)

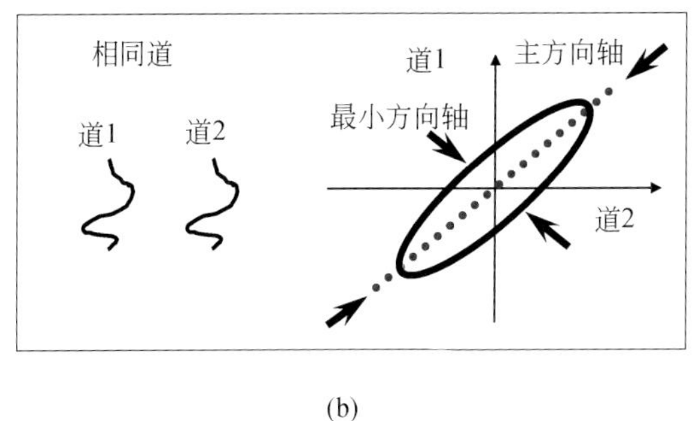

(b)

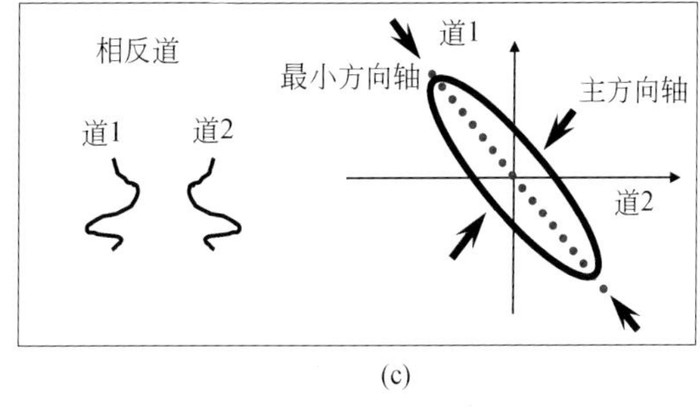

(c)

图6.9　计算相干向量本征值过程示意图

（a）两地震道的振幅值进行的交会图；（b）两地震道完全一致时的交会图；（c）两地震道完全相反时的交会图

2）构造应力模拟

构造应力模拟技术是从构造、岩石的特征和裂缝地质成因等角度对裂缝进行预测的技术。利用三维地震资料解释成果，通过对现今的地质模型从新到老进行反演，再从老到新进行正演，分别计算每期构造运动对所研究目的层产生的应变量。应变量是反应地层形变程度的一个属性参数，一般而言，地层应变量大表明地层形变强烈，也就易导致裂缝的发育，因此用应变量控制裂缝发育的密度，同时考虑地层厚度、岩性、裂缝发育方向等参数，分别对多期构造运动产生的裂缝发育密度进行预测。图6.10（a）为D1井区、图

6.10（b）为 D45 井区奥陶系潜山顶面的构造应力模拟裂缝预测图，都是从白垩纪到奥陶纪期间对奥陶系潜山顶面产生的应变量。可见裂缝发育区主要集中在断裂周围以及相邻断裂之间的受挤压区。

在应变量计算过程中加入断裂分析的方法，通过对断裂方向、密度以及构造形态的分析进行简单的构造应力模拟，并做出相应的裂缝方向和密度的预测。图 6.10（b）是利用这种技术预测 D45 井区裂缝的结果，可见裂缝沿断层周缘发育，与地质规律相吻合，同时还给出了裂缝发育的方向。

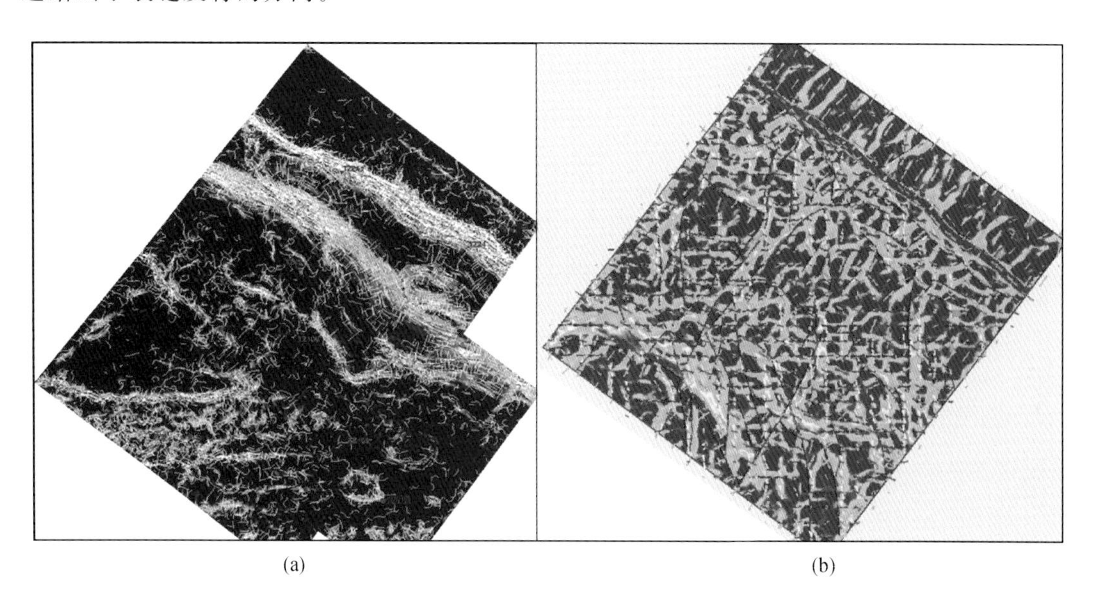

图 6.10　D1-D24 井区、D45 井区利用构造应力模拟法预测裂缝图示

（a）D1-D24 井区 Tg5′裂缝预测图；（b）D45 井区 Tg5′裂缝预测图

3）曲率

近年来曲率分析技术被广泛应用到裂缝预测中。最早的曲率计算是在层面上进行的，主要用于研究断裂的分布以及构造应力集中区。构造运动导致地层发生形变，特别是构造枢纽部位层面发生破裂，产生构造裂缝，层面上各点的曲率也会发生变化。曲率属性预测裂缝就是通过计算层面上各点的曲率值来达到预测裂缝的目的。现在一般采用体曲率分析技术，该技术直接对地震数据体进行曲率和弯曲度的计算，得到空间每一个点的曲率，形成曲率体，可以在剖面、平面和三维立体进行显示和刻画。其优点是无需预先解释层位，避免由于解释误差对成果认识的影响，能反映低于常规地震分辨率的精细断层和微小裂缝，更精细地解释地下地质细节。与相干类属性相比，曲率属性能够更加准确地识别细小的断裂等，是相干类属性判别构造的有效补充。根据使用经验，在构造陡峭，地层起伏比较大的地方，曲率能较好地预测裂缝。

图 6.11 是 D83 井区曲率属性和相干属性对比图，由图可见曲率属性对小断层、小挠曲的反映信息更加敏感和丰富，而相干属性更偏重与对断层的刻画，两者各有优势，互为补充。

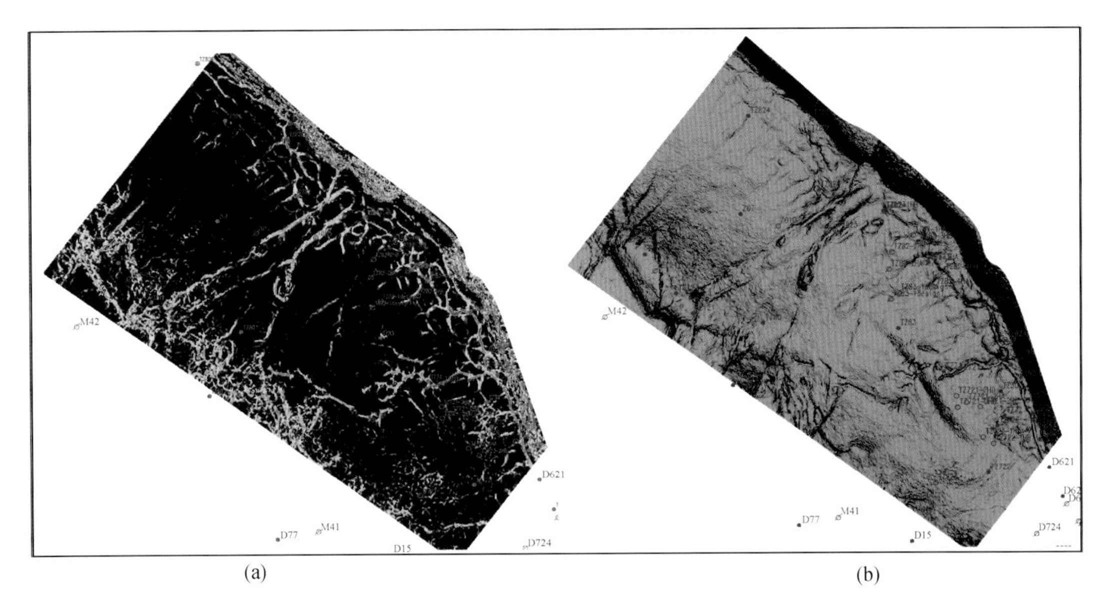

图 6.11　D83 井区曲率属性和相干属性对比图

(a) 曲率属性；(b) 相干属性

(三) 碳酸盐岩储层定性预测应用效果

通过上面技术方法的应用，结合塔中鹰山组钻井储层和储层控制因素的认识，对塔中鹰山组储层预测及规律认识在定性上取得了很好的效果，2009 年钻探达到了探井 83%、开发井 100%的油气成功率。

1. 储层类型

塔中地区下奥陶统鹰山组碳酸盐岩的储集空间类型有溶洞、裂缝及其组合形式，但主要储集空间以各类溶洞和裂缝为主（图 6.12）。

下奥陶统在沉积后，发生过大规模的构造运动，造成的海平面相对变化，使塔中地区的下奥陶统暴露地表，受淡水或在侧向上的混合水作用下直接对储层进行溶蚀从而形成良好的储层。

中晚海西期发生的构造运动使塔中地区发育大量的走滑断裂，成网状分布，形成多个有利的裂缝发育带，从而形成裂缝型储集空间。而在断裂形成以后，地下热液、有机酸、CO_2、H_2S 沿裂缝对碳酸盐岩进行改造，在断裂附近进一步形成有利的孔洞发育带。

2. 储层控制因素分析

1) 潜山古岩溶

中奥陶世，塔中低凸起在南北挤压作用下迅速隆起，造成中奥陶统遭受强烈剥蚀，导致下奥陶统灰岩出露地表，从而使其直接受到风化破坏和淡水溶蚀，在顶面形成大量的孔洞和孔隙，成为良好的储层；同时，在长时间受到风化作用后，上覆没有良好的良里塔格组盖层时，部分的孔洞孔隙被泥沙充填，灰岩的储集性能变差（这一点通过 M41、M171、

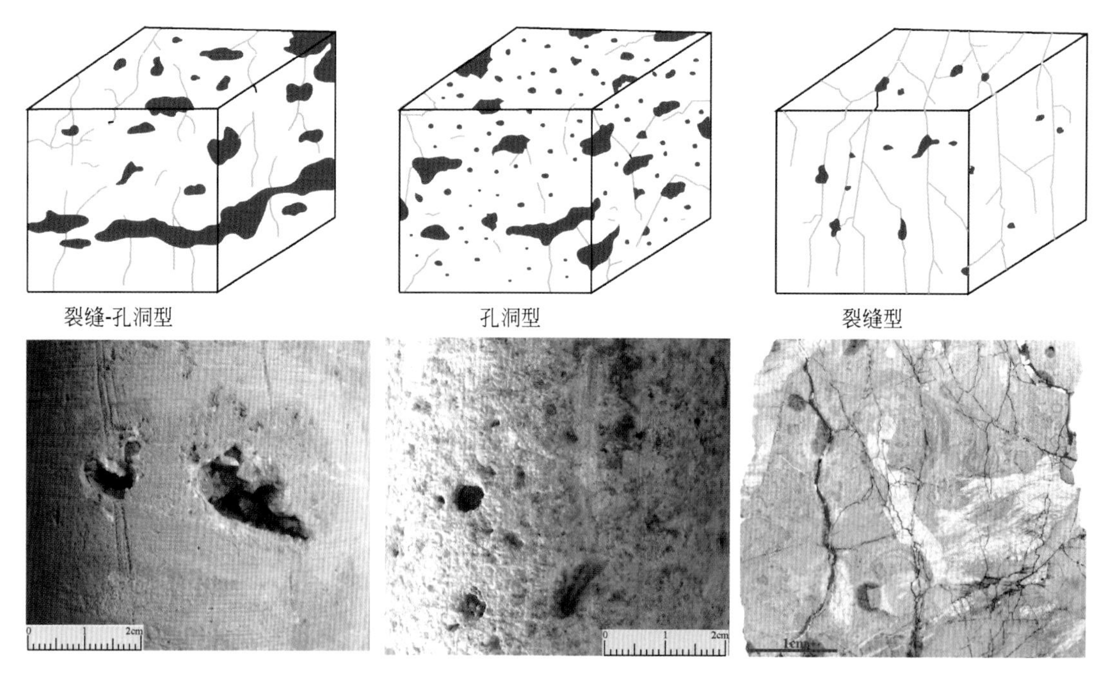

图 6.12　塔中下奥陶统鹰山组碳酸盐岩主要储层类型模型与岩芯对比图

M161 等井钻探已经得到证实）。因此，通过塔中三维区下奥陶统顶面古地貌图（图 6.13）分析，在 M19-M18-M14-M11-M10-M5-M6-D82 井以南地区古地貌较高，岩溶次高地部位受风化淋滤强烈，对储层的形成、保存和油气运移比较有利，以北岩溶斜坡地区相对稍差，目前的钻探及储层预测也表明了这一点。

2）断裂、裂缝

断裂、裂缝在塔中地区主要是改造储层，同时也是碳酸盐岩后期热液、酸性气体等的活动通道。碳酸盐岩裂缝型储层主要位于构造的转换枢纽带和应力释放带（断裂发育带），是形成油气藏的有利储集体。

通过对塔中断裂的研究，研究人员对断裂储层的改造作用有了进一步的认识：①大型走滑断层对油气运移有重要作用，但对储层改造作用不如其周围派生的次级断裂明显。②次级断层不仅对油气运移有重要影响，而且对储层改造作用十分明显，尤其是对储层渗透性有极大的改善。③在油气源及储层条件相对优越的地方，井点应选在古地貌和现今构造有利的地区，以避免快速水进；而在储层条件相对差的地方尽量选择在断裂附近，这是因为这些地方储层相对发育，而油气聚集主要受储层发育程度控制（任何时候不能把现今构造作用否认了），D84、M2、D62-6h、D62-7h、D62-5h、D62-13h 等井的钻探已经证实了这一点。

3）热液岩溶

断层和裂缝系统是主要的热液通道。非渗透性岩层的屏蔽和阻挡对流体的汇集具有重要意义，因而与热液岩溶有关的储层通常发育在区域性盖层之下。而由于热液由下向上运动，造成断层附近的储层改造明显优于断裂不发育区，表现为地震剖面上串珠更发育（图 6.14）。

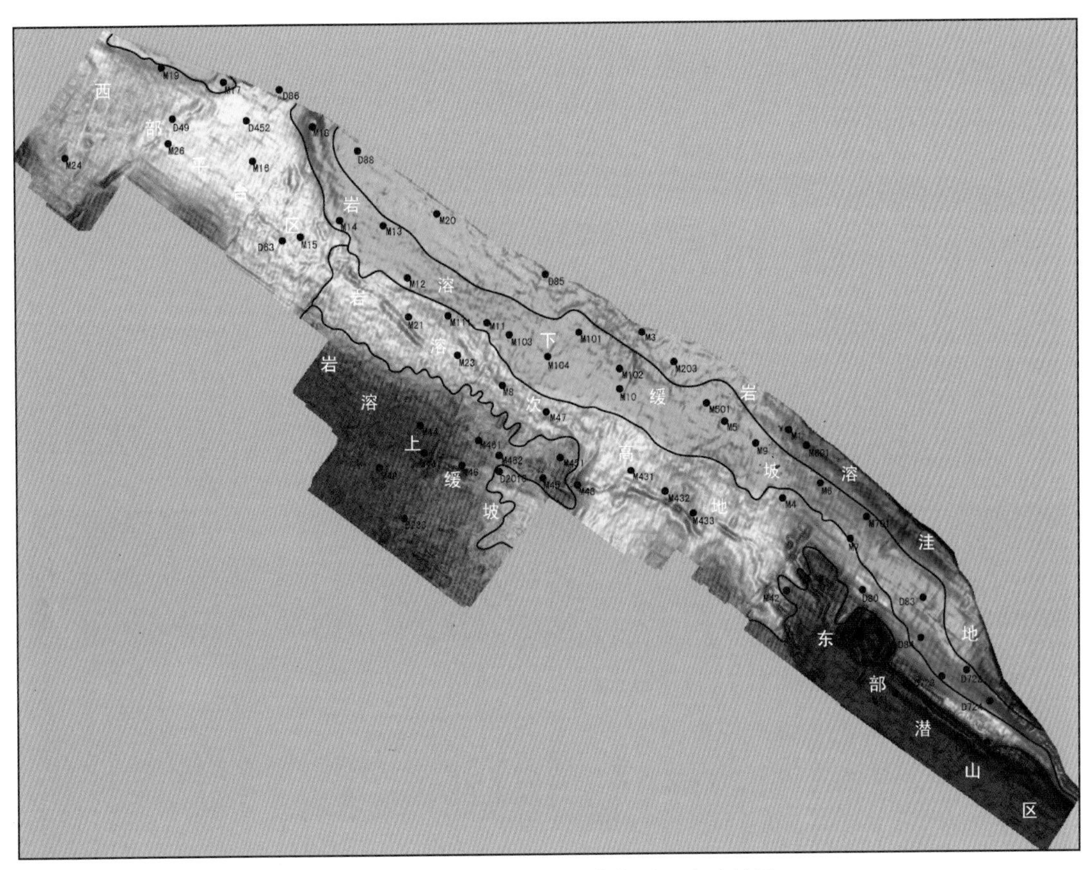

图 6.13　塔中三维区下奥陶统顶面古地貌图

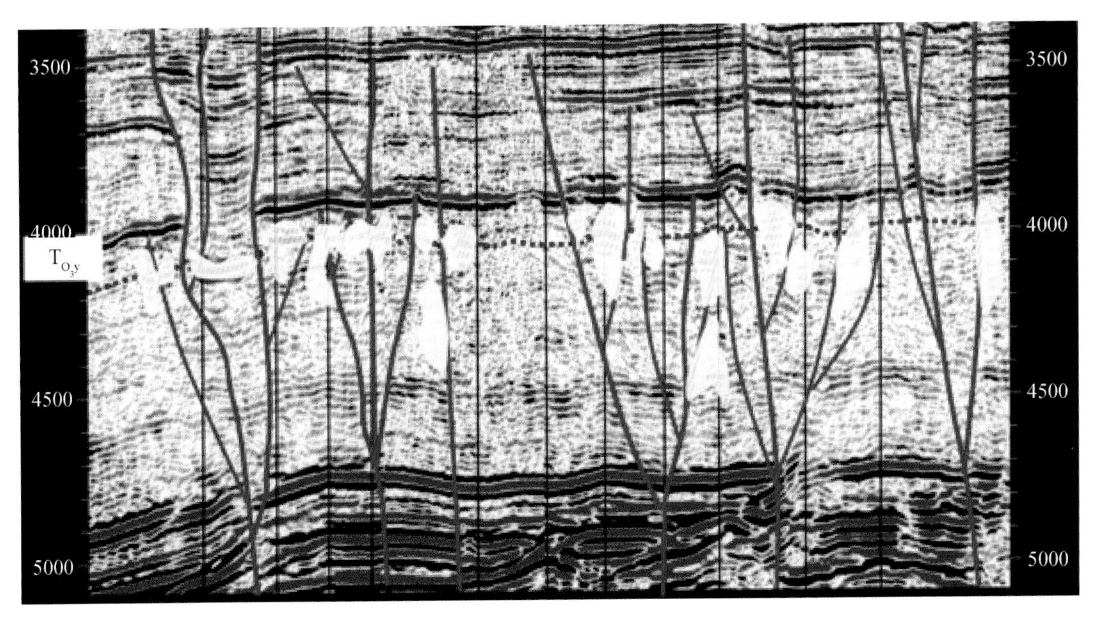

图 6.14　塔中Ⅰ号带下奥陶统鹰山组储层热液改造模式图

泥岩层、泥质灰岩层下方的渗透性灰岩层是热液汇聚的部位，热液可对其进行溶蚀、交代等改造作用。在塔中地区鹰山组M8井区，良里塔格组底部的泥质灰岩层之下为鹰山组中上部灰岩夹云岩层以及灰岩云岩互层，在热液作用下易进一步白云岩化。白云岩化对改善岩层的储集性能有积极作用，M6、M7、M9、M15等井的热液白云岩化作用特征明显，云质灰岩、云岩类岩石的比例较高。

3. 储层发育规律

如图6.15所示，D84-D83-D721-D72连井地震剖面显示鹰山组储层在地震剖面上表现为两种反射特征：一是穿层［Tg5″（鹰山组顶界）］串珠状强反射，主要反映的是孔洞型储层的特征，D83、D721、M10、M11、M22等井均钻遇这种储层；二是层状强反射特征，在剖面上表现为中等连续的强反射，主要反映了层间岩溶储层大面积发育特征。

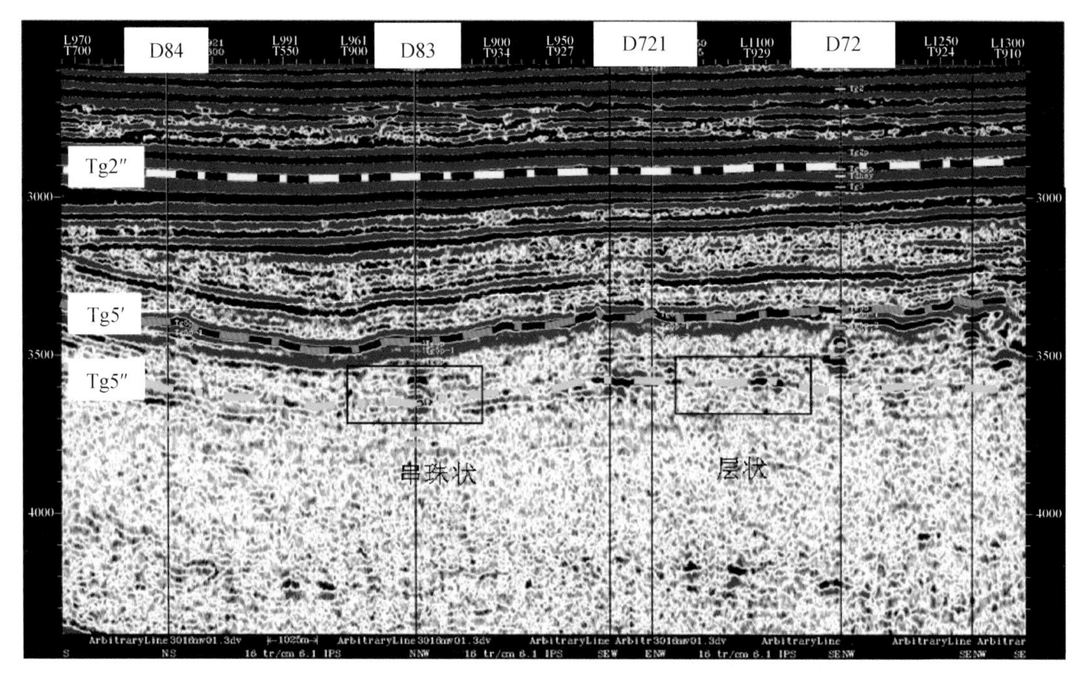

图6.15　D84-D83-D721-D72连井地震剖面

通过塔中三维区奥陶系鹰山组古地貌、断裂系统、优选的储层属性预测结果及缝洞系统综合研究分析认为，塔中三维区鹰山组储层发育有以下特征：①整体上鹰山组储层发育与其古地貌、断裂系统具有较好的一致性，古地貌高部位、斜坡区、平台区和走滑断裂发育区储层相对发育。②塔中北部斜坡区奥陶系鹰山组储层东部和中西部（以D4-D242井区一线为界）具有明显的差异性，根据目前储层预测并结合钻探实际表明中西部储层比东部储层发育，分析认为这与东部采集资料年代远，资料差等因素有关系。③局部储层发育程度与断裂构造复杂程度有关，如M15井区、M14井区等位于塌陷坑周围储层均十分发育、D45井及其西部区储层明显沿断裂发育且多集中发育在断裂（系）交汇区。④根据储层预测结果（图6.16）和储层发育控制因素可以将塔中三维区奥陶系鹰山组储层分为4个大区带，即Ⅰ：D72-D83 井区、M7-M6-5M 井区 M10-M11-M12-M13-M14 井区至 D86-M18 井区一线的北缓斜坡带；Ⅱ：M41-M42 井区至 D11 井区一带的构造发育区；Ⅲ：M8-M21 井区、M15 井区至 D49-M24 井区一带的局部构造-平台区；Ⅳ：D4-D24 井以东的东部复杂区。综合分析评价认为前 3 个为Ⅰ类区，第四个东部复杂区为Ⅱ类区。⑤北缓斜坡带、局部构造-平台区是近期增储上产现实区，构造发育区是下步勘探发现突破区，东部复杂区是今后攻关潜力区。⑥鉴于该区碳酸盐岩有利储层受断裂裂缝、淡水淋滤、热液溶蚀控制，主要依据 3 个方面进行了碳酸盐岩缝洞系统划分：Ⅰ：古地貌——控制生物礁的发育和准同生期岩溶的发育；Ⅱ：断裂——控制准同生期岩溶和后期热液岩溶的流体活动，改造储层；Ⅲ：现今构造——控制油气运移聚集，油气水的分异，图 6.16 是根据优选的最有利属性进行划分的结果，共划分出 17 个缝洞系统，其中Ⅰ类总面积为 2487.792km²，Ⅱ类总面积为 1122.347km²。

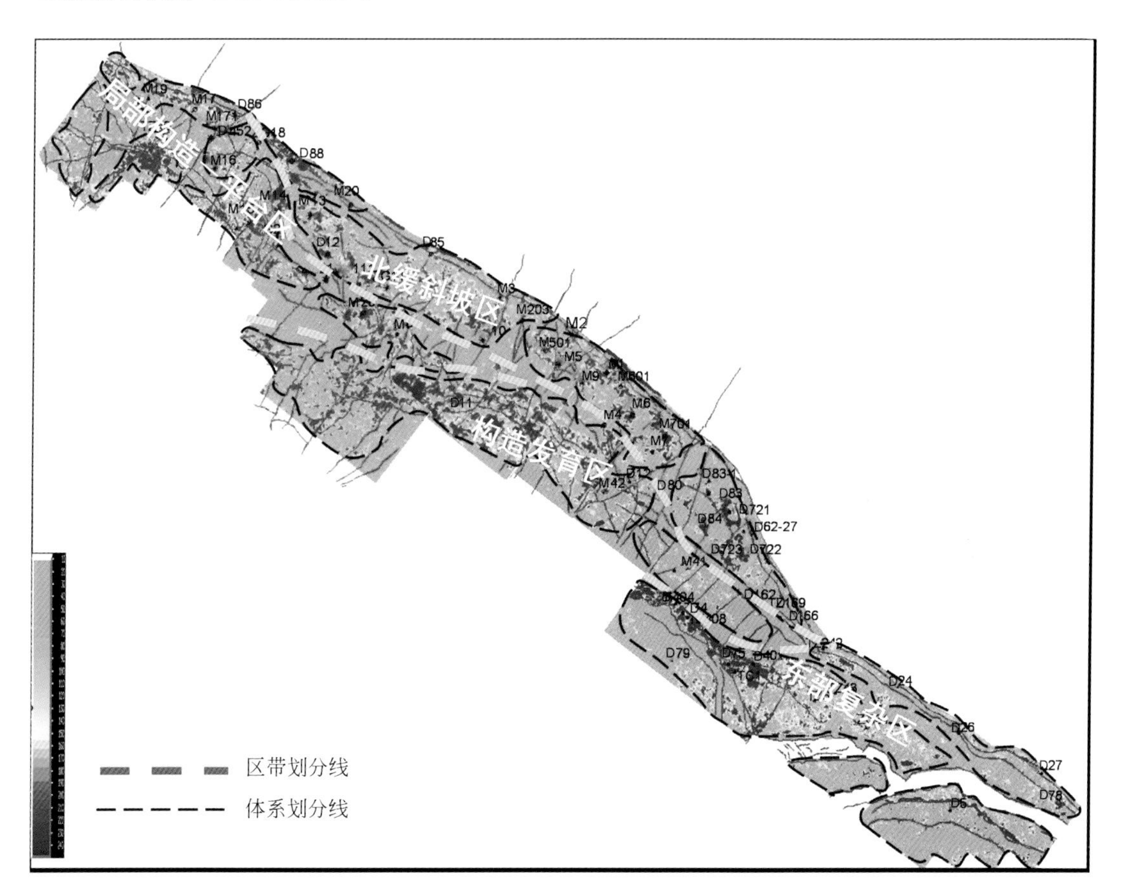

图 6.16　塔中全三维区下奥陶系鹰山组储层系统划分图

鉴于上面的认识，根据储层发育分布规律，对当前的重点区块 M21-D83 井区鹰山组通过进一步的连通性分析，结合以往碳酸盐岩研究的经验，进行了缝洞单元的划分，落实 M21-D83 井区缝洞单元 50 个（图 6.17），总面积为 1174.78km²，其中已钻单元 26 个，面积为 520.2km²，未钻单元 24 个，面积为 554.6km²。

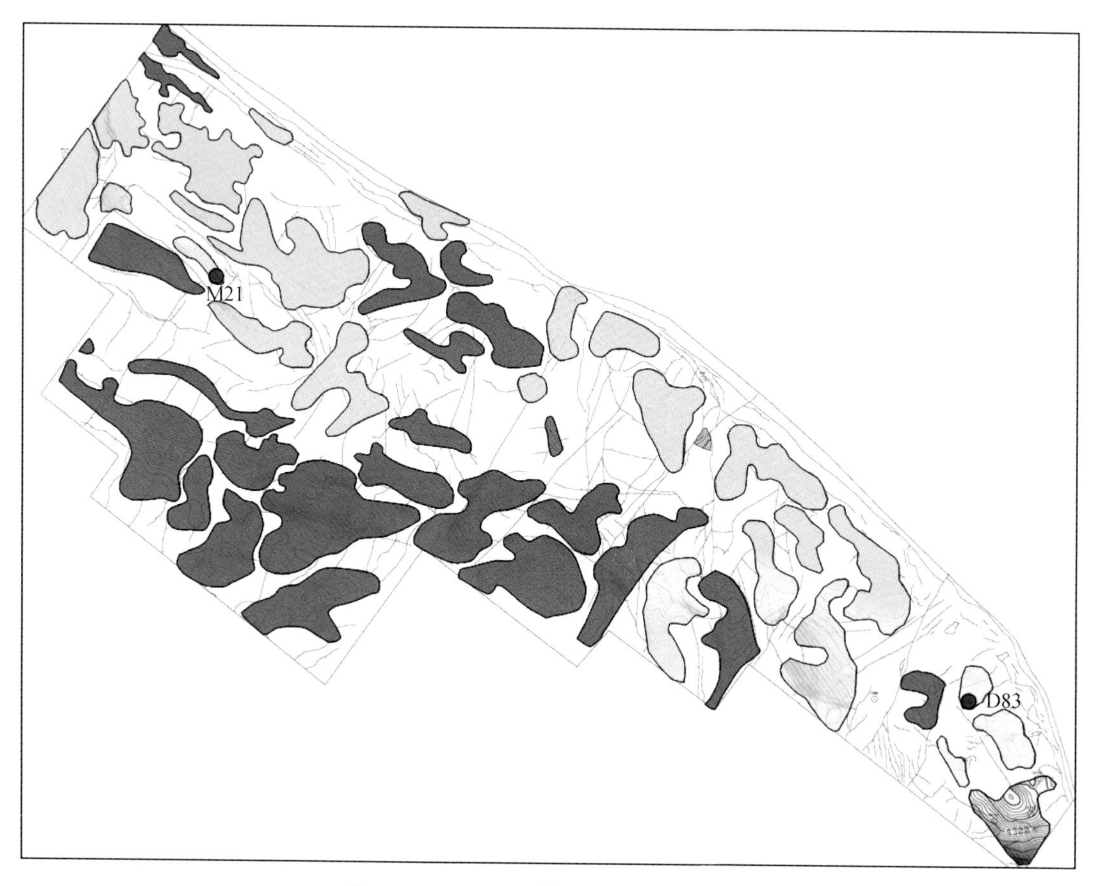

图 6.17 M21-D83 井区缝洞单元划分图

三、碳酸盐岩缝洞体量化描述技术

（一）缝洞体量化描述思路

技术思路及流程：首先，在地震和地质资料的基础上，通过大量的正演研究，对孔洞型储层和裂缝有一个初步认识；其次，分析各种储层的地球物理响应特征；然后再在多种储层地震属性预测方法中优选出最佳的波阻抗反演技术，以波阻抗体确定缝洞体在时间域上的位置；接着进行深度域转化，获得深度域波阻抗体，之后根据钻井统计建立的波阻抗与孔隙度之间的函数关系将波阻抗体转换为孔隙度体，将孔隙度体进行雕刻，同时结合大量正演实验获得的体积校正参数对体积校正；最后把不同孔隙度体轮廓体积（由孔隙度体雕刻得到）与对应孔隙度相乘，得到不同级别储层的有效储集空间然后进行相加，最终实现岩溶缝洞体有效储集空间的量化描述（图 6.18）。

具体步骤包括如下几步：

（1）在地震和地质资料的基础上进行大量的正演研究，分析认识孔洞型储层和裂缝型储层的地球物理响应特征，同时得到地震储层与真正地质储层的体积校正函数关系；

(2) 利用地质模型驱动的井控反演技术对地震资料反演，以波阻抗体确定缝洞体在时间域上的位置；

(3) 利用三维速度场对波阻抗体进行深度域转化，获得深度域波阻抗体；

(4) 根据工区钻井资料统计建立波阻抗与孔隙度之间的函数关系；

(5) 利用 (4) 获得的函数关系将波阻抗体转换为孔隙度体；

(6) 利用立体可视化技术将孔隙度体进行雕刻，同时结合正演实验获得的体积校正函数关系对雕刻体体积校正；

(7) 由不同级别孔隙度对应的体积（由孔隙度体雕刻得到）与对应的孔隙度进行乘积，得到不同级别储层的有效储集空间；

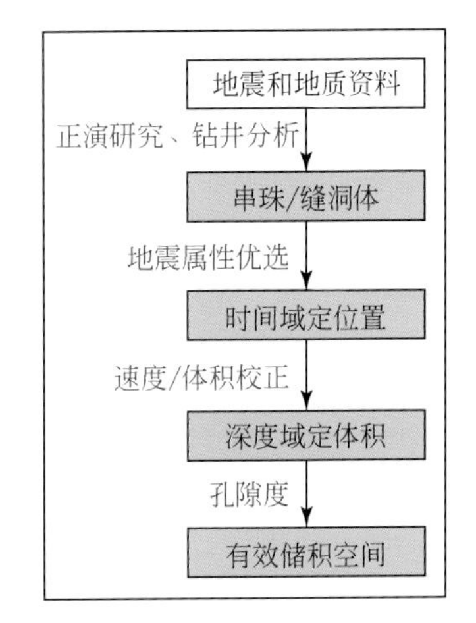

图 6.18　塔中奥陶系鹰山组岩溶缝洞体量化雕刻思路及流程图

(8) 把不同级别储层的有效储集空间进行相加，实现岩溶缝洞体总有效储集空间的量化描述。

（二）缝洞体量化描述关键技术

1. 缝洞体模型精细波动方程正演分析技术

正演作为地震勘探中的一种重要方法，一直以来得到广泛应用，其中存在多种方法：如自激自收、射线追踪、波动方程等。以往由于自激自收、射线追踪简单易行，应用较多，但过于理想化，不符合实际采集情况，容易误导缝洞体特征识别。因此比较实际地震资料的取得过程，波动方程是最接近实际的算法。此外，一套地震资料的关键因素还有以下几个部分：实际地质条件（岩性、油气水流体物性）、实际地震条件（激发主频、观测系统）。根据这些原因，研究人员选取了基于弹性波动方程算法进行正演，同时参数的选取完全与实际地震采集参数设置一样，这样产生的结果最接近固体介质的实际条件，包含了转换波和横波效应。考虑到不同介质中横波速度不同，因此在模型中根据实际井钻探到不同介质的速度充填设置形成固体（干井）、油（油井）、水（水井）和气体 4 种介质的模型进行正演，这样的正演结果更接近实际地震资料，中间与实际的地震资料进行不断对比进而对参数调试，一直到得到正演结果与原始地震资料基本一致，可以近似认为真正的地下情况与正演模型是一样的。如图 6.19 所示，M1 井正演结果与实际常规地震资料基本一致，就可以近似认为 M1 井地下情况与地质模型基本一致。

2. 地质模型驱动的井控反演技术

地震反演就是将常规的界面型反射剖面转换成岩层型测井剖面，使地震资料能与钻井资料直接对比，这种转换技术就是地震反演。

反演的基本原理是通过估算一个子波的逆-反子波，用反子波与地震道进行褶积运算，

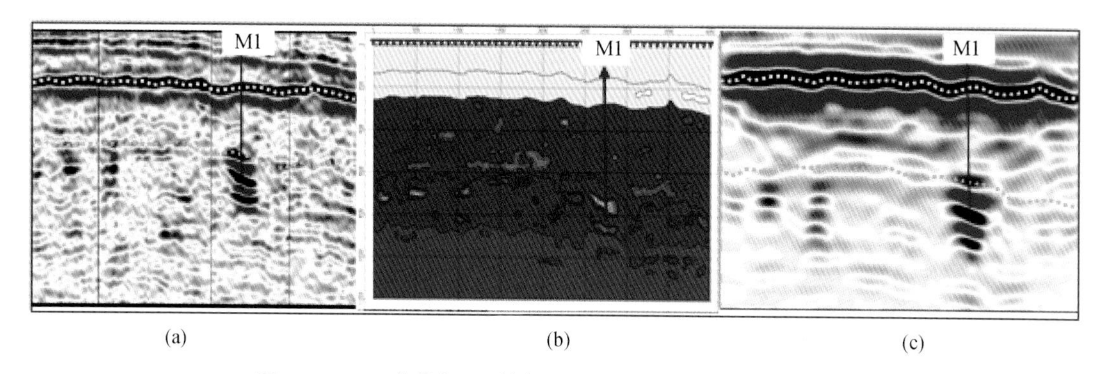

图 6.19　M1 井常规地震剖面、地质模型、正演结果对比图

（a）常规地震剖面；（b）地质模型；（c）波动方程正演地震剖面

通常称为反褶积，从而得到反射系数，进而可逐层递推计算出每一层的波阻抗，这就实现了界面型反射剖面向岩层型剖面转换。

从地震反演所用的地震资料来分，地震反演可分为叠前反演和叠后反演；从反演所利用的地震信息来分，地震反演可分为旅行时反演和振幅反演；从反演的地质结果来分，可分为构造反演、波阻抗反演和储层参数反演；根据反演计算时采用的计算方法不同、反演思路差异，地震反演的叫法也很多，如地震岩性模拟、广义线性反演、宽带约束反演、稀疏脉冲反演、非线性反演、单道反演、多道反演等。但归根结底，众多叠后地震反演方法大致可以分为三大类：递推反演、测井约束反演和多参数岩性地震反演，本次主要应用的是测井约束反演，因此着重介绍测井约束反演技术。

众所周知，测井约束反演技术以模型为基础，把测井资料垂向详细信息与地震资料在横向上的密集地震反射信息相结合。用测井资料丰富的高频和完整的低频信息来弥补地震中频带的不足进行反信息重构，再用已知的地质信息、地层模型作为约束条件，反演出高分辨率的绝对波阻抗资料，为储层的深度、厚度、物性描述提供依据。在多井约束三维反演中，由于 Jason 采用稀疏脉冲的反演算法，以约束反演过程中求得的正演合成地震数据与实际地震数据最佳吻合为最终迭代收敛的标准，既充分考虑了将地质构造框架模型和三维空间的多井约束模型参与反演来限制反演结果的多解性，又使反演结果比较尊重于地震资料所具有的振幅、频率、相位等特征。因此，得到的波阻抗反演结果一般都比较尊重地震反射资料的反射特征和反演结果中的地层信息，因此，工作中经常运用这一反演方法。

本书主要应用了该技术，其基本原理主要如下：

对于一个给定的 N 层地质模型，各层厚度、速度、密度参数分别为 $d(i)$、$v(i)$、$\rho(i)$、$i=1,2,3,\cdots,N$，波在各层中垂直传播时间为 $t(i)=2d(i)/v(i)$，则第 i 层顶部的反射时间为

$$\tau(i)=\sum_{j=1}^{i-1}t(j)\quad i=1,2,3,\cdots,N \tag{6.2}$$

由该模型建立的地震记录可表示为

$$S(i)=\sum_{j=1}^{N}r(j)\omega[i-\tau(j)+1]\quad i=1,2,3,\cdots,\mathrm{NSAMP} \tag{6.3}$$

式中，S 为地震信号；i 为记录样点序号；NSAMP 为样点数；W 为地震子波；R 为地震反射系数。式（6.3）的矩阵形式为

$$\mathbf{S}=\mathbf{W}\cdot\mathbf{R} \tag{6.4}$$

式中，$\mathbf{S}=[s(1),\ s(2),\ \cdots,\ s(\mathrm{NSAMP})]^{\mathrm{T}}$，为地震振幅；$\mathbf{R}=[r(1),\ r(2),\ \cdots,\ r(N)]^{\mathrm{T}}$，为反射系数；$\mathbf{W}$ 为（NSAMP$\times N$）阶子波矩阵。

$$\mathbf{W}=\begin{bmatrix} W(1) & 0 & \cdot & 0 \\ W(2) & W(1) & \cdot & 0 \\ \cdot & \cdot & \cdot & \cdot \\ W(M) & \cdot & \cdot & W(1) \\ 0 & W(M) & \cdot & W(2) \\ \cdot & \cdot & \cdot & \cdot \\ 0 & 0 & \cdot & W(M) \end{bmatrix} \tag{6.5}$$

设 N 层地质模型中各层波阻抗初值为 $I_0(i)$，其对数可表示为

$$L(i)=\lg[I_0(i)]=\lg\left[I_0(0)\prod_{j=1}^{i}\frac{1+r(j)}{1-r(j)}\right] \tag{6.6}$$

对式（6.6）作级数展开，略去高次项，即有

$$L(i)=L(0)+\sum_{j=1}^{i}2r(j)\quad i=1,2,\cdots,N \tag{6.7}$$

式（6.7）表示，第 i 层地层的对数波阻抗近似等于上覆界面反射系数代数和的两倍，因而有

$$R(j)=\frac{1}{2}[L(i)-L(i-1)]\quad i=1,2,\cdots,N \tag{6.8}$$

地层反射系数与其对数波阻抗的关系用矩阵表示为

$$\mathbf{R}=\mathbf{D}\cdot\mathbf{L} \tag{6.9}$$

式中，$\mathbf{R}=[r(1),\ r(2),\ \cdots,\ r(N)]^{\mathrm{T}}$，为反射系数；$L=[L(0),\ L(1),\ \cdots,\ L(N)]^{\mathrm{T}}$，为波阻抗的对数；$\mathbf{D}$ 为 N 行，$N+1$ 列系数矩阵。

$$\mathbf{D}=\frac{1}{2}\begin{bmatrix} -1 & 1 & 0 & \Lambda & 0 & 0 \\ 0 & -1 & 1 & 0 & \Lambda & 0 \\ \Lambda & \Lambda & \Lambda & \Lambda & \Lambda & \Lambda \\ 0 & 0 & \Lambda & 0 & -1 & 1 \end{bmatrix} \tag{6.10}$$

把式（6.10）代入式（6.4），得

$$\mathbf{S}=\mathbf{W}\cdot\mathbf{D}\cdot\mathbf{L} \tag{6.11}$$

设实际测量地震记录为 T，$T=[t(1),\ t(2),\ \cdots,\ t(\mathrm{NSAMP})]^{\mathrm{T}}$，模型道 S 与实际记录之差为 $E=T-S$，则误差能量：

$$J=E\cdot T\cdot E=(T-W\cdot D\cdot L)T(T-W\cdot D\cdot L) \tag{6.12}$$

这样，目标函数 J 使待求波阻抗与实际地震观测资料发生直接联系，使 J 达到最小的物理含意是：寻求一个最佳地层模型，使由此模型计算合成地震数据与实际观测资料的误差能量最小。很容易得到式（6.12）的最小直接解：

$$L=(D\cdot T\cdot W\cdot T\cdot W\cdot D)-1D\cdot T\cdot W\cdot T\cdot T \quad (6.13)$$

但由式（6.4）无法引入约束条件，实际地震记录中的噪音将强烈地影响反演结果，一种可选的方法是用共轭梯度法求解。用共轭梯度法求解地层波阻抗主要优点有：①算法精确、稳定；②不做矩阵反演，从而避免了大矩阵处理中的病态问题；③具有较强的抗噪能力；④在求解过程中容易执行约束条件。因此，取代直接求解，测井约束反演采用共轭梯度法，通过迭代修改地层模型，逐次逼近来求取地层波阻抗信息。

在测井约束反演处理的步骤主要有：①合成地震记录标定及平均子波提取（所有井点地震道集处子波提取后进行平均）；②组织并重构构造解释的成果数据，并将钻井测井资料在三维空间内进行合理内插外推，建立一个三维带多断层的初始波阻抗约束模型；③确定合理的反演参数后，进行全区反演处理。

研究人员应用测井反演的创新点在于由于碳酸盐岩的非均质性，具体的碳酸盐岩地质模型非常难以描述，而真正的地质形态如果不清楚也就表示无法得到实际地质情况与地震资料的校正参数，这样碳酸盐岩缝洞体量化也就无从谈起，为了得到碳酸盐岩储层真正的情况，研究人员对多种属性进行了对比，优选出反演是最能真实体现碳酸盐岩储层的技术方法。因此，首先对地震资料进行测井约束反演，利用获得的反演剖面进行地质模型的建立，再利用建立好的模型进行波动方程正演，重新获得正演的剖面，根据正演的剖面与实际的地震剖面对比，发现差异，进一步修改反演参数，重新利用反演结果建立地质模型，继续正演对比，反复进行，一直到反演结果能够真正反映真实的地质情况为止，图6.20为地质模型驱动的井控反演流程。

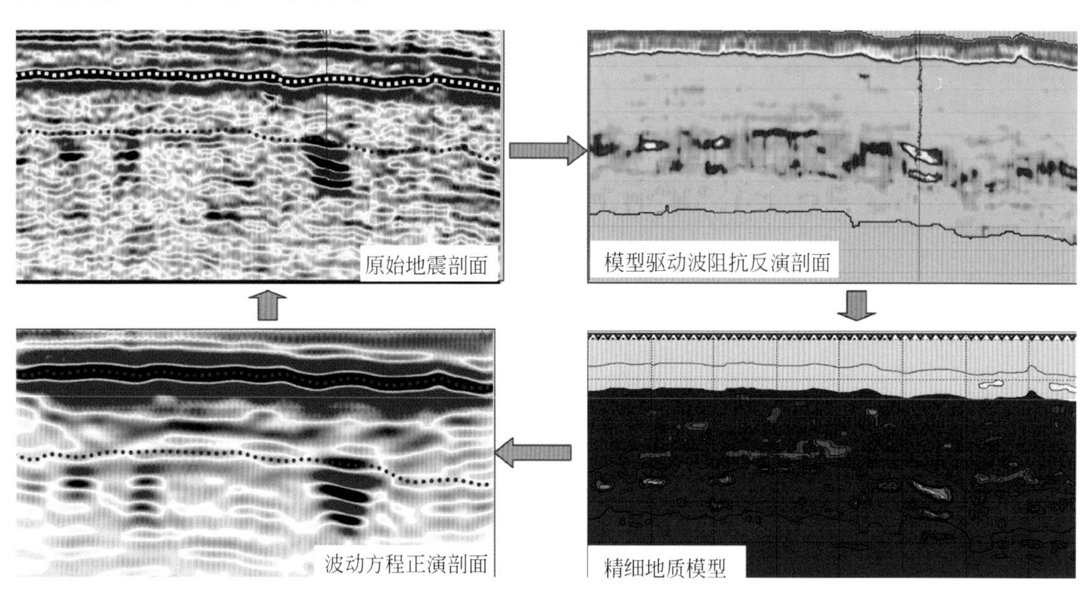

图6.20　地质模型驱动的井控反演流程图

3. 储层体积校正及孔隙度体积的求取技术

波阻抗体经由大量钻井数据中声波速度、密度与孔隙度的关系建立波阻抗与孔隙度的函数关系，直接转化得到孔隙度体。此外，在大量模拟真实地震地质条件的波动方程正演与井控波阻抗反演基础上，得到缝洞体储层的宽度、高度校正函数关系（图 6.21、图 6.22）对最终体积进行校正。图 6.23 为过 M5 井的波阻抗剖面和转化后的孔隙度剖面，最后进行体积量化主要应用孔隙度体进行计算。

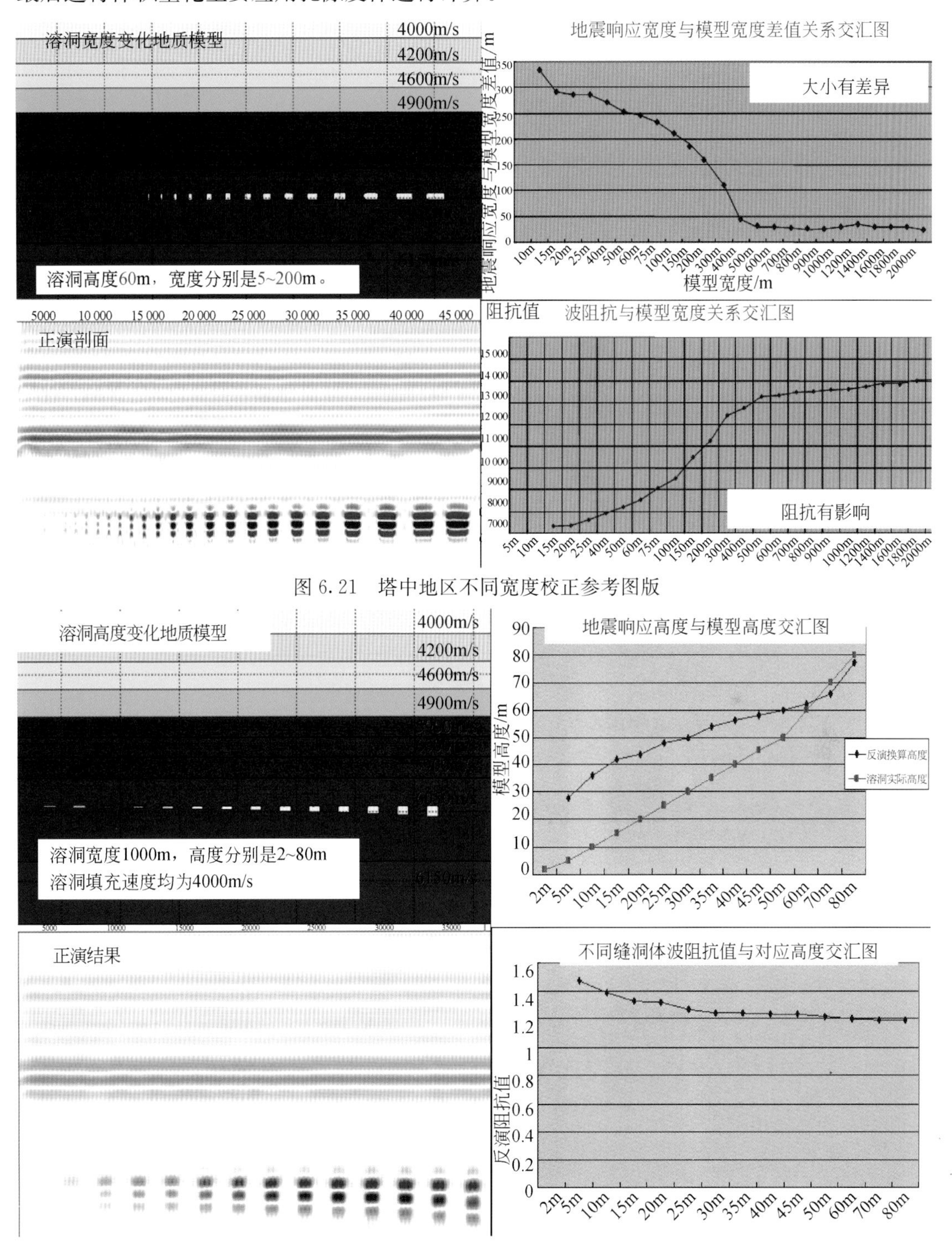

图 6.21　塔中地区不同宽度校正参考图版

图 6.22　塔中地区不同高度校正参考图版

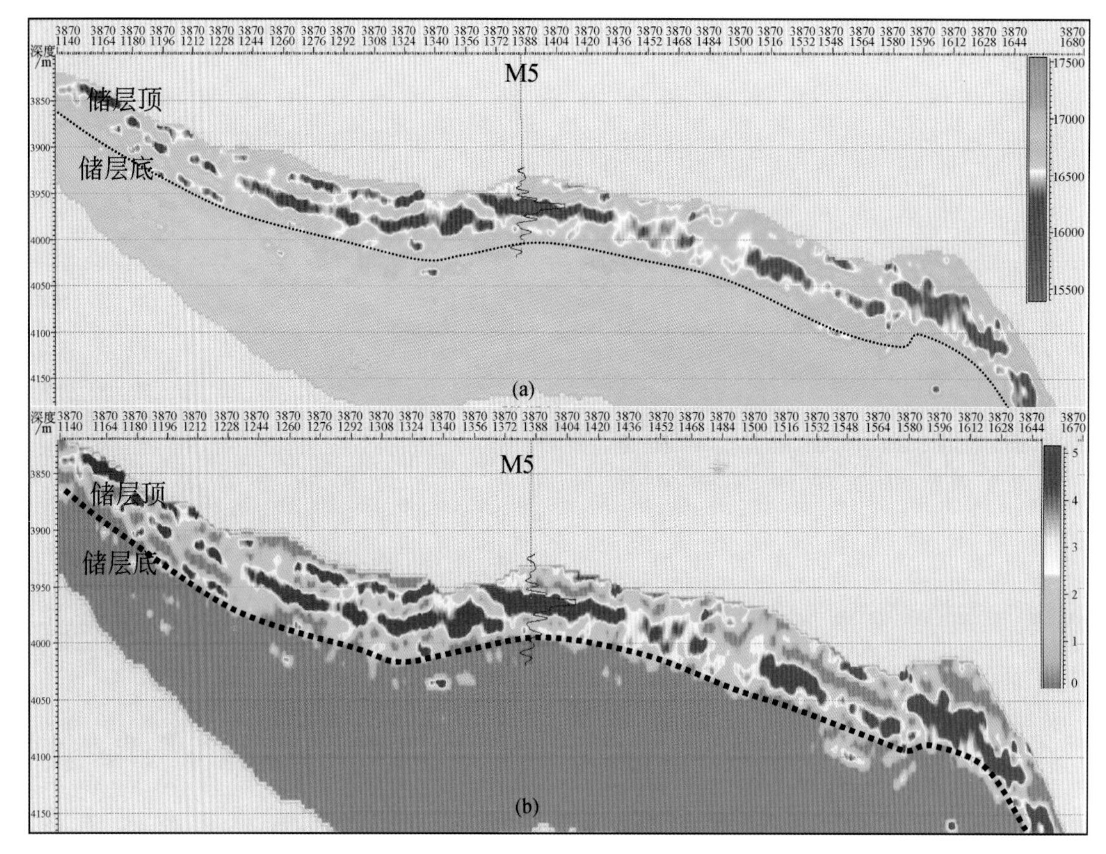

图 6.23 波阻抗体与转换后的孔隙度体过 M5 井剖面对比图

(a) 波阻抗体；(b) 转换后的孔隙度体

4. 三维可视化雕刻技术

地震数据透视及雕刻是三维储层量化中的一项关键技术，它通过调整不同的光照角度、色彩、透明度和亮度，来相对压制或加强某一范围的振幅，突出所感兴趣的区域，达到突出地震反射同相轴的连续性或不连续性、直观刻画构造形态细节的目的。

三维数据体可视化首先基于这样一个假设：地下界面的反射是一个地下三维模型的真实反映。而其实质上是地下界面的构造、地层和振幅特性等在三维空间上的综合反映。在基于体素的数据体可视化中，每个数据样点都被转换成一个体素（一个大小近似面元和采样间隔的三维像素）。每个体素有一个对应于原三维数据体的数值和一个 RGB（红、绿、蓝）色值以及一个透明度可调整的灰度变量。这样，每个地震道就被转换成一个体素柱。体素柱的数据是八位，它代表了一个地震道体素值的分布。通过调整体素柱的透明度变量，即调整地震道振幅的透明度变量，可对地震数据体进行快速浏览和透视。根据所研究的地下地质体的不同，三维可视化可分为两种类型：一种是在地下地质体比较复杂，顶底界面起伏较大或断层较多的情况下对数据体进行的可视化。这首先需要对地质体的表层或多种物理界面及相关断层进行解释，然后对层间数据体进行可视化。它仅利用了数据体中的部分数据，称为基于表层的可视化。这种方法从严格的意义上讲仍有一定的传统交互解释的色彩。但技术上有所延伸和创新，主要用于复杂断块的构造解释。另一种可视化称为基于数据体的可视化，该方法只依赖于一个与地震数据体完全不同的属性——透明度，通过对地震数据体做透明度的调整和显示，直接对地下地质目标进行三维空间的解释和描述，即实现了无需对地震资料进行特殊处理就可进行储层预测的目的。无论是基于表层的可视化还是基于数据体的可视化，都是通过对地震数据透明度的调整起到对数据体“透视”的作用，从而达到通过所谓“进去看”的方法来研究地质体的内部特征的目的。因此这是该技术有别于传统的常规解释技术的根本所在，也是进行储层描述的最便捷方法。

最为重要的是，在缝洞型储层研究中，通过三维可视化雕刻技术，可以对裂缝、溶洞等地质现象进行独立或融合研究，研究其连通关系，研究其空间结构和体积，进而实现碳酸盐岩缝洞单元的半定量一定量研究。通常做法是：①通过属性优选，确定最能反映塔中地区裂缝和溶洞特征的地震属性，雕刻出有利区，并赋以不同的色表［图 6.24（a）、（b)］；②将代表裂缝和溶洞的地震属性同时显示在三维空间，动态地研究不同缝洞体与裂缝的连通关系，划分彼此孤立的缝洞连通单元［图 6.24（c)、（d)］；③结合地貌形态、含油气性预测结果，对缝洞单元进行综合评价；④利用可视化软件的体素（voxel）统计功

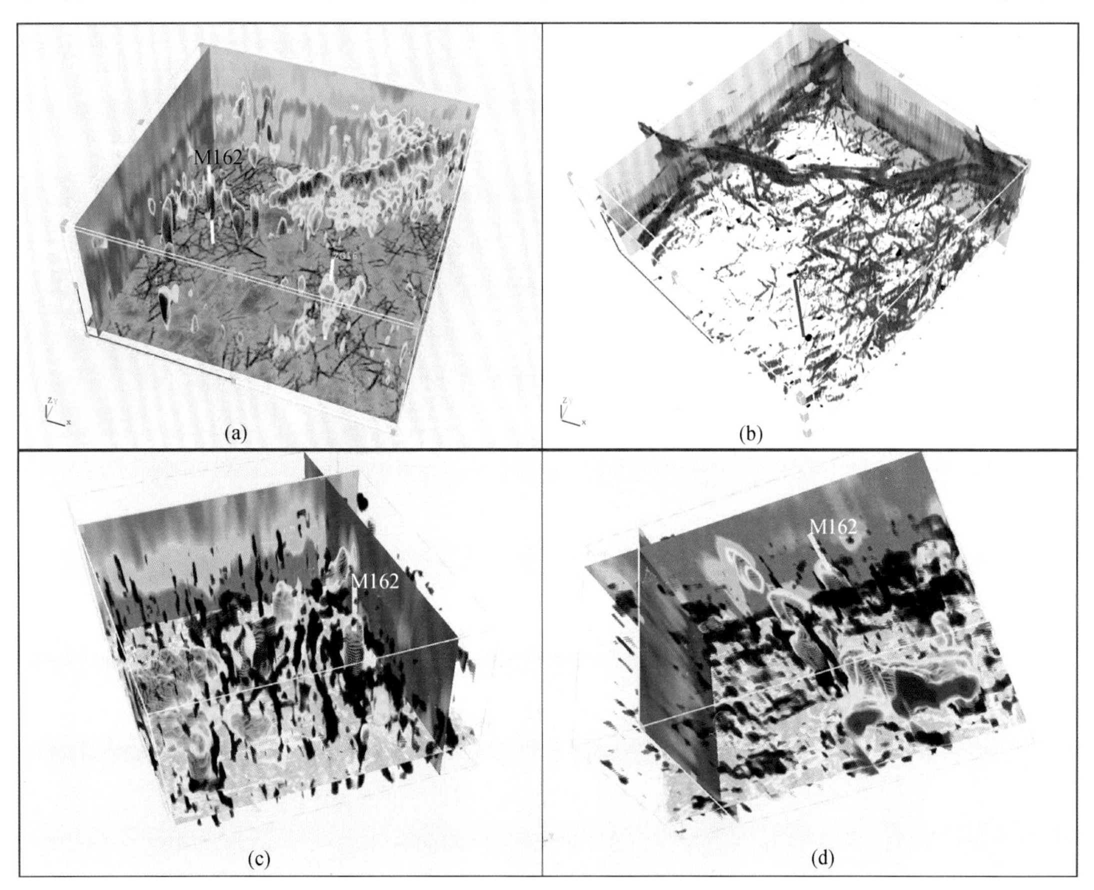

图 6.24　可视化雕刻示例图

能，分别计算缝、洞的绝对体积，并结合综合评价结果给出总孔隙度系数，最终计算出该缝洞单元的容积，用于优质储量计算。

前面提到本次量化选用的数据体是波阻抗计算后转化的孔隙度体，因此不分溶洞和裂缝。利用雕刻技术计算缝洞体单元容积的方法是：①根据孔隙度大小不同分别雕刻出不同级别的孔隙度体，图 6.25 为 M21 井区孔隙度分别为 2%～5%、5%～7%、7%～10%、10%～15%不同等级的储层雕刻情况；②分别计算雕刻出的不同的孔隙度体素个数；③分别计算不同孔隙度体素所占体积＝面元×采样率×速度/2；④分别计算不同孔隙度体总体积＝单个体素所占体积×体素个数；⑤不同孔隙度体的容积相加求得缝洞体的总容积。

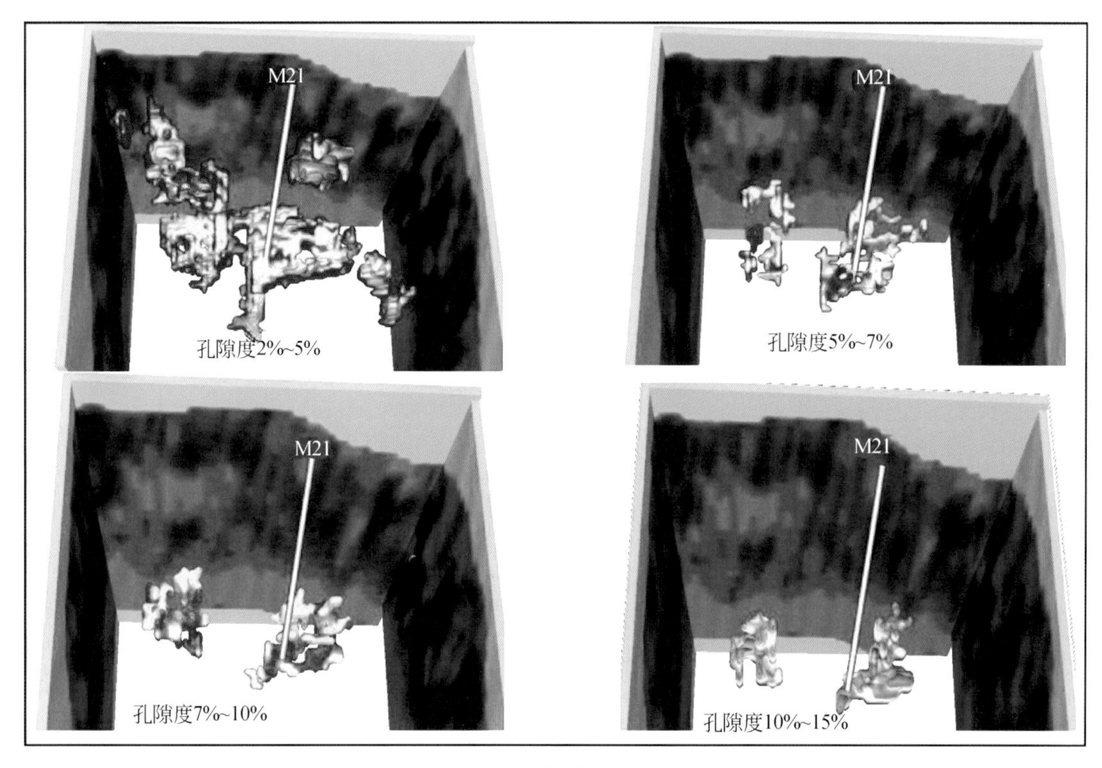

图 6.25　M21 井区不同孔隙度体雕刻显示图

（三）缝洞体量化描述应用效果

2009 年上交探明储量区块 M8-M21 井区位于塔里木盆地塔中隆起北斜坡塔中Ⅰ号坡折带中东部，北为满加尔凹陷，西南为塔中隆起塔中 10 号构造带及中央断垒带，主要目的层为下奥陶统鹰山组层间岩溶，储集空间主要为溶蚀孔洞和裂缝。

根据前面的技术分析知，有效空间＝轮廓体积×孔隙度。通过孔隙度体分不同孔隙度范围（10%～15%、5%～10%、2%～5%）雕刻出储层轮廓体积与其对应的孔隙度相乘得到有效孔隙度，其中孔隙度在 10%以上的储层有效总体积为 0.49 亿 m^3 [图 6.26（a）]，孔隙度为 5%～10%的储层有效总体积为 2.19 亿 m^3 [图 6.26（b）]，孔隙度为 2%～5%的储层有效总体积为 2.74 亿 m^3 [图 6.26（c）]；最终计算出 M8-M21 井区储层总有效体积为 5.42 亿 m^3，与塔里木油田公司碳酸盐岩中心利用容积法计算出的体积 5.6 亿 m^3 基本一致，但更具有科学依据，很好地协助油田完成了 2009 年的储量上交任务。

图 6.26　M8 井区-M21 井区奥陶系鹰山组储层孔隙度范围及有效储集空间雕刻图

(a) 10%以上；(b) 5%～10%；(c) 2%～5%

第二节　碳酸盐岩油气藏烃类预测技术

一、地震资料烃类检测技术理论基础

（一）叠后油气检测理论基础

基本原理：当地震波在地下岩层介质中传播时，由于岩层的非完全弹性使地震波的弹性能量不可逆地转化为热能，造成振幅衰减，同时也造成高频损失。由于岩石物理性质不同，所含流体性质不同，其弹性波的振幅衰减量也不尽相同。当岩石中含有石油，特别是含天然气时，弹性波振幅衰减量显著增大，因而岩石的弹性波振幅衰减程度能灵敏地反映地下是否有油气藏存在。因此，可以通过研究地层介质对地震波的吸收性来确定岩性的横向变化和含油气性，圈定油气藏范围，也可以联合其他参数进行储层预测。

基于叠后地震资料的流体检测技术不同采用的原理侧重点不同，在此就当前主要应用的 4 种技术原理进行简要介绍。

1. 主频迁移判别法

该方法是基于当地震波穿越含油气层时，会产生高频损失现象，通过标准化表现为高频降、低频增强的现象，从表面上看，出现地震时频体由高频向低频迁移，故称为主频迁移判别法。实际操作中是离散傅里叶变换（DFT）将时间域的数据，变换为频率域的频率道集，通过纵向对比不同频率的能量来分析由于油气吸收衰减引起的高频向低频迁移的现象。

2. 能量比值判别法

该方法的主要商业软件为东方公司自行研制的 KLInversion 系统，在该系统中油气检测子模块是其中的一个核心子系统，可以进行油气检测、各向异性检测和地震属性分析等分析研究工作。按照所用方法的不同，其进行油气检测又可分为CM油气检测、DHAF油气检测两种，原理基于双相介质理论。

根据双相介质的定义，油气储集层是典型的双相介质。即由固相的具有孔隙的岩石骨架和孔隙中所充填的流相的油气水所组成。不同性质的流体，第二纵波的特征会有差异。研究发现，当流体为油气时，地震记录上具有更为明显的“低频共振、高频衰减”动力学特征。“高频衰减”现象已为人们所熟悉，但“低频共振”却是一个有意义的新发现。该软件正是基于这一发现进行油气检测的，判断高、低频能量曲线，若存在“低频共振、高频衰减”现象，则可以基本确定目的层段内含油气。

3. 多参数综合判别法

地震波的传播过程实质上是质点振动能量依次向外传递的过程。缝、洞系统内部由于孔、缝比较发育，被油、气、水或岩性差异大的物质充填后，各介质点间的相互联系不如基质岩块紧密，因此质点振动的能量传递比较困难，地震波在传播过程中，能量损失也较大，这就是通常所说的“能量衰减较快”。对于高频成分来说，由于在单位时间内振动的次数较多，这种能量衰减的次数也较多，能量损失总量也就越大。因此高频成分通过缝洞系统时能量很快衰减，甚至消失，这就是通常所说的“高频吸收”现象。由上可知，缝洞系统对地震波有更大的能量衰减和高频吸收作用，尤其是充满天然气后，这种衰减和吸收更为强烈。

经对比选用MDI软件进行油气检测，选用以下3种属性可以较好地判别塔中奥陶系碳酸盐岩缝洞体的含油气性。

（1）低频能量，属于振幅属性。在地震剖面上，振幅的突然增强或减弱通常与储层的含油气情况有关。在塔里木盆地奥陶系碳酸盐岩地层串珠响应的振幅异常，可能预示着储层发育和含有油气。

（2）平均频率，频率信息是反映油气的一个重要标志。储集层孔隙中充填了流体或气体会增大地层的衰减系数。因此当地震波通过含油气储层后，地震波主频往往会有更加明显的降低。地震波的瞬时频率、平均频率、中心频率、全频谱等的频率信息可用来判断岩性变化及油气的存在。

（3）吸收系数，由于岩层的吸收作用，地震信号在实际传播中其高频成分衰减比低频成分要快，随着传播深度增加，地震波频率降低且低频成分丰富。当储层含油气时，这种频率衰减现象更加明显。因此吸收衰减的异常变化可以反映岩性、油气存在，且有较高的灵敏度。

分别求取以上3种属性，当低频能量较大，平均频率较低，吸收系数较高同时满足时，地层含有油气的可能性也越大。

4. 基于时频分析的WVD技术

WVD技术主要是在传统的傅里叶（Fourier）变换和小波变换的基础上进行了改进，能更真实地反映储层中的流体情况。

较早的频谱分解技术采用离散傅里叶变换为基础的算法。傅里叶（Fourier）变换是一种经典的信号处理方法，但它是一种信号的整体变换，要么完全在时间域进行，要么完全在频率域内进行，无法同时兼顾信号在时间域和频率域的全貌与局部变化特征，而这些局部化特征恰恰是油气异常、储层物性变化的表征。改进的短时 Fourier 变换，加入一个空间窗口函数 $g(x)$，并假定非平稳信号在分析窗内是平稳的，窗口沿整个空间轴移动，从而使信号逐段进入被分析状态，达到时间域上的局部化，得到信号的一组“局部”频谱。但由于所确定的时频窗口的大小形状是固定不变的，且具有相同的时宽与频宽，因此，对信号的突变不敏感，所以它不适应信号频率高低变化的不同要求。另外，如果所选时窗过短，振幅谱会与变换时窗褶积，从而失去频率的局部化特征。同时，过短的时窗会使子波的旁瓣呈现为单一反射的假象。增加时窗长度会改善频率的分辨率，但如果时窗过长，时窗内的多个反射会使振幅谱以槽痕为特征，很难分清单个反射的振幅谱特征。在实际运用中，时窗长度的选择难以掌握，而且无法定量分析时窗长度产生的偏差。小波变换法包括连续小波变换、离散小波变换以及多尺度分解等，都是通过选择尺度因子和平移因子，得到一个伸缩窗，只要适当地选择基本小波，就可以使小波变换在时、频两域都具有表征信号局部特征的能力。但是，由于小波变换中的两个函数（即母函数和子波函数）不是完全的正交基，这样，小波变换频谱分解使得高频频带的时间分辨率高而频率分辨率低，低频频带信号的时间分辨率低而频率分辨率高。但小波变换存在着 3 个局限性：①小波变换的滤波器特性与理想带通滤波器的特性相差较远，所以各频带间可能存在严重的频率混叠现象；②小波变换对信号的奇异点非常敏感，这是小波变换的优点，但在时间采样得到的信号中奇异点特别多，到底是地层中的流体产生的奇异点还是干扰信号产生的奇异点是很难判断的。所以，当信号被强噪声“淹没”时，该方法仍然会失效；③怎样选取合适的时域与频域分辨率的问题仍未很好解决，小波分析中的频域分辨率很粗糙，远不能达到Fourier变换的程度。

基于时频分析的方法，将地震资料处理中分频处理的思路应用到油气检测中。针对目的层段提取的地震子波，首先利用频谱分析的方法确定出地震子波的有效频段；然后设计模型，对地震子波进行分频处理，对分频处理的结果进行叠加；再分别求取地震子波的能量在高低频段的分布情况；最后根据能量在高低频段的分布情况来识别地下的含油气情况。含油气后的能量曲线特征表现为低频段能量强、高频段能量弱。

基于时频变化进行油气检测的 WVD 技术具有以下优点：WVD 结果是任一时间、任一频率的地下任何一点的综合频率能量密度，它反映了地下介质的综合能量信息，是地层岩性、储层物性、所含流体性质及流体饱和度的综合反映。同一地层中，流体性质及饱和度贡献最大，因此 WVD 能反映地层中的流体状况。WVD 技术处理解释综合研究路线，如图 6.27、图 6.28 所示。

（二）叠前油气检测理论基础

目前的叠前烃类检测主要是基于 AVO 现象，因此在此主要介绍 AVO 相关理论基础。

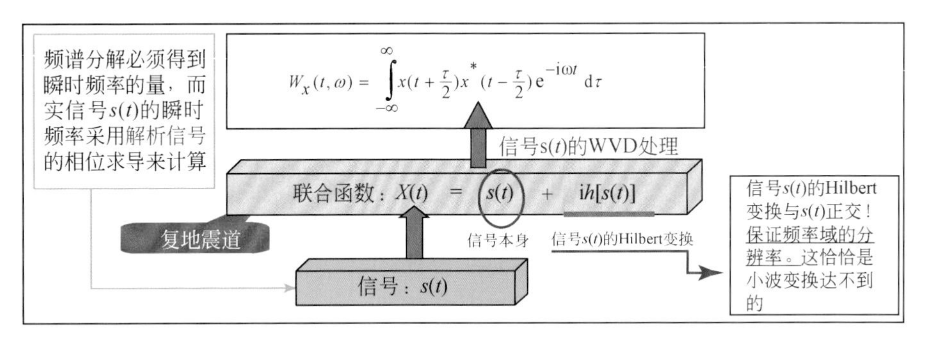

图 6.27　WVD 理论公式

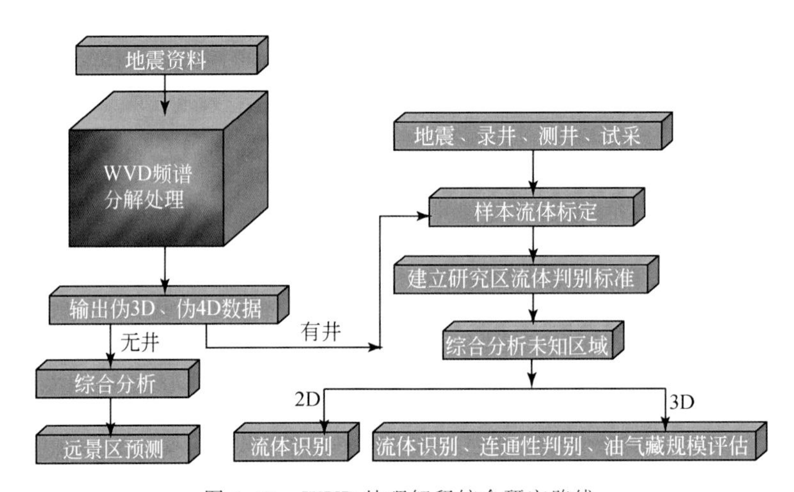

图 6.28　WVD 处理解释综合研究路线

1. AVO 理论简介

AVO（amplitude variation with offset），早先也称为 amplitude versus offset，译为振幅随炮检距变化。由此而衍生的有振幅随入射角变化 AVO（amplitude variation with angle），振幅随方位角变化 AVA（amplitude variation with azimuth），振幅随炮检距和方位角变化 AVOA（amplitude variation with offset and azimuth）等。

AVO 作为一种含气砂岩的异常地球物理现象，最早在 20 世纪 80 年代初被 Ostrander 发现的。这一现象表现为：当储层砂岩含气后，地震反射振幅随炮检距会发生明显的加大（基于 SEG 标准极性）。因为 AVO 现象与含气砂岩的对应关系，从而引起勘探地球物理界广泛的重视。后续的研究表明：这种异常现象并非一种特殊的形式，而是遵循 Zoeppritz 早先所提出的地震反射波动力学方程式，从而对 AVO 现象的解释有了完整的理论基础。

针对 AVO 现象继而出现的 AVO 技术是又一项利用振幅信息来研究岩性，检测油气的推断地层的岩性和含油气情况的亮点。

AVO 技术具有以下特点：

（1）直接利用CDP道集资料进行分析，这就充分利用的多次覆盖得到的丰富的原始信息；

（2）利用振幅随炮检距（入射角）的变化的特点，即利用整条曲线的特点。而亮点技术只是利用了这一特殊情况下曲线的一个数值。所以，AVO技术对岩性的分析比亮点技术就更为可靠；

（3）这几年波动方程对地震剖面的成像有了更大的成果，是对地下构造形态的反演。AVO技术从严格意义上说算不上是利用波动方程进行岩性反演分析的方法，但是它的理论和思路是对波动方程得到的结果的比较精确的利用；

（4）AVO技术是一种研究岩性的比较细致的方法，并且需要有测井资料的配合。

2. AVO技术的理论基础

振幅随炮检距的变化来自于所谓的“能量分区”。当地震波入射到地层界面时，一部分能量反射，一部分能量透射。如果入射角不等于零度，纵波（P波）能量一部分反射，一部分转化成透射P波和S波。反射和透射波的振幅能量取决于地层边界的物理性质差异。纵波速度V_p、横波速度V_s和密度ρ是非常重要的。同时，需要注意反射振幅也依赖于入射波的入射角（图6.29）。

因此，当一个平面纵波非垂直入射到两种介质的分界面上，就要产生反射纵、横波和透射纵、横波。在界面上，根据应力连续性和位移连续性，依据边界条件并引入反射系数、透射系数，就可以得出四个相应波的位移振幅应当满足的方程叫做Zoeprritz方程，这个方程是Zoeprritz在1919年解出的。这个方程组比较复杂，不能解出新产生的波的振幅与有关参数明确的函数关系。但是从方程组可以看出，一般反射纵波的反射系数Rpp是入射角界面上部介质的密度ρ_1、纵波速度V_{p_1}、横波速度V_{s_1}以及界面以下的介质密度ρ_2、纵波速度V_{p_2}、横波速度V_{s_2}等7个参数的函数，可以简单的表示为Rpp（&，V_{p_1}，V_{s_1}，ρ_1，V_{p_2}，V_{s_2}，ρ_2），虽然不能直接从方程中解出Rpp与7个参数的具体关系，但是可以假设以物质的6个物性参数为参变量，以&为变量，仔细分析可以得到，6个参数是以两个参数的比值，例如$\frac{V_{p_1}}{V_{p_2}}$、$\frac{\rho_1}{\rho_2}$等形式出现。这样就可以把$\frac{V_{p_1}}{V_{p_2}}$、$\frac{\rho_1}{\rho_2}$等分别看作一个参数，再加上在同一种介质中，纵波速度V_p、横波速度V_s以及泊松比σ之间又有关系，如：$\frac{V_p}{V_s}=2\sqrt{\frac{2(1-\sigma)}{1-2\sigma}}$，于是有关系式：$R\text{pp}=f\left(\&,\frac{V_{p_1}}{V_{p_2}},\frac{\rho_1}{\rho_2},\sigma\right)$，这样来达到减少参数的目的。从理论上说，在实际地震记录上得到某个界面的反射波的振幅与入射角的变化关系曲线，并且又知道某些参数，就可以利用曲线族作为量板来估算地层参数。

通过对地层弹性参数的研究，得到泊松比σ是一个对岩性和含油气情况反应比较敏感的参数，所以就要对方程进行适当的化简，得出以泊松比σ为参数的以σ为变量的简单的近似关系，即$R\text{pp}=f$（&，σ），这样通过反算σ，来达到对储层的参数测定和检测。

由于 Zoeppritz 方程过于复杂，因此有许多学者尝试对其进行简化或近似，其中比较著名和实用的主要有：

1）Koefoed 的试算

Koefoed 在 1955 年第一个给出了简化的 Zoeppritz 方程，以 R 为参数计算出的 Rpp-& 曲线。他用 17 组纵横波速度、密度和泊松比参数，较为详细地研究了泊松比对两个各向同性介质之间反射和折射面所产生的反射系数的影响，最大的入射角达到 30°。他的研究结果被公认为 Koefoed 五原则。虽然 Koefoed 的结论说明了利用 Rpp-& 曲线是可以反算出泊松比 σ 的，但是用未简化的 Zoeppritz 方程进行计算太复杂，因此反求弹性参数也是很复杂的。

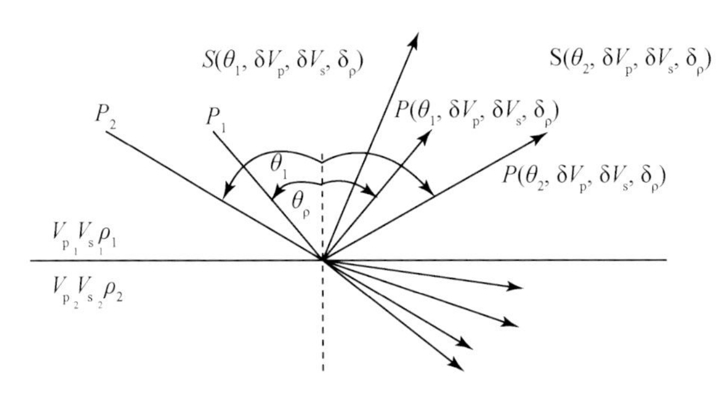

图 6.29　入射到地层边界的地震波示意图

2）Aki 和 Richards 的纵波近似公式

1980 年 Aki 和 Richards 给出了一个纵波反射振幅的一个近似表达式。

$$R(\theta)=\frac{1}{2}\left(1-4\frac{V_s^2}{V_p^2}\sin^2\theta\,\frac{\Delta\rho}{\rho}+\frac{\sec^2\theta}{2}\,\frac{\Delta V_p}{V_p}-4\frac{V_s^2}{V_p}\sin^2\theta\,\frac{\Delta V_s}{V_s}\right) \tag{6.14}$$

这个公式是有适用条件的，就是界面两边的弹性介质性质的百分比变化小，式中的参数有：$\Delta V_p=V_{p_2}-V_{p_1}$、$\Delta V_s=V_{s_2}-V_{s_1}$、$V_p=(V_{p_2}+V_{p_1})/2$、$V_s=(V_{s_2}+V_{s_1})/2$、$\Delta\rho=\rho_2-\rho_1$、$\rho=(\rho_2+\rho_1)/2$、$\theta=(\theta_1+\theta_2)/2$，$\theta_1$ 是入射角，θ_2 是按斯奈尔定理计算的透射角。这个式子虽然对 Zoeppritz 方程进行了化简，但是用了 V_s 做参数而未用 σ 作参数。

3）Bortfeld 近似式

1961 年，Bortfeld 提出近似式

$$Rpp=\frac{1}{2}\ln\left(\frac{V_{p_2}\rho_2\cos\theta_1}{V_{p_1}\rho_1\cos\theta_2}\right)+\left(\frac{\sin\theta_1}{V_{p_1}}\right)(V_{s_1}^2-V_{s_2}^2)\left[2+\frac{\ln\left(\frac{\rho^2}{\rho_1}\right)}{\ln\left(\frac{V_{p_2}}{V_{p_1}}\right)-\ln\left(\frac{V_{p_2}V_{s_1}}{V_{p_1}V_{s_2}}\right)}\right] \tag{6.15}$$

4）Hilterman 近似式

$$\begin{aligned}Rpp=&\frac{V_{p_2}\rho_2\cos\theta_1-V_{p_1}\rho_1\cos\theta_2}{V_{p_2}\rho_2\cos\theta_1+V_{p_1}\rho_1\cos\theta_2}\\&+\left(\frac{\sin\theta_1}{V_{p_1}}\right)(V_{s_1}-V_{s_2})\left[3(V_{s_1}-V_{s_2})+2\frac{V_{s_2}\rho_1-V_{s_2}\rho_2}{\rho_1+\rho_2}\right]\end{aligned} \tag{6.16}$$

5）Shuey 简化公式

1985 年 Shuey 利用上面的式子进行了简化，用 σ 代替 V_s，修改得

$$R(\theta) = R_0 + \left[A_0 R_0 + \frac{\Delta\sigma}{(1-\sigma)^2}\right]\sin^2\theta + \frac{1}{2}\frac{\Delta V_p}{V_p}(\tan^2\theta - \sin^2\theta) \tag{6.17}$$

式中，$V_s^2 = V_p^2 \dfrac{1-2\sigma}{2(1-\sigma)}$、$B = \dfrac{\Delta V_p/V_p}{\Delta V_p/V_p + \Delta\rho/\Delta\sigma}$、$A_0 = B - 2(1+B)\dfrac{1-2\sigma}{1-\sigma\rho}$、$A = A_0 + \dfrac{1-\rho}{1-\sigma R_0}$；$\Delta\sigma = \sigma_2 - \sigma_1$；$\sigma = (\sigma_2 + \sigma_1)/2$。

垂直入射时的反射振幅 $R_0 = \dfrac{1}{2}\left(\dfrac{\Delta V_p}{V_p} + \dfrac{\Delta\rho}{\rho}\right)$，$\sigma_1$、$\sigma_2$ 分别为入射介质和透射介质的泊松比。其中，界面两侧泊松比的差 $\Delta\sigma$ 是一个至关重要的因素，这就是振幅与炮检距关系研究的物理基础。

Shuey 近似式的特点就是它的三项都有明确的物理意义：

第一，垂直入射时，$\theta_1 = \theta_2 = \theta = 0$，$R(0) = R_0$，即 R_0 是垂直入射时的反射振幅。

第二，在中等入射的情况（$0 < \theta < 30°$），有近似 $\tan\theta \approx \sin\theta$，于是有

$$R(\theta) = R_0\left[1 + \left(A_0 + \frac{\Delta\sigma}{(1-\sigma)^2 R_0}\right)\sin^2\theta\right] \tag{6.18}$$

此时，反射振幅与 A 有关，前两项起作用。这时的反射系数与介质的泊松比有密切关系，因此，利用此式更能突出油气特征。

第三，对于大角度入射情况，反射振幅与速度变化有关中的第三项起主要作用。

6）Simth 和 Gidlow 加权叠加方法

1987 年 Smith 和 Gidlow 根据 Gardner 等给出的水饱和岩石的密度与速度的四次方根成正比的假设，将 Aki 和 Richards（1980）提出的 Zoeppritz 方程进行了修改化简。

$$R_{pr}(\theta) = B_i \frac{\Delta V_p}{V_p} + C_i \frac{\Delta V_s}{V_s} \tag{6.19}$$

式中，$B_i = \dfrac{5}{8} - \dfrac{1}{2}\dfrac{V_s^2}{V_p^2}\sin^2\theta_i + \dfrac{1}{2}\tan^2\theta_i$；$C_i = -4\dfrac{V_s^2}{V_p^2}\sin^2\theta_i$；$V_p$、$V_s$ 分别为纵横波速度；B、C 为常数。

因此，尽管表示反射系数的简化式有很多，但其最终目的都是为了求得一个最简表达式来表示反射系数随入射角的变化。而上、下介质的泊松比又对反射系数随入射角的变化起重要作用，因此，需要在表达式中包含标志油气特征的参数。Hilterman 的简化方程与 Shuey 的简化方程满足了以上要求，且适用于各种层状模型的 AVO 模拟，因此得到了广泛的应用。在应用中最常见的一种简化公式为

$$R(\theta) = P + G\sin^2\theta \tag{6.20}$$

式中，R 为反射系数；θ 为入射角；P 为近似为零偏移距下的纵波的反射振幅，也称 AVO 截距，其大小决定于上下层之间的纵波波阻抗差异；G 为纵波反射振幅随入射角的变化梯度，也称 AVO 斜率，其大小决于泊松比的变化。这个方程不能很好处理入射角较大的情况，但是它简单易懂，至今仍然非常实用。对 NMO（正常时差校正）道集中每一个时间采样点作 $\sin^2\theta$（θ 为入射角）和振幅交汇图（图 6.30），截距描述了正常入射角时的 P 波

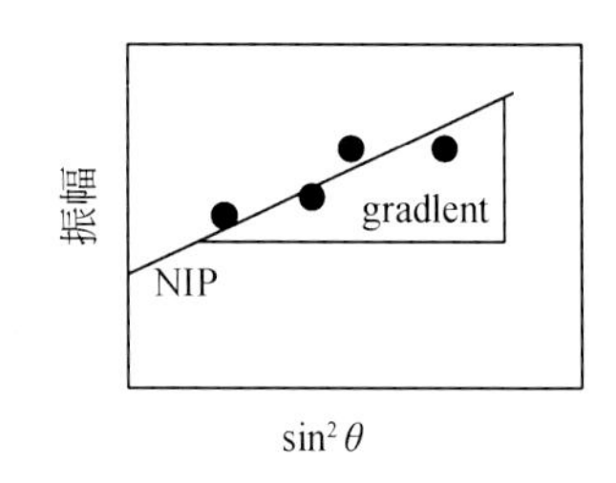

图 6.30　$\sin^2\theta$（θ 为入射角）和振幅交汇图

反射率（NIP），同时斜率就是梯度。

式（6.20）表明，在入射角小于中等角度（一般为 30°）时，纵波反射系数近似与入射角正弦值的平方呈线性关系。基于该方程的叠前反演可以获得 AVO 属性参数 P 与 G 及其各种转换属性参数。对这些属性参数的解释是：①由 AVO 截距组成的 P 剖面是一个真正的法线入射零炮检距剖面；②由 AVO 斜率组成的 G 剖面反映的是岩层弹性参数的综合特征；③在横波剖面上，当纵、横波速度比近似等于 2 时，$P-G$ 可以反映出横波波阻抗的特征；④在泊松比剖面上，当纵、横波速度比近似等于 2 时，$P+G$ 反映的是泊松比的特征；⑤截距与梯度的乘积（$P\times G$）剖面，也称 AVO 强度剖面，更有利于识别气层。

3. AVO 的地质意义

AVO 应用的基础是泊松比的变化，而泊松比的变化是不同岩性和不同孔隙流体介质之间存在差异的客观事实。大量的试验研究和实践表明，沉积岩的泊松比值具有如下特点：①未固结的浅层盐水饱和沉积岩往往具有非常高的泊松比值（0.4 以上）；②泊松比往往随孔隙度的减小及沉积固结程度而减少；③高孔隙度的盐水饱和砂岩往往具有较高的泊松比值（0.3～0.4）；④气饱和高孔隙度砂岩往往具有极低的泊松比值（如低到 0.1）。一般来讲，不同岩性按泊松比值从高到低排序依次是石灰岩、白云岩、泥岩和砂岩，在砂岩中由于孔隙流体性质的差异，依次是水砂岩、油砂岩和气砂岩。

从波速到泊松比，人们对地层的研究已逐渐深入到其本质。在研究振幅变化与波速的关系时，发现振幅变化与其他弹性参数的关系更有意义，这是因为波速不是一个独立的弹性参数，而是介质的几个弹性参数组合的结果。

在拉梅常数（λ）、切变模量（μ）和泊松比（σ）等弹性参数中，泊松比在 Zoeppritz 方程中是以一个独立的参数出现的。而且，通过试验研究，发现泊松比是对区分岩性有特殊作用的一个参数。Gregory（1976）分别对各种岩性的泊松比做了大量测量试验，结果表明不同岩性泊松比的差别比速度的差别大。因此，利用泊松比判别岩性更可靠。所以，AVO 技术的地质基础在于不同岩石以及含有不同流体的同类岩石之间泊松比存在差别。

Domenico（1977）研究了含气、含油、含水砂岩的泊松比随埋藏深度的变化规律，结果发现含不同流体砂岩的泊松比随深度的变化特征是不同的：含气砂岩的泊松比随着深度的增加而增加，但泊松比的值总是小于含油和含水砂岩的泊松比值；含水砂岩的泊松比随着深度的增加而减小，但泊松比的值总是大于含油和含气砂岩的泊松比值；含油砂岩的泊松比也随着深度的增加而减小，泊松比的值总是介于含水和含气砂岩泊松比值之间。

岩石物性研究发现，当砂岩中含气时，纵波速度明显降低，含气层的泊松比较小，与围岩的泊松比之差大都为 0.2～0.3。因此，一般都可检测到较明显的 AVO 响应。含油层由于泊松比值明显大于含气层，与围岩的泊松比差值较小甚至接近，因此反射系数随炮检距的变化程度明显小于含气层，AVO 响应要比含气层弱得多，而且包括了所有可能出现的 AVO 响应，检测也将更为困难。因此，AVO 技术应用在寻找气藏方面更为有利，更能体现其优越性。

4. AVO 应用及简要流程

简单来说，AVO 技术是通过研究地下介质的地震反射波振幅随炮检距的变化来反映地下介质的岩性和孔隙流体的性质，进而直接预测储层。在实际应用中，就是利用地震反射的 CDP 道集资料，分析储层界面上的反射波振幅随炮检距的变化规律，或通过计算反射波振幅随其入射角的变化参数，估算界面上的 AVO 属性参数和泊松比差，进一步推断储层岩性和含油气性质。

通常采用泊松比参数来描述反射界面振幅的变化情况：当介质间无明显泊松比变化时，不论反射系数是正还是负，振幅都随入射角的增大而减小；当反射系数为正且泊松比增加（或反射系数为负而泊松比降低时），振幅随入射角的增大而增加；当反射系数为负且泊松比降低（或如果反射系数为正而泊松比增加时），振幅随入射角增大先减小，当入射角增大到一定时会出现极性反转。因此，利用 AVO 技术中振幅随入射角变化这一特征可判定岩石物理参数。

设各炮检距采样的实际振幅为 A_i，那么与模型曲线相比，各振幅均方误差为

$$e = \sum_{i=1}^{n}\left(B_i \frac{\Delta V_{\mathrm{p}}}{V_{\mathrm{p}}} + C_i \frac{\Delta V_{\mathrm{s}}}{V_{\mathrm{s}}} - A_i\right)^2 \tag{6.21}$$

若要使 e 取最小值，只需 e 对 $\frac{\Delta V_{\mathrm{p}}}{V_{\mathrm{p}}}$ 和 $\frac{\Delta V_{\mathrm{s}}}{V_{\mathrm{s}}}$ 偏导数，并令其为 0，用曲线拟合实际地震资料就可求得 $\frac{\Delta V_{\mathrm{p}}}{V_{\mathrm{p}}}$ 和 $\frac{\Delta V_{\mathrm{s}}}{V_{\mathrm{s}}}$，即

$$\frac{\Delta V_{\mathrm{p}}}{V_{\mathrm{p}}} = \sum_{i=1}^{n}(W_{\mathrm{p}i}A_i) \tag{6.22}$$

$$\frac{\Delta V_{\mathrm{s}}}{V_{\mathrm{s}}} = \sum_{i=1}^{n}(W_{\mathrm{s}i}A_i) \tag{6.23}$$

式（6.22）和式（6.23）中，$i=1, 2, \cdots, n$ 为道号；A_i 为振幅；W_{p} 和 W_{s} 为加权系数。

通过这种方法，可以求得每一道上的权系数，权系数的大小变化可反映出振幅随偏移距变化的情况，加权叠加的结果包含了振幅随偏移距变化的信息。由曲线拟合可以得到 P 波速度反射率剖面、S 波速度反射率剖面及衍生出的拟泊松比反射率剖面和流体因子剖面。

发展出来的 AVO 油气检测技术是利用叠前地震资料中反射波振幅与炮检距变化关系，研究地下岩性变化并进行油气检测和油气富集带圈定的一项技术。

由于 AVO 技术是根据振幅随炮检距的变化做反映的地下岩性以及孔隙流体的性质来直接检测油气和估计岩性参数的一项技术。加上 Zoeppritz 方程的复杂性和非直观性，现在很多学者都在研究不同的简化方法，得到了不同的近似公式，针对不同的公式就提出了不同的分析和反演方法。

目前AVO技术较成功的实例大多在碎屑岩中，该技术在碳酸盐岩中应用的实例不多，这主要是碳酸盐岩本身的特点所决定的。在碳酸盐岩中，V_p/V_s 决定于矿物成分，而非孔隙度；碳酸盐岩是印膜孔隙或空穴孔隙，不是粒间孔隙，决定 V_p 的是基质而不是孔隙和充填流体；充气后，V_p 没有明显减低，泊松比变化不大，然而Willston（1984）对砂岩分析表明：含气对碳酸盐岩岩性不仅有影响，而且影响很大。随密度减小，P波速度和减小 V_p/V_s，S波速度轻度增加，另外，随孔隙度的增加岩石对流体反应更灵敏。通常情况下，碳酸盐岩振幅随偏移距变化是速度、孔隙度及含气性的综合响应。

二、烃类检测技术创新及其应用效果

（一）基于叠后资料的碳酸盐岩烃类检测技术及效果

1. 主频迁移判别法

通过对塔中地区的碳酸盐岩钻井的检测统计表明，该方法可用于碳酸盐岩油气检测。下面仅就完钻的M21井、M1井进行分析。

M21井为高产油气流井，具有良好储层条件，且富含油气，吸收衰减效果明显，其在频率域有明显的频率衰减［图6.31（a）］，目前塔中钻探的高产井除了个别井，一般是都是快速衰减，因为储层中的油气会导致地震信号的衰减，也会导致垂向地震波信号能量的缺失，随着信号能量的缺失，信号的频率也会下降，地震信号衰减越严重，信号频率响应越低。M1井为水井，储层较好，获得高产水，频率域没有吸收衰减［图6.31（b）］。根据目前初步的计算，油气井主频相对迁移斜率在15°～45°，而水井、干井主频迁移斜率小于15°。

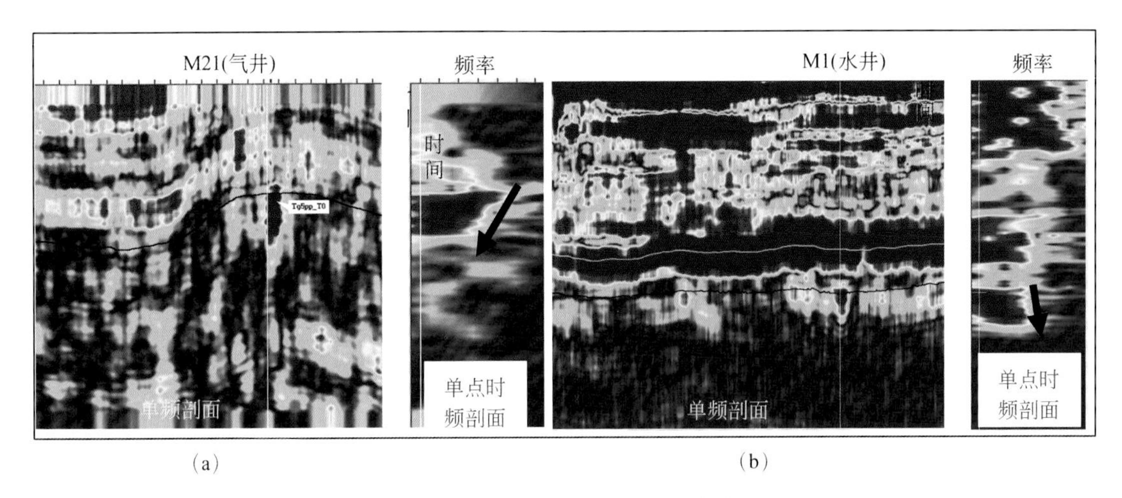

图6.31　过M21井和M1井频谱剖面

目前塔中三维区应用VVA（visual vox at geomodeling）对61口井进行了油气检测，

符合率82%，效果较好。总体而言，利用VVA做烃类检测时，首先要评价工区地震资料，在资料可信的基础上，结合储层段孔隙度和饱和度，进行半定量分析。

2. 能量比值判别法

研究人员通过KLInversion软件使用，优选出了塔中油气井的指示指数，同时根据对塔中已钻井的认识，增加了构造指数，得到了油气井的特征为三高，即构造高部位、振幅能量强、油气指示指数高。

具体应用情况利用M11井进行分析，M11井原井点钻遇缝洞体低部位［图6.32（b）］，日产水184m³，侧钻［图6.32（a）］后获得成功，获日产42m³油、9万m³气的高产油气流。从图6.32可以看出，M11井的3个油气井指数特征：侧钻点构造指数高于原钻点，说明侧钻点位置高于原钻点；储层响应指数原钻点与侧钻点均比较高，说明两个钻点储层均发育；油气指示指数原钻点远远低于侧钻点，说明侧钻点具有油气，而原钻点没有。该井的钻探很好得验证了KLInversion软件烃类检测的效果。

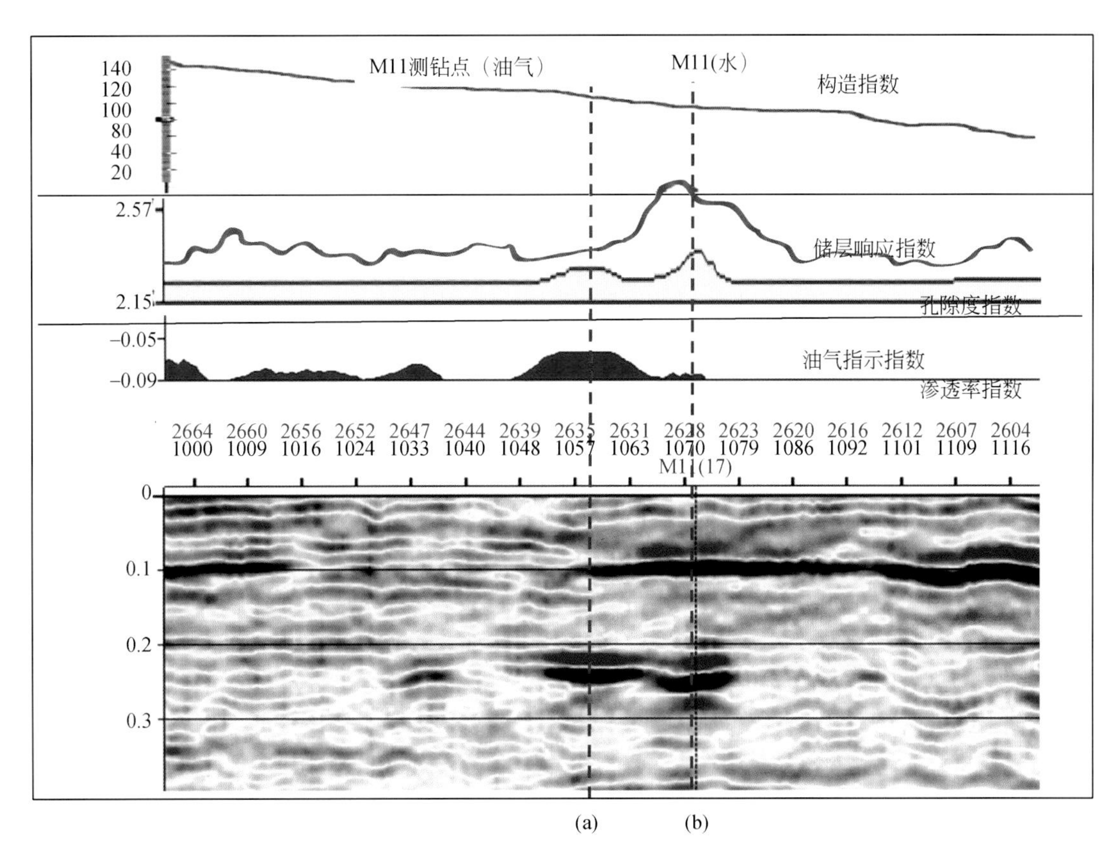

图6.32　M11井油气检测（KLInversion）

（a）侧钻点；（b）原钻点

通过对塔中鹰山组13口井利用该软件进行烃类检测，吻合率达到89%。该软件的应用与VVA的要求一样，需要在资料可信的基础上进行检测分析。目前该软件油气检测尚处于进一步试验中，研究人员还在对各种参数的应用反复组合和优化，相信经过深入研究，一定会取得更加可喜的成果。

3. 多参数综合判别法

低频能量属性预示岩溶储层的发育程度，平均频率和吸收系数预示是否含有油气。通过原理分析可知，对于含有油气岩溶储层发育的探井，其属性表现特征应该是具有相对高的低频能量、相对低的平均频率和相对高的吸收系数。即所谓的“两高一低”的特性。M162-1H 井和 M16 井是已经完钻获得高产工业油流井，从油气检测结果来看，两井试油段都具有典型的“两高一低”特征，并与钻探结果吻合（图 6.33）。

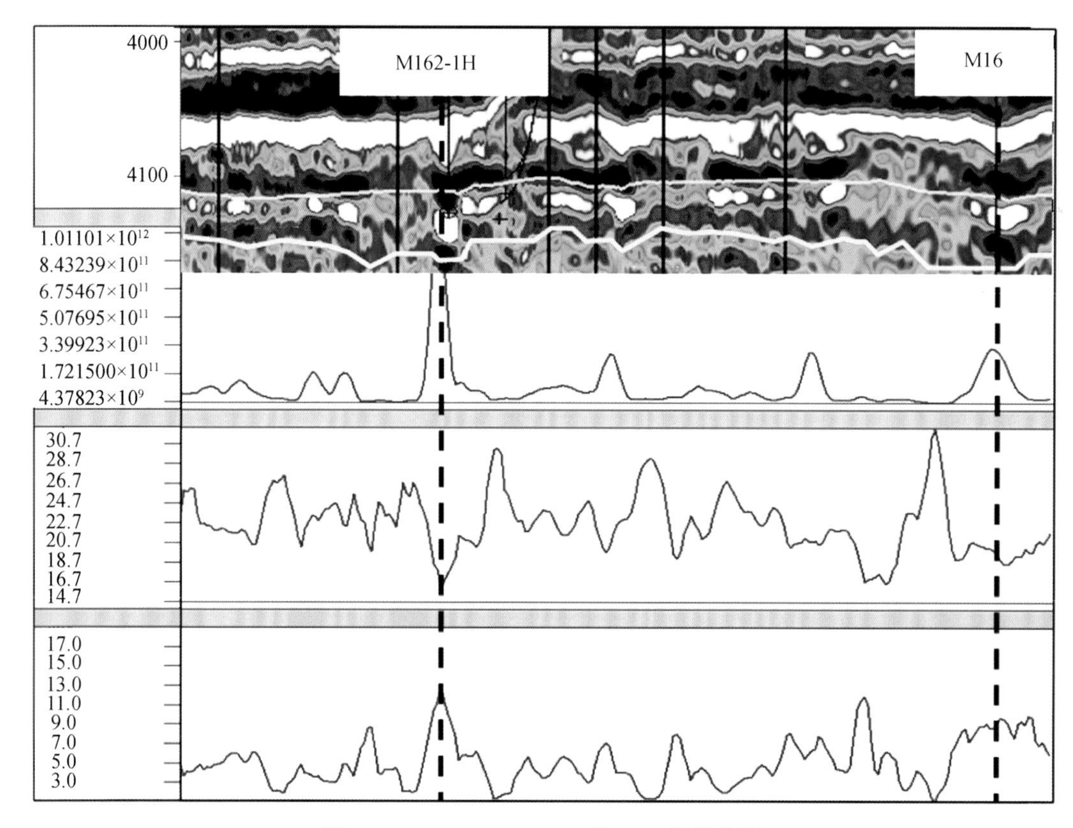

图 6.33 M162-1H、M16 井 MDI 烃类检测

利用该方法在塔中碳酸盐岩区开展了大量的油气检测实践，取得了良好的应用效果，检测成功率达到 90%。

4. WVD 技术

在地震反射特征分类的基础上，建立了塔中地区内单井 WVD 频谱振幅特征曲线，检测吻合率为 78.6%。在塔中地区，对于上奥陶统良里塔格组，当频谱振幅$\geqslant 1\times 10^{18}$时，频率跨度大于 10Hz 时检测有利含油气。对于下奥陶统鹰山组，当频谱振幅$\geqslant 1\times 10^{18}$时，频率跨度大于 8Hz 时检测有利含油气。

M7 井于 2007 年 6 月 25 号开钻，钻至 5714m 时进入下奥陶统鹰山组，11 月 10 日至 12 月 8 日对 5865～5880m 酸压完测，8mm 油嘴求产，日产油 80.0m^3，日产气156 544m^3，日产水 106m^3，为含水凝析气层。该井在地震剖面上表现为“浅层强串珠”状反射，位于局部斜坡上。在 WVD 频谱振幅剖面上（显示色标值域为 5000～8×10^{16}），M7 井目的层段异常体从 6Hz 开始出现较强的异常，在 14Hz 附近达到最强，之后异常逐渐减弱，在 28Hz 时异常消失（图 6.34）。

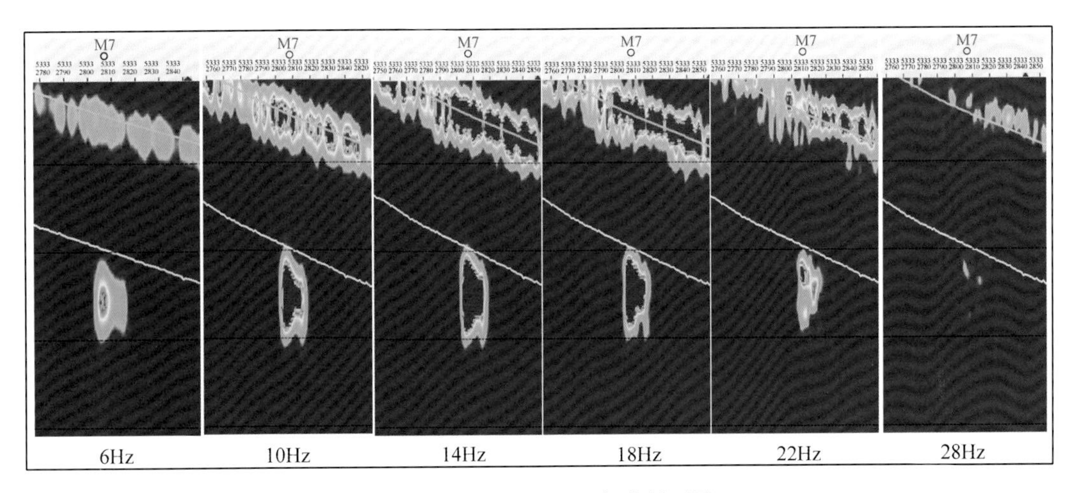

图 6.34　M7 井 WVD 频谱剖面图

提取 M7 井在目的层 3696～3804m 段的 WVD 频谱振幅异常特征曲线（图 6.35），可以看出：M7 井异常体频谱振幅值在 14Hz 时最大，为 2.5×10^{19}；当频谱振幅值≥1×10^{18}时，频宽为 6～24Hz，频率跨度为 18Hz。

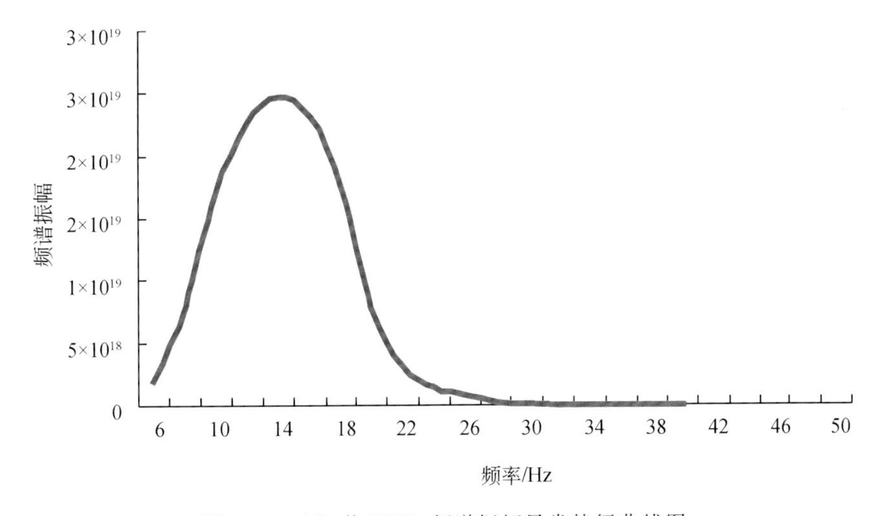

图 6.35　M7 井 WVD 频谱振幅异常特征曲线图

（二）基于叠前道集的碳酸盐岩烃类检测技术及效果

1. 岩石物理建模

塔中地区通过对 M5-M8 井区已钻井进行岩石物理建模分析，以及对相应岩石组分的实验室试验数据的综合分析，得出以下认识：纯泥岩，包括（夹泥灰岩）的岩石特征表现为低纵、横波速度，低密度，低泊松比（2.8～3.0）；致密灰岩表现为高纵、横波速度，高密度；而对于储层来说，不论是钻井放空段储层还是被泥质、萤石或铁矿充填的储层，其岩石特征都表现为纵波速度低，横波速度略低，低密度和低泊松比（2.9～3.1）的特征，可以看出储层的泊松比与泥岩的泊松比有部分的交叉重合。为了更好地区分致密灰岩和储层，进行了弹性参数交汇。通过在交汇图上圈出特定区域，来影射到密度、纵波、横波等曲线上的不同岩性段来划分储层和非储层。通过圈定划分认为储层主要分布于从尾段开始分叉的上部条带上，尾段的下部条带分析认为以泥岩为主；从分叉部位开始至“扫帚”的把柄处为非储层，圈定结果与上述岩石组分特征分析结果一致，且对应于钻井主要油层段。

同样，通过纵波阻抗和泊松比的交汇也可以较好地区分储层。在纵波阻抗与泊松比交汇图上，所有的数据呈现与纵横波交汇类似的“扫帚”形状，储层同样发育与“扫帚”的尾端分叉部分。通过交汇图上圈定的储层部分投射工区实际钻井中，结合该井产量证明了圈定范围的合理性，说明建模方法和参数选取合理。

2. AVO 检测效果

重点塔中地区 M5-M8 井区位于塔中低凸起中西段Ⅰ号坡折带边缘，为高温、高压下的深埋、高含凝析油凝析气藏，储层以裂缝、溶蚀孔洞为主。

根据实际钻井揭示资料认为 M5-M8 井区上奥陶统主要存在 3 种 AVO 响应组合模式：①灰岩下发育灰岩或灰云岩过渡段，即从上到下密度略有增加、纵波速度也稍增大、泊松比略变大，但不明显；②灰岩下发育灰岩储层，即从上到下密度减小、纵波速度减小、泊松比减小；③灰岩内部发育储层，即从上到下密度减小、纵波速度减小、泊松比减小。

通过对这 3 种模式进行 AVO 分析，可以得出 3 种模式的不同 AVO 响应特征：①灰岩地层和灰岩地层接触。研究表明，此时速度变化不大，从良里塔格组过渡到鹰山组纵波速度约增大 100m/s，这时在地质界面形成 AVO 响应特征的岩石物理界面不明显。这类 AVO 在剖面上的响应特征为振幅随炮检距的增加变化不明显，这类 AVO 响应主要反映储层不发育区。②灰岩和灰岩储层接触，灰岩储层含有流体，从而产生 AVO 响应。这种类型灰岩进入灰岩储层密度和纵波波速减小但泊松比增大，AVO 响应特征为第四类：正的截距，振幅随炮检距的增加而降低。③灰岩里包含有储层，储层中含有流体，由于储层中流体影响产生的 AVO 响应。由于灰岩储集体中含有流体以后，岩石物理性质会发生明显变化，密度、纵波速度、泊松比等明显降低，同样形成 AVO 响应特征在剖面上为负的截距，振幅随偏移距增加而减小。

模式①的 AVO 响应特征对应于塔中地区的奥陶系鹰山组顶部储层不发育部分，其上为良里塔格组灰岩，下部为鹰山组灰岩或灰云岩过渡段，其响应特征对应于岩性的变化。例如，M11 井实际叠前道集资料上（图 6.36），鹰山组顶面界面对应于一个随偏移距增大而振幅变化不大的地震反射，就是典型的无 AVO 响应特征。

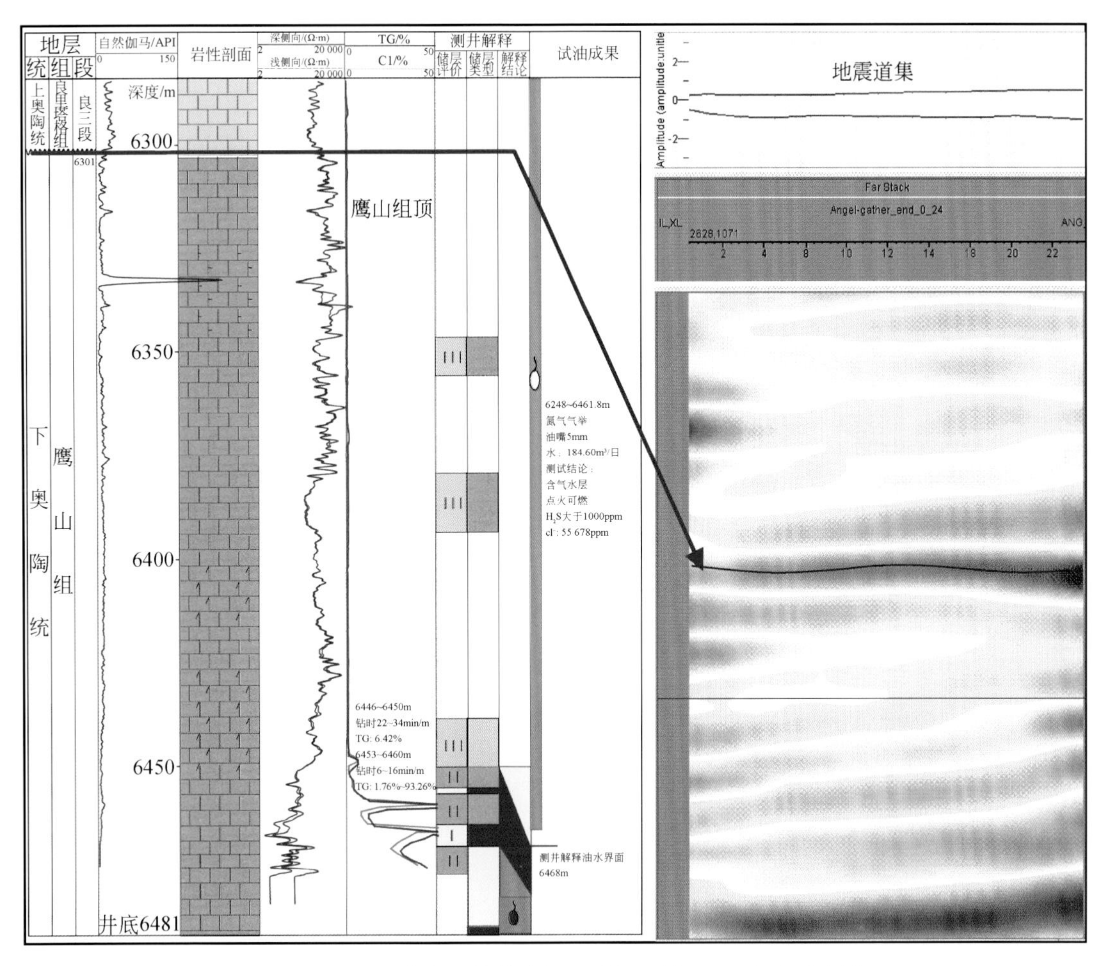

图 6.36 M11 井实际钻井油气显示与地震 AVO 响应对比图

模式②的 AVO 响应特征对应于塔中地区的奥陶系鹰山组顶部界面附近，其上为良里塔格组灰岩，下部为鹰山组灰岩或灰云岩过渡段，如果鹰山组灰岩内部发育储层，其响应特征对应于储层变化，表现为随偏移距增大而增大，M11 井的侧钻井 M11C 结合 M11 井就是很好的例证（图 6.37）。

模式③的 AVO 响应特征对应于塔中地区的奥陶系鹰山组内幕，表现为灰岩内幕发育有储层的灰岩。例如，M5 井实际钻井生产的层段为 6351～6460m，对应鹰山组内幕，该产层段顶部反射界面在实际叠前道集资料上对应于一个随偏移距增大而增大的地震反射波谷，由于储层含有流体引起的 AVO 响应（图 6.38）。

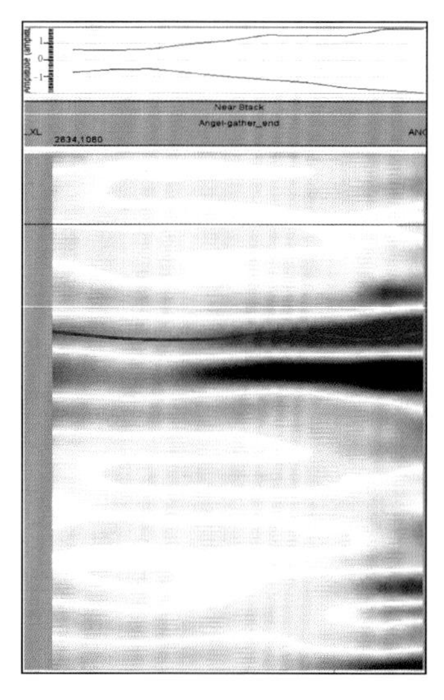

图 6.37　M11C 井地震 AVO 响应图

结合塔中地区已钻探井位统计可知，主要产层段在良里塔格组下部和鹰山组顶部之间，即模式②和模式③（灰岩与灰岩或灰云岩过渡段储层、灰岩内部发育储层，振幅随偏移据增加而增大）。

根据以上岩石物理建模及 AVO 特征分析，研究人员提取了 AVO 分析中 3 种属性——截距属性体、梯度属性体和流体因子属性体（图 6.39～图 6.41），在此基础上提取了相当于鹰山组顶面不整合面时间段的 3 种属性图。截距体和梯度体属性图中红黄色团块或条带状反射为有利储层响应，工区内储层主要集中在靠近塔中Ⅰ号坡折带的北北东部和靠近塔中 10 号构造带的南南西部，与叠前时间偏移保幅体得到的储层平面图相比，储层的特征更加细腻，与钻井吻合也更好。流体因子属性图中红黄色表示有利的油气富集区带。

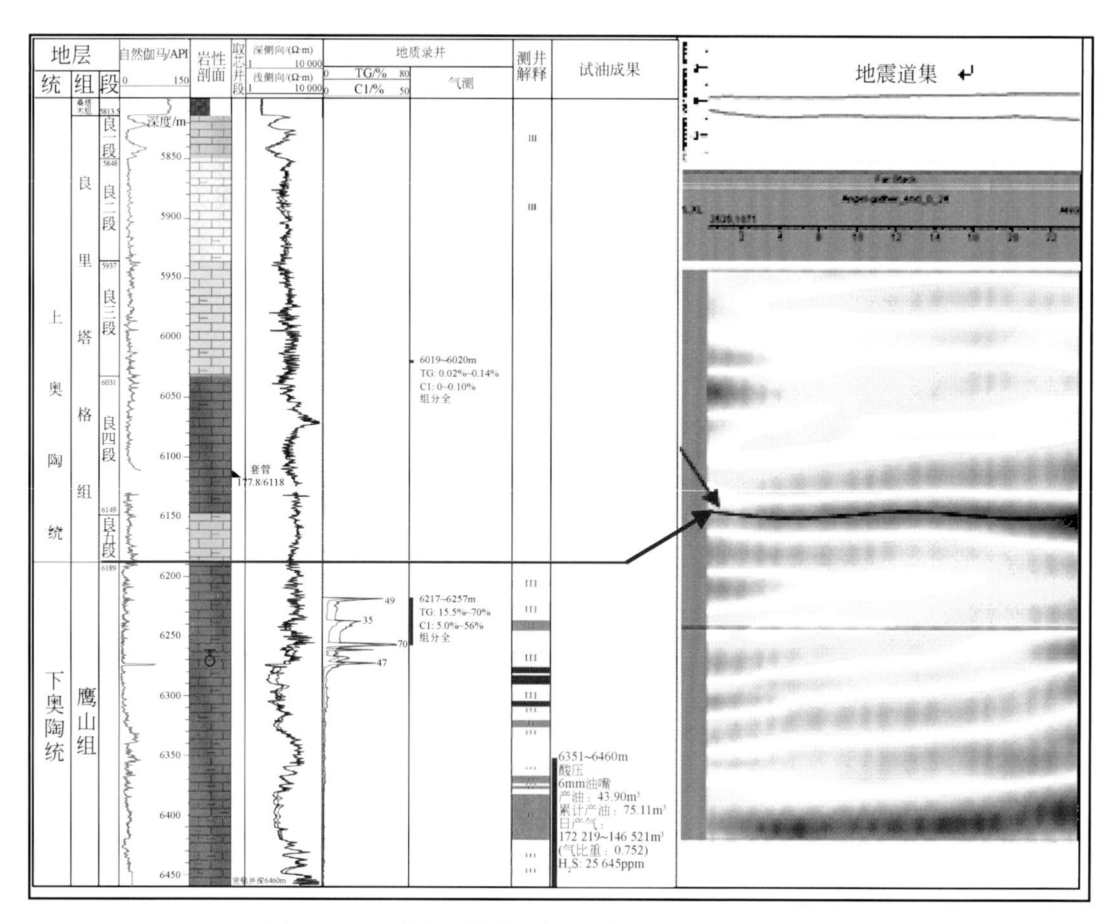

图 6.38　M5 井实际钻井油气显示与地震 AVO 响应对比图

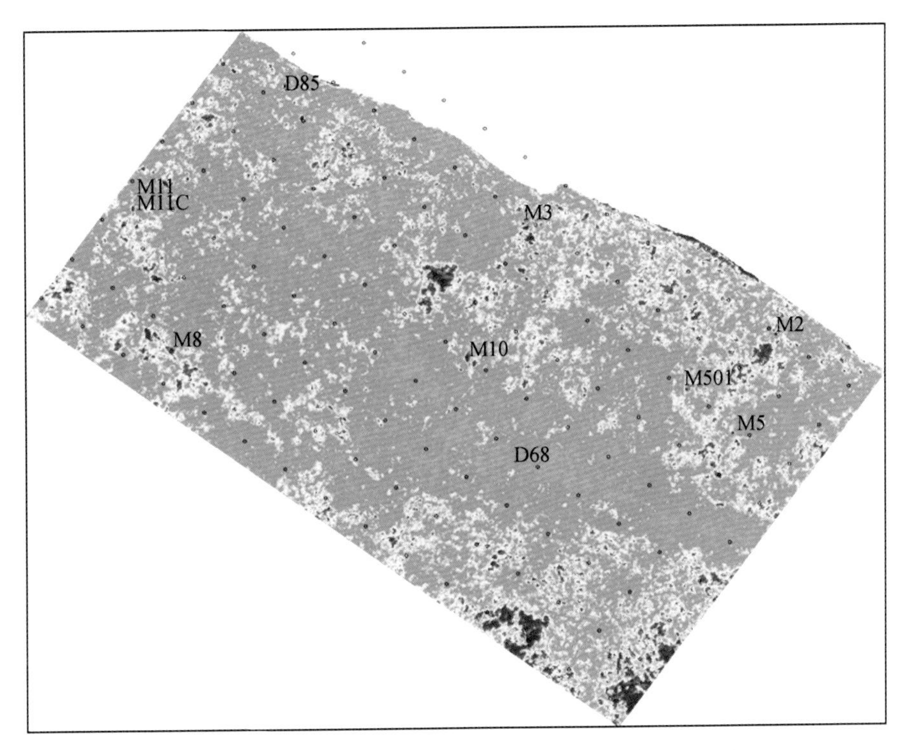

图 6.39　M5-M8 井区截距体 T_{O_31}-10～40ms 属性平面图

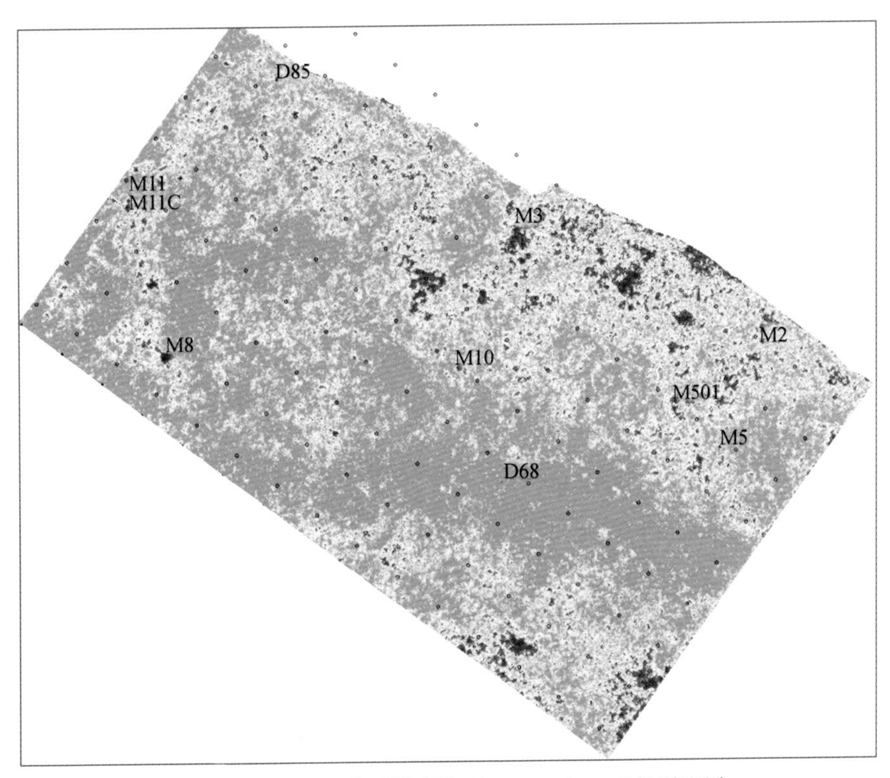

图 6.40　M5-M8 井区梯度体 T_{O_31}-10～40ms 属性平面图

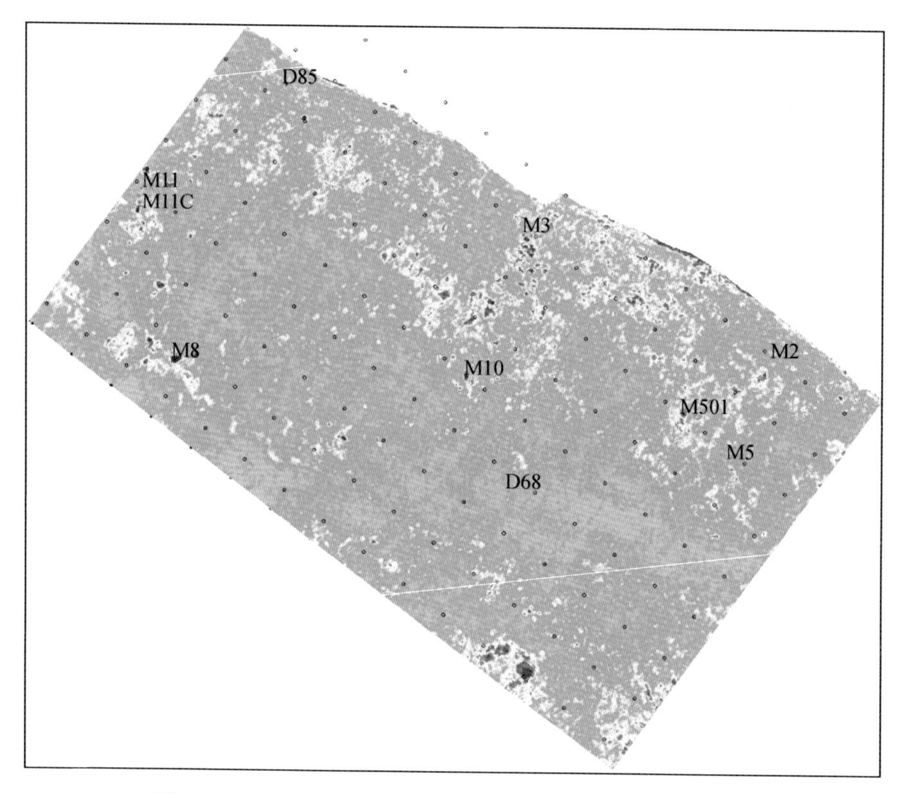

图 6.41　M5-M8 井区流体因子体 T_{O_3l}-10～40ms 属性平面图

3. 叠前联合反演成果

在完成岩石物理建模及 AVO 分析的基础上，结合主要塔中地区 M5-M8 井区的地震资料特点，并在参考总结前人成果的基础上，详细制作了叠前联合反演的流程，如图 6.42 所示。

不同角叠加道集上存在着与地震入射角相关的不同信息，利用信息之间的差异或相关性，可以得到能够有效反映地下岩石及流体特性的地层属性数据。因此，叠前反演处理所用的地震资料是根据地震入射角度的分布范围进行部分角叠加处理得到的部分角道集数据。在进行分角度叠加时，需要对地震资料进行保幅、去噪等处理，同时，还要划分叠加角度的范围。本工区地震资料近道叠加选择角度范围 0°～8°，中道叠加选择范围 8°～16°，远道角度范围 16°～24°，符合叠前反演对数据的要求。

为了提高反演处理成果的准确性和对储层的分辨能力，有必要将地震资料和测井资料结合应用，也就是在不同角度叠加地震数据控制下，进行测井、地震和地质联合标定。标定过程中，需要考虑不同道集数据与测井结果的时深对应关系以及振幅、频率等的最佳匹配。与叠后常规标定一样，叠前不同角道集地震测井标定与子波估算是一个相互反馈的过程，不同的是，多角度道集子波估算过程中，除了要考虑多井子波之间的对应一致关系外，还要考虑同一口井与不同角道集数据控制下所估算子波的振幅、频率的相对变化，以保证标定结果与角道集地震数据之间能量、频率特征的最佳吻合。只有这样的标定结果和子波，才能够确保

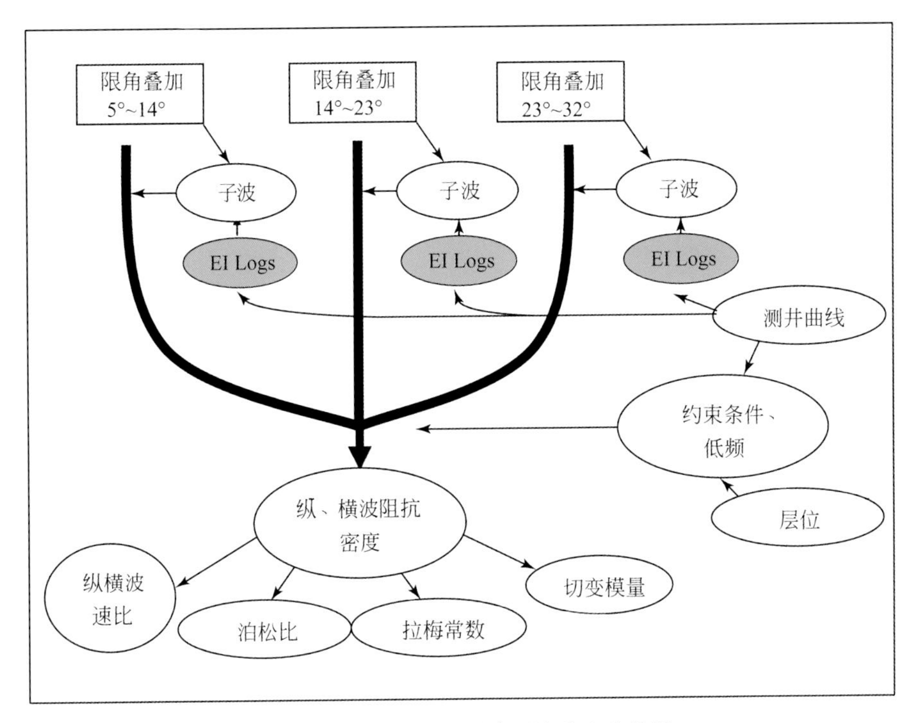

图 6.42 叠前纵横波联合反演基本流程图

反演时正确估算出不同角度地震叠加道集之间存在的振幅和频率差异，获得更加合理的反演处理成果。

如图 6.43 所示，为近道、中道和远道部分叠加数据体分别标定的结果，从图中可见，地震资料与合成记录的相关性较好。如此一来，一方面可以建立合理的时深关系，同时又可以使 3 个部分叠加数据体上的同一层位相互对齐，以保证获取正确的反演结果。图 6.44 为 3 个部分叠加数据体提取的子波。

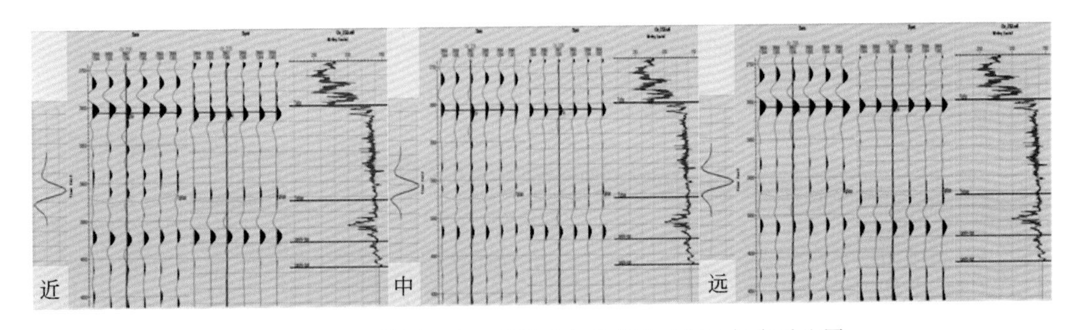

图 6.43 M5 井近、中、远道叠加数据合成记录标定对比图

在不同角度叠加地震数据和测井数据联合标定的基础上，对标准层和断面进行精细解释并结合地质认识建立地质框架。由于叠前反演既用到纵波速度，同时又用到横波速度，因此，需要建立这两种速度的波阻抗初始约束模型用于低频补偿。叠前反演是利用多套角叠加地震道集数据和叠后数据所表达的构造特征，准确表述各种沉积、断裂等地质特征，

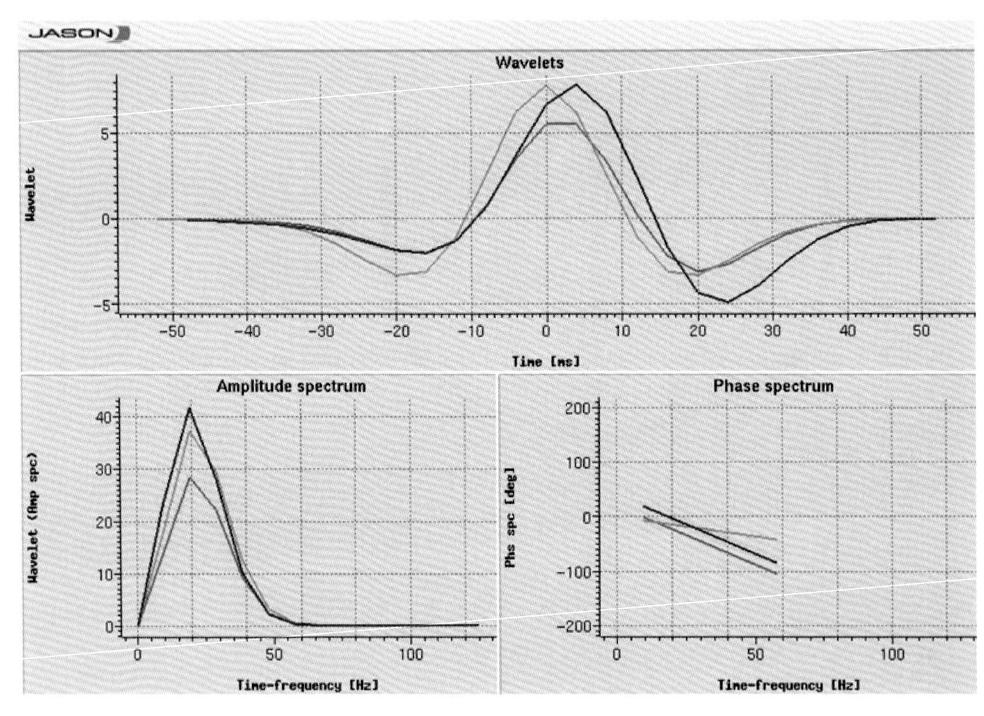

图 6.44 M5 井近、中、远道叠加数据提取的子波对比图

结合测井标定后的数据成果，进行空间属性分布分析和推广，建立纵横波速度、密度等各种属性的地震多信息约束模型，为反演处理提供合适的初始模型。所得到的多种地震地层属性模型及其相互关系将被应用到叠前反演处理的约束控制过程中，提高反演的稳定性，减少叠前反演算法的多解性。图 6.45 为本次研究建立的低频模型，其中上图为密度低频模型，中图为纵波阻抗低频模型，下图为横波阻抗低频模型。

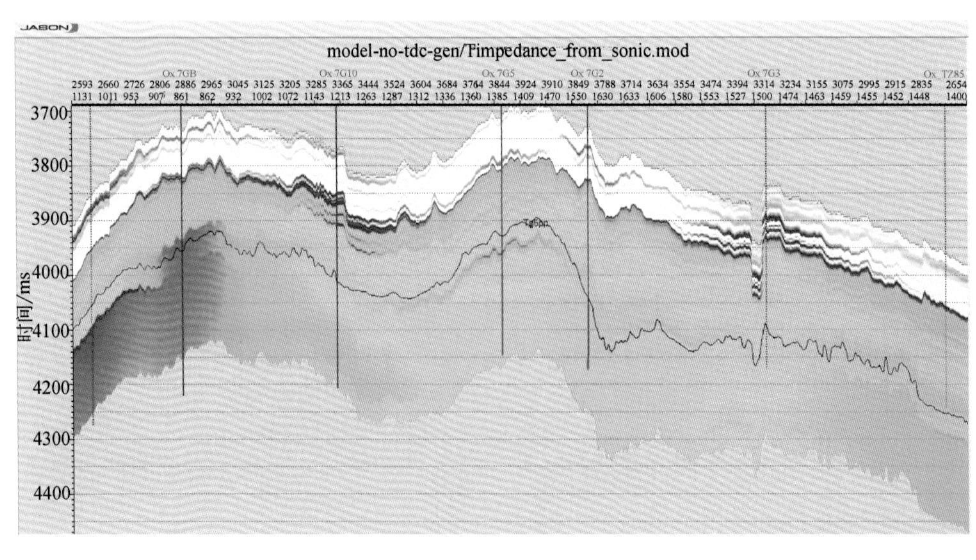

图 6.45 M5 井区-M8 井区低频模型

把所有的低频模型、限角度叠加数据体以及子波都输入到叠前同步反演程序中，从Zoeppritz方程及其Aki-Richards简化公式出发，对地震波振幅随入射角变化的反射系数与弹性参数间的数学关系进行反演。经过反演直接获得了纵波阻抗、横波阻抗、密度、速度比、泊松比等弹性参数。

利用工区测井资料中的纵、横波阻抗和密度曲线所含的低频信息取对数后用共轭梯度法求解，最终可求得纵波阻抗、横波阻抗和密度数据体。

图6.46是过M11井纵波阻抗、横波阻抗反演剖面。从图中可以看出，对于纵波阻抗剖面，红黄颜色代表的是低阻抗，蓝颜色代表的是高阻抗，在奥陶系鹰山组内幕有零星分布的低阻抗条带，该低阻抗是缝洞储层的反映；同样对于横波阻抗剖面在在奥陶系鹰山组内幕有零星分布的低阻抗条带，高横波阻抗背景下的一系列黄色、红色低横波阻抗，连续性比纵波阻抗较好，反映的是岩性的变化。

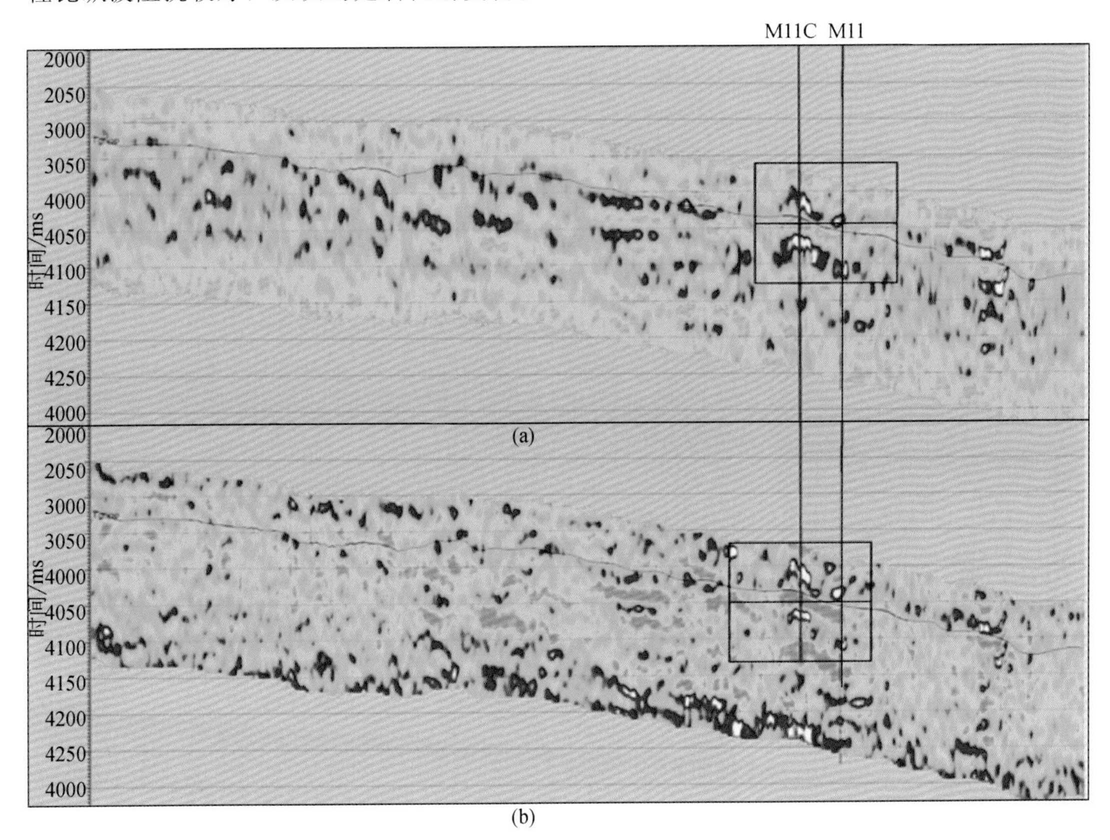

图6.46 过M11C-M11井纵波阻抗、横波阻抗反演剖面

(a) 纵波阻抗；(b) 横波阻抗

图6.47是过M11井与M11C井联井泊松比剖面。从图中可看出，对于泊松比剖面，红黄颜色代表的是低值，蓝颜色代表的是高值，M11C井在奥陶系鹰山组内幕低值，说明有油气响应，钻井已经证实；M11井在奥陶系鹰山组内幕为高值，说明没有油气响应，钻井已经证实。从而说明是比较准确的。

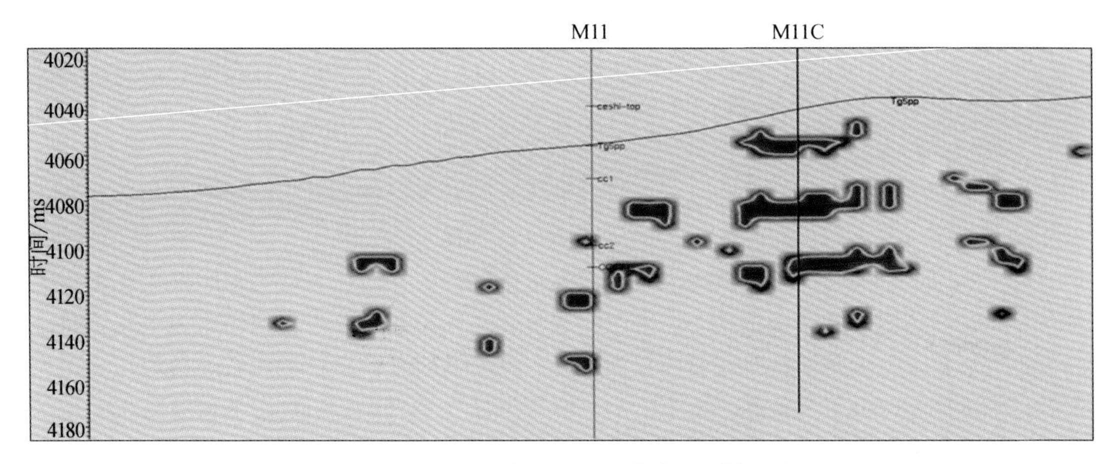

图 6.47　过 M11 与 M11C 联井泊松比剖面图

图 6.48 为地震 $T_{O_3 1}$-10～40ms 纵波阻抗属性图，该时间段大致相当于沿下奥陶统不整合顶面以上 40～150m 层段，属性平面图上看工区北部该层段储层较为发育，其中 M10 井、M11 井和 M5 井之间的地带有较好储层发育，钻井结果与属性平面图较好吻合。

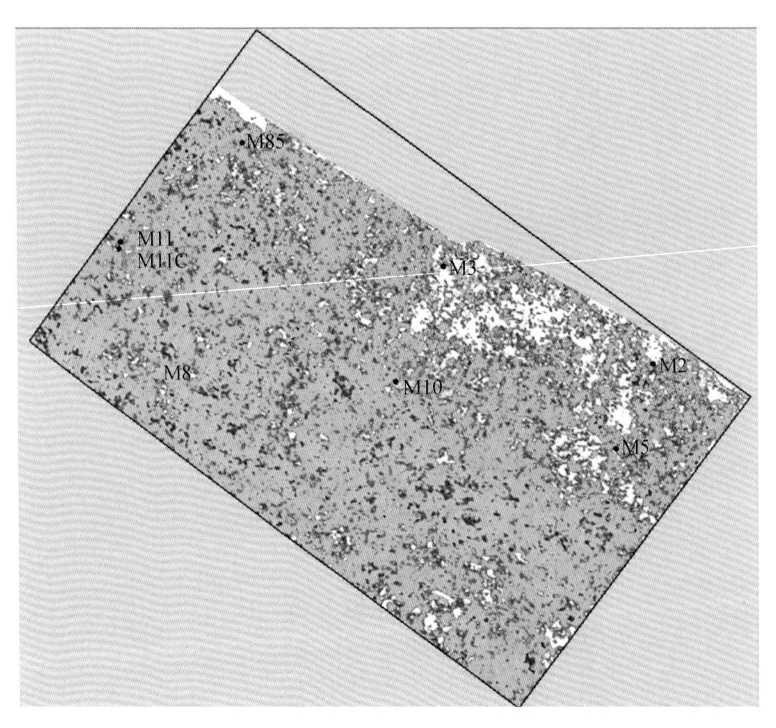

图 6.48　地震 $T_{O_3 1}$-10～40ms 纵波阻抗属性图

图 6.49 为地震 $T_{O_3 1}$-10～40ms 泊松比属性图，该时间段大致相当于沿下奥陶统不整合顶面以上 40～150m 层段，属性平面图上看该层段南北两侧含有油气，其中 M11C 井、M8 井、M10 井、M5 井含油气，M11 井不含油气，钻井结果与属性平面图较好吻合。

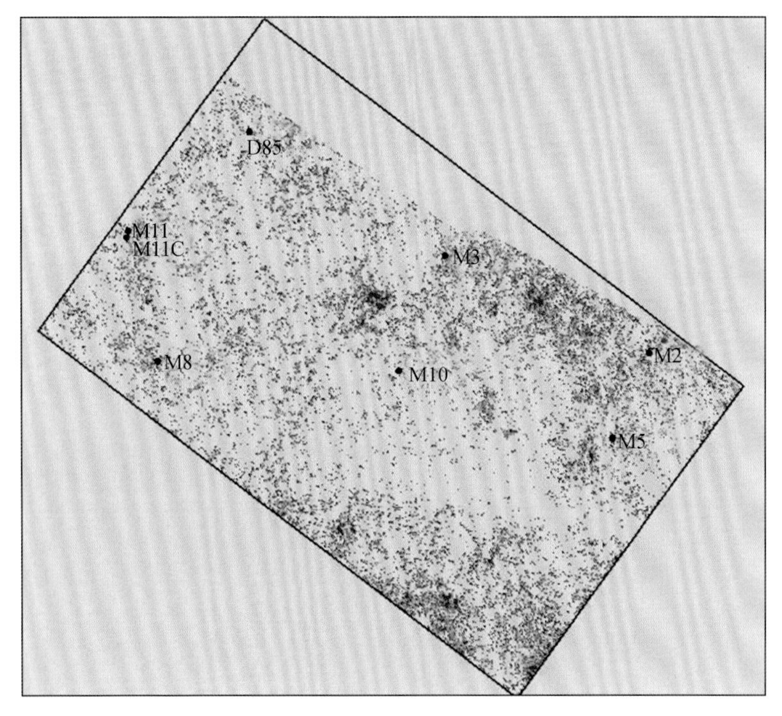

图 6.49　地震 T_{O_3l}-10～40ms 泊松比属性图

参 考 文 献

蔡瑞. 2005. 基于谱分解技术的缝洞型碳酸盐岩溶洞识别方法. 石油勘探与开发, 32 (2): 82～85

陈广坡. 2009. 碳酸盐岩岩溶型储层地质模型及储层预测. 成都理工大学博士学位论文

董瑞霞, 韩剑发, 张艳萍等. 2011. 塔中北坡鹰山组碳酸盐岩缝洞体量化描述技术及应用. 新疆石油地质, 32 (3): 314～317

韩剑发, 周锦明, 敬兵等. 2011. 塔中北斜坡鹰山组碳酸盐岩缝洞储集层预测及成藏规律. 新疆石油地质, 32 (3): 281～287

胡鹏飞. 2009. 塔河油田碳酸盐岩缝洞型储集体成像技术研究. 石油地球物理勘探, 44 (2): 152～157

胡中平. 2006. 溶洞地震波"串珠状"形成机理及识别方法. 中国西部油气地质, 2 (04): 423～426

黄捍东, 张如伟, 赵迪等. 2009. 塔河奥陶系碳酸盐岩缝洞预测. 石油地球物理勘探, 44 (2): 213～218

黄中玉, 赵金洲. 2004. 纵波和转换波 AVO 联合反演技术. 石油物探, 43 (4): 319～322

贾振远, 郝石生. 1989. 碳酸盐岩油气形成和分布. 北京: 石油工业出版社. 1～6, 171～196

李明, 李守林, 赵一民等. 塔里木盆地某地区碳酸盐岩裂缝储预测研究. 石油物探, 39 (4): 24～25

刘春园, 朱生旺, 魏修成等. 2010. 随机介质地震波正演模拟在碳酸盐岩储层预测中的应用. 石油物探, 49 (2): 133～139

刘立峰, 孙赞东. 2009. 地震波吸收衰减技术在缝洞型碳酸盐岩储层预测中的应用. 石油地球物理勘探, 44 (S1): 121～124

刘立峰, 孙赞东, 杨海军等. 2009. 缝洞型碳酸盐岩储层地震属性优化方法及应用. 石油地球物理勘探, 44 (6): 747～754

刘立峰，孙赞东，杨海军等．2011．缝洞型碳酸盐岩储层地震综合预测．中南大学学报（自然科学版），42（6）：1731～1737
莫午零，吴朝东．2006．碳酸盐岩风化壳储层的地球物理预测方法．北京大学学报（自然科学版），42（6）：704～707
宋建国．2008．AVO技术进展．地球物理学进展，23（2）：508～514
滕团余，余建平，崔海峰．2008．碳酸盐岩储层预测方法研究及应用．岩性油气藏，20（2）：119～122
吴俊峰，姚姚，撒利明．2007．碳酸盐岩特殊孔洞型构造地震响应特征分析．石油地球物理勘探，42（02）：180～185
吴欣松，魏建新，昌建波等．2009．碳酸盐岩古岩溶储层预测的难点与对策．中国石油大学学报（自然科学版），33（06）：16～21
徐丽萍．2010．多属性融合技术在塔中碳酸盐岩缝洞储层预测中的应用．工程地球物理学报，7（1）：19～22
杨风丽，王清，沈财余．2005．碳酸盐岩储层地震信息响应及横向预测．同济大学学报（自然科学版），33（09）：1235～1239
殷八斤，曾灏，杨在岩．1995．AVO技术的理论与实践．北京：石油工业出版社．76～77
张虎权，卫平生，潘建国等．2010．碳酸盐岩地震储层学．岩性油气藏，22（2）：14～17
张进铎．2004．碳酸盐岩储集层体积定量化估算技术．石油勘探与开发，31（04）：87～88
赵一民．2009．岩性地层油气藏储层地球物理响应与勘探原理．中国地质大学（北京）博士学位论文
Perez M A，Grechka V，Michele-na R J. 1999. Fracture de tection in a carbonate reservoir using a variety of seismic methods. Geophysies，64（4）：1266～1276
Wang S X，Guan L P. 2004. Prediction of fracture-cavity system in carbonate reservoir：a case study in the Tahe oilfield. Applied Geophysies，1（1）：56～62

第七章　超深碳酸盐岩钻完井及储层改造工艺技术

第一节　超深碳酸盐岩钻井工艺技术

一、缝洞型碳酸盐岩水平井钻井技术

（一）塔中Ⅰ号气田井眼轨迹控制难点

塔中Ⅰ号气田目的层为奥陶系良里塔格组和鹰山组，岩性以灰岩、颗粒灰岩为主，结合已完成井钻井事故复杂情况分析，钻井过程中主要难点有：

（1）地层孔洞、裂缝发育，地层压力窗口窄，给钻井液密度的控制造成了很大的困难，钻井液密度稍大于地层孔隙压力的情况下容易发生井漏，带来对油气层污染的严重后果，不利于油气层的发现和保护；若密度过低则易发生溢流或井喷，给钻井工程带来很大的风险；特别是下奥陶统缝洞发育好，在地震剖面上存在串珠状反射，在钻进过程中往往出现又喷又漏的现象。

（2）目的层埋深的不确定性，导致轨迹设计及施工过程中调整的困难。

（3）钻遇良好发育带容易出现井漏，水平井轨迹较难控制，对复杂情况处理难度大。

（4）地层含 H_2S，安全风险高；同时对定向仪器要求高；下奥陶统高含 H_2S，为了控制 H_2S，只能采取过平衡钻进，使井漏问题更加突出。

（5）目的层温度均为130～150℃，对井下动力钻具和随钻仪器造成一定影响。

（6）采用注气控压或欠平衡方式钻进时，常规定向井仪器信号传输难以实现。

（7）塔中碳酸盐岩地质储量绝大部分集中于该区Ⅱ类储层，该类储层为基质、细小溶蚀空洞发育，裂缝不发育类储层，钻井期间的钻井液中的各类固相颗粒极易堵塞储层内的细小孔喉通道，从而使储层受到污染，且污染后不易解除。

（二）水平井剖面优化设计需要考虑的主要因素

与直井不同，水平井要横穿目的层，设计中需要考虑更多的影响因素。设计的复杂程度和难度都比直井和定向井大得多。水平井剖面优化设计需要考虑的主要因素是：

1. 油藏构造特征

（1）当着陆点太靠近油气界面时，由于气顶降压而导致采收率降低。

（2）当着陆点太低，会出现底水锥进。

（3）只有当着陆点接近油层中上部位置时，才能获得较好的开采量。因此，靶区设计中，着陆点及控制体位置、形状、尺寸对水平井开采效益是非常重要的。

（4）有垂直裂缝的情况下，水平段的方位应与垂直裂缝带的走向正交，尽可能多钻几条垂直裂缝带。

2. 经济原则

水平井剖面设计应考虑经济性，即所设计的弯曲剖面较短，且能用现有的设备工具进行施工。既有利于提高钻速，又有利于轨迹控制，从而使水平井施工达到成本较低的目的。

3. 剖面选择

长半径水平井水平位移较长，一般适于钻距地面较远的目标区，或根据完井需要使用套管和采油设备的水平井。优点是可以利用常规旋转钻具和技术；不利因素是总的费用高，完井时间长，扭矩和摩阻大。

中半径水平井选择是多样化的，适于钻进限制和气锥进的地层、薄油气层和连接垂直裂缝的层位以及低能量和低渗油藏。目前，国外大量采用中半径水平井开发油气田。

4. 优化井身剖面设计的原则

（1）设计剖面应避开可能的复杂地层；

（2）尽量缩短增斜曲线末端的水平位移和增斜曲线的长度；

（3）尽量减少增斜及水平段的摩阻和扭矩；

（4）尽量减少钻柱承受的弯曲载荷；

（5）提前考虑到造斜不够理想的问题，设计一可调节的稳斜段，进行调整，确保在预计深度中进入靶区。

5. 造斜点的选择

造斜点的选择由以下因素综合考虑决定：

（1）为减少造斜井段的长度，减轻地质不确定性的危险，缩短建井周期，窗口位置应在保证有足够造斜井段的条件下，尽量接近目的深度。

（2）造斜点应选在比较稳定的地层，保证窗口稳定，避免在岩石破碎带，漏失地层，流沙层或容易坍塌等复杂地层定向造斜，以免出现井下复杂情况，影响施工。

（3）应选在可钻性较均匀的地层，避免在硬夹层造斜。

（4）造斜点的深度应根据设计井的垂直井深，水平位移和选用的剖面类型决定，并要考虑满足采油工艺的需要。如在设计垂深大、位移小的水平井时，应采用深层造斜，以简化井身结构和强化直井段钻井措施，加快钻井速度；在设计垂深小、位移大的水平井时，则应提高侧钻点的位置，在浅层侧钻造斜，即可减少施工的工作量，又可满足大水平位移的要求。在井眼方位漂移严重的地层侧钻水平井，选择造斜点位置时应尽可能使斜井段避开方位自然漂移大的地层或利用井眼方位漂移的规律钻达目标点。

（三）水平井井身结构优化设计

1. 井身结构优化

目前主要采用两种井身结，套管程序分别为：

（1）339.7mm×244.5mm×177.8mm×完井管柱（如D62-10H、D62-11H、D62-13H及D62-6H等井），采用该型井身结构，一是可以缩短215.9mm井眼的裸眼长度，降低该段内的造斜难度，提高造斜效率；二是可以进一步将177.8mm套管下至奥陶系灰岩顶部甚至入靶点固井，利于降低152.4mm水平段的钻井风险以及进一步提升其水平长度穿行能力。

（2）339.7mm×177.8mm×完井管柱（如D62-7H等井），该型井身结构可以少下一层套管，但215.9mm井眼段长，井下摩阻等较大，井下安全风险相应较大，不利于该井段内的定向施工作业。

因此，推荐采用（1）型井身结构。

2. 井身剖面优化

塔中Ⅰ号坡折带地层断层发育，储层埋深存在一定误差，因此，在剖面设计上要考虑一定的调整段。另外，该区块井较深，一般达到6000m左右，有的甚至接近7000m，因此，将靶前位移控制在较小范围内，有利于进一步延伸水平段长度。通常情况下，将靶前位移控制在250～300m为宜，推荐剖面采用“直—增—稳（调整段）—增—平”（表7.1）。

表7.1　推荐剖面

井段/m	井斜/(°)	方位/(°)	垂深/m	全角变化率/(°)	闭合距/m	闭合方位/(°)	备注
0～4550	≤0.5	0	4549.94	0	19.85	0	井斜按0.5°计，假定方位为0（即假定在设计方位闭合距19.85m）
4650	22	0	4647.45	6.45	39.24	0	全角变化率按7°/30m左右考虑
4670	22	0	4665.99	0	46.74	0	稳斜段（调整段）
4980	90	0	4829.34	6.58	288.92	0	全角变化率按7°/30m左右考虑，入靶点井斜90°，靶前位移288.92m

3. 优选造斜点和造斜率

造斜点应根据储层构造特点、目标靶区及井位的限制条件等进行合理选择。通常选择在奥陶系桑塔木组中部位置开始进行定向作业，桑塔木组中部以下地层岩性以灰岩为主，地层相对稳定，利于增斜和水平段钻进。另外，造斜率以选择在20°/100m至25°/100m为宜，选用该造斜率具有以下优点：

（1）该造斜率既能实现较小的靶前位移，又能满足套管下入屈曲要求和后续施工安全、顺利；

（2）该造斜率有利于优选弯螺杆，使用1.5°弯螺杆钻进，在确保满足全角变化率要求的情况下，能更多地采用复合钻进，实现机械钻速的大幅度提高。

4. 优选钻井方式

截至目前，已在塔中Ⅰ号气田进行了常规钻井、充气钻井及控压钻井等，在对上述几种钻井方式分析的基础上，把（精细）控压钻井作为该区块最佳钻井方式。

（1）由于该区块地层裂缝、溶洞发育，采用常规钻井往往导致井漏，漏失后液柱压力降低又引发井喷，出现喷漏并存局面，该方式钻井风险极高，因漏引发的复杂事故还会导致钻井成本的大幅增加。

（2）在D62-13H井进行的充气钻井证实：在充气条件下循环介质呈段塞流，当充其量达到5%以上后，井下靠流体传输的随钻脉冲信号无法正常传至地面，而目前国内外电磁波随钻仪器（EM-MWD）实用井深尚不足4500m（垂深），因此，充气钻井在塔中Ⅰ号气田不具有实用性。

（3）通过不断探索和技术革新，先期尝试进行的精细控压钻井取得了巨大成功，先后钻成了如D62-11H、D62-10H等具代表性的井，并通过分析、总结，进一步完善该技术工艺。实践证明：精细控压钻井可以根据地层压力系数，通过井口控制回压，实现井底液柱压力等于或接近地层压力系数，避免井漏、防止井喷。因此，该技术是塔中Ⅰ号气田目前最好的钻井方式，可以作为推广应用技术。

5. 钻井参数优化

导向钻具通过调整工作方式（滑动钻进或复合钻进），能够实现对井眼轨迹的连续控制（增斜、降斜、稳斜）。但是，导向钻具在大延伸水平段滑动钻进时摩擦阻力比较大，加钻压和调整工具面比较困难，而旋转钻进时摩擦阻力比较小，机械钻速也比滑动钻进时高。因此，导向钻具组合设计及参数优选时，提高水平段旋转钻进时的稳斜能力尤其重要。

1）模拟计算条件

结合根据D62-10H、D62-11H等井实钻组合，拟定导向钻具组合及默认计算条件如下。

（1）导向钻具组合：Φ152.4mmPDC＋Φ120mm螺杆（1.25°）＋双瓣浮阀＋单瓣浮阀＋保护接头＋Φ120mm无磁钻铤＋Φ121mm无磁悬挂＋Φ88.9mm无磁承压钻杆×8.64m＋Φ88.9mm普通钻杆×15柱＋Φ88.9mm加重钻杆×15柱＋Φ88.9mm普通钻杆；

（2）螺杆钻具参数：5LZ120-7.0-DW1.25°（北京石油机械厂），结构弯角距下端面1.0m，螺杆钻具总长度5.5m；

（3）加重钻杆：外径Φ88.9mm，内径Φ52.4mm；

（4）井眼参数：水平井眼、井斜角 Inc=90.0°、井眼扩大率 Ih=5%；

（5）补充条件：不考虑钻头处井眼扩大。

2）钻进参数与旋转钻进效果

以水平段旋转钻进方式为例，计算不同钻压和转速条件下的钻头侧向力、钻头转角和井斜趋势角，评价该钻具组合的稳斜（稳平）效果，并推荐较合适的钻进参数。

A. 钻压与旋转钻进效果

取转盘转速（n）为 45r/min，钻压（Wob）为 10～80kN。钻头侧向力（Nb）、钻头转角（Ab）和井斜趋势角（Ai）随钻压的变化规律部分计算数据见表 7.2。

表 7.2　钻压与旋转钻进效果

钻压/kN	转速/(r/min)	Nb_0/kN	Ab_0/(°)	Ai_0/(°)	Nb_1/kN	Ab_1/(°)	Ai_1/(°)	Nb/kN	Ab/(°)	Ai/(°)
10.00	45.0	20.17	0.33	31.21	−12.80	−0.34	−20.91	3.68	0	5.15
20.00	45.0	20.07	0.33	16.61	−12.64	−0.34	−10.53	3.72	0	3.04
30.00	45.0	19.98	0.33	11.11	−12.46	−0.34	−6.88	3.76	0	2.11
40.00	45.0	19.88	0.33	8.27	−12.28	−0.34	−5.03	3.80	−0.01	1.62
50.00	45.0	19.77	0.33	6.55	−12.08	−0.34	−3.92	3.84	−0.01	1.32
60.00	45.0	21.49	0.32	5.92	−11.87	−0.34	−3.17	4.81	−0.01	1.38
70.00	45.0	21.40	0.32	5.02	−11.39	−0.34	−2.56	5.00	−0.01	1.23
80.00	45.0	21.30	0.32	4.35	−11.17	−0.34	−2.16	5.07	−0.01	1.09

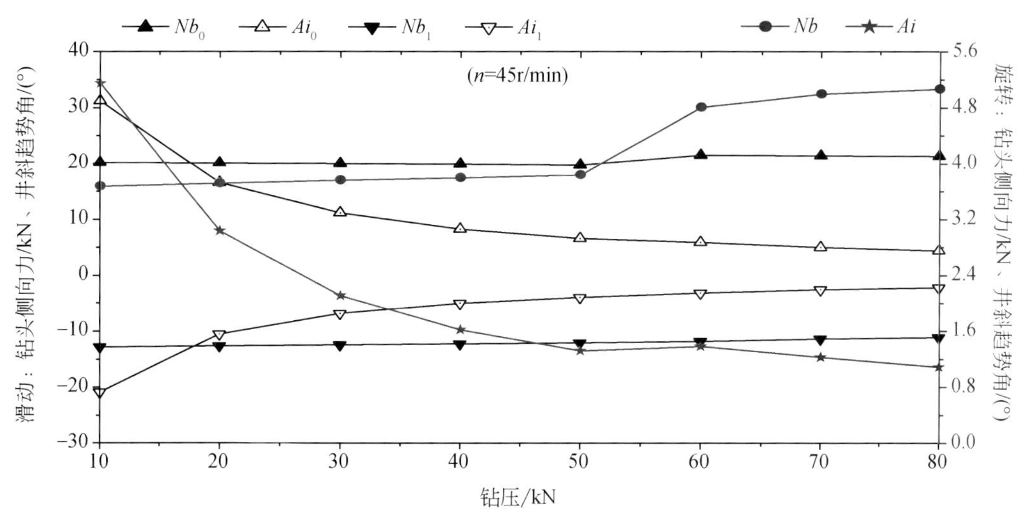

图 7.1　钻压与旋转钻进效果

由表 7.2 和图 7.1 可以看出，在螺杆钻具许用钻压范围内，钻头侧向力和井斜趋势角随钻压变化趋势正好相反；钻头侧向力随钻压增加而缓慢增大，当钻压大于某个值（50kN）以后会快速增大，之后又慢慢增大；井斜趋势角随钻压增加而快速减小，当钻压大于某个值（50kN）以后会略微增大，之后又慢慢减小；在许用钻压范围内，二者始终为正值，说明上述导向钻具在水平段旋转钻进时一直处在增斜状态，稳斜（稳平）效果不好。

综合考虑螺杆钻具的工作参数范围，推荐复合钻进时微增斜钻压为 20～40kN，稳斜钻压为 40～50kN 较为合适。

B. 转速与旋转钻进效果

取钻压为 30kN，转速为 30～60r/min。钻头侧向力、钻头转角和井斜趋势角随转速的变化规律见图 7.2，部分计算数据见表 7.3。

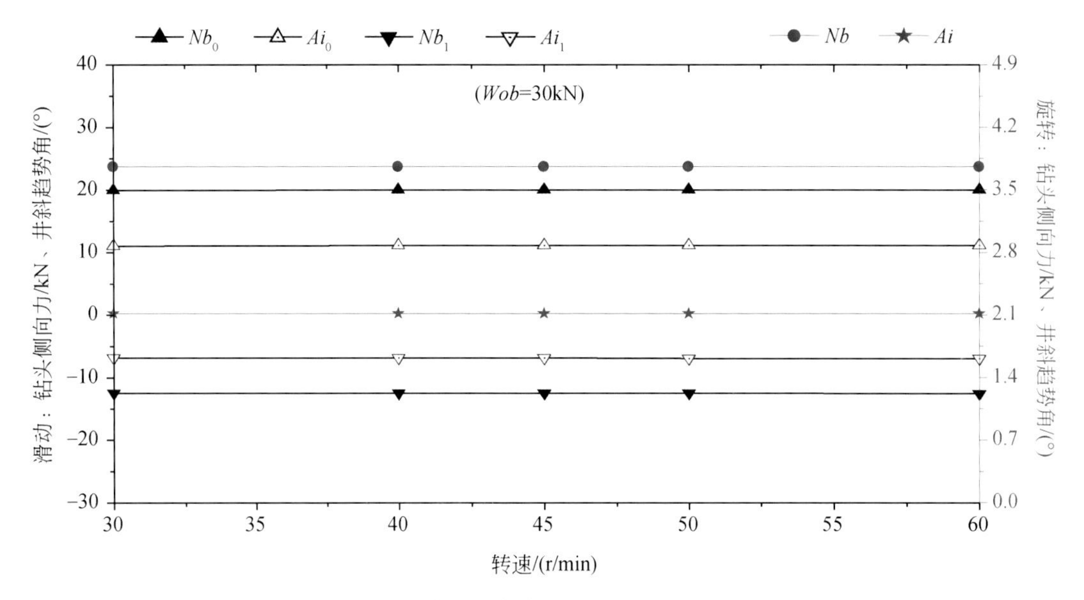

图 7.2　转速对旋转钻进特性的影响规律

表 7.3　转速与旋转钻进效果

Wob/kN	n /(r/min)	Nb_0 /kN	Ab_0 /(°)	Ai_0 /(°)	Nb_1 /kN	Ab_1 /(°)	Ai_1 /(°)	Nb /kN	Ab /(°)	Ai /(°)
30.00	30.0	19.94	0.33	11.09	−12.42	−0.34	−6.86	3.76	0	2.11
30.00	40.0	19.96	0.33	11.10	−12.45	−0.34	−6.88	3.76	0	2.11
30.00	45.0	19.98	0.33	11.11	−12.46	−0.34	−6.88	3.76	0	2.11
30.00	50.0	19.99	0.33	11.12	−12.48	−0.34	−6.89	3.76	0	2.11
30.00	60.0	20.03	0.33	11.14	−12.52	−0.34	−6.92	3.76	0	2.11

由表 7.3 和图 7.2 可以看出，在相同钻压条件下，钻头侧向力及井斜趋势角基本上不随转速变化，说明转速对上述导向钻具旋转钻进的稳斜（稳平）效果影响较小。同时，在常用转速范围内，钻头侧向力及井斜趋势角始终为正值，说明上述导向钻具在水平段旋转钻进时一直处在增斜状态，稳斜（稳平）效果不好。

导向钻具旋转钻进时适合采用较低转速，推荐转速小于 50r/min。

3）井斜角与旋转钻进效果

理论分析表明，转速对上述导向钻具组合的旋转钻进特性影响较小，此处仅分析不同钻压条件下井斜角对旋转钻进稳斜效果的影响规律。

取钻压为 30kN、60kN，转速为 45r/min，钻头侧向力、钻头转角和井斜趋势角随井斜角的变化规律见表 7.4。

表 7.4 井斜角与旋转钻进效果

Wob/kN	Inc /(°)	Nb_0 /kN	Ab_0 /(°)	Ai_0 /(°)	Nb_1 /kN	Ab_1 /(°)	Ai_1 /(°)	Nb /kN	Ab /(°)	Ai /(°)
30	10.00	16.06	0.33	8.92	−15.77	−0.33	−8.75	0.15	0	0.08
30	15.00	16.47	0.33	9.15	−15.53	−0.33	−8.62	0.47	0	0.26
30	30.00	17.61	0.33	9.79	−14.64	−0.33	−8.12	1.48	0	0.83
30	45.00	18.60	0.33	10.34	−13.78	−0.33	−7.63	2.41	0	1.35
30	60.00	19.35	0.33	10.76	−13.08	−0.34	−7.23	3.13	0	1.76
30	75.00	19.82	0.33	11.02	−12.63	−0.34	−6.98	3.60	0	2.02
30	90.00	19.98	0.33	11.11	−12.46	−0.34	−6.88	3.76	0	2.11
60	90.00	21.49	0.32	5.92	−11.87	−0.34	−3.17	4.81	−0.01	1.38
60	75.00	19.50	0.33	5.35	−12.04	−0.34	−3.21	3.73	0	1.07
60	60.00	19.03	0.33	5.21	−12.50	−0.34	−3.35	3.26	0	0.93
60	45.00	18.27	0.33	5.00	−13.20	−0.34	−3.55	2.54	0	0.73
60	30.00	17.29	0.33	4.72	−14.05	−0.33	−3.79	1.62	0	0.46
60	15.00	16.14	0.33	4.39	−15.20	−0.33	−4.12	0.47	0	0.13
60	10.00	15.73	0.33	4.27	−14.91	−0.33	−4.04	0.41	0	0.12

由表 7.4 可以看出，井斜角对导向钻具旋转钻进效果影响显著。在相同钻压条件下，钻头侧向力及井斜趋势角随井斜角的变化规律基本相同，均随井斜角增大而增大；当井斜角小于 10°时，钻头侧向力及井斜趋势角均略大于 0°，旋转钻进时接近稳斜效果；当井斜角接近 90°时，钻头侧向力及井斜趋势角均明显大于 0°，旋转钻进时为增斜效果。

对比不同钻压时旋转钻进稳斜效果表明，采用上述导向钻具旋转钻进大斜度及水平井段时，选择较大钻压能够使增斜趋势减弱，充分发挥旋转钻进技术优势。

综合考虑钻头类型、螺杆使用、钻具强度、钻进速度等因素，结合现场试验情况，对钻井参数进行优化设计（表 7.5）。

表 7.5 钻井参数优化表

井眼尺寸/mm		钻压/kN	转数/(r/min)	排量/(L/s)	泵压/MPa
444.5	—	100～200	60～80	60	8～12
311.2	牙轮不带螺杆	160～200	90～100	45	16～20
	牙轮带螺杆	140～160	50～60	45	16～20
	PDC 不带螺杆	100～120	90～100	45	16～20
	PDC 带螺杆	80～100	50～60	45	16～20
215.9	螺杆（滑动钻进）	60～80	—	24～28	16～18
	螺杆（复合钻进）	20～40	30～40	24～28	16～18
152.4	螺杆（滑动钻进）	80～100	—	12～14	18～20
	螺杆（复合钻进）	20～40	30～40	12～14	18～20

二、缝洞型碳酸盐岩的精细控压技术

（一）使用背景

根据筋脉理论，水平井及分段改造技术能够起到贯通“筋脉”的作用，有效联通多套缝洞系统。在筋脉理论的指导下，首先在 D62 井区部署了两口水平井，D62-6H 井及 D62-7H 井。但两口井在水平段的钻进过程中，遇到了新的技术难题，未能完全实现“筋脉”理论的目的。

两口井均因直接进洞后发生无法控制井漏而被迫提前完钻。未达到地质目的完井。D62-6H 水平段长 262m，D62-7H 水平段长 360m。D62-7H 井钻进至井深 5346.30m 时，发生井漏，循环加重，钻井液密度 1.20～1.40g/cm^3，地层压力敏感，气层异常活跃，关井压力最高达 28MPa，累计漏失钻井液超过 3421.5m^3。

两口水平井的钻井实践表明，单纯的水平井很难实现“筋脉”理论的目的。奥陶系灰岩储层上部没有明显标志层，利用现有技术难以精确预测储层深度，沿着大型缝洞单元顶部（即洞顶缝）钻进技术难度大，一旦与大型缝洞单元沟通，无法实施后续井段作业，完成钻井设计任务难度大，且造成井下复杂，完井周期长。

为解决大位移水平井水平段安全高效钻进的技术难题，塔里木油田公司经过多次方案论证和安全风险评估，2009 年初引进精细控压钻井技术，同年 2 月 5 日，精细控压钻井设备在塔中地区投入使用。

（二）精细控压钻井技术特点

控压钻井技术已有数十年的历史，控压钻井过程中使用各种手段控制环空压力，从而有效实现安全钻井的目的，主要设备为旋转控制头和节流管汇，对环空压力控制精度较低，适用于对控压精度要求不高的井。

精细控压钻井技术是一种高端控压钻井技术，该技术在常规钻井设备的基础上，增加了旋转控制头、回压补偿泵、自动节流管汇、井下随钻测压和计算机自动控制软件系统等设备，能够实现对环空压力的精确控制（图7.3），与常规钻井技术相比，该技术具有以下技术特点。

1. 能实时获取实际井底压力

井底压力是钻井作业中的重要数据，常规钻井依靠模拟计算来估算井底压力的大小，不能获取实际的井底压力大小，无法清楚掌握井底压力的变化。

精细控压钻井技术引入了井下随钻测压工具（PWD），该工具可以实时测量井底压力的大小，通过MWD将实时井底压力数据传至地面计算机自动控制软件系统，软件系统将根据井底压力变化对井口压力进行相应调整，同时，井底压力数据也为技术人员制定技术措施提供可靠依据。

该工具连接在钻具组合中，一般情况下，该工具在钻具组合中的位置为，下面与螺杆连接，上面与MWD连接。

2. 实现了井口压力的自动控制

常规钻井技术需要控制井口压力时，以手动方式调整节流管汇的节流阀，不但精度低，而且速度慢，往往会引起井底压力较大的波动。常规钻井通过节流管汇调整井口压力，人工控制，井口压力控制精度低，精细控压钻井所采用的节流管汇为自动节流管汇，该设备由计算机软件自动控制，井口压力控制精度可以达到±10psi（$1psi=6.89476\times10^3Pa$）。

3. 能够实现地面不间断循环

接单根、起下钻等作业过程中，停泵后，将失去循环压耗，从而引起井底压力的降低，如果对该部分压力降低不给予补偿，井内很可能会处于欠平衡状态，大大增加溢流发生的风险，特别是高压、高含H_2S气井，一旦发生溢流将会很难处理。为了补偿该部分的压力降低，常规钻井主要采用提高泥浆密度的方法，即设计时把泥浆密度增加一个附加值。这样做的结果是，减小了井控风险，但会导致较大的过平衡，井漏风险大为增加。

为了补偿该部分的压力降低，精细控压钻井技术在地面设备中增加了回压补偿装置，该设备为回压补偿泵。精细控压钻井在钻进过程中，使用钻井泥浆泵，在接单根、起下钻等作业过程中，停钻井泥浆泵，开启回压补偿泵，在地面建立小循环：泥浆罐→回压补偿泵→自动节流管汇→振动筛→泥浆罐。通过自动节流管汇的节流作用为井口提供所需要的补偿压力。

4. 过平衡小

精细控压钻井使用了井底随钻测压、自动节流管汇、计算机自动控制软件系统、回压补偿泵等先进设备和技术，既实现了对井底压力的精确控制，控制精度达到±50psi，又及时补偿了抽汲压力、激动压力及停泵引起的压力降低等因素引起的井底压力波动，从而克服了常规钻井中井底压力波动大的问题。因此，在精细控压钻井条件下，可以大大降低过平衡量，实现微过平衡，如图 7.3 所示，从而，为降低井漏风险提供了技术保障。

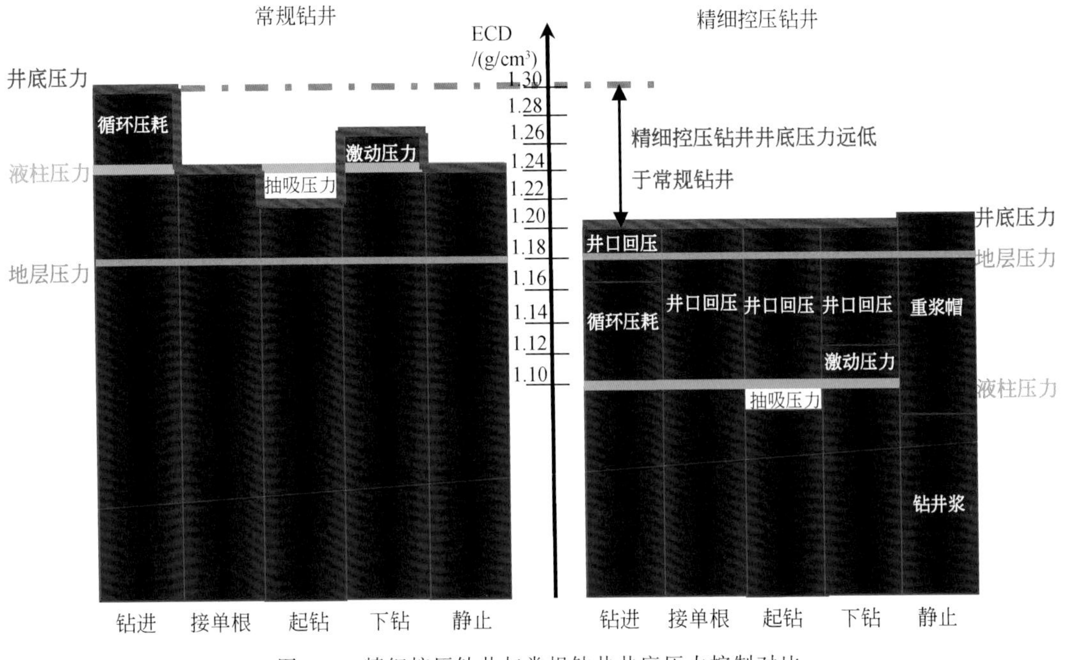

图 7.3　精细控压钻井与常规钻井井底压力控制对比

（三）精细控压钻井技术在塔中的应用

为了保证筋脉理论的有效实现，水平井充分利用精细控压技术穿越多套缝洞系统，精细控压钻井技术在塔中的成功应用大体经历了 3 个阶段，第一阶段为探索阶段，第二阶段为改进阶段；第三阶段为突破和成熟阶段。

1. 第一阶段：探索阶段

第一阶段在 D26 井区进行了探索，该井区裂缝发育，下部有洞，洞与裂缝沟通，易发生漏失。先后进行了 D26-2H 和 D26-4H 两口井的探索。按照实现筋脉理论，水平段需要穿越多个缝洞，为了实现这一目的，决定水平段钻进采用精细控压。

D26-2H 井为第一口探索井，2009 年 3 月 3 日用 6″钻头四开，钻进至井深 4570.48m 时发生严重井漏，开始时只进不出，井口失返，后来发展成又漏又喷，油气显示非常活跃，放喷点火火焰高达 10～20m。采取边漏边钻方式钻进至井深 4659.60m 时，决定上精细控压钻井装备。但在精细控压作业过程中油气显示异常活跃，套压波动幅度在 3～20MPa，根本无法实现精细控压，由于井下状况过于复杂，继续处理风险极大，经研究决定，该井就此完钻。随后，又进行了 D26-4H 井的探索实验，结果与 D26-2H 井相同。主要原因是水平段直接钻遇大洞，导致精细控压无效，未能实现筋脉理论的目的。

2. 第二阶段：改进阶段

第二阶段共完成两口井：D62-11H 和 D62-10H 井。D62-11H 及 D62-10H 井位于塔中东部，储层以礁滩体为基础，储集空间为裂缝-孔洞型。

在吸取了第一阶段所取得的经验教训的基础上，为了实现水平段穿越多个缝洞的目的，采取的主要措施为：

（1）改变水平井布井对策：采用平面上穿多个储集体，垂向上水平段穿“头皮”的策略，即井眼轨迹尽量贴缝洞储集体顶部，既达到钻遇储层获得油气显示，又可避免发生漏失和溢油的复杂情况发生；

（2）水平井充分利用精细控压技术保证打“头皮”成功；

（3）为了确保“打头皮”策略的成功实施，采用三维地震资料精细刻画储层，研究缝洞储集体在剖面与平面上的分布特征，加强随钻动态研究，适时进行井眼轨迹调整。

D62-11H 进入 A 靶 33.1m 后，气测显示较差，轨迹下调 30m，后又 3 次动态调整井眼轨迹。本井水平位移达到 1171.79m，水平段长 933m，为塔中地区水平段最长的水平井且没有造成井漏等复杂情况发生。而第一口水平井 D62-7H 水平段长只有 360m，且漏失泥浆 3750m^3。D62-11H 是实施打“头皮”策略的典范。

D62-11H 为应用精细控压钻井的首口井，2009 年 2 月 10 日从 4869m 开始精细控压钻井作业，2009 年 3 月 12 日，钻达井深 5843m。精细控压钻进进尺 974m，水平段长 933m，水平位移 1171.79m，未发生井漏和溢流，精细控压钻井工艺取得成功。

D62-11H 完成后，又布置了 D62-10H 井，采用同样的技术措施，尽管该井油气显示明显比 D62-11H 井活跃，但充分利用精细控压钻井的技术优势，有效控制了井漏和溢流，顺利完成了设计井深。

3. 第三阶段：突破和成熟阶段

在第二阶段两口井取得成功后，又在地质条件更为复杂的 D721-5H 井和 D26-5H 井进行了尝试，并取得了突破，之后，又进行了几口井的应用，并对精细控压钻井施工措施进行了逐步改进和完善，使该技术在塔中的应用日趋成熟。

1）D721-5H 井应用情况

该井为由直井改为侧钻水平井，由井深 5952m 开始进行控压钻井作业，至井深 6213m 结束，进尺 261m。常规钻进至井深 5952m 发生井漏，很难找到压力平衡点，无法继续钻进。随后转为精细控压钻进，采用井口压力控制模式，根据漏失和溢流量随时精细调整井口压力，寻找到合适的当量密度，成功实现了在保持微漏条件下顺利安全钻进。

这口井的成功钻进，使精细控压钻井在塔中气田的应用取得突破，不仅为精细控压钻井作业积累了宝贵经验，同时，对于这种很难找到压力平衡点的井，可以采用井口压力控制模式，根据漏失和溢流量随时精细调整井口压力，保证在微漏的情况下，顺利安全的钻进。

2）D26-5H 井应用情况

根据地质预测及 D26-2H 和 D26-4H 两口井的实钻情况判断，D26-5H 井储层缝洞非常发育，井漏和溢流的风险很高，水平段穿越多个缝洞难度极大。

本井在制定技术措施时充分吸收前几口井所取得的经验，对精细控压技术方案进行了持续改进。该井精细控压时采用井口压力控制模式，考虑到该区含 H_2S，采取微漏方式钻进，根据井漏和气测值变化情况随时精细调整井口压力，自 4318m 开始控压钻进，完钻井深 5323m，目的层精细探压钻进总进尺 1005m，最后安全、顺利实现了水平段穿越多个缝洞的地质目的（图 7.4）。

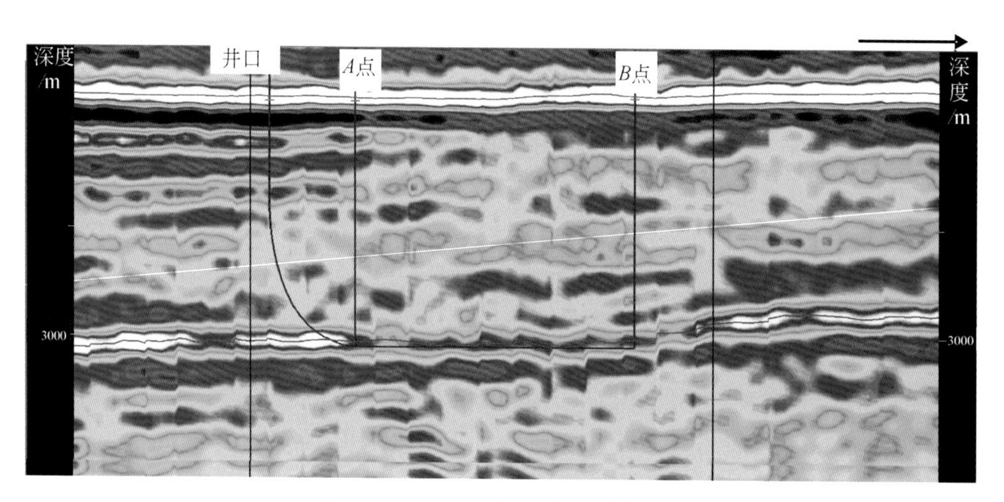

图 7.4　D26-5H 井地震反射剖面图

精细控压在 D721-5H 井和 D26-5H 井应用取得突破后，又先后在 M162-1H、D82-1H、M14-2H 等多口井应用，均应用成功，帮助水平井实现了穿越多个缝洞单元的目的，实现了筋脉理论的目的。

（四）大延伸水平井结合精细控压钻井技术典型案例

1. D62-11H 井

1）D62-11H 井井眼轨迹剖面设计

参与制定井眼轨道设计和井眼轨迹控制方案，采用直-增-稳井眼轨道剖面，直井段采用钟摆钻具组合控制井斜，增斜段采用单弯螺杆组合定向增斜，随后采用单弯螺杆组合稳斜钻进水平段，并配合高温 MWD 测斜仪进行轨迹监测（表 7.6）。

表 7.6　D62-11H 井井眼轨迹剖面设计表

斜深/m	井段名称	增斜率/(°/30m)	井斜/(°)	方位/(°)	闭合方位/(°)	闭合距/m	垂深/m	靶点
4488.00	直井段	0	0	323.88	323.88	0	4488.00	—
4662.73	增斜段	6.6	38.44	323.88	323.88	56.45	4649.91	—

续表

斜深/m	井段名称	增斜率/(°/30m)	井斜/(°)	方位/(°)	闭合方位/(°)	闭合距/m	垂深/m	靶点
4703.38	增斜段	0	38.44	323.88	323.88	81.72	4681.75	—
4901.99	增斜段	6.6	82.13	323.88	323.88	250.06	4777.83	—
4951.99	增斜段	3.0	87.13	323.88	323.88	299.83	4782.50	*A*
5451.99	水平段	0	87.13	323.88	323.88	799.21	4807.50	*B*

2）D62-11H 井施工简况

2008 年 10 月 27 日开钻，2008 年 12 月 16 日钻至造斜点 4488m 时，采用单弯螺杆定向组合配合 MWD 进行定向钻进，至 2009 年 1 月 5 日钻至 4862m 完成定向增斜，井斜 64°，方位 324°，井底循环温度 116℃。平均造斜率 5.15°/30m，2009 年 2 月 10 日从 4869m 开始精细控压钻井作业。

钻井过程中，根据地层实钻情况及时对靶区进行了调整：将 *A* 靶点垂深 4782.5m 下调 10m 至 4792.5m，*B* 靶点垂深由 4807.54m 下调至 4817.54m。在中 *A* 靶点后，再次调整 *B* 靶点垂深为 4837.5m；快到 *B* 靶点时甲方再次调整设计，要求加深钻探至 5877.8m，垂深 4850m，位移 1171.58m 完钻。

该井在 2009 年 2 月 25 日钻达设计井深 5452m，历时 15 天，进尺 583m，水平段长 484m。继续加深钻进，2009 年 3 月 12 日，钻达井深 5843m，因井下仪器无信号，研究决定提前于 5843m 完钻。

该井完成设计井深后，加深钻进 391m，该井精细控压钻进总进尺 974m，水平段长 933m，水平位移 1171.79m，创下该区水平段长新纪录。全井钻井周期 133 天，精细控压钻井取得良好效果。

3）D62-11H 井总结

（1）该井直井段的最大井斜 2.95°（4348.35m），水平位移控制在 18m 范围内，为下一步的定向施工奠定了良好的基础。

（2）该井设计奥陶系储层地层当量密度为 1.15～1.18g/cm^3，采用密度 1.06～1.08g/cm^3 钻井液，通过井口控制回压，确保当量钻井液密度为 1.15～1.18g/cm^3，实现精细控压，避免了井漏和溢流发生。

（3）一般而言，井斜≤8°情况下，用 PDC 钻头定向钻进存在工具面不稳定、造斜率难以保证等问题。第一趟钻采用牙轮钻头进行定向钻进，成功避免了上述问题，并使造斜率维持在 5.2°/30m 左右，取得了良好效果。

（4）维持钻井液良好的性能是确保定向施工安全、顺利的保障。该井定向钻进至井深 4800m 左右（井斜 60°）后，钻具托压现象严重并频繁出现黏卡，定向难度较大。随后，一方面通过对钻井液性能的改善；另一方面完善钻井措施（如提高排量、采用定向与滑动钻进相结合方式钻进等），使定向效果得到大大改善。

（5）该井钻进至井深 5508m 时，因工程需要，短起、更换旋转控制头后，钻具下入井底钻进一单根期间，仪器信号良好，但更换的旋转控制头密封不好，再次短起更换。钻具下至井底后，仪器信号衰减严重，解码不好，错码较多，继续钻进一个单根，信号仍不好，无法实现定向钻进而起钻。分析原因可能有：井底温度较高（循环温度107℃），连续两次短起过程中，仪器经历井底高温时间长，导致仪器因高温影响出现故障。第二次短起、更换旋转控制头耗时较长（6.5h），钻井液中杂质或其他固相颗粒沉积于仪器脉冲发生器处，造成仪器工作异常。

（6）井深达到5700m后，井底循环温度高达114℃，对螺杆橡胶件影响较大，造成井下螺杆纯钻时间仅60h就出现脱胶现象。

（7）理论计算可以实现水平段长1200m、1500m的钻探。酸压管柱下入过程中无屈曲产生。

（8）该井对4861～5843m井段进行酸化压裂，用12mm油嘴放喷求产，折日产油82.32m³，天然气260 902m³，油嘴管汇取样口 H_2S>1000ppm。与相邻直井（平均日产油10t/井）相比，日产量提高27倍，利用水平井开发效果显著（图7.5）。

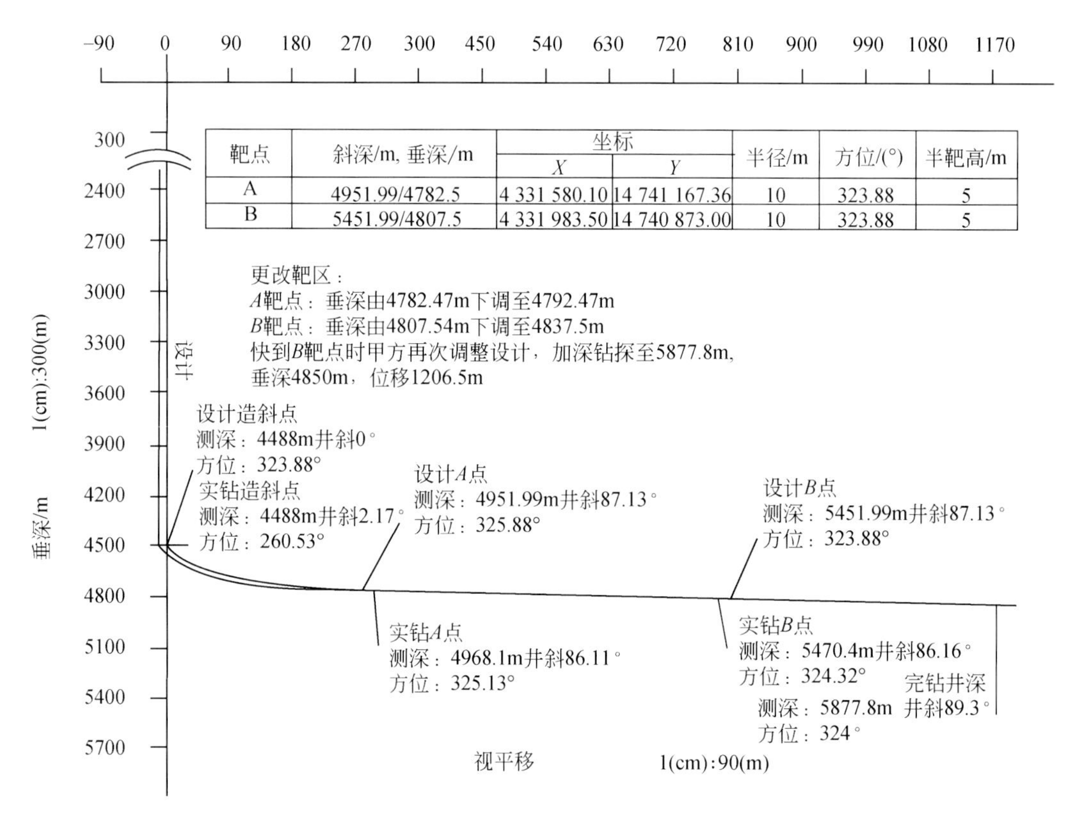

靶点	斜深/m, 垂深/m	坐标		半径/m	方位/(°)	半靶高/m
		X	Y			
A	4951.99/4782.5	4 331 580.10	14 741 167.36	10	323.88	5
B	5451.99/4807.5	4 331 983.50	14 740 873.00	10	323.88	5

图7.5　D62-11H井实钻井眼轨迹垂直投影图

2. M162-1H井

M162-1H井系塔中一口以良里塔格组气藏为目的层的最深水平井，完钻井深达6780m。该井属444.5mm钻头开眼，以152.4mm井眼尺寸完钻的四开结构井。

1）M162-1H 井井眼轨迹剖面设计

该井井眼轨迹设计采用“直—增—微增（调整段）—增—稳”剖面（表 7.7）。

表 7.7 M162-1H 井井眼轨迹剖面设计表

斜深/m	井段名称	增斜率/(°/30m)	井斜/(°)	方位/(°)	闭合方位/(°)	闭合距/m	垂深/m	靶点
0	直井段	0	0	357.29	357.29	0	0	—
5870.00	增斜段	0	0	357.29	357.29	0	5870.00	—
6085.00	增斜段	6.00	43.00	357.29	357.29	76.96	6065.38	—
6138.09	增斜段	1.98	46.50	357.29	357.29	114.33	6103.07	—
6323.99	增斜段	6.00	83.68	357.29	357.29	280.00	6180.00	*A*
6778.47	水平段	0	83.68	357.29	357.29	731.72	6230.00	*B*

2）M162-1H 井实钻井眼轨迹图（图 7.6）

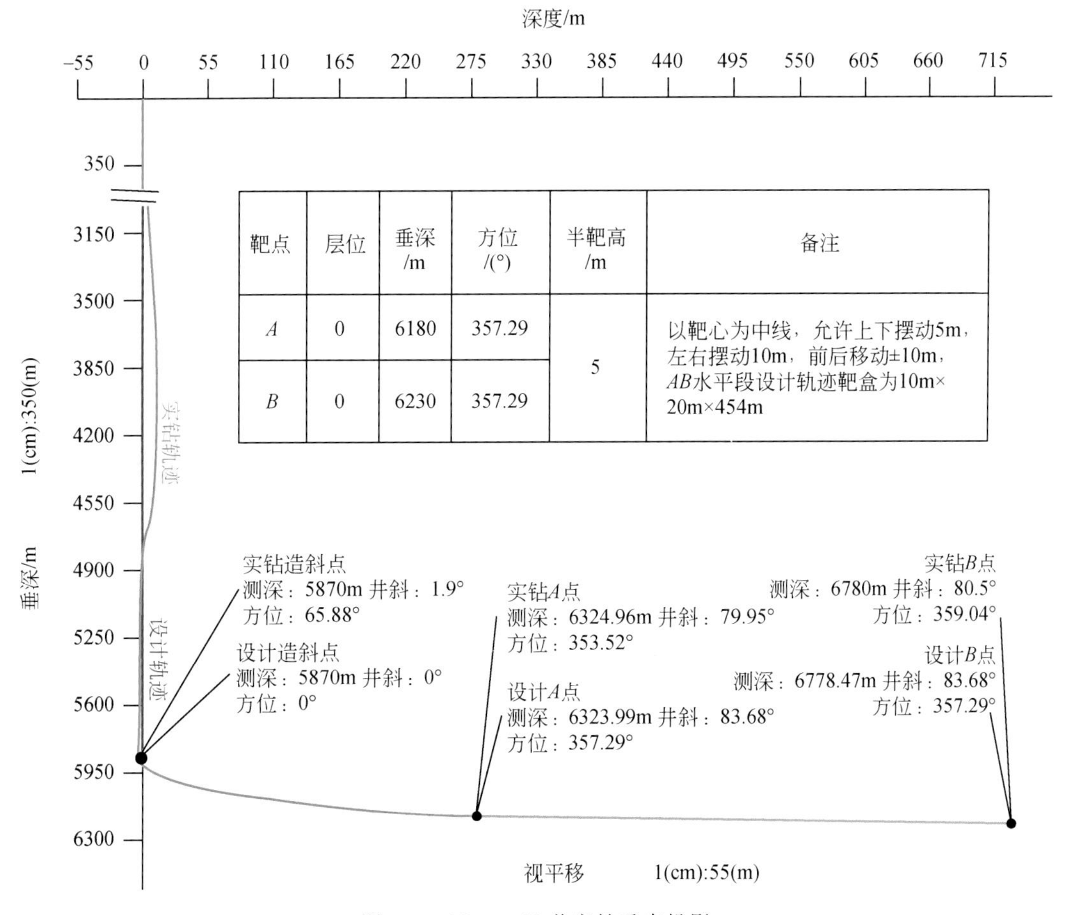

图 7.6 M162-1H 井实钻垂直投影

3）M162-1H 井总结

该井于 2009 年 2 月 26 日开钻，9 月 1 日钻进至井深 6780m 完钻，实际钻井周期为 185.5 天。该井四开采用精细控压钻进，仅用 35 天就安全、顺利完成 657m 四开井段施工（含水平段），钻进过程中基本无漏失，创造了中石油水平井垂深最深记录（6230.70m）。

针对井过深、井底温度高（井底温度 148℃）、地层研磨性强、钻进过程中摩阻及扭矩过大等难点，在钻进过程中，主要采取以下技术措施：

(1) 根据摩阻、扭矩和钻具组合的受力分析，确定合理的钻具组合结构，有利于钻具、随钻设备的合理使用，有利于钻压的合理储备。

(2) 优选钻头高效的硬质合金轴承的高速钻头，根据地层情况配合不同的钻头齿形、牙轮布置和保径设计，可大幅度地减少起下钻时间。

(3) 及时清除岩屑床，大斜度井及水平井段钻进，一是通过改善钻井液的流变性、增大钻井液排量，以较高的钻井液悬浮力，降低钻屑沉降速度；二是通过使用加长喷嘴钻头以及采用定时间、定井段短程起下钻、分段循环、增加导向转盘钻进等机械的方法，清除岩屑床，保证了井眼清洁和钻进安全快速。

(4) 马达的规范使用，使用高温全新导向马达并对新马达施工必须先进行磨合，磨合时间为 3～5h，磨合方法：马达使用卡推荐的排量和钻压范围内使用下限值，就是说使用小排量小钻压进行施工，待磨合完毕再逐渐增加排量和钻压。导向钻进过程中压差最佳为 1MPa，最大不能超过 1.5MPa。1.5°钻具导向钻进转盘转速不允许超过 30r/min。合理的技术措施，大大提高了螺杆的使用效率。

(5) 无线随钻测量系统的规范使用，本井井温对随钻等仪器进行了考验。针对随钻仪器最高耐温 150℃，采取了以下措施：在下钻过程中，前 4000m，每 2000m 循环一次，后面每 500m 循环一次。在套管里循环时，为了防止钻头打套管，我们还要严格控制排量。排量控制在 4～5L/s，循环时间控制在半个小时左右；在泥浆罐上搭凉棚，建冷却塔。这些措施有效降低了泥浆的循环温度，在仪器保护方面起到了良好效果。

（五）精细控压钻井应用总结

(1) 利用精细控压技术能够成功实现储层精细打“头皮”和穿越多套缝洞系统单元的策略；提高钻井速度和水垂比；降低漏喷复杂事故的发生，提高水平段的钻进能力，最大限度地裸露油气层，提高了供液能力，有利于提高单井产能，延长油气井寿命，实现了稀井高产稳产、高效开发的目标。

(2) 缝洞型和裂缝-孔洞型单元组合和具有准层状的裂缝-孔洞型单元适合用水平井开发，并能用精细控压技术帮助实现。

(3) 精细控压在塔中的成功应用，大大降低了压力敏感性储层钻井的井控风险，减少了泥浆漏失量，提高了生产时效，极大地提高了水平段安全钻进的延伸能力，实现了真正意义上的精细控压，为最终实现地质目的提供了强有力的技术支持。

(4) 针对塔中碳酸盐岩储层有了一套比较完整的应对措施：①D62 井区，洞周围裂缝发育，钻遇缝洞处易溢流或漏失，应采用水平段“穿头皮”＋精细控压的应对措施；

②D26井区，裂缝发育，裂缝下部往往是洞，易漏失，应采用水平段“穿头皮”＋精细控压的应对措施；③D83井区，大缝大洞发育，易漏失，应采用水平段钻缝避洞＋精细控压的应对措施；④M162井区，大型溶洞，应采用穿越缝洞＋精细控压的应对措施。

（5）为了提高精细控压在塔中地区的适应性，确保井控安全，必须将油田井控工艺与精细控压钻井技术有机结合，完善精细控压现场施工技术措施：①严格控制溢流量，适时采取有效措施，降低井控风险。溢流量在0.5m^3之内，井口加压50～300psi（1psi＝6.89476×10^3Pa）。若仍然不能控制溢流量，则以每五分钟145psi幅度增加井口控压值，直至液面稳定。一旦溢流量达到1m^3，立即实施关井，使用井队节流管汇，进入正常压井程序；②针对塔中储层特点，采取近平衡或微过平衡钻井作业，微过平衡作业过程中漏失量控制在1m^3/h之内；③为降低起下钻、接单根时的井口控压值，提高胶心使用寿命，应将钻进时控压值控制在4MPa之内，超过4MPa时以0.02g/cm^3的幅度提高钻井液密度等。

第二节　高温储层缝洞型碳酸盐岩完井及储层改造工艺技术

一、高温碳酸盐岩储层完井技术

塔里木盆地碳酸盐岩储层以缝洞型为主，且发育有大型洞穴，部分区块高含H_2S，钻遇或酸压至缝洞发育区时会出现大漏后易喷的情况，给后期试油及完井工作都带来巨大的井控安全风险。根据储层地质特征，要确保安全试油作业，必须遵循“达到试油地质目的、取全取准各项资料，保证井下地面作业安全，符合作业井况要求，兼顾成本效益”的设计原则。指导思想就是从设计到施工、从地面到井下均符合标准和操作规程，做到每个环节和节点都安全有效。如何进行科学、严密、详尽和可操作性强是安全试油的关键，也是塔中缝洞型碳酸盐岩储层油气井安全试油技术的核心和灵魂。

首先从地质角度分析各区块之间的物性及流体之间的差异性；再针对塔中碳酸盐岩易喷易漏高含H_2S且大多数井需要进行储层改造的特点以及不同储层要达到的作业目的，本着降低试油成本和确保作业安全的原则，从而在完井工艺特点上开展井下管柱的配置、井控安全装备的研发、配套完善了高含H_2S井地面流程除硫装置等环节，重点加强并确定了适应不同储层需求的完井管柱系列配套技术；压力控制、分离与计量、原油脱硫、数据自动采集、H_2S和CO_2在线监测、油水自动计量、现场实时传输以及视频监控八大功能于一体的多功能安全控制与计量系统，实现了原油罐口H_2S浓度小于10ppm的目标，为塔中高压高产高含H_2S井的安全试油提供了技术保障。目前此设备以广泛的用在高含硫及高产井试油中（如M10井、M6井、D721-2井、D83-2井等）。

（一）完井管柱优化配置技术

由于塔中缝洞型碳酸盐岩储层埋藏深（一般为5000～6000m）、温度高（地温梯度约为2.1～2.34℃/100m），非均质性强（多以孔、缝、洞为流体储积空间，孔、缝、洞之间的连通关系复杂)，压力系统不一致，流体分布和性质差异大，油气藏类型复杂，普遍含H_2S的特点，且压井液相对密度使用窗口窄，易喷易漏，大部分油藏都需进行储层改造，压力平衡难以掌握，漏、喷矛盾突出，压井困难，起钻具有较大的风险。如果改造以后再动管柱起钻需要大量的泥浆压井，将对地层造成严重的污染；与常规油气井相比，完井中要考虑的因素较多，主要包括：完井管柱的功能设计、井下工具的性能要求、特殊气密性扣的优选、防腐性能考虑以及安全控制系统设计等，这些都是完井中所必须考虑的内容。另外，同常规油气井相比，碳酸盐岩的井通常产量初期较高，井口流动压力及温度高，引起管柱变形较大，在设计中还需开展井筒评价与完井管柱受力分析，以确定完井管柱是否安全。2006年以来，随着塔里木发展需要，为突破碳酸盐岩试油的瓶颈，我们根据塔里木油田碳酸盐岩储层特点和流体性质制定了几项设计原则，其中完井管柱优化配置技术作为完井中的关键内容之一，取得了重要成果。设计原则：

(1) 要充分考虑施工安全和井控防喷措施的实现；

(2) 多功能，尽量采用一趟管柱实现达到地质目的；

(3) 可靠性与耐久性强，至少5年不用动管柱；

(4) 压差能力大于70MPa，温度应高于150℃；

(5) 防腐性强，可在酸压液、泥浆、盐水、原油、天然气、H_2S等各种介质中正常工作；

(6) 管柱结构简单，费用成本低。

根据以上原则，结合不同井况要实现的地质目的，在进行多功能管柱设计过程中，首先根据塔里木油田的具体井况和地质目的进行了概念性管柱设计，然后根据概念性管柱设计中所涉及的井下工具进行了广泛的调研，深入了解国内外相关技术的现状和发展趋势，对符合设计要求的现有成熟技术进行了筛选引进；对虽不符合设计要求但经过改进可以达到要求的技术进行了技术改造和创新性研究。通过现场不断试验攻关，优化了四类一体化管柱结构：

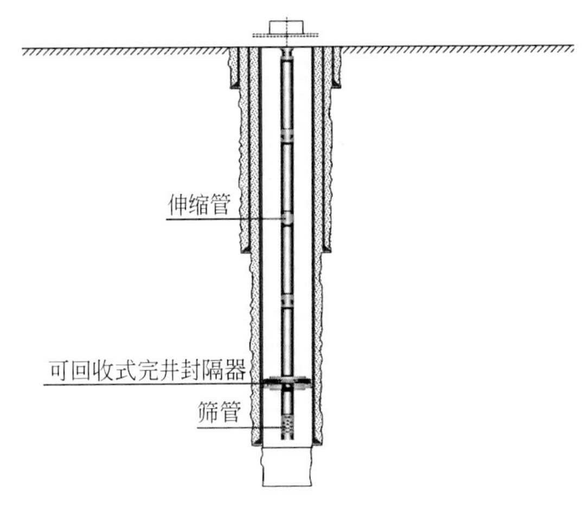

图7.7 测试—改造—求产—完井一体化管柱图

(1) 对于油气显示一般、需要进行储层改造且能够正常起下钻的井，形成了以可回收式完井封隔器的测试—改造—求产—完井一体化管柱（图7.7）；

(2) 针对钻井直接钻遇缝洞系统，易喷易漏的现象，在自主研发POP阀的基础上形成了以POP阀＋可脱手、回插的MHR完井封隔器的封堵—测试—改造—求产—完井一体化管柱（图7.8）；

(3) 针对多层试油选择性完井和易喷易漏安全风险大的井形成了以HP-1AH的测试—改造—封堵—选择性完井一体化管柱（图7.9）；

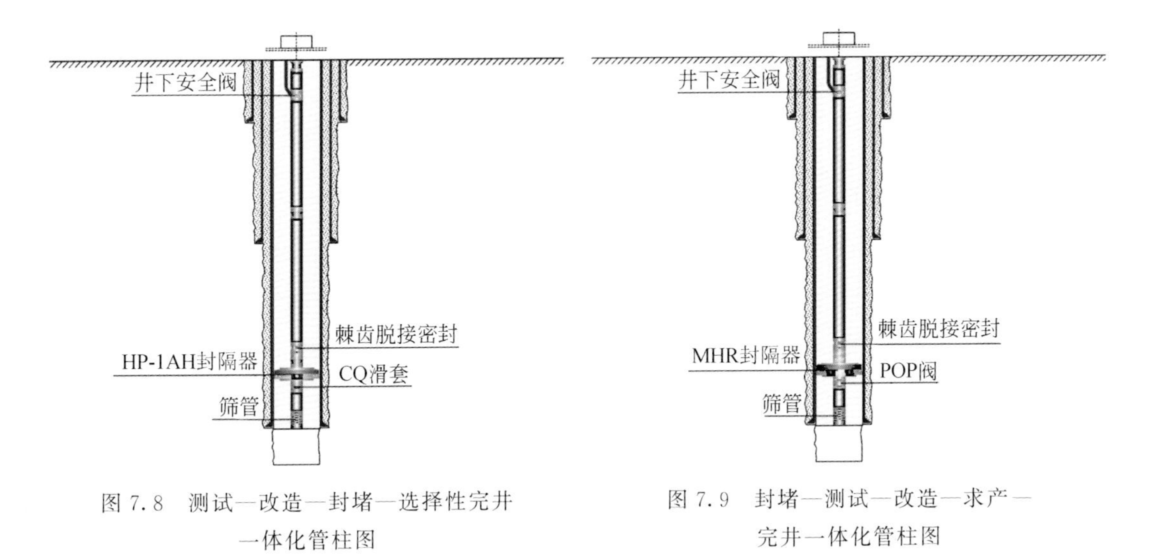

图 7.8　测试—改造—封堵—选择性完井一体化管柱图

图 7.9　封堵—测试—改造—求产—完井一体化管柱图

(4) 针对高温深井水平井分段改造形成了以管外封隔器＋阀套＋悬柱器的分段改造管柱（图 7.10）。

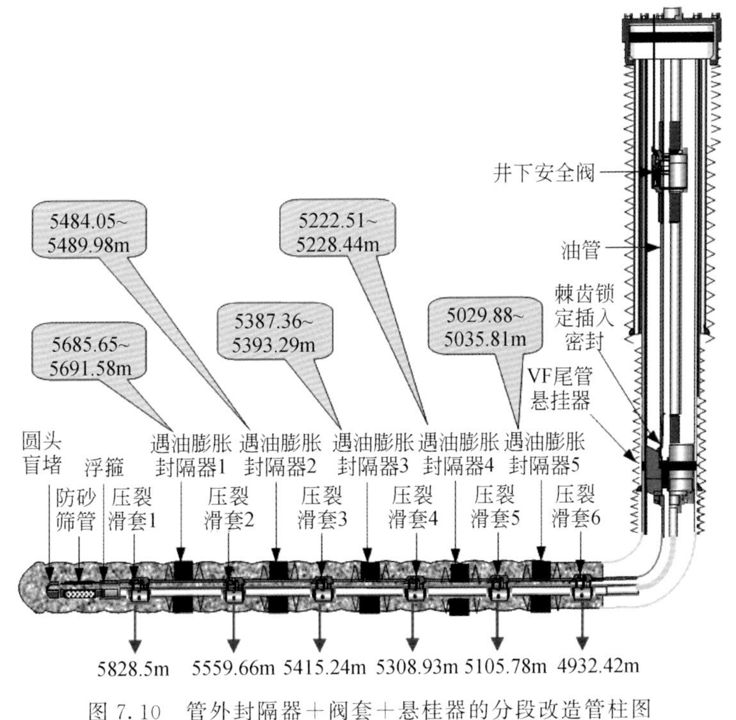

图 7.10　管外封隔器＋阀套＋悬柱器的分段改造管柱图

(二) 易喷易漏储层试油井控技术

塔里木塔中Ⅰ号坡折带碳酸盐岩钻探获得突破以后，高温、高压、易漏易喷、高含 H_2S 成为塔里木碳酸盐岩试油的基本特点，常规的试油井控技术不能满足这些特殊情况，从2006～2008年在试油井控技术规范的基础上经过持续攻关研究，形成了针对塔中缝洞型碳酸盐岩储层易喷易漏特点的安全试油评估系统。并根据碳酸盐岩储层特点，自行设计研制的不拆封井器的新型试油井口、研发与配套创新内防喷工具及换装井口方案（伸缩管+RTTS封隔器管柱），真正实现了试油作业中的全过程可控状态，解决了试油过程中换装井口时的井控安全问题，目前已在塔中各区块试油中全面推广与应用。

在沿用钻井封井器系列的基础上，针对塔中易漏易喷的特点，通过研制、引进、总结，形成了包括一项制度、三项技术、一个系统的易漏易喷储层试油井控技术。

1. 一项制度

针对塔中碳酸盐岩储层试油作业过程中易漏易喷的特点，对压井技术方案予以明确和细化，使之更具可操作性，杜绝了换装井口时井喷事故的发生，确保了塔中、M等地区易喷易漏储层试油安全。制定了《易漏易喷试油层压井、换装井口技术方案及安全管理规定》并列入了《塔里木试油井控实施细则》(2007版)。

2. 三项技术

1）可回收式油管内堵塞换装井口技术

针对试油工艺的特殊性，在试油期间将出现频繁的换装井口作业，特别是近几年进行的大规模碳酸盐岩储层改造，由于碳酸盐岩储层具有易喷易漏和高含H_2S的特点，导致换装井口时风险很大，无控状态下的换装井口作业是试油期间的最大安全隐患，研制的可回收式油管堵塞阀能够完成井口换装采油树或防喷器时对油管的封堵，消除了在更换井口时油管内发生井喷的安全隐患，有效杜绝井喷事故的发生（图7.11）。

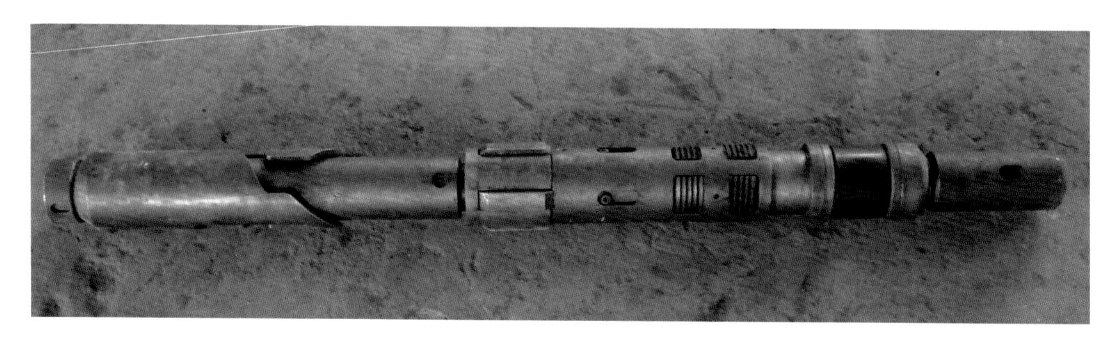

图7.11 可回收式油管内堵塞阀

2）欠平衡测试内防喷技术

欠平衡钻井中途测试是在井筒流体的静压小于地层压力的情况下进行地层测试，目的是最大限度地降低钻井液对地层的损害，有利于发现和有效保护油气藏。该项工艺技术主要特征是在井筒负压状态下进行地层测试，井口压力一般为3～5MPa，需要与井口防喷器组合及不压井起下装置配合作业。随着塔里木油田欠平衡钻井技术的发展，欠平衡钻井数日益增多。为了满足欠平衡钻井中途测试的实际需求，研制开发了欠平衡中途测试用内防喷装置。该装置应用在欠平衡中途测试管柱中，防止在起下测试管柱过程中液体从测试管柱内部涌出。研制开发的内防喷工具关键部件如弹簧的稳定性很好，永久变形量小，动密封部分结构合理，密封性能良好，完全满足欠平衡测试的需要（图 7.12）。

3）不拆封井器新型试油井口

完井试油一般是多个地质层，按照逐层上返试油的要求，在使用完井采油树试油中，整个完井试油期间需要反复的执行拆封井器、安装采油树、拆采油树、安装封井器的过程，该过程烦琐、作业周期长、吊装作业风险大。每次换装防喷器都必须进行全套井口试压工作，所耗时间多。每次换装防喷器，井口处于无控状态，换装时间长，风险大。常规钻井四通换装采油四通，因四通高度变化需重新安装节流、压井管汇。安装金属密封油管挂时，不易观察，容易损坏金属密封面，导致试不住压（图 7.13）。

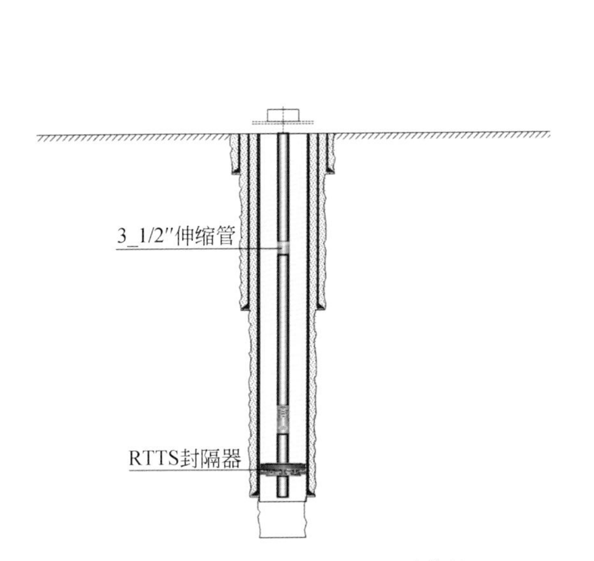

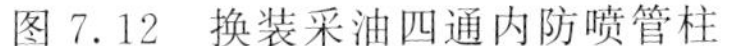

图 7.12　换装采油四通内防喷管柱

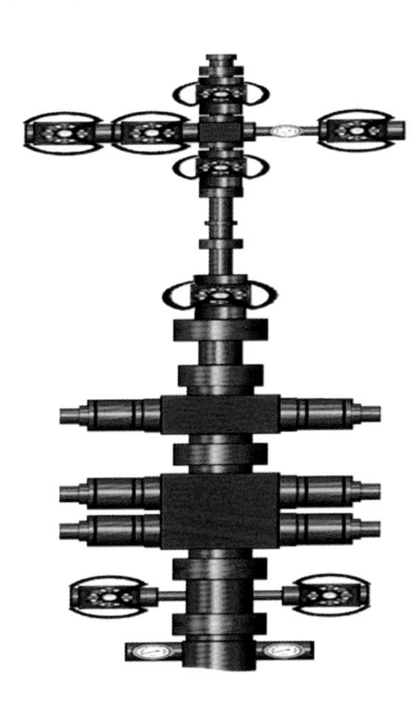

图 7.13　不拆封井器新型试油井口

为了从根本上消除安全隐患，同时加快试油进程，塔里木油田试油工程技术人员联合采油树生产厂家大胆进行技术创新，研制出了在钻井封井器组不做大的改动情况下将采油小四通置于钻台面以上，将传统的井口装置改造为“不拆封井器的新型试油作业井口”，俗称“上钻台采油树”，彻底解决了试油作业过程中因换装井口带来的安全问题，很好地满足探井试油作业的要求。

3. 一个系统

为了提高试油系统的安全性，在以前相关项目研究成果及加强设备管理、人员要求和完善规范的基础上，以管柱力学分析、井筒评价、试油系统压力、流体作用力分析、封隔器与套管相互作用力分析、射孔爆炸能量分析等定量计算为基础，结合专家经验，建立安全试油评估系统（safe testing evaluation system，STES）：综合考虑地层、井筒、管柱、井下工具、井口、地面管汇、（设计、施工、管理）人员等各个影响试油安全的"节点"，从接井开始，考虑试油设计、井筒准备、替液、坐封、射孔、酸压、排液、开关井、压井、起钻、换装井口、地层封闭等所有试油"环节"，分析各节点在各环节对设备、人员的要求，分析各节点在各环节的安全性，给出操作规范，指出潜在风险，提出削减措施；以管柱力学分析、井筒评价、测试系统压力、流体作用力分析、封隔器与套管相互作用力分析、射孔爆炸能量分析等定量计算为基础，结合专家经验，建立并用计算机技术实现 STES 安全试油评估系统。最终，形成"一套算法"、"一系列规范"、"一套做法（评估步骤）"，并结合专家系统技术、计算机技术、网络技术，形成一套具有专家知识库（knowledge base）、案例库（case）、提醒、咨询功能的"STES 安全试油评估计算机系统"。

（三）易喷易漏储层试油地面流程技术

试油作业的核心目的就是把地下的流体（油、气、水）诱导到地面并进行可控状态下的定量测量、计量，而这一切都需要通过地面求产流程来实现，以获得相关数据。

针对塔里木油田碳酸盐岩高压、高含 H_2S 的特点，求产过程中压力高、温度高、产量高、高含 H_2S 等问题，形成了压力控制，分离与计量，原油脱硫，数据自动采集，H_2S、CO_2 在线监测，油水自动计量，现场实时传输，视频监控为一体的八大功能地面求产流程。地面求产流程主要包括高压管线、油嘴管汇、分离器、加热器、ESD 紧急关闭系统、SSV 阀、MSRV 自动泄压阀、化学注入泵、计量及检测仪器、计量罐、储油罐（环保罐）和放喷管线、除硫装置、液面监测等。解决了试油期间 H_2S 井场散溢、不能正常求产和腐蚀联合站设备的问题（图 7.14）。

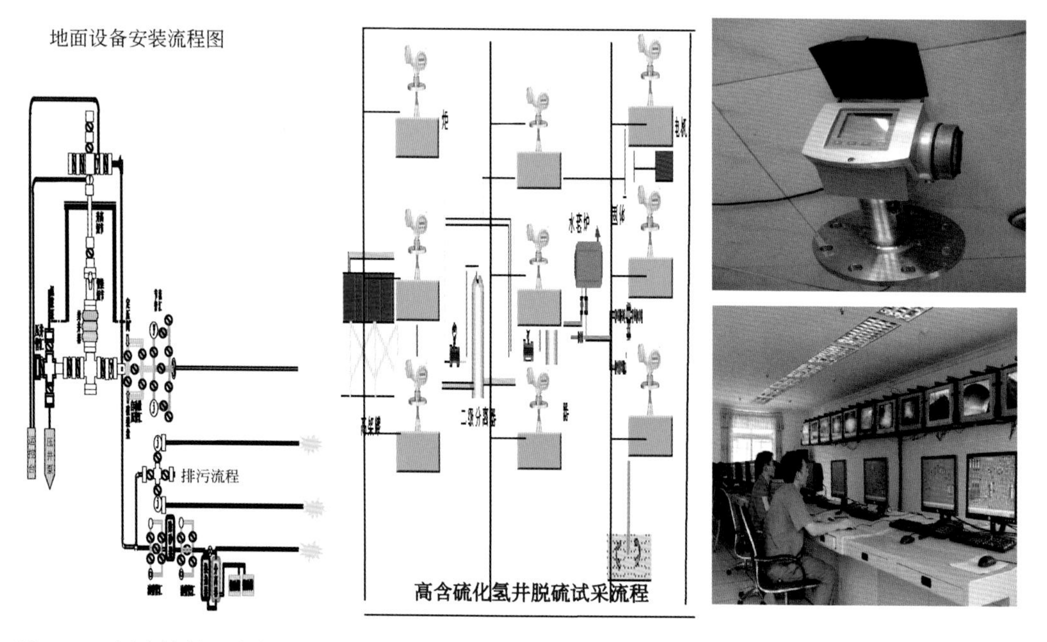

图 7.14 压力控制，分离与计量，原油脱硫，数据自动采集，H_2S、CO_2 在线监测，油水自动计量，现场实时传输，视频监控八大功能

二、缝洞型碳酸盐岩储层深度改造技术及现场应用

（一）深度酸压裂改造技术及现场应用

酸压裂作为碳酸岩储层改造的重要增产措施之一，在塔里木油田碳酸盐岩勘探开发过程中发挥了重要作用。自1988年5月3日LN1井奥陶系5038～5107.45m、1991年1月3日D1井寒武系5197.0～5211.0m井段酸压开始，即揭开了塔里木油田碳酸盐岩储层改造工作的序幕。初期受当时液体技术、工艺方法及施工装备的限制，储层改造主要以常规解堵酸化为主，平均用酸量低于100m^3，施工排量小于2m^3/min，改造规模有限，改造后的稳产效果差，碳酸盐岩勘探呈现“口口见油，口口不流”、“偶有高产，难以稳产”的被动局面。“九五”初期，国内开始引入国外储层改造新理论，发展了新的液体技术，引进了新的压裂设备，大大提高了施工作业能力。1997年2月6日，在乡3井奥陶系5955～5968m井段首次采用哈里伯顿2000型压裂车组，进行大型多级注入酸压＋闭合酸化施工并获得成功。至此对碳酸盐岩储层建立了“大排量-高泵压-大液量”的酸压改造新理念，逐渐发展形成了以胶凝酸酸液体系为主的前置液酸压、多级注入酸压、多级注入＋闭合酸化等酸压系列工艺技术，与此同时乳化酸、滤失控制酸（LCA）、表活酸等酸液体系也相继在现场应用。酸化改造的规模和效果较起步阶段有了很大提高，储层改造有效率达到57.1%。特别是轮古15井，通过多级注入＋闭合酸化后日产原油达443m^3，成为轮古奥陶系第一口高产稳产井，为轮古碳酸盐岩勘探打开了新局面。

随着碳酸岩储层勘探开发的深入，酸压得到越来越广泛的应用，但前期酸压常用的胶凝酸液体系由于黏度相对低、与地层岩石反应较快，穿透力差，导致酸蚀裂缝长度有限（$<$50m），酸压后裂缝闭合快，无法实现深度改造储层。因此，为改善酸压改造效果，增大有效作用距离，从而增大沟通缝洞系统几率，并增大渗流面积，增加活性酸作用距离，使酸蚀裂缝最大化，获得与加砂压裂技术同等长度（百米级别）、高导流能力裂缝成为近几年酸压技术的发展目标。

影响深度酸压的主要因素为酸液在裂缝中与岩石壁面反应过程中，酸液在岩石壁面形成的溶蚀孔洞以及由此带来的酸液滤失。酸压施工中，任意裂缝位置、任意时刻、任意温度点均会发生滤失，实现深穿透必须是在裂缝中全程实现对酸液滤失的控制。实现该技术的唯一途径就是提高酸岩反应裂缝全程的液体黏度。根据该理念需求，通过多年的科研攻关，形成了多元化的高黏酸体系，使酸液实现有效交联形成类似压裂液冻胶一样的高黏酸液。通过提高酸液的黏度，降低H^+向裂缝壁面的传质速度，减缓酸岩反应速度，并利用其高黏度特性，充填已形成的溶蚀孔洞，有效阻止溶蚀孔洞的快速增长，降低酸液的滤失，使其能够沿人工裂缝向深部运移并有效反应，达到了深度改造的目的。

1. 大型多级注入酸压＋闭合酸化技术

该技术是利用前置液与酸液交替注入，形成较长的且导流能力较高的酸蚀裂缝，从而

提高酸压效果。多级注入酸压工艺技术的滤失控制机理是：利用高黏前置液进行造缝，并在裂缝壁面形成滤饼，从而控制液体滤失，在酸穿透前一级前置液形成的壁面滤饼，并形成酸蚀孔洞的这段短时间内，再次注入一级黏性前置液，封堵前一级酸液溶蚀出的孔洞，同时形成新的降滤失滤饼，使后一级酸液在穿透这层滤饼之前的滤失得到控制。

酸液在低于闭合压力的条件下注入闭合裂缝，大部分酸液以紊流状态穿过闭合的裂缝，迅速溶蚀岩石表面，其溶蚀的岩石量比张开裂缝的溶蚀量要大得多，由于岩石成分和渗透率各异以及盐酸对其选择性的溶蚀，对具有不同反应区域和脉道的碳酸盐岩油气层会出现一个层区反应速度比邻区反应速度慢的现象，并且随溶蚀面积的逐渐扩大，短时间内连续流动酸液会在岩石表面刻蚀出部分相对较深的沟槽，其余未被刻蚀的裂缝就能够在闭合条件下支撑裂缝。

闭合酸化适用于低孔、低渗、致密性碳酸盐岩类油井及油气共存的井进行深度酸化改造，也可用于油井投产酸化，以解除井底附近的堵塞，改善油气通道，提高油气产量。塔里木油田碳酸盐岩储层渗透率较低，裂缝和溶蚀孔洞是主要的储集空间，前置液多级注入酸压＋闭合酸化技术应用比较广泛，该项技术的典型应用井包括 L15 井奥陶系5726.73～5750.00m 大型酸压和 L9 井奥陶系 5549.71～5600.00m 大型酸压。

L15 井于 2001 年 9 月 3 日对奥陶系 5726.73～5750.0m 井段进行了多级注入酸压闭合酸化施工。在施工过程中有明显的沟通地层大的天然裂缝及溶洞带的显示，井底压力下降了 18MPa。压开裂缝时梯度为 0.015MPa/m，停泵时计算裂缝延伸裂缝压力梯度为 0.0135MPa/m。酸压裂施工排量 3.8～4.2m^3/min，泵压 65～75MPa。挤入地层前置液 122m^3，稠化酸 142m^3，闭合酸 30.56m^3。酸压后取得了显著的效果，用 12mm 油嘴放喷，日产油由酸压前的 44.5m^3 提高至 443m^3，是轮古地区第一口高产稳产井，截至 2009 年 1 月 15 日已累计生产原油 16.85 万吨。

2. GCA 地面交联酸酸压技术

根据提高酸液黏度可以实现降低 H^+ 向裂缝壁面的传质速度，减缓酸岩反应速度，并可利用其高黏度特性，有效降低酸液的滤失的理念，过两年的科研攻关，在胶凝酸基础上，自主研发了地面交联酸液体系，通过使用交联剂交联高分子聚合物在地面条件下让酸液实现有效交联，形成类似压裂液冻胶一样的高黏酸液，并通过前期酸岩反应机理研究，它具有缓速性能好，并能实现非均匀刻蚀，从而可实现高导流、深穿透的改造目的。

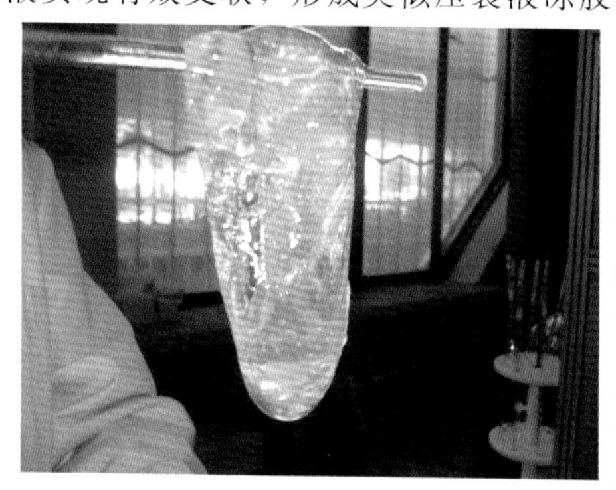

图 7.15　20％HCl 交联酸成胶图

地面交联酸酸液体系主要有酸用稠化剂和交联剂组成，同时配套交联酸用添加剂：助排剂、缓蚀剂、破乳剂、铁离子稳定剂、破胶剂等，共同形成优化的交联酸液体系。酸液能否交联是形成交联酸体系的关键，通过交联调节剂的研发，可实现酸液体系在 10％～28％的酸液浓度中交联，交联时间控制在 7～240s，图 7.15 为交联酸成胶图。

图 7.16 为交联酸的流变曲线，结果表明 120℃地面交联酸具有良好的耐温、耐剪切性能，剪切速率为 170m/s，60min 黏度为 200mPa·s 左右。

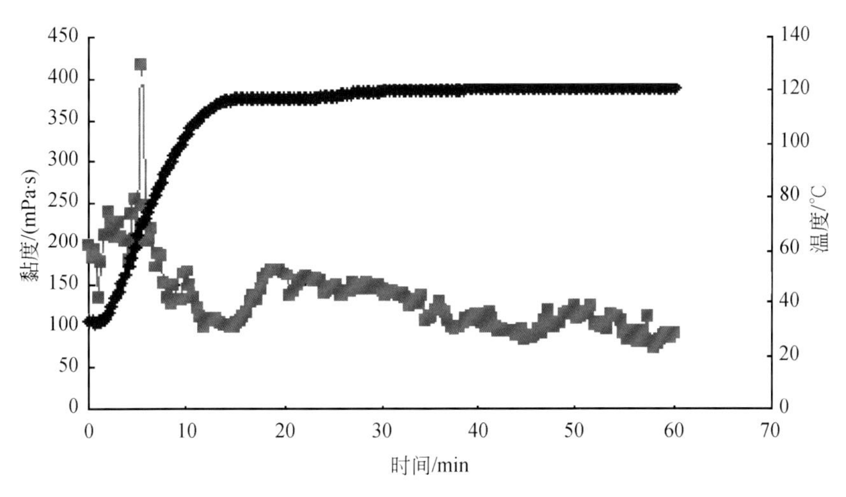

图 7.16　交联酸黏温流变曲线（交联比 100∶1.3）

破胶性能：为减少对地层的伤害，储层改造后要求快速、彻底返排注入地层的工作液，这就要求工作液体系快速、彻底的破胶。为满足该需要，研发了适用于该体系的新型破胶剂，使用 0.12％的破胶剂，不同交联比的交联酸破胶结果见表 7.8，在适当的条件下，交联酸体系与岩石反应，可以在 3h 后彻底破胶水化，完全可满足施工后快速、彻底破胶返排的要求。

表 7.8　交联酸体系与岩芯反应（90℃）

交联比	1h	1.5h	2h	3.5h
100∶0.8	分层，碎冻胶	反应结束，黏度为 20mPa·s	清液小于 5mPa·s	—
100∶1.0	冻胶弹性，可挑挂	冻胶，不可挑	分层，黏度为 30mPa·s	反应结束，清液小于 5mPa·s
100∶1.3	冻胶弹性好，挑挂性好	冻胶，不可挑	分层，黏度为 40mPa·s	反应结束，清液小于 5mPa·s
备注	交联酸与 15g 实验岩芯在 90℃条件下进行反应			

缓蚀速率：图 7.17 比较了普通酸、稠化酸、交联酸的溶蚀速率。在反应进行 10min 时，常规酸与岩芯反应完全，稠化酸和交联酸只是少量参加了反应；反应进行 1h 时，稠化酸反应 90％，交联酸反应 20％；反应进行 2h 时，稠化酸反应 100％，交联酸反应 35％；在反应进行 3h 时，交联酸反应结束。可见，研发的新型交联酸体系较好地起到了延缓反应速度的作用，可使活性酸作用距离更远，从而实现深穿透的目标。

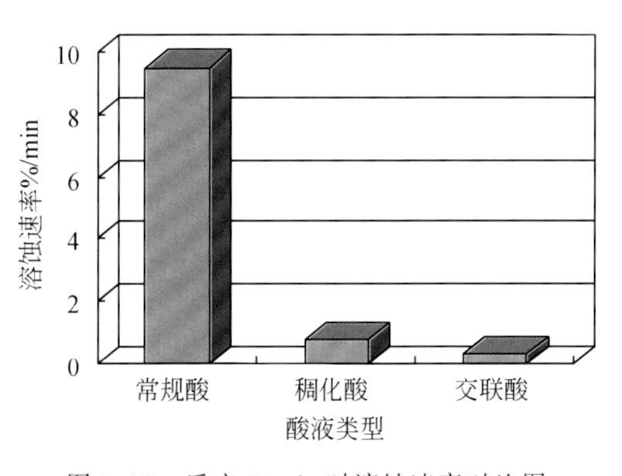

图 7.17　反应 10min 时溶蚀速率对比图

2004 年 10 月 D622 井奥陶系 4913～4925m 首次采用地面交联酸酸压施工，共注入地层总液量 538m^3，包括交联酸 285.7m^3，施工排量 4.5～5.5m^3/min，施工压力 60～80MPa，停泵压力 22.1MPa，测压降 1h，油压从 22.1MPa 降至 18.1MPa。从酸压施工曲线（图 7.18）看排量相对稳定，油压整体呈下降趋势，说明远井储层的吸液能力较强；停泵压力较低，储层的物性较好。本井压前曾采用 102.2m^3 胶凝酸进行处理，采用 5mm 油嘴，油压 12.463MPa，日产油 8.26m^3，日产气 44 270m^3，酸压后用 6mm 油嘴求产日产油 24.4m^3，日产气 46 300m^3，压裂增产效果显著，证明交联酸真正实现了深穿透，实现了扩大渗流面积，从而有效增产。D622 井是塔里木油田第一口交联酸酸压并获得成功的井，开辟了塔里木油田碳酸盐岩储层深度酸压的新纪元。

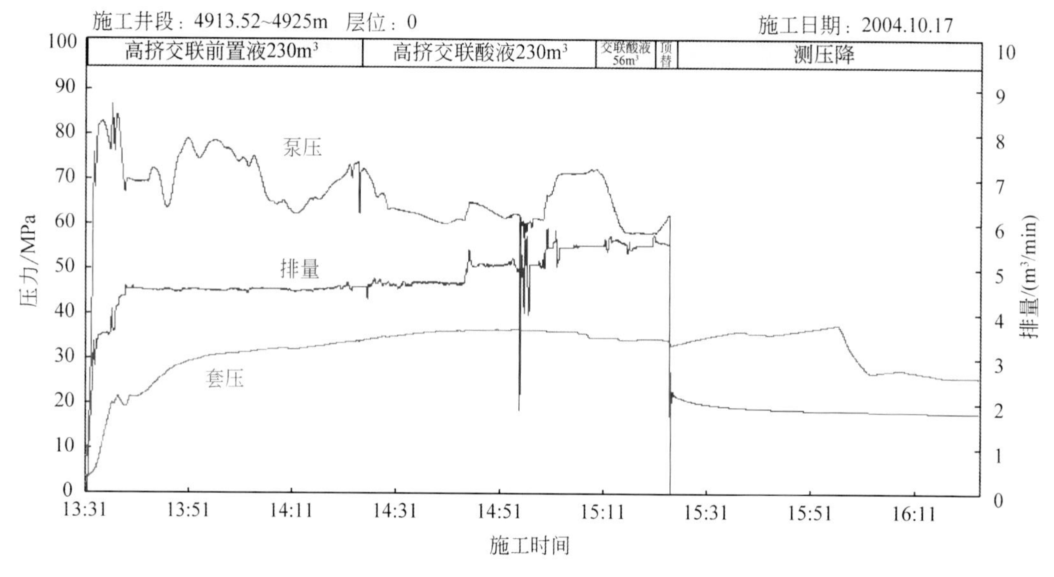

图 7.18 D622 井交联酸酸压施工曲线图

3. TCA 温控变黏酸酸压技术

根据温控变黏酸酸液体系的设计思路，研制了新型温度控制酸液黏度的酸液体系。温控变黏酸体系（TCA）将储层高温的不利条件转化为可利用条件，采用特殊的高分子聚合物主剂，通过温度控制、重聚增黏、活化可控、适时降解 4 个关键机制实现高温碳酸盐岩储层的深度酸压与清洁酸压。

温度控制机制：温控变黏酸摒弃现有变黏酸依靠酸岩反应中 pH 控制酸液黏度的机理，创新地采用温度控制酸液黏度变化，从而将储层高温这一不利因素转化为可利用因素，酸液注入过程中吸收沿程热量，当酸液达到一定温度时快速增黏，从而实现体系在鲜酸阶段增黏，使之成为真正的缓速体系和降滤体系，保证酸液的有效穿透深度。

重聚增黏机制：为实现温控变黏酸的温度控制机制，设计了一种独特的梳型多元阳离子的聚合物胶凝剂，控制该胶凝剂的聚合条件，使分子量在 80 万以内，其结构见图 7.19。这样常温条件下酸液黏度小、摩阻低、易泵注；当温度升高至一定温度时，TCA 胶凝剂这一特殊聚合物被激活而发生链增长或链链接，重新聚合使分子量急剧增大，酸液黏度迅速增高（图 7.19）。

活化可控机制：随体系温度升高，温控变黏酸特有的聚合物活性增强，但这并不足以使其发生链增长或链链接，体系必须在活化剂存在条件下进一步降低胶凝剂的活化能，才能最终激活链上的部分自由基。体系的这种巧妙设计使其可在现场通过外加活化剂实现酸液变黏与不变黏的控制，满足现场多种酸压工艺需要；活化剂不含金属离子，能够用于高含硫储层。

适时降解机制：温控变酸达到变黏温度后发生主剂分子的链增长和链链接，酸液黏度快速增加。增黏的过程保证了酸液体系的缓速降滤作用。聚合物在高温（大于 100℃）条件下 1～2h 分子链又自行断链降解，其黏度迅速降低（图 7.19），利于返排，保证酸液体系的清洁酸压。

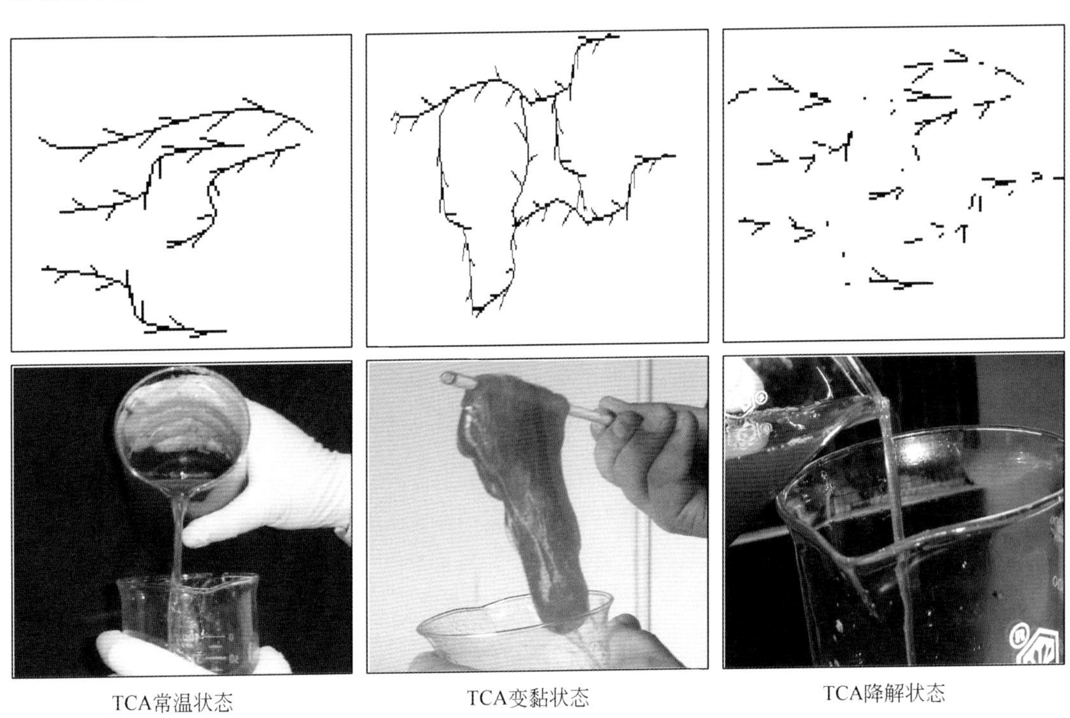

图 7.19　TCA 温控变黏酸不同情况下状态图

在研制出 TCA 胶凝剂和该体系其催化剂的基础上，研制出新型温控变黏酸体系，其配方为：20％HCL＋0.8％TCA 胶凝剂＋2％缓蚀剂＋1％助排剂＋1％防乳抗渣剂＋1％铁离子稳定剂＋活化剂。

2005 年 8 月 6 日，首次在 D82 井裸眼井段 5440.0～5487.0m 进行了 TCA 变黏酸酸压改造新工艺试验，该层从取芯、测井、试油等资料分析，井周附近物性较差，为低孔低渗灰岩储层，地层温度为 139℃，测井解释孔隙度 0.2％～2％，非均质性强，连通性较差，改造前评价为Ⅲ类油气层。施工中挤入地层总液量 441.28m^3，其中普通酸 65.91m^3，胶凝酸 50m^3，变黏酸 300m^3，顶替液 25m^3。泵注排量 1～5.6m^3/min，井口泵压 17.5～

92.97MPa。停泵测压降20min，油压15.5MPa保持不变。由施工曲线（图7.20）所示的压裂中井口油压表明泵入变黏酸中井底压力呈现大幅下降，表明泵入速率小于滤失速率，裂缝已沟通缝洞发育系统，其后即使提高排量，也仍未从根本上解决压力下降的大局；且停泵后压力基本不降，说明裂缝向地层滤失很快就已结束、已获平衡，表明裂缝沟通了缝洞发育系统。酸压后用12.7mm油嘴求产，日产油485m³，日产气727 106m³，单井日产油气当量超千吨。该井的地质突破被美国《勘探者》杂志评为2005年全球重大油气勘探新发现之一。

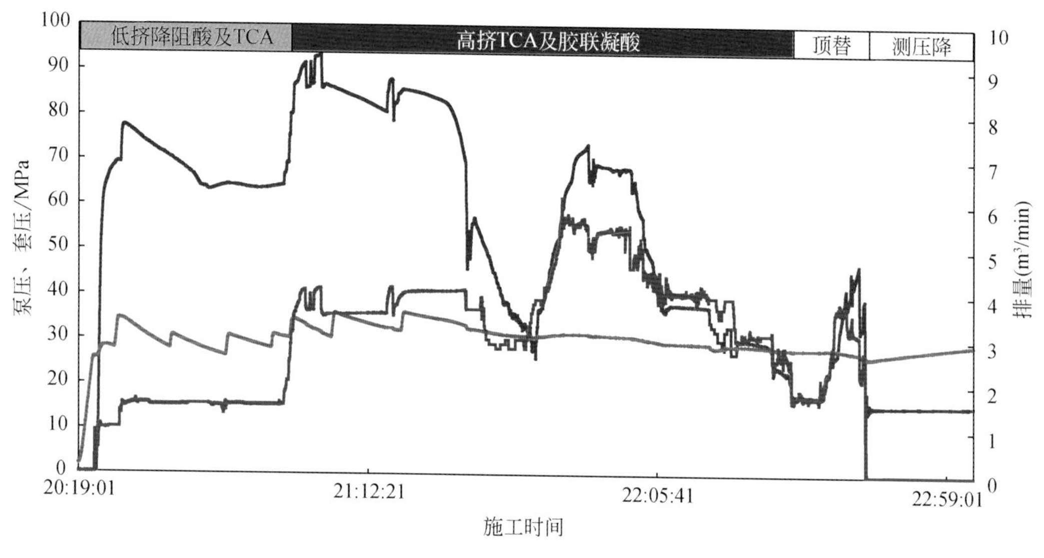

图7.20 D82井变黏酸酸压施工曲线图

TCA温控变黏酸体系将储层高温的不利因素转化为可利用因素，通过温度控制、重聚增黏、活化可控、适时降解4个关键机制实现深度酸压与清洁酸压。TCA温控变黏酸体系现场应用表明，TCA变黏酸酸液体系适用于高温深井、储层非均质性严重、地层滤失性强的裂缝性碳酸盐岩储层。TCA温控变黏酸酸压配套技术在2005年被中国石油股份公司评为“中国石油集团科技十大进展”。

4. DCA清洁自转向酸压技术

针对微裂缝性、孔隙性和长井段的酸化（酸压）改造，国内外的最新发展趋势为以具备就地自转向能力的酸液体系实现储层全面均匀的高效改造和清洁改造。目前常用的低黏度胶凝酸体系和高黏度交联酸体系在改造时均倾向于改造高渗透层段，不具有就地转向功能。清洁自转向酸酸液体系是依靠反应控制酸液黏度的酸液体系。清洁自转向酸体系（DCA）采用特殊黏弹性表面活性剂，利用酸岩反应产物的物理化学作用达到控制酸液体系黏度的目的，通过反应控制、缔合增黏、就地自转向、清洁保护4个关键机制实现高温碳酸盐岩储层的高效改造与清洁改造。

反应控制机制：为实现酸液体系增黏与储层物性相联系，清洁自转向酸设计采用酸岩反应来控制酸液黏度的增长。酸液在与岩石反应生成的无机盐参与下黏度迅速增长，由鲜酸的十几毫帕·秒增大到近 400～800mPa·s，为体系实现就地自转向创造了条件。

缔合增黏机制：为实现清洁自转向酸的反应控制黏度的机制，设计了一种独特的黏弹性表面活性剂，其在高浓度的鲜酸中以单个分子存在，此时的鲜酸黏度较低，利于施工泵注；在酸液与碳酸盐岩发生反应生成的大量钙镁离子协同作用下，特殊的表面活性剂分子在残酸液中缔合成柱状或棒状胶束，使残酸体系黏弹性急剧增大（图 7.21）。缔合形成的高黏高弹体系耐温性能好，使得酸液体系能够适用于高温井的改造。

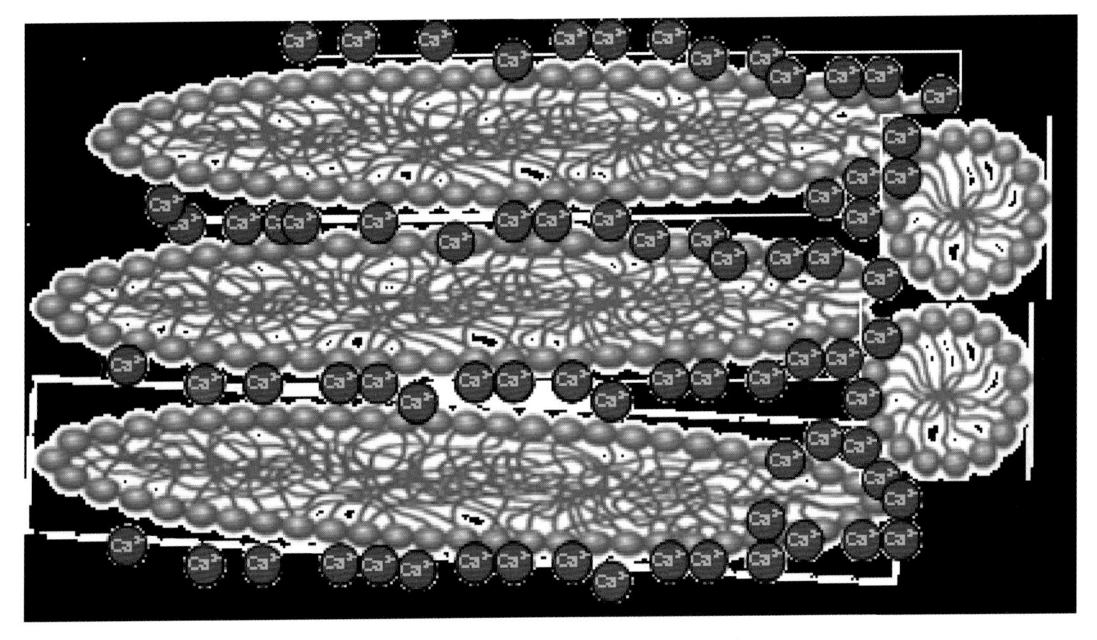

图 7.21　特殊表面活性剂的增黏机理示意图

就地自转向机制：清洁自转向酸遵循最小阻力原则将优先进入高渗层段或低伤害层段，在酸岩反应、高面容比、缝内高温等因素影响下缔合增黏，形成高黏高弹体系，提升酸液继续进入该孔喉或裂缝的压力，迫使后续鲜酸自转向至物性相对差或污染相对重的层段从而实现体系最重要的就地自转向功能。

清洁保护机制：清洁自转向酸基于表面活性剂形成胶束技术，体系中不含任何聚合物，清洁率高，对孔隙型和天然裂缝型储层损害小；体系的胶束黏弹体在烃类物质或地层水作用下，又能自行破坏形成球状胶束，酸液黏度大幅降低，有利于残酸的返排；体系内不采用金属交联剂，能够满足含硫储层的应用。

YM204 井是塔里木盆地 YM2 号大型背斜构造上的一口评价井。YM2 号构造钻探证实储层纵向及横向的非均质性均很强，裂缝为主要的储集空间与渗流通道。YM204 井钻井录井油气显示差，测井解释目的层储层物性一般（图 7.22）。实钻井眼轨迹偏离了强振幅异常反映的储集体，从目的井段至储集体中部距离为 150m 左右，且测井资料解释目的层段最大主应力方位为 45°左右，而天然裂缝发育方位为 315°左右，天然裂缝发育方位与最大主应力方位基本垂直（图 7.23）。套管射孔完井后测试开井 36h 产少量油（0.02m³）。

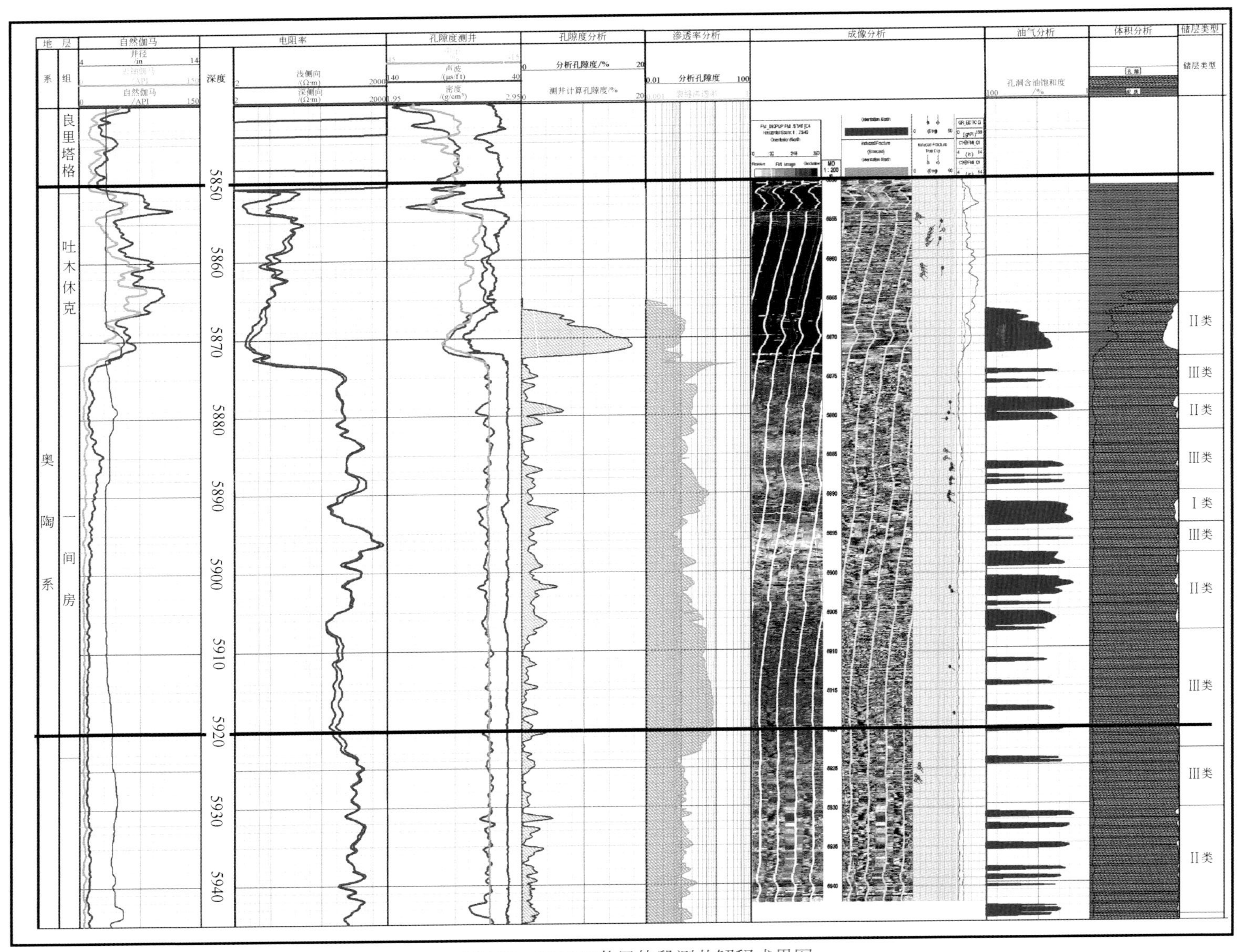

图7.22　YM204井目的段测井解释成果图

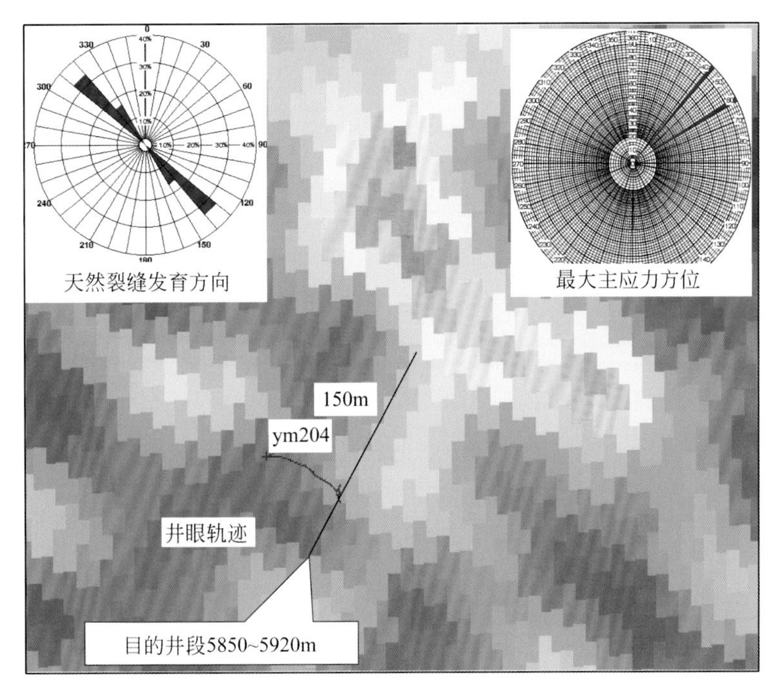

图 7.23　天然裂缝及应力匹配关系图

结合地质特征，本井采用具备分流转向能力的 DCA 酸液体系结合 DCF 裂缝转向技术深度酸压、酸化施工。酸压施工曲线见图 7.24。酸压后用 6mm 油嘴求产，获得日产油 112.88m³、日产气 7973m³ 的高产油气流。

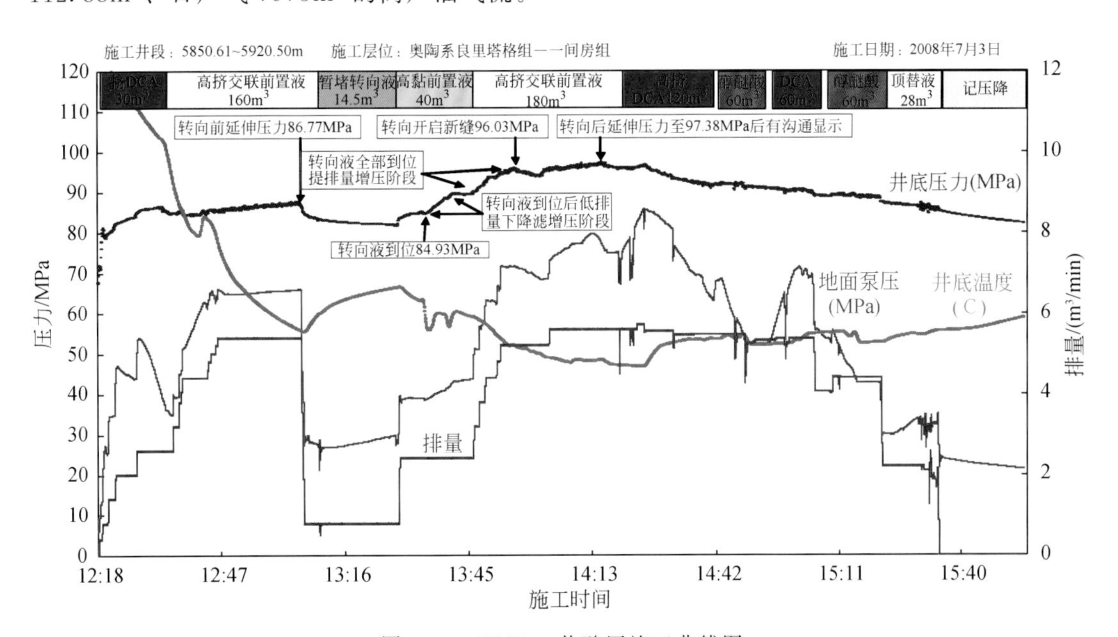

图 7.24　YM204 井酸压施工曲线图

DCA以实现高效改造并兼顾保护为出发点，将缓速降滤、就地自转向、储层保护等性能结合于一体，通过反应控制、缔合增黏、就地自转向、清洁保护4个关键机制实现高效改造与清洁改造，DCA填补了国内技术空白，打破了国外大公司的技术封锁。

（二）碳酸盐岩加砂压裂技术及现场应用

由于碳酸盐岩天然裂缝发育，且埋藏深，地层温度高，在此条件下酸岩反应速度快，即使采用低滤失缓速酸、多级注入等措施，在高温条件下酸液有效作用距离仍然有限，在深井中由于作用在酸蚀裂缝壁面上的有效应力高且酸压后岩石强度有所降低，裂缝易产生闭合现象，使得酸蚀裂缝有效时间也受限。认识到酸压裂的这些局限性后，提出了采用加砂压裂对碳酸盐岩进行改造的理念，由于加砂压裂人工裂缝内存在支撑剂支撑，且压裂液为惰性液体，可形成长达200～300m的人工有效主裂缝，加砂压裂成为碳酸盐岩储层改造的一种可选措施。

虽然加砂压裂能够获得较酸压长的人工主裂缝，但国内外加砂压裂（包括华北、长庆、四川磨溪、哈萨克斯坦扎纳若尔油田等）实践表明，碳酸盐岩储层加砂压裂难度大，具有加砂量少，砂堵率高的特点，其主要原因一般认为是碳酸盐岩杨氏模量高、天然裂缝发育，使得人工主裂缝缝宽小，易形成多裂缝，造成滤失严重，裂缝扭曲，缝宽进一步减小，使得砂堵几率极大，属于世界级难题。

塔里木油田在国内外调研的基础上，通过探索天然裂缝对人工主裂缝延伸的影响机理，根据现场实践，最终形成了一套较为完善的碳酸盐岩加砂压裂配套技术，为碳酸盐岩储层改造提供一种安全且有效的可选手段。

1. 碳酸盐岩加砂压裂针对性措施

根据前期储层综合地质评估结果表明，碳酸盐岩加砂压裂技术适合在礁滩体为主的裂缝-孔洞型储层中开展。塔里木油田以井层特征为基础，考虑到国内外碳酸盐岩加砂压裂井次极少，碳酸盐岩加砂压裂难点主要在于储层存在天然裂缝、滤失高，容易造成早期砂堵、诱导形成多条主裂缝或分支裂缝，导致人工裂缝不能深穿透，而且塔里木油田碳酸盐岩储层埋藏深，杨氏模量高导致裂缝宽度窄，地层应力高，对导流能力要求高的特点，针对塔里木油田碳酸盐岩加砂压裂难点特点，主要形成了如下实施方案：

（1）针对地层孔隙度低，物性差特点，压裂设计以造长缝、沟通缝洞发育带、扩大渗流面积为原则；

（2）优选低伤害压裂液减少对地层伤害，并满足施工需要的耐温耐剪切性能；

（3）针对储层杨氏模量高、裂缝宽度窄的特点，在满足导流能力的前提下，优选40～60目（或30～50目）小粒径支撑剂；砂液比以低起点、小台阶、多步、控制最高砂液比的设计原则；

（4）为了防止多裂缝的产生，采用适当控制排量的措施；

（5）为了降低地层天然裂缝的滤失，可考虑在前置液中加入粉陶进行降滤；

（6）为了降低地层破裂压力，并接触孔眼污染，降低近井摩阻，压前采用20%稀盐酸对地层进行预处理；

（7）由于施工井段埋藏较深，施工摩阻高，为降低施工摩阻和施工压力，提高排量，提高液体效率，使用可控延迟交联压裂液体系，并采用大管径油管作为压裂施工管柱；

（8）在条件允许的情况下，尽量实现井底压力的实时监测。

2. 现场应用效果

1）D621 井

在前期充分论证和大量室内实验的基础上，2004 年 10 月 16 日在 D621 井奥陶系 4849～4885m 首次实现了碳酸盐岩加砂压裂施工，该井地层温度 132℃，地层压力系数 1.14，总厚度 17m，平均孔隙度 2.4%。本次施工采用“31/2”光油管进行施工（图 7.25），施工排量 4.0～4.5m³/min，井口油压 65.11～54.8MPa，套压 34.15～30.08MPa，注入井筒总含砂液量 359m³，纯液量 344m³，成功加入陶粒 30.5m³（55.5 吨），平均砂浓度 400kg/m³，最高砂浓度达到 720kg/m³。压裂施工达到了设计要求。压裂净压力拟合结果表明，本次压裂在目的层段形成了一支撑裂缝半长为 185m、高度约 36.4m（造缝高度约 43.0m）的高导流人工裂缝。

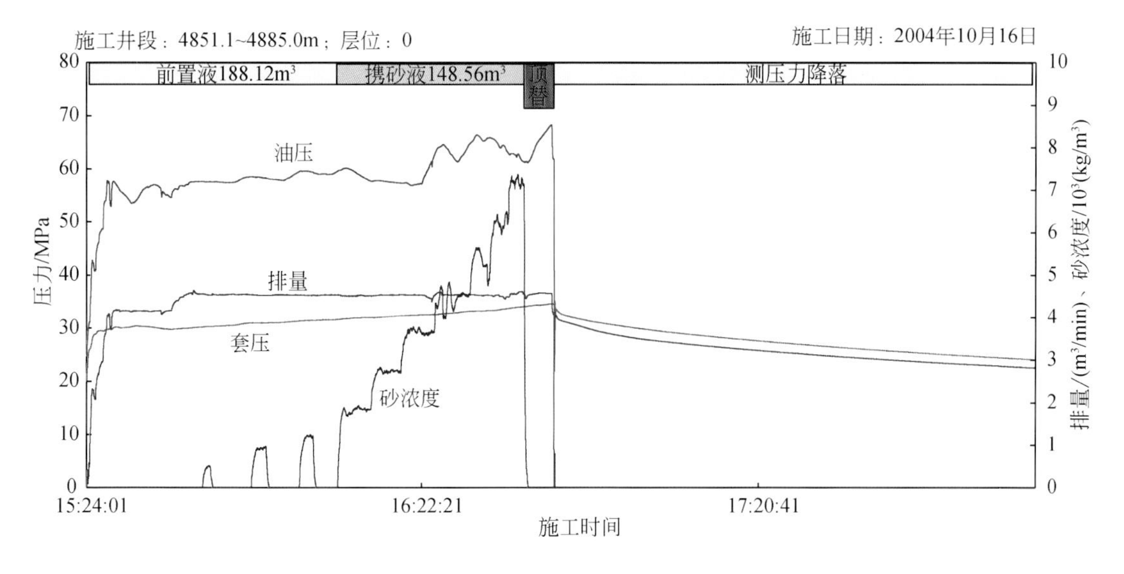

图 7.25　D621 井加砂压裂施工曲线图

压后取得了震撼性的增产效果，压前日产油 0.105m³，压后用 7mm 油嘴求产，日产油达到 180m³，日产气 89 399m³，并一直保持相对稳产（图 7.26），截至 2009 年 1 月 5 日累计产原油 85 267 吨，产气 39 451 083m³，成为塔中碳酸盐岩储层的功勋井，该井的成功开辟了塔里木油田碳酸盐岩储层加砂压裂的先河，打破了碳酸盐岩加砂压裂的“禁区”，《中国石油报》2004 年 10 月 22 日对该井的成功实施做了报道，并且中国石油勘探与生产分公司向各油田公司特意发了内部通报。该井取得成功后，华北油田、长庆油田均借鉴该技术的成功经验在本油田进行了现场试验，并均取得了良好的地质效果。

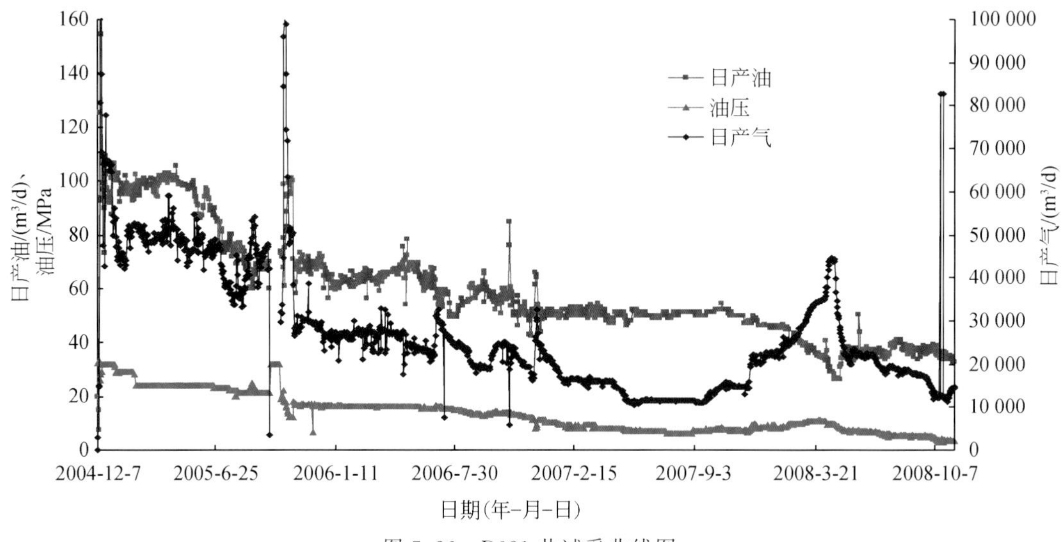

图 7.26　D621 井试采曲线图

2）D622 井

在 D621 井加砂压裂取得重大突破后，为进一步验证加砂压裂工艺的适应性、并与酸压工艺增产效果进行对比，特地在 D622 井同井同层开展不同的储层改造工艺技术对比施工。D622 井是 D62 号礁滩体上一口重点预探井，完钻深度 4925m，完井层位奥陶系，裸眼完井，裸眼井段为 4913.52～4925.00m，该井在未进行储层改造的情况下即获得日产气 28 936m^3 的产能（见油花），后对其先后进行了小型胶凝酸酸压施工、大型交联酸酸压施工，均取得了一定的增产效果，说明交联酸酸压较胶凝酸更能够实现深穿透、扩大渗流面积。

基于该井工艺可对比性强的有利条件，2004 年 11 月 11 日在该井又实施了水力加砂压裂施工，施工曲线见图 7.27，本次施工累计挤入地层总含砂液量 451m^3，纯液量

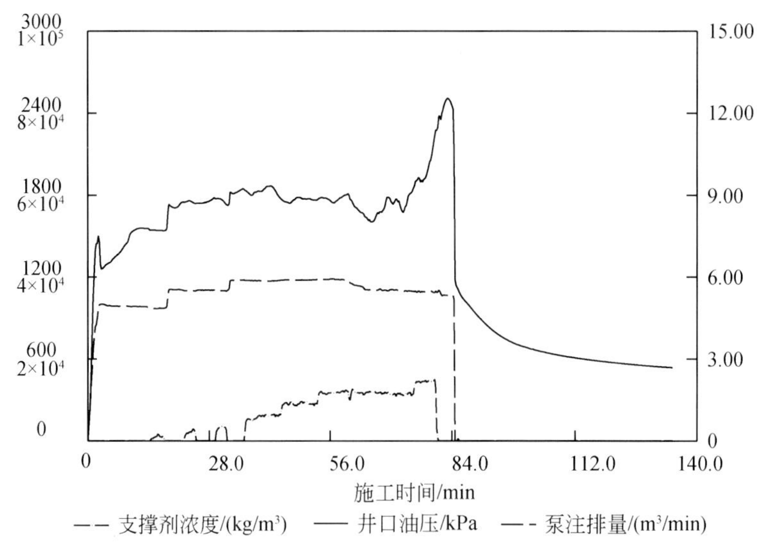

图 7.27　D622 井加砂压裂施工曲线图

422.6m^3；成功加入地层40～60目陶粒12.2m^3（即20.5吨）、20～40目陶粒23.2m^3（即43.5吨）。停泵后压降测试50min油压由35.87MPa降至17.93MPa。压裂净压力拟合结果表明，本次压裂在目的层段形成了支撑裂缝半长为236m、高度约34.1m（造缝高度约35.4m）的高导流人工裂缝。

压后增产效果显著（图7.28），从图中可以看到，酸压后初产较高，但求产过程中产量下降明显，与酸压相比加砂压裂确实获得更长的人工主裂缝，进一步扩大了渗流面积，从而较酸压增产效果更为有效。同时试采结果表明，该井至今油压、产量均相对稳定，加砂压裂取得了更长的增产有效期。该井的成功实施和具有说服性的工艺对比结果使得加砂压裂成为碳酸盐岩深度改造的重要手段之一。

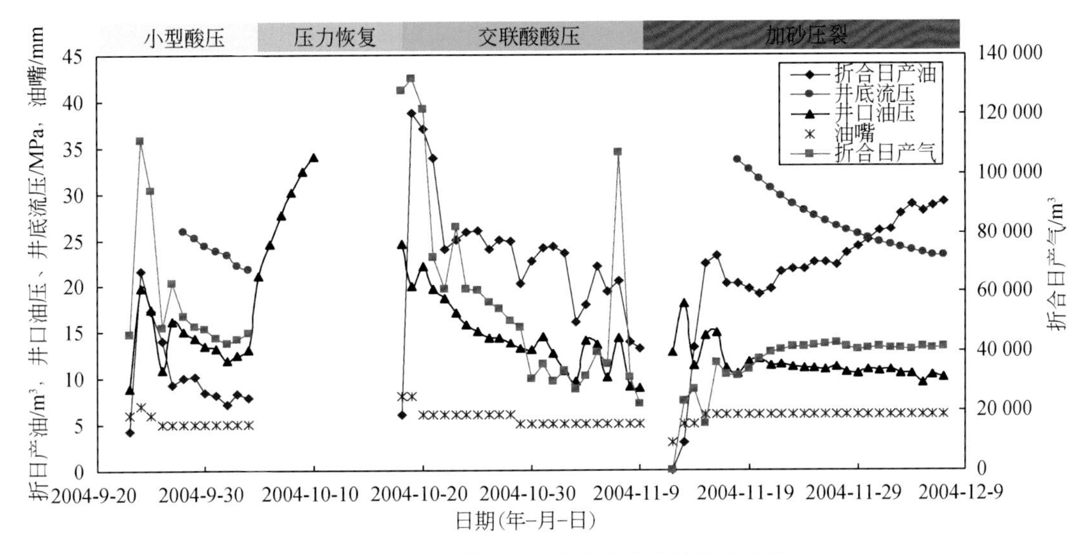

图7.28　D622井不同工艺改造增产效果对比图

（三）碳酸盐岩携砂酸压技术及现场应用

水力压裂能够形成长的人工主裂缝，并且由于存在支撑剂的支撑导流能力保持较久，但由于压裂液为惰性液体，不与碳酸盐岩反应，所以其沟通天然裂缝能力较差，特别是当最大主应力方向（人工主裂缝方向）与天然裂缝走向一致时，此缺点尤为明显；酸压虽然能够与地层反应形成蚓孔，进而沟通更多天然裂缝，但由于其滤失大，形成酸蚀缝长有限，并且对于深井由于闭合应力大，酸蚀裂缝有效导流保持时间较短。交联酸携砂酸压便是在此情况下提出的，它可以结合酸压和水力压裂的优点，充分发挥二者的优势，交联酸携砂酸压具有的主要优点有：能够形成长的人工裂缝（与水力压裂相当）、并能够沟通更多天然裂缝、保持长效导流能力，从而使得改造体积更大，使储层得到最大限度的改造。本项工艺的关键技术是交联酸液体系性能及方案的优化设计。

1. 地面交联酸酸携砂性能及其对支撑剂性能影响

地面交联酸（GCA）高温流变性能良好，为实现酸液携砂的理念提供了重要保证。如

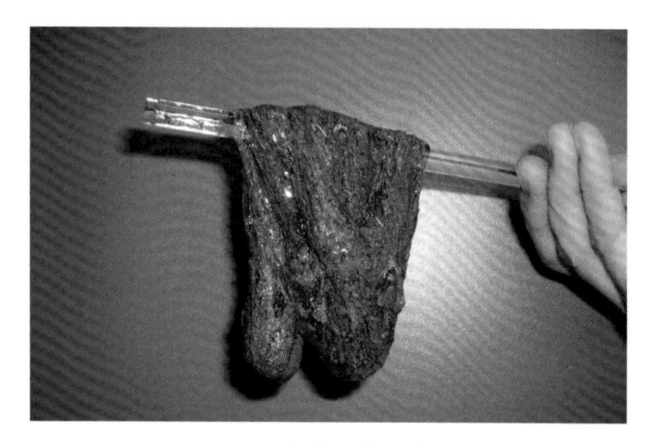

图 7.29　交联酸携砂情况图

图 7.29 中交联酸含砂 50%时，仍具有很好的挑挂性能。在 80℃实验条件下，支撑剂在交联酸中的沉降速度为 0.015mm/s，远小于 SPE 给出的0.8mm/s可接受的支撑剂沉降速率标准，因此采用交联酸加砂是可行的。

为进一步论证其可行性，对支撑剂用酸浸泡前后的导流能力进行了研究，同一种支撑剂盐酸浸泡 2h（20% HCl，90℃）前后短期导流能力变化不大，浸泡后导流能力还略有升高。分析认为，酸液浸泡后支撑剂导流能力略有升高，可能为酸液浸泡后支撑剂更干净所致。说明在水力压裂之后，为了特定目的进行酸化或酸压是技术可行的，同时酸携砂压裂也可行。

2. 酸岩反应对交联酸携砂性能的影响

为考察酸岩反应后酸液携砂性能是否会变化，开展了室内实验进行测试，图 7.30 为 90℃水浴条件下，在酸冻胶中加入大理石反应不同时间冻胶形态。结果表明酸岩反应 40min 未见冻胶脱水和破胶，冻胶仍具有良好的挑挂性能。图 7.31 为 90℃水浴条件下，

酸岩反应20min

酸岩反应30min

酸岩反应40min

图 7.30　90℃水浴条件下酸岩反应对交联酸冻胶性能的影响

酸岩反应10min

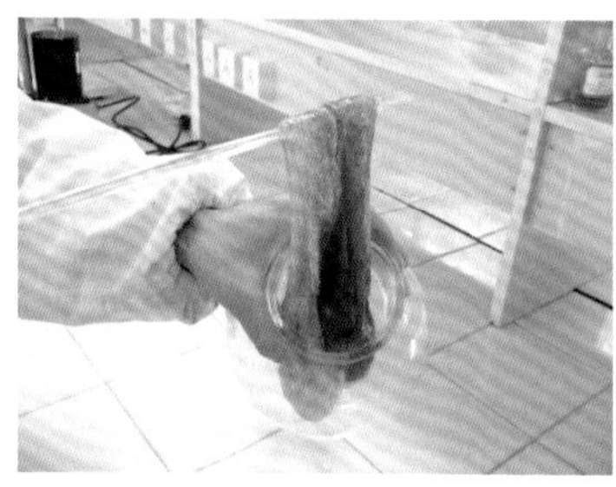

酸岩反应20min

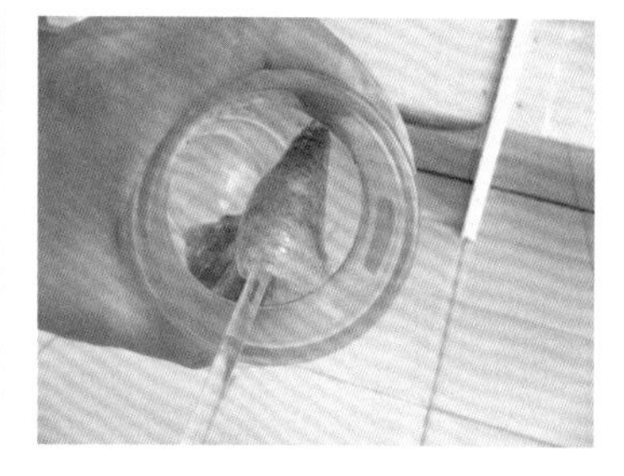

酸岩反应30min

图 7.31　90℃水浴条件下酸岩反应后对交联酸携砂性能影响情况

在含18%陶粒的酸冻胶中加入大理石反应不同时间冻胶形态。结果表明酸岩反应30min后，冻胶酸仍具有良好携砂性能。说明交联酸具有良好的耐温性能，黏度高酸岩反应慢，从而在施工期间酸岩反应对酸冻胶的流变性能影响小，保证施工期间酸液具有良好携砂性能，为实现交联酸加砂提供重要的保证。

3. 现场应用效果

在以上认识的基础上，在LN171井开展了携砂酸压改造工艺。轮南171井是塔里木盆地塔北隆起轮南低凸起中部斜坡带的一口评价井，本井奥陶系钻井过程中未见明显油气显示，钻井液密度为1.12～1.14g/cm³。目的层段电测解释发育Ⅱ类储层7.5m/2层，Ⅲ类储层21m/2层，其余为干层。Ⅱ类储层孔隙度为0.1%～3.7%，裂缝孔隙度为0.063%～0.100%，为裂缝孔洞型和裂缝型储层，见溶蚀孔和多条高角度裂缝。目的层解释为差油层。远探测声波结果反映5510～5535m井段距井眼3～10m范围内裂缝发育。前期对该井5523～5535m进行了小型DCA酸压，共注入地层总液量146m³，其中DCA酸80m³，醇醚酸40m³，原井筒液体26m³，酸压后求产70h后油压下降至0MPa，地层不出液，出现供液不足。

基于对储层和小型酸压结果的认识，为了实现深度改造的目的，沟通远井发育的表层储层，同时为沟通更多缝洞系统，并保证压后的长期导流，对本井进行地面交联酸体系携砂酸压改造，施工曲线见图7.32，本次施工成功加入30～50目陶粒18.5m³。施工工艺成功，人工裂缝沟通了表层储层发育带，加砂压裂达到了施工设计的目的。压后采用4mm油嘴，日产油93.6m³，日产气9069m³，效果非常显著。该井携砂酸压工艺的成功充分证明携砂酸压工艺更能够实现深度改造，即实现长的缝长，也实现了有效支撑，兼顾了水力压裂和深度酸压改造工艺的优点。

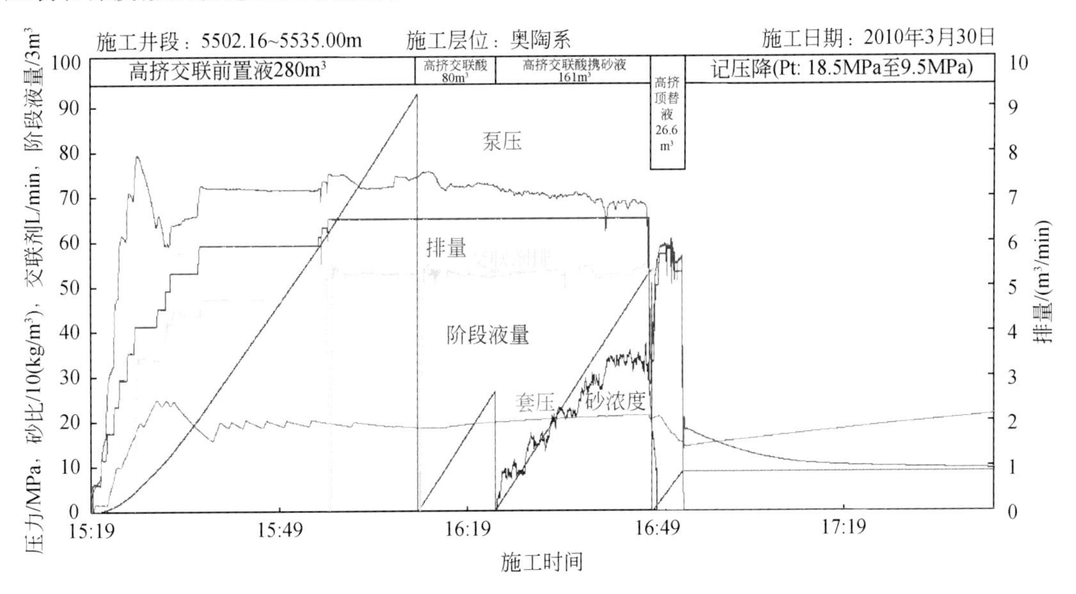

图7.32 LN171井携砂酸压施工曲线

以往长庆等油田采用的为水基液携砂，然后混合压裂液和交联酸携砂的工艺。而塔里木油田采用的是真正意义上的携砂酸压改造工艺。其中D724井的交联酸加砂压裂是国内外首次在井深超过5000m，温度高于140℃地层中成功实现真正的交联酸加砂施工；且一举实现加砂浓度超过450kg/m³，加砂量达到36.2m³（其中纯交联酸加砂22m³）的设计指标，为碳酸盐岩的储层改造开拓了新的、更广阔的方向，在碳酸盐岩改造工艺突破的历史过程中具有里程碑的意义。

（四）高温深层碳酸盐岩水平井分段改造技术及现场应用

塔中Ⅰ号气田碳酸盐岩储层区域分布广，储量丰富，是塔里木油田实现油气大发展的重要区域。目的层为古生界奥陶系的碳酸盐岩，具有埋藏深（5000～7000m）、温度高（130～170℃）、易喷易漏、含 H_2S（1×10^2～40×10^4ppm）等特点；岩性以灰岩为主，其次是白云质灰岩和白云岩；储集空间以缝、洞为主，基质孔渗差（平均孔隙度<2%、平均渗透率<$0.01\times10^{-3}\mu m^2$），非均质性强；裂缝和溶蚀孔洞空间展布复杂，流体分布规律性差，属缝洞型准层状非均质的特殊油气藏。

该气田只有少数钻遇大型洞穴或裂缝很发育的井，能够直接完井放喷获得自然工业产能，大多数井需要进行储层改造。根据目前的资料统计显示，70%以上的井需要进行储层改造方可建产。按井型来说，直井开发只有少数井高产稳产，大多数井产能衰竭迅速（图7.33）、单井累计采出量低。国内外的开发实践证明，水平井是提高单井产能、实现油气藏高效开发的重要手段之一。为此，进行了水平井开发尝试，但水平井笼统改造后仍不能解决产能衰竭迅速、最终采出量低、效益成本比小的难题（图7.34），未能很好地将储量转变为产量、实现碳酸盐岩油气藏的高效开发。

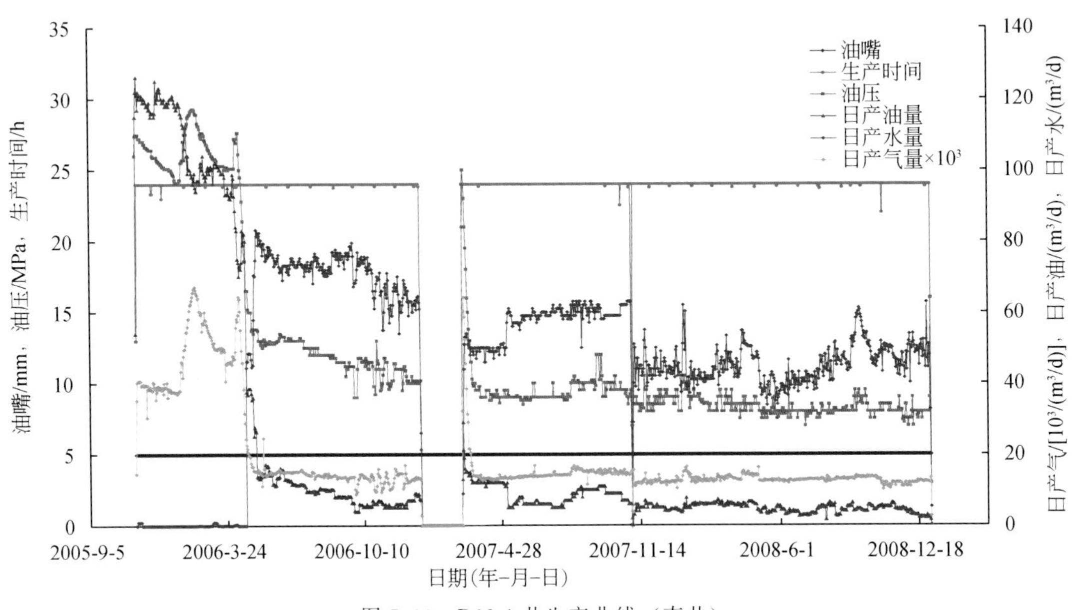

图7.33　D62-1井生产曲线（直井）

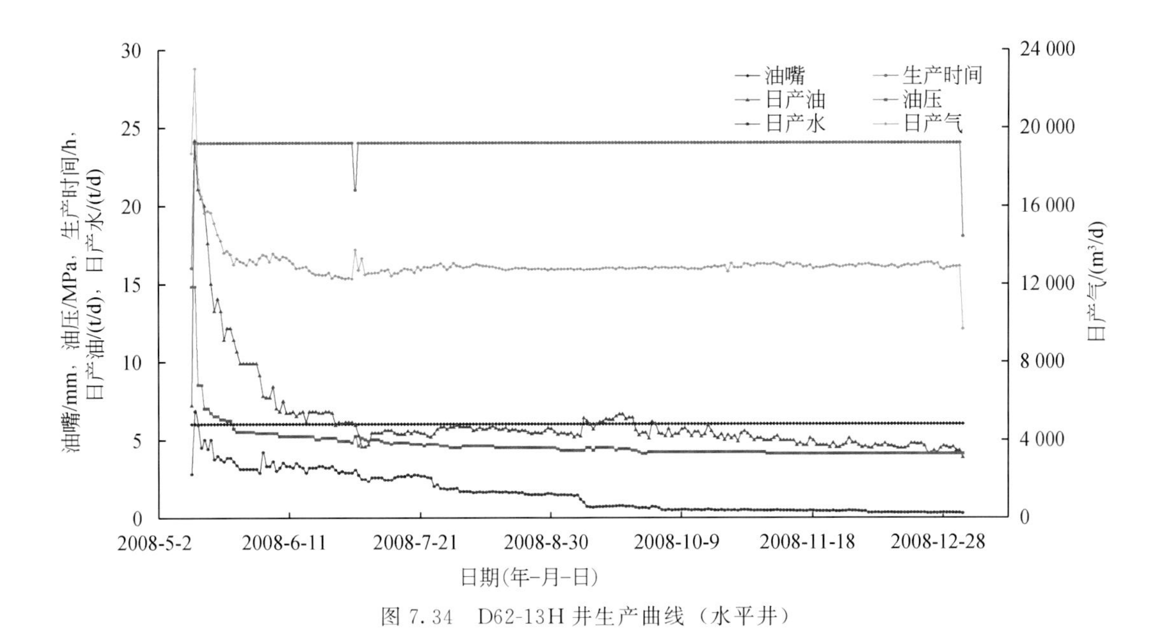

图 7.34　D62-13H 井生产曲线（水平井）

鉴于大位移水平井自身的特点和优势，可钻揭多个缝洞储集单元，而每个缝洞储集单元的规模、储层的物性、偏离井眼的距离各不相同，因此采用分段改造技术才更具有针对性、科学性和有效性，才能真正沟通多套缝洞体系，扩大泄流面积，提高单井产能，控制衰减速度，从而达到高效开发碳酸盐岩缝洞型、准层状的非均质油气藏的目的。该项技术主要包括：水平井科学分段技术、改造前的综合地质评估技术、分段改造工艺技术。

1. 水平井科学分段技术

水平井如何分段是提高单井产能、实现油气藏高效开发的关键，是直接影响分段酸压的效果的首要问题。科学、合理的分段必须以三维地震对储层的精细刻画为基础，认真研究钻揭储层的地质特征，结合钻录井显示和测井解释结果，充分考虑井眼轨迹、最大地应力方位与有效储集体的空间距离。

具体的分段方法是：根据三维地震剖面和平面属性图所反映的储集体特征，对相对独立的储集单元进行划分，结合井眼轨迹、最大地应力方位与有效储集体的空间关系，按照钻录井显示和测井解释结果进行调整和细化。原则是充分利用井眼获得的各项资料，兼顾到每个缝洞储集单元（图 7.35～图 7.37）。确保分段更具有科学性，才能真正沟通多个缝洞单元，扩大泄流面积，提高单井产能。

2. 改造前的综合地质评估技术

鉴于大位移水平井自身的特点和优势，可钻揭多个缝洞储集单元，而每个缝洞储集单元的规模、储层的物性、偏离井眼的距离各不相同，受非均质性的影响，井眼所获取的测录井资料代表性差，因此必须结合地质研究、地震、测试资料对储层进行改造前的综合评估。因为各项资料的探测半径和识别精度不同（图 7.38），充分利用各种资料可以相互补充，对储层作出客观、全面的判断，为确定改造方案提供科学依据。

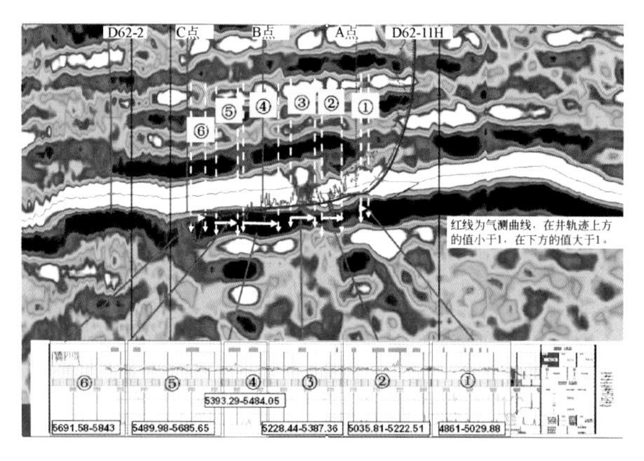

图 7.35　D62-11H 井轨迹、测井、分段叠合剖面图

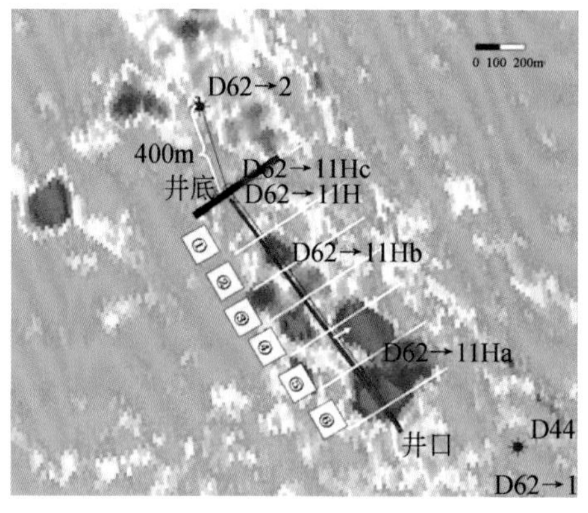

图 7.36　D62-11H 井目的层分段叠合平面图

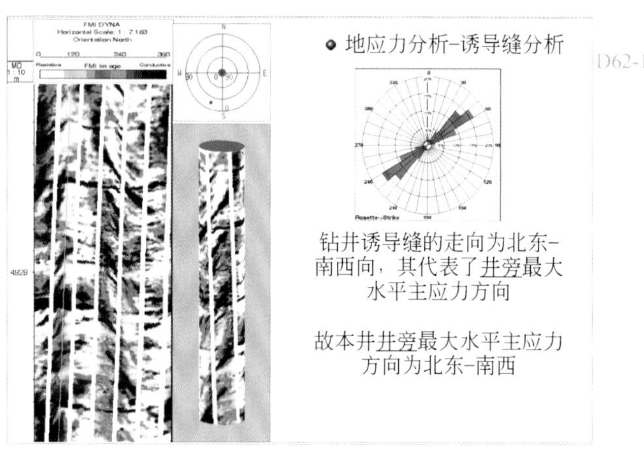

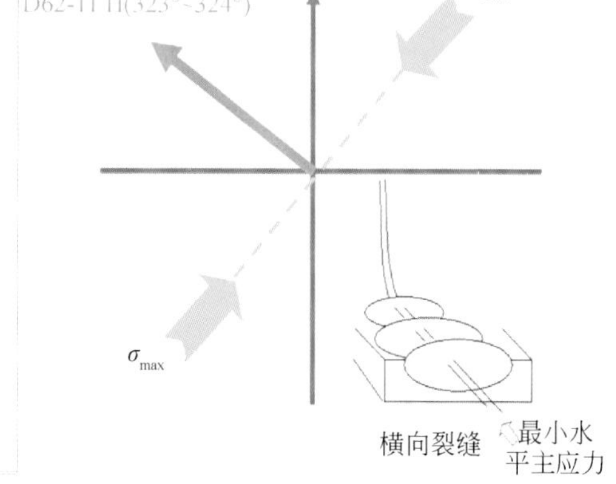

图 7.37　D62-11H 井井区最大地应力方位与 D62-11H 井轨迹、人工裂缝方位关系图

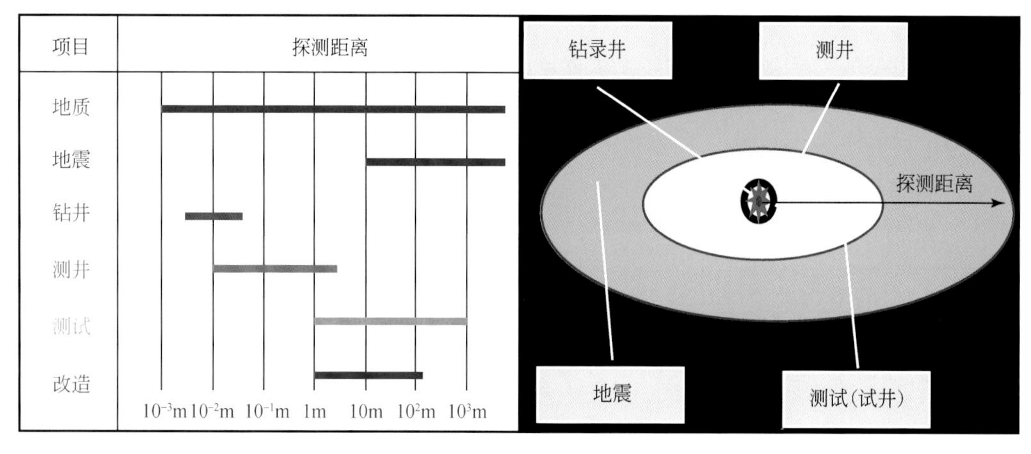

图 7.38　改造前综合地质评估元素相互关系图

方法思路：根据三维地震精细刻画储层定量分析确定井眼轨迹到有利储集体的空间距离，结合地质、物探、录井、测井、测试资料进行改造前综合的地质评估（表7.9）对各段进行量化评分判断各段的改造难易程度，据此有针对性的、科学性的确定各段的个性化改造工艺及改造规模，最后形成分段改造优化设计方案。分段改造才更具有针对性、科学性和有效性，才能达到提高单井产能，控制衰减速度，从而实现高效开发碳酸盐岩缝洞型、准层状的非均质油气藏的目的。

表7.9　D62-11H井碳酸盐岩储层改造前综合地质评估量化评分表

井段	项目	总分	评分	评分依据
第1段 5691.58～ 5843.00m	地质	15	15	礁滩体发育，基质溶孔、溶洞发育，储层厚度大，显示非常活跃
	物探	40	35	与D62-2特征相似、裂缝发育
	录井	15	15	见良好气测显示：5790～5843m，TG：70.47%
	测井	20	—	无测井资料
	测试	10	—	未测试
	总分	100	65++	未测井井段气测显示最好
第2段 5489.98～ 5685.65m	地质	15	14	礁滩体发育，基质溶孔、溶洞发育，储层段分散，气测显示较活跃
	物探	40	38	轨迹下部有大串珠
	录井	15	10	见气测显示：5537～5700m，TG：4.98%
	测井	20	18	储层厚度大，孔隙度较大3%～5%，电阻率在油层范围
	测试	10	—	未测试
	总分	100	80+	—
第3段 5393.29～ 5484.05m	地质	15	14	礁滩体发育，基质溶孔、溶洞发育，储层厚度较大，气测显示活跃
	物探	40	35	轨迹下部有串珠
	录井	15	12	见气测显示：5440～5461m，TG：8.28%
	测井	20	18	储层厚度大，孔隙度较大3%～5%，电阻率在油层范围
	测试	10	—	未测试
	总分	100	79+	—
第4段 5228.44～ 5387.36m	地质	15	12	礁滩体发育，基质溶孔、溶洞发育，但储层较薄
	物探	40	35	轨迹南侧有串珠
	录井	15	7	气测显示较弱
	测井	20	13	单层储层较薄孔隙度较低
	测试	10	—	未测试
	总分	100	67+	—
第5段 5035.81～ 5222.51m	地质	15	14	礁滩体发育，基质溶孔、溶洞发育，储层厚度大，油气显示活跃
	物探	40	35	轨迹北侧有串珠
	录井	15	13	见气测显示：5093～5115m，TG：13.41%
	测井	20	16	储层较发育
	测试	10	—	未测试
	总分	100	78+	—

续表

井段	项目	总分	评分	评分依据
第 6 段 4861.00～ 5029.88m	地质	15	12	礁滩体发育，基质溶孔、溶洞发育，但储层较薄
	物探	40	32	下部有串珠
	录井	15	7	气测显示较弱
	测井	20	14	有储层但较薄
	测试	10	—	未测试
	总分	100	65＋	—

3. 分段改造工艺技术

分段改造工艺从管柱配置及结构可分为：“遇油膨胀封隔器＋滑套”组合和“筛管＋套管”组合两种分段改造工艺。根据不同的井况条件选择使用。

1）“遇油膨胀封隔器＋滑套”组合分段改造工艺

水平井钻开目的层段不发生严重漏失，能够取全测井资料，具有封隔器座封条件时，选择“遇油膨胀封隔器＋滑套”组合分段改造工艺（图 7.39），完井分段改造工艺管柱的下入是实现分段酸压的重点环节，也是实现地质目的的先决条件，因此下工具前要进行必要的井筒准备。总体原则是要确保完井分段酸压管柱：下得去、座得住、分得开、压得成、放得出。

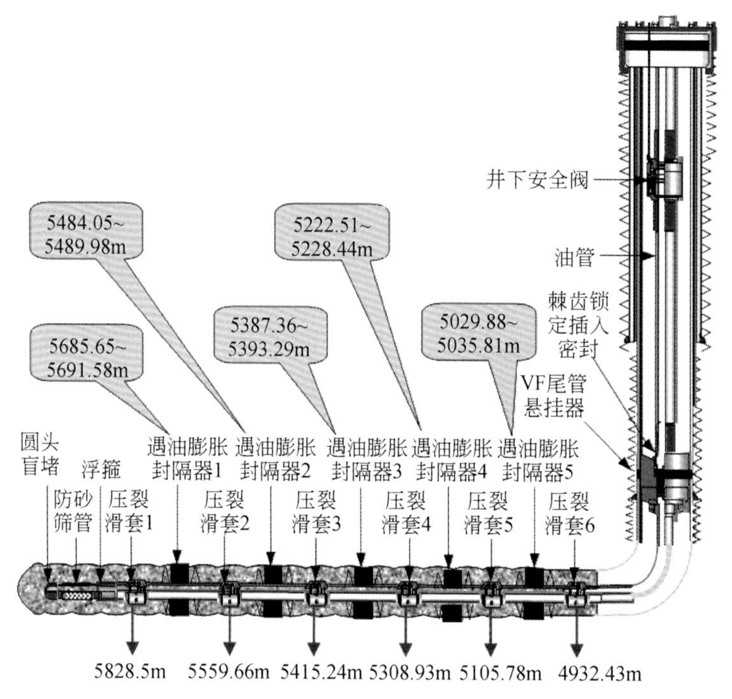

图 7.39 “遇油膨胀封隔器＋滑套”组合管柱结构示意图

具体做法是：第一，调整完井液性能或配置新的完井液，确保完井分段酸压管柱到位前井筒液体性能稳定，黏度和切力不下降，水平段不沉淀；第二，根据分段方案和确定的水平井分段酸压管柱结构及其配置，采用“n～1”（n 为分段数）的模拟通井原则，即按照完井分段酸压管柱的结构和尺寸、井眼复杂位置、封隔器座封位置及间距调整模拟通井管柱结构，由易到难模拟通井；第三，下入完井分段酸压工具并替油或液进行座封试压；最后，下入插入式回接管柱。

2)“筛管＋套管”组合分段改造工艺

水平井钻进缝洞储集体后，如果发生严重漏失，并伴有活跃油气显示，井控安全风险很大，难以进行完井测井，无法取全分段酸压所必需的测井资料；或者井眼轨迹复杂、拐点多、狗腿度大，井眼不规则，分段级多，无法下入分段改造工具；或者无法确定封隔器的座封位置时，常采用“筛管＋套管”组合投球均匀布酸分段改造工艺。投球均匀布酸酸压工艺一般与“（筛管＋套管）组合＋尾管悬挂器＋插入回接管柱”的完井工艺管柱配合使用（图 7.40）。在施工过程中，改造液总是沿着地层阻力小的方向延伸，阻力小则意味着地层的缝洞发育和孔渗物性好，为了能够压开更多的人工裂缝沟通储集体和多个储集单元，当注入液量达到一定规模时投入筛管孔眼堵塞小球，堵塞吸液性能好的井段，改变改造液的注入方向，使改造液在高压冲蚀条件下，就近产生新的酸蚀裂缝，依次往复，逐段改造沟通不同的储集单元，以达到扩大渗流面积、提高单井产能的目的。

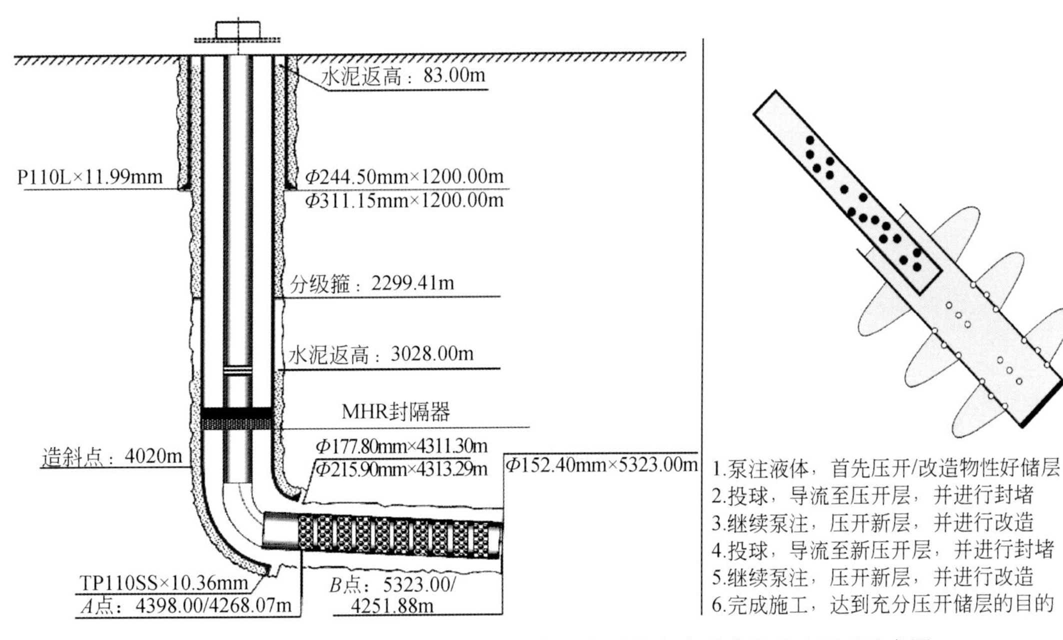

图 7.40　“筛管＋套管”工艺管柱结构及投球均匀布酸分段改造原理示意图

4. 现场应用

截至 2010 年 5 月底，塔中Ⅰ号气田共实施了 12 井次的水平井完井改造，工艺成功率达 100%，且均获得高产工业油气流（表 7.10）。改造后的单井产能均比开发方案设计提高了 2～3 倍，并且创造了多项塔里木纪录。其中：D62-11H 井创下了水平位移最大

1172m、水平段最长933m、分段最多6段、改造规模最大2541.50m³等4项新塔里木新纪录；M162-1H井创下了塔里木埋藏最深（测深6780.00m/垂深6320.24m）Ⅱ、Ⅲ类储层水平井分段改造新纪录。

表7.10 塔中碳酸盐岩水平井分段改造测试产能统计表

序号	井号	段数	注入地层总液量/m³	工作制度	油压/MPa	日产油/m³	日产气/m³	日产油当量/m³	备注
1	D62-7H	4	1865.1	8mm	30.03	208.0	147 351	355	“遇油膨胀封隔器+滑套”组合分段改造
2	D62-6H	3	1393.0	8mm	40.37	124.0	264 918	389	
3	D62-11H	6	2541.5	12mm	17.77	81.8	261 258	343	
4	D62-10H	4	1845.2	10mm	9.817	49.3	30 483	79.8	
5	D83-2H	4	2380.0	8mm	35.36	32.5	289 508	322	
6	M162-1H	3	2422.2	6mm	39.0	114.0	27 123	141	
7	D82-1H	2	1314.0	5mm	42.416	59.6	117 928	178	
8	D62-5H	3	950.0	6mm	24.79	103.0	63 918	167	“筛管+套管”组合投球均匀布酸分段改造
9	D721-2H	5	1458.0	6mm	43.592	12.3	214 986	227	
10	D26-4H	4	2215.0	6mm	26.7	8.0	120 124	128	
11	D721-5H	5	1990.0	6mm	50	25.7	252 817	279	
12	D26-5H	10	2212.0	5mm	40	45.6	124 240	170	

“遇油膨胀封隔器+滑套”组合分段改造的D62-7H、M162-1H井初步试采结果表明（图7.41、图7.42），单位时间的采出量比直井或水平井笼统改造高，井口压力和产量的下降速度明显得到抑制（图7.43、图7.44）；“筛管+套管”组合投球均匀布酸改造的水平井，根据测试情况来看，改造后的产量比直井或水平井笼统改造高，油压和产量的下降速度明显得到抑制（图7.45）。

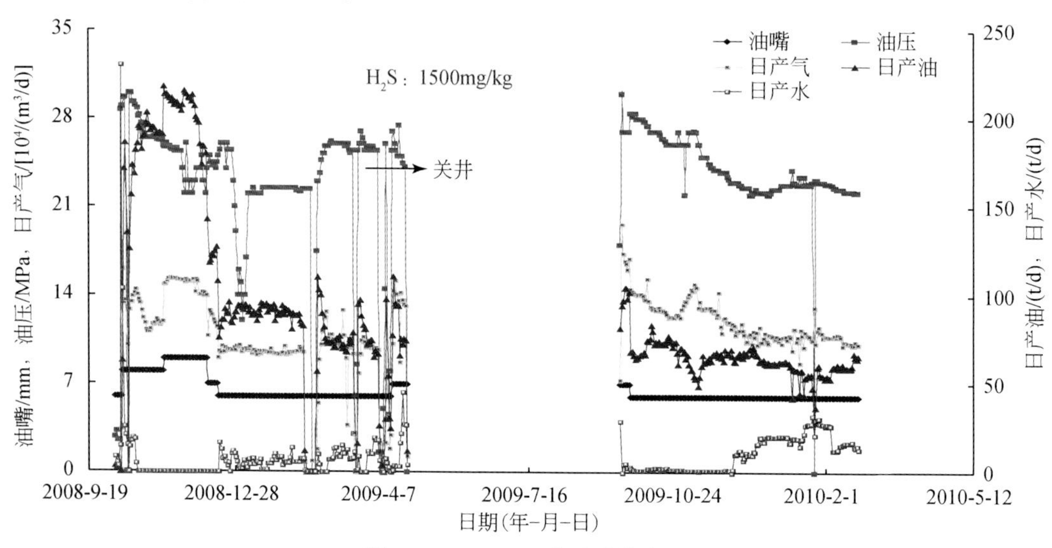

图7.41 D62-7H井试采曲线图

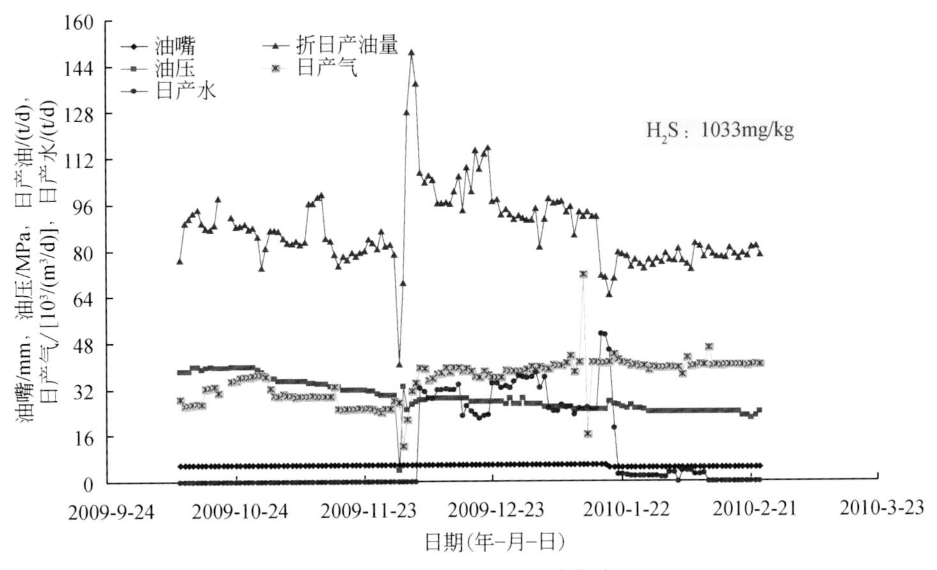

图 7.42　D162-1H 井试采曲线图

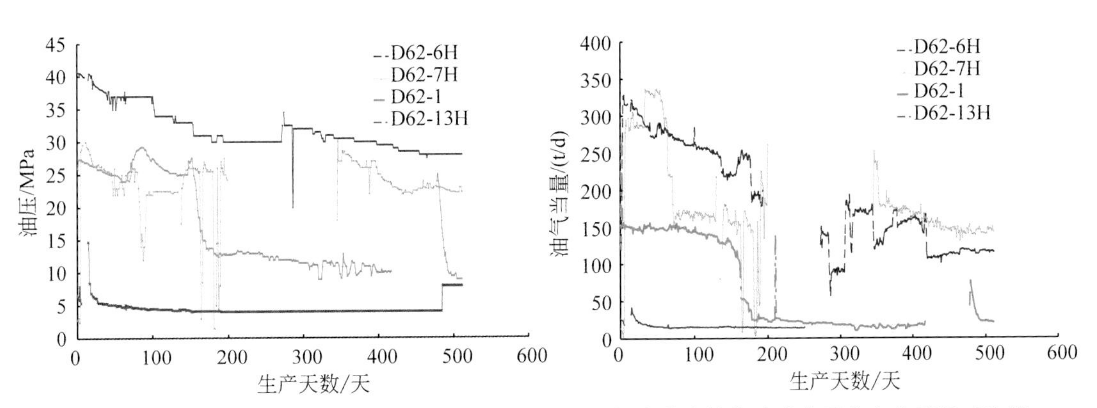

图 7.43　“遇油膨胀封隔器＋滑套”分段改造水平井与直井或笼统改造水平井生产情况对比图

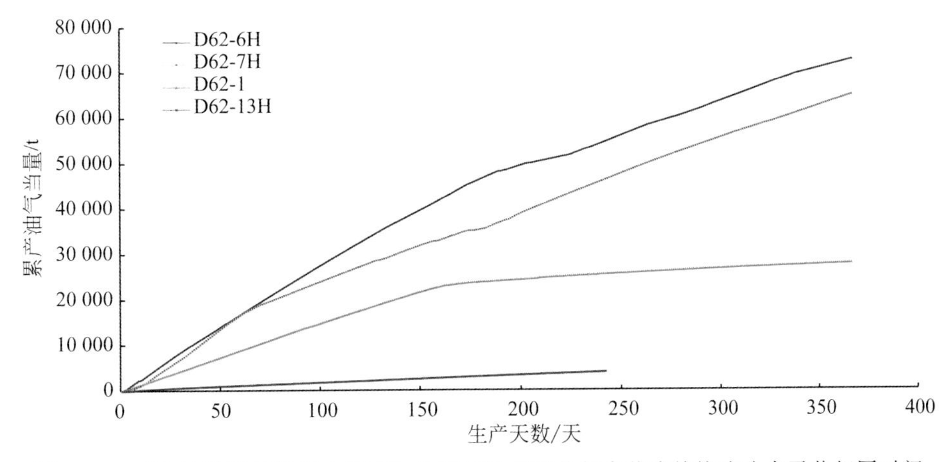

图 7.44　“遇油膨胀封隔器＋滑套”分段改造水平井与直井或笼统改造水平井相同时间累产当量对比图

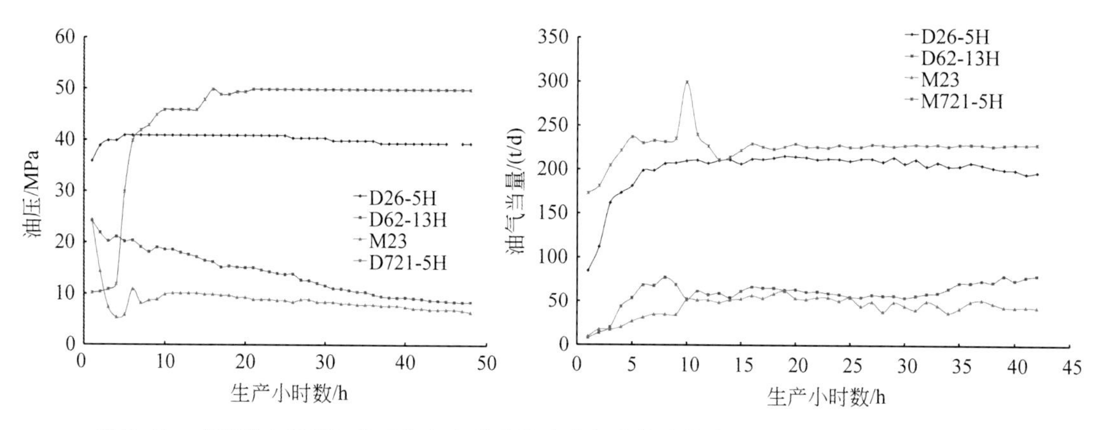

图 7.45 “筛管＋套管”投球均匀布酸分段改造与直井或笼统改造水平井生产情况对比图

参考文献

辜志宏，王庆群，刘峰等．2007．控制压力钻井新技术及其应用．石油机械，35（11）：68～72

侯绪田．2004．欠平衡钻井井底压力自动控制技术．石油钻采技术，32（2）：61～62

李飞，徐恩信，赵培兰等．2000．实用欠平衡钻井技术．北京：中国石化出版社

刘修善．2006．井眼轨道几何学．北京：石油工业出版社

石希天，肖铁，徐金凤等．2010．精细控压钻井技术在塔中地区的应用及评价．钻采工艺，33（5）：32～34

苏义脑．2000．水平井井眼轨道控制．北京：石油工业出版社

王果，樊洪海，刘刚等．2009．控制压力钻井技术应用．石油钻探技术，37（1）：34～38

吴叶成，陈小元，范迎春．2006．长靶前位移水平井轨迹控制技术．钻采工艺，29（4）：14～16

谢宇，袁孝春，高尊升等．2009．塔里木油田碳酸盐岩超深井水平井分段改造技术．油气田测井，18（3）：61～62

杨刚，陈平，郭昭学等．2008．连续循环钻井系统的发展与应用．钻采工艺，31（2）：46～47

叶登胜，任勇，管彬等．2009．塔里木盆地异常高温高压井储层改造难点及对策．天然气工业，29（3）：77～79

俞新永，周建东，滕学清．1999．塔里木轮南奥陶系碳酸盐岩高压油气藏水平井及大斜度井欠平衡钻井技术．天然气工业，19（2）：63～67

郑锋辉，韩来聚，杨利等．2008．国内外新兴钻井技术发展现状．石油钻探技术，36（4）：5～10

周英操，崔猛，查永等．2008．控压技术探讨与展望．石油钻探技术，36（4）：1～4

Don H，Richard J T，David M P，et al. 2004. MPD—uniquely applicable to methane hydrate drilling. SPE/IADC 91560

Don M，Hannegan P E. 2005. Managed pressure drilling in marine environments-case studies. SPE/IADC 92600

Jenner J W，Elkins H L，Springett F，et al. 2004. The continuous circulation system：an advance in constant pressure drilling. SPE/IADC 90702

Malloy K P. 2007. Managed pressure drilling—what is it anyway? World Oil，228（3）：27～34

第八章 塔中一体化勘探开发成果与油气勘探潜力

近年来，塔中地区稳步推进勘探开发一体化进程，伴随着大漠区高精度三维地震采集处理技术、碳酸盐岩缝洞体预测、烃类检测技术、超深碳酸盐岩钻完井、储层改造工艺技术的集成发展及对地质的认识不断深入，油田发现了塔中隆起上奥陶统碳酸盐岩礁滩复合体、下奥陶统层间岩溶大型准层状凝析气田，实现石油、天然气勘探的新发现、新突破；同时又积极探索石炭系—志留系、下古生界白云岩，基本形成了塔中古隆起落实10亿吨油气储量、建成千万吨产能中长期油气发展规划，并基本建成了10亿m^3天然气、20万吨凝析油的生产能力。塔中地区勘探全面、持续突破，油气田大发展时期已经到来。

第一节 勘探开发一体化的做法

按照“研究一体化、技术一体化、生产组织一体化、成果一体化、投资一体化”的指导原则，实现勘探开发一体化，规模发展塔中，尽快落实优质储量，加快动用碳酸盐岩油气储量，变资源优势为发展优势，加快推进塔中Ⅰ号气田勘探开发建设，具体实施过程主要表现在以下五个方面。

一、上产增储一体化

根据国家科学战略制定油田未来十年的发展规划，形成塔中隆起上产增储一体化攻关目标。上产增储一体化具体按照“勘探寻找高产井，评价开发建立高产井组，开发培育高产区”的程序来开展工作。以M15区块为例，2009年M15井获高产油气流，测试日产油约200m^3、日产气5万多m^3，当年未交储量；之后2010年部署5口井均获成功，区块日产油近276吨、日产气约9万m^3；2012年计划上钻12口井，新建12万吨产能，上交探明储量3000万吨。

特别是针对塔中东西部油气藏差异，分别组织东西大中型油气产能建设工程。

二、研究部署一体化

大力倡导融合式、捆绑式、共荣式新型科研管理方式，特别强调科研成果的实用性、创新性与转化率等；坚持以塔中油气大发展和科技创新实践吸引人、激励人，一批优秀科研人员脱颖而出，成为针对复杂碳酸盐岩科技攻关的灵魂与保障。

（一）一流的科研团队

研究部署坚持建设大油气田目标，发挥国家系统工程、股份公司重大专项等科研攻关优势；利用国内外各种科研力量，主体式全方位解决塔中上产增储难题，优化井位部署实施方案。

融合式——甲乙共同攻关；捆绑式——指标共同承担；共荣式——成果共同分享。

（二）超前的攻关

针对储集体、油气藏等地质难题，技术复杂，充分发挥多学科、动静态一体化攻关优势，形成超前的攻关思路。

发展海相碳酸盐岩油气地质理论，创新勘探开发关键技术，实现规模效益开发（图8.1）。

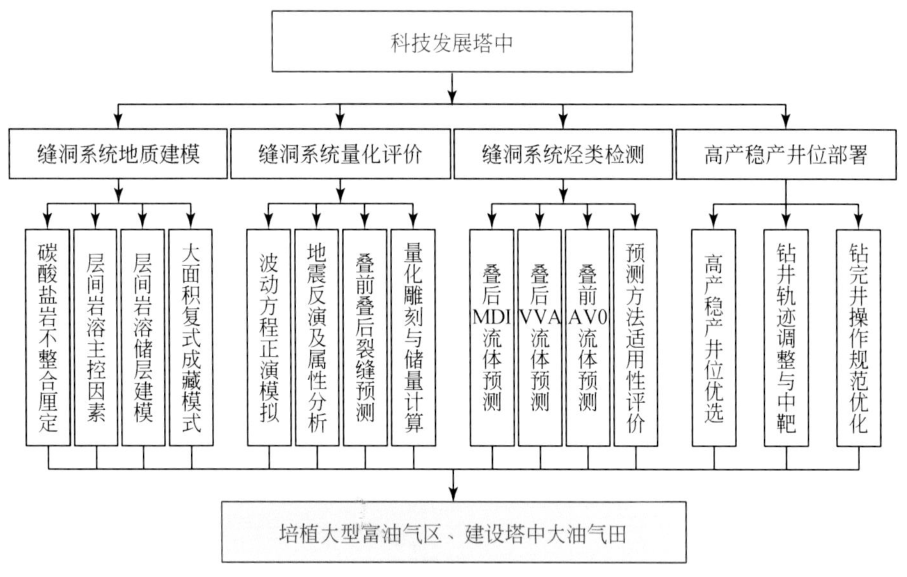

图8.1　塔中地区勘探开发一体化流程图

（三）实用型创新技术

基于一体化攻关思路，项目成员齐心协力，形成了塔中复杂碳酸盐岩一体化实用新型配套技术；缝洞体雕刻量化技术；烃类检测技术；高产稳产井位、井型优选技术；精细控压、分为酸压等工艺技术。

三、工程地质一体化

（一）地钻完管理创新

1. 地钻完领导小组统一管理

成立由地钻完井部门、甲乙方以及相关科研部门共同组成的钻完井一体化领导小组，定期召开工作会议，充分融合，重大技术方案上会统一解决，全面协调解决钻完井生产过程中遇到的各种问题。

2. 勘探开发一体化部署

按勘探开发一体化的原则，统筹协调探井、开发井以及措施井的部署，科学优化上产和增储的进度部署，确保完成储量、产量任务。

3. 一体化管理精细化、纵深化

成立地钻完“大工程部”，建立有效协调机制、融合管理方式，充分发挥多专业协同互补、联合作战的工作优势，确保钻完井生产组织各工序无缝衔接，钻完井周期大幅度缩短（M14 井见油气显示到试完井、试采仅用时 15 天）。

（二）井位部署优化

根据油藏地质特征、工程施工难度和完井要求确定井型、井身结构和水平段长度，针对Ⅱ、Ⅲ类储层，通过实施大位移水平井和分段酸压等储层改造技术提高单井产量。

1. 地质为工程服务

井位设计尽量在构造高点，井眼轨迹设计尽量靠近储层“头皮”。井眼轨迹方位与主应力方向垂直或大角度斜交。水平段长度考虑储层类型、分布、缝洞，避开断层，考虑油水关系。

2. 钻井为地质、完井、试油服务

大延伸水平井水平位移相对较长的井，需要油气工程院在设计时进行模拟计算，评估井眼摩阻、携岩能力、钻具强度、模拟分段酸压管柱通井以及完井管柱安全下入等。探井在井周附近确定多个目标点，井身结构设计考虑侧钻；设计合理靶区，为钻井提速松绑。

（三）动态跟踪研究紧密结合

1. 非目的层地质为工程服务

做好层位预测、卡准中完井深、特殊岩性预报、压力预测规避钻完井风险。

2. 目的层段工程为油气发现、安全作业服务

精细控压＋大延伸水平井，实钻中结合动态研究，调整井眼轨迹，确保“穿头皮”成功，达到稀井高产目的。优化水平井井眼轨迹设计，平面上穿多个储集体；垂向上井眼轨迹尽量贴缝洞储集体顶部，达到钻遇储层获得油气显示，避免发生漏失。水平井充分利用精细控压技术保证“穿头皮”成功。采用三维地震资料精细刻画储层，研究缝洞储集体在剖面与平面上的分布特征，加强随钻动态研究，适时进行井眼轨迹调整。

四、生产组织一体化

地质、钻井、试油归属一个部门，责权利益趋于一致，推进各专业齐心合力，步调一致。只有专业分工，没有部门界限，“一体化”理念才能得到强化。

塔中前线甲乙方融合管理形成氛围，生产组织更加流畅。建立甲乙方共同参与的前指生产组织体系。各勘探公司在前线驻有工作组；每天早上开展一次生产协调会，每周开展两次工作例会；这样才使得信息畅通、联系紧密，工作互动更加良性。

各专业集中办公、联合巡井，钻完井组织管理工作质量和节奏得到提高。处理问题时能够集思广益，确保方案周密；联合巡井过程也将钻完井中一些需要专门交接的工作完成。

甲方物资得到更有效的控制和利用。各专业物资可统筹计划；通用物资可有效调配使用；现场剩余物资可充分转井利用。

五、地面地下一体化

地面建设从开始就面临着“地面地下一体化”的问题，即如何根据油藏的实际变化及时调整地面设计，确保地面工程建设有效及时地配合地下情况的变化。建立有效的沟通机制，改变传统的“照图施工”观念，树立“地面服从地下”的建设理念，与上游部门及时沟通，主动掌握地下情况的变化，依据碳酸盐岩地下实际情况，调整地面建设。

第二节　塔中海相碳酸盐勘探开发一体化成效

2003 年 D62 井在奥陶系碳酸盐岩取得战略性突破以来，塔中地区在奥陶系先后发现了中国第一个上奥陶统大型礁滩复合体超亿吨级凝析气田和下奥陶统岩溶不整合资源规模超 7 亿吨特大型富油气区带，近 7 年上交三级储量油当量总体趋势逐年上升，探明油气储量当量达 4.8 亿吨（图 8.2），塔中隆起奥陶系碳酸盐岩的成功勘探，再次照亮了塔中沙漠油田的品牌，奠定了新时期大塔中油气田的物质基础。

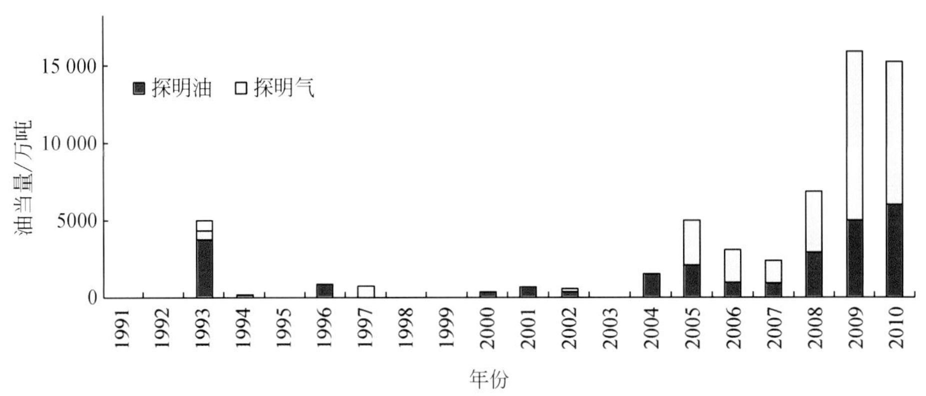

图 8.2　塔中地区历年油气储量申报成果统计图

一、我国第一个大型礁滩复合体凝析气藏的探明与开发

1996～2002年，塔中Ⅰ号坡折带以构造控油为理论基础，以“逼近油源层、逼近近源储盖组合、逼近断裂带”为指导思想寻找大场面，先后钻探了D24、D26、D44、D45等7口工业油气流井，证实了塔中Ⅰ号坡折带是上奥陶统碳酸盐岩油气聚集带。

2002年首先在D16井区开展三维地震的采集、处理攻关，精细刻画了塔中Ⅰ号坡折坡折带D62井区礁滩复合体的特征，成功钻探了D62井，D62井在2003年7月开钻，同年11月在良里塔格组礁滩相灰岩段获工业油气流，经试采产量稳定，突破了塔中碳酸盐岩高产稳产难关，实现了塔中油气勘探重大突破。经进一步评价钻探，2005年探明了D62井区凝析气藏，为塔中Ⅰ号气田的第一个探明区块。

2006年以D62井区为中心向东、西展开，勘探评价D26井区、D82井区、D86-D45井区，相继钻探了一批高产油气流井。D82井是D82井区的发现井，在良里塔格组酸压完井测试，12.7mm油嘴求产，折日产油近490m³，日产气超过720 000m³，是塔中地区碳酸盐岩第一口日产千吨井，D82井是奥陶系礁滩复合体千吨井的成功钻探，被AAPG评为“2005年28项全球油气勘探新发现”之一。高成功率的钻探充分证实了长近200km的塔中Ⅰ号坡折带整体含油、储层控油的认识，坚定了礁滩体是现实勘探领域的信心。

钻探证实及攻关研究表明塔中Ⅰ号坡折带整体富集油气，受礁滩复合体控制油气富集在礁滩复合体顶部150m范围内，油气柱超过2000m，虽钻遇局部定容水，但未见明显的边水（或底水）。塔中Ⅰ号气田在宏观上为大型准层状凝析气藏（群），多次评估塔中Ⅰ号坡折带有利勘探面积为900km²，可探明资源量3～5亿吨油当量（图8.3）。

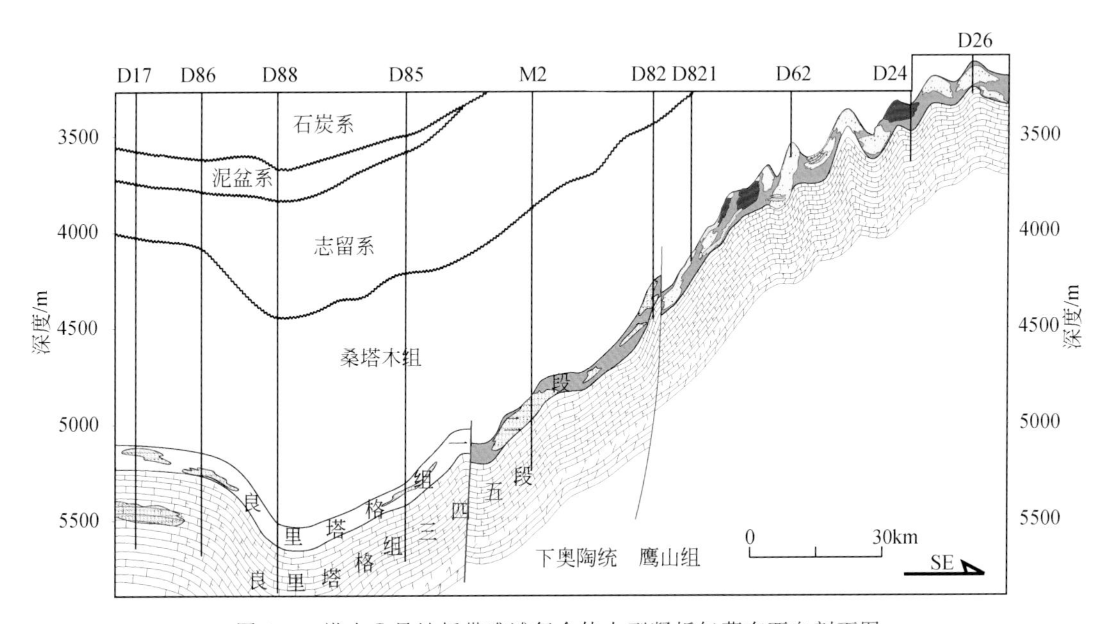

图8.3 塔中Ⅰ号坡折带礁滩复合体大型凝析气藏东西向剖面图

（一）优越的成藏背景

塔中Ⅰ号气田上奥陶统礁滩复合体发育，北接北部大型生、排烃凹陷，多期断裂和不整合面构成立体式输导体系，桑塔木组泥岩与良里塔格组礁滩复合体构成良好储盖组合，成藏条件十分优越。

（二）统一的优质储层

坡折带和沉积相控制了礁滩复合体发育的空间几何形态；岩溶作用、构造运动改良了礁滩复合体的储集性能；礁滩复合体纵向多旋回叠置、横向多期次加积，沿台地边缘成群、成带分布；优质储层主要分布在良里塔格组上部良二段内，单层厚度为3～6m，单井储层有效厚度为30～90m，储层纵向上叠置、横向连片，形成叠置连片、沿台缘高能相带广泛分布的具有非均质性变化的礁滩体储层，整体具有较好的连通性，是塔中Ⅰ号坡折带礁滩复合体大型整装凝析气田的有利储集体。

（三）相似的流体性质

流体全分析和PVT分析结果表明塔中Ⅰ号坡折带东西长200km范围内流体性质十分相似，具有凝析气藏的特点。除D621井和D62-1井的气油比较低外，D26井区-D62-D82井区气油比都在1000m^3/m^3以上，凝析油密度一般小于0.8101。

（四）统一的温压系统

静压梯度为0.36～0.40MPa/100m，温度梯度为2.14～2.28℃/100m，具有正常、统一温压系统。

（五）巨大的油气规模

测试井普遍高产，如千吨井D82井，D86井等，可探明资源量3×10^8～5×10^8t油当量。

到目前为止，塔中Ⅰ号坡折带礁滩复合体实现了东部连片探明、西部拓展探明的格局，上交探明油气当量约1.38亿吨，超亿吨油气田（群）已经形成。

(1) 东部连片探明D82-D62-D26井区超亿吨级凝析气田，2005～2007年三年时间探明了塔中Ⅰ号坡折带东部D82井区、D62井区、D26井区，含气面积近200km^2，上交探明石油地质储量超过4000万吨、天然气超过800亿m^3、油气当量大于1.1亿吨，建立了D82-D26开发试验区，开发效果良好，截至2010年末，累计生产原油近42万吨，天然气近7.5亿m^3；

(2) 西部拓展探明D86-D45井区，D86-D45井区2008年上交探明储量，含气面积90km^2，上交探明石油地质储量2100万吨、天然气近180亿m^3、油气当量近3500万吨。

二、塔中北斜坡层间岩溶型特大凝析气田的探明与开发

对下奥陶统的探索起始于1989年，获得突破是2006年的D83井，随后，针对此层系的勘探持续突破，直到2009年M8井区超亿吨级凝析气藏探明，塔中下奥陶的勘探进入了一个持续发展的高峰。

1989～2006年，塔中地区钻揭下奥陶统碳酸盐岩井29口，仅发现D1井凝析气藏、D162气藏，其余钻探相继失利。

通过对D12井、D162井、D69井等钻遇下奥陶统老井复查，加强塔中奥陶系碳酸盐岩不整合面与勘探潜力的攻关研究，实现了勘探思路的转变，勘探方向从潜山高部位转向低部位斜坡区。2006年，塔中北斜坡区D83等井下奥陶统层间岩溶取得重大突破。

D83井区在探索下奥陶统鹰山组油气的战略突破，取得以下认识：①加里东中期早奥陶纪末为塔中古隆起形成期，塔中地区整体抬升遭受风化剥蚀，下奥陶统碳酸盐岩遭受较强的岩溶作用，该期不整合分布范围大，暴露时间长，岩溶作用强，勘探潜力大；②加里东中期层间岩溶溶蚀孔洞型储层在塔中北斜坡区最为发育。该井区下奥陶统不整合岩溶勘探取得重大的突破，使塔中下奥陶统由潜山构造勘探向层间岩溶斜坡勘探转变。

随着科研、勘探评价力度的加大，塔中北斜坡下奥陶统鹰山组岩溶勘探持续突破。在D83井区获得突破的基础上，向西甩开的M5-M7井区、向西、向内甩开的M8-M21井区相继有近15口井在该套岩溶储层中获得了高产油气流。特别是M8井区多口井在钻井过程中发生钻具放空，为塔中北斜坡下奥陶统鹰山组储层具有大型溶蚀洞穴存在提供了直接证据，坚定了该套储层主要为层间岩溶储层的认识。

钻探证实了塔中下奥陶统层间岩溶整体含油气的认识，大大扩大了塔中下奥陶统层间岩溶的勘探范围，截至2010年末，北斜坡连片满覆盖三维采集面积达5031km^2，有利勘探面积近3000km^2，天然气资源量5600亿m^3，石油近3亿吨，7亿吨油气规模日益明朗。塔中北斜坡下奥陶统鹰山组成为继塔中Ⅰ号坡折带上奥陶统礁滩体之后又一现实的上产增储新领域。

塔中北斜坡下奥陶统鹰山组油气藏是一个在塔中古隆起上受不整合面相关岩溶缝洞储集体控制且油气在下奥陶统鹰山组顶面以下200m厚度内集中分布并具有较为活跃的水体但没有统一的油水界面，整体为凝析气藏，局部为挥发油藏，具有正常压力系统和正常地温梯度大面积混源成藏的大型准层状油气藏。

（一）优越的成藏背景

塔中北斜坡下奥陶统不整合相关岩溶发育，北接北部大型生、排烃凹陷，多期断裂和不整合面构成立体式输导体系，同上奥陶成藏相比而言，下奥陶统成藏组合在油气充注先后，逼近深层古油藏等方面具有更大的优越性，气侵型准层状凝析气藏潜力巨大，成藏条件更为优越。

（二）大面积分布的多成因叠合复合优质岩溶储集体

塔中下奥陶统鹰山组顶部不整合区域性分布，形成大面积广泛分布的层间岩溶大型岩溶储集体。早期形成的储集体经过同生期、表生期、热液作用、化学作用（TSR）等多种成因多期次岩溶叠加改造，在断裂及相关岩溶作用的改造下，形成了由裂缝沟通孔、洞而形成的碳酸盐岩储集网络集合体。宏观上，该套储集体纵向上储层发育常呈多期叠置，间夹相对致密层，平面上大规模叠合连片。优质储集体多集中分布在下奥陶统鹰山组中上部，呈准层状分布于下奥陶统鹰山组顶面以下200m地层厚度范围内，横向连续性好。储层的发育形态受多期岩溶作用，尤其是层间岩溶作用控制明显。

（三）优良的输导体系

北西—南东向分布的逆冲断裂（塔中Ⅰ号断裂及与其平行的断裂）和北东-南西向走滑断裂交叉形成油气运聚网络，将寒武系的油气以泵注式运移到层间岩溶储集体内，经过三期成藏、两期调整，形成了现今受储层控制的大型准层状气藏。

（四）复杂的流体性质

钻探结果表明，塔中北斜坡下奥陶统鹰山组流体分布复杂，钻探井中近40%井有地层水产出，水体相对活跃。对油气井流体全分析和PVT分析结果表明，塔中北斜坡下奥陶统鹰山组油气藏总体为低含凝析油的凝析气藏，局部井区受多期成藏影响，为挥发油藏。原油表现为“低密度、低硫、高蜡”的特征，天然气以干气为主，H_2S含量高，个别井达40万ppm。

（五）正常的温压系统

静压梯度为0.28～0.38MPa/100m，压力系数为1.16～1.18，温度梯度为2.02～2.03℃/100m，属于正常温度压力系统。

（六）巨大的油气规模

在近3000km^2的有利储层范围内，普遍含油气，油气规模评价达7亿吨。

截至目前，塔中北斜坡下奥陶统鹰山组已申报探明储量两个井区，上交探明油气当量约近3.5亿吨，油气田（群）规模接近2亿吨。

（一）D83井区——塔中隆起下奥陶统第一块探明储量区

2008年，D83井区申报探明储量，探明石油地质储量近850万吨、天然气近350亿m^3，是塔中隆起下奥陶统碳酸盐岩第一块探明储量。

（二）M8井区超千亿方天然气储量的探明

M8井区位于塔中Ⅰ号大型气田中部，是塔中北斜坡下奥陶统鹰山组大型富油气区的组成部分，2009年遵循优选井区整体部署的原则，选取M8井区进行整体探明，在M8井区部署7口井，7口井全部获得高产油气流，钻井成功率100%，这在塔里木油田公司的碳酸盐岩勘探历史上是史无前例的。

M8井区2009年上交天然气探明储量超过1300亿m^3，石油探明储量近5000万吨，是迄今塔里木油田上交探明储量规模最大的整装凝析气田，是2009年全国各大油田上交探明碳酸盐岩型储量全国第一大储量区块。M8井区的探明加快了油气拓展的步伐，加深了对塔中下奥陶统鹰山组层间岩溶油气藏的认识，促成了塔中西部400万吨产能建设工程的启动。

（三）M43井区当年发现、当年探明，是油田公司千亿方大气田勘探第一例

M43井区位于塔中10号构造带中西部，是塔中10号构造带鹰山组富油气区的主体，是塔中北斜坡下奥陶统鹰山组大型富油气区的组成部分，2010年面对M43井区仅两口井获突破的复杂形势下，充分利用技术与理论创新成果，遵循优选井区整体部署的原则，选取M43井区进行整体探明，整体部署12口探（评价）井，完成测试的10口井均获得工业油气流，促成了亿吨级凝析气田探明，探明面积264km^2，探明天然气储量近1160亿m^3、石油6000万吨，油气当量约1.50亿吨，M43井区当年发现、当年探明，是油田公司千亿方大气田勘探第一例。

M8井区、M43井区鹰山组富油气区的快速发现与探明，是油田全面落实总部指示的成功战例。证实了塔中北斜坡整体含油、局部富集油气成藏规律认识的正确性；体现了缝洞系统雕刻量化、烃类检测、井位优选及优快建产、储层改造等创新技术的实用性；彰显了一体化管理体制的优越性。M8井区、M43井区攻关研究成果中储层钻遇率、钻井成功率、探明储量均创历史新高，攻关成果油田首创，国内领先。

M8井区、M43井区的大面积连片探明，累计探明天然气2500多亿m^3，石油1.1亿多吨，夯实了塔中西部400万吨工程主建产区的资源基础，加速了塔中西部400万吨产能建设工程的启动。

M8井区、M43井区的大面积连片探明是深部海相碳酸盐岩地层油气勘探的巨大成果，也是中国海相勘探理论和实践的重大突破，在中国碳酸盐岩型油气藏的发展历史上具有里程碑式的意义，显示出中国海相碳酸盐岩巨大的勘探潜力。至此，中国碳酸盐岩富含油气的理论开始被人们接受，提升了塔里木盆地碳酸盐岩勘探的战略地位，塔里木油田的储量规模和产能效益将被重新认识和评估，预示着塔里木油田从此进入了飞速发展的时代。

第三节　油气勘探潜力

塔中隆起是长期继承性古隆起，既富油又富气，是油田勘探开发三大阵地战之一，中石油矿权面积约9300km^2，具有丰富的油气资源、具备形成复式大油气田或油气田群的有利条件，下古生界碳酸盐岩礁滩复合体、层间岩溶、下古白云岩等碳酸盐岩是塔中油气上产增

储、油田产量翻番的重点领域。特别是针对碳酸盐岩和岩性圈闭地质认识的不断深化及勘探配套技术的形成，为塔中隆起碳酸盐岩勘探进一步大发展提供了保障。在坚持奥陶系立体勘探的指导思想下，通过整体部署、分步实施，积极推进油气勘探立体纵深发展。塔中上奥陶统礁滩体、下奥陶统岩溶和蓬莱坝组内幕是实现石油、天然气勘探的新发现、新突破的三套最具潜力的勘探目的层系，是落实塔中古隆起10亿吨油气储量规模的重心所在。

一、塔中北斜坡良里塔格组勘探潜力

塔中上奥陶统礁滩体外带勘探评价工作已经取得重要进展，而对于大面积分布的内带评价工作已经起步，将是塔中礁滩体勘探新的重要领域。

（一）塔中Ⅰ号坡折带外带上奥陶统礁滩体

塔中上奥陶统礁滩体油气勘探自D24井突破后，沿DI号坡折带台缘礁滩体自东向西部署的关键探井D62井、D82井、M2井、D86井相继获得突破，塔中Ⅰ号坡折带外带上奥陶统礁滩复合体大型整装油气田的地质认识得到证实，塔中Ⅰ号坡折带外带油气分布范围西起D45井区，东至D26井区，东西长200km，南北宽3～12km，面积2100km^2，目前探明油气规模超亿吨。

目前，除了M2-D88井区外，塔中Ⅰ号坡折带基本实现东部连片探明、西部择优探明的格局。经过缝洞系统精细雕刻、烃类检测等综合评价，外带剩余有利圈闭面积近120km^2，除M2井区控制天然气约150亿m^3，石油约130万吨外，剩余资源量天然气约150亿m^3，石油近2500万吨。

（二）塔中Ⅰ号坡折带上奥陶统台内礁滩体

2008年，M31井钻遇良里塔格组台内礁滩体且获得少量稠油是良里塔格组台内礁滩复合体勘探发现的重要苗头，充分证实了在台内低能相带中仍然发育有相对高能的台内礁滩复合体。研究表明，台内良五段到良三段中下部以台内滩发育为主；良三段顶到良二段发育珊瑚-层孔虫生物礁丘和灰泥丘，累计厚度超过140m，属于大型生物礁。地震剖面上，台内自西向东过D35井、D11井、M5井、M31井和D27井的台内斜坡部位良里塔格组中上部均能见到明显的地貌隆起，地震反射为丘状、中等-强反射特征，为典型的台内生物礁丘建隆反射特征；平面上沿台内成群成带分布，从北向北向南至少发育3个以上丘状隆起带，推测可能为台内高能储层发育及油气聚集区带。

预测有利圈闭面积近1200km^2，除D72-D16井区控制天然气近150亿m^3，石油近4500万吨外，剩余资源量天然气近550亿m^3，石油近15 000万吨，是下一步塔中地区礁滩体勘探新的重要领域。

二、塔中北斜坡鹰山组油气勘探潜力

塔中下奥陶统层间岩溶储集体是目前塔中发现大型油气田的主攻领域，截至2010年12

月底，塔中北斜坡鹰山组岩溶斜坡带已有38口井获高产油气流，三级储量天然气近3000亿m^3，石油近10 000万吨。岩溶斜坡带呈现出整体含油气态势，大型富油气区轮廓明朗。

研究表明，鹰山组层间岩溶储层经多成因岩溶叠置改造，岩溶斜坡缝洞系统十分发育，储层发育表现为纵向成层、横向连片的特征；多充注点、多期次泵注式广泛成藏是岩溶斜坡整体富集油气的关键，而晚期气侵大大提高了奥陶系油气藏产能，控制了塔中下奥陶统岩溶油气藏以气为主的流体赋存状态；下奥陶统油气分布受岩溶不整合控制，沿岩溶斜坡带呈准层状富集；同上奥陶统成藏相比而言，下奥陶统成藏具有更逼近深层古油藏等方面的优势，成藏面积更广、潜力更大。目前塔中下奥陶统获得工业油气流的21口井分布在长140km，宽20～30km，面积约5000km^2的北部斜坡带上，是近期乃至长远塔中地区油气勘探开发的主攻领域。

经过缝洞系统精细雕刻、烃类检测等综合评价，塔中隆起该领域有利圈闭面积近2500km^2，除D83井区、M8井区探明天然气近3000亿m^3，石油近15 000万吨，剩余资源量天然气近5000亿m^3，石油近15 000万吨。塔中北斜坡鹰山组岩溶勘探刚刚拉开序幕，必将成为塔中下一步油气勘探的主攻领域。

三、塔中深层蓬莱坝组重要战略接替

对上奥陶统礁滩体和下奥陶统岩溶油气勘探的同时，积极准备探索潜在战略接替区——塔中北斜坡下奥陶统蓬莱坝组。塔中隆起目前钻揭下奥陶统蓬莱坝组的井有25口，1997年，D162井区下奥陶统蓬莱坝组申报预测天然气地质储量近60亿m^3。经过老井复查和野外露头调查，结合三维区地震研究进展，塔中北斜坡下奥陶统蓬莱坝组认识不断深化。

（一）下奥陶统蓬莱坝组碳酸盐岩发育优质储层

野外剖面显示盆地下奥陶统鹰山组和蓬莱坝组之间缺失1～2个化石带，肉眼观察两者之间为明显的不整合面；D5井蓬莱坝组岩芯照片显示明显的风化壳特征（图8.4）：岩崩角砾、滑塌堆积和岩屑流等；地震剖面上亦可清晰地看到鹰山组底部地层的超覆现象，蓬莱坝组顶界发育不整合风化壳，具有储层发育的良好条件。

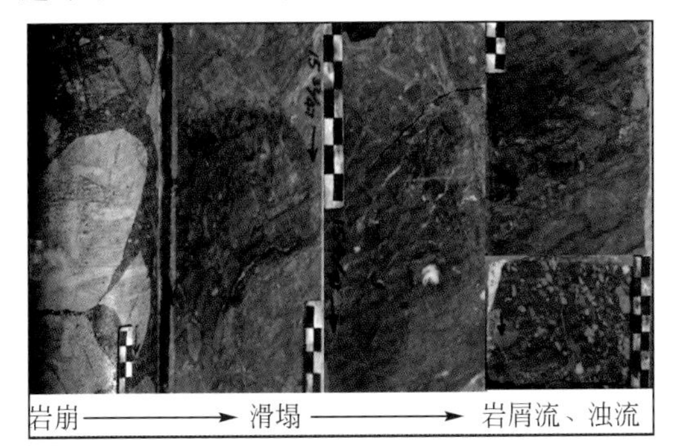

D5井蓬莱坝组典型岩芯照片

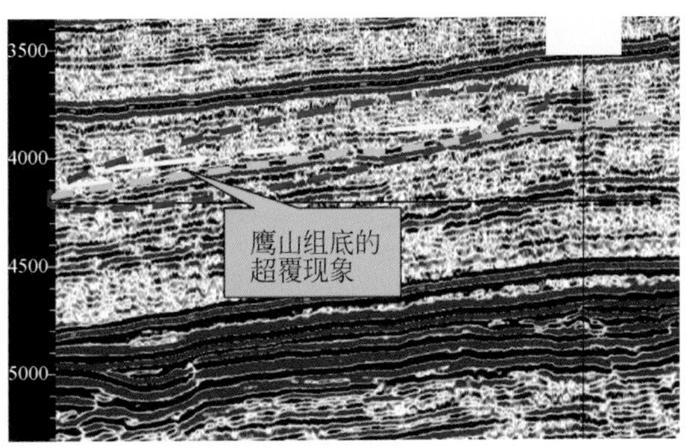

过M7井地震剖面

图8.4　塔中地区蓬莱坝组顶面存在不整合存在的证据

钻井显示，塔中隆起蓬莱坝组中段与热流体改造有关的内幕型白云岩储层发育且具有一定的成层性。D162井蓬莱坝组中段储层发育，优质储层占中段地层厚度100%；D43井中段优质储层占地层厚度的一半以上；D1井、D408井和D166井蓬莱坝组中段的优质储层占地层厚度比例也为15%～20%，表明塔中北斜坡下奥陶统蓬莱坝组中段碳酸盐岩储层非常发育。

通过新三维地震资料叠前时间偏移处理和新技术预测，结合塔中钻探成果，发现塔中下奥陶统蓬莱坝组发育有大面积的层间岩溶储集体，内幕岩溶顺层发育，地震剖面具有明显的“串珠状”地震反射特征（图8.5），且连片成层状展布，储层预测表明塔中北斜坡下奥陶统蓬莱坝组存在与岩溶作用密切相关的优质储层存在，勘探潜力巨大。

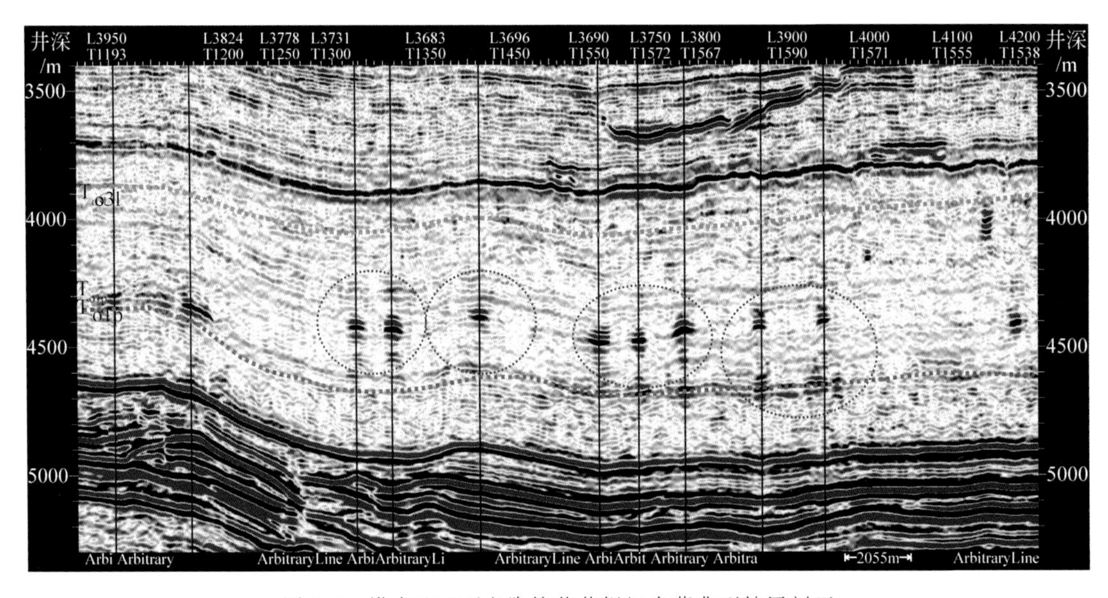

图8.5　塔中地区下奥陶统蓬莱坝组内幕典型储层剖面

（二）蓬莱坝组具有多期油气充注，成藏条件优越

塔中隆起虽经历多期次构造运动，但在长期继承性古隆起背景下，蓬莱坝组优质储层形成后，基本没有出露地表，有利于原生油气藏的形成和保存，是潜在的有利方向。塔中蓬莱坝组油气具有多种来源、多期充注、近油气源的特点，加里东期充注的原油已发生降解，寒武系的原油裂解气在喜山期强烈充注，是形成蓬莱坝组大规模油气藏的关键。D162井就是明显的例证。

塔中北斜坡蓬莱坝组是勘探程度相对较低的领域，塔中矿权区内可勘探面积达6500km^2，三维区储层预测成果表明，下奥陶统蓬莱坝组埋深<7500m可钻探范围，蓬莱坝组顶面不整合岩溶优质储层发育面积约为800km^2，预计天然气资源量为1200亿m^3，蓬莱坝组内幕优质储层发育面积达2200km^2，预计天然气资源量为4400亿m^3，累计总资源规模达5600亿m^3，勘探潜力巨大，是不可轻视的未来战略接替区域。

第四节　勘探对策及方向

塔中地区油气成藏条件分析表明，塔中低凸起是一个长期发育的继承性古隆起，多期构造演化造成了塔中古隆起纵向上分层，平面上南北分带、东西分块的结构特征，并形成多套、多种类型的储盖组合。塔中地区有寒武系与中上奥陶统两套供烃灶，经历了加里东运动期、晚海西运动期、燕山-喜马拉雅运动期 3 个成藏期，形成多源、多期、多藏的复式成藏特征。多期构造演化与多期油气运聚成藏相结合形成了塔中寒武系—奥陶系、志留系、石炭系等多含油气层的格局。塔中地区具有多个产层、多储集类型、多油气相态、多种油气藏类型。目前已在石炭系、志留系、寒武系—奥陶系发现 9 套产层；寒武系—奥陶系为碳酸盐岩储集层，既有岩溶型、沉积相控型储集层类型，也有裂缝型、岩性型储集层类型，志留系—石炭系以碎屑岩储集层为主，既有低孔低渗差储集层、也有高孔高渗优质储集层；既有背斜、断背斜构造油气藏，也有地层、岩性及火成岩相关油气藏等多种类型；存在正常油、稠油、干气、凝析气等多种流体性质，寒武系—奥陶系以凝析气—气藏为主，志留系有稠油和正常油，石炭系以正常油为主。塔中北斜坡与东部潜山区普遍含油，油气垂向上叠置，横向上连片，形成塔中复式油气聚集区。

塔中地区下古生界碳酸盐岩具有良好的油气成藏条件，储盖组合控制了油气的分布和油气的富集程度，发育岩溶型、沉积相控型、岩性型、裂缝型等储集层类型，在此基础上形成三大勘探领域：上奥陶统礁滩复合体、下奥陶统层间岩溶、寒武系白云岩。塔中上奥陶统台缘礁滩复合体及下奥陶层间岩溶储集体已证实是大型油气富集带。

构造分析表明，塔中隆起在早奥陶世发生强烈的构造隆升，整体缺失上奥陶统下部吐木休克组及中奥陶统一间房组，形成第一期广泛分布的层间岩溶。钻井资料表明，岩溶深度一般达 100～200m，岩溶作用强烈、发育时间长，具有明显的纵向分带、平面呈层状展布的特征，储集层预测研究发现大型岩溶缝洞发育，与其上覆 200～400m 巨厚上奥陶统泥灰岩组成良好的储盖组合。

下奥陶统层间岩溶与上奥陶统礁滩体具有相同的油气来源与成藏期次、相似的碳酸盐岩岩性圈闭、相近的时空配置。但也有较多的不同之处（表 8.1），下奥陶统储集层厚度与礁滩体相当，基质孔隙度略低，但层间岩溶比礁滩体溶蚀作用发育；下奥陶统层间岩溶与加里东成藏期匹配良好，原生古油藏的保存条件优于礁滩体，同时由于油气主要来源下部寒武系，断裂与下奥陶统顶不整合面有利于后期油气充注，下奥陶统油气捕获能力比礁滩体好；下奥陶统层间岩溶勘探范围遍及塔中北斜坡，面积达 $6000km^2$，在塔中三维区的 M8、M10、M43、D83 等井区已获得油工业油气流并建立了相当规模的油气产能。

随着对碳酸盐岩持续攻关和勘探技术不断总结完善，目前形成了针对奥陶系碳酸盐岩岩性油气藏勘探的地质、测井、地震、测试和钻井等系列配套技术，奥陶系碳酸盐岩岩性油气藏勘探取得了持续突破。塔中地区已进入勘探持续突破、油气田大发现时期。

为全面落实塔里木油田未来 10 年和“5511”油气发展规划，加速塔中油气资源规模效益开发，塔中勘探应继续以塔中Ⅰ号坡折带礁滩体及下奥陶统鹰山组层间岩溶作为主要勘探目的层系，实现石油、天然气勘探的新发现、新突破，同时积极探索蓬莱坝组内幕。要力争实现塔中10亿吨储量与千万吨产能目标，全面落实近三年勘探开发一体化总体部署，要以M8井区为核心，以高效井点-井组-井区建设、上产增储为重点，整体评价塔中富油气区，积极推进一体化，强化海相油气理论与关键技术创新，落实油气资源，加速规模效益开发，同时要在新区块、新层系有新发现和突破，才能满足塔中地区乃至整个塔里木油田的发展需求。

表8.1　塔中地区上、下奥陶统成藏条件对比

层位	储集层	盖层	输导条件	保存条件
上奥陶统礁滩体	台缘礁滩相灰岩，以低孔低渗溶蚀孔洞为主，主要为孔洞型和裂缝-孔洞型储集层，厚度100～200m，储集层的发育受沉积相带、成岩作用控制，沿台缘相带分布面积约800km^2	上奥陶统桑塔木组泥岩，厚度400～1100m	断裂沟通，储层输导	巨厚泥岩盖层，构造改造破坏作用较少
下奥陶统层间岩溶	台地相灰岩，以层间大型岩溶缝洞为主，主要为大型洞穴型和裂缝-孔洞型储层，储集层非均质性强，基质孔隙度低，岩溶高孔孔渗储集层发育，厚度30～300m，储集层受岩溶作用控制，在塔中北斜坡分布面积逾6000km^2	上奥陶统良里塔格组灰岩，厚200～400m	断裂沟通，不整合面输导，油气运聚更有利	巨厚泥灰岩，埋藏深，上覆地层更厚，构造破坏作用更小

一、转变发展方式，推进塔中勘探开发一体化

（一）强化缝洞系统为勘探开发基本操作单元的理念

碳酸盐岩作为一种特殊的极具潜力的油气勘探对象，对其圈闭的描述和研究通常是以岩性圈闭统称，这样不仅粗犷，而且不利于勘探实践操作。塔中碳酸盐岩勘探已经步入勘探开发一体化阶段，以往以圈闭为勘探开发基本单元的做法很难满足塔里木碳酸盐岩年产300万t原油的产能要求，而碳酸盐岩缝洞单元及裂缝系统的精细刻画和评价是完成以上勘探目标的关键。因此必须解决奥陶系碳酸盐岩缝洞单元、缝洞系统、裂缝系统的精细刻画和评价，及缝洞单元的定性描述逐步过渡到定量描述，最终实现以缝洞单元、有效储集体为勘探开发基本单元的目标。

为了满足复杂碳酸盐岩勘探开发一体化“优选高效井点，建设高效井组，培植高效井区”实践需求，提出将一个缝洞系统作为一个圈闭进行精细刻画，并以缝洞系统为勘探开发单元，进行井位部署与开发政策制定的新理念。

缝洞系统，以孔洞和洞穴为主体，通过不同的裂缝体系网络而成，缝洞系统周边为致密灰岩或具有封闭作用的泥岩等。

井震联合标定，正演与反演结合，缝洞系统成因机理研究，缝洞系统精细刻画预测表明塔中鹰山组缝洞系统十分发育，是油气富集成藏的主要场所。

针对塔中北部斜坡带鹰山组层间岩溶不同储层的地震响应，在储层主控因素指导下，开展岩溶储层叠后地震预测多方法优化与组合研究；针对裂缝发育特征，首次系统应用高

分辨率本征值相干计算、基于应力场恢复的应变量分析技术和叠前方位各向异性分析技术进行了叠后大尺度裂缝、构造成因裂缝和有效裂缝的多方法裂缝综合预测与描述；首次在塔中地区开展了碳酸盐岩地震岩石物理分析和弹性参数反演等叠前地震储层描述攻关研究并利用三维可视化技术实现了缝洞体的空间雕刻。

同时，以模型正演为指导，利用高精度三维地震资料，分类识别塔中地区碳酸盐岩非均质缝洞体，在三维空间中进行连通性分析和量化研究，确定体积校正参数，将校正后的优势地震属性数据体转换为孔隙度体，得到储层的有效储集空间，应用多属性融合技术，最终实现岩溶缝洞体有效储体空间的量化描述。并且在储层描述的基础上进行流体性质检测。结合动态资料划分缝洞系统和缝洞单元，并对其进行综合评价。

在综合应用奥陶系碳酸盐岩地震储层预测技术、缝洞雕刻技术以及储层含油气检测等技术的基础上，进行复杂碳酸盐岩井位优选，为井位部署和储量计算提供依据。

（二）全力推进勘探开发一体化，加速增储上产进程

塔中地区下奥陶统层间岩溶是塔里木盆地油气勘探的重要领域。近年来，下奥陶统层间岩溶勘探取得重大突破，油气藏评价进展顺利，然而，层间岩溶的油气勘探仍然面临一系列难题，如层间岩溶储层预测与描述、层间岩溶油气成藏过程和机理、层间岩溶井位优选和投入开发等问题。针对这些勘探开发难题，塔里木油田公司持续加大攻关力度，组织跨部门、跨行业、多层次、多学科的联合攻关研究，制定了“以高效井点-井组-井区建设、上产增储为核心，整体评价塔中富油气区，积极推进一体化，在钻井、测试过程中，坚持地面服从地下，地面地下一体化，确保中靶”的方针。例如，以地质研究方法指导水平井轨迹：研究发现良里塔格组储层发育在距良里塔格组顶部 20m 以内。为了水平井按设计钻穿多段缝洞型储层，同时确保缝洞型易喷易漏、含 H_2S 储层的井控安全，提出了“打头皮”的钻井方案，即井眼轨迹尽量贴近缝洞储集体顶部，既达到钻遇储层获得油气显示目的，又可避免发生漏失和溢流造成复杂。物探技术精细标定储层的顶、底，为井轨迹提供依据。为了确保“打头皮”钻井方案的成功实施，采用三维地震精细刻画储层，深入研究缝洞储集体在剖面与平面上的分布特征；加强随钻动态研究，适时进行井眼轨迹调整。从统计数据看，塔中地区直井井底闭合方位多数位于 160°～220°，位移集中在 25～60m；泥岩地层产状直接影响井眼轨迹漂移，地面井口可以作规律性调整。在坚持一体化进程中，强化海相油气理论与关键技术创新，落实油气资源，加速规模效益开发的攻关思路，以高效井点-井组-井区建设、上产增储为核心，以油气藏地质模型的建立与储层预测为重点，不断深化塔中下奥陶统层间岩溶的地质认识，积极创新储集体预测技术，攻关创新了缝洞系统定量化雕刻与评价、油气检测及储量评估配套技术，形成了塔中复杂碳酸盐岩井位优选技术，指导了井位优选，促成了千亿 m^3 天然气储量探明，明确了塔中北斜坡鹰山组 7 亿吨级油气规模，将塔中油气勘探开发事业推向新的高峰。

二、整体评价，规模探明鹰山组富油气区带

自 2006 年 D83 井区奥陶系勘探获突破到 2009 年，塔中北斜坡已经有 38 口井获得工

业油气流，宏观展布在东西长200km、南北宽25km，有利勘探面积近2000km^{2}的岩溶斜坡带上，油气资源量达5亿吨油当量。2009年在认识到岩溶斜坡的巨大潜力基础上，继续向构造高部位的岩溶上斜坡部署三维地震近500km^2，发现岩溶上斜坡储层发育情况更好、成藏条件更优、油气潜力更大，有利勘探面积达900km^2，资源量2亿吨。岩溶上、下斜坡合计资源量7亿吨油气规模落实，大型富油气区轮廓明朗。要整体评价鹰山组富油气区带，落实7亿吨储量规模，首先要以M8井区为核心，集中探明M8井周缘1000km^{2}油气富集区，来新增探明储量天然气2000亿m^3，石油1亿吨，形成M8井区周边上产增储优势，要重点解剖评价M10井区、塔中10号带M51井区。

上述不整合岩溶油气地质理论、碳酸盐岩油气勘探关键技术的创新以及油气勘探取得的发现，不仅圆满完成了合同的各项指标，而且所形成的勘探开发配套技术对塔中地区下一步碳酸盐岩油气的勘探及至整个塔里木盆地台盆区油气的勘探都将具有重要的指导和借鉴意义。

三、滚动勘探，加速良里塔格组天然气建产

落实良里塔格组的油气规模，夯实上产增储基础，建成两个大型开发试验区，形成产能增长优势：积极扩大礁滩复合体勘探开发成果，加强中西部台内礁滩复合体勘探，落实3亿吨储量规模；加快东部重大试验区投产，达到年产原油20万吨，天然气10亿m^{3}规模；加速西部试采区上产，建成20万吨黑油产能，扩大塔中北斜坡产能规模。

良里塔格组“串珠状”缝洞型储层预测准确率很高，储层钻遇率很高，但对于台内大面积无异常反射区域，非“串珠状”储层预测难度大，不能很好地指导勘探。要突破台内非“串珠状”储层的钻探，必须加强以下几个方面的工作：

（1）强化缝、洞两套储集体主控因素研究；

（2）强化裂缝研究，从单一的“串珠”模式的Ⅰ类储层，向缝、孔、洞综合考虑的Ⅱ类储层转变，加强裂缝预测技术和方法研究；

（3）强化成藏预测及烃类检测研究，从“准层状”油藏模式向“云朵状”油元模式深化，满足勘探开发一体化的需要；

（4）持续保证地震部署、处理解释一体化，重点加强有利区带、评价区块的评价工作，特别是加强缝洞系统、缝洞单元的精细雕刻。

四、风险钻探，拓展白云岩油气勘探新领域

探索两套白云岩油气潜力，拓展勘探开发领域：下奥陶统蓬莱坝组及寒武系白云岩具有广阔的勘探领域，积极探索必将为油气持续发展奠定坚实基础。

塔中鹰山组大油气田的发现，极大地鼓舞了油田上下的勘探信心。目前，油田上下正在全力以赴，加紧多方面的安排和部署，一方面，力争在新区新领域发现和探明新的大型油气田；另一方面，塔中勘探开发坚持10亿吨储量、千万吨产能发展目标，强化油气科

技创新，提升海相地质认识，力争2010～2012年新增探明天然气近2000亿m^3、石油近1.5亿吨，夯实规模效益开发资源基础。

参考文献

陈景山，李忠，王振宇等. 2007. 塔里木盆地奥陶系碳酸盐岩古岩溶作用与储层分布. 沉积报，25（6）：858～868

杜耀斌，田纳新，王璞珺等. 2005. 新疆塔里木盆地塔中地区奥陶系古潜山型油气藏成藏条件. 世界地质，24（2）：161～167

顾家裕，方辉，蒋凌志. 2001. 塔里木盆地奥陶系生物礁的发现及其意义. 石油勘探与开发，28（4）：1～3

李延钧. 1998. 塔中地区油气源及成藏时期研究. 石油勘探与开发，25（1）：11～14

李宇平，王振宇，李文华等. 2002. 塔中Ⅰ号断裂构造带奥陶系碳酸盐岩圈闭类型及其勘探意义. 地质科学，37（增刊）：141～152

刘克奇，金之钧，吕修祥等. 2004. 塔里木盆地塔中低凸起奥陶系碳酸盐岩油气成藏. 石油实验地质，26（6）：531～536

吕修祥，胡轩. 1997. 塔里木盆地塔中低凸起油气聚集与分布. 石油与天然气地质，18（4）：288～293

苗继军，贾承造，邹才能等. 2007. 塔中地区下奥陶统岩溶风化壳储层特征与勘探领域. 天然气地球科学，18（4）：497～451

沈安江，王招明，杨海军等. 2006. 塔里木盆地塔中地区奥陶系碳酸盐岩储层成因类型、特征及油气勘探潜力. 海相油气地质，11（4）：1～12

孙金山，李匡时，黎祖汉等. 2004. 塔中地区古生界石油地质特征及勘探方向. 断块油气田，11（2）：10～13

王嗣敏，吕修祥. 2004. 塔中地区奥陶系碳酸盐岩储层特征及其油气意义. 西安石油大学学报，19（4）：72～77

邬光辉，李启明，张宝收等. 2005. 塔中Ⅰ号断裂坡折带构造特征及勘探领域. 石油学报，26（1）：27～31

吴茂炳，王新民，陈启林等. 2002. 塔中地区油气勘探成果及勘探方向. 新疆石油地质，23（2）：95～98

杨海军，邬光辉，韩剑发等. 2007. 塔里木盆地中央隆起带奥陶系碳酸盐岩台缘带油气富集特征. 石油学报，28（4）：26～30

翟光明，王建君. 1999. 对塔中地区石油地质条件的认识. 石油学报，20（4）：1～7

赵宗举，贾承造，周新源等. 2006. 塔里木盆地塔中地区奥陶系油气成藏主控因素及勘探选区. 中国石油勘探，11（4）：6～16

赵宗举，李宇平，吴兴宁等. 2004. 塔里木盆地塔中地区奥陶系特大型岩性油气藏成藏条件及勘探潜力. 中国石油勘探，9（5）：12～20

赵宗举，王招明，吴兴宁等. 2007. 塔里木盆地塔中地区奥陶系储层成因类型及分布预测. 石油实验地质，29（1）：40～46

周新源，王招明，杨海军等. 2006. 塔中奥陶系大型凝析气田的勘探和发现. 海相油气地质，11（1）：45～51

周新源，杨海军，邬光辉等. 2009. 塔中大油气田的勘探实践与勘探方向. 新疆石油地质，30（2）：149～151